建筑节能工程施工技术

北京市建筑材料管理办公室
北京土木建筑学会　　　　　　　　　　编
北京市建设物资协会建筑节能专业委员会

中国建筑工业出版社

图书在版编目（CIP）数据

建筑节能工程施工技术/北京市建筑材料管理办公室等编. —北京：中国建筑工业出版社，2007
ISBN 978-7-112-08871-3

Ⅰ. 建… Ⅱ. 北… Ⅲ. 建筑-节能-工程施工-施工技术 Ⅳ. TU7

中国版本图书馆CIP数据核字（2006）第159951号

本书以建筑节能工程施工技术为专题，详细介绍了建筑节能工程的发展和应用，主要内容有：节能工程概念及基本知识；常用材料；墙体、屋面、门窗及幕墙、楼地面等工程节能施工技术；节能施工方案及实例；节能工程施工质量验收。

本书可作为建筑工程施工技术人员培训教材，也可用于施工技术人员自学参考用书。

* * *

责任编辑 周世明
责任设计 赵明霞
责任校对 刘 钰 张 虹

建筑节能工程施工技术

北京市建筑材料管理办公室
北京土木建筑学会 编
北京市建设物资协会建筑节能专业委员会

*

中国建筑工业出版社出版、发行（北京西郊百万庄）
新 华 书 店 经 销
霸州市顺浩图文科技发展有限公司制版
北京云浩印刷有限责任公司印刷

*

开本：787×1092毫米 1/16 印张：28¾ 字数：732千字
2007年3月第一版 2007年3月第一次印刷
印数：1—3000册 定价：**60.00**元
ISBN 978-7-112-08871-3
（15535）

本社网址：http://www.cabp.com.cn
网上书店：http://www.china-building.com.cn

《建筑节能工程施工技术》
编委员名单

主编单位 北京市建筑材料管理办公室

北京土木建筑学会

北京市建设物资协会建筑节能专业委员会

主　　任 刘肖群

副 主 任 张玉海　冯　蕾　王俊清　徐晨辉　郑学军

潘　录

主　　编 王庆生

副 主 编 方展和　金鸿祥　赵　键

编　　委（以姓氏笔画为序）

王仁均　王庆生　方展和　冯金秋　张　铭

张英保　林燕成　罗淑湘　金鸿祥　周文琴

赵　键　耿承达　谢琳娜　鲍玉清

序

节约能源资源，是贯彻科学发展观的战略部署，是实现经济社会可持续发展的重大举措，是关系中华民族生存和长远发展的根本大计，受到党和国家的高度重视。建筑节能是国家节能工作的一个重要领域，建筑节能工程施工是落实建筑节能措施的关键环节，也是保证建筑节能工程质量的基本手段。现在建筑节能的热潮正在全国蓬勃兴起，建筑节能工程正在各地迅速展开，建筑节能工程的任务十分繁重。

在国家把节能放在更加重要的位置的今日，编辑出版《建筑节能工程施工技术》一书，把建筑节能工程施工的方方面面，诸如常用材料、墙体保温、屋面保温隔热、门窗及幕墙保温、楼地面保温等方面的施工技术逐一论述，并分析了建筑节能工程施工方案实例，介绍了工程的施工验收事项，对于广大建筑施工技术人员有很好的参考价值，也可供建筑施工人员进行建筑节能的学习和培训。

本书的作者多年从事建筑施工、生产和科研工作，经验丰富，他们为编写此书长时间辛苦劳作。一些建筑节能企业还提供了有价值的资料，使此书更为实用。为此，对他们为国家建筑节能技术发展所做出的贡献表示感谢。

涂逢祥

2006年9月　于北京

前　　言

建筑物属于耐耗品，使用寿命长，不可能频繁更新。一座节能建筑，对后人来讲是一笔财富；反之，则可能是一个消耗能源的无底洞，是一个长期的负担。

建筑节能涉及多个环节，其中施工是保证。在传统建筑物的施工过程中，是以结构安全性为核心，因此，主要的建筑施工技术也是围绕结构安全开展的，而与建筑节能相关的施工技术与效果尚未完全纳入现行的建筑施工体系中。而建筑节能工程开展以来，大量建筑节能的新材料、新技术、新工艺、新设备不断涌现，对建筑施工技术创新带来深刻的影响，不是有了节能设计，做了保温，就一定是节能工程。从工程执法检查看，不少节能工程存在质量隐患，因此节能工程的施工工艺的更新，施工质量的优劣同样会对建筑节能甚至建筑的安全性带来深刻的影响。

为提高建筑节能施工水平，由北京市建筑材料管理办公室、北京土木建筑学会和北京市建设物资协会建筑节能专业委员会共同组织编写《建筑节能工程施工技术》一书，把建筑节能工程施工的方方面面，诸如常用材料、墙体保温、屋面保温隔热、门窗及幕墙保温、楼地面保温等方面的施工技术逐一论述，并分析了建筑节能工程施工方案实例，介绍了工程的施工质量验收事项等，可供建筑施工人员进行建筑节能的学习和培训，对于广大建筑施工技术人员也有很好的参考价值。

建筑节能施工技术发展迅速，存在许多尚待解决的问题，书中难免会存在一些缺点错误，欢迎读者批评指正。

编　者

2006 年 9 月

目　　录

第 1 章　建筑节能工程概念及基本知识

1.1　建筑节能的基本知识

1.1.1　概述

1. 建筑节能的由来

1973 年国际能源危机以后，节约能源成为世界各国特别是发达国家极为重视的事情。

建筑领域是能耗大户，建筑能耗约占全国能源消耗量的 30%。建筑能耗一般是指建筑物使用过程中的能耗，包括采暖、空调、生活热水、照明、家用电器、炊事等方面的能耗，其中采暖和空调能耗占 60%以上。

1974 年，法国率先制定了建筑节能标准，在保证和提高居住舒适度的同时，提高能源利用效率，降低能源消耗；发达国家相继开展了建筑节能工作。后来，又认识到能源消耗产生的烟尘和温室气体不仅污染环境，而且造成生态破坏，世界各国更加重视建筑节能，使建筑节能形成了世界性潮流，也推动了建筑节能技术和相关产业的发展。

我国的建筑节能于 1986 年开始起步，以 1980 年普通住宅采暖能耗为基准，提出节能率 30%的要求；1996 年进入第二步，提出节能率 50%的要求。建设部先后发布了不同建筑热工分区（严寒地区、寒冷地区、夏热冬冷地区、夏热冬暖地区）的《居住建筑节能设计标准》；2005 年，又发布了《公共建筑节能设计标准》。建筑节能工作已在全国范围内开展起来。

2. 建筑节能的重要性

（1）提高能源利用效率，减少建筑使用耗能，解决经济发展、大规模城乡建设与能源短缺的矛盾。

（2）降低粉尘、烟尘和 CO_2 等温室气体的排放，减少大气污染和对生态环境的危害。

（3）提高住宅的保温隔热性能，改善居住舒适度。

3. 建筑节能的主要途径

采暖地区的建筑节能主要包括建筑物围护结构节能和采暖供热系统节能两个方面。

（1）建筑物围护结构节能

要改善围护结构的保温性能，使得供给建筑物的热能在建筑物内部能得到有效利用，不至于通过其围护结构很快散失，从而达到减少能源消耗的目的。实现围护结构的节能，就应提高建筑物外墙、屋面、地面、门窗等围护结构各部分的保温隔热性能，以减少传热损失，并提高门窗的气密性，以减少空气渗透耗热量。

（2）采暖供热系统节能

采暖供热系统包括热源、管网两大部分。要提高锅炉运行效率和管网输送效率，以减少热能在转换或输送过程中的损失。因此，必须改善锅炉等热源设备性能和管网保温性能，提高设计和施工安装水平，改进运行管理技术。楼内设计采用可调控系统和供热计量、温度调控等技术措施，使住户既是能源的消费者，又是能源的节约者。

1.1.2 建筑节能的新形势

近年来，党中央、国务院一再指出：大力发展节能省地型住宅，全面推广和普及节能技术，建设资源节约型、环境友好型社会。

“十一五规划”提出，在确定国内生产总值每年平均按7.5%增长的同时，要求降低能耗20%。据此计算，“十一五”期间，全国应节能2.4亿t标准煤，其中建筑节能应达1亿t标准煤。

我国于1986年开始推进建筑节能工作，但除了北京、天津以及一些大城市外，大多数地区未能从一开始就认真执行节能设计标准，有的地区至今也未执行。据统计，到2005年，全国建成节能建筑约5亿m^2。目前全国每年新建建筑近20亿m^2，80%以上是高耗能建筑。现有既有建筑400亿m^2，95%以上是高耗能建筑。目前发达国家建筑节能已进入第三阶段，节能率从开始的25%～30%提高到现在的60%～70%。我国单位建筑面积使用能耗是发达国家的3倍，甚至更高。随着人民生活水平的提高，我国建筑能耗占全国总能耗的比例，已从1978年的10%上升到27%，北京市已达31.5%。建筑节能工作要加大力度，刻不容缓。

为了实现“十一五”期间的建筑节能目标，国家发改委和建设部提出以下措施：

(1) 新建居住建筑严格实施节能50%的设计标准，其中北京、天津等大城市率先实施节能65%的设计标准；

(2) 结合城市改建，开展既有居住和公共建筑节能改造，大城市完成改造面积的25%，中等城市达到15%，小城市达到10%；

(3) 全面开展供热体制改革，居住及公共建筑集中采暖按热表计量收费在大中城市普遍推行，在小城市试点；

(4) 开展建筑节能关键技术和可再生能源的研究开发和工程应用；

(5) 建立和完善强制性的产品能效标识、节能建筑标识和环境标志制度。

1.1.3 北京建筑节能发展情况

北京市的建筑节能工作起步较早，1988年制定了贯彻建设部《民用建筑节能设计标准（采暖居住建筑部分）》(JGJ 26—95）的《北京地区实施细则》（第一步，节能30%）。北京市规定从1991年1月1日开始，所有住宅建筑都必须按节能标准进行设计和施工，全面强制执行。北京市还把建筑节能与墙体材料革新结合起来，从限制使用直到淘汰实心黏土砖，带动了建筑节能技术和产品的迅速发展，并在研究和应用外墙外保温技术上取得重大突破。

1997年7月，北京市颁发了根据建设部节能设计新标准编制的《北京地区实施细则》（第二步，节能50%），从1998年1月1日起全面实施。在此基础上，北京市开展采暖供热系统的节能工作，进行了多种采暖方式的工程试点，并于2000年12月1日起贯彻执行《集中供热住宅分户热计量设计技术规程》（DBJ 01—605—2000）。2001年8月，北京市政府发布80号令，自9月1日起施行《北京市建筑节能管理规定》，大力推进建筑节能工作。

2004年，在“迎接新奥运，建设新北京”的新形势下，北京市在全国率先进入建筑节能第三步，发布节能65%的《居住建筑节能设计标准》(DBJ 01—602—2004)，自7月1日起执行。2005年又相继发布《居住建筑节能保温工程施工质量验收规程》(DBJ 01—97—2005)和《公共建筑节能设计标准》(GB 50189—2005)，自7月1日起执行，至2004年末，北京市已建成节能住宅17520万m^2，其中符合节能30%的住宅达6500万m^2，符合节能50%的住宅达11020万m^2，占现有居住建筑总量的65%，在全国处于领先地位。

据统计，到2004年底北京市实有房屋总面积48250万m^2，居住建筑为26899万m^2，其中节能建筑17520万m^2，非节能建筑9379万m^2，应进行改造的约为6000万m^2；公共建筑为15870万m^2，大部分为高耗能建筑，应进行改造的约为10000万m^2。因此，北京市新建建筑实施节能和既有建筑节能改造的任务非常艰巨和繁重。

1.1.4 国内外建筑节能发展概况

1. 国外建筑节能发展概况

1973年国际石油危机后，发达国家普遍都把建筑节能列为国家的大政方针。1974年，法国率先制定的建筑节能标准，要求新建住宅的采暖能耗必须比以前节约25%。这个标准后来成为各国节能标准的楷模。1982年和1989年，法国又两次将节能指标先后提高了25%，对公共建筑和旧有住宅改造也提出了节能标准。经过20多年的努力，法国的建筑节能技术和产品不断发展，外墙普遍采用结构墙体与高效保温材料复合技术，锅炉的运行效率提高到80%以上，采暖系统基本实现自动调控，技术水平很高。目前，法国住宅建筑能耗已降到总能耗的28%。丹麦也是从能源危机以来，在降低能耗方面取得最显著成绩的国家之一，能耗从1972年的322PJ减少到1992年的222PJ（1单位PJ等于23900t石油），即减少了31.1%，采暖能耗占全国能源总消耗的比例，则由39%下降为27%；每平方米建筑面积采暖能耗减少了50%。

目前，许多发达国家对建筑节能的认识已经上升到更高的境界。他们认识到建筑节能不仅可节省能源、节约开支、改善室内热环境，而且可以减少环境污染和温室效应，保持生态平衡和可持续发展。建筑节能已成为全世界共同关心和重视的课题。

2. 国内建筑节能发展概况

节约建筑用能是贯彻国家“节约能源、保护环境”和可持续发展战略的重大举措，是执行中华人民共和国《节约能源法》的重要组成部分。积极推进建筑节能工作，有利于减轻大气污染，减少温室气体排放，保护大气环境，保证国民经济的可持续发展，改善和提升人民群众的居住与工作环境。有利于我国循环经济的形成与发展，是全面实现小康社会发展战略的一个重要方面，是我国建筑业和房地产业的重要工作，同样是我国建设行业一项长期而艰巨的任务。

(1) 我国建筑节能现状

1) 我国的能源结构与建筑能耗。

① 能源结构：我国人口众多，能源资源相对缺乏。自然资源总量排在世界第七位，能源资源总量约4万亿t标准煤，居世界第三位；但我国人均能源占有量仅为世界平均水平的40%。

② 建筑能耗：在我国北方地区，建筑采暖能耗占当地全社会能耗的20%以上，采暖期，当地空气中的CO_2排放量明显高于非采暖期。全国城市居民空调安装率已从1991年的0.71%发展到1999年的24.48%，建筑用能已达全社会能源消耗量的27.6%（发达国家的建筑用能一般占全社会能源消耗量的1/3左右）。尽管我国人均用能不及世界平均人均能耗水平的一半，能源消耗总量已达世界第二。

随着我国经济持续快速稳定增长，建设事业发展迅速。到2010年，城镇人均建筑面积将达到26m^2，农村人均建筑面积将达到30m^2。

随着人民生活水平的逐步提高，对住宅的舒适度要求也越来越高，将增加采暖和空调设施，建筑能耗必将大幅度增加，建筑能耗占总能耗的比重也会越来越大。

2）建筑节能工作取得初步成效。为提高能源利用效率，减少能源消耗，减少对大气环境的污染，减少CO_2排放以及地球温室效应的影响，多年来我国开展了相当规模的建筑节能工作。采取先易后难、先城市后农村、先新建后改建、先住宅后公建、从北向南逐步推进的策略，全面推进我国的建筑节能。

政府为了鼓励和推动开展建筑节能工作，制定了一系列相应的鼓励政策和管理规定；深入开展建筑节能技术研究，取得了一批具有实用价值的科技成果；开展了建筑节能相关产品的开发和推广应用，促进了建筑节能技术产业化；以试点示范作引导，建成了一批节能建筑，制定了建筑节能技术培训方案，大范围地开展了建筑节能培训工作；广泛开展建筑节能的国际合作，城市供热改革工作取得一定进展。

① 建立和强化了全国的建筑节能机制：建设部1994年成立了建设部建筑节能工作协调组，负责归口管理和统一协调全国各项节能工作，组织实施国家有关节能政策和法规，组织制定建筑节能的政策、法规和发展规划。各省和地方都建立了负责本地墙体材料革新和建筑节能工作的墙改节能办公室。建设部批准建立了建筑节能中心，中国建筑业协会成立了建筑节能专业委员会。各大专院校和科研院也不同程度设立了建筑节能的研究机构，建筑节能的机构建设已在全国各有关领域形成了有效的网络，为建筑节能工作的开展奠定了好的基础。

② 制定了建筑节能的专项规划和相关政策：在建设部建筑节能工作协调组的统一领导下，组织编制和颁布了《建筑节能"九五"计划和2010年规划》、《建设部建筑节能"十五"计划纲要》，组织召开了第一次和第二次全国建筑节能工作会议，明确了我国建筑节能的总体目标和阶段目标，强化了建筑节能工作的措施。2000年，建设部以76号部长令颁布了《民用建筑节能管理规定》，对建设项目有关建筑节能的审批、设计、施工和工程质量监督及管理的各个环节做出了明确的规定，为全国建筑节能工作的开展创造了有力的条件。原国家计委、原国家经贸委、建设部联合制定了《关于固定资产投资工程项目可行性研究报告"节能篇（章）"编制及评估的规定》，明确要求每个工程项目可行性研究报告中必须有节能篇（章）。许多地方政府建设主管部门也编制了当地建筑节能标准的实施细则，出台了建筑节能管理规定。

③ 建筑节能标准和法规基本建成：从20世纪80年代开始，建设部就着手建筑节能标准的编制工作。1986年颁布了《民用建筑节能设计标准（采暖居住建筑部分）》（JGJ 26—95）。该标准要求在1980～1981年当地通用设计的基础上节能30%，2001年建设部颁布了我国《夏热冬冷地区居住建筑节能设计标准》（JGJ 134—2001），要求对不符合节

能标准的项目，不得批准建设。设计单位应当依据建设单位的委托和节能标准进行设计，保证建筑节能设计质量。各地建设行政部门或者其委托的设计单位，在进行施工图审查时，应当审查节能设计内容。施工单位应当按照节能设计进行施工，保证工程施工质量。建设工程质量监督机构对不能按节能标准要求施工和验收的项目，应责令改正，并应在质量监督文件中予以注明。2003 年建设部进一步推出了《夏热冬暖地区居住建筑节能设计标准》(JGJ 75—2003)，至此覆盖全国各个气候带居住建筑的节能 50%的标准已全部编制完成，进入全面实施阶段。同时建设部还制定颁布了《既有采暖居住建筑节能改造技术规程》(JGJ 129—2000)、《采暖居住建筑节能检验标准》(JGJ 132—2001) 和《建筑照明设计标准》(GB 50034—2004) 等标准，批准了《膨胀聚苯板薄抹灰外墙外保温系统》(JG 149—2003)、《胶粉聚苯颗粒外墙外保温系统》、《外墙外保温工程技术规程》(JGJ 144—2004)、《热量表》(CJ 128—2000) 等一批工程和建筑节能产品标准，修编了《采暖通风与空气调节设计规范》(GB 50019—2003)，组织编制了《公共建筑节能设计标准》(GB 50189—2005) 等，为今后建筑节能工作的全面系统的实施夯实了基础。2003 年建设部、国家发展和改革委员会、财政部、人事部、民政部、劳动和社会保障部、国家税务总局、国家环境保护总局联合下发了关于印发《关于城镇供热体制改革试点工作的指导意见》的通知，城镇供热体制改革工作已纳入了政府的重要工作。

④ 建筑节能技术研究开发和推广应用取得了好的发展：从 20 世纪 80 年代开始，建设部、科技部都安排了一定的研究项目。建筑节能技术经过近三十年的工作，取得了一大批可广泛推广应用的成果。现在可以在全国推广应用的外墙保温隔热技术已有很多，被大家公认且经大量工程应用证明保温效果好的外墙成套技术有：聚苯板薄抹灰外墙外保温技术体系、现浇混凝土聚苯板外墙外保温技术体系和胶粉聚苯颗粒保温浆料外墙外保温技术体系等，最近满足节能 65%标准的发泡聚氨酯外墙外保温技术体系也已大量应用。

围绕建筑节能 50%标准的执行，很多研究、开发、生产企业相结合，开发完成了节能型的房屋体系，如轻钢轻板节能房屋体系、钢结构房屋体系、混凝土保温砌模配筋承重房屋体系等成套技术，这些房屋体系已开始在各地推广应用，不仅达到和超过节能 50%的要求，其各项性能指标都符合相关规范要求，节能效率和舒适度都有提高。节能门窗发展有了长足进步，符合节能标准要求的塑料门窗已在全国各类建筑工程中得到普遍的应用，钢塑共挤窗、铝塑复合窗、玻璃钢窗、复合木窗都有了较好的开发和应用，特别是断热铝合金节能窗的开发，不仅满足节能窗的标准要求，也为铝合金门窗的发展开拓了市场。配合节能窗的开发，低反射玻璃、Low-E 玻璃等新型具有高科技含量的中空玻璃不断投入市场。

供热和空调的节能技术与产品也取得了好的发展，供热用的平衡阀、调控阀、热表等产品为供热系统的节能提供了条件。双管的供热系统、带跨越管的单管供热系统都普遍应用于各建筑工程，特别是住宅建设和改造项目。利用现代智能技术对大型建筑的空调系统进行节能改造已在南方得到使用，产生了良好的经济与社会效益。

太阳能供热技术在建筑上的应用以及太阳能建筑一体化技术在许多地区已开始推广。地源热泵技术和水源热泵技术不仅为各类公共建筑提供了制冷和供热，也大面积地应用在住宅小区的供热与制冷中，得到了用户的好评，节约了能源，保护了环境。

⑤ 建筑节能的国际合作得到了全方位的发展：20 世纪 80 年代，我国与联合国开发署、英国建筑科学研究机构就开始了建筑节能技术的合作研究。进入 20 世纪 90 年代，中国—加拿大政府的建筑节能科技合作项目的启动，再一次把建筑节能的国际技术合作推向新的高潮，该项目从标准、技术、产品到旧住宅的节能改造示范，新建节能住宅示范、新建节能办公楼示范做了较全面的技术合作，同时还开展了技术与人才的培训、信息网络的建设。至此，其整体的效果已显现到了我国建筑节能的各个方面。此外我国与世界银行、全球环境基金、联合国发展署、欧盟的芬兰、法国、丹麦等国家和组织的双边及多边科技合作已全面开展。围绕我国供热体制改革和供热计量收费制度的试点，和世界银行关于供热的科技合作已经启动，各试点城市已经确定。

⑥ 建筑节能示范工程的建设在建筑节能的实施工作中发挥了典型示范作用：从 20 世纪 70 年代开始实施建筑节能科技示范工程以来，全国各地已建成了建筑节能示范工程累计达到 2.8 亿 m^2。仅 2003 年就有百万多平方米建筑节能示范工程在实施，同时全国建成太阳房也达到 1600 多万 m^2；应用水源热泵技术的节能建筑仅北京就超过了百万平方米。全国各地的节能建筑在示范工程的带动下，已全面进入执行 50％节能标准的实施阶段。

⑦ 建筑节能产业化已显示出强有力的势头：建筑节能工作的开展大大促进了墙体材料的革新，各类新型的墙体材料已经成为全国建筑材料市场的主体，年产量达到 2100 亿块标准砖；外墙外保温材料的生产厂家已遍及祖国的东西南北；绝热材料年生产折合约 1500 万 m^3；塑料门窗、节能的断热铝合金窗已占据了整个门窗市场的主流，大型的塑料门窗企业、铝合金节能门窗企业在社会上尽显风尚。塑料型材年生产量达 149 万 t，生产能力为 280 万 t。塑料门窗生产量约 1.5 亿 m^2，生产能力 2.5 亿 m^2。铝门窗年生产量也维持在 1.5 亿 m^2 左右；太阳能热水器年生产量达 600 多万 m^2，地源热泵和水源热泵技术公司几十家，为其提供设备和产品的企业已经形成了一条龙的配套，供热和制冷企业的发展更具有社会影响。由此带动的产业链已涉足到各行业。

(2) 建筑节能存在的问题

2005 年，为了贯彻实施《民用建筑节能管理规定》，建设部组织有关人员对我国北方地区和部分过渡地区的建筑节能工作进行了一次检查。检查结果表明：能够达到采暖建筑节能设计标准的建筑仅占城市既有采暖居住建筑面积的 6.5％。我国建筑节能存在以下几个方面的主要问题：

1) 对建筑节能工作的重要性和紧迫性认识不足。推进建筑节能有利于节约能源，保护环境，保证国民经济可持续发展。但大多数地方政府未对此予以高度重视，未将其作为一项日常的重要工作来抓。中央政府也未将建筑节能放在关系全局的高度来进行指导，没有进行大张旗鼓的宣传。建筑节能本来是亿万群众的切身事业，但是在人民群众中没有形成对建筑节能重要性的基本认识，还不了解建筑节能会带来多方面的巨大效益。实践证明：各级领导的重视程度会直接关系到建筑节能事业的发展，如京津等地有关领导重视，认真贯彻节能标准和法规，就不断取得新的进展；而有些地方则对此采取放任自流的态度，致使工作长期停滞。

2) 缺乏配套完善的建筑节能法律法规。我国虽已出台了《中华人民共和国节约能源法》，但未制定针对建筑节能的相关法律、法规，因而建筑节能工作基本上处于无法可依的状况。但许多发达国家在20世纪70年代“石油危机”之后，就相继制定并实施了节能的专门法律，对民用建筑节能作了明确的规定，并采取了一系列经济鼓励措施；东欧国家也在近10年颁布并执行了相应的法律，因而建筑节能工作取得了迅速的发展。

3）缺乏相应的经济鼓励政策。建筑节能是一项利国利民的工作，但国家及地方缺乏对建筑节能的实质性经济鼓励政策，建筑节能缺乏必要的资金支持。我国建筑节能尚处于起步阶段，单纯依靠用户、建设方自发的行为无法实现建筑节能目标。我国既有建筑面积达360亿m^2，建筑物围护结构的节能改造和供热系统的改造工作量巨大，需要大量资金投入。为调动各方的积极性，急需政府出台相关的经济鼓励政策，引导市场，优化资源配置，促进建筑节能发展。国外发达国家为促进建筑节能工作的开展采取了许多积极的政策措施，如德国、丹麦、波兰等国家对既有建筑节能改造提供大量财政补助；美国、日本、德国对利用太阳能的建筑实行财政补助，效果很好。

4）国家对建筑节能技术创新、技术进步支持力度不够。建筑节能的顺利推进，还有赖于经济上可以承受的先进成熟的技术以及质量合格、数量足够的产品的支持，但是，正在起步发展中的建筑节能产业，作为一个复杂多样的产业群体，存在起点低、技术水平不高、创新能力弱的问题。目前，过渡地区的建筑节能标准即将颁布实施，南方炎热地区的建筑节能工作也已经启动，这些标准的实施需要大量成熟可行的技术和产品作为支撑，但国家在建筑节能技术开发和创新方面的支持力度还很不够。

5）管理机构不健全，建筑节能与墙体材料革新工作分离，管理休制不顺畅。建筑节能工作除了应该注意建筑门窗、建筑屋顶和采暖制冷系统的用能效率外，建筑物的围护墙体节能也是十分重要的方面。建筑节能不抓墙体革新不可能达到节能的效果，同样，墙体革新不与建筑节能相结合，也失去了墙体革新的作用。但长期以来，建筑节能工作缺乏强有力的管理机构。虽然建设部已成立了建筑节能协调领导小组和专门的建筑节能协调组办公室，但到目前为止很多地方仍未成立相应的建筑节能管理机构，因而建筑节能工作难以推动。

当前建筑节能与墙体材料革新工作分离，关系不顺。从部委一级看，建筑节能的职能属于建设部，而机构改革后，墙体材料革新工作则由国家经济贸易委员会负责；从地方看，有的地方墙体材料革新办公室挂靠建设委员会，有的则挂靠经济贸易委员会；而从全国建筑节能工作开展的情况来看，凡是建筑节能与墙改工作统一归口管理的省市或地区，建筑节能工作就能得到较大的发展；反之，则矛盾很多，发展缓慢。

6）现行的供热收费制度阻碍了建筑节能事业的发展。我国现行的供热收费制度是按建筑面积计算采暖费，采暖费用由国家和单位负担，用能多少与用户利益无关，而且供热采暖系统一直采用垂直单管串联方式，用户无法自行调控供暖量，外网也不能适应系统动态调节控制，致使能源浪费严重。在这种收费体制下，供热企业缺乏自主经营的动力，无法满足用户对热舒适程度的要求；用户也没有节约采暖用能的积极性。

我国开展建筑节能工作十多年来，北方采暖地区已经建成了几亿m^2的节能建筑，建筑围护结构的保温效果大为改善，因此冬季室温得到了提高，但由于供热热量没有计量，用户也不能调控室温，房间太热时就开窗散热，出现了节能建筑实际上不节能的不合理现象。不管是节能建筑还是非节能建筑，都是按建筑面积收取采暖费，影响了房屋开发建设方建造节能建筑的积极性。只有实行按热量计量收费，才能体现出节能的经济效益，节能建筑才能真正收到节能效果。

1.1.5 我国建筑节能工作的推进

1. 我国建筑节能的背景和工作基础

具体地说，我国建筑节能的背景和工作基础主要体现在5个方面。

(1) 人口、城市与国土面积

我国的国土面积为960万km^2，2004年人口总数超过13亿，其中城镇占41.76%，乡村占58.24%。2004年全国城市661个，建成区面积30406km^2，城市人口密度为865人/km^2。

(2) 地理位置与气候特点

1) 地理位置。处于北半球的中低纬度（北纬20°～55°）。

2) 气候与气候特征。大部分地区属于东亚季风气候，同时带有很强的大陆性气候特征。冬季十分寒冷，冬季气温与世界同纬度地区相比，低5～18℃；夏季十分炎热，夏季气温与世界同纬度地区相比高2℃，并在不断提高。冬夏持续时间长，春秋季节短，极端情况下四五月就出现超过30℃的高温天气。

(3) 经济发展水平

2005年中国GDP增长9.9%，国内生产总值达182321亿元，连续三年保持10%左右增速，固定资产投资增长25.7%。其中，第一产业增加值22718亿元，比上年增长5.2%；第二产业增加值86208亿元，增长11.4%；第三产业增加值73395亿元，增长9.6%。第一、第二和第三产业增加值占国内生产总值的比重分别为12.4%、47.3%和40.3%。"十五"时期国内生产总值与增长速度见图1-1所示。

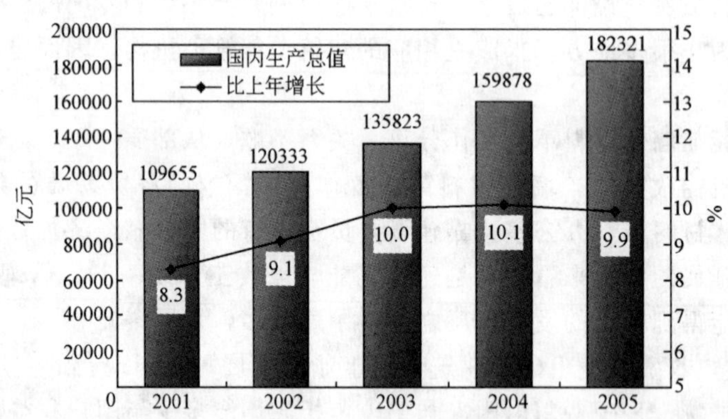

图1-1 "十五"时期国内生产总值与增长速度

展望未来，世界经济环境和国内发展的有利条件都很多，只要认真贯彻中央各项方针政策，中国经济社会将继续保持平稳较快发展的良好态势。

(4) 能源生产与消费

2005年一次能源生产总量20.6亿t标准煤，比上年增长9.5%；发电量24747亿kW·h，增长12.3%；原煤21.9亿t，增长9.9%；原油1.81亿t，增长2.8%。

2005年能源消费总量22.2亿t标准煤，比上年增长9.5%。其中，煤炭消费量21.4亿t，增长10.6%；原油3.0亿t，增长2.1%；天然气500亿m^3，增长20.6%；水电

4010 亿 kW·h，增长 13.4%；核电 523 亿 kW·h，增长 3.7%。“十五”时期能源消费见图 1-2。

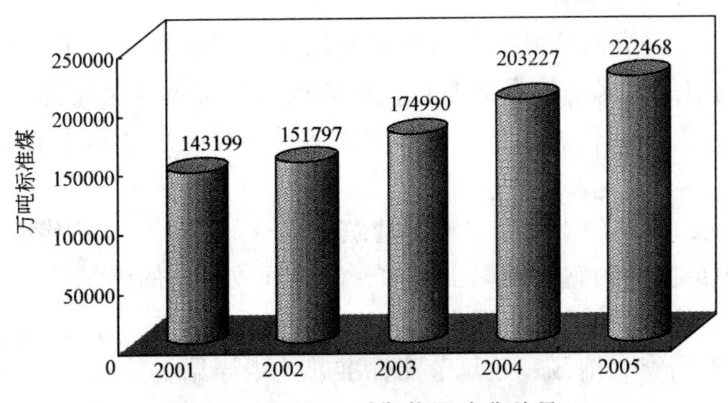

图 1-2 “十五”时期能源消费总量

我国能源消费总量仍然超过生产总量，能源缺口比较多，能源进口依赖性比较大。

(5) 建筑业有关信息

1) 建筑业房屋建筑面积见表 1-1。

建筑业房屋建筑面积（万 m^2） 表 1-1

年　份	2000	2001	2002	2003	2004
施工面积	160141.1	188328.7	215608.7	259377.1	291938.5
竣工面积	80714.9	97699.0	110217.1	122827.6	128162.6

2) 城乡新建住宅面积与居民居住情况见表 1-2。

城乡新建住宅面积与居民居住情况 表 1-2

年　份	2000	2001	2002	2003	2004
城镇新建住宅面积(亿 m^2)	5.49	5.75	5.98	5.50	5.69
农村新建住宅面积(亿 m^2)	7.97	7.29	7.42	7.52	6.80
城市人均住宅面积(m^2)	20.3	20.8	22.8	23.7	25.0
农村人均住宅面积(m^2)	24.8	25.7	26.5	27.2	27.9

3) 建筑结构形式与特点。城镇住宅建筑及公共建筑的结构特点：以多层建筑和中高层建筑为主，结构形式为砖混结构、框架结构或钢筋混凝土结构；少量单体别墅采用砖混结构、轻钢结构、木结构、PVC-混凝土混合结构、EPS-钢筋网-混凝土混合结构等新型结构开始应用。

农村住宅建筑结构形式主要是单户砖木结构或钢筋混凝土结构，农村生产建筑的结构形式五花八门。

4) 建设与居住行为模式及特点。我国建设与居住行为模式为：集中建设与居住的集聚式。其特点为：

① 市场行为集中、不直接、非多元化，市场行为不充分；

② 开发、设计、施工都不能传递消费者的需求信息；

③ 有统一高效的可能，但中间环节多，不易快速启动；

④ 许多建设方式与技术均不能适应市场经济的行为需要。

5）建筑技术的发展趋势。

① 西方发达国家：早期的混凝土（材料与结构）建筑技术→工业化革命的钢结构技术→能源危机后的节能技术→追求低能耗、零能耗（运用可再生能源）→电子信息新技术革命带来的智能化建筑技术→二十世纪末期在保护环境、可持续发展观念影响下的绿色建筑。

② 中国的情况：传统的木结构、砖混建筑技术→20世纪50年代以来以节约原材料、代钢、代木技术为出发点的钢筋混凝土技术→改革开放以来的建筑节能技术→近几年的智能建筑、生态住宅→今天的绿色建筑多元化技术。

6）中国与其他国家（地区）建筑节能标准的差距详见表1-3。

中国与其他国家（地区）建筑围护结构指标比较［W/(m²·K)］　　表1-3

国别(地区)	外　墙	外窗	屋顶
北京	0.6,0.45(外保温),0.3(内保温)	2.8	0.60,0.45
哈尔滨	0.52,0.40	2.50	0.50,0.30
瑞典南部地区	0.17	2.00	0.12
丹麦	0.20,0.30	2.90	0.15
德国柏林	0.50	1.50	0.22
英国	0.45	双层玻璃	0.45
美国(纬度相当北京)	0.32(内保温),0.45(外保温)	2.04	0.19
加拿大(纬度相当北京)	0.36	2.86	0.23,0.40
加拿大(纬度相当哈尔滨)	0.27	2.22	0.17,0.31
日本北海道	0.42	2.33	0.23
日本东京都	0.87	6.51	0.66
俄罗斯(纬度相当北京)	0.77,0.44	2.75	0.57,0.33
俄罗斯(纬度相当哈尔滨)	0.56,0.32	2.35	0.40,0.24

2. 推进我国建筑节能工作的对策

(1) 完善国家建筑节能法规体系

建筑节能有利于节约资源，改善环境，提高人民生活水平，涉及重大公众利益和国家可持续发展战略，必须由国家力量来强制实施。在我国《节约能源法》中，对建筑节能的规定比较无原则，可操作性差，也无专门的民用建筑节能法律。因此，推进建筑节能实际上是无法可依。而发达国家的建筑节能工作早已走上法制化道路。建设部2000年发布，并于2005年进行修订的《民用建筑节能管理规定》，在推动各地建筑节能工作方面发挥了一定的作用，但由于建筑节能涉及建材、煤炭、电力、天然气、石油、轻工、家电等许多行业，存在着职能交叉问题，需有法律以统一协调，才能规范建筑节能工作的发展。因此建设部又起草了《建筑节能管理条例》，该条例对建筑节能的方方面面都进行了规定，包括界定适用范围、明确各方责任、新建（改建、扩建）建筑节能、既有建筑节能改造、建筑物用能系统运行管理、经济激励及法律责任等。

建议国务院将建筑节能作为贯彻国家可持续发展的一项重要举措，纳入到有关工作计划中，并责成相关部门对建筑节能工作进行深入研究，制定对策。同时，建议国务院在《中华人民共和国节约能源法》的框架内制定建筑节能管理条例及相关法规，协调有关各部门的责任、义务。

(2) 建立相应的权威协调管理机构

建筑节能工作政策性强，涉及部门多，协调工作量大，应建立国家的协调管理机构。把建筑节能工作纳入到国家宏观经济运行体制之中，协调各方利益和各部门关系，明确有关职责。建议国务院成立由各相关部门组成的建筑节能领导小组，并定期召开协调会议。各地也应建立和健全与此相应的建筑节能管理机构，配备精干有力的队伍，并理顺与各方面的关系。还要健全建筑节能的执法机构，建立以政府监督考核为主，并与企事业单位自我考核相结合的建筑节能检查监测体系。理顺建筑节能与墙体材料革新二者的关系以及供热体制改革与墙体改革协调推进的关系。

(3) 建立中央财政预算建筑节能政府基金，制定经济鼓励政策

新建建筑节能和旧有建筑的节能改造数量庞大，此项工作的实施将大大扩大内需，拉动建筑、建材、电子仪表、化工、轻工行业的发展。但是既有建筑节能改造和供暖收费制度改革中，用户、产权单位、供热企业与国家的利益并不完全一致，由于经济负担重，使住户的积极性不够，必须由中央财政、地方财政和单位、个人共同负担进行。另外建筑节能技术和产品的开发难度大、投入大、投资回收周期长，须有政策性投入。借鉴国外成功经验和模式，建议国家建立中央财政预算建筑节能政府基金。由财政单独安排建筑节能资金，专项用于既有建筑的节能改造、供暖收费制度的改革以及建筑节能政策的制定和技术调研、科研开发、试点示范等。

建议国务院及地方各级政府制定相应的经济鼓励政策，通过减免税收、贴息贷款等方式，支持建筑节能的开发应用，可制定如："对达到节能设计标准要求的节能住宅实行零税率，对非节能住宅加征15%的特别消费税"和"对出资对既有住宅进行节能改造的企业、个人等在税收、贷款利率、热费等方面给予优惠"等政策。加大对建筑节能相应技术和产品研究开发的支持力度，从科研和项目经费中拨出专款用于建筑节能工作。鼓励新能源、清洁能源如太阳能、天然气、地热能、风能、生物质能等的应用研究。

(4) 推进城市供热收费体制改革，制定合理的热价和收费办法，使供暖收费货币化

供热采暖的费用由单位和国家财政补贴，这种包烧包供体制显然不符合社会主义市场经济的要求。城市住房体制改革的成功，使住宅的使用权、产权归职工个人所有，消费主体的变化，使得住宅用"热"的商品属性已显现出来，因此把原来的用热福利部分计入工资，改革用热和收费体制，已势在必行。另外福利制的包烧，使得用户对建筑的节能没有积极性，成了计划经济体制遗留下来的最后一个堡垒，成为节约能源、保护环境的障碍。建议借鉴国家住房制度改革的经验，加快改革城市供热收费制度的步伐，制定合理的热价管理和收费办法，使职工供暖货币化、商品化，改暗补为明补，并加大对采暖供热系统实施分户调控室温，以及按热量计量收费工作的力度。

(5) 建立国家建筑节能技术产品的评估认证制度

建筑节能技术与产品的专业性强，与建筑物安全性和长期使用寿命有关，但由于目前

建筑节能技术水平低，性能还不完善，市场机制也很不规范。因此有必要借鉴国外成熟经验，建立国家建筑节能技术产品评估认证制，成立评估认证管理委员会和专家委员会，成立评估认证执行机构，建立推广和限制、淘汰公布制度和管理办法，规范建筑节能技术和产品市场，推动建筑节能技术和产品的创新。

3. 我国建筑节能的技术政策导向

各地在制定建筑节能技术政策和推进建筑节能工作时，应该注意在以下方面开展工作。

(1) 能源开发与节约并举，把节约放在首位，提高能源利用率

认真贯彻国家可持续发展战略，以节约能源、保护环境、改善建筑功能与质量为目标，以市场为导向，以科技进步为推动力，不断提高用能效率，跨越式推动建筑节能事业，最终促进城乡建设、人民生活全面实现小康和生态环境的协调发展。

(2) 节约建筑用能与改善建筑热环境相结合

要在改善建筑热舒适条件下节约能源，努力实现室内热环境明显改善，城镇建筑夏季室温低于30℃，冬季室温达到18℃左右的基本要求。

(3) 节约建筑用能与改善大气环境相结合，加强建筑围护结构保温隔热与改善采暖空调系统相结合

采暖和空调用能造成城市用电紧张、严重污染大气和CO_2过量排放，必须从源头上节约建筑用能，有利于改善城市大气环境并减少CO_2的排放。

(4) 节约建筑用能与开发新能源与可再生能源相结合

大力开发利用太阳能、地热能等新能源与可再生能源，是开源节流、优化能源结构、改善环境的一项战略措施，尤其是对解决边远地区的用能问题，更为重要。

(5) 节约建筑用能与墙体改革相结合

要发展建筑节能，采用保温隔热性能良好的功能型墙体材料，就必须积极开展墙体材料革新；而要搞好墙体材料革新，就必须发展建筑节能，形成市场需求；二者紧密结合，综合推进。

(6) 积极推进供热采暖体制改革，使建筑节能收到实效

积极推进供热采暖体制改革，加强供热采暖和空调制冷系统的设计与运行管理节能工作，提高用能设备的整体效率，使建筑节能收到实效。

(7) 政府对节能的宏观调控引导与市场机制对节能的促进作用相结合

要充分发挥政府对节能的宏观调控作用，用政策、法规、标准推动建筑节能市场和节能产业化的发展，提高国民经济的整体效率；在市场经济条件下，企业的行为必然以经济效益为中心，居民的节能行为也自然会与其经济利益相联系，因此，要使节能政策和法规与市场经济的要求相适应，及时出台与企业和居民的实际经济利益挂钩的政策与法规。

(8) 有序推进、由易到难、从点到面，坚持不懈，稳步前进

在地域上逐步扩展。巩固北方严寒和寒冷地区建筑节能成果，积极开展中部夏热冬冷地区建筑节能工作，并尽快向南方夏热冬暖地区扩展；巩固大城市建筑节能成果，积极向中小城市、乡镇，以及广大农村地区扩展。

按建筑类型逐步推开。先从居住建筑开始，再在公共建筑中开展；从新建建筑开始，

到室内热环境不良和有利于改造的既有建筑以及有财政资金支持的“政府机构建筑节能”，然后是其他高耗能建筑的节能改造。

建筑节能与改善建筑热环境要求逐步提高。根据不同情况，不同地区、不同类型的建筑，第一步要求节能30%～50%。随着节能条件的改善与技术的发展，提高节能水平要求到50%～65%，并逐步改善热舒适条件，使我国整个建筑节能工作逐步向发达国家水平接近。

(9) 在加紧建设节能建筑的同时，促使建筑节能产业健康有序地同步发展

在今后一个较长时期，在不同地区推行建筑节能工作的同时，大力推进太阳能、地下能源及其他可再生能源在建筑中利用的工作，大力加强以外墙外保温技术为代表的新型保温隔热体系和新型建筑墙体材料的推广应用；并组织科研力量，编制主导适用技术的产品标准与技术规程，规范生产与应用，推进建筑节能技术与生产的产业化和现代化。

4. 我国“十一五”期间的建筑节能指标

“十一五”期间，建筑节能要实现节约1.01亿t标准煤，也就是减排4亿多t的CO_2气体。节能建筑的总面积累计要超过21.6亿m^2，其中新建16亿m^2，改造5.6亿m^2。

实现这些目标所进行的主要工作有四项：

一是新建的建筑全面实行节能50%的设计标准。在北京等4个直辖市以及北方严寒和寒冷地区的重点城市试行节能65%的国家标准，完成绿色建筑和超低能耗建筑的100个示范工程，形成相关的技术配套政策。

二是既有建筑的改造，尤其是公共建筑的改造取得突破性进展。我国400亿m^2既有的建筑中，有130多亿m^2需要进行节能改造。与此同时，北方地区要基本完成供热体制的改革，加快研究制定相关的计价、收费等配套政策，解决节能不节钱的问题，调动消费者节能的积极性和主动性。

三是可再生能源在建筑中规模化应用要取得实质性突破。要让我们国家的建筑节能后来居上，成为建筑节能方面产品最先进、价格最低廉、竞争最完善、世界上最大的市场。

四是形成国家和各级政府推动建筑节能的有关法规的强制性推动力。要将建筑节能情况作为工程评优的重要内容，未执行节能强制性标准的工程项目，一律不得参加优秀工程设计、鲁班奖等奖项的评选。鼓励地方政府出台适合当地实际的地方性法规。加紧制定新建节能建筑的墙改基金返还、税收减免，以及既有建筑改造的财政补贴和贴息贷款等方面的政策措施。

5. 我国的建筑能耗

建筑能耗究竟有多大？不用算细账，我国建筑耗能的数字就非常惊人。在建造和使用过程中直接消耗的能源占全社会总能耗的30%，使用的钢材、水泥等建材的生产能耗占16.7%。两项相加，约占总能耗的一半。

通常我们将建筑能耗定义为建筑物建成后，在使用过程中的能耗，主要包括建筑采暖、空调、热水供应等方面的能耗，各部分能耗大体比例为：采暖空调占65%，热水供应占15%，电气占14%，炊事占6%。

我国建筑不仅耗能高，而且能源利用效率很低，单位建筑能耗比同等气候条件下其他

国家高出2～3倍。仅以建筑供暖为例，北京市在执行建筑节能设计标准前，一个采暖期的平均能耗为30.1W/m^2，执行节能50%标准后，一个采暖期的平均能耗为20.6W/m^2，而相同气候条件的瑞典、丹麦、芬兰等国家一个采暖期的平均能耗仅为11W/m^2。因建筑能耗高，仅北方采暖地区每年就多耗标准煤1800万t，直接经济损失达70亿元。

1.2 建筑节能工程常用术语和符号

1.2.1 建筑节能工程常用术语

1. 建筑节能

所谓建筑节能，今天它的含义比字面上的意思要丰富、深刻得多。自1973年发生世界性的石油危机以后的20年来，在发达国家，它的说法经历了三个阶段：最初就叫"建筑节能"；但不久改为"在建筑中保持能源"，意思是减少建筑中能量的散失。近来则普遍称作"提高建筑中能源利用效率"，也就是说，并不是消极上的节省，而是从积极意义上提高利用效率。在我国，现在仍然通称为建筑节能，但其含义应该进行到第三层意思，即在建筑中合理使用和有效利用能源，不断提高能源利用效率。

因此，建筑节能是指在建筑工程设计和建造中依照国家有关法律、法规的规定，采用节能型的建筑材料、产品和设备，提高建筑物围护结构的保温隔热性能和采暖空调设备的能效比，减少建筑使用过程中的采暖、制冷、照明能耗，合理有效地利用能源。它改变了建筑物传统的构造形式，使之具有保温隔热的性能，从而在减少或不用电、气的时间、频率就可以满足舒适的需要。建筑节能方法有在建筑体形、布局、朝向、间距和围护结构的设计上采取适合地方特点的措施以实现节能的建筑节能方法。如提高围护结构墙体，屋面的保温隔热性能及门窗的保温性和气密性；提高楼地板、分户墙、隔墙保温隔热性能。

那么建筑用能的范围界定在哪里？国内过去较多的说法是，包括建筑材料生产、建筑施工和建筑物使用方面的能耗。这种说法，把建筑用能跨越了工业生产和民用生活的不同领域，从而与国际上通行的口径不同。近来，经过认真研究，大家认为，我国建筑用能的范围，应该与发达国家取得一致，即建筑能耗应指建筑使用能耗，其中包括采暖、空调、热水供应、炊事、照明、家用电器、电梯等方面的能耗。在国际上，它是与工业、农业、交通运输能耗并列，属于民生能耗，一般占全国总能耗的30%～40%左右。由于建筑用能关系国计民生，量大面广，节约建筑用能，是个牵涉到国家全局，影响深远的大事情。

2. 围护结构

围护结构是指建筑及房间各面的围挡物。它分透明和不透明两部分：不透明围护结构有墙、屋顶和楼板等；透明围护结构有窗户、天窗和阳台门等。按是否同室外空气直接接触，又可分外围护结构和内围护结构。外围护结构是指同室外空气直接接触的围护结构，如外墙、屋顶、外门和外窗等；内围护结构是指不同室外空气直接接触的围护结构，如隔墙、楼板、内门和内窗等。

3. 建筑节能50%和建筑节能65%

以20世纪80年代改革开放初期建造的居住建筑、公共建筑作为比较能耗的基础，称为“基准建筑”。“基准建筑”围护结构、暖通空调设备及系统、照明设备的参数，都按当时情况选取。在保持与目前标准约定的室内环境参数的条件下，计算“基准建筑”全年暖通空调和照明能耗，将它作为100%。再将这“基准建筑”按现行标准的规定进行参数调整，即围护结构、暖通空调、照明参数均按现行标准规定设定，计算其全年的暖通空调和照明能耗，应该相当于50%，这就是节能50%的内涵。

建筑节能65%就是指在节能50%的基础上再节能30%，也就是在1980年基准水平上节能65%。

4. 保温材料和建筑保温材料

保温材料是指对热流具有显著阻抗性的材料或材料复合体。材料保温隔热性能的好坏是由材料导热系数的大小所决定的。导热系数越小，保温隔热性能越好。

用于建造节能建筑的各种保温材料被称为建筑保温材料，主要有屋面、墙体保温材料及节能型窗。

保温材料的品种很多，按材质可分为无机保温材料、有机保温材料和金属保温材料三大类；按形态又可分为纤维状、多孔（微孔、气泡）状、层状等数种。目前在我国建筑市场上应用比较广泛的纤维状保温材料如岩矿棉、玻璃棉、硅酸铝棉及其制品，以木纤维、各种植物秸秆、废纸等有机纤维为原料制成的纤维板材；多孔状保温材料如膨胀珍珠岩、膨胀蛭石、微孔硅酸钙、泡沫石棉、泡沫玻璃以及加气混凝土，泡沫塑料类如聚苯乙烯、聚氨酯、聚氯乙烯、聚乙烯以及酚醛、脲醛泡沫塑料等；层状保温材料如铝箔、各种类型的金属或非金属镀膜玻璃以及以各种织物等为基材制成的镀膜制品。

5. 保温和隔热

建筑物围护结构（包括屋顶、外墙、门窗等）的保温和隔热性能，对于冬、夏季室内热环境和采暖、空调能耗有着重要影响。围护结构保温和隔热性能优良的建筑物，不仅冬暖夏凉，室内热环境好，而且采暖、空调能耗低。随着国民经济的发展，人民生活水平的提高，人们对改善冬、夏季室内热环境和节约采暖和空调能耗问题日益重视，提高围护结构保温和隔热性能问题也日益突出。那么，什么是围护结构的保温性能？什么是围护结构的隔热性能？两者的区别何在？

围护结构的保温性能通常是指在冬季室内外条件下，围护结构阻止由室内向室外传热，从而使室内保持适当温度的能力。围护结构的隔热性能通常是指在夏季自然通风情况下，围护结构在室外综合温度（由室外空气和太阳辐射合成）和室内空气温度波作用下，其内表面保持较低温度的能力。两者的主要区别在于：

(1) 传热过程不同：保温性能反映的是冬季由室内向室外的传热过程，通常按稳定传热考虑；隔热性能反映的是夏季由室外向室内以及由室内向室外的传热过程，通常按以24h为周期的波动传热来考虑。

(2) 评价指标不同：保温性能通常用围护结构的传热系数K值［单位：$W/(m^2 \cdot K)$］或传热阻R_0值［单位：$(m^2 \cdot K)/W$］来评价；隔热性能通常用夏季室外和室内计算条件下（即当地较热的天气），围护结构内表面最高温度$\theta_{i \cdot max}$（单位：℃）来评价。如果在同样的夏季室外和室内计算条件下，其内表面最高温度$\theta_{i \cdot max}$不大于当地夏季室外计算最高温度$t_{e \cdot max}$（大体上相当于240mm厚砖墙的内表面最高温度），则认为符合夏季隔热要求。

(3) 构造措施不同：由于围护结构的保温性能主要取决于其传热系数 K 值或传热阻 R_0 的大小，而围护结构的隔热性能主要取决于夏季室外和室内计算条件下内表面最高温度 $\theta_{i\cdot\max}$ 的高低。对于外墙来说，由多孔轻质保温材料构成的轻型墙体（如彩色钢板聚苯或聚氨酯泡沫夹芯墙体）或多孔轻质保温材料内保温墙体，其传热系数 K 值可能较小，或其传热阻 R_0 值可能较大，即其保温性能可能较好。但因其是轻质墙体，热稳定性较差，或因其是轻质保温材料内保温墙体，其内侧的热稳定性较差，在夏季室外综合温度和室内空气温度波作用下，内表面温度容易升得较高，即其隔热性能可能较差。也就是说，保温性能通常受构造层次排列的影响较小，而隔热性能受构造层次排列的影响较大。相同材料和厚度的复合墙体，内保温构造，隔热性能较差；外保温构造隔热性能较好。造成上述情况的原因从保温和隔热性能指标的计算方法和计算结果中可以了解得更为清楚。

6. 导热系数

导热系数是指在稳态条件下，1m 厚的物体，两侧表面温差 1℃，1h 内通过 $1m^2$ 面积传递的热量，用 λ 表示，按下式进行计算，单位是 W/(m·K)。材料导热系数在数值上等于热流密度除以负温度梯度。

$$\lambda = -\frac{q}{\mathrm{grad}T} \tag{1-1}$$

式中　λ——材料导热系数［W/(m·K)］；

q——热流密度（W/m^2）；

T——温度（K）。

热流密度（q）是指垂直于热流方向的单位面积热流量，按下式进行计算，单位 W/m^2。

$$q = \frac{\mathrm{d}\Phi}{\mathrm{d}A} \tag{1-2}$$

式中　Φ——热流量（W）；

A——面积（m^2）。

材料的导热系数，与其自身的成分、表观密度、内部结构以及传热时的平均温度和材料的含水量有关。一般地说，表观密度越轻，导热系数越小。但对松散的纤维材料而言，当表观密度小于最佳极限值时，其导热系数会随表观密度的减小而增大。在材料成分、表观密度、平均温度、含水量等完全相同的条件下，多孔材料单位体积中气孔数量越多，导热系数越小；松散颗粒材料的导热系数，随单位体积中颗粒数量的增多而减小；松散纤维材料的导热系数，则随纤维截面的减小而减小。当材料的成分、表观密度、结构等条件完全相同时，多孔材料的导热系数随平均温度和含水量的增大而增大，随温湿度的减小而减小。绝大多数建筑材料的导热系数介于 0.023～3.49W/(m·K) 之间，通常把 λ 值不大于 0.23 的材料称为绝热材料，而将其中 λ 值小于 0.14 的绝热材料称为保温材料。进而根据材料的适用温度范围，将可在零摄氏度以下使用的称为保冷材料，使用温度超过 1000℃者称为耐火保温材料。习惯上通常将保温材料分为三档，即低温保温材料，使用温度低于 250℃；中温保温材料，使用温度 250～700℃；高温保温材料，使用温度 700℃

以上。

7. 热阻和传热阻

热阻是表征围护结构本身或其中某层材料阻抗传热能力的物理量。在稳态状态下，与热流方向垂直的物体两表面温度差除以热流密度即为热阻，按下式进行计算，单位 $(m^2 \cdot K)/W$。

$$R=\frac{T_1-T_2}{q} \tag{1-3}$$

式中 R——热阻 $[(m^2 \cdot K)/W]$；

T_1、T_2——物体两表面温度（K）。

单一材料层的热阻（R）等于材料层厚度（δ）除以材料的导热系数（λ），如下式：

$$R=\frac{\delta}{\lambda} \tag{1-4}$$

式中 δ——材料层厚度（m）。

多层围护结构的热阻等于各层材料热阻之和，如下式：

$$R=R_1+R_2+\cdots\cdots+R_n \tag{1-5}$$

式中 R_1、R_2……R_n——各层材料的热阻 $[(m^2 \cdot K)/W]$。

传热阻是表征围护结构（包括两侧表面空气边界层）阻抗传热能力的物理量。为传热系数的倒数，单位为 $(m^2 \cdot K)/W$。传热阻可按式（1-6）进行计算。

$$R_o=R_i+R+R_e \tag{1-6}$$

式中 R_o——传热阻 $[(m^2 \cdot K)/W]$；

R_i——内表面换热阻 $[(m^2 \cdot K)/W]$，通常取 0.11；

R_e——外表面换热阻 $[(m^2 \cdot K)/W]$，通常取 0.04。

最小传热阻特指设计计算中容许采用的围护结构传热阻的下限值。规定最小传热阻的目的，是为了限制通过围护结构的传热量过大，防止内表面冷凝，以及限制内表面与人体之间的辐射换热量过大而使人体受凉。

经济传热阻是指围护结构单位面积的建筑费用（初次投资的折旧费）与使用费用（由围护结构单位面积分摊的采暖运行费和设备折旧费）之和达到最小值时的传热阻。

8. 传热系数和外墙平均传热系数

传热系数是指在稳态条件下，围护结构两侧空气温度差为 1℃，1h 内通过 $1m^2$ 面积传递的热量，单位为 $W/(m^2 \cdot K)$。传热系数的倒数即为传热阻，见下式：

$$K=\frac{1}{R_o} \tag{1-7}$$

式中 K——传热系数 $[W/(m^2 \cdot K)]$；

R_o——传热阻 $[(m^2 \cdot K)/W]$。

外墙主体部位传热系数与热桥部位传热系数按照面积的加权平均值，即为外墙平均传热系数。

当外墙中带有抗震柱、圈梁等热桥部位时，外墙平均传热系数 K_m 应按下式计算：

$$K_m = \frac{K_P \cdot F_P + K_{B1} \cdot F_{B1} + K_{B2} \cdot F_{B2} + K_{B3} \cdot F_{B3}}{F_P + F_{B1} + F_{B2} + F_{B3}} \tag{1-8}$$

式中　K_m——外墙平均传热系数［W/(m²·K)］；

K_P——外墙主体部位的传热系数［W/(m²·K)］，应按《民用建筑热工设计规范》的规定计算；

K_{B1}、K_{B2}、K_{B3}——外墙周边热桥部位的传热系数［W/(m²·K)］；

F_P——外墙主体部位的面积（m²）；

F_{B1}、F_{B2}、F_{B3}——外墙周边热桥部位的面积（m²）。

外墙主体部位和周边热桥部位如图 1-3 所示。

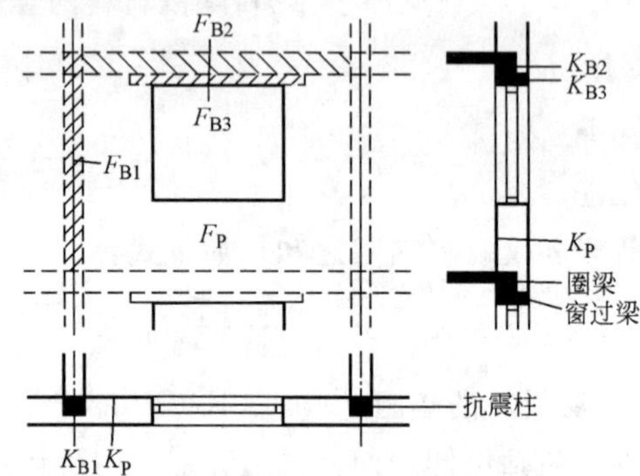

图 1-3　外墙主体部位和周边热桥部位示意图

9. 热桥（冷桥）

建筑围护结构中的一些部位，在室内外温差的作用下，形成热流相对密集、内表面温度较低的区域。这些部位成为传热较多的桥梁，故称为热桥，有时又可称为冷桥。

热桥往往是由于该部位的传热系数比相邻部位大得多、保温性能差得多所致，在围护结构中这是一种十分常见的现象。如砌在砖墙或加气混凝土墙内的金属，混凝土或钢筋混凝土的梁、柱、板和肋，预制保温板中的肋条，夹心保温墙中为拉结内外两片墙体设置的金属联结件，外保温墙体中为固定保温板加设的金属锚固件，内保温层中设置的龙骨，挑出的阳台板与主体结构的连接部位，保温门窗中的门窗框特别是金属门窗框等。

寒冷季节外墙角部散热面积比吸热面积大，墙角内空气流动速度较低，接受室内热量比邻近的平直部位少，也是热流密集、内表面温度较低的热桥部位。

热桥可以通过热工计算、模拟测试或实测得出定量的结果。现在已有一些计算机模拟软件，可以显现出在不同条件下热桥部位的温度和热流状况。

由于热桥部位内表面温度较低，寒冬期间，该处温度低于露点温度时，水蒸气就会凝结在其表面上，形成结露。此后，空气中的灰尘容易沾上，逐渐变黑，从而长菌发霉。热桥严重的部位，在寒冬时甚至会淌水，对生活和健康影响很大。

加强保温是处理热桥的有效办法。采用外墙内保温可以提高外墙内表面温度，但外墙与隔墙、外墙与楼板等连接处的热桥比较明显；内保温越好，经由热桥部位散失热量所占的比例就越大。采用外墙外保温则由于保温层覆盖住整个外墙面，有利于避免热桥的产生，但对于门窗口四周侧壁也应注意妥善保温，避免此处热量过多散失。至于铝窗框的热桥问题，可以通过在窗框内设置断桥热条的方法解决。

10. 蓄热系数和表面蓄热系数

蓄热系数是指当某一足够厚度单一材料层一侧受到谐波热作用时，表面温度将按同一周期波动，通过表面的热流波幅与表面温度波幅的比值。其值越大，材料的热稳定性越好。当材料层表面在周期热作用下，通过材料表面的热流波振幅 A_q 与表面温度波振幅 A_t 的比值，即为蓄热系数 S，单位为 $W/(m^2 \cdot K)$：

$$S=A_q/A_t=\sqrt{2\pi \cdot \lambda \cdot c_p \cdot \rho/T} \tag{1-9}$$

式中 S——蓄热系数 $[W/(m^2 \cdot K)]$；

c_p——材料的比热容 $[J/(kg \cdot K)]$；

ρ——材料的密度 (kg/m^3)；

T——周期波的周期 (s)。

表面蓄热系数是指在周期性热作用下，物体表面温度升高或降低 1℃时，在 1h 内，$1m^2$ 表面积贮存或释放的热量。

表面蓄热系数应按如下方法进行计算：

(1) 多层围护结构各层外表面蓄热系数，应按下列规定由内到外逐层（图 1-4）进行计算：

如果任何一层的热惰性指标 $D \geqslant 1$，则 $Y=S$，即取该层材料的蓄热系数。

如果第一层的 $D<1$，则：

$$Y_1=\frac{R_1 S_1^2+\alpha_i}{1+R_1 \alpha_i} \tag{1-10}$$

如果第二层的 $D<1$，则：

$$Y_2=\frac{R_2 S_2^2+Y_1}{1+R_2 Y_1} \tag{1-11}$$

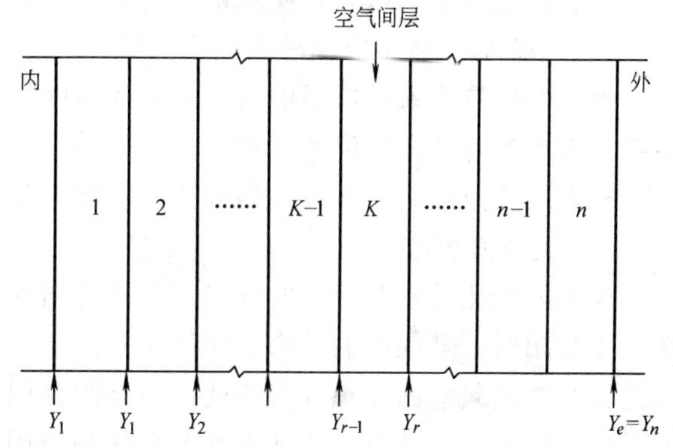

图 1-4 多层围护结构的层次排列

其余类推，直到最后一层（第 n 层）：

$$Y_n=\frac{R_n S_n^2+Y_{n-1}}{1+R_n Y_{n-1}} \tag{1-12}$$

式中 S_1、S_2……S_n——各层材料的蓄热系数 $[W/(m^2 \cdot K)]$；

R_1、R_2……R_n——各层材料的热阻 $[(m^2 \cdot K)/W]$；

Y_1、Y_2……Y_n——各层材料的外表面蓄热系数 $[W/(m^2 \cdot K)]$；

α_i——内表面换热系数 $[W/(m^2 \cdot K)]$。

(2) 多层围护结构外表面蓄热系数应取最后一层材料的外表面蓄热系数，即 $Y_e=Y_n$。

(3) 多层围护结构内表面蓄热系数应按下列规定计算：

如果多层围护结构中的第一层（即紧接内表面的一层）$D_1 \geqslant 1$，则多层围护结构内表面蓄热系数应取第一层材料的蓄热系数，即 $Y_i = S_1$。

如果多层围护结构中最接近内表面的第 m 层，其 $D_m \geqslant 1$，则取 $Y_m = S_m$，然后从第 $m-1$层开始，由外向内逐层（层次排列见图 1-4）计算，直至第一层的 Y_1，即为所求的多层围护结构内表面蓄热系数。

如果多层围护结构中的每一层 D 值均小于 1，则计算应从最后一层（第 n 层）开始，然后由外向内逐层计算，直至第一层的 Y_1，即为所求的多层围护结构内表面蓄热系数。

11. 热惰性指标

热惰性指标（D 值）是表征围护结构对温度波衰减快慢程度的无量纲指标。单一材料围护结构，$D=RS$；多层材料围护结构，$D=\sum RS$。式中 R 为围护结构材料层的热阻，S 为相应材料层的蓄热系数。D 值越大，温度波在其中的衰减越快，围护结构的热稳定性越好。

12. 内表面换热系数和内表面换热阻

内表面换热系数是指围护结构内表面温度与室内空气温度之差为1℃，1h 内通过 1m^2 表面积传递的热量，单位是［W/(m^2 · K)］。

内表面换热阻是内表面换热系数的倒数，单位是［(m^2 · K)/W］。

13. 外表面换热系数和外表面换热阻

外表面换热系数是指围护结构外表面温度与室外空气温度之差为1℃，1h 内通过 1m^2 表面积传递的热量，单位是［W/(m^2 · K)］。

外表面换热阻是外表面换热系数的倒数，单位是［(m^2 · K)/W］。

14. 窗墙面积比

窗墙面积比是指某朝向的外窗（包括透明幕墙）总面积与同朝向的墙面总面积之比。阳台不封闭时，某朝向的外窗总面积包括阳台门透明部分和外窗的洞口面积，同朝向的墙面总面积为建筑立面面积（即该朝向包括阳台门和外窗面积在内的墙面投影面积）。阳台封闭时，阳台的全部外窗均计入外窗总面积（阳台内的门窗不再计入），墙面总面积为同朝向建筑立面面积及阳台其他墙面面积。

15. 建筑物体形系数

建筑物体形系数是指建筑物与室外大气接触的外表面积与其所包围的体积的比值。外表面积中，不包括地面和不采暖楼梯间隔墙和户门的面积。它实质上是指单位建筑体积所分摊到的外表面积。体积小、体形复杂的建筑，以及平房和低层建筑，体形系数较大，对节能不利；体积大、体形简单的建筑，以及多层和高层建筑，体形系数较小，对节能较为有利。

16. 设计计算用采暖期天数

设计计算用采暖期天数是指累年日平均温度不大于 5℃的天数。这一天数仅用于建筑热工设计计算，故称设计计算用采暖天数。各地实际的采暖期天数，应按当地行政或主管部门的规定执行。

17. 采暖期度日数

采暖期度日数是指室内基准温度 18℃与采暖期室外平均温度之间的温差，乘以采暖期天数的数值，单位（℃·d），又称采暖度日数（heating degree days）。

采暖度日数是一个按照建筑采暖要求反映某地气候寒冷程度的参数。室外空气温度是随时随地变化的，每个地方每天都有一个不同的日平均温度，一年 365d 就有 365 个日平均温度。我们规定一个室内基准温度，例如 18℃，那么在某地的这 365 个日平均温度中，一定是有些高于 18℃，有些低于 18℃。将每一个低于 18℃的日平均温度与 18℃之间的差乘以 1d，得到一个以“度·日”（℃·d）为单位的数值，将所有这些数值累加起来，就得到了某地以 18℃为基准的采暖度日数，可以用 HDD18 表示。同样的道理，也可以统计出以其他温度为基准的采暖度日数，例如以 20℃为基准的 HDD20。

将统计的时间从一年缩短到一个采暖期，就得到采暖期的采暖度日数。

一个地方的采暖度日数大致反映了该地气候的寒冷程度，采暖度日数越大表示该地越寒冷，例如，哈尔滨的采暖度日数就远大于北京的采暖度日数。

18. 露点温度

露点温度是指在大气压力一定、含湿量不变的情况下，未饱和的空气因冷却而达到饱和状态时的温度。

19. 冷凝（结露）

冷凝或结露特指围护结构表面温度低于附近空气露点温度时，表面出现冷凝水的现象。

20. 采暖期室外平均温度

采暖期室外平均温度是指在采暖期起止日期内，室外日平均温度的平均值。

21. 采暖能耗

采暖能耗是指用于建筑物采暖所消耗的能量，主要指建筑物耗热量和采暖耗煤量。

22. 建筑物耗热量指标

建筑物耗热量指标是指在采暖期室外平均温度条件下，为保持室内计算温度，单位建筑面积在单位时间内消耗的、需由室内采暖设备供给的热量，单位为 W/m^2。

23. 采暖耗煤量指标

采暖耗煤量指标是指在采暖期室外平均温度条件下，为保持室内计算温度，单位建筑面积在一个采暖期内消耗的标准煤量，单位为 kg/m^2。

24. 采暖设计热负荷指标

采暖设计热负荷指标是指在采暖室外计算温度条件下，为保持室内计算温度，单位建筑面积在单位时间内需由锅炉或其他供热设施供给的热量，单位为 W/m^2。

25. 建筑物耗冷量指标

建筑物耗冷量指标是指按照夏季室内热环境设计标准和设定的计算条件，计算出的单位建筑面积在单位时间内消耗的需要由空调设备提供的冷量。单位为 W/m^2。

26. 空调年耗电量

空调年耗电量是指按照夏季室内热环境设计标准和设定的计算条件，计算出的单位建筑面积空调设备每年所要消耗的电能。

27. 采暖年耗电量

采暖年耗电量是指按照冬季室内热环境设计标准和设定的计算条件，计算出的单位建筑面积采暖设备每年所要消耗的电能。

28. 空调度日数（CDD26）

空调度日数（CDD26）是指一年中，当某天室外日平均温度高于26℃时，将高于26℃的度数乘以1d，并将此乘积累加。

29. 基准建筑

选择建筑层数、体形系数、朝向和窗墙面积比等在某一地区具有代表性的住宅建筑，以此作为基准，将建筑物耗热量控制指标分解为各项围护结构传热系数限值，以便从总体上控制该地区居住建筑能耗，此建筑称为基准建筑。

30. 高层住宅、中高层住宅、多层住宅和低层住宅

高层住宅是指10层及以上的住宅；中高层住宅是指7～9层的住宅；多层住宅是指4～6层的住宅；低层住宅是指1～3层的住宅。

31. 外墙外保温系统

外墙外保温系统是指由保温层、保护层和固定材料（如胶粘剂、锚固件等）构成并且适用于安装在外墙外表面的非承重保温构造总称。

32. 外墙外保温工程

外墙外保温工程是指将外墙外保温系统通过组合、组装、施工或安装固定在外墙外表面上所形成的建筑物实体。

33. 遮阳系数及外窗的综合遮阳系数

遮阳系数是指通过窗户（包括窗玻璃、遮阳和窗帘）投射到室内的太阳辐射量与照射到窗户上的太阳辐射量的比值。外窗的综合遮阳系数是指考虑窗本身和窗口的建筑外遮阳装置综合遮阳效果的一个系数，其值为窗本身的遮阳系数与窗口的建筑外遮阳系数的乘积。

1.2.2 常用符号及单位

D——热惰性指标；

F——传热面积（m^2）；

K——传热系数［$W/(m^2 \cdot K)$］；

R——热阻［$(m^2 \cdot K)/W$］；

R_o——传热阻［$(m^2 \cdot K)/W$］；

R_e——外表面换热阻［$(m^2 \cdot K)/W$］；

R_i——内表面换热阻［$(m^2 \cdot K)/W$］；

s——材料蓄热系数［$W/(m^2 \cdot K)$］；

t_e——室外计算温度（℃）；

t_i——室内计算温度（℃）；

Y_e——外表面蓄热系数［$W/(m^2 \cdot K)$］；

Y_i——内表面蓄热系数［$W/(m^2 \cdot K)$］；

α_e——外表面换热系数［$W/(m^2 \cdot K)$］；

α_i——内表面换热系数［$W/(m^2 \cdot K)$］；

θ——表面温度，内部温度［℃］；

$\theta_{i \cdot max}$——表面温度，内部温度［℃］；

ρ_0——材料干密度（kg/m^3）；
λ——材料导热系数［$W/(m\cdot K)$］；
b——材料层的热渗透系数；
S——建筑物体形系数；
K_m——外墙平均传热系数［$W/(m^2\cdot K)$］。

1.3 建筑节能工程热工计算

1.3.1 建筑节能常用计算资料

1. 内表面换热系数 α_i 及内表面换热阻 R_i

内表面换热系数 α_i 及内表面换热阻 R_i 值见表 1-4。

内表面换热系数 α_i 及内表面换热阻 R_i 值 **表 1-4**

适用季节	表面特征	α_i ［$W/(m^2\cdot K)$］	R_i ［$(m^2\cdot K)/W$］
冬季和夏季	墙面、地面、表面平整或有肋状突出物的顶棚，当 $h/s\leqslant0.3$ 时	8.7	0.11
	有肋状突出物的顶棚，当 $h/s>0.3$ 时	7.6	0.13

注：表中 h 为肋高，s 为肋间净距。

2. 外表面换热系数 α_e 及外表面换热阻 R_e

外表面换热系数 α_e 及外表面换热阻 R_e 值见表 1-5。

外表面换热系数 α_e 及外表面换热阻 R_e 值 **表 1-5**

适用季节	表面特征	α_e ［$W/(m^2\cdot K)$］	R_e ［$(m^2\cdot K)/W$］
冬季	外墙、屋顶、与室外空气直接接触的表面	23.0	0.04
	与室外空气相通的不采暖地下室上面的楼板	17.0	0.06
	闷顶、外墙上有窗的不采暖地下室上面的楼板	12.0	0.08
	外墙上无窗的不采暖地下室上面的楼板	6.0	0.17
夏季	外墙和屋顶	19.0	0.05

3. 常用建筑材料热物理性能计算参数

常用建筑材料热物理性能计算参数见表 1-6。

常用建筑材料热物理性能计算参数 **表 1-6**

材料名称	干密度 ρ_0 (kg/m^3)	标准值		修正系数 α	计算值		使用场合及影响因素
		导热系数 λ [$W/(m\cdot K)$]	蓄热系数 S [$W/(m^2\cdot K)$]		导热系数 λ_c [$W/(m\cdot K)$]	蓄热系数 S_c [$W/(m^2\cdot K)$]	
钢筋混凝土	2500	1.74	17.20	1.00	1.74	17.20	墙体及屋面
碎石、卵石混凝土	2300	1.51	15.36	1.00	1.51	15.36	墙体
水泥焦渣	1100	0.42	6.13	1.50	0.63	9.20	屋面找坡层，吸湿

续表

材料名称	干密度 ρ_0 (kg/m³)	标准值		修正系数 α	计算值		使用场合及影响因素
		导热系数 λ [W/(m·K)]	蓄热系数 S [W/(m²·K)]		导热系数 λ_c [W/(m·K)]	蓄热系数 S_c [W/(m²·K)]	
加气混凝土	500	0.19	2.81	1.25	0.24	3.51	墙体及屋面板，灰缝
加气混凝土	500	0.19	2.81	1.50	0.29	4.22	屋面保温层，吸湿
加气混凝土	600	0.20	3.00	1.25	0.25	3.75	墙体及屋面板，灰缝
加气混凝土	600	0.20	3.00	1.50	0.30	4.50	屋面保温层，吸湿
水泥砂浆	1800	0.93	11.37	1.00	0.93	11.37	抹灰层、找平层
石灰水泥砂浆	1700	0.87	10.75	1.00	0.87	10.75	抹灰层
石灰砂浆	1600	0.81	10.07	1.00	0.81	10.07	抹灰层
黏土实心砖墙	1600	0.81	10.63	1.00	0.81	10.63	墙体
黏土空心砖墙（26～36孔）	1400	0.58	7.92	1.00	0.58	7.92	墙体
灰砂砖墙	1900	1.10	12.72	1.00	1.10	12.72	墙体
硅酸盐砖墙	1800	0.87	11.11	1.00	0.87	11.11	墙体
炉渣砖墙	1700	0.81	10.63	1.00	0.81	10.63	墙体
混凝土多孔砖	1450	0.738	7.25	1.00	0.738	7.25	墙体
单排孔混凝土空心砌块	900	0.86	7.48	1.00	0.86	7.48	墙体
双排孔混凝土空心砌块	1100	0.792	8.42	1.00	0.792	8.42	墙体
三排孔混凝土空心砌块	1300	0.75	7.92	1.00	0.75	7.92	墙体
轻骨料混凝土空心砌块	1100	0.75	6.01	1.00	0.75	6.01	墙体
矿棉、岩棉、玻璃棉板	80～200	0.045	0.75	1.20	0.054	0.90	墙体保温
矿棉、岩棉、玻璃棉板	80～200	0.045	0.75	1.50	0.068	1.125	屋面保温
膨胀聚苯板	20～30	0.042	0.36	1.20	0.05	0.43	墙体保温
膨胀聚苯板	20～30	0.042	0.36	1.50	0.063	0.54	屋面保温
挤塑聚苯板	25～32	0.030	0.32	1.10	0.033	0.352	墙体保温
挤塑聚苯板	25～32	0.030	0.32	1.30	0.039	0.416	屋面保温
硬泡聚氨酯	30～50	0.027	0.36	1.20	0.0324	0.468	墙体保温
胶粉聚苯颗粒保温浆料	230	0.060	0.95	1.20	0.072	1.14	墙体保温
腹丝穿透型钢丝网架聚苯板	20～30	0.042	0.36	1.55	0.0651	0.558	墙体保温
腹丝非穿透型钢丝网架聚苯板	20～30	0.042	0.36	1.30	0.0546	0.468	墙体保温
泡沫玻璃	150～180	0.066	0.81	1.10	0.0726	0.891	墙体及屋面保温
微孔硅酸钙板	220	0.065	1.26	1.20	0.078	1.512	屋面保温
憎水珍珠岩板	400	0.12	2.03	1.20	0.144	2.436	屋面保温
水泥聚苯板	300	0.09	1.54	1.30	0.117	2.002	墙体及屋面保温

1.3.2 建筑节能工程计算

1. 常用计算公式

（1）热阻及传热阻：

1）单一材料层的热阻为：

$$R=\frac{\delta}{\lambda} \tag{1-13}$$

式中 R——材料层的热阻［$(m^2 \cdot K)/W$］；

δ——材料层的厚度（m）；

λ——材料的导热系数［$W/(m \cdot K)$］。

2）多层围护结构的热阻为：

$$R=R_1+R_2+\cdots\cdots+R_n \tag{1-14}$$

式中 R_1、R_2……R_n——各层材料的热阻［$(m^2 \cdot K)/W$］。

3）围护结构的传热阻为：

$$R_o=R_i+R+R_e \tag{1-15}$$

式中 R_o——传热阻［$(m^2 \cdot K)/W$］；

R_i——内表面换热阻［$(m^2 \cdot K)/W$］，通常取 0.11；

R_e——外表面换热阻［$(m^2 \cdot K)/W$］，通常取 0.04。

（2）传热系数：

1）传热系数按下式计算：

$$K=\frac{1}{R_o}=\frac{1}{R_i+R+R_e} \tag{1-16}$$

式中 K——传热系数［$W/(m^2 \cdot K)$］。

2）外墙平均传热系数按下式计算：

$$K_m=\frac{K_P \cdot F_P+K_{B1} \cdot F_{B1}+K_{B2} \cdot F_{B2}+K_{B3} \cdot F_{B3}}{F_P+F_{B1}+F_{B2}+F_{B3}} \tag{1-17}$$

式中 K_m——外墙平均传热系数［$W/(m^2 \cdot K)$］；

K_P——外墙主体部位的传热系数［$W/(m^2 \cdot K)$］，应按《民用建筑热工设计规范》（GB 50176）的规定计算；

K_{B1}、K_{B2}、K_{B3}——外墙周边热桥部位的传热系数［$W/(m^2 \cdot K)$］；

F_P——外墙主体部位的面积（m^2）；

F_{B1}、F_{B2}、F_{B3}——外墙周边热桥部位的面积（m^2）。

（3）热惰性指标：

1）单一材料层的热惰性指标：

$$D=RS \tag{1-18}$$

式中 D——热惰性指标；

R——材料层热阻［(m²·K)/W］；

S——材料的蓄热系数［W/(m²·K)］。

2）多层围护结构的热惰性指标：

$$D=D_1+D_2+\cdots\cdots+D_n=R_1S_1+R_2S_2+\cdots\cdots+R_nS_n \tag{1-19}$$

式中 R_1、$R_2\cdots\cdots R_n$——各层材料的热阻［(m²·K)/W］；

S_1、$S_2\cdots\cdots S_n$——各层材料的蓄热系数［W/(m²·K)］。

2. 北方地区墙体节能计算示例（按北京地区370mm厚多孔砖框架填充墙计算）

（1）各部分面积计算

按层高2700mm、开间3300mm进行计算，窗户大小按1500mm×1500mm进行计算（图1-5）。

$K_{B1}=0.24\times2.7=0.648\text{m}^2$

$K_{B2}=(3.3-0.24)\times0.14=0.428\text{m}^2$

$K_{B3}=(3.3-0.24)\times0.10=0.306\text{m}^2$

$K_{B4}=(3.3-0.24)\times0.06=0.184\text{m}^2$

$K_p=3.3\times2.7-1.5\times1.5-0.648-0.428-0.306-0.184=5.094\text{m}^2$

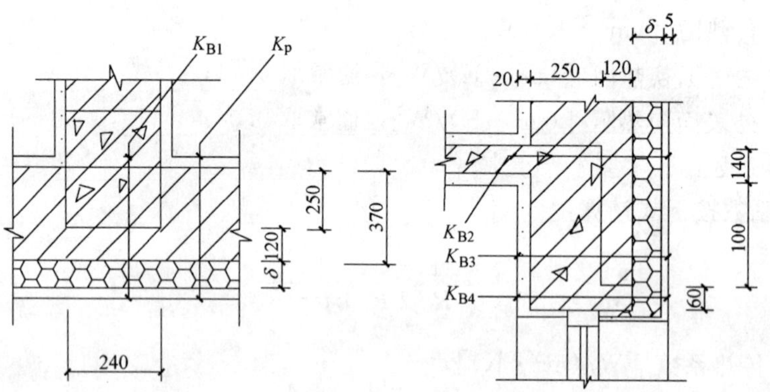

图1-5 370mm多孔砖墙体保温隔热构造

（2）保温层厚度计算

这里假设墙体采用胶粉聚苯颗粒保温浆料进行保温，基本构造为：20mm厚内墙面抹面砂浆，370mm厚黏土多孔砖，δmm厚胶粉聚苯颗粒保温浆料，5mm厚聚合物抗裂砂浆。

1）主体部位：

$$R=\frac{0.02}{0.87}+\frac{0.37}{0.58}+\frac{\delta/1000}{0.060\times1.2}+\frac{0.005}{0.93} \qquad K_p=\frac{1}{0.11+R+0.04}$$

2）热桥部位：

$$K_{B1}=K_{B2}=\frac{1}{0.11+\frac{0.02}{1.74}+\frac{0.25}{1.74}+\frac{0.12}{0.58}+\frac{\delta/1000}{0.060\times1.2}+\frac{0.005}{0.93}+0.04}$$

$$K_{B3}=\frac{1}{0.11+\frac{0.02}{0.87}+\frac{0.25}{1.74}+\frac{0.12}{0.58}+\frac{\delta/1000}{0.060\times1.2}+\frac{0.005}{0.93}+0.04}$$

$$K_{B4}=\frac{1}{0.11+\frac{0.02}{0.87}+\frac{0.37}{1.74}+\frac{\delta/1000}{0.060\times1.2}+\frac{0.005}{0.93}+0.04}$$

3）外墙平均传热系数：

$$K_m=\frac{K_p\times5.094+K_{B1}\times0.648+K_{B2}\times0.428+K_{B3}\times0.306+K_{B4}\times0.184}{5.094+0.648+0.428+0.306+0.184}$$

计算结果见表 1-7。

多孔砖 370mm 墙体胶粉聚苯颗粒保温浆料外保温厚度选用表 **表 1-7**

δ (mm)	R [(m²·K)/W]	K_m [W/(m²·K)]	K_p [W/(m²·K)]	K_{B1} [W/(m²·K)]	K_{B2} [W/(m²·K)]	K_{B3} [W/(m²·K)]	K_{B4} [W/(m²·K)]
30	1.08	0.88	0.812	1.071	1.071	1.059	1.240
35	1.15	0.83	0.769	0.996	0.996	0.987	1.142
40	1.22	0.78	0.730	0.932	0.932	0.923	1.058
45	1.29	0.74	0.695	0.875	0.875	0.868	0.986
50	1.36	0.70	0.663	0.825	0.825	0.818	0.923
55	1.43	0.67	0.633	0.780	0.780	0.774	0.867
60	1.50	0.64	0.607	0.740	0.740	0.735	0.818
65	1.57	0.61	0.582	0.704	0.704	0.699	0.774
70	1.64	0.59	0.560	0.671	0.671	0.667	0.734

从表 1-7 中可以看出，当胶粉聚苯颗粒保温浆料保温层厚度为 70mm 时，可满足北京地区节能 65％标准对墙体传热系数限值的要求，即外墙平均传热系数 $K_m=0.59$ W/(m²·K)<0.6W/(m²·K)。

其他类型的保温材料厚度及其他墙体和屋面的保温层厚度可参考本示例进行计算。

3. 南方地区墙体节能计算示例（按上海地区 200mm 厚钢筋混凝土墙计算）

（1）各部分面积

按层高 2700mm、开间 3300mm 进行计算，窗户大小按 1500mm×1500mm 进行计算（图 1-6）。

$K_{B1}=0.24\times2.7=0.648m^2$

$K_{B2}=(3.3-0.24)\times0.14=0.428m^2$

$K_{B3}=(3.3-0.24)\times0.16=0.490m^2$

$K_p=3.3\times2.7-1.5\times1.5-0.648-0.428-0.490=5.094m^2$

（2）保温层厚度计算

这里假设墙体采用胶粉聚苯颗粒保温浆料进行保温，基本构造为：20mm 厚内墙面抹面砂浆，200mm 厚钢筋混凝土，δmm 厚胶粉聚苯颗粒保温浆料，5mm 厚聚合物抗裂砂浆。

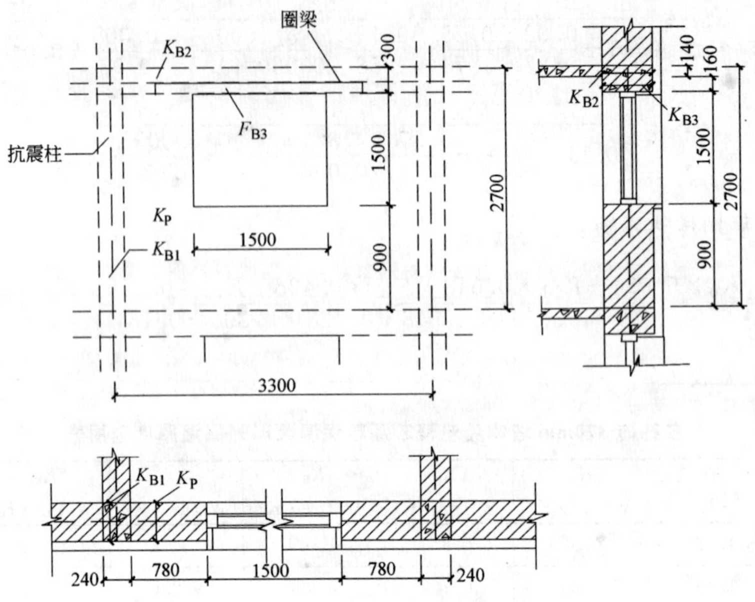

图1-6 外保温隔热墙体构造

1）主体部位：

$$R=\frac{0.02}{0.87}+\frac{0.20}{1.74}+\frac{\delta/1000}{0.06\times1.2}+\frac{0.005}{0.93}\qquad K_p=\frac{1}{0.11+R+0.04}$$

$$D=\sum RS=\frac{0.02}{0.87}\times10.75+\frac{0.20}{1.74}\times17.2+\frac{\delta/1000}{0.06\times1.2}\times0.95\times1.2+\frac{0.005}{0.93}\times11.37$$

2）热桥部位：

$$K_{B1}=K_{B2}=\frac{1}{0.04+\frac{0.02}{1.74}+\frac{0.20}{1.74}+\frac{\delta/1000}{0.06\times1.2}+\frac{0.005}{0.93}+0.11}$$

$$K_{B3}=\frac{1}{0.04+\frac{0.02}{0.87}+\frac{0.20}{1.74}+\frac{\delta/1000}{0.06\times1.2}+\frac{0.005}{0.93}+0.11}$$

3）外墙平均传热系数：

$$K_m=\frac{K_p\times5.094+K_{B1}\times0.648+K_{B2}\times0.428+K_{B3}\times0.490}{5.094+0.648+0.428+0.490}$$

计算结果见表1-8。

钢筋混凝土200mm墙体胶粉聚苯颗粒保温浆料外保温厚度选用表 **表1-8**

δ (mm)	R [(m²·K)/W]	K_m [W/(m²·K)]	K_p [W/(m²·K)]	K_{B1} [W/(m²·K)]	K_{B2} [W/(m²·K)]	K_{B3} [W/(m²·K)]	D
10	0.28	2.32	2.314	2.377	2.377	2.314	2.444
15	0.35	2.00	1.993	2.040	2.040	1.993	2.523
20	0.42	1.76	1.751	1.787	1.787	1.751	2.602
25	0.49	1.57	1.561	1.590	1.590	1.561	2.681
30	0.56	1.41	1.409	1.432	1.432	1.409	2.757

从表 1-8 中可以看出，当胶粉聚苯颗粒保温浆料保温层厚度为 30mm 时可满足上海地区节能 50%标准对墙体传热系数限值的要求，即外墙平均传热系数 $K_m=1.41\text{W}/(\text{m}^2\cdot\text{K})<1.5\text{W}/(\text{m}^2\cdot\text{K})$，但由于上海地处南方地区，还有隔热要求，胶粉聚苯颗粒保温浆料保温层为 30mm 时，$D=2.757<3.0$，因此还要进行隔热验算。

（3）隔热验算

1）基本数据见表 1-9。

钢筋混凝土 200mm 墙体胶粉聚苯颗粒保温浆料外保温基本数据 表 1-9

构造层	厚度 δ (m)	导热系数 λ [W/(m·K)]	热阻 $R=\frac{\delta}{\lambda}$ [(m²·K)/W]	蓄热系数 S [W/(m²·K)]	热惰性指标 $D=R\cdot S$
1. 内墙面抹面砂浆	0.02	0.87	0.023	10.75	0.247
2. 钢筋混凝土	0.2	1.74	0.115	17.20	1.978
3. 胶粉聚苯颗粒保温浆料	0.03	0.06×1.2 =0.072	0.417	0.95×1.2 =1.14	0.475
4. 抗裂砂浆	0.005	0.93	0.005	11.37	0.057
合计	—	—	$\sum R=0.56$	—	$\sum D=2.757$

2）各层材料外表面蓄热系数计算：

$$D_1\leqslant 1，则\quad Y_{1,e}=\frac{R_1S_1^2+\alpha_i}{1+R_1\alpha_i}=\frac{0.023\times 10.75^2+8.7}{1+0.023\times 8.7}=9.47\text{W}/(\text{m}^2\cdot\text{K})$$

$$D_2\geqslant 1，则\quad Y_{2,e}=S_2=17.20\text{W}/(\text{m}^2\cdot\text{K})$$

$$D_3\leqslant 1，则\quad Y_{3,e}=\frac{R_3S_3^2+Y_{2,e}}{1+R_3Y_{2,e}}=\frac{0.417\times 1.14^2+17.20}{1+0.417\times 17.20}=2.17\text{W}/(\text{m}^2\cdot\text{K})$$

$$D_4\leqslant 1，则\quad Y_{4,e}=Y_e=\frac{R_4S_4^2+Y_{3,e}}{1+R_4Y_{3,e}}=\frac{0.005\times 11.37^2+2.17}{1+0.005\times 2.17}=2.79\text{W}/(\text{m}^2\cdot\text{K})$$

3）各层材料内表面蓄热系数：

$$D_2\geqslant 1，则\quad Y_{2,i}=S_2=17.20\text{W}/(\text{m}^2\cdot\text{K})$$

$$D_1\leqslant 1，则\quad Y_i=Y_{1,i}=\frac{R_1S_1^2+Y_{2,i}}{1+R_1Y_{2,i}}=\frac{0.023\times 10.75^2+17.20}{1+0.023\times 17.20}=14.2\text{W}/(\text{m}^2\cdot\text{K})$$

4）多层围护结构衰减倍数：

$$\begin{aligned}v_0&=0.9e^{\frac{D}{\sqrt{2}}}\frac{(S_1+\alpha_i)(S_2+Y_1)(S_3+Y_2)(S_4+Y_3)(Y_4+\alpha_e)}{(S_1+Y_1)(S_2+Y_2)(S_3+Y_3)(S_4+Y_4)\alpha_e}\\&=0.9e^{\frac{2.757}{\sqrt{2}}}\frac{(10.75+8.7)(17.20+9.47)(1.14+17.20)(11.37+2.17)(2.79+19.0)}{(10.75+9.47)(17.20+17.20)(1.14+2.17)(11.37+2.79)\times 19.0}\\&=0.9\times 7.02\times 4.52=28.56\end{aligned}$$

5）多层围护结构延迟时间：

$$\begin{aligned}\xi_0&=\frac{1}{15}\left(40.5D-\arctan\frac{a_i}{a_i+Y_i\sqrt{2}}+\arctan\frac{Y_e}{Y_e+a_e\sqrt{2}}\right)\\&=\frac{1}{15}\left(40.5\times 2.757-\arctan\frac{8.7}{8.7+14.2\sqrt{2}}+\arctan\frac{2.79}{2.79+19.0\sqrt{2}}\right)\\&=\frac{1}{15}(111.66-16.80+5.37)=6.68\ (\text{h})\end{aligned}$$

6）室内空气到内表面的衰减倍数：

$$v_i=0.95\frac{a_i+Y_i}{a_i}=0.95\times\frac{8.7+14.2}{8.7}=2.5$$

7）室内空气到内表面的延迟时间：

$$\xi_i=\frac{1}{15}\arctan\frac{Y_i}{Y_i+a_i\sqrt{2}}=\frac{1}{15}\arctan\frac{14.2}{14.2+8.7\sqrt{2}}=1.88\ (\text{h})$$

8）室外综合温度计算：

① 以上海地区西向为例，其计算参数如下：

$\overline{t_e}=31.2℃$；　$t_{e.max}=36.1℃$；　$A_{te}=4.9℃$；　$\varphi_i=16$（h）；

$\overline{I}=151.6\text{W/m}^2$；　$I_{max}=640\text{W/m}^2$；　$\rho=0.5$；　$\varphi_{te}=15$（h）

$$\overline{t_i}=\overline{t_e}+1.5=31.2+1.5=32.7℃$$

$$At_i=At_e-1.5=4.9-1.5=3.4℃$$

② 太阳辐射当量温度波幅：

$$A_{ts}=\frac{\rho(I_{max}-\overline{I})}{a_e}=\frac{0.5\times(640-151.6)}{19.0}=12.85℃$$

$$\frac{A_{ts}}{A_{te}}=\frac{12.47}{4.9}=2.62\qquad \varphi_i-\varphi_{te}=16-15=1\qquad \beta=0.99$$

③ 室外综合温度波幅：

$$A_{tsa}=(A_{te}+A_{ts})\beta=(4.9+12.85)\times0.99=17.57℃$$

④ 室外综合温度平均值：

$$\overline{t_{sa}}=\overline{t_e}+\frac{\rho\overline{I}}{a_e}=31.2+\frac{0.50\times151.6}{19.0}=35.19℃$$

9）围护结构内表面最高温度计算：

① 室内计算温度平均值：

$$\overline{t_i}=\overline{t_e}+1.5=31.2+1.5=32.7℃$$

② 内表面平均温度：

$$\overline{\theta_i}=\overline{t_i}+\frac{\overline{t_{sa}}-\overline{t_i}}{R_o a_i}=32.7+\frac{35.19-32.7}{(0.05+0.56+0.11)\times8.7}=33.1℃$$

③ 室内计算温度波幅值：

$$A_{ti}=A_{te}-1.5=4.9-1.5=3.4℃$$

$$\frac{A_{tsa}}{v_o}=\frac{17.57}{28.56}=0.62\qquad \frac{A_{ti}}{v_i}=\frac{3.4}{2.5}=1.36\qquad \frac{1.36}{0.62}=2.19$$

$$(\varphi_{tsa}+\xi_o)-(\varphi_{t_i}+\xi_i)=(16+6.68)-(16+1.88)=4.8\qquad \beta=0.83$$

④ 内表面最高温度：

$$\theta_{i\cdot\max}=\overline{\theta_i}+\left(\frac{A_{tsa}}{v_o}+\frac{A_{ti}}{v_i}\right)\beta=33.1+\left(\frac{17.57}{28.56}+\frac{3.4}{2.5}\right)\times 0.83=34.74℃$$

与夏季室外最高计算温度 $t_{e\cdot\max}=36.1℃$相比可得：$\theta_{i\cdot\max}\leqslant t_{e\cdot\max}$。

以上计算结果表明，围护结构保温隔热构造为 200mm，钢筋混凝土＋30mm 胶粉聚苯颗粒保温浆料＋5mm 抗裂砂浆复合耐碱网布时，围护结构外墙传热系数为1.41W/($m^2\cdot K$)，满足 $K\leqslant1.5W/(m^2\cdot K)$ 的要求；内表面最高温度为 34.74℃，小于上海地区夏季室外最高计算温度 36.1℃。因此该外墙保温隔热构造设计满足上海地区的节能要求。

其他类型的保温材料厚度及其他墙体和屋面的保温层厚度可参考本示例进行计算。

1.4 建筑节能技术及工程设计要求

1.4.1 建筑节能技术措施

（1）围护结构节能技术

墙体采用岩棉、玻璃棉、聚苯乙烯塑料、聚氨酯泡沫塑料及聚乙烯塑料等新型高效保温绝热材料以及复合墙体，降低外墙传热系数。

采取增加窗玻璃层数、窗上加贴透明聚酯膜、加装门窗密封条、使用低辐射玻璃（Low-E 玻璃）、封装玻璃和绝热性能好的塑料窗等措施，改善门窗绝热性能，有效降低室内空气与室外空气的热传导。

采用高效保温材料保温屋面、架空型保温屋面、浮石沙保温屋面和倒置型保温屋面等节能屋面。在南方地区和夏热冬冷地区的屋面采用屋面遮阳隔热技术。

采用综合考虑建筑物的通风、遮阳、自然采光等建筑围护结构，优化集成节能技术。例如，双层幕墙技术是中间带有可调遮阳板、且可通风的方式，夏季可有效遮阳和通风排热，冬季又可使太阳光透过，减少采暖负荷。

（2）能源系统节能控制技术

采暖空调系统的控制技术是对既有热网系统和楼宇能源系统进行节能改造、实现优化运行节能控制的关键技术。主要有三种方式：VWV（变水量）、VAV（变风量）和 VRV（变容量），其关键技术是基于供热、空调系统中“冷（热）源-输配系统-末端设备”各环节物理特性的控制。

（3）热泵技术

热泵技术是利用低温低位热能资源，采用热泵原理，通过少量的高位电能输入，实现低位热能向高位热能转移的一种技术，主要有空气源热泵技术和水（地）源热泵技术。可向建筑物供暖、供冷，有效降低建筑物供暖和供冷能耗，同时降低区域环境污染。

（4）采暖末端装置可调技术

主要包括末端热量可调及热量计量装置，连接每组散热器的恒温阀，相应的热网控制调节技术以及变频泵的应用等。可实现 30%～50%的节能效果，同时避免采暖末端的冷热不均问题。

（5）新风处理及空调系统的余热回收技术

新风负荷一般占建筑物总负荷约30%～40%，变新风量所需的供冷量比固定的最小新风量所需的供冷量少20%左右。新风量如果能够从最小新风量到全新风变化，在春秋季可节约近60%的能耗。通过全热式换热器将空调房间排风与新风进行热、湿交换，利用空调房间排风的降温除湿，可实现空调系统的余热回收。

(6) 独立除湿空调节电技术

中央空调消耗的能量中40%～50%用来除湿。冷冻水供水温度提高1℃，效率可提高3%左右。采用除湿独立方式，同时结合空调余热回收，中央空调电耗可降低30%以上。我国已开发成功溶液式独立除湿空调方式的关键技术，以低温热源为动力高效除湿。

(7) 各种辐射型采暖空调末端装置节能技术

地板辐射、天花板辐射、垂直板辐射是辐射型采暖的主要方式。可避免吹风感，同时可使用高温冷源和低温热源，大大提高热泵的效率。在有低温废热、地下水等低品位可再生冷热源时，这种末端方式可直接使用这些冷热源，省去常规冷热源。

(8) 建筑热电冷联产技术

在热电联产基础上增加制冷设备，形成热电冷联产系统。制冷设备主要是吸收式制冷机，其制冷所用热量由热电联产系统供热量提供。与直接使用天然气锅炉供热、天然气直燃机制冷、发电厂供电相比，上述方式可降低一次能源消耗量的10%～30%，同时还减少了输电过程的线路损耗。

(9) 相变贮能技术

相变贮能技术具有贮能密度高、相变温度接近于一恒定温度等优点，可提供很高的蓄热、蓄冷容量，并且系统容易控制，可有效解决能量供给与需求时间上的不匹配问题。例如，在采暖空调系统中应用相变贮能技术，是实现电网的"削峰填谷"的重要途径；在建筑围护结构中应用相变贮能技术，可以降低房间空调负荷。

(10) 太阳能一体化建筑

太阳能一体化建筑是太阳能利用的发展趋势。利用太阳能为建筑物提供生活热水、冬季采暖和夏季空调，同时可以结合光伏电池技术为建筑物供电。

(11) 建筑能耗评估

以整座建筑物的每家每户建筑能耗为出发点来评价建筑物的热性能。在综合考虑气候条件、各种传热方式、建筑物的朝向、墙体材料的性能、门窗性能、建筑物的热惰性、各相邻房间耦合传热、新风要求、用户的作息情况、以及采暖空调等各种建筑设备的选择和使用等因素的基础上对建筑物的能耗需求进行评估。为房地产商和用户在开发、购买和使用节能建筑和建筑设备时提供节能信息服务。

(12) 采用节能产品

购买和使用符合国家能效标准要求的高效节能空调、冰箱、照明器具、风机、水泵等，降低建筑物能耗。

1.4.2 建筑节能工程设计要求

1. 建筑热工设计分区及设计要求

建筑热工设计应与地区气候相适应，建筑热工设计分区及设计要求应符合表1-10的规定。

建筑热工设计分区及设计要求 表 1-10

分区名称	分区指标		设计要求
	主要指标	辅助指标	
严寒地区	最冷月平均温度不大于−10℃	日平均温度不大于5℃的天数不小于145d	必须充分满足冬季保温要求，一般可不考虑夏季防热
寒冷地区	最冷月平均温度0～−10℃	日平均温度不大于5℃的天数90～145d	应满足冬季保温要求，部分地区兼顾夏季防热
夏热冬冷地区	最冷月平均温度0～10℃，最热月平均温度25～30℃	日平均温度不大于5℃的天数0～90d，日平均温度不小于25℃的天数40～110d	必须满足夏季防热要求，适当兼顾冬季保温
夏热冬暖地区	最冷月平均温度大于10℃，最热月平均温度25～29℃	日平均温度不小于25℃的天数100～200d	必须充分满足夏季防热要求，一般可不考虑冬季保温
温和地区	最冷月平均温度0～13℃，最热月平均温度18～25℃	日平均温度不大于5℃的天数0～90d	部分地区应考虑冬季保温，一般可不考虑夏热防热

2. 冬季保温设计要求

(1) 建筑物宜设在避风和向阳地段。

(2) 建筑物的体形设计宜减少外表面积，其平、立面的凹凸面不宜过多。

(3) 居住建筑，在严寒地区不应设开敞式楼梯间和开敞式外廊；在寒冷地区不宜设开敞式楼梯间和开敞式外廊。公共建筑，在严寒地区出入口处应设门斗或热风幕等避风设施；在寒冷地区出入口处宜设门斗或热风幕等避风设施。

(4) 建筑物外部窗户面积不宜过大，应减少窗户缝隙长度，并采取密闭措施。

(5) 外墙、屋顶、直接接触室外空气的楼板和不采暖楼梯间的隔墙等围护结构，应进行保温验算，其传热阻应不小于建筑物所在地区要求的最小传热阻。

(6) 当有散热器、管道、壁龛等嵌入外墙时，该处外墙的传热阻应不小于建筑物所在地区要求的最小传热阻。

(7) 围护结构中的热桥部位应进行保温验算，并采取保温措施。

(8) 严寒地区居住建筑的底层地面，在其周边一定范围内应采取保温措施。

(9) 围护结构的构造设计应考虑防潮要求。

3. 夏季防热设计要求

(1) 建筑物的夏季防热应采取自然通风，窗户遮阳、围护结构隔热和环境绿化等综合性措施。

(2) 建筑物的总体布置，单体的平、剖面设计和门窗的设置，应有利于自然通风，并尽量避免主要房间受东、西向的日晒。

(3) 建筑物的向阳面，特别是东、西向窗户，应采取有效的遮阳措施。在建筑设计中，宜结合外廊、阳台、挑檐等处理方法达到遮阳目的。

(4) 屋顶和东、西向外墙的内表面温度，应满足隔热设计标准的要求。

(5) 为防止梅雨季节湿空气在地面冷凝泛潮，居室、托幼园所等场所的地面下部宜采取保温措施或架空做法，地面面层宜采用微孔吸湿材料。

4. 建筑围护结构保温设计

(1) 建筑围护结构传热阻的确定

1) 设置集中采暖的建筑物，其围护结构的传热阻应根据技术经济比较确定，且应符合国家有关节能标准的要求，其最小传热阻应按下式计算确定：

$$R_{o\cdot\min}=\frac{(t_i-t_e)n}{[\Delta t]}R_i \tag{1-20}$$

式中 $R_{o\cdot\min}$——围护结构最小传热阻 [$(m^2\cdot K)/W$]；

t_i——冬季室内计算温度（℃），一般居住建筑取18℃；高级居住建筑、医疗、托幼建筑取20℃；

t_e——围护结构冬季室外计算温度（℃）；

n——温差修正系数，应按表1-11采用；

R_i——围护结构内表面换热阻 [$(m^2\cdot K)/W$]；

$[\Delta t]$——室内空气与围护结构内表面之间的允许温差（℃），应按表1-12采用。

温差修正系数 n 值 **表 1-11**

围护结构及其所处情况	温差修正系数 n 值
外墙、平屋顶及与室外空气直接接触的楼板等	1.00
带通风间层的平屋顶、坡屋顶顶棚及与室外空气相通的不采暖地下室上面的楼板等	0.90
与有外门窗的不采暖楼梯间相邻的隔墙：	
1～6层建筑	0.60
7～30层建筑	0.50
不采暖地下室上面的楼板：	
外墙上有窗户时	0.75
外墙上无窗户且位于室外地坪以上时	0.60
外墙上无窗户且位于室外地坪以下时	0.40
与有外门窗的不采暖房间相邻的隔墙	0.70
与无外门窗的不采暖房间相邻的隔墙	0.40
伸缩缝、沉降缝墙	0.30
防震缝墙	0.70

室内空气与围护结构内表面之间的允许温差 [Δt]（℃） **表 1-12**

建筑物和房间类型	外墙	平屋顶和坡屋顶顶棚
居住建筑、医院和幼儿园等	6.0	4.0
办公楼、学校和门诊部等	6.0	4.5
礼堂、食堂和体育馆等	7.0	5.5
室内空气潮湿的公共建筑：		
不允许外墙和顶棚内表面结露时	t_i-t_d	$0.8(t_i-t_d)$
允许外墙内表面结露，但不允许顶棚内表面结露时	7.0	$0.9(t_i-t_d)$

注：1. 潮湿房间系指室内温度为13～24℃，相对湿度大于75%，或室内温度高于24℃，相对湿度大于60%的房间；
2. 表中 t_i、t_d 分别为室内空气温度和露点温度（℃）；
3. 对于直接接触室外空气的楼板和不采暖地下室上面的楼板，当有人长期停留时，取允许温差 [Δt] 等于2.5℃；当无人长期停留时，取允许温差 [Δt] 等于5.0℃。

2) 当居住建筑、医院、幼儿园、办公楼、学校和门诊部等建筑物的外墙为轻质材料或内侧复合轻质材料时，外墙的最小传热阻应在按式（1-20）计算结果的基础上进行附加，其附加值应按表1-13的规定采用。

轻质外墙最小传热阻的附加值（%） 表 1-13

外墙材料与构造	当建筑物处在连续供热热网中时	当建筑物处在间歇供热热网中时
密度为 800～1200kg/m³ 的轻骨料混凝土单一材料墙体	15～20	30～40
密度为 500～800kg/m³ 的轻混凝土单一材料墙体；外侧为砖或混凝土、内侧复合轻混凝土的墙体	20～30	40～60
平均密度小于 500kg/m³ 的轻质复合墙体；外侧为砖或混凝土、内侧复合轻质材料（如岩棉、矿棉、石膏板等）墙体	30～40	60～80

3）处在寒冷和夏热冬冷地区，且设置集中采暖的居住建筑和医院、幼儿园、办公楼、学校、门诊部等公共建筑，当采用Ⅲ型和Ⅳ型围护结构时，应对其屋顶和东、西外墙进行夏季隔热验算。如按夏季隔热要求的传热阻大于按冬季保温要求的最小传热阻，应按夏季隔热要求采用。

（2）围护结构保温措施

1）提高围护结构热阻值可采取下列措施：

① 采用轻质高效保温材料与砖、混凝土或钢筋混凝土等材料组成的复合结构。

② 采用密度为 500～800kg/m³ 的轻混凝土和密度为 800～1200kg/m³ 的轻骨料混凝土作为单一材料墙体。

③ 采用多孔黏土空心砖或多排孔轻骨料混凝土空心砌块墙体。

④ 采用封闭空气间层或带有铝箔的空气间层。

2）提高围护结构热稳定性可采取下列措施：

① 采用复合结构时，内外侧宜采用砖、混凝土或钢筋混凝土等重质材料，中间复合轻质保温材料。

② 采用加气混凝土、泡沫混凝土等轻混凝土单一材料墙体时，内外侧宜作水泥砂浆抹面层或其他重质材料饰面层。

（3）热桥部位内表面温度验算及保温措施

1）围护结构热桥部位的内表面温度不应低于室内空气露点温度。

2）在确定室内空气露点温度时，居住建筑和公共建筑的室内空气相对湿度均应按60%采用。

3）围护结构中常见五种形式热桥（图 1-7），其内表面温度应按下列规定验算：

① 当肋宽与结构厚度比 a/δ 不大于 1.5 时：

$$\theta_i' = t_i - \frac{R_o' + \eta(R_o - R_o')}{R_o' \cdot R_o} R_i (t_i - t_e) \tag{1-21}$$

式中 θ_i'——热桥部位内表面温度（℃）；

t_i——室内计算温度（℃）；

t_e——室外计算温度（℃），应按《民用建筑热工设计规范》（GB 50176）附录三附表 3.1 中Ⅰ型围护结构的室外计算温度采用；

R_o——非热桥部位的传热阻［$(m^2 \cdot K)/W$］；

R_o'——热桥部位的传热阻［$(m^2 \cdot K)/W$］；

R_i——内表面换热阻，取0.11［$(m^2\cdot K)/W$］；

η——修正系数，应根据比值a/δ，按表1-14或表1-15采用。

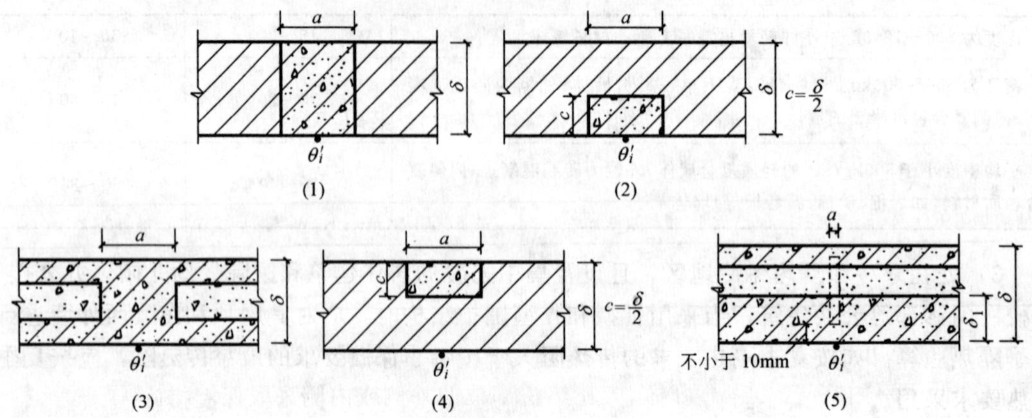

图1-7 常见五种形式热桥

修正系数η值 表1-14

热桥形式	肋宽与结构厚度比 a/δ								
	0.02	0.06	0.10	0.20	0.40	0.60	0.80	1.00	1.50
(1)	0.12	0.24	0.38	0.55	0.74	0.83	0.87	0.90	0.95
(2)	0.07	0.15	0.26	0.42	0.62	0.73	0.81	0.85	0.94
(3)	0.25	0.50	0.96	1.26	1.27	1.21	1.16	1.10	1.00
(4)	0.04	0.10	0.17	0.32	0.50	0.62	0.71	0.77	0.89

修正系数η值 表1-15

热桥形式	δ_i/δ	肋宽与结构厚度比 a/δ							
		0.04	0.06	0.08	0.10	0.12	0.14	0.16	0.18
(5)		0.50	0.011	0.025	0.044	0.071	0.102	0.136	0.170
	0.25	0.006	0.014	0.025	0.040	0.054	0.074	0.092	0.112

注：a/δ的中间值可用内插法确定。

② 当肋宽与结构厚度比a/δ大于1.5时：

$$\theta'_i=t_i-\frac{t_i-t_e}{R'_o}R_i \tag{1-22}$$

4）单一材料外墙角处的内表面温度和内侧最小附加热阻，应按下列公式计算：

$$\theta'_i=t_i-\frac{t_i-t_e}{R_o}R_i\cdot\xi \tag{1-23}$$

$$R_{ad\cdot min}=(t_i-t_e)\left(\frac{1}{t_i-t_d}-\frac{1}{t_i-\theta'_i}\right)R_i \tag{1-24}$$

式中 θ'_i——外墙角处内表面温度（℃）；

$R_{ad\cdot min}$——内侧最小附加热阻［$(m^2\cdot K)/W$］；

t_i——室内计算温度（℃）；

t_e——室外计算温度（℃），按 GB 50176 附录三附表 3.1 中Ⅰ型围护结构的室外计算温度采用；

t_d——室内空气露点温度（℃）；

R_i——外墙角处内表面换热阻，取 0.11（$m^2 \cdot K$)/W；

R_o——外墙传热阻［($m^2 \cdot K$)/W］；

ξ——比例系数，根据外墙热阻 R 值，按表 1-16 采用。

比例系数 ξ 值 **表 1-16**

外墙热阻 R($m^2 \cdot K$/W)	比例系数 ξ	外墙热阻 R($m^2 \cdot K$/W)	比例系数 ξ
0.10～0.40	1.42	0.50～1.50	1.73
0.41～0.49	1.72		

5）除常见五种形式热桥外，其他形式热桥的内表面温度应进行温度场验算。当其内表面温度低于室内空气露点温度时，应在热桥部位的外侧或内侧采取保温措施。

（4）窗户保温性能、气密性和面积的规定

1）窗户的传热系数应按经国家计量认证的质检机构提供的测定值采用；如无上述机构提供的测定值时，可按表 1-17 采用。

窗户的传热系数 **表 1-17**

窗框材料	窗户类型	空气层厚度(mm)	窗框窗洞面积比(%)	传热系数 K($W/m^2 \cdot K$)
钢、铝	单层窗	—	20～30	6.4
	单框双玻窗	12	20～30	3.9
		16	20～30	3.7
		20～30	20～30	3.6
	双层窗	100～140	20～30	3.0
	单层＋单框双玻窗	100～140	20～30	2.5
木、塑料	单层窗	—	30～40	4.7
	单框双玻窗	12	30～40	2.7
		16	30～40	2.6
		20～30	30～40	2.5
	双层窗	100～140	30～40	2.3
	单层＋单框双玻窗	100～140	30～40	2.0

注：1. 本表中的窗户包括一般窗户、天窗和阳台门上部带玻璃部分；
2. 阳台门下部门肚板部分的传热系数，当下部不作保温处理时，应按表中值采用；当作保温处理时，应按计算确定；
3. 本表中未包括的新型窗户，其传热系数应按测定值采用。

2）居住建筑和公共建筑外部窗户的保温性能，应符合下列规定：

① 严寒地区各朝向窗户，不应低于现行国家标准《建筑外窗保温性能分级及检测方法》（GB/T 8484）规定的 8 级水平。

② 寒冷地区各朝向窗户，不应低于上述标准规定的 2 级水平；北向窗户，宜达到上述标准规定的 4 级水平。

3）阳台门下部门肚板部分的传热系数，严寒地区应不大于 1.35W/($m^2 \cdot K$)；寒冷地区应不大于 1.72W/($m^2 \cdot K$)。

4）居住建筑和公共建筑窗户的气密性，应符合下列规定：

① 居住建筑在冬季室外平均风速不小于 3.0m/s 的地区，对于 1～6 层建筑，不应低于现行国家标准《建筑外窗空气渗透性能分级及检测方法》(GB/T 7107) 规定的 3 级水平；对于7～30 层建筑，不应低于上述标准规定的 4 级水平。

② 公共建筑在冬季室外平均风速小于 3.0m/s 的地区，对于 1～6 层建筑，不应低于上述标准规定的 2 级水平；对于 7～30 层建筑，不应低于上述标准规定的 3 级水平。

5) 居住建筑各朝向的窗墙面积比应符合下列规定 [《民用建筑节能设计标准（采暖居住建筑部分)》(JGJ 26—95)]：

① 当外墙传热阻达到计算确定的最小传热阻时，北向窗墙面积比，不应大于 0.20；东、西向，不应大于 0.25（单层窗）或 0.30（双层窗）；南向，不应大于 0.35。

② 当建筑设计上需要增大窗墙面积比或实际采用的外墙传热阻大于计算确定的最小传热阻时，所采用的窗墙面积比和外墙传热阻应符合《民用建筑热工设计规范》(GB 50176—93) 附录五的规定。

(5) 采暖建筑地面热工要求

1) 采暖建筑地面的热工性能，应根据地面的吸热指数 B 值，按表 1-18 的规定，划分成三个类别。

2) 不同类型采暖建筑对地面热工性能的要求，应符合表 1-19 的规定。

采暖建筑地面热工性能类别 **表 1-18**

地面热工性能类别	B 值[$W/(m^2 \cdot h^{-1/2} \cdot K)$]
Ⅰ	<17
Ⅱ	17～23
Ⅲ	>23

注：地面吸热指数 B 值应按 GB 50176 附录的规定计算。

不同类型采暖建筑对地面热工性能的要求 **表 1-19**

采暖建筑类型	对地面热工性能的要求
高级居住建筑、幼儿园、托儿所、疗养院等	宜采用Ⅰ类地面
一般居住建筑、办公楼、学校等	可采用Ⅱ类地面
临时逗留用房及室温高于 23℃的采暖房间	可采用Ⅲ类地面

3) 严寒地区采暖建筑的底层地面，当建筑物周边无采暖管沟时，在外墙内侧 0.5～1.0m 范围内应铺设保温层，其热阻不应小于外墙的热阻。

5. 建筑围护结构隔热设计

(1) 围护结构隔热设计要求

在房间自然通风情况下，建筑物的屋顶和东、西外墙的内表面最高温度，应满足下式要求：

$$\theta_{i \cdot \max} \leqslant t_{e \cdot \max} \tag{1-25}$$

式中 $\theta_{i \cdot \max}$——围护结构内表面最高温度（℃），应按《民用建筑热工设计规范》(GB 50176—93) 附录三的规定计算；

$t_{e\cdot max}$——夏季室外计算温度最高值（℃），应按《民用建筑热工设计规范》（GB 50176—93）附录三附表 3.2 采用。

（2）围护结构隔热措施

1）外表面做浅色饰面，如浅色粉刷、涂层和面砖等。

2）设置通风间层，如通风屋顶、通风墙等。通过屋顶的风道长度不宜大于 10m。间层高度以 20cm 左右为宜。基层上面应有 6cm 左右的隔热层。夏季多风地区，檐口处宜采用兜风构造。

3）采用双排或三排孔混凝土或轻骨料混凝土空心砌块墙体。

4）复合墙体的内侧宜采用厚度为 10cm 左右的砖或混凝土等重质材料。

5）设置带铝箔的封闭空气间层。当为单面铝箔空气间层时，铝箔宜设在温度较高的一侧。

6）蓄水屋顶。水面宜有水浮莲等浮生植物或白色漂浮物，水深宜为 15～20cm。

7）采用有土和无土植被屋顶，以及墙面垂直绿化等。

6. 采暖建筑围护结构防潮设计

（1）围护结构内部冷凝受潮验算

1）外侧有卷材或其他密闭防水层的平屋顶结构，以及保温层外侧有密实保护层的多层墙体结构，当内侧结构层为加气混凝土和砖等多孔材料时，应进行内部冷凝受潮验算。

2）采暖期间，围护结构中保温材料因内部冷凝受潮而增加的重量湿度允许增量，应符合表 1-20 的规定。

采暖期间保温材料重量湿度的允许增量 [Δω]（%） **表 1-20**

保温材料名称	重量湿度允许增量[Δω]
多孔混凝土(泡沫混凝土、加气混凝土等)，ρ_o=500～700kg/m³	4
水泥膨胀珍珠岩和水泥膨胀蛭石等，ρ_o=300～500kg/m³	6
沥青膨胀珍珠岩和沥青膨胀蛭石等，ρ_o= 300～400kg/m³	7
水泥纤维板	5
矿棉、岩棉、玻璃棉及其制品(板或毡)	3
聚苯乙烯泡沫塑料	15
矿渣和炉渣填料	2

3）根据采暖期间围护结构中保温材料重量湿度的允许增量，冷凝计算界面内侧所需的蒸汽渗透阻应按下式计算：

$$H_{o\cdot i}=\frac{P_i-P_{s\cdot c}}{\frac{10\rho_o\delta_i[\Delta\omega]}{24Z}+\frac{P_{s\cdot c}-P_e}{H_{o\cdot e}}} \tag{1-26}$$

式中 $H_{o\cdot i}$——冷凝计算界面内侧所需的蒸汽渗透阻 [(m²·h·Pa)/g]；

$H_{o\cdot e}$——冷凝计算界面至围护结构外表面之间的蒸汽渗透阻 [(m²·h·Pa)/g]；

P_i——室内空气水蒸气分压力（Pa），根据室内计算温度和相对湿度确定；

P_e——室外空气水蒸气分压力（Pa），根据《民用建筑热工设计规范》（GB

50176—93）附录三附表3.1查得的采暖期室外平均温度和平均相对湿度确定；

$P_{s\cdot c}$——冷凝计算界面处与界面温度 θ_c 对应的饱和水蒸气分压力（Pa）；

Z——采暖期天数，应符合《民用建筑热工设计规范》（GB 50176—93）附录三附表3.1的规定；

$[\Delta\omega]$——采暖期间保温材料重量湿度的允许增量（%），应按表2-22中的数值直接采用；

ρ_o——保温材料的干密度（kg/m^3）；

δ_i——保温材料厚度（m）。

4）冷凝计算界面温度应按下式计算：

$$\theta_c = t_i - \frac{t_i - \bar{t}_e}{R_o}(R_i + R_{o\cdot i}) \tag{1-27}$$

式中 θ_c——冷凝计算界面温度（℃）；

t_i——室内计算温度（℃）；

$\bar{t}_e$——采暖期室外平均温度（℃），应符合《民用建筑热工设计规范》（GB 50176—93）附录三附表3.1的规定；

R_o、R_i——分别为围护结构传热阻和内表面换热阻［$(m^2\cdot K)/W$］；

$R_{o\cdot i}$——冷凝计算界面至围护结构内表面之间的热阻［$(m^2\cdot K)/W$］。

5）冷凝计算界面的位置，应取保温层与外侧密实材料层的交界处（图1-8）。

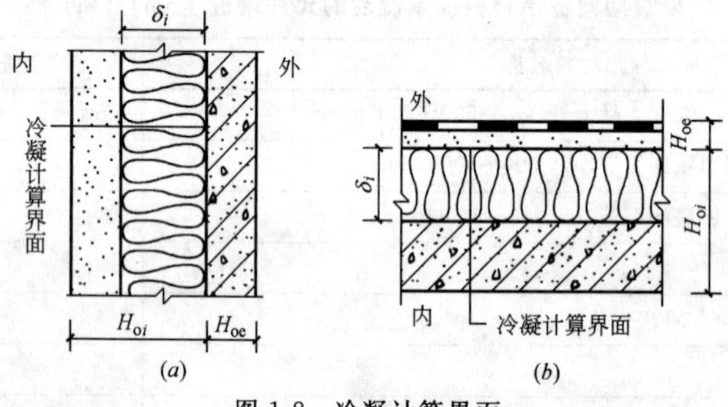

图1-8 冷凝计算界面

(a) 外墙；(b) 层顶

6）对于不设通风口的坡屋顶，其顶棚部分的蒸汽渗透阻应符合下式要求：

$$H_{o\cdot i} > 1.2(P_i - P_e) \tag{1-28}$$

式中 $H_{o\cdot i}$——顶棚部分的蒸汽渗透阻［$(m^2\cdot h\cdot Pa)/g$］；

P_i、P_e——分别为室内和室外空气水蒸气分压力（Pa）。

7）围护结构材料层的蒸汽渗透阻应按下式计算：

$$H = \frac{\delta}{\mu} \tag{1-29}$$

式中 H——材料层的蒸汽渗透阻［$(m^2\cdot h\cdot Pa)/g$］；

δ——材料层的厚度（m）；

μ——材料的蒸汽渗透系数［g/(m·h·Pa)］，应按《民用建筑热工设计规范》（GB 50176—93）附录四附表 4.1 采用。

注：① 多层结构的蒸汽渗透阻应按各层蒸汽渗透阻之和确定。

② 封闭空气间层的蒸汽渗透阻取零。

③ 某些薄片材料和涂层的蒸汽渗透阻应按《民用建筑热工设计规范》（GB 50176—93）附录四附表 4.3 采用。

（2）围护结构防潮措施

1）采用多层围护结构时，应将蒸汽渗透阻较大的密实材料布置在内侧，而将蒸汽渗透阻较小的材料布置在外侧。

2）外侧有密实保护层或防水层的多层围护结构，经内部冷凝受潮验算而必须设置隔汽层时，应严格控制保温层的施工湿度，或采用预制板状或块状保温材料，避免湿法施工和雨天施工，并保证隔汽层的施工质量。对于卷材防水屋面，应有与室外空气相通的排湿措施。

3）外侧有卷材或其他密闭防水层，内侧为钢筋混凝土屋面板的平屋顶结构，如经内部冷凝受潮验算不需设隔汽层，则应确保屋面板及其接缝的密实性，达到所需的蒸汽渗透阻。

第 2 章　建筑节能工程施工常用材料

2.1　自保温节能材料

2.1.1　加气混凝土及其制品

加气混凝土是以钙质和硅质材料为基料，以铝粉为发气剂，经配料、搅拌、浇筑成形、切割和蒸压养护而成的一种多孔轻质材料。

1. 加气混凝土品种及技术要求

加气混凝土的品种，按原材料分主要有：水泥、矿渣、砂，水泥、石灰、砂，水泥、石灰、粉煤灰等 3 种；按强度分级有：10、25、35、50、75 等 5 级；按密度分有：03、04、05、06、07、08 等 6 级；按尺寸偏差、密度范围分有：优等品（A）、一等品（B）和合格品（C）等 3 个等级。

常用的加气混凝土产品有加气混凝土砌块和蒸压加气混凝土板。

(1) 加气混凝土砌块

加气混凝土砌块的技术性能指标见表 2-1。加气混凝土砌块不同密度级别、不同等级对于密度的要求见表 2-2。加气混凝土砌块不同等级对外观和尺寸允许偏差的规定，见表 2-3。

加气混凝土砌块的技术性能指标　　　　**表 2-1**

项　　目		指　　标				
		10 级	25 级	35 级	50 级	75 级
立方体抗压强度(MPa)	平均值	≥1.0	≥2.5	≥3.5	≥5.0	≥7.5
	最小值	≥0.8	≥2.0	≥2.8	≥4.0	≥6.0
干密度(符合表 2-2 密度等级规定)		03	04	05	06	07
			05	06	07	08
干缩值(mm·m^{-1})	温度 50±1℃，湿度 28%～32%条件下测试	≤0.8				
	温度 20±2℃，湿度 41%～45%条件下测试	≤0.5				
抗冻性(冻融循环 15 次)	重量损失(%)	≤5				
	强度损失(%)	≤20				

注：立方体抗压强度采用 100mm×100mm×100mm 试件，在含水率为 25%～45%时测定。

加气混凝土砌块不同密度级别、等级对干密度的要求　　　　**表 2-2**

密　度　级　别		03	04	05	06	07	08
干密度(kg·m^{-3})	优等品 A≤	300	400	500	600	700	800
	一等品 B≤	330	430	530	630	730	830
	合格品 C≤	350	450	550	650	750	850

加气混凝土砌块不同等级对外观和尺寸偏差的规定 **表 2-3**

项目		指标		
		优等品 A	一等品 B	合格品 C
缺棱的最大和最小尺寸不得同时大于(mm)		100 和 20		
掉角的最大和最小尺寸不得同时大于(mm)		70 和 30		
平面弯曲最大处尺寸不得大于(mm)		5		
完整面不得少于		一个大面		
裂纹	1. 贯穿一面二棱且超过缺棱掉角规定的裂缝或断裂	不允许		
	2. 任何面上的裂纹长度不得大于裂纹方向尺寸的	1/2		
	3. 贯穿一棱二面的裂纹长度不得大于裂纹所在面的裂纹方向尺寸	1/3		
爆裂、粘模和损坏深度不得大于(mm)		30		
表面疏松、层裂		不允许		
尺寸允许偏差(mm)	长度	±4	±5	±6
	高度	±2	±3	±4
	宽度	±2	±3	±4

注：完整面系指表面没有裂纹、爆裂，以及长、高、宽三个方向均不大于 20mm 的缺棱掉角的缺陷者。

(2) 加气混凝土板

加气混凝土板技术要求如下：

1) 材料的基本性能。

① 利用工业废渣为原料时，应符合《建筑材料产品及建材用工业废渣放射性物质控制要求》(GB 6763—2000)、《掺工业废渣建筑材料产品放射性物质控制标准》(GB 9196) 的规定。

② 加气混凝土性能应符合《蒸压加气混凝土砌块》(GB 11968) 的规定。

③ 钢筋应符合《钢筋混凝土用热轧带肋钢筋》(GB 1499—1998) 中 Q195 钢的规定。

④ 钢筋涂层的防锈能力不小于 8 级。

⑤ 05、06 级板内钢筋粘着力不小于 0.8MPa (单筋粘着力最小值不得小于 0.5MPa)；07、08 级板内钢筋粘着力不小于 1.0MPa (单筋粘着力最小值不得小于 0.5MPa)。

2) 板的尺寸允许偏差和外观，应符合表 2-4 的规定。

板的尺寸允许偏差和外观 **表 2-4**

项目	基本尺寸		允许偏差(mm)		
			优等品 A	一等品 B	合格品 C
尺寸	长度 L	按制作尺寸	±4	±4	±4
	宽度 B	按制作尺寸	+2～−4	+2～−5	+2～−6
	厚度 D	按制作尺寸	±2	±3	±4
	槽	按制作尺寸	−0～+5	−0～+5	−0～+5
	侧向弯曲		L/1000	L/1000	L/750
外观	对角线差		L/600	L/600	L/500
	表面平整		5	5	5
	露筋、掉角、侧面损伤		不允许	不允许	不允许
	大面损伤、端部掉头		+5	+5	+5
	主筋		−10	−10	−10
钢筋保护层	端部	0～15	—	—	—

3）板的等级：优等品和一等品的板不得有裂缝；合格品屋面板不得有贯穿裂缝和其他影响结构性能的裂缝，不得有长度不小于600mm、宽度不小于0.2mm纵向裂缝，其他裂缝的数量不得多于2条，合格品墙板上不得有贯穿裂缝，其他的裂缝长度、宽度不做限定，数量不得多于3条。

4）板的钢筋保护层从钢筋外缘算起，应符合表2-4的规定。

5）在符合下列6种情况时，板允许修补。对于05、06级板，修补料抗压强度不小于5.0MPa，对于07、08级板，修补料抗压强度不小于8.0MPa。修补完整后，板经检查合格，可作为合格品出厂。

① 掉角：板宽方向的尺寸 $a\leqslant 150$mm，板长方向的尺寸 $b\leqslant 300$mm。

② 侧面损伤：总长度 $b\leqslant 500$mm，深度 a 不超过主筋保护层。

③ 大面损伤：面积不大于200cm^2，深度 $a\leqslant 10$mm，板长 $L\leqslant 3300$mm 的板有1处，$L>3300$mm 的板不大于2处。

④ 端部掉头（包括疏皮）：宽度不大于25mm，有1处。

⑤ 发气不够高的板宽度尺寸不足：当宽度不小于585mm，长度不大于板长的2/3；宽度小于585mm时，符合侧面损伤的情况。

⑥ 板槽尺寸不符合规定。

6）屋面板的结构性能应满足以下要求：

① 材料强度、构造要求应符合设计图样规定。

② 承载能力检验系数实测值：

$$\gamma_u[0]\geqslant\gamma_0[\gamma_u]\frac{1}{\nu_R} \tag{2-1}$$

式中 $\gamma_u[0]$——屋面板承载能力检验系数实测值，即试验达到表2-5所列破坏的检验标志之一时的荷载实测值与荷载设计值（均包括自重）的比值；

γ_0——重要性系数，根据结构安全等级，按表2-6选用；

$[\gamma_u]$——屋面板承载力检验系数允许值，按表2-7选用；

ν_R——屋面板抗力分项系数，采用0.75。

注：荷载设计值指相应于承载能力极限状态效应组合下的荷载值。

屋面板承载力检验系数允许值 表2-5

结构设计受力情况	破坏的检验标志	$[\gamma_u]$
受弯	在受拉主筋的最大裂缝宽度达到1.5mm，或挠度达到跨度的1/50	1.20
	受压处加气混凝土破坏	1.25
	受拉主筋拉断	1.50
受弯构件的受剪	腹部斜裂缝达到1.5mm或斜裂缝末端受压区加气混凝土剪压破坏	1.35
	沿斜截面加气混凝土斜压破坏，或受拉主筋在端部滑脱，或其他锚固破坏	1.50

γ_0 取值 表2-6

结构安全等级	一级	二级	三级
γ_0	1.1	1.0	0.9

③ 短期挠度实测值：

$$\alpha_s \leqslant M_{sl} \frac{M_s}{(\theta-1)+M_s}[\alpha_f] \tag{2-2}$$

式中 α_s——在荷载的短期组合值作用下，屋面板的短期挠度实测值；

M_s——按荷载的短期组合值计算所得的弯矩值；

M_{sl}——按荷载的长期组合值计算所得的弯矩值；

θ——考虑荷载长期组合对挠度增大的影响系数，采用 2.0；

$[\alpha_f]$——屋面板的挠度允许值，采用 1/200 板的跨度。

④ 在短期作用的标准荷载下，不应出现新裂缝。

⑤ 标准荷载由各地区设计单位提出，由有关主管部门确定。

2. 加气混凝土的特点及用途

(1) 性能特点（见表 2-7）

加气混凝土产品的特点及用途 **表 2-7**

品种	特点	用途
蒸压粉煤灰加气混凝土砌块	以水泥、石灰、石膏和粉煤灰为主要原料，以铝粉为发气剂，经搅拌、注模、静停、切割、蒸压养护而成。具有质轻、强度较高、可加工性好、施工方便、价格较低、保温隔热、节能效果好等优点	适用于低层建筑的承重墙、多层建筑的自承重墙、高层框架建筑的填充墙，以及建筑物的内隔墙、屋面和外墙的保温隔热层，特别适用于节能建筑的单一和复合外墙。少量作其他用途（保温方面如滑冰场和供热管道保温等）
加气混凝土砌块	由磨细砂、石灰，加水泥、水和发泡剂搅拌，经注模、静停、切割、蒸压养护而成。具有重量轻、强度较高、可加工性好、施工方便、价格较低、保温隔热、节能效果好等优点	适用于低层建筑承重墙、多层建筑自承重墙、高层框架填充墙，以及建筑物内隔墙、屋面和墙体的保温隔热层等
蒸压粉煤灰加气混凝土屋面板	用经过防锈处理的 U 形钢筋网片、板端预埋件，与粉煤灰加气混凝土共同浇筑而成，具有重量轻、强度较高、整体刚度大、保温隔热、承重合一，抗震、节能效果好，施工方便、造价较低等优点	适用于建筑物的平屋面和坡屋面
加气混凝土隔墙板	带防锈防腐配筋。具有重量轻、强度较高、施工方便、造价较低、隔声效果好等优点	适用于建筑物分室和分户隔墙
加气混凝土外墙板	同屋面板	适用于建筑物外墙
加气混凝土骨料空心砌块	以加气混凝土碎块作为骨料，加水泥、粉煤灰和外加剂，制成空心砌块。具有质轻、施工方便、造价较低、保温隔热性能好等优点	适用于框架填充墙和隔墙
加气混凝土砌筑砂浆外加剂	掺有 AM-1 型外加剂的砌筑砂浆，具有黏着力大、保水性好、施工方便、保证灰缝饱满、砌体牢固等优点	适用于加气混凝土砌块的砌筑。按外加剂 20kg、水泥 50kg、砂 200～250kg、水适量充分搅拌备用，砌筑时砌块可不浇水润湿，垂直缝可直接抹碰头灰
加气混凝土抹灰砂浆外加剂	掺有 AM-2 型外加剂的抹灰砂浆，具有良好的施工性能，可以使抹灰层与砌体粘结牢固，防止起鼓和开裂现象	适用于加气混凝土内外墙面抹灰。按外加剂 20kg、水泥 50kg、砂 200～300kg、水适量搅拌备用。砂浆强度等级以 M4～M5 为宜

加气混凝土和普通混凝土、泡沫混凝土相比，在建筑应用中有下述性能特点：

1）密度小。加气混凝土的孔隙率一般在70%～80%，其中由铝粉发气形成的气孔占40%～50%，由水分形成的气孔约占20%～40%，大部分气孔孔径为0.5～2mm，平均孔径为1mm左右。由于这些气孔的存在，通常加气混凝土的密度为400～700kg/m^3，其单位体积的重量是普通混凝土的1/4～1/3。

2）具有结构材料必要的强度。材料的强度和密度通常是呈正比关系，加气混凝土也有此性质，以体积密度500～700kg/m^{3}的制品来说，一般强度为2.5～6.0MPa，具备了作为结构材料的必要的强度条件，这是泡沫混凝土所不及的。

3）弹性模量和徐变较普通混凝土小。加气混凝土的弹性模量（0.147～0.245）×10^{4}MPa只及普通混凝土（1.96×10^{4}MPa）的1/10，因此在相同荷载下，其变形比普通混凝土大；加气混凝土的徐变系数（0.8～1.2）比普通混凝土（1～4）小，所以在相同受力状态下，其徐变比普通混凝土要小。

4）耐火性好。加气混凝土是不燃材料，在受热至80～100℃以上时，会出现收缩和裂缝，但在70℃以前不会损失强度，并且不散发有害气体。耐火性能好。

5）隔热保温性能好。和泡沫混凝土一样，加气混凝土具有隔热保温性能好的优点，它的热导率为0.116～0.212W/m·K。

6）隔声性能较好。加气混凝土的吸声能力（吸声系数为0.2～0.3）比普通混凝土要好，但隔声能力因受质量定律支配，和质量成正比，所以加气混凝土要比普通混凝土差，但比泡沫混凝土要好。

7）耐久性好。加气混凝土的长期强度稳定比泡沫混凝土好，但它的抗冻性和抗风化性比普通混凝土差，所以在使用中要有必要的处理措施。

8）易加工。加气混凝土可锯、可刨、可切、可钉、可钻。

9）干收缩性能能满足建筑要求。加气混凝土的干燥收缩标准值为不大于0.5mm/m（温度20℃，相对湿度43%±2%），如果含水率降低，干燥收缩值也相应减少，所以只要控制墙含水率在15%以下，砌体的收缩值就能满足建筑要求。

10）施工效率高。在同样重量的条件下，加气混凝土的块型大，施工速度就快；在同样块型的条件下，加气混凝土比普通混凝土要轻，可以不要大的起重设备，砌筑费用少。

（2）用途（见表2-7）

加气混凝土制品的上述特点，使之适用于下面一些场合：

1）高层框架建筑。多年的实践证明，加气混凝土在高层框架建筑中的应用是经济合理的，特别是用砌块来砌筑内外墙，已普遍得到社会的认同。

2）抗震地区建筑。由于加气混凝土自重轻，其建筑的地震力就小，对抗震有利，和砖混建筑相比，同样的建筑、同样的地震条件下，震害程度相差一个地震设计设防级别，如砖混建筑在达7度设防，它会受破坏，而此时加气混凝土建筑只达6度设防，就不会被破坏。

3）严寒地区建筑。加气混凝土的保温性能好，200mm厚的墙的保温效果相当于490mm厚的砖墙的保温效果，因此它在寒冷地区的建筑经济效果突出，所以具有一定的竞争力。

4）软质地基建筑。适用于地基条件较差的建筑，在相同地基条件下，加气混凝土建筑的层数可以增多，经济上有利。

加气混凝土主要缺点是收缩大，弹性模量低，怕冻害。因此，加气混凝土不适合下列场合：温度大于80℃的环境；有酸、碱危害的环境；长期潮湿的环境，特别是在寒冷地区尤应注意。

3. 加气混凝土制品在建筑节能中的应用

新节能标准提出实现节能50%的目标，不仅提高了对围护结构的保温要求，而且考虑了抗震柱、圈梁等周边热桥对外墙传热的影响，并要求外墙的平均传热系数符合新节能标准的规定。在使用加气混凝土制品作为单一墙体材料时，需对抗震柱和圈梁等热桥部位作保温处理。保温处理的方式：在北京、天津、兰州、太原等寒冷地区，在热桥部位外侧贴约100mm厚加气混凝土；在西宁、沈阳、长春、哈尔滨等严寒地区，外侧贴约50mm厚聚苯板加70mm厚加气混凝土。

由于加气混凝土墙体较薄，在北京地区，与以前的370mm厚砖墙相比，每户使用面积可增加约1.5m^2，与主体墙为240mm厚砖墙，内侧为岩棉、石膏板等内保温墙体相比，每户使用面积可增加约1.2m^2，其经济效益十分可观。

加气混凝土制品的生产和应用，在国内外已有30多年历史，在技术上已较为成熟。国内许多城市，特别是北京市在建筑物外墙、隔墙和屋面中应用较为广泛，取得了较好的技术经济效果，积累了较为丰富的经验。针对加气混凝土材料的孔形结构基本上为分散独立的多孔结构，而不是像黏土砖那样的毛细管结构，加气混凝土的孔形结构吸水多而速度慢，表面浇水不易浇透因此要在砌筑前1～2天浇水湿润。用普通水泥砂浆抹灰，砂浆层的水分被加气混凝土慢慢吸走，从而不利于水泥砂浆的养护和强度增长；此外，砂浆层的强度等级过高，与加气混凝土的强度等级不相匹配等原因，是导致抹灰层空鼓和开裂的主要原因。针对加气混凝土的孔形结构和材料特性，采用掺专用外加剂的低强度等级砂浆，并按规定程序操作，使抹灰层的质量得到保证。

2.1.2 保温砌模

1. 保温砌模基本要求

（1）砌模应为超轻骨料混凝土制成的工业化产品。

（2）根据用途可分为内墙砌模、外墙砌模、柱模、梁模和窗台砌模五种，五种砌模的外形及尺寸应符合图2-1的要求。

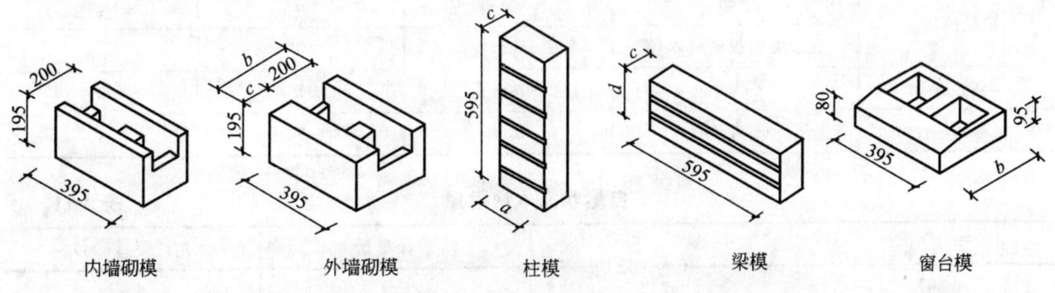

图2-1 砌模外形及尺寸

(3) 内墙砌模应为双竖孔带水平槽的空心砌模，模长395mm、高195mm、宽200mm。

(4) 外墙砌模的造型与内墙砌模基本相同，砌模外壁厚度 *c*（图 2-1）可根据不同地区保温隔热要求加以调整。

(5) 柱模应为实心模板，模高595mm，模宽 *a* 与柱宽相同，模厚可与外墙砌模外壁厚度 *c* 相同，柱模内侧设有水平榫槽。

(6) 梁模应为实心模板，模宽595mm，模高 *d* 与梁高相同，模厚可与外墙砌模外壁厚度 *c* 相同，梁模内侧设有水平榫槽。

(7) 窗台模应为双竖孔砌模，模长395mm、高95mm，宽度与外墙砌模宽度相同，或根据窗台挑檐宽度确定模宽。

2. 保温砌模性能指标

(1) 保温砌模的抗压强度应大于0.5MPa，抗折强度应大于0.3MPa，常温下自然养护龄期不少于28d，保温砌模强度达到设计值的100%方可出厂。

(2) 保温砌模厂应提供产品合格证和质量检测证明。其主要技术性能指标应符合表2-8～表2-11的要求。

规格尺寸 **表 2-8**

型号		*B*(宽度)	*L*(长度)	*H*(高度)
301(外墙)	公称尺寸(mm)	300	400	200
	实际尺寸(mm)	310	395	195
201(内墙)	公称尺寸(mm)	200	400	200
	实际尺寸(mm)	200	395	195

尺寸允许偏差 **表 2-9**

项目名称	单位	优等品	合格品
长度	mm	±2	±4
宽度	mm	±2	±4
高度	mm	±1.5	±2
对角线	±3		±7

外观质量 **表 2-10**

项目名称		单位	优等品	合格品
缺棱掉角	个数	个	0	≤2
	三个方向投影最小值	mm	0	≤20
垂直度	不大于	mm	1	3
弯曲度	不大于	mm	3	4

自然状态单块重量 **表 2-11**

型号	单位	干燥重量	允许偏差(%)
301	kg/块	5.4	±4
201	kg/块	3.6	±4

（3）外墙砌模的主要物理性能指标应符合表 2-12 的规定。

外墙砌模的主要物理性能指标 表 2-12

序 号	项 目	指 标	序 号	项 目	指 标
1	干密度(kg/m^3)	≤330	6	蓄热系数[$W/(m^2 \cdot K)$]	≥1.8
2	体积密度(kg/m^3)	≤405	7	自然含水率(%)	≤5
3	抗压强度(MPa)	≥0.5	8	吸水率(%)	≤28
4	抗折强度(MPa)	≥0.3	9	软化系数	≥0.7
5	导热系数[$W/(m \cdot K)$]	≤0.083	10	抗冻融(次)	≥25

2.1.3 保温节能砌块

1. 简介

310 节能砌块（见图 2-2）是集承重、保温、装饰于一体的新型墙体材料。310 节能砌块的主要规格为 390mm×310mm×190mm，其主要原料为：砂子、水泥、石子、聚苯板、金属拉钩和无机颜料。从功能上分为：内叶承重部分、外叶装饰部分和中间保温部分，由金属拉钩将这三部分连接为一体。从排砖上讲它和传统的混凝土小型空心砌块没有根本区别，它遵循的排砖原则为对孔错缝。

图 2-2 310 保温节能砌块

310 节能砌块的模数一般为 2 模和 4 模，也就是说建筑物从轴线到轴线为偶数，轴线到洞口边为奇数，窗间墙为偶数，竖向涉及到砌块部分为偶数，门窗洞口水平、竖向尺寸为偶数。如果建筑物为混水墙时，那么水平和竖向尺寸也可以为奇数，但不能出现小于 100mm 的尺寸，并且在连续的阴阳转角处需为偶数，在建筑物水平和竖向尺寸出现奇数时，用户选用厂家生产的七分头块或 90 高砌块进行调节，七分头的砌筑部位应在没有芯柱的位置。

2. 310 保温节能砌块的优点

保温、承重、装饰、节能混凝土空心砌块是金阳公司致力于加快墙体材料革新和推广节能建筑与中国建筑科学研究院、国家住宅工程中心合作开发生产的专利产品。近几年来，在国内的砌块建筑，大多采用 190mm 厚的混凝土空心砌块作承重墙，为达到建筑节能的要求，在砌块内贴水泥聚苯板，或在外侧做保温。无论内保温还是外保温，在墙面上都产生了不同程度的开裂，甚至漏水现象，影响了混凝土空心砌块的大面积应用和推广。为解决上述问题，开发出集保温、承重、装饰于一体的复合节能混凝土空心砌块，达到了节能 65%的标准，真正的使砌块做到了经济、方便、美观、实用。节能砌块的优点：

（1）集保温、承重、装饰于一身，同时解决了装饰面与结构层稳定可靠连接的问题。

（2）采用优质聚苯板复合保温形式，使墙体具有外保温的优点，不但解决了混凝土制品砌筑的墙体进行保温时容易开裂的问题，而且彻底消除了“冷桥”，满足北京市“第三步”节能 65%标准。

（3）由高强混凝土与自熄型聚苯板构成，各项理化指标 20 年无明显变化，其耐久性和抗老化性好。

(4) 施工速度快，外墙保温装饰和主体砌筑一次完成。

(5) 自重轻、减少基础荷载，节约砌筑砂浆。

(6) 块型按模数设计，采用整块、半块、七分块、转角块等，尽可能地减少了施工现场的切割工作，保证在施工全过程中实施良好的管理。

(7) 综合造价低，具有明显的经济效益和社会效益。

3. 节能砌块的性能

310节能砌块性指标，见表2-13。

310保温节能砌块性能表 **表2-13**

序　号	项　目	单　位	指　标
1	砌块规格	mm	390×310×190
2	抗压强度	MPa	≥10.0
3	抗折强度	MPa	≥1.60
4	砌块质量	kg/块	25
5	砌块密度	kg/m^3	≤1200
6	砌块抗渗性	mm	≤10
7	抗冻强度损失	%	16.8
8	传热系数	$W/(m^2 \cdot K)$	≤0.6
9	空气隔声量	dB	≥50
10	聚苯板密度	kg/m^3	≥20

2.2 建筑保温、绝热材料

保温绝热材料一般均是轻质、疏松、多孔、纤维材料。按其成分可分为有机材料和无机材料两种，前者的保温绝热性能较后者为好，但后者较前者耐久性好。按形态可分为纤维状、微孔状、气泡状及层状四种（见表2-14）。

主要保温吸声材料分类 **表2-14**

<table>
<tr><td rowspan="3">纤维状</td><td rowspan="2">无机质</td><td>天然</td><td>石棉纤维</td></tr>
<tr><td>人造</td><td>矿物纤维（矿渣棉、岩棉、玻璃棉、硅酸铝棉）</td></tr>
<tr><td>有机质</td><td>天然</td><td>软质纤维板（木纤维板、草纤维板）</td></tr>
<tr><td rowspan="3">微孔状</td><td rowspan="2">无机质</td><td>天然</td><td>硅藻土</td></tr>
<tr><td>人造</td><td>硅钙板、碳酸镁</td></tr>
<tr><td>有机质</td><td>天然</td><td>软木</td></tr>
<tr><td rowspan="4">气泡状</td><td rowspan="3">无机质</td><td rowspan="3">人造</td><td>膨胀珍珠岩、膨胀蛭石、加气混凝土</td></tr>
<tr><td>泡沫玻璃、火山灰微珠、泡沫石棉</td></tr>
<tr><td>泡沫黏土等</td></tr>
<tr><td>有机质</td><td>人造</td><td>各类泡沫塑料、泡沫橡胶、钙塑保温板</td></tr>
<tr><td rowspan="2">层状</td><td>金属</td><td></td><td>铝箔</td></tr>
<tr><td>复合</td><td>人造</td><td>蜂窝叠层板、泡沫塑料夹芯板</td></tr>
</table>

导热系数是衡量保温隔热材料性能优劣的主要指标。导热系数越小，则通过材料传送的热量越少，保温隔热性能就越好。材料的导热系数决定于材料的成分、内部结构、表观密度等，也决定传热时的平均温度和材料的含水量等。一般说来，表观密度越小导热系数就越小。但对于松散的纤维材料则不然（与压实情况有密切关系），当表观密度小于最佳表观密度时，导热系数随着表观密度减轻而增大。只有当表观密度大于最佳表观密度时，才符合表观密度越小导热系数越小的规律。当材料成分、容重、平均温度、含水量等条件完全相同时，多孔材料的导热系数，随其单位体积中气孔数量的多少而不同。气孔数量越多，导热系数越小。松散颗粒状材料的导热系数，随其单位体积中颗粒数量的增多而减小；松散纤维材料的导热系数，则随纤维截面的减小而减小。当材料的成分、表观密度、结构等条件完全相同时，多孔材料的导热系数随着平均温度和含水量的增大而增大，随着温湿度的减小而减小。

2.2.1 泡沫塑料保温绝热材料

1. 泡沫塑料

泡沫塑料是以各种树脂为基料，加入发泡剂、稳定剂、催化剂等经加热发泡等工艺加工而成，是一种多孔状的轻质、保温、隔热、吸声、防震材料，适用于建筑工程的吸声、保温与绝热等。泡沫塑料的种类很多，常以所用树脂取名。如：聚苯乙烯泡沫塑料、聚乙烯泡沫塑料、聚氯乙烯泡沫塑料等。泡沫塑料的分类见表 2-15。

泡沫塑料的分类 **表 2-15**

按所用树脂分类	按其性质分类	按孔型结构分类
有聚氯乙烯泡沫塑料、聚苯乙烯泡沫塑料、聚乙烯泡沫塑料、脲醛泡沫塑料、聚氨酯泡沫塑料、环氧树脂泡沫塑料、酚醛泡沫塑料、有机硅泡沫塑料等	有硬质泡沫塑料、软质泡沫塑料、可发性泡沫塑料、自熄性泡沫塑料、乳液泡沫塑料等	开孔型 闭孔型

(1) 聚苯乙烯泡沫塑料特性及用途见表 2-16 和表 2-17。

聚苯乙烯泡沫塑料的品种、特点及用途 **表 2-16**

<table>
<tr><th>品名</th><th>说明</th><th>特点</th><th>制品种类</th><th>适用范围</th></tr>
<tr><td rowspan="2">普通型可发性聚苯乙烯泡沫塑料</td><td rowspan="2">是以低沸点液体的可发性聚苯乙烯树脂为基料，经加工进行预发泡后，再放在模具中加热成型加工而成，是一种具有微细闭孔结构的硬质泡沫材料</td><td rowspan="2">质轻、保温、隔热、吸声、防震性能好，吸水性小，耐低温性好，耐酸碱性好，有一定的弹性，制品可用木工锯或电阻丝切割①</td><td>板材管材</td><td>建筑上广泛用作吸声、保温、隔热、防震材料以及制冷设备、冷藏装备和各种管道的绝热材料</td></tr>
<tr><td>普通型可发性聚苯乙烯珠粒</td><td>供使用单位现场自行用蒸汽或热水、热空气等简单处理经几秒至几分钟后制成各种不同密度、形状的泡沫塑料</td></tr>
<tr><td>自熄型可发性聚苯乙烯泡沫塑料</td><td>材料及工艺同上，但在加入发泡剂时，同时加入火焰熄火剂、自熄增效剂、抗氧化剂和紫外线吸收剂等，使可发性聚苯乙烯泡沫塑料具有自熄性和较强的耐气候性</td><td>除具有上述普通型板材的特点外，泡沫体具有在火焰上燃着，移开火源后1～2s内即自行熄灭的性能</td><td>板材
管材
自熄型可发性聚苯乙烯珠粒</td><td>同普通型可发性聚苯乙烯泡沫塑料，适用于防火要求较高的场合</td></tr>
</table>

续表

品　名	说　明	特　点	制品种类	适　用　范　围
乳液聚苯乙烯泡沫塑料	乳液聚苯乙烯泡沫塑料也称硬质PB型聚苯乙烯泡沫塑料，是以乳液聚合粉状聚苯乙烯树脂为原料，用固体的有机和无机化学发泡剂，模压成坯再发泡而成	除具有上述两种泡沫塑料的特点外，还具有硬度大、耐热度高、机械强度大、泡沫体尺寸稳定性好等特点	板材	同可发性聚苯乙烯泡沫塑料，特别适用于要求硬度大、耐热度高、机械强度大的保温、隔热、吸声、防震等工程

① 为了切割面平整光洁，不粗糙，宜用高速无齿锯条切割。如用电阻丝切割时，宜用低电压（5～12V），一般温度控制在200～250℃。

聚苯乙烯泡沫塑料的化学性能　　表2-17

耐无机化学介质性能			耐有机化学介质性能		
介质名称	介质浓度(%)	耐蚀性能	介质名称	耐蚀性能	
				室　温	60℃
盐水	任意	耐	乙酸乙酯	不耐	
盐酸	36	耐	乙醚	不耐	
硫酸	48	耐	丙酮	不耐	
硫酸	95	表面部分发黄	四氯化碳	不耐	
硝酸	68	耐	松节油	不耐	
磷酸	90	耐	苯	不耐	
氨水	浓	耐	甲醇	耐	耐
氢氧化钠	40	耐	乙醇	耐	不耐
氢氧化钾	50	耐	矿物油	耐	不耐
			蓖麻油	耐	不耐
			醋酸	耐	不耐

(2) 聚氯乙烯泡沫塑料

聚氯乙烯泡沫塑料是以聚氯乙烯树脂与适量的化学发泡剂、稳定剂、溶剂等经过捏合、球磨、模塑、发泡而制成，分硬质、软质两种。其性能特点等见表2-18。

聚氯乙烯泡沫塑料的品种、特点及用途　　表2-18

品　　名	性　能　特　点	适　用　范　围
硬质聚氯乙烯泡沫塑料	一般为闭孔结构，色泽呈白色，其密度小、导热系数低，不吸水，不燃烧，具有良好的保温隔热、吸声、防震及耐酸碱、耐油等特性，而且可根据需要用钢锯或电丝切割①或用胶粘剂粘结成各种形状	常加工成板材，在建筑上用作吸声、保温、隔热、防震材料
软质聚氯乙烯泡沫塑料	有开孔、闭孔两种结构，色泽除白色外，还有深色及其他颜色。其性能特点与硬质聚氯乙烯泡沫塑料相近	开孔结构在建筑上用作吸声、保温、隔热材料。闭孔结构可作防震材料。另外软质泡沫塑料多用于生活设施、医疗卫生、汽车坐垫等方面

① 为了切割面平整光洁，宜用高速无齿锯条切割。如用电阻丝切割时，应用低电压（5～12V），一般温度控制在200℃～250℃。

(3) 聚氨酯泡沫塑料

聚氨酯泡沫塑料也称聚氨基甲酸酯泡沫塑料，是以聚醚树脂或聚酯树脂为主要原料，与甲苯二异氰酸酯、水、催化剂、泡沫稳定剂等，按一定比例混合搅拌，进行发泡制成。其分类、特点及适用范围等见表 2-19。

聚氨酯泡沫塑料的分类、特点及适用范围　　表 2-19

分类		性能特点	制品种类	适用范围
按主要原料划分	聚醚型	聚氨酯硬质泡沫塑料具有密度小、强度大、耐温性好、吸水性小、导热系数低，还有自熄性以及良好的吸声、防震性能 聚氨酯软质泡沫塑料俗称海绵，具有密度小、柔软、弹性大、压缩变形小、无味、不霉、不蛀、吸声性能好，保暖、防震、使用温度范围广等特点，而且强度高、耐磨性好、耐油、耐皂水洗涤，并可作成各种颜色	泡沫体 片材 型材 也可现场发泡	硬质材料建筑工程上用作保温、吸声、防震等材料 软质材料广泛用于包装、吸声、隔热、过滤、吸尘、防潮、防冲击等方面，还可用于床垫、坐垫及其他日用家具中
	聚酯型			
按产品软硬划分	软质			
	硬质			

注：由于聚醚树脂来源充足、价格低廉、生产工艺简单、所得泡沫体柔软性好、弹性好，故生产厂家多生产聚醚型聚氨酯泡沫塑料。

(4) 聚乙烯泡沫塑料

聚乙烯泡沫塑料是以聚乙烯树脂为主要原料加工而成，具有质轻、柔软、吸水性小、吸声、保温、隔热、耐油、耐寒、耐酸碱性好、有一定弹性、易于弯曲等特点。用它作保温、隔热、吸声、防震材料。

(5) 脲醛泡沫塑料

脲醛泡沫塑料又名氨基泡沫塑料，是以脲醛树脂为主要原料，经发泡制得的一种硬质泡沫塑料。该塑料外观洁白、质轻如棉，具有表观密度小、保温性能好、高温不燃烧、防虫、隔热等优点。与各种泡沫塑料相比，其质地疏松、机械强度很低、吸水、吸湿性强，被水浸泡后即失去强度。因此，使用时必须以塑料薄板或玻璃纤维布包封，一般多用于夹壁填充材料。其产品规格、性能见表 2-20。

脲醛泡沫塑料的产品规格、性能　　表 2-20

规格(mm)	技术性能指标						
	表观密度 (kg/m³)	抗压强度 (MPa)	导热系数 [W/(m·K)]	弹性 (压缩 20%)	耐燃性 (℃)	使用温度 (℃)	含水率 (%)
1100×510×210	7～10	0.015～0.025	0.044	不破碎，外力消除后复原	500±20℃只焦化无火焰	≥60	≤12

(6) 酚醛泡沫

酚醛泡沫材料是以苯酚、甲醛为主要原料，掺配无机填充料，发泡剂等，搅拌均匀，经高温发泡而成。酚醛泡沫的力学性能强度随着密度的增加而增大，产品属难燃材料，离火自熄无滴落物、耐腐蚀、导热系数低、抗水性好。其性能如表 2-21 所示。

酚醛泡沫材料性能　　表 2-21

表观密度	导热系数	吸水率	尺寸变化率	氧指数	最大烟密度	燃烧性能
30～60 kg/m³	0.033～0.0338 W/(m·K)	<5%	<2%(70℃放置 48h)	>38%	5%	难燃(B1 级)

2. 绝热用模塑聚苯乙烯泡沫塑料板（简称 EPS 板）

EPS 由 98%的空气和 2%的聚苯乙烯组成，其性能应符合《绝热用模塑聚苯乙烯泡沫

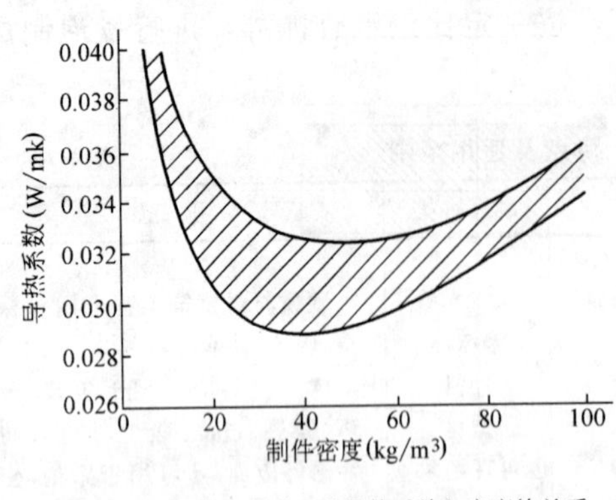

平均每10℃温差下的导热系数与密度的关系
(样品厚度为20mm)

图 2-3

塑料》(GB/T 10801.1—2002)要求。

(1) EPS板的保温性能

导热系数与密度及温度相关。聚苯板的导热系数与密度的关系是：当密度过大或过小时，其导热系数都增加，当密度在30～40kg/m³时，其导热系数最小。随着环境温度的下降，导热系数也随着下降，见图2-3。除此之外，导热系数还受EPS的分子量、颗粒大小、发泡成型后的粘结程度、发泡后本身的孔径等因素影响。

(2) 力学性能

规定用测量在压缩变形为10%压缩应力值来表示压强。当不同密度的泡沫塑料承受相同的压应力，其变形量也不同，密度高的变形量小，见图2-4。也可以说，抗压强度、弯曲强度和拉伸强度与EPS密度成正比。

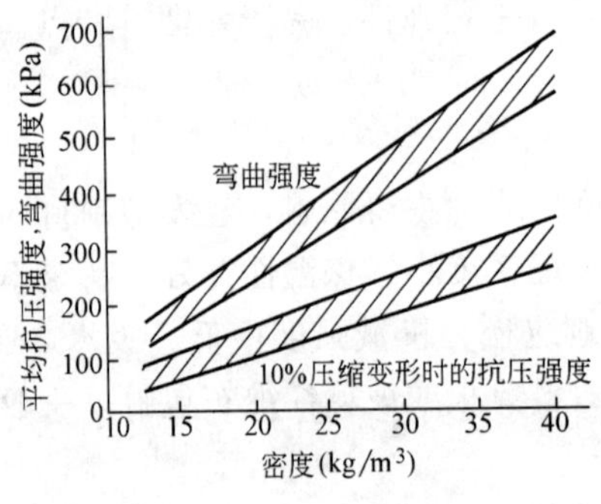

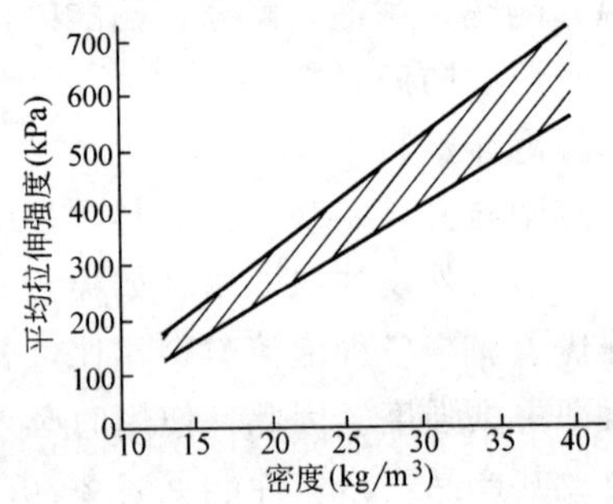

图 2-4

(3) 吸水性能

1) 吸水率。EPS泡沫是吸水率很低的，水仅能从熔融的蜂窝颗粒之间微小通道透入泡沫塑料，吸水量取决于原材料在加工时的性能和加工的条件。随着密度的提高，水的吸收和水蒸气的透过率下降，水蒸气的扩散阻力系数上升。

2) 水蒸气穿透性。空气中存在着水蒸气如水分（湿气），当有一个适当的湿度梯度，水蒸气便能慢慢地扩散进入泡沫塑料内，出现冷凝。但是，不同材料有着不同程度的水蒸气穿透性阻力，阻力大小可由阻挡层厚度（S）乘以穿透性阻力系数（μ）计算得出。阻力系数（μ）是一个变数，说明某一种材料与相同厚度的空气层作比较时的阻力倍数。EPS的阻力系数取决密度，密度越高，阻力系数（μ）越大。

(4) 尺寸稳定性

EPS板的尺寸变化可分为热效应和后收缩两种尺寸变化，热效应引起的膨胀系数为0.05～0.07mm/℃，即17℃的温度变化会引起0.1%的尺寸变化1mm/m，后收缩是发泡剂扩散而导致的尺寸变化，后收缩量为0.3%～0.5%，其过程较长。聚苯乙烯泡沫塑料板的制成品尺寸稳定性见图2-5。

(5) 化学稳定性

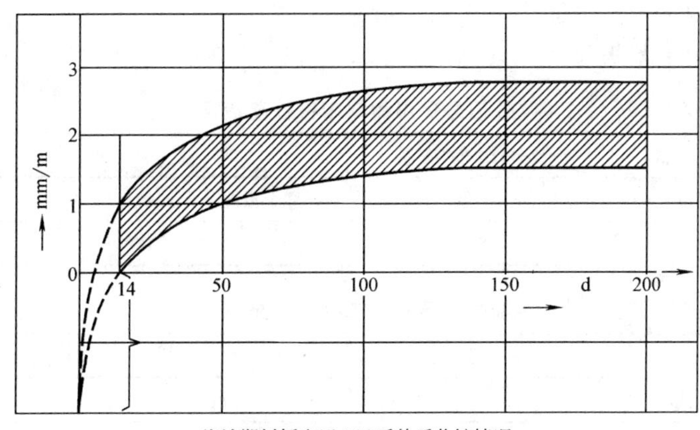

泡沫塑料板出厂 14d 后的后收缩情况

图 2-5

注：纵坐标为后收缩单位 mm/m，横坐标为时间单位为天

EPS 板暴露在高能量辐射下会起变化，表面发黄变脆，且不耐有机溶剂。

（6）防火性能

1）阻燃性能：EPS 是一种有机化合物及含有石油气，所以一般制品易燃，加入阻燃剂可以改善燃烧性能，如达到离火即熄。

2）氧指数：在指定的试验条件下、室温下，材料在 O_2、N_2 混合气体刚好维持火焰燃烧时的最小氧浓度，以体积的百分率表示。

（7）抗老化性

EPS 制品可在很低的温度下长期使用，在－150℃时也不会发生结构变化，温度高于 70℃会发生变形。

（8）聚苯乙烯泡沫塑料板性能

聚苯乙烯泡沫塑料板（EPS 板）性能应符合国家标准《绝热用模塑聚苯乙烯泡沫塑料》（GB/T 10801.1—2002）要求，见表 2-22。

聚苯乙烯泡沫塑料板（EPS 板）性能 **表 2-22**

项目		单位	性能指标					
			Ⅰ	Ⅱ	Ⅲ	Ⅳ	Ⅴ	Ⅵ
表观密度		kg/m³	15.0	20.0	30.0	40.0	50.0	60.0
压缩强度		kPa	60	100	150	200	300	400
导热系数		W/(m·K)	0.041		0.039			
尺寸稳定性		%	4	3	2	2	2	1
水蒸气透湿系数		ng/(Pa·m·s)	6	4.5	4.5	4	3	2
吸水率		V/V %	6	4	2			
熔结性	断裂弯曲荷载	N	15	25	35	60	90	120
	弯曲变形	mm	30			—		
燃烧性能	氧指数	%	30					
	燃烧分级		B2					

外墙外保温用聚苯板性能指标见表 2-23。

外墙外保温用聚苯板尺寸允许偏差见表 2-24。

外墙外保温用聚苯板性能指标 **表 2-23**

试验项目	性能指标	试验项目	性能指标
导热系数[W/(m·K)]	≤0.041	垂直于板面方向的抗拉强度(MPa)	≥0.10
表观密度(kg/m³)	18.0～22.0	尺寸稳定性(%)	≤0.30

外墙外保温用聚苯板尺寸允许偏差 **表 2-24**

项目		允许偏差	项目	允许偏差
厚度(mm)	不大于 50	±1.5	宽度 mm	±1.5
	大于 50	±2.0	对角线差 mm	±3.0
长度(mm)	900	±1.5	板边平直 mm	±2.0
	1200	±2.0	板面平整度 mm	±1.0

3. 绝热用挤塑聚苯乙烯泡沫塑料板（简称 XPS）

挤塑聚苯乙烯（XPS）保温板是以聚苯乙烯树脂及其添加剂特殊工艺连续挤出发泡成型的硬质板材，其内部为独立的闭孔式蜂窝结构。产品具有优越的保温性能，导热系数约为 0.028W/(m·K) 左右。抗压强度较高，在密度不超过 40kg/m³ 情况下，抗压强度可达 350kPa 以上。良好的防潮性能，水蒸气透湿系数小于 2ng/(Pa·m·s)，吸水性能小，在长期与水汽接触的情况，保温性能基本保持不变，这种性能是其他保温材料所不具有的。挤塑聚苯乙烯泡沫塑料板的性能指标应符合国家标准《绝热用挤塑聚苯乙烯泡沫塑料》(GB/T 10801.2—2002) 的要求，见表 2-25。

挤塑聚苯乙烯泡沫塑料板性能指标 **表 2-25**

项目		单位	性能指标									
			带皮								不带皮	
			X150	X200	X250	X300	X350	X400	X450	X500	W200	W300
压缩强度		kPa	≥150	≥200	≥250	≥300	≥350	≥400	≥450	≥500	≥200	≥300
吸水率		%(V/V)	≤1.5		≤1.0						≤2.0	≤1.5
热工性能	热阻 W/(m²·K)	10℃	≥0.89					≥0.93			≥0.76	≥0.83
		20℃	≥0.83					≥0.86			≥0.71	≥0.78
	导热系数 W/(m·K)	10℃	≤0.028					≤0.027			≤0.033	≤0.031
		20℃	≤0.030					≤0.029			≤0.035	≤0.032
透湿系数		ng/Pa·m·s	≤3.5		≤3.0			≤2.0			≤3.5	≤3.0
尺寸稳定性		%	≤2.0		≤1.5			≤1.0			≤2.0	≤1.5

4. 胶粉聚苯颗粒保温浆料

胶粉聚苯颗粒保温浆料是由胶粉料和聚苯颗粒组成且聚苯颗粒体积比不小于 80%的保温灰浆。

胶粉聚苯颗粒保温浆料具有导热系数低、干密度小、软化系数高、耐水性好、干缩率低、干燥快、施工方便、触变性好、整体性强、无接缝、配比准确、防火等级高、耐冻融、耐候等特点。

(1) 胶粉聚苯颗粒保温浆料与其他保温浆料的区别

传统的保温浆料主要有两种类型，海泡石纤维保温浆料与水泥珍珠岩保温浆料。胶粉聚苯颗粒保温浆料与上述传统保温浆料的区别如下：

1) 胶粉聚苯颗粒保温浆料采用胶粉料预混合干拌技术和聚苯颗粒轻骨料分装工艺，工地现场只需按包装比例加水搅拌后即可施工，解决了传统保温浆料由于工地称量不准确而造成的热工性能不稳定的问题。由于胶粉料中掺加有大量保水性外加剂，解决了保温浆料由于和易性不良、施工性能差的问题，一次施工厚度可达 40mm 以上，大幅度提高了施工速度。

2) 胶粉聚苯颗粒保温浆料的胶凝材料采用粉煤灰－硅灰－石灰等复合材料体系代替传统的石膏水泥体系，同时还具有耐水性能好、保温性能佳、固化时间快等优势。

3) 胶粉聚苯颗粒保温浆料可采用废聚苯颗粒作为轻骨料，轻骨料占总体积含量的80%以上，在确保保温性能的同时净化了环境，而且聚苯颗粒在砂浆搅拌机中进行拌合时，不会出现破碎，克服了珍珠岩保温浆料中常出现的随着搅拌强度加大、珍珠岩破碎程度高、材料干密度变大、保温性能下降的缺陷。

(2) 胶粉聚苯颗粒保温浆料与水泥砂浆的根本区别

胶粉聚苯颗粒保温浆料与水泥砂浆相比，具有干密度小、导热系数低、粘结强度/干密度比值大等特点，具体见表 2-26。同时，由于胶粉料中含有多种纤维及有机粘结材料，与聚苯颗粒定量加水搅拌混合，就使得胶粉聚苯颗粒保温浆料比水泥砂浆具有很好的柔性及变形性。

胶粉聚苯颗粒保温浆料与水泥砂浆的主要性能比较 **表 2-26**

项　目	单　位	胶粉聚苯颗粒保温浆料	水泥砂浆
干密度	kg/m^3	≤230	≥1800
线收缩系数	mm/m	≤3	≤0.03
导热系数	W/(m·K)	≤0.06	≥0.93
压缩强度	MPa	≥0.25	≥1.00
粘结强度/干密度	—	260	55.6

(3) 胶粉聚苯颗粒保温浆料与硅酸盐类材料的区别与联系

1) 区别。胶粉聚苯颗粒保温浆料与普通硅酸盐类材料的区别主要表现在：胶粉料中普通硅酸盐水泥的含量比较低，胶粉料中所含二氧化硅的活性比较低，因此材料的强度上得比较慢，但经过较长时间的反应也能达到比较高的强度；同时，由于胶粉料中含有质量比较小的硅灰、熟石灰、粉煤灰，因而密度比较小，而且骨料的堆积密度也很小，所以形成的胶粉聚苯颗粒保温浆料无论是湿密度还是干密度都比较小；该保温浆料与其他硅酸盐保温材料相比，导热系数低，强度高、透气性好、柔韧性好、抗裂性好，与基层的附着力强，在经过长期反应后可以形成轻质高强的优质保温层，是一种优良的硅酸类保温材料。

2) 联系。胶粉聚苯颗粒保温浆料从实质上讲，也属于硅酸盐类材料。胶粉料主要是由普通硅酸盐水泥、熟石灰、粉煤灰、硅灰以及其他一些添加材料混合制作而成，密度比较低，加水后经过长期反应可以生成强度比较高的水化硅酸钙化合物及其他水化硅酸盐化合物。因此，胶粉料与水反应后的主要成分仍是硅酸盐，在与聚苯颗粒轻骨料混合后形成的保温浆料，可以看成是硅酸盐类的轻骨料混凝土，所以，胶粉聚苯颗粒保温浆料也属于硅酸盐类材料。

(4) 体积安定性

胶粉料中的不同弹性模量、长度不一的纤维均匀分布在保温层中，使保温层材料受到的变形应力得到分散和消解，在保温层干燥的不同阶段发挥网络抗裂的作用。同时还由于采用了发泡与稳泡技术和有机材料包覆无机材料的微量材料预分散技术，增强了保温层材料的稳定性。再加上先进生产技术和设备，使胶粉聚苯颗粒保温浆料的体积安定性好而且干缩率低。

(5) 保温性能

1) 宏观组成结构。胶粉聚苯颗粒保温浆料是在现场由胶粉料、水和聚苯颗粒按包装比例搅拌而成，避免了工地由于称量不准确导致的热工性能不稳定。聚苯颗粒轻骨料回收后经工厂严格筛选和粉碎，粒度小于5mm，表观密度在12～21kg/m³之间，具有一定的级配和较轻的表观密度。按比例配制的胶粉聚苯颗粒保温浆料中聚苯颗粒的总体积占浆料总体积的80%以上，胶粉聚苯颗粒保温浆料凝结固化后的形貌模型如图2-6。

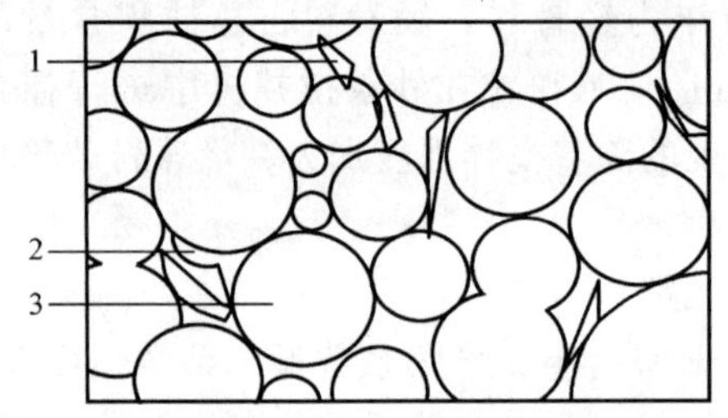

图2-6 胶粉聚苯颗粒保温浆料固化型貌模型
1—纤维；2—胶凝材料；3—聚苯颗粒

从图2-6中可以看出，胶粉聚苯颗粒保温浆料固化后主要以聚苯颗粒构成材料的骨架，胶凝材料和一些粗纤维均匀填充于结构当中。结构中80%以上的聚苯颗粒是材料低导热系数的根本保障。

2) 干表观密度。胶粉聚苯颗粒保温浆料是一种创新的干拌砂浆体系，该体系中的聚苯颗粒轻骨料是将回收的废聚苯乙烯经工厂严格筛选、粉碎并按一定体积包装，其总体积比保持在80%以上。胶粉聚苯颗粒保温浆料除了通过掺加聚苯颗粒降低干表观密度外，还从胶凝材料的角度来降低干表观密度，采用密度较小的熟石灰、粉煤灰、硅灰等复合密度较大的普通硅酸盐水泥作为胶凝材料，采取预混合干拌技术并经特殊配制，因而粉料的堆积密度较小，其堆集密度为600kg/m³，比石膏（700～800kg/m³）还要轻，固化后的浆料的干表观密度在180～250kg/m³之间。

分别对不同干表观密度的胶粉聚苯颗粒保温浆料的导热系数进行测试，试验值如表2-27和图2-7所示。

干表观密度和导热系数关系表 **表2-27**

干表观密度(kg/m³)	267	262	218	216	208	208	201
导热系数[W/(m·K)]	0.05605	0.05374	0.04881	0.04931	0.05138	0.04722	0.4638
干表观密度(kg/m³)	200	199	196	192	189	188	185
导热系数[W/(m·K)]	0.04501	0.04797	0.04526	0.04803	0.04603	0.04796	0.0510
干表观密度(kg/m³)	180	178	171	170	170	170	167
导热系数[W/(m·K)]	0.04542	0.04805	0.0463	0.04593	0.04736	0.04403	0.04452

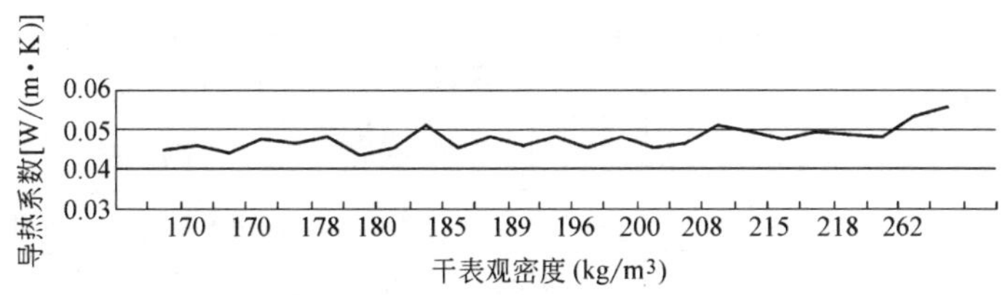

图 2-7 ZL 胶粉聚苯颗粒保温试块干表观密度与导热系数关系图

通过试验数据可看出，当胶粉聚苯颗粒保温浆料的干表观密度控制在 170～270kg/m^3 之间时，该材料的导热系数稳定的控制在 0.045～0.056W/(m·K) 之间，导热系数随干表观密度稳定的上下浮动，当干表观密度为 267kg/m^3 时其导热系数仅为 0.056W/(m·K)。由此可以看出材料出厂控制的密度范围 180～250kg/m^3 完全能够保证导热系数的指标，而且还有相当大的余量。总结了大量的试验数据，综合考虑保温浆料的各个指标，将这个干表观密度的范围定义为最佳密度区。

3）孔隙率及其特征。材料的孔隙率对导热系数的影响比较大，在开发研制的过程中成功运用了发泡稳泡技术。通过在固体胶凝材料中添加了多种发泡稳泡的有机添加剂，使材料在规定的使用时间内形成均匀连续而稳定的发泡体系。图 2-8 为浆料固化后的微观模型。

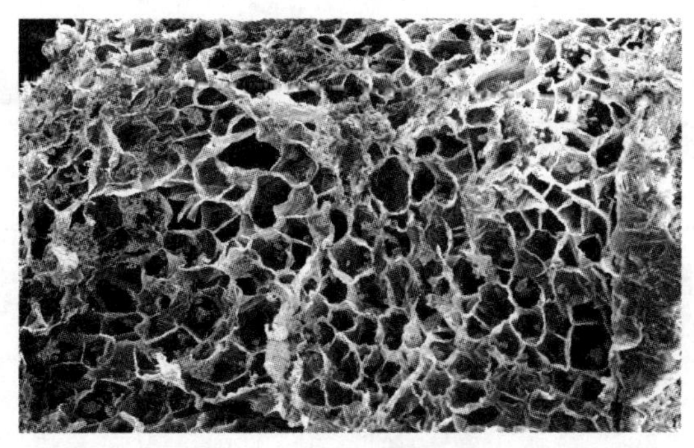

图 2-8 胶粉聚苯颗粒保温浆料固化后的微观模型

分析固化后的胶粉聚苯颗粒保温浆料可以看出，保温层由固体的材料和充满其间的大量细小的封闭孔隙组成，且这些孔隙互不连通，彼此独立。孔隙内的空气被封闭在孔中，被气孔壁吸附，孔隙接近于真空状态，阻断热量的传递。这一技术攻克了胶凝材料本身的导热系数过高影响总的导热系数的难题，利用胶凝材料固化后其中充满了大量均匀微小的气孔使总的导热系数降低。

4）吸湿性。材料在潮湿空气里吸收空气里水分的性质称为吸湿性，大小以含水率表示。吸湿性是影响材料的实际导热系数的重要因素。水的 $\lambda=0.5815$W/(m·K)，所以材料的吸湿性较大将相应的提高导热系数的数值。胶粉料采用了有机材料包覆无机材料的微量材料预分散技术，当粉料与水反应形成水化硅酸盐化合物时，其中有较强的憎水性的有机高分子材料均匀的包覆在硅酸盐化合物外，形成一层有机保护膜，使水分不易透入，所以材料具有很强的憎水性。

试件在标准环境中［温度（20±2)℃，湿度（50±10)%］吸湿速率和导热系数的增加值如表 2-28、图 2-9 和图 2-10 所示。

胶粉聚苯颗粒保温材料吸湿速率与导热系数关系表 表 2-28

平衡时间(d)	0	1	3	8	24	30
含水率(%)	0	1.31	2.40	3.63	3.83	3.84
导热系数[W/(m·K)]	0.05174	0.05268	0.05371	0.05810	0.05931	0.05933
导热系数增加值(%)	0	1.82	3.81	12.29	14.63	14.67
平衡时间(d)	45	60	90	120	150	180
含水率(%)	3.80	3.88	3.81	3.90	3.82	3.85
导热系数[W/(m·K)]	0.05930	0.05945	0.05929	0.05948	0.05929	0.05937
导热系数增加值(%)	14.61	14.90	14.59	14.96	14.59	14.75

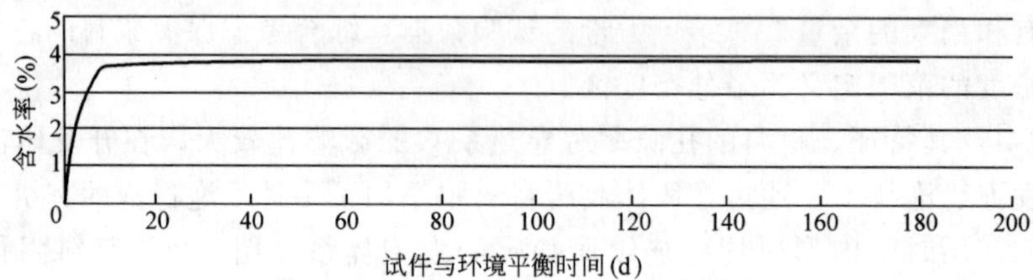

图 2-9 保温浆料平衡时间与含水率关系图

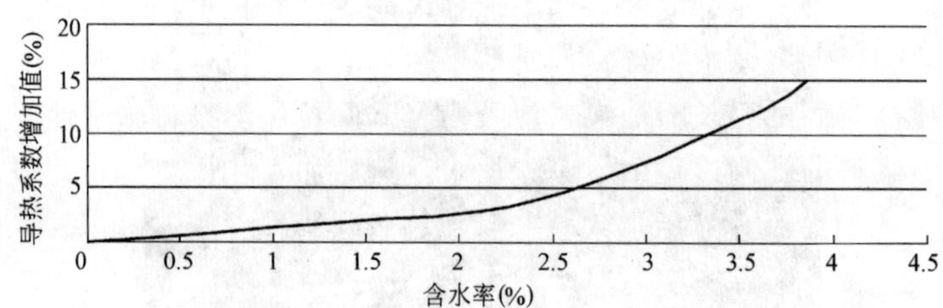

图 2-10 胶粉聚苯颗粒保温浆料含水率与导热系数增加值关系图

从含水率的图表可以看出，胶粉聚苯颗粒保温材料在标准环境中的含水率基本上随时间的增加而增加，在前 30d 增加的幅度比较大，30d 以后已经趋于平衡，含水率在 4%左右，不再变化。所以该材料在标准环境中的平衡含水率为 4%。

从导热系数的图表可以看出，含水率和导热系数的增加值在图像上是一条光滑的曲线，导热系数的增加值随含水率的增加而增加，当含水率增加到最大值 4%，即平衡含水率时，导热系数增加到 15%。

通过胶粉聚苯颗粒保温浆料的组成成分、干表观密度、孔隙率、吸湿性等的理论分析和导热系数的测试值的分析，可以看出：胶粉聚苯颗粒保温浆料无论是材料本身还是从工艺的角度都能够保证其稳定的热工性能。

胶粉聚苯颗粒保温浆料的组成、结构、干表观密度、孔隙率和吸湿性是决定其导热系数的重要因素。要保证导热系数指标的合理稳定需要控制各个影响因素的技术指标。当材料处于最佳密度区、封闭孔隙结构、具有低吸湿率时才能保证低且稳定的导热系数值。

(6) 隔热性能

对外围护结构进行隔热，是指对屋面、外墙特别是西墙利用隔热材料和技术进行隔热处理，减少传进室内的热量，以降低围护结构的内表面温度。由于夏季室外综合温度24h呈周期性变化，隔热性能的好坏以衰减倍数和总延迟时间等指标来衡量。所谓衰减倍数，是指室外综合温度波的振幅与内侧表面温度波的振幅之比，衰减倍数越大，隔热性能越好；而总延迟时间是指室外综合温度出现的最高值的时间与内表面温度出现的最高值的时间之差，延迟时间越长，隔热性能越好。

由于在升温和降温过程中材料的热容作用，以及热量传递中，材料层的热阻作用，温度波在传递过程中会产生衰减和延迟的现象，因此在选择隔热材料时，应选择导热系数较低、蓄热系数偏大的材料，并按隔热要求保证围护结构达到对应的传热系数。相对于聚苯板、聚氨酯等其他保温材料，胶粉聚苯颗粒保温浆料热容量大，在相同热阻条件下内表面温度振幅减小，出现温度最高值的时间延长，因此，胶粉聚苯颗粒保温浆料具有更好的隔热性能。

(7) 施工性能

胶粉聚苯颗粒保温浆料在结构外墙中应用的一大优点是：对结构平整度不高的基层施工适应性好，对结构有很强的找平纠偏作用。

胶粉聚苯颗粒保温浆料在配置的过程中，要合理控制搅拌时间。搅拌时间短则得到胶粉聚苯颗粒保温浆料很稀，粘结性和抗流挂性都很差，但是搅拌时间太长则胶粉聚苯颗粒保温浆料发干发涩，施工性很差，这是因为保温胶粉中含有大量的有机增稠和发泡材料，有机增稠材料的溶解需要一定的时间，如果搅拌时间短则有机增稠材料无法完全溶解，所以得到的胶粉聚苯颗粒保温浆料很稀，但是如果搅拌时间过长，保温胶粉中的发泡材料产生的气泡会随着搅拌时间的延长而消泡，使胶粉聚苯颗粒保温浆料施工性变差。因此，在胶粉聚苯颗粒保温浆料的配制过程中，应先加水，然后加入相应量的保温胶粉，搅拌3～5min，此时浆料为均匀糊状，然后加入聚苯颗粒轻骨料再搅拌3～5min，使浆料呈均匀膏状。由于有机增稠材料的溶解速度与温度成正比，所以在冬期施工时应该适当延长搅拌时间，夏期施工时适当缩短搅拌时间。

胶粉聚苯颗粒保温浆料的施工稠度以8～12cm为宜，其施工稠度与抹面砂浆相同，但较抹面砂浆有更高的粘结力和黏聚性。因不同墙面吸水率不一样，施工中要求一次抹灰的厚度也较厚，其流动性不宜过大，一般应根据基层和气候条件通过试配和试抹来确定，以保证胶粉聚苯颗粒保温浆料的均匀但不产生过大变形。另外加水量对强度也会有一定的影响，其稠度仍可以通过砂浆稠度仪来测定。

5. 硬质聚氨酯泡沫塑料

(1) 基本概念

硬质聚氨酯泡沫塑料是指在一定负荷作用下，不发生明显变形；当负荷过大时，发生变形后不能恢复原来形状的泡沫塑料。所用的原材料有三大类：低聚物多元醇、多异氰酸酯和扩链剂。有时采用少量的配合剂。

1) 低聚物多元醇。在硬质聚氨酯泡沫塑料中，合成的中低聚物多元醇占主要地位，约60%～70%，它包括聚酯、聚醚和聚烯烃二醇。在保温材料中使用聚酯的较多。它是由二元酸和二元醇进行制备的。常用的有聚己二酸乙二醇酯、聚己二酸丙二醇酯、聚己二酸丁二醇酯。聚醚型硬质聚氨酯泡沫塑料的优点是强度高，闭孔率高，粘合性好。但是，由于黏度大、操作不便，价格高。用废料做成的硬质聚氨酯泡沫塑料，价格低，有竞争力。

2）异氰酸酯。异氰酸酯是硬质聚氨酯泡沫塑料的主要原料之一，常用的有粗制二苯基甲烷二异氰酸酯（粗MDI）和粗制甲苯基二异氰酸酯（粗TDI）。二者相比，在发泡过程中，蒸汽压小的原料产生的挥发性气体少、毒性小、安全。粗MDI的蒸汽压小于TDI的蒸汽压200倍，耐热性好，尺寸稳定性好，脱模性好，表面光滑，见表2-29。

异氰酸酯特点　　**表2-29**

项　　目	粗MDI	TDI	粗TDI
密度	24	30	30
尺寸稳定性(70℃,RH100%,28d)(%)	10	25～50	25～50
尺寸稳定性(100℃,一般环境,28d)(%)	无变化	25～50	25～50

粗TDI为原料的硬质聚氨酯泡沫塑料，各个方向的物理性能差别较小，密度小。

3）发泡剂为环保型。

4）扩链剂。主要有两大类：二元胺和二元醇。二元胺有二氯二元胺和二苯基甲烷二元胺（MOCA）。二元醇有脂肪族二元醇和芳香族二元醇。脂肪族二元醇有乙二醇、丁二醇和己二醇。最重要的是丁二醇。芳香族二元醇有对苯二酚二羟乙基醚。可以提高刚性和热稳定性。

5）泡沫稳定剂。调节泡孔大小与结构，泡孔均匀，闭孔率高，绝热效果好。

（2）硬质聚氨酯泡沫塑料的技术性能

建筑外墙保温用聚氨酯泡沫塑料的性能应符合《建筑物隔热用硬质聚氨酯泡沫塑料》（GB 10800—89）及相关标准要求，具体可参照表2-30。

硬质聚氨酯泡沫塑料的性能指标　　**表2-30**

序　号	项　目　名　称		要　求
1	密度(kg/m³)		≥40
2	抗压强度(MPa)		≥0.2
3	不透水性,压力不小于0.1MPa保持时间不小于30min		不透水
4	吸水率(%)		≤1
5	延伸率(%)		≥5
6	导热系数(W/m·K)		≤0.025
7	尺寸稳定性(%)	−30℃,24h	≤2
		70℃,48h	≤2
8	燃烧性(水平燃烧法)	平均燃烧时间(s)	≤90
		平均燃烧范围(mm)	≤50

（3）施工性能

1）喷涂发泡成型。喷涂发泡成型是指把硬质聚氨酯原料直接喷射到物件表面，并在此面上发泡成型。可在数秒钟内反应固化，施工时应有自动计量混合分配的喷涂设备，此设备有使用压缩空气和无压缩空气设备。从喷枪到喷涂被饰物的距离为400mm以上，由于喷涂物反应极快，少量空气与雾状喷涂料一起附在基层上，包裹在弹性体之中，构成细小的独立气泡。其优点主要有：

① 无须模具，可以在任意复杂表面喷涂，包括立面、平面、顶面。

② 生产效率高，可喷 $4m^3/h$。

③ 喷涂硬质聚氨酯泡沫塑料无接缝，绝热效果好。

2）施工对原料和环境的要求。

① 毒性小，严格控制低沸点成分，特别是粗 MDI 的低分子量的异氰酸酯。

② 黏度小，便于施工。

③ 催化剂活性大，喷在物件表面上立刻反应生成泡沫塑料。

④ 环境温度与待喷物件表面温度要在合适的温度范围内 15～35℃，最佳温度在 15～25℃，温度过低易脱壳；密度大，温度过高发泡剂损耗大。

⑤ 一次喷涂厚度要适宜，厚度太薄密度增大。

⑥ 水分：待喷物体表面若有露水和霜，会影响硬质聚氨酯泡沫塑料与物体的粘结性能。

⑦ 风速：当在室外喷涂时，风速超过 5m/s 时（有树叶摆动不止）热量损失大，不宜得到优质硬质聚氨酯泡沫塑料，同时也会损失原料，污染环境。

⑧ 待喷物体表面无粉尘、潮气。

⑨ 注意安全和劳动保护，避免吸入有害气体。

6. 几种泡沫塑料保温材料性能比较

（1）挤塑板和聚苯乙烯泡沫板具有优异的保温性能。几种保温材料导热系数进行比较，见图 2-11。

（2）抗压性能较高，挤塑板的抗压性能可达 350kPa，优于 EPS 板，见图 2-12。

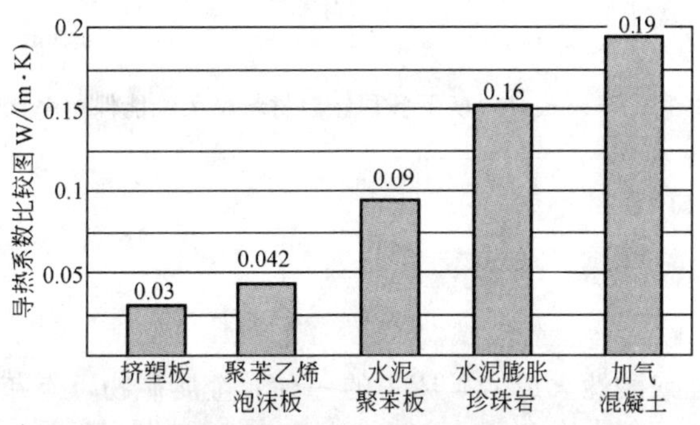

图 2-11 70%相对湿度下各种保温材料保温性能比较

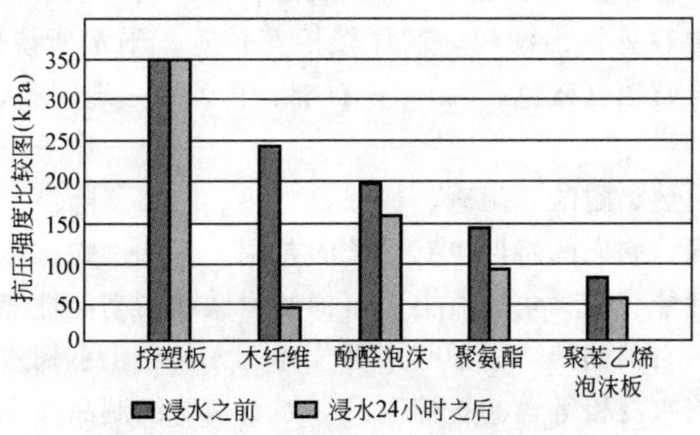

图 2-12 70%相对湿度下各种保温材料抗压性能比较

(3) 抗水性优良，由于闭孔式蜂窝结构，具有较好的抗水性，防潮性，吸水率小于1%，见图 2-13。

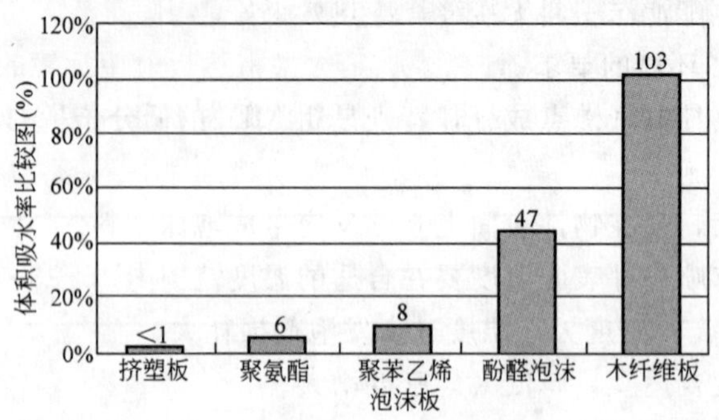

图 2-13 70%相对湿度下各种保温材料抗水性能比较

(4) 耐久性能优越，由于稳定的化学结构，可保持长期持久的各种性能，见图 2-14。

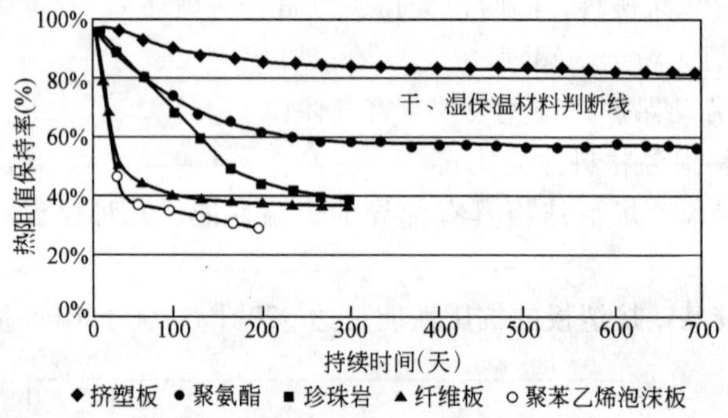

图 2-14 70%相对湿度下各种保温材料耐久性能保留率比较

2.2.2 其他保温绝热材料

1. 石棉及其制品

(1) 石棉

石棉是蕴藏在中性或酸性火成岩矿床中的一种非金属矿物，有灰、白、褐、浅绿、深绿等色。按其化学成分，大致可分为含有富硅酸镁的蛇纹石石棉和含有富硅酸盐的角闪石石棉两大类。蛇纹石石棉也称纤维蛇纹石石棉或温石棉。其纤维柔软，有丝绢光泽，不但随手可以撕开，而且很容易抽出细丝，韧性较棉花稍差。平常所说的石棉，即指此种石棉。角闪石石棉分为青石棉（蓝色石棉）、铁石棉、直闪石、透闪石、阴起石石棉等多种，性质各不相同。

石棉具有耐火、耐热、耐酸、耐碱、保温、绝热、防腐、隔声、绝缘等特性。由于各种石棉的化学成分不同，它们的特性也有显著的差别。例如：蛇纹石类石棉的耐碱和耐高温性能均好，但耐酸性能较差；角闪石类青石棉的耐碱和耐高温性能虽均不及蛇纹石类石棉，但耐酸性能较好。石棉的用途概括起来可分为七大类：①石棉水泥制品：如石棉水泥管、石棉水泥瓦、石棉水泥板等；②石棉制品：如石棉纺织制品、石棉橡胶制品、石棉制动制品等；③生产烧碱用棉：如化工部门所用的电解槽等；④石棉保温绝热制品：如蒸汽锅炉外壁和导管所用的保温层等；⑤石棉电工材料：如电气工业上所用的高压器材底板、配电盘、配电板、仪表板等；⑥石棉沥青制品：是现代建筑工业和交通工业上不可缺少的材料；⑦石棉增强塑料制品：如火箭抗烧蚀材料、火箭尾喷火管及气象探空火箭、飞机的燃料箱、机翼导热管、轰炸机的柔性挡火板、大型雷达折射望远镜的天线等。石棉的分级见表 2-31，常用石棉的性能及常用石棉制品的分类见表 2-32～表 2-34。

石 棉 的 分 级 **表 2-31**

石棉分级		石棉制品所用石棉的等级
手选石棉	机选石棉	
按纤维长度分为 5 级： 特 1 级—100mm 以上的占 60% 20mm 以下的占 3% 特2 级—50mm 以上的占 60% 20mm 以下的占 3% 1 级—18mm 以上 2 级—12mm 以上 3 级—暂定 6mm 以上	按纤维长度及砂粉尘含量分为 6 级： 1 级—长度为 15mm 2 级—长度为 12mm 3 级—长度为 8mm 4 级—长度为 5mm 5 级—长度为 2.5mm 6 级—长度为 1.5mm	(1) 石棉水泥制品用 3、4、5、6 级棉 (2) 石棉纸、板用 4、5、6 级棉 (3) 石棉水泥用 7 级棉 (4) 石棉橡胶板用 3、4、5 级棉 (5) 石棉沥青制品用 4、5、6 级棉

常用石棉的耐腐蚀性能 **表 2-32**

介质	温石棉			角闪石石棉		
	浓度(%)	温度(℃)	耐蚀性	浓度(%)	温度(℃)	耐蚀性
硝酸			不耐	65	沸腾	耐
盐酸			不耐	38	沸腾	较耐
硫酸			不耐	95	100	耐
磷酸	稀	30	较耐	稀	30	较耐
氟氢酸			不耐			不耐
氢氧化钠	<15		耐			耐

常用石棉（温石棉和青石棉）的技术指标 **表 2-33**

石棉种类	密度 (g/cm^3)	硬度（莫氏）	纤维外形	柔顺性	强韧性	比热	导热系数 [W/(m·K)]	熔解点 (℃)	使用温度 (℃)	最高工作温度 (℃)	灼热减量 (%) 800℃	吸湿量 (%)	耐酸性	耐碱性	抗拉强度 (MPa)
温石棉	2.2～2.4	2.5～4.0	白色有光泽	柔软	强	0.2	0.069	120～1600	400	600～800	13～15	1～3	弱	强	30
青石棉	3.2～3.3	4.1	深青色，光泽小	柔软	稍弱	0.2	0.069	900～1150	200		3～4	1～3	强	弱	33

(2) 石棉纺织制品

石棉纺织制品是由温石棉纤维或温石棉纤维与植物（或合成）纤维经混合后纺制成纱线，再将纱线复制成的各类石棉编织制品，主要用于热设备或热传导系统中的垫塞或绝缘材料，也可以再复制成其他石棉制品。

石棉纺织制品主要包括各类石棉线、绳、各种石棉布、石棉绝缘带、石棉套管与各种石棉盘根等。

建筑常用石棉制品的分类及适用范围　　表 2-34

分类		适用范围	分类		适用范围
石棉纺织品	石棉绳（方绳及圆绳）	保温绝热材料，垫塞材料	石棉水泥制品	石棉水泥瓦	建筑材料
	石棉松绳	保温绝热材料		石棉水泥板（压力板）	建筑材料、电工材料
	石棉盘根	保温绝热及蒸汽发动机热塞防泄材料		石棉水泥管	建筑、水道、煤气管道、地下电缆等工程用材料
	石棉带	电工绝缘材料、绝热材料	石棉粉	碳酸镁石棉粉	保温绝热材料
石棉纸板	石棉纸	保温绝热、隔电材料		硅藻土石棉粉	
	石棉板	保温绝热、隔声、绝缘材料		一级石棉粉	
石棉橡胶制品	普通橡胶石棉板	高温密封衬热材料，俗称红纸板	石棉粒	二级石棉粉	
				石棉粒	保温材料
	耐油橡胶石棉板	高温高压、耐油的密封衬垫材料，俗称黑纸板或黑鸡毛纸	石棉绒	石棉绒	用作隔热、石棉塑料制品及防水材料等

1）石棉线、绳。石棉线是由两根或两根以上的石棉纱捻合而成。石棉绳是用石棉纱线制成的绳。石棉纱是用温石棉纤维或温石棉与植物纤维在纺锭上纺成的单股纱。石棉线及绳适用于热设备或热传导系统中的垫塞或热绝缘材料，也可以复制成其他制品。

石棉纱、线的粗细以支数表示，每千克纱线的长度以100m为一支。

石棉绳根据形状及编制方式分为石棉扭绳、石棉编绳、石棉方绳、石棉松绳等四种。石棉线绳的烧失量不大于32%，根据需要，经供需双方协商同意，供方也可生产烧失量不大于28%、24%或18%的产品。

2）石棉布。石棉布是用石棉纱线在织布机上由经纬交织而成，适于各种热设备和热传导系统作保温隔热和复制其他石棉制品之用。石棉布按烧失量分为以下四种牌号：

① SB—19 烧失量不大于19%，原名食盐电解石棉布；

② SB—24 烧失量不大于24%；

③ SB—28 烧失量不大于28%；

④ SB—32 烧失量不大于32%，原名普通石棉布。

"S"表示石棉，"B"表示布。夹金属丝的石棉布，铜丝用"T"、钢丝用"Q"表示加注于上列"SB"两拼音字母之后。

石棉布的水分应不大于3.5%，如超过，允许扣除超过部分计量，但最高不得大于5.5%。石棉布表面应洁净、平整、织纹清晰，不允许有缺经、缺纬、跳线和线头明显外露等制造上的缺陷。

（3）石棉粉及石棉灰

石棉粉是以石棉矿石经机械加工、粉碎处理、除去杂质后所得的一种短纤维粉状石棉，适于各种热设备及管道等作保温、隔热之用，也可作制动制品填料之用。

石棉灰包括碳酸钙石棉灰、碳酸镁石棉灰和硅藻土石棉灰三种，它们是以石棉纤维分别与碳酸钙、碳酸镁和优质硅藻土经机械混合，加工而成，适于各种热设备及管道等作保温、隔热之用（见表2-35）。

（4）泡沫石棉

石棉粉及石棉灰的产品性能 表 2-35

产品类别及名称		技术指标
石棉粉		烧失量：不大于 15% 水分：不大于 5% 熔点：1500℃ 耐热度：500～700℃ 表观密度：不大于 600g/m³ 导热系数：不大于 0.08W/(m·K)
石棉灰	碳酸钙石棉灰	水分：不大于 5% 耐热度：不小于 450℃ 表观密度：600～800g/m³ 导热系数：0.08～0.19W/(m·K)
	碳酸镁石棉灰	表观密度：140g/m³ 耐热度：不小于 450℃ 水分：5% 导热系数：0.046W/(m·K)
	硅藻土石棉灰	表观密度：特级不大于 300g/m³ 甲级不大于 380g/m³ 乙级不大于 450g/m³ 水分：特级不大于 8% 甲、乙级不大于 10% 耐热度：特、甲、乙级 213℃ 导热系数：[W/(m·K)] 特级 0.08 甲级 0.098 乙级 0.134

泡沫石棉是一种新型的、超轻质的保温、隔热、吸声材料，是以化学石棉工艺，经过机械方式处理，将石棉纤维束细纤化，使之成为网状结构而成。它具有保温隔热性能优良、吸声防震、柔软无尘、不刺激皮肤、在运输和施工中基本无损耗、施工简便、可任意裁剪或弯曲、质量特轻、造价低、适用范围广等特点。它与其他保温材料比较，在同等保温、隔热效果下，其用料重量只相当膨胀珍珠岩的 1/7、膨胀蛭石的 1/10。它比超细玻璃棉还轻 20%，比以上几种保温、吸声、绝热材料的施工效率约高 7～8 倍。

泡沫石棉的用途特广，适用于各种建筑物的保温、绝热、吸声、隔声；各种工业窑炉、锅炉、热力管道、输油管等的保温、隔热；蒸汽机、冷冻设备的保温、隔热；化工、化肥、制药等企业的各种防酸、防碱、防腐蚀管道及罐、塔的保温、隔热；纺织、印染、造纸、卷烟、食品等工业的保温、隔热；轮船热力管道、冷介质管道设备、机舱围壁、甲板船壁部分船体的保温隔热；交通、运输、铁路客车、冷藏车、保温车外层夹壁的保温、隔热；热电厂的热力设备及高、中、低温管道的保温、隔热等。特别是用作大锅炉、罐塔、膜式水冷壁外护板等的保温、隔热材料，则更为理想。

泡沫石棉包括普通泡沫石棉、防水泡沫石棉、弹性泡沫石棉、弹性防水泡沫石棉、硬质泡沫石棉等数种。

1）普通泡沫石棉产品性能及规格，见表 2-36。

普通泡沫石棉的产品性能、规格 **表 2-36**

技术性能指标								规格(mm)
表观密度(kg/m^3)	导热系数[W/(m·K)]	压缩恢复性	吸湿率(%)	含湿率(%)	烧失量(%)	可燃性	使用温度(℃)	
30～60	0.045	当压力为25MPa以下,温度大于100℃时,恢复率大于98%	5～15	<3	4.5～5.5,500℃烧2h,不烧结,不收缩	不燃	−50～500	1000×500×(20～80)

2) 防水泡沫石棉。防水泡沫石棉是泡沫石棉的第二代产品，又称表面防水泡沫石棉，是将泡沫石棉加以适量憎水剂等进行二次深加工而成。防水泡沫石棉除具有泡沫石棉的所有特点以外，还具有遇水后，水即形成水滴状流走的特别防水性能，以及在水中自由浸泡一个月不下沉的性能。其产品性能、规格见表 2-37。

防水泡沫石棉产品的技术性能、规格 **表 2-37**

技术性能指标							产品规格(mm)
表观密度(kg/m^3)	导热系数[W/(m·K)]	弹性恢复率	防水性	含湿率(%)	防火性	安全使用温度(℃)	
20～60	0.033～0.066	压缩率50%时,恢复率大于90%	防水、疏水性良好,水中自由浸泡一个月不沉	<3	不燃、无臭味	−50～550	1000×500×(20～80)

3) 弹性泡沫石棉及弹性防水泡沫石棉。弹性泡沫石棉的技术指标除弹性恢复率为100%外，其他与泡沫石棉相同，价格也与防水泡沫石棉相同。弹性防水泡沫石棉的产品性能、规格等见表 2-38。

弹性防水泡沫石棉产品规格、性能 **表 2-38**

产品规格	技术性能指标							
	表观密度(kg/m^3)	导热系数[W/(m·K)]	弹性恢复率	防水性	含湿率(%)	防火性	有机物含量	安全使用温度(℃)
1000×500×(30～80)	20～40	0.033～0.044	>98	防水、疏水性均好,水中自由浸泡一个月不下沉	<2	不燃、无臭味	0	−273～550
1000×500×(20～80)			100					

2. 岩棉

岩棉是以玄武岩或辉绿岩为主要原料，经高温熔融制成的纤维，纤维直径为 4～7μm，具有质轻、不燃、导热系数小、吸声性能好、化学稳定性好等特点。用专用设备在纤维中加入胶粘剂、憎水剂等添加剂经固化、切割等工序制成的岩棉板材、毡材、管材、带材，除具备以上所述的特点外，还具有一定的强度及保温、绝热、隔冷、吸声性能好、工作温度高等突出优点，因此，广泛应用于建筑、石油、化工、电力、冶金、国防和交通运输等行业，是各种建筑物、管道、储罐、蒸馏塔、锅炉、烟道、热交换器、风机和车船等工业设备及部位的保温隔热、隔冷、吸声。岩棉制品的最高使用温度600℃，导热系数方程为0.035+0.00022tm（tm为绝热层的平均温度）。建筑中可用岩棉板作为外墙外保温系统中的保温隔热材料。

（1）岩棉制品的产品规格，见表2-39。

岩棉制品的产品规格 **表2-39**

制品名称	规格			
	长(mm)	宽(mm)	厚(mm)	内径(mm)
板	900、1000	500、600、700、800	30、40、50、60、70、100、150	
带	2400	910	30、40、50、60	
毡	910	630、910	50、60、70	
管壳	600、910、1000		30、40、50、60、70	22、38、45、57、89、108、133、159、194、219、245、273、325

（2）岩棉板的技术性能符合《建筑用岩棉、矿渣棉绝热制品》（GB/T 19766—2005）的指标，见表2-40和表2-41。

不同厚度岩棉制品的热阻值 **表2-40**

表观密度(kg/m³)	常用厚度(mm)	热阻R[(m²·K)/W]25℃
40～60	30	0.71
	50	1.20
	100	2.40
	150	3.57
61～80	30	0.75
	50	1.25
	100	2.50
	150	3.75

岩棉制品的技术性能 **表2-41**

密度(kg/m³)	导热系数[W/(m·K)]	有机物含量(%)	憎水率(%)	压缩强度(kPa)	燃烧性	吸湿率(%)
51～200	≤0.044	≤4.0	≥95		不燃	≤5.0
100～120				≥10		
121～160				≥20		
161～200				≥40		

3. 珍珠岩及其制品

（1）珍珠岩

珍珠岩是一种酸性火山玻璃质岩石，因它具有珍珠裂隙结构而得名。它具有黄白、灰白、淡绿、褐、棕、灰、黑等颜色。我国珍珠岩的产地、储藏量极为丰富，各地珍珠岩矿石的矿物组成基本相同，主要是由酸性火山玻璃质组成。珍珠岩内含有结合水，当这种含水的玻璃熔岩受高温作用时，玻璃质即由固态软化为黏稠状态，内部水则由液态变为高压水蒸气向外扩散，使黏稠的玻璃质不断膨胀。膨胀的玻璃质如被迅速冷却达到软化温度以下时，则珍珠岩就形成了一种多孔结构的产品，这种产品就是膨胀珍珠岩。

生产膨胀珍珠岩的矿石有珍珠岩、松脂岩、黑曜岩三种岩石，它们都属于酸性火山玻璃质岩石（简称酸性玻璃质熔岩），习惯上将这三种矿石所生产的产品统称为膨胀珍珠岩。

珍珠岩矿石质量的好坏，直接影响着膨胀珍珠岩产品的质量、产量和成本。工业上对珍珠岩矿石的质量评定，主要是根据它的膨胀性能，也就是根据矿石熔烧后的膨胀倍数来划分，如表2-42所列。

珍珠岩的分级　　表2-42

等　级	膨胀倍数 (K_0)	外　观　特　征	折光率	Fe_2O_3 含量 (%)
一级 (优质矿石)	>20	具有明亮的玻璃光泽或松脂光泽，碎片透明	一般<1.500	一般<1.0
二级 (中等矿石)	10～20	具有玻璃光泽或松脂光泽	一般>1.500	一般>1.0
三级 (劣等矿石)	<10	光泽较晦暗，有的局部呈土状光泽。碎片不透明，有的呈角砾构造或具有显著流纹	一般>1.500	一般>1.0

注：1. 工业要求应采用一级珍珠岩矿石，三级矿石不准使用。对化学成分的要求为 SiO_2 占70%左右；H_2O 占4%～6%；Fe_2O_3+FeO 须小于1%；

2. 在具有珍珠构造的矿石基质中，有的显现一定方向的流纹，称为流纹珍珠构造，有的具有珍珠构造的玻璃质呈角砾状存在于颜色较深的基质中，称为角砾珍珠构造。

（2）膨胀珍珠岩（珠光砂、珍珠岩粉）

1）膨胀珍珠岩的性能。膨胀珍珠岩俗称珠光砂，又名珍珠岩粉，是以珍珠岩矿石经过破碎、筛分、预热，在高温（1260℃左右）中悬浮瞬间焙烧、体积骤然膨胀加工而成的一种白色或灰白色的中性无机砂状材料，颗粒结构呈蜂窝泡沫状，质量特轻，风吹可扬。它主要有保温、绝热、吸声、无毒、不燃、无臭等特性。其化学成分及性能见表2-43和表2-44。

膨胀珍珠岩的化学成分　　表2-43

SiO_2(%)	Al_2O_3(%)	Fe_2O_3(%)	CaO(%)	MgO(%)	K_2O(%)	N_2O(%)	H_2O(%)
70左右	11～14	<1	2左右	少量	4左右	3左右	4～6

2）膨胀珍珠岩在建筑上的应用。膨胀珍珠岩（以下简称珍珠岩粉）是一种轻质、高效能的保温材料，具有表观密度小、导热系数小、低温隔热性能好、在常压或真空度下保冷性能好、吸声性能好、吸湿性小、化学稳定性好、无味、无毒、不燃烧、抗菌、耐腐蚀、施工方便等特点，在建筑工程上应用很广，主要应用范围见表2-45。

膨胀珍珠岩的技术性能（摘自 JC 209） 表 2-44

项目			指标				
			70 号	100 号	150 号	200 号	250 号
堆积密度(kg/m³) 最大值			70	100	150	200	250
质量含水率(%) 最大值			2	2	2	2	2
粒度	5mm 筛孔筛余量最大值(%)		2	2	2	2	2
	0.15mm 筛孔通过量 (%) 最大值	优等品	2	2	2	2	2
		一等品	4	4	4	4	4
		合格品	6	6	6	6	6
导热系数(W/m·K) (平均温度 298℃±5K，温度梯度 5～10k/cm)		优等品	0.047	0.052	0.058	0.064	0.070
		一等品	0.049	0.054	0.060	0.066	0.072
		合格品	0.051	0.056	0.062	0.068	0.074

注：膨胀珍珠岩按堆积密度分为 70、100、150、200、250 五个等级；各等级产品按物理性能分为优等品、一等品和合格品三个等级。

珍珠岩粉在建筑工程上的应用 表 2-45

应用范围	制品名称	使用说明
建筑物围护结构的保温、隔热	松散珍珠岩粉	珍珠岩粉可松铺或松填于夹壁、楼板、平顶、屋面、地坪等处，作为建筑物围护结构的保温、隔热之用
	珍珠岩保温、隔热、吸声灰浆	珍珠岩粉可与水泥、沥青、石灰及其他胶结材料做成保温、隔热、吸声灰浆，粉刷于墙面、屋面、管子面等处，作为保温、隔热、吸声之用
	各种珍珠岩制品	珍珠岩粉可与水泥、水玻璃等胶结材料制成各种珍珠岩制品及大型板材，固定于围护结构表面，作为建筑物围护结构的保温、隔热、吸声之用
工业管道及热设备的保温、绝热	松散珍珠岩粉和各种珍珠岩制品	工业炉、锅炉、热交换器、高温管道、电厂高温大机组的汽缸以及要求恒温的热设备和仪器等。都可用松散珍珠岩粉或各种珍珠岩制品来达到保温、绝热的要求
工业设备的耐高温材料	磷酸盐珍珠岩制品	某些冶金设备上需要耐高温、表观密度小的、导热系数低的保温绝热材料，目前多采用以磷酸盐为胶粘剂与珍珠岩粉配制成的各种磷酸盐珍珠岩制品来满足这一要求
	珍珠岩耐火混凝土或松散珍珠岩粉	工业窑炉上为减少热量损失和保持良好的操作环境，可采用珍珠岩耐火混凝土来达到这一目的，也可采用在耐火砖和保温砖间填珍珠岩粉来达到这一目的
低温及超低温保冷	松散珍珠岩粉	珍珠岩粉在常压或真空下都具有良好的保冷性能，而且表观密度小，易抽真空，吸附性小，因此经常作为制取和贮存液态气体和低温液体的保冷材料以及石油、化工、国防工业、科研中的超低温真空粉末绝热材料，冷库的围护结构内也可用松散珍珠岩粉代替稻壳及其他隔热材料，效果优越
	各种珍珠岩制品	工业中各种低温及超低温管道、保冷设备、冷冻设备等，均可采用各种珍珠岩制品保冷，效果良好
	珍珠岩耐低温混凝土	某些工程需强度较高、表观密度较小、导热系数较低的材料在超低温下使用，如钢铁塔的基础等，采用珍珠岩耐低温混凝土，效果显著
烟囱、烟道内的保温、绝热防火	松填珍珠岩粉及各种珍珠岩制品	工业与民用建筑的烟囱、烟道、经常需保温、绝热及防火处理，这些都可用松填珍珠岩粉及使用各种珍珠岩制品来解决
吸声	松散珍珠岩粉	珍珠岩粉可松填或松铺于围护结构中作为吸声材料，效果良好
	各种珍珠岩吸声板	珍珠岩粉可以各种胶结材料制成各种珍珠岩吸声板，固定于工业与民用建筑的围护结构上作为吸声之用

(3) 膨胀珍珠岩制品

膨胀珍珠岩制品是以膨胀珍珠岩为骨料，配合适量的胶粘剂（如水泥、水玻璃、磷酸盐等），经过搅拌、成型、干燥、焙烧或养护而成的具有一定形状的成品（如板、砖、管瓦等）。它们可用作工业与民用建筑工程的保温、隔热、吸声材料以及各种管道、热工设备的保温、绝热材料。膨胀珍珠岩制品的命名，一般是以胶粘剂为名，如水泥膨胀珍珠岩制品、水玻璃膨胀珍珠岩制品等。

膨胀珍珠岩制品有很多种，目前国内生产的主要产品有水泥膨胀珍珠岩制品、水玻璃膨胀珍珠岩制品、磷酸盐膨胀珍珠岩制品和沥青膨胀珍珠岩制品四种。

1) 水泥膨胀珍珠岩制品。水泥膨胀珍珠岩制品是以水泥为胶粘剂，以珍珠岩粉为骨料，按一定配合比配合、搅拌、筛分、成型、养护而成。它具有表观密度小、导热系数低、承压能力较高、施工方便、经济耐用等特点，可广泛用为较低温度热管道、热设备及其他工业管道设备和工业建筑上的保温绝热材料，以及工业与民用建筑围护结构的保温、隔热、吸声材料。其一般性能、导热系数及产品规格等见表2-46和表2-47。

水泥膨胀珍珠岩制品的一般性能 表2-46

表观密度 (kg/m³)	抗压强度 (MPa)	导热系数 [W/(m·K)]	抗折强度 (MPa)	使用温度 (℃)	吸湿率 (24h) (%)	吸水率 (24h) (%)	抗冻15次干冻循环强度损失 (%)	软化系数
300～400	0.5～1.0	常温：0.058～0.087 低温：0.081～0.116 高温：见表2-47	>0.3	≤600	0.87～1.55	110～130	10～24	0.7～0.74

注：1. 表列制品系以32.5级普通硅酸盐水泥为胶粘剂；
2. 表列吸声系数仅供参考。

水泥膨胀珍珠岩制品的高温导热系数 表2-47

珍珠岩粉的表观密度 (kg/m³)	用料体积比		干抗强度 (MPa)	压烘干表观密度 (kg/m³)	热面温度 (℃)	冷面温度 (℃)	平均温度 (℃)	导热系数 [W/(m·K)]
	水泥	珍珠岩粉						
80	1	10	0.59	317	145 334 548	50 113 187	97.5 223.5 367.5	0.067 0.105 0.134
100	1	10	0.72	334	185 328 540	64 107 176	124.5 217.5 358	0.073 0.109 0.138
120	1	10	0.86	373	170 342 558	65 121 199	117.5 231.5 378.5	0.078 0.104 0.143
140	1	10	0.88	401	174 339.7 568	64 124.3 210	119 232 389	0.080 0.114 0.152

2）水玻璃膨胀珍珠岩制品。水玻璃膨胀珍珠岩制品是以水玻璃为胶粘剂，以膨胀珍珠岩为骨料，按一定比例配合并加入水泥搅拌、筛分、成型、干燥、焙烧而成。其产品性能、规格等见表 2-48。

水玻璃膨胀珍珠岩制品的产品性能、规格 **表 2-48**

表观密度（kg/m^3）	常温下的导热系数［W/(m·K)］	抗压强度（MPa）	使用温度（℃）	吸水率（%）	吸湿率（%）
200～300	0.064～0.076	0.8～1.0	≤650	≤2	20（相对湿度 90%）以上一个月

3）磷酸盐膨胀珍珠岩制品。磷酸盐膨胀珍珠岩制品又名高温超轻质珍珠岩制品，是以膨胀珍珠岩为骨料，以磷酸铝和少量的硫酸铝、纸浆废液作胶粘剂，经过配料、搅拌成型、焙烧而成。这种制品的特点是耐火度较高、表观密度较小、强度和绝热性能都比较好。其产品性能、规格等见表 2-49。

磷酸盐膨胀珍珠岩制品的产品规格、性能 **表 2-49**

规格（mm）	性能指标			
	表观密度（kg/m^3）	抗压强度（MPa）	常温导热系数［W/(m·K)］	作用温度（℃）
管： ϕ57×60 ϕ(76.89)×80 ϕ103×90 ϕ133×100 ϕ(159、219、273)×120	200～240	0.6～1.0	0.36～0.051	<1000

4）沥青膨胀珍珠岩制品。沥青膨胀珍珠岩制品是以表观密度小于 120kg/m^3 的膨胀珍珠岩与热沥青式乳化沥青经装模成型、压制加工而成，具有轻质、保温、隔热、吸声、不老化、憎水、耐腐蚀等特性，可锯、可切，施工方便，广泛应用于冷库工程、冷冻设备、管道及屋面等处。其产品的性能、规格见表 2-50。

沥青膨胀珍珠岩制品的规格、性能 **表 2-50**

类别	规格(mm)	技术性能指标					
		表观密度（kg/m^2）	抗压强度（MPa）	导热系数［W/(m·K)］	使用温度（℃）	吸湿率（经 24h）（%）	吸水率（经 24h）（%）
沥青珍珠岩制品	保温块： 200×300×(40～100) 250×(250、330)×(40～100) 管：ϕ10～30	280～320	0.3～0.5	0.07～0.081	−40～250	≤1	1～6
乳化沥青珍珠岩制品	板：400×250×100 管：按图加工	≤350	≥0.3	≤0.07	−50～60	湿度 95% 96h≥1	1～6

5）石膏膨胀珍珠岩制品。石膏膨胀珍珠岩制品是以天然石膏或化学石膏为主要原料，掺加适量的水泥或粉煤灰，加进适量的膨胀珍珠岩，经料浆拌合、浇筑成型、抽芯、干燥等工序加工而成，多为轻质板材，也可作成管材及异形制品。其性能和用途与上述的几种膨胀珍珠岩制品相同，常用的制品类别、规格等见表 2-51。

石膏膨胀珍珠岩制品的规格、性能　　表 2-51

类　别	规　格　(mm)	技术性能指标
板、管	多种规格	表观密度　250～350kg/m² 抗压强度　0.35～0.45MPa 导热系数　0.074～0.097W/(m·K) 使用温度　<600℃
空心板条	(2500～3000)×600×60	板重：普通板　40±5　kg/m² 增强板　45±5　kg/m² 门框板　45±5　kg/m² 含水率　<10% 空心率　门框板　22.2% 普通板、增强板　28.6% 抗折荷载　1000N/1.2m 导热系数　0.279W/(m·K) 耐火极限(增强板)　1.3h 吸水率(防潮板)　<5% 隔声指数　>30dB

(4) 憎水珍珠岩制品

憎水珍珠岩制品具有优良的防水性能，而且表观密度小，导热系数低，适用于对防水性能有较高要求的保冷绝热工程设施、吸油设施及地下管道保温、屋面保温工程。其制品的主要物理性能见表 2-52。

憎水珍珠岩制品的物理性能　　表 2-52

表观密度(kg/m³)	导热系数[W/(m·K)]	抗压强度(MPa)	憎水率(%)
250～300	0.061～0.072	0.5～0.5	吸水率<20

注：憎水珍珠岩制品通常是根据要求加工成砖、板、管使用。

(5) 膨胀珍珠岩粉刷灰浆

膨胀珍珠岩粉刷灰浆是以膨胀珍珠岩（简称珍珠岩粉）为骨料，以水泥为胶粘料，按一定比例配制而成。它具有一定的保温、吸声作用，多用于保温、吸声粉刷等。其用料规格、配合比及一般性能、施工方法等见表 2-53 和表 2-54。

膨胀珍珠岩粉刷灰浆的用料规格、配合比及一般性能　　表 2-53

用料规格		用料体积比(水泥：珍珠岩粉：水)	制品表观密度(kg/m³)	抗压强度(MPa)	导热系数[W/(m·K)]	吸声系数
珍珠岩粉	水　泥					
表观密度 320～350 (kg/m³)	32.5级或42.5级普通硅酸盐水泥	1:10:1.55 1:12:1.6	480 430	1.05 0.8	0.081 0.074	通过试验决定
表观密度 120～160 (kg/m³)	32.5级或42.5级普通硅酸盐水泥	1:15:1.7	335	0.9～1.0	0.064	

注：表中水灰比仅供参考，实际施工时应根据不同情况具体确定。

(6) 现浇水泥珍珠岩保温、隔热层

现浇水泥珍珠岩保温、隔热层是以膨胀珍珠岩为骨料，以水泥为胶结材料，按一定比

珍珠岩粉刷灰浆的施工方法及注意事项　　表 2-54

施工方法	用料配合比（体积比）	施工说明及注意事项
粉刷法	1∶10 或 1∶12	搅拌及水灰比：将水泥和珍珠岩粉运至屋面、墙面或其他被粉刷物体附近，按设计规定的配合比用搅拌机或人工干拌均匀，再加水拌合。水灰比除参照表 2-57 规定具体掌握外，还可采取经验方法。水不可过多，否则珍珠岩粉将由于体轻而上浮，发生离析现象。灰浆稠度以外观松散、手握成团不散、挤不出灰浆或只能挤出极少量灰浆为宜 粉刷及压缩比：珍珠岩灰浆拌好后即可进行粉刷。粉刷前应将被粉刷体的表面浇水润湿，以利灰浆能很好地与之结合。粉刷时用力不可过大，也不可过小，过大易影响导热、吸声系数，过小则粉刷强度不够，容易脱落。一般粉刷时掌握压缩比在 130%左右即可 $\left(压缩比=\frac{粉压以前之厚度}{粉刷压实后之厚度}\right)$
喷涂法	墙面　1∶12 屋面　1∶15	搅拌及喷涂：喷涂法可用混凝土喷射机（又名灰浆喷枪）进行。喷前先将珍珠岩粉及水泥按规定比例干拌均匀，再送入喷射机内进一步加以搅拌，在风压下经胶管送至喷口。水与水泥珍珠岩粉混合料在喷口处混合，然后由喷口喷至被粉体表面。喷射角度当喷墙面、屋面时，以垂直为宜，喷顶棚时以 45°为宜。一次喷涂厚度可达 30mm，多次喷涂可达 80mm

例搅拌配制而成，可以用于平屋面上、夹壁之间及其他地方。它具有表观密度小、导热系数小、强度好、比较经济等特点，当用于平屋面上时，它可以减轻屋面荷重、节约水泥用量、降低造价、减少工序、缩短工期。其用料规格、一般性能等见表 2-55 和表 2-56。

现浇水泥珍珠岩保温隔热层的用料配合比及一般性能　　表 2-55

用料配合比（体积比）		表观密度（kg/m^3）	抗压强度（MPa）	导热系数［W/(m·K)］
普通硅酸盐水泥（32.5 级）	膨胀珍珠岩（表观密度　120～160kg/m^3）			
1	6	548	1.65	0.121
1	8	510	1.95	0.085
1	10	389	1.15	0.080
1	12	360	1.05	0.074
1	14	351	1.00	0.071
1	16	315	0.85	0.064
1	18	309	0.65	0.059
1	20	296	0.70	0.055

注：现浇水泥珍珠岩保温隔热层的用料体积配合比一般采用 1∶12 左右。

4. 岩棉及岩棉制品

岩棉是以精选的玄武岩为主要原料，经高温熔融后，由高速离心设备（或喷吹设备）加工制成的人造无机纤维，具有质轻、不燃、导热系数小、吸声性能好、化学稳定性好等特点。在岩棉中加入特制的胶粘剂，经过加工，即可制成岩棉板、岩棉缝板、岩棉保温带等各种岩棉制品。他们除具有上述岩棉所具有的一些特点外，还具有一定的强度及保温、绝热、隔冷、吸声性能好、工作温度高等突出优点，因此广泛应用于建筑、石油、化工、电力、冶金、国防、纺织和交通运输等行业，是各种建筑物、管道、贮罐、蒸馏塔、锅炉、烟道、热交换器、风机和车船等工业设备的优良的保温、绝热、隔冷、吸声材料。

岩棉制品的一般产品规格见表 2-57。

现浇水泥珍珠岩保温隔热层的施工方法 表 2-56

项 目	施 工 方 法
搅拌及水灰比	搅拌方法及水灰比与珍珠岩粉刷灰浆的规定相同
浇捣及压缩比	珍珠岩灰浆拌好后即可进行铺设，铺设前应将底层表面加以湿润。铺设厚度与设计厚度之比称为压缩比，一般采用30%左右。铺设后可用木夯轻轻夯实，以由铺设厚度夯至设计厚度为止
找平层	珍珠岩灰浆浇捣夯实后，因其表面粗糙，干铺对卷材不利，因此必须再做 1∶3 水泥细砂浆找平层，厚度为 7～10mm 左右。整个保温隔热层包括找平层在内，抗压强度可达 1.0MPa 以上
养护	由于珍珠岩灰浆含水量较少，且水分散发较快，因此保温层应在浇捣完毕一周以内浇水养护。在夏季，保温层施工完毕 10d 后，即可完全干燥，铺设卷材

岩棉制品的产品规格（摘自 GB 11835） 表 2-57

制品名称	规 格 (mm)			
	长	宽	厚	内 径
板	900、1000	500、600、700、800	30、40、50、60、70	
带	2400	910	30、40、50、60	
毡	910	630、910	50、60、70	
管 壳	600、910、1000		34、40、50、60、70	22、38、45、57、89、108、133、159、194、219、245、273、325

5. 泡沫玻璃

泡沫玻璃是利用粉煤灰和废玻璃为主要原材料，添加发泡剂、改性剂、促进剂等外加剂，经细粉碎（140 目）烘干，含水量小于 1.5%，并均匀混合，放入有隔离剂的特定耐热钢模具中，经过加热、熔融、发泡、冷却、脱模、退火、切割而成。气泡占总体积的 80%～95%。气泡直径为 0.5～5mm。

主要性能应符合《泡沫玻璃绝热制品》（JC/T 647—2005）标准要求，见表 2-58。

泡沫玻璃主要技术性能 表 2-58

项 目	分 类	140		160		180	200
	等 级	优等品	合格品	优等品	合格品	优等品	合格品
表观密度(kg/m³) ≤		140		160		180	200
抗压强度(MPa) ≥		0.4		0.5	0.4	0.6	0.8
抗折强度(MPa) ≥		0.3		0.5	0.4	0.6	0.8
体积吸水率(%) ≤		0.5		0.5		0.5	
透湿系数最大值[ng/(Pa·m·s)]		0.007	0.05	0.007	0.05	0.05	0.05
导热系数最大值[W/(m·K)]25℃		0.046	0.050	0.052	0.062	0.064	0.068

2.3 界面剂及粘结材料

2.3.1 界面剂

界面剂适用于改善砂浆层与水泥混凝土、加气混凝土等材料基面粘结性能。可用于新老混凝土之间的界面、废旧瓷砖、陶瓷锦砖等表面的处理。也可用于聚苯板、钢丝网架聚苯板、挤塑板、聚氨酯板的表面处理。

1. 界面剂分类

(1) 按组成分为两种类别

P类：由水泥等无机胶凝材料、填料和有机外加剂等组成的干粉状产品。

D类：含聚合物分散液的产品，分为单组分和多组分界面剂。

注：D类产品需与水泥等无机胶凝材料和水等按比例拌合后使用。

(2) 按使用的基面分为两种型号

Ⅰ型：适用于水泥混凝土的界面处理；

Ⅱ型：适用于加气混凝土的界面处理。

2. 界面剂的标记

界面剂的标记由产品名称、类别、型号和标准号构成。

示例：干粉状用于水泥混凝土界面的界面处理剂标记为：

混凝土界面处理剂 PIJC/T 907—2002

3. 技术指标

(1) 外观

干粉状产品应均匀一致，不应有结块。液状产品经搅拌后呈均匀状态，不应有块状沉淀。

(2) 物理力学性能

P类、D类界面剂的物理力学性能应符合表2-59规定。

界面剂的物理力学性能　　表2-59

项目			指标	
			Ⅰ型	Ⅱ型
剪切粘结强度(MPa)	7d		≥1.0	≥0.7
	14d		≥1.5	≥1.0
拉伸粘结强度(MPa)	未处理	7d	≥0.4	≥0.3
		14d	≥0.6	≥0.5
	浸水处理		≥0.5	≥0.3
	热处理			
	冻融循环处理			
	碱处理			
晾置时间(min)			—	≥10

注：Ⅰ型产品的晾置时间，根据工程需要由供需双方确定。

4. 界面剂的使用

各组分的用量应按生产商推荐的配合比例，用机械或手工搅拌均匀，涂刷在各种基材的表面上。

2.3.2 粘结材料

1. 胶接材料

胶接材料按化学成分可分为无机胶凝材料和有机胶粘材料两大类。

(1) 无机胶凝材料

无机胶凝材料按硬化条件的不同又分为气硬性和水硬性两类。水泥是一种水硬性胶凝材料；石膏是一种气硬性胶凝材料。

1) 水泥。水泥品种按化学成分可分为硅酸盐水泥、铝酸盐水泥、硫铝酸盐水泥、铁铝酸盐水泥等。

硅酸盐系列水泥是以硅酸钙为主要成分的水泥熟料，一定量的混合材料和适量石膏，经共同磨细而成。按性能和用途又可分为通用水泥、专用水泥和特种水泥。

通用水泥按其所掺合材料的种类及数量不同又可分硅酸盐水泥、普通硅酸盐水泥（简称普通水泥)、矿渣硅酸盐水泥（简称矿渣水泥)、火山灰硅酸盐水泥（简称火山灰水泥)、粉煤灰硅酸盐水泥（简称粉煤灰水泥)、复合硅酸盐水泥（简称复合水泥)。

专用水泥是指专门用途的水泥，如砌筑水泥、道路水泥等。

特种水泥是指某种性能比较突出的水泥，如快硬硅酸盐水泥、白色硅酸盐水泥、抗硫酸盐水泥、低热硅酸盐水泥、硅酸盐膨胀水泥。

① 硅酸盐水泥（又称波特兰水泥)，分为以下六种。

a. 硅酸盐水泥：凡是由硅酸盐水泥熟料，再掺入0%～5%石灰石或粒化高炉矿渣、适量石膏经磨细制成的水硬性胶凝材料，称为硅酸盐水泥。硅酸盐水泥又分为两种类型：不掺加混合材料的称Ⅰ型硅酸盐水泥，代号为P·Ⅰ。粉磨时掺加不超过水泥重量5%的石灰石或粒化高炉矿渣混合材料的称Ⅱ型硅酸盐水泥，代号为P·Ⅱ。

b. 普通硅酸盐水泥（简称普通水泥)：凡是由硅酸盐水泥熟料，再掺入6%～15%混合材料及适量石膏，经磨细制成的水硬性胶凝材料称为普通硅酸盐水泥，代号P·O。普通水泥颜色差别主要原因是所含氧化铁量不同，见表2-60。

水泥颜色与氧化铁含量的关系 **表2-60**

氧化铁含量(%)	3～4	0.45～0.7	0.35～0.4
水泥颜色	暗灰色	淡绿色	白色

c. 矿渣硅酸盐水泥：凡是由硅酸盐水泥熟料，粒化高炉矿渣和适量石膏磨细制成的水硬性胶凝材料，称为矿渣硅酸盐水泥，代号P·S。水泥中粒化高炉矿渣掺加量按重量百分比计20%～70%。

d. 火山灰硅酸盐水泥：凡是由硅酸盐水泥熟料和火山灰质混合材料、适量石膏磨细制成的水硬性胶凝材料，称为火山灰质硅酸盐水泥，代号P·P。水泥中火山灰质混合材料掺加量按重量百分比计20%～50%。

e. 粉煤灰硅酸盐水泥：凡是由硅酸盐水泥熟料和粉煤灰、适量石膏经磨细制成的水硬性胶凝材料，称为粉煤灰硅酸盐水泥，代号P·F。水泥中粉煤灰掺加量按重量百分比计20%～40%。

f. 复合硅酸盐水泥：凡是由硅酸盐水泥熟料、两种或两种以上规定的混合材料、适量石膏经磨细制成的水硬性胶凝材料称为复合硅酸盐水泥，水泥中混合材料总掺加量按重量百分比应大于15%，但不超过50%。

② 特种水泥，分为白色硅酸盐水泥和高铝水泥两种。

a. 白色硅酸盐水泥：适当成分的生料经煅烧，生成的以硅酸钙为主要成分，氧化铁含量很少的白色硅酸盐熟料，加入适量石膏，共同磨细制成的水硬性胶凝材料称为白色硅酸盐水泥，见表2-61。

白色硅酸盐水泥的等级、白度值及强度等级　　表2-61

白水泥的等级	白度值(%)	白度级别	强度等级
优等品	86	特级	62.5,52.5
一等品	84	一级	52.5,42.5
	80	二级	52.5,42.5
合格品	80	二级	42.5,32.5
	75	二级	32.5

b. 高铝水泥：高铝水泥又称矾土水泥，以铝矾土和石灰石为原料，经煅烧成铝酸钙为主要成分，氧化铝含量超过50%的熟料，再磨细制成的水硬性材料。凝结时间与波特兰水泥相似，可以提供快速的强度发展。高铝水泥与快硬水泥相同，以三天强度为强度等级。在特定的情况下可作为波特兰水泥的促凝剂以满足所要求的使用性能。通常情况下，用于要求有较快的凝结速度和较高性能的产品中，要达到促凝效果需要有一个最低加入量，但是，如果加入量超过一定的限度，则有反面作用。同时，加入量与波特兰水泥有一定的关系。

高铝水泥与波特兰水泥混合的强度发展变化主要依赖波特兰水泥的情况。一般来说，强度发展在早期即可显现。控制收缩所采取的措施之一就是使用铝酸钙水泥，目的是与硫酸钙（石膏、脱水石膏、半水石膏）发生反应产生可膨胀的钙矾石矿物相（C_3A-$3CaSO_4$-$32H_2O$）。收缩的控制可通过波特兰水泥/铝酸钙水泥/硫酸钙混合物比例关系去实现。高铝水泥也可以与添加剂复合使用，如聚合物、消泡剂、促凝剂、缓凝剂。

2）石膏。

① 建筑石膏

a. 建筑石膏的成分：建筑石膏属气硬性胶凝材料。气硬性胶凝材料是指能在空气中硬化，也只能在空气中保持或继续发展其强度。

生产建筑石膏（熟石膏）的主要原料是生石膏（即天然二水石膏 $CaSO_4 \cdot 2H_2O$）及化工石膏。化工石膏是指含有 $CaSO_4 \cdot 2H_2O$ 的化学工业副产品。

建筑石膏是将天然二水石膏（原料中含量大于75%）加热至107～170℃，经脱水，陈化转变而成，以（β-$CaSO_4 \cdot 1/2H_2O$）为主要成分，不需要加任何外加剂的胶凝材料。

$$CaSO_4 \cdot 2H_2O \xrightarrow{107\sim170℃} CaSO_4 \cdot \frac{1}{2}H_2O + 1\frac{1}{2}H_2O$$

将天然二水石膏在不同压力和温度下加热，可制得晶体结构和性质各异的多种石膏胶凝材料。在0.13MPa，124℃加热可得 α 型半水石膏（高强石膏）；在170～200℃脱水可成为可溶性硬石膏（$CaSO_4$ Ⅲ）；在400℃脱水可成为不溶性硬石膏（$CaSO_4$ Ⅱ）；在

800℃部分石膏分解可得 CaO，磨细后的产品称为高温煅烧石膏。

b. 建筑石膏的水化及硬化机理：首先，β型半水石膏溶于水，成为不稳定的饱和溶液，溶液中的β型半水石膏与水化合又形成了二水石膏，水化反应按下式进行：

$$CaSO_4 \cdot \frac{1}{2}H_2O + 1\frac{1}{2}H_2O \longrightarrow CaSO_4 \cdot 2H_2O$$

水化产物二水石膏在水中的溶解度比β型半水石膏小的多，β型半水石膏的饱和溶液对二水石膏就成了过饱和溶液，形成晶核，其间晶核长大、连生和互相交错，在晶核大到某一定值，二水石膏就析出。此时溶液浓度降低，又一批β型半水石膏继续溶解和水化。反复进行，直至β型半水石膏全部耗尽。二水石膏生成量不断增加，水分减少，浆体失去可塑性，称为初凝。

c. 建筑石膏的特性：

• 凝结硬化快：初凝不小于 6min，终凝不大于 30min。可加缓凝剂；

• 孔隙率大，强度低：抗压强度为 3～5MPa；

• 建筑石膏硬化体隔热性和保温性良好，耐水差；导热系数为 0.121～0.205W/(m·K)，软化系数为 0.30～0.45；

• 防火性能好：为非燃烧体；

• 建筑石膏硬化时体积略有膨胀，约膨胀 0.05%～0.15%；微膨胀可使建筑石膏硬化体表面光滑饱满，干燥时不开裂；

• 装饰性，加工性好。

d. 建筑石膏的质量标准要求，见表 2-62。

建筑石膏的质量标准要求 **表 2-62**

技术要求	等级		
	优等品	一等品	合格品
抗折强度(MPa)	2.5	2.1	1.8
抗压强度(MPa)	5.0	4.0	3.0
0.2mm 方孔筛筛余(%)≤	5.0	10.0	15.0
凝结时间(min)	初凝时间不小于 6min,终凝时间不大于 30min		

② 粉刷石膏：粉刷石膏是由建筑石膏（$CaSO_4 \cdot 1/2H_2O$）与无水石膏（Ⅱ-$CaSO_4$）单独或二者混合后再掺入外加剂、细骨料等制成的气硬性胶凝材料。粉刷石膏又分为面层粉刷石膏、底层粉刷石膏和保温粉刷石膏三类，见表 2-63。

③ 粘结石膏：粘结石膏是由β型半水石膏（$CaSO_4 \cdot 1/2H_2O$），掺入外加剂、细骨料等制成的气硬性胶凝材料。用于石膏制品、聚苯板的粘结，技术指标见表 2-64。

3）建筑石灰。石灰是以碳酸钙为主要成分的石灰石（白垩）等为原料，在 900～1000℃煅烧所得的产物，其主要成分是氧化钙。

$$CaCO_3 \xrightarrow{900\sim1000℃} CaO + CO_2$$

粉刷石膏（JC/T 517—2004）主要技术指标 表 2-63

项目		指标		
		面层	底层	保温层
可操作时间(min)		≥30		
凝结时间	初凝时间(min)	≥60		
	终凝时间(h)	≤8		
保水率(%)		90	75	60
强度(MPa)	抗压强度	6.0	4.0	0.6
	抗折强度	3.0	2.0	—
	剪切粘结强度	0.4	0.3	—
细度		面层用料 0.2mm。方孔筛筛余(%)，≤40%		

粘结石膏主要技术指标 表 2-64

项目		指标
细度(0.25mm 筛余)(%)		0
操作时间(min)		≥50
保水率(%)		≥70
抗裂性		24h 无裂纹
凝结时间(min)	初凝时间	≥60
	终凝时间	≤120
强度(MPa)	抗压强度	≥6.0
	抗折强度	≥3.0
	剪切粘结强度	≥0.5

煅烧温度高低与时间的长短都会影响质量，石灰内部结构紧密，晶粒粗大，与水反应极慢，会发生膨胀。根据石灰的加工方法不同有以下成品：

生石灰及生石灰粉：主要成分是 CaO；

消石灰及石灰膏：主要成分是 $Ca(OH)_2$。

$$CaO+H_2O \longrightarrow Ca(OH)_2$$

① 石灰的硬化机理

a. 结晶作用：游离水分蒸发，氢氧化钙从饱和溶液析出。

b. 碳化作用：氢氧化钙与空气中的二氧化碳、水反应生成碳酸钙结晶，释放水分并蒸发。

$$Ca(OH)_2+CO_2+H_2O \longrightarrow CaCO_3+(n+1)H_2O$$

② 建筑石灰的特性

a. 可塑性好：呈胶体的颗粒表面吸附一层水膜，减少颗粒间的摩擦力，利用此性能可提高砂浆保水性。

b. 硬化缓慢：因碳化作用较慢，已硬化的表层阻碍内部碳化，故硬化过程较长。

c. 硬化后强度低：水化热大，消耗一部分水，故实际消化用水量大，石灰中的多余的水蒸发后留下大量空隙，使硬化石灰体密度小，故强度低。

d. 耐水差：受潮后，未碳化的氢氧化钙易溶解，硬化石灰体遇水会产生溃散。

e. 收缩大：石灰浆中存在大量游离水，硬化后水分蒸发，导致毛细管失水紧缩，引起体积收缩变形。

f. 建筑生石灰粉的技术指标，见表2-65。

g. 建筑消生石灰粉的技术指标，见表2-66。

建筑生石灰粉的技术指标 **表2-65**

项目		钙质生石灰			镁质生石灰		
		优等品	一等品	合格品	优等品	一等品	合格品
CaO+MgO含量% ≥		85	80	75	80	75	70
CO_2 含量% ≤		7	9	11	8	10	12
细度	0.90筛筛余 ≤	0.2	0.5	1.5	0.2	1.5	1.5
	0.12筛筛余 ≥	7.0	12.0	18.0	7.0	12.0	18.0

建筑消生石灰粉的技术指标 **表2-66**

项目	钙质消生石灰粉			镁质消生石灰粉			白云石消生石灰粉		
	优等品	一等品	合格品	优等品	一等品	合格品	优等品	一等品	合格品
钙镁含量(%)	≥70	≥65	≥60	≥65	≥60	≥55	≥65	≥60	≥55
游离水(%)	0.4～2	0.4～2	0.4～2	0.4～2	0.4～2	0.4～2	0.4～2	0.4～2	0.4～2
体积安定性	合格	合格		合格	合格		合格	合格	
0.90筛余	0	0	≤0.5	0	0	≤0.5	0	0	≤0.5
0.125筛余	3	≥10	≥15	≥3	≥10	≥15	≥3	≥10	≥15

(2) 有机胶粘材料

现代建筑施工技术和建筑材料工业的不断发展促使人们开发高性能砂浆以满足对砂浆的施工性、装饰性、与不同基层的粘结性、柔韧性和使用过程中的耐久性要求。为了使砂浆满足上述特殊的要求，常常使用聚合物进行改性。

胶粘材料有两种胶结材料体系：无机胶凝材料如水泥将骨料粘结在一起构成刚性骨架；有机胶结材料赋予刚性骨架内聚性和动态行为，以及与难以粘结的基层的粘结性能。

合成聚合物乳液自20世纪30年代起就用于砂浆的改性。以这种方式改性的砂浆称为双组分系统（袋装的矿物胶粘剂粉料 + 容器包装的第二组分液态聚合物胶粘剂）。

20世纪60年代西方国家就开始出现了对粉末状聚合物的强烈需求以制备单组分的干混砂浆产品，从而促进了可再分散胶粉的开发和生产，并最终打开了市场。采用这种产品生产的单组分干混砂浆使得施工操作更容易，包装、储存和运输更方便、对保护环境也有利，特别是可以对砂浆在使用中的安全性和耐久性提供更大的保证。因此，单组分干混砂浆产品目前已成为西方发达国家砂浆产品的发展趋势。

前面，已经论述了无机胶凝材料即水泥、石膏和石灰，它们是分别通过水泥的水化、石膏的再结晶和熟石灰与空气中二氧化碳的反应而产生凝结和硬化，使砂浆获得符合要求的性能。

下面我们讨论有机胶粘材料即可再分散胶粉的性能和应用情况。与无机胶凝材料不同的是，有机胶粘材料通过形成均匀的聚合物膜来对砂浆进行改性。

1）可再分散胶粉的性能及生产。可再分散胶粉通常为白色到浅黄色的可自由流动的粉末，残余水分小于1%，表观密度为400～600g/L。可再分散胶粉的灰分大约在5%～15%，主要来自抗结块剂。胶粉在水中再分散后，其颗粒的主导粒径由干燥状态下的50～120μm减小到约0.5～5μm。

生产可再分散胶粉主要分为两个步骤：第一步是通过乳液聚合生产聚合物乳液，第二步是将由聚合物乳液制备的混合物进行喷雾干燥获得聚合物粉末。

在进行第一步乳液聚合时，由乳化剂保护胶体稳定单体，在引发剂的作用下单体通过聚合反应形成长链分子即聚合物。在这一反应过程中，乳化的单体转变为颗粒均匀悬浮在水中的聚合物乳液，通过添加表面稳定剂来防止乳胶发生凝聚而出现不稳定状态。在喷雾干燥之前，需在上述乳液中添加一些助剂如杀菌剂、喷雾干燥助剂和消泡剂以及保护胶体（常采用聚乙烯醇）进一步配制成用于进行喷雾干燥的混合物。第二步，将制备好的喷雾混合物在喷雾干燥器内干燥，干燥器进口处的温度一般为100～200℃，出口处一般为60～80℃。由于喷雾干燥发生在数秒钟内，此时颗粒的分布被“冻结”，保护胶体作为间隔粒子起到了隔离作用，从而阻止了聚合物颗粒之间的可逆聚结。为了防止可再分散胶粉在运输和储存过程中“结块”，在喷雾干燥过程中或之后还需加入抗结块剂，如高岭土、硅藻土和碳酸钙粉等。

可再分散胶粉的品种包括均聚物如醋酸乙烯，共聚物如醋酸乙烯-乙烯（EVA）、醋酸乙烯-叔碳酸乙烯酯（VeoVa）、苯乙烯-丙烯酸和三元共聚物如醋酸乙烯-叔碳酸乙烯酯-丙烯酸等。

应该注意的是，不同用途的砂浆产品对可再分散胶粉品种的要求也不相同。可再分散胶粉和水泥是砂浆中两个最主要的活性组分。因此两个组分必须起到不同的作用，一般来说，它们的功能互补。每一种组分应根据其质量和对整个配方总体性能来进行选择，去满足不同品种砂浆的性能要求。

2）可再分散胶粉的成膜机理。可再分散胶粉通常与水泥、填料和添加剂等进行预混得到干混砂浆产品。可再分散胶粉对水泥砂浆的改性是通过胶粉的再分散、水泥的水化和乳胶的成膜来完成的。可再分散胶粉（聚合物乳液）在砂浆中的成膜过程大致分为以下几个阶段。

首先，砂浆加水搅拌后，聚合物粉末重新均匀地分散到新拌水泥砂浆内而再次乳化。在搅拌过程中，粉末颗粒会自行再分散到整个新拌砂浆中，而不会与水泥颗粒聚结在一起。可再分散胶粉颗粒的“润滑作用”使砂浆拌合物具有良好的施工性能；它的引气效果使砂浆变得可压缩，因而更容易进行涂抹作业。在胶粉分散到新拌水泥砂浆的过程当中，保护胶体具有重要的作用。保护胶体本身较强的亲水性使可再分散胶粉在较低的剪切作用力下会完全溶解，从而释放出本质未发生改变的初始分散颗粒，聚合物粉末由此得以再分散。在水中的快速再分散是使聚合物的作用得以最大程度发挥的一个关键。分散后的初始颗粒尺寸可以达到1μm甚至更低。因此只有通过特殊的激光散射分析方法才能进行测试。

随后，由于水泥的水化、表面蒸发或基层的吸收造成砂浆内部孔隙的水分不断消耗，乳胶颗粒的移动自然受到了越来越多的限制，水与空气的界面张力促使乳胶颗粒逐渐排列在水泥砂浆的毛细孔内或砂浆一基层界面上。随着乳胶颗粒的相互接触，颗粒之间、网络之间的水分通过毛细管蒸发，由此产生的毛细张力施加于乳胶颗粒表面引起乳胶球体的变形并使它们融合在一起，此时乳胶膜大致形成。

最终，通过聚合物分子的扩散（有时称为自黏性），乳胶颗粒在砂浆中形成不溶于水的连续膜，从而提高了对界面的粘结性和对砂浆本身的改性。从理论上讲，为了使可再分散胶粉能够在硬化砂浆内成膜，必须保证其最低成膜温度 MFT 低于改性砂浆的养护温度。

最低成膜温度（MFT）是聚合物的特征之一，它是聚合物形成连续膜的最低温度。从理论上讲，为了使可再分散胶粉能够在硬化砂浆内成膜，必须保证其最低成膜温度 MFT 低于改性砂浆的养护温度。如果水泥水化温度低于该值，所供给的能量不足以开始成膜。只有当水泥水化温度高于聚合物最低成膜温度 MFT 时，聚合物才可以形成均匀的膜结构，且分布于水泥水化产物之间，它才能在有应力时起到架桥作用，有效吸收和传递能量，从而抑制裂纹的形成和扩展。

纤维素醚是干砂浆产品中经常使用的一种添加剂，主要起改变新拌砂浆的流变性和保水作用。纤维素醚同样会在砂浆内成膜，但这种膜与乳胶所形成的膜有本质的不同。图 2-15 中左图为在环境扫描电镜下观察到的入水湿养护之前纤维素醚在砂浆某一位置处所形成的膜。入水养护后再观察同一位置时，我们发现纤维素醚膜已消失了。这是因为纤维素醚是一种水溶性聚合物，它在砂浆中所形成的膜在接触到水时会发生溶解，当砂浆干燥后纤维素醚会在不同的位置再成膜。

图 2-15　纤维素醚膜

砂浆水养之前观察到的纤维素醚膜（左）；水养后纤维素醚膜消失（右）

图 2-16 中左图为在环境扫描电镜下观察到的入水湿养护之前乳胶颗粒在砂浆某一位置处所形成的膜。入水养护后再观察同一位置时，我们发现乳胶膜仍旧在原来的位置，乳胶膜的表面可以发现湿养护后水泥二次水化所形成的针柱状钙钒石产物。因此，乳胶颗粒所形成的膜是不溶于水的。在实际应用当中，纤维素醚一般只是影响到新拌砂浆的施工性能和保水性，而只有可再分散胶粉才会对砂浆硬化后的粘结性、内聚性和柔韧性等物理力学性能起到改善的作用。

尽管乳胶膜不溶于水，但在潮湿状态下会发生湿胀。这种湿胀的结果会导致乳胶膜由于干燥收缩所产生的自张力的减弱甚至消失，从而造成砂浆湿粘结强度的下降。但在干燥后乳胶膜的自张拉机制仍可恢复，强度也会恢复。砂浆的耐水粘结强度主要与聚合物本身

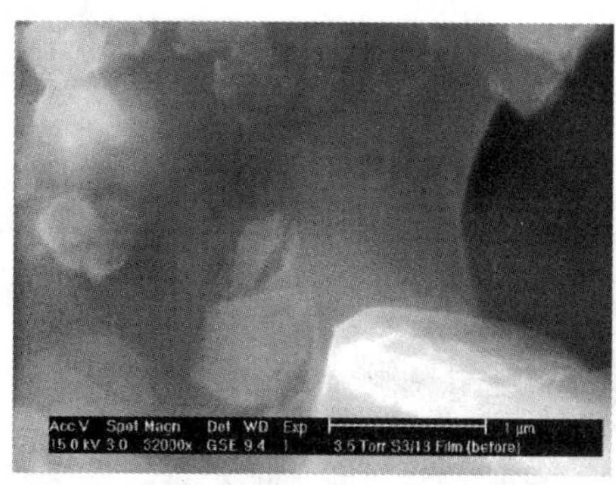

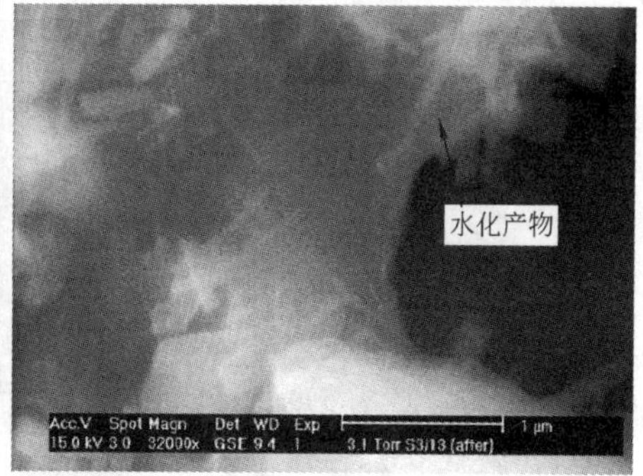

图 2-16 乳胶膜

砂浆水养之前观察到的乳胶膜（左），水养后乳胶膜仍在原来的位置（右）

的耐水性和配方的设计有关。

3）可再分散胶粉对水泥砂浆的改性机理。大量文献资料（如 Ohama，1995）均已证明，采用可再分散胶粉改性后砂浆的抗拉强度、弹性、柔性和封闭性均有提高。因此，我们来直接聚焦这种聚合物-水泥复合材料的微结构。图 2-17 为扫描电子显微镜下在聚合物改性水泥砂浆中在不同位置，包括砂浆-基层界面区、砂浆-骨料界面区和砂浆内部观察到的乳胶膜。从这些显微结构照片可以发现乳胶所形成的薄膜分布在砂浆中不同的位置，包括基层-砂浆界面区、孔隙之间、孔壁周围、水泥水化产物之间、水泥颗粒周围、骨料周围和骨料-砂浆界面。

图 2-17 聚合物改性砂浆在扫描电子显微镜下的微结构

图 2-18 为聚合物膜在水泥砂浆中分布的示意图。正是这些分布在砂浆中的乳胶膜使其获得了刚性水泥砂浆无法具备的特性，如内聚性、与基层的粘结性和柔性。掺加可再分散胶粉可使聚合物膜（乳胶膜）形成并构成孔壁的一部分，从而对砂浆的高孔隙构造起到

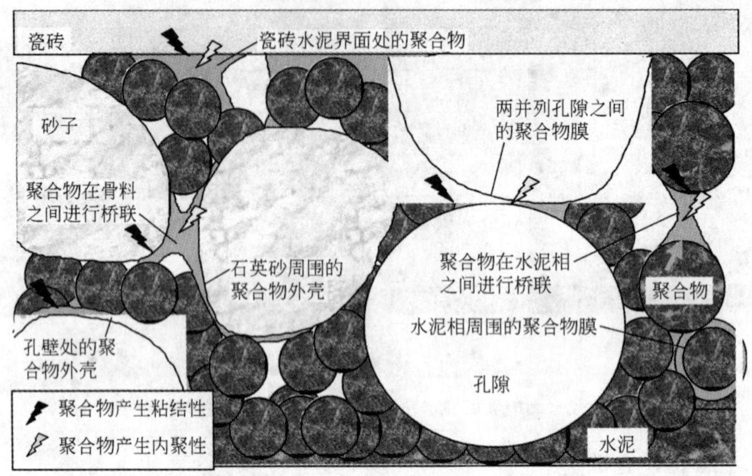

图 2-18 乳胶膜在聚合物改性砂浆中的分布和作用示意图（以瓷砖胶为例）

了封闭的作用。乳胶膜具有自拉伸机制，可对其与砂浆锚接之处施加拉力。通过这些内部作用力，将砂浆保持为一个整体。换而言之，砂浆的内聚强度提高了。在聚合物改性砂浆与基层的界面，聚合物膜通过锚固和自张拉产生的桥连作用可以改善砂浆与不同基层的粘结性能。

图 2-19 的试验结果说明，随着可再分散胶粉掺量的增加，桥接砂浆-基层界面区的聚合物膜增多，使得砂浆与混凝土基层的粘结强度获得显著提高。高柔性和高弹性聚合物区域的存在改善了砂浆的柔性和弹性。这种效果可以从图 2-20 弹性模量的试验结果得到证明：弹性模量随可再分散胶粉掺量的增加而明显下降，说明其变形能力获得了大幅度提高。

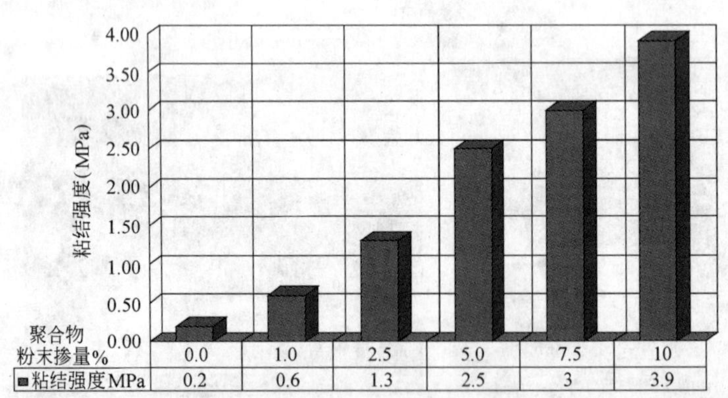

基本配方：(75%EN 196-1标准砂，25% CEMI 52.5 水泥)，添加不同量的EVA可再分散胶粉，水灰比0.5。

图 2-19 可再分散胶粉的掺量对砂浆粘结强度的影响

可再分散胶粉的颗粒形态及其再分散后的成膜特性使其对水泥砂浆在新拌和硬化状态下的性能产生了如下作用效果：

① 在新拌砂浆中：颗粒的“润滑作用”使砂浆拌合物具有良好的流动性，从而获得

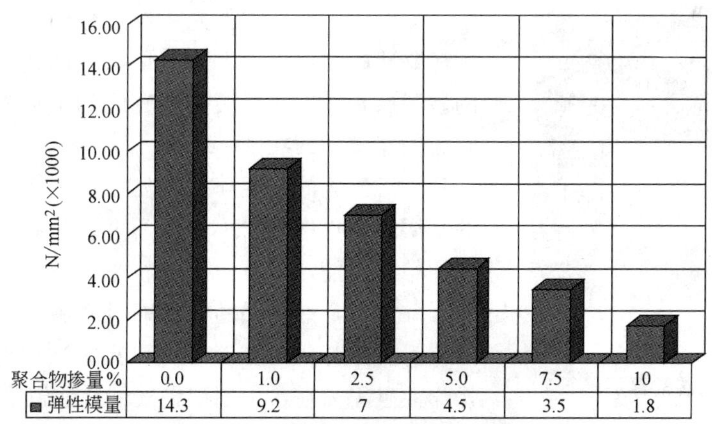

基本配方:(75%EN 196-1标准砂,25% CEMI 52.5 水泥),添加不同量的EVA 可再分散胶粉,水灰比0.5。

注:弹性模量越低,系统的柔性越好。

图 2-20 可再分散胶粉的掺量对砂浆弹性模量的影响

更佳的施工性能。引气效果使砂浆变得可压缩,因而更容易进行涂抹作业。

② 在硬化砂浆中:乳胶膜可对基层-砂浆界面的收缩裂缝进行桥连并使收缩裂缝得以愈合,提高砂浆的封闭性。

提高砂浆的内聚强度。高柔性和高弹性聚合物区域的存在改善了砂浆的柔性和弹性,为刚性的骨架提供了内聚性和动态行为。当施加作用力时,由于柔性和弹性的改善会使微裂缝推迟,直到达到更高的应力时才形成。

互相交织的聚合物区域对微裂缝合并为贯穿裂缝也有阻碍作用。因此,可再分散胶粉提升了材料的破坏应力和破坏应变。

4) 可再分散胶粉的应用。在砂浆产品中,两种胶凝材料系统即水泥和可再分散胶粉是理想的匹配。二者在砂浆产品中的结合获得了显著的协同效应以及单独使用任何一种胶凝材料都无法达到的特性,从而使得聚合物改性砂浆可以用于许多特殊的场合,并在质量控制、施工操作、储存和环保方面具有明显的优势。可再分散胶粉主要用于特种干砂浆产品,包括瓷砖胶、保温系统粘结砂浆和抹面砂浆、自流平砂浆、腻子、装饰抹灰和干粉涂料、瓷砖填缝剂、修补砂浆和防水密封砂浆等。世界范围内特种干砂浆产品估计年产量在1500~2000 万 t,用量最大的三种产品为:a. 瓷砖胶,几乎占了总产量一半;b. 保温系统的粘结和抹面砂浆;c. 自流平砂浆。

我们讨论一下它在这三种典型特种干砂浆产品中的作用。

① 瓷砖胶:由于瓷砖具有良好的装饰性和功能性,如耐久、防水和易清洁等特点,它的应用非常普遍,包括墙面、地板、顶棚、壁炉、壁画和游泳池等,而且室内外均可使用。瓷砖传统的粘贴方法是厚层施工法,即先将普通砂浆涂抹在瓷砖背面,然后将瓷砖贴压到基层上,砂浆层的厚度约为 10~30mm。尽管这种方法非常适合于在不平整基层上进行施工,但缺点是贴砖效率低、对工人技术熟练程度要求高,由于砂浆柔性差,增大了脱落的危险性以及施工现场难以对砂浆的质量进行严格控制。这种方法仅适用于高吸水率瓷砖,粘贴瓷砖之前需要将瓷砖在水中浸泡以期达到足够的粘结强度,见图 2-21。

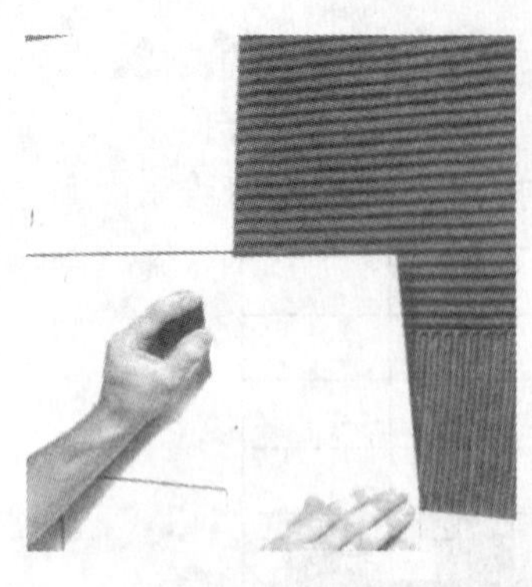

图 2-21 瓷砖的薄层施工

目前在欧洲大量采用的贴砖方法是所谓的薄层粘法，即使用齿形抹刀预先将经聚合物改性的瓷砖胶涂刮到待贴砖的基层表面上使其形成有凸起条纹且厚度均匀的砂浆层，然后将瓷砖按压在它的上面并略加扭转，砂浆层的厚度大约在2～4mm（图2-21）。由于可再分散胶粉和纤维素醚的改性作用，使用这种瓷砖胶对不同类型的基层以及包括吸水率极低的全玻化砖等面层均具有良好的粘结性能，以及极佳的抗垂流性、足够长的开放时间，并具有良好的柔性，从而吸收由于温差等因素引起的应力。进行薄层施工时可以大大加快施工速度、易于操作而且无需在水中预湿瓷砖。这种施工方法操作简便，也容易进行现场施工质量控制。

② 外墙外保温系统的粘结和抹面砂浆：对外保温系统中的聚合物改性粘结砂浆而言，最重要的性能是与基材或聚苯板的粘结强度；对抹面砂浆而言最重要的是与聚苯板的粘结强度、复合网格布后优异的抗冲击强度和低吸水量。在外保温系统中最薄弱的环节是聚苯板与砂浆的粘结界面，而在实际工程中最容易出现的问题是面层的开裂。而通过聚合物对砂浆的改性，均可以满足使其与聚苯板的粘结强度、耐水后粘结强度、与系统抗开裂性能密切相关的抗冲击性能和系统吸水量的要求。图2-22所示的一个简单试验可以充分说明聚合物改性砂浆对聚苯板粘结强度的显著改善，而未改性砂浆在拉拔破坏时从聚苯板界面脱落。

不掺加EVA胶粉

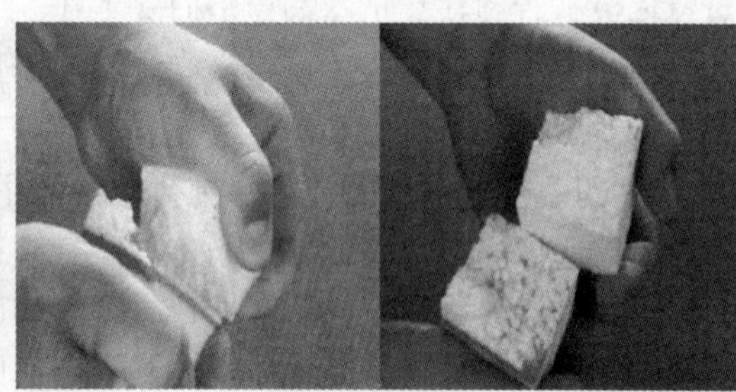

掺加3%的EVA胶粉

图 2-22 可再分散胶粉改性砂浆对聚苯板粘结强度的改善

2. 添加剂

在聚合物砂浆产品中除了矿物胶凝材料之外，还加入骨料以及聚合物胶粘剂和多种有机或无机添加剂。添加剂是聚合物砂浆产品中的重要组分，它们可以影响到砂浆在搅拌、施工过程中以及硬化后的各种性能。这些添加剂的掺量在0.01%～10%（指添加剂占砂浆配方总量的百分数）范围内。许多用于混凝土的添加剂可以直接在聚合物砂浆产品中使用，但在实际应用当中，与混凝土相比，在砂浆中加添加剂存在着很大的不同，主要表现在以下几个方面：

①经常需要与各种难以粘结的表面进行粘结；②施工在柔软的基层上，如聚苯板；③施工厚度薄（薄层）；④暴露在空气中的面积大；⑤新拌状态下可以满足一些特殊的施工

性要求，如自流平；⑥砂浆硬化后除了要满足力学性能和耐久性的要求，还要满足装饰性的要求，如彩色饰面砂浆；⑦具备一定的憎水、防水性，以保持砂浆原有的功能，如对基层的保护、保温隔热和装饰性等。因此，在聚合物砂浆产品中除了有时需要使用可再分散胶粉作为第二胶结材料，还需要使用一些混凝土中不常使用的外加剂，如纤维素醚和憎水剂。其他调节新拌合硬化砂浆性能的外加剂还包括淀粉醚、调凝剂、消泡剂、膨胀剂和引气剂等。

下面对这些添加剂的性能和使用特点进行一些简要的介绍。

(1) 纤维素醚：

1) 纤维素醚分类及原理。作为保水和增稠剂的纤维素醚几乎用于每一种聚合物砂浆产品，它是具有水溶性和胶质结构的化学改性多糖。

纤维素醚的生产过程是很复杂的，它是先从棉花或木材中提取纤维素，然后加入氢氧化钠后经化学反应转化成碱性纤维素，碱性纤维素在醚化剂的作用下生成纤维素醚。纤维素醚是碱性纤维素与醚化剂在一定条件下反应生成一系列产物的总称。不同醚化剂可把碱性纤维素醚转化成各类纤维素醚。按其取代基的电离性能，纤维素醚可分为离子型和非离子型；按其溶解的溶剂不同，又可分为水溶性和有机溶剂溶性两类。纤维素醚的类型如图2-23所示。

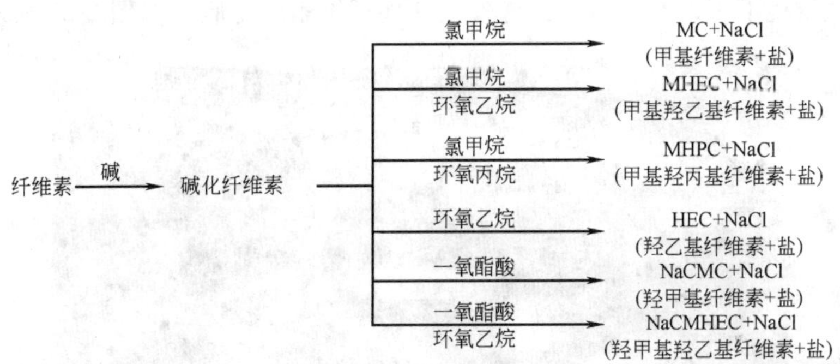

图 2-23 纤维素醚的分类

纤维素醚也称为流变改性剂，即一种用来调节砂浆流变性的添加剂。纤维素醚主要有以下三个功能：

① 可以使新拌砂浆增稠，从而防止离析并获得均匀一致的可塑体；

② 本身具有引气作用，还可以稳定砂浆中引入的均匀细小气泡；

③ 作为保水剂，有助于保持薄层砂浆中的水分（自由水），从而在砂浆施工后水泥可以有更多的时间水化。

在使用纤维素醚时应该注意的是，其掺量过高或黏度过大会使需水量增加，施工中感觉吃力（粘抹子）和降低工作性。使用纤维素醚会延缓水泥的凝结时间，特别是在掺量较高时缓凝作用更为显著。此外，使用纤维素醚也会影响砂浆的开放时间、抗垂流性能和粘结强度。

在不同产品中应选择适宜的纤维素醚，其作用也有所区别。如在瓷砖胶中宜选择较高黏度的纤维素醚，它可以延长开放时间和可调整时间，并改善抗滑移性能；在自流平砂浆中宜选择较低黏度的纤维素醚以保持砂浆的流动性，同时它还起到防止分层离析和保水作用。应根据生产商的建议和相应的试验结果来确定适宜的纤维素醚。

此外，纤维素醚具有稳泡作用，而且由于早期成膜会使砂浆产生结皮现象。瑞士伯尔尼大学等对纤维素醚在新拌合硬化瓷砖胶中的微结构进行了研究。现场试验发现在新拌砂浆中纤维素醚通过成膜稳定了气泡，如图 2-24 所示。这些纤维素醚薄膜可能在搅拌过程中或刚刚搅拌完毕即已形成，此时可再分散胶粉还没有开始成膜。这一现象的本质是纤维素醚的表面活性。由于气泡是由搅拌器通过物理方式带入的，纤维素醚迅速占据了气泡-水泥浆之间的界面而形成膜。这些膜仍是湿润的，因此柔性和可压缩性非常高，但极化效应清楚地证实了其分子的有序排列。后期，在扫描电子显微镜下可以在气孔的边缘发现这些纤维素醚薄膜，如图 2-25 所示。

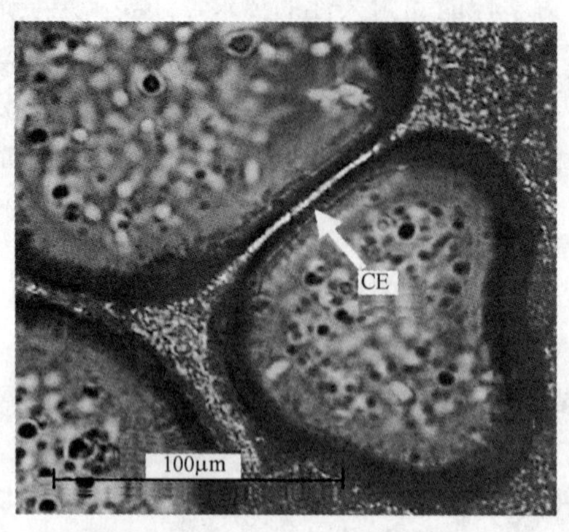

图 2-24　在两张玻璃片之间制备新拌砂浆，然后立刻置于偏光显微镜下观察
（显微照片为 15min 后两气孔之间的极化纤维素醚薄膜）

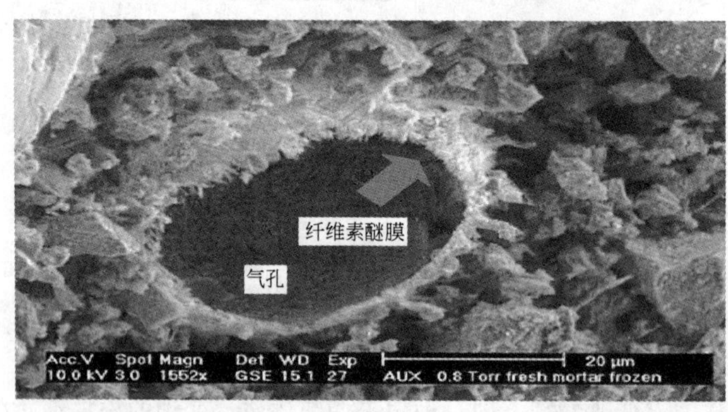

图 2-25　硬化砂浆内气孔壁上的纤维素醚膜，稳定了砂浆搅拌过程中产生的气泡

由于纤维素醚是一种水溶性聚合物，它在新拌砂浆中会随着水分的蒸发而迁移到砂浆与空气接触的表面形成富集，从而造成纤维素醚在新砂浆表面的结皮。结皮的结果使砂浆表面形成一层较为致密的膜（图 2-26），它会缩短砂浆的开放时间。如果此时将瓷砖粘贴到砂浆的表面，这层膜还会分布到砂浆内部以及瓷砖与砂浆的界面，从而使后期粘结强度下降（图 2-27）。通过调节配方、选择适宜的纤维素醚和添加其他的添加剂可以降低纤维素醚的结皮。

2）纤维素醚的特性。

① 产品状态：呈粉末状或颗粒状。

② 电荷状态：分为非离子状态和阴离子状态两类。

非离子状态：非离子状态的纤维素醚与其他添加剂水溶液相溶性好，包括：

甲基纤维素（MC）；羟乙基甲基纤维素（HEMC）；羟丙基甲基纤维素（HPMC）；

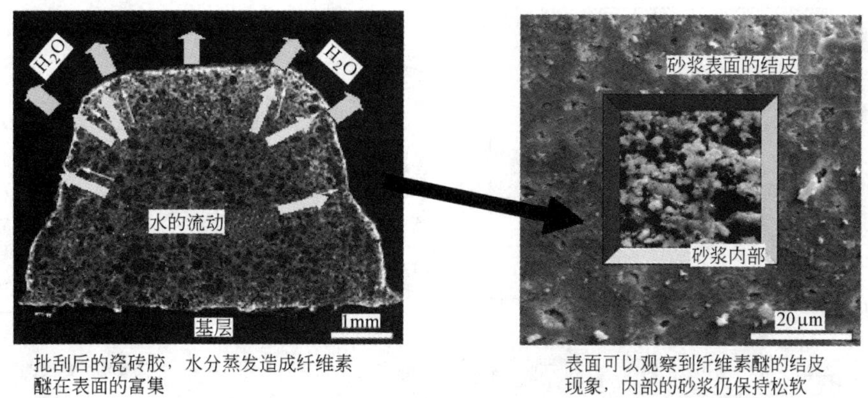

图 2-26 纤维素醚在砂浆表面的结皮

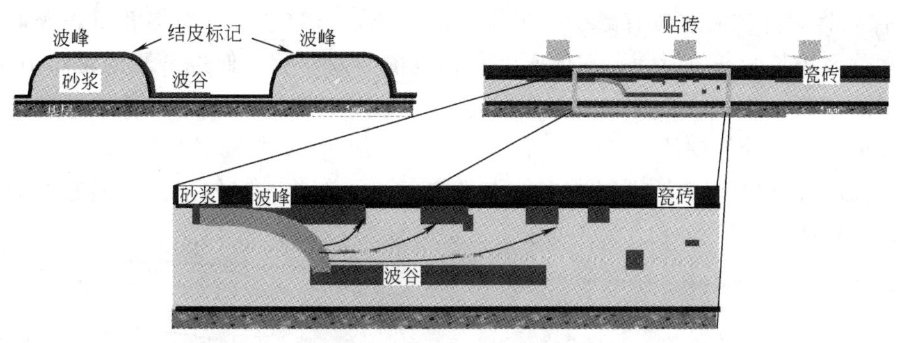

图 2-27 砂浆表面结皮对后期粘结强度的影响

（红色线条表示瓷砖胶表面的结皮位置以及贴砖后结皮的分布）

羟乙基纤维素（HEC）。

阴离子状态：羧甲基纤维素在有钙离子的情况下不稳定，包括：羧甲基纤维素（NaCMC）；羧甲基羟乙基纤维素（NaCMHEC）。

③ pH 值：通常在 3.0～11.0 之间，纤维素醚的溶解度受酸性和碱性的影响。pH 值在酸性界质条件下，纤维素醚溶解很慢；pH 值在碱性界质条件下，溶解很快，见图 2-28。

④ 溶解性：甲基纤维素（MC）可溶于冷水，不溶于热水，在 45～60℃形成絮凝。羟乙基甲基纤维素（HEMC）可溶于冷水，不溶于热水，在 45～60℃形成絮凝，冷却后消失。阴离子型羧基纤维素可在任何温度下溶于水，溶解时间与温度、产品状态有关。温度升高时溶解速度加快。见图 2-29。

⑤ 增稠性能：众所周知，砂浆需要一定稠度，在一定时间内，保持良好的稠度稳定性，可以改善粘结性能和抗下垂性。通常砂浆加水以获取合适的稠度，所需要的水量取决于成分及配料中的比例。纤维素醚是影响需水量的主要因素，特别是与纤维素醚的黏度、掺加比例等因素有关。纤维素醚以胶体和聚合物形态溶于水中，黏度高低是由纤维素醚聚合度决定的，由于聚合度或分子量及浓度的不同，稠度特性表现也不同，溶液的黏度会随着聚合度、浓度的增加而增大。见图 2-30，随着温度的升高而降低。

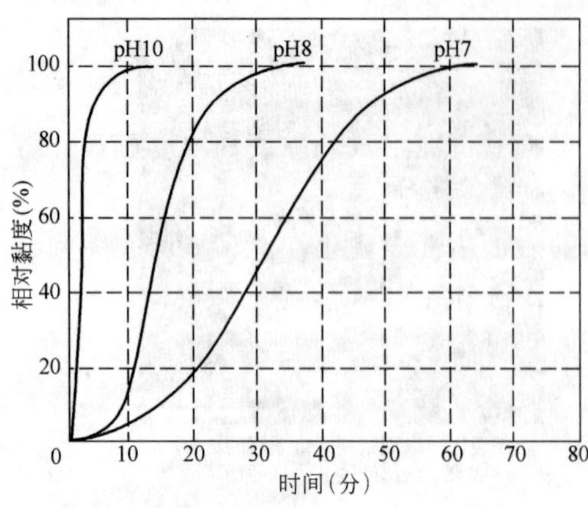

图 2-28 纤维素醚的溶解度受 pH 值的影响

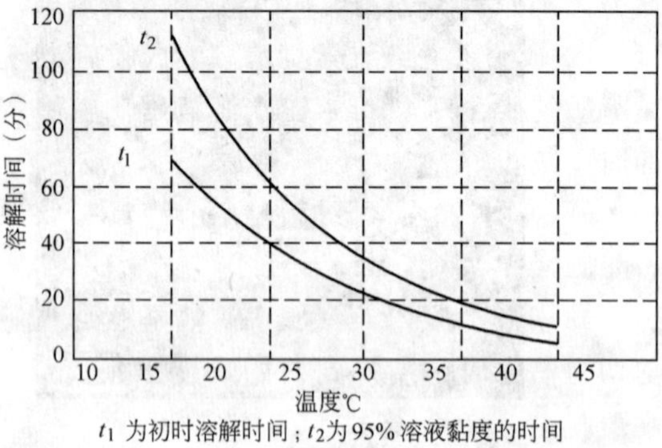

t_1 为初时溶解时间；t_2 为95%溶液黏度的时间

图 2-29 纤维素醚的溶解时间与温度的关系

⑥ 保水性：纤维素醚具有减少丢失水分的性能，延缓了水分被多孔材料吸收，有利于水泥水化及较长的开放时间。在保水性和稠度的共同作用，促进砂浆的粘结力和强度。纤维素醚的用量、浓度、黏度越大保水性越高，见图 2-31～图 2-33，保水性随着聚合度的增大而增加；随着温度的上升而下降。

⑦ 和易性：它的表面活性能适当地夹带空气泡，这些夹带的空气泡能起到润滑剂的作用，改善水泥基的工作性能，也可用于挤塑陶瓷。

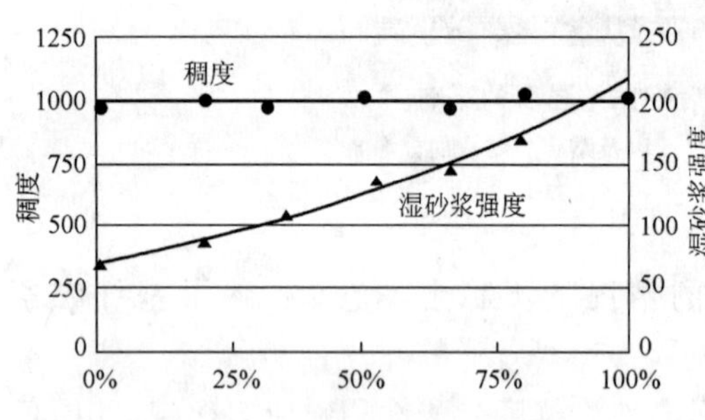

图 2-30 纤维素醚稠度特性

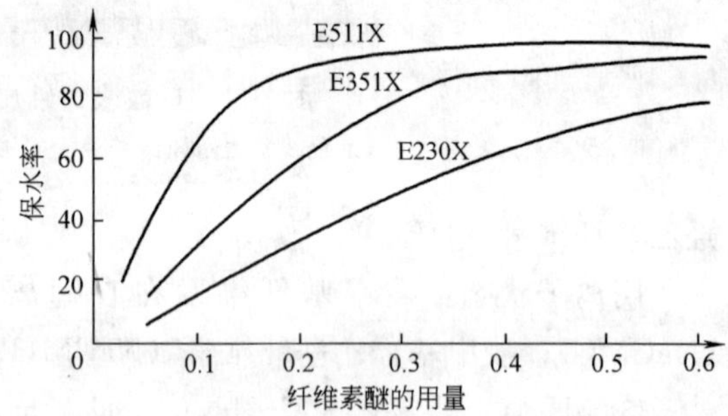

图 2-31 保水性与纤维素醚的用量的关系

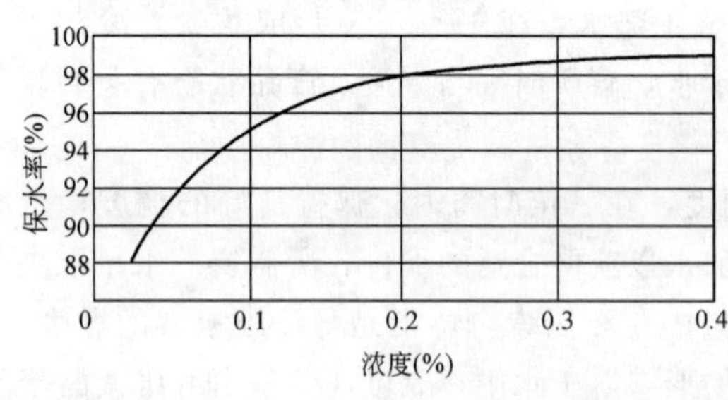

图 2-32 保水率与纤维素醚的浓度的关系

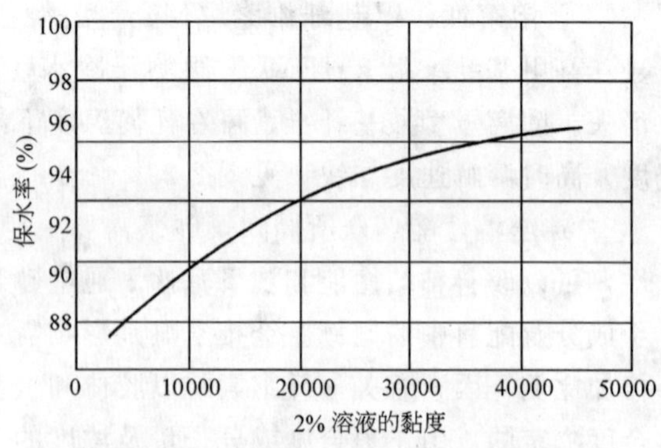

图 2-33 保水率与纤维素醚的黏度的关系

⑧ 热凝胶：当温度升高时，纤维素醚水溶液会出现热凝胶；温度逐渐冷却，假凝胶体又回到原始状态。

⑨ 成膜性：纤维素醚水溶液成膜后，该膜具有透明、柔韧性及抗油脂性。

⑩ 悬浮性：纤维素醚水溶液是比较稳定的，可抑制沉淀形成。黏度和浓度越高，沉淀时间越长。

⑪ 表面活性：纤维素醚水溶液具有保护胶体的表面活性及乳化性能（降低表面和接口张力）。

⑫ 流变性：纤维素醚水溶液是触变性流体，非牛顿液体。当剪切力增大时黏度降低，剪切力消失时，恢复到初始黏度水平。纤维素醚聚合度高的比低的具有较大的触变黏度值。

⑬ 延迟溶涨性：经过一定的延时后，迅速溶解并无结块。当调节溶液 pH 值为碱性时，延迟溶涨时间可缩短。当 pH 值为 7 时，不同黏度的纤维素醚，黏度大的延迟溶涨时间长。

在干粉砂浆中，纤维素醚用作增稠剂和保水剂，有助于和易性并减少裂缝的产生。虽然添加量非常的低（通常情况下为 0.02%～0.5%），但是与可再分散粉末一起使用，能影响干粉砂浆的特性。

（2） 淀粉醚

淀粉醚是从天然植物中提取的多糖化合物，与纤维素醚相比具有相同的化学结构及类似的性能。淀粉醚在聚合物砂浆中的典型掺量为 0.01%～0.04%，在石膏基产品中为 0.02%～0.06%。尽管掺量低，它仍可以使砂浆的稠度显著增加。需水量和屈服值也因此而略有增加，新拌砂浆的垂流程度会降低。这样使得批荡砂浆在垂直墙面上可以批得更厚，瓷砖胶能够粘附更重的瓷砖而不产生滑移。

但应该注意的是，淀粉醚并不能提高砂浆的保水能力，特殊类型的淀粉醚可以降低砂浆对抹刀的粘附并延长开放时间。

1） 淀粉醚的性能。

① 保水性：加入淀粉醚的量越大保水性越好；

② 增稠性：添加微量淀粉醚即可增加稠度；

③ 延长开放时间；

④ 增强性：保水后延长开放时间，其粘结强度相对有所提高；

⑤ 兼容性：与其他产品具有相容性，可与纤维素醚共用，提高产品质量；

⑥ 加入量为 0.02%～0.04%。

早期产品仅适用于中性石膏产品，它们易被水泥中的碱性侵蚀，同时也给水泥水化带来负面影响。现已研制出一种几乎不影响水泥水化反应和抗碱抗腐蚀的淀粉产品。

2） 淀粉醚产品使用性能。

① 增稠性能：混合后迅速增稠，即可使用；

② 保水性能好，增加强度；

③ 与同类产品兼容性好；

④ 提供充分的“开放时间”。

在使用纤维素醚时应该注意的是，其掺量过高或黏度过大会使需水量增加，施工中感觉吃力（粘抹子）或工作性降低也可能与此有关。此外，纤维素醚也会影响砂浆的开放时间、抗垂流性能和粘结强度。

（3）引气剂

通过物理作用在砂浆中引入微气泡，引气剂是指能够在砂浆或混凝土中引入许多均匀分布的微小气泡的外加剂。引气剂引入的气泡存在于砂浆中既具有改善砂浆性能的正面效应，又有其不利的方面。引气剂可以使湿砂浆的密度降低，提高可工作性和保温隔热性，但也会使强度降低。引气剂属于表面活性剂，按组成可分为松香及其热聚物、烷基酚环氧乙烷缩合物、烷基苯磺酸、木质素磺酸盐以及动植物油脂等引气剂。粉状引气剂主要是磺化脂肪酸钠盐，掺量一般在0.01%～0.06%。最佳掺量应通过观察砂浆的含气量和可工作性确定。

（4）促凝剂

在水泥基系统，经常使用促凝剂来调整砂浆在更短的时间内凝结硬化，以获得所需要的物理力学性能。促凝剂的主要种类有无机物和水溶性有机物：无机物包括氯盐类（如氯化钙、氯化钠、氯化钾、氯化铝和三氯化铁等）、硫酸盐类（如硫酸钠、硫酸钾等）、碳酸盐类（如碳酸钠、碳酸锂等）以及硝酸盐、亚硝酸盐等。水溶性有机物包括三乙醇胺（TEA）、三异丙醇胺（TP）甲酸盐（如甲酸钙）和乙酸盐等。另外，上述产品也常复合使用获得更佳的促凝效果。

促凝剂主要为甲酸钙或碳酸锂。加入甲酸钙可以提高砂浆的早期强度，后期强度不降低。具有很好的防冻融性，可以负温施工。促凝剂用于甲酸钙和碳酸锂在干砂浆中获得了成功的应用。甲酸钙的典型掺量在0.7%以下，碳酸锂为0.2%以下。

氯化钙相对于其他外加剂来说是使用比较久的一种促凝剂。它对水泥起促凝作用的主要原因是氯化钙可以与水泥矿物溶解出的 Al_2O_3 和 CaO 迅速结合形成氯铝酸钙等矿物，加速了水泥中 C_3A 和 C_3S 矿物的水化。但应该注意的是氯盐对钢筋的腐蚀问题，在有钢筋的情况下应慎重使用。但甲酸钙的促凝效果不如氯化钙那么有效。

干拌砂浆产品有时会采用两种水泥（硅酸盐水泥＋高铝水泥）以获得快速硬化的效果，如自流平砂浆。此时通过掺加碳酸锂作为一种有效的促凝剂来使用，它可以进一步加快该系统的初始和最终强度。由于碳酸锂微溶于水，因此采用较细的颗粒尺寸（典型的为200目以下）是十分重要的。太大的颗粒可能会在自流平砂浆的表面引起较大的斑点。碳酸锂的典型掺量为砂浆配方总量的0.2%以下。

（5）缓凝剂

缓凝剂主要用于延长砂浆的可工作时间和凝结时间。主要用于石膏灰浆和石膏基填缝料。因为石膏的凝结速度过快而不能使用。使用不同类型的缓凝剂加入量也不同。缓凝剂主要有木质素磺酸盐及其衍生物，羟基羧酸及盐如酒石酸、柠檬酸及其盐等，糖类如葡萄糖酸、葡萄糖酸盐以及无机物如磷酸盐、氧化锌和锌盐等。缓凝剂可用于自流平砂浆、刚性防水浆料、腻子等产品中。在自流平砂浆产品中，酒石酸和葡萄糖酸钠与合成超塑化剂配合效果较好；其典型的掺量为0.05%～0.2%。而柠檬酸及柠檬酸盐与干酪素配合效果较好。

（6）防水剂

对于许多砂浆产品而言，具有不同程度的憎水或防水功能是不可缺少的，如薄抹灰外保温系统的抹面砂浆、瓷砖填缝剂、彩色饰面砂浆和用于外墙的防水抹灰砂浆、外墙腻子、防水浆料、粉末涂料和某些修补材料等。使砂浆具备一定的憎水功能可以通过掺加憎水性添加剂来解决，它还可以与其他外加剂如减水剂等配合使用以进一步提高砂浆的防水能力，同时还可以保持砂浆处于开放状态从而允许水蒸气的扩散。这种添加剂的性能可以通过毛细吸水试验方法如 EN1015-18 进行评价。粉状憎水性添加剂的品种并不多，目前市场上销售的用于干砂浆产品的憎水添加剂大致有三种类型：

1）脂肪酸金属盐，如硬脂酸钙、硬脂酸锌等。这些产品的单位成本相对较低，但主要的缺点是搅拌砂浆时需要较长的时间才能与水拌合均匀，典型的掺量为 0.2%～1%。

2）有机硅类的憎水剂，如硅烷基粉末憎水添加剂。该产品不仅表现出高憎水效能，而且具有与砂浆快速拌合均匀的能力。市场上可以购买到不同品种的粉末状有机硅憎水剂，但最主要的区别是产品是否能够迅速与砂浆搅拌均匀。硅烷在碱性环境下与水泥的水化产物形成高度持久的结合从而提供长期的憎水性能。典型的掺量为 0.1%～0.5%。

3）特殊的憎水型可再分散聚合物粉末。可以提供良好的憎水性，但需要的掺加量较高，典型掺量为 1%～3%。这些聚合物还可以改善砂浆的粘结性、内聚性和柔性。

用于砂浆产品的憎水性添加剂应该具有如下的特点：a. 应为粉末状产品；b. 具有良好的拌合性能；c. 使砂浆整体产生憎水性并维持长期作用效果；d. 对表面的粘结强度没有负面影响；e. 对环境无污染。目前经常使用的一些憎水剂如硬脂酸钙由于难以迅速与水泥砂浆均匀拌合，对于干混砂浆特别是机械施工的抹灰材料并不是一个适宜的憎水性添加剂。

① 新开发的硅烷基粉末添加剂：是可以满足上述要求的高性能憎水剂，可以帮助用户开发出具有憎水性能的干混砂浆产品。该产品是采用易溶于水的保护胶体和抗结块剂，通过喷雾干燥将硅烷包裹后获得的粉末状硅烷基产品。当砂浆加水拌合后，该产品的保护胶体外壳迅速溶解于水，并释放出包裹的硅烷使其再分散到拌合水中。在水泥水化后的高碱性环境下，硅烷中亲水的有机官能团水解形成高反应活性的硅烷醇基团，硅烷醇基团继续同水泥水化产物中的羟基基团进行不可逆反应形成化学结合，从而使通过交连作用连接在一起的硅烷牢固地固定在水泥砂浆中孔壁的表面。由于憎水的有机官能团朝向孔壁的外侧，使得孔隙的表面获得了憎水性，由此为砂浆带来了整体的憎水效果。

② 粉末润湿剂，有以下系列：

a. 水溶性、阴离子型聚萘磺酸系列：用于含有水泥配方，改善工作性，提高相对密度，不降低机械强度。添加量为水泥的 0.4%～0.5%。

b. 水溶性、非离子型聚乙二醇酯系列：防止颜料絮凝、浮色，使颜料均匀分布。添加量为总量的 0.2%～1.0%

c. 非离子型聚乙二醇醚系列：加速填料（砂石、纤维素、颜料、墙粉等）在水中的分散。添加量为配方总量的 0.5%～1.5%。

对于干砂浆产品而言，特别是在机械施工的情况下，憎水剂能够与砂浆的其他组分快速搅拌均匀是十分重要的。搅拌过程可以看做是砂浆连续相的交换，即空气（干砂浆中的连续相）被水替代（新拌砂浆的连续相）。该交换过程在很大程度上取决于干组分的润湿性能。矿物胶凝材料和填料的润湿性能足以保证干砂浆得以迅速润湿。但是，防水剂会对润湿过程产生阻碍。

如上所述，憎水添加剂是基于将憎水性添加剂包裹在亲水性外壳中这一技术研制的。这样做的结果使得包裹了延迟释放憎水剂的粉末的润湿过程加快（甚至比常规的可再分散胶粉更快）。憎水添加剂将原本矛盾的两种机制以如此巧妙的方式结合在一起，从而使我们得以在较短的时间有效地均匀搅拌憎水性砂浆。

由于硅烷基粉末添加剂的优异性能，目前在中国市场上已在干混砂浆产品获得了越来越多的应用，如防水砂浆、保温隔热系统中的保护层砂浆、外墙腻子、彩色砂、高性能瓷砖填缝剂，以及其他有憎水性要求的干混砂浆产品。

憎水添加剂和憎水性可再分散胶粉的主要用途有：防水抹灰砂浆；防水砂浆；外墙腻子；薄抹灰外墙保温系统的抹面砂浆；瓷砖添缝剂。

（7）超塑化剂（高效减水剂）：

水泥高效减水剂的基本功能是减少砂浆的需水量，在获得相同和易性的情况下，掺加超塑化剂砂浆所需的加水量显著减少。超塑化剂主要有木质素磺酸钠、萘、三聚氰胺-甲醛聚合物或羧酸聚醚。超塑化剂主要用于自流平砂浆、可浇筑地板砖胶粘剂。掺量通常在0.2%～1%。

超塑化剂常用于需要有良好自流平性能的砂浆中，如自流平垫层和面层砂浆、灌浆材料等。在自流平砂浆中主要使用下述三种化学外加剂：

1）干酪素。性能优异的超塑化剂，特别是对于薄层砂浆。但由于是天然产品，因此质量和价格常有波动。市场上有许多生产商。

2）三聚氰胺甲醛缩合物。性能良好的超塑化剂，但对薄层自流平砂浆效果有限，并且有残余甲醛释放的问题。

3）聚羧酸系。最新开发的技术，具有优异的减水效果而且无甲醛排放。一些可再分散胶粉产品也附加了超塑化功能的聚羧酸技术。

其他类型的高效减水剂如萘系和胺基磺酸盐系减水剂也用于地面硬化剂和灌浆材料等干砂浆产品。

在自流平砂浆、无收缩灌浆料、地面硬化剂和防水砂浆等产品中常使用超塑化剂以获得良好的流动性或在减少用水量的情况下获得良好的施工性能，从而大幅度提高砂浆硬化后的性能。

超塑化剂的典型用途是自流平砂浆。自流平砂浆的主要组分除了水泥、石膏、粗细填料之外，通常还添加占配方重量百分数为0.3%～0.5%的具有超塑化功能的干酪素或者合成超塑化剂。除了超塑化剂之外，还根据找平砂浆的最终要求添加缓凝剂、保水剂、消泡剂及促凝剂，以及1%～4%的可再分散胶粉。可再分散胶粉可提高流动性、表面耐磨性、拉拔强度和抗弯强度。此外，使用此类聚合物胶粘剂可降低水泥基材料的弹性模量，减小整个体系内的应力。

自流平砂浆中常用的超塑化剂主要有干酪素和三聚氰胺甲醛缩合物，它们对于保证自流平砂浆在一定的水灰比下具有良好的可工作性是必不可少的。干酪素在薄层自流平砂浆中具有非常好的使用效果，可使其具有良好的保水性和内聚性，从而降低自流平砂浆的离析和泌水倾向。不过，干酪素是一种从牛奶中提炼出来的天然蛋白质产品，在水泥砂浆中使用会受砂浆初始高碱性条件作用（pH值≥12）或受砂浆中生长的微生物作用产生化学降解，即干酪素可以产生含有—NH_2和/或—SH基团的物质，它们具有令人厌恶的气味。

而三聚氰胺甲醛缩合物常常由于残余甲醛的存在而出现甲醛排放的问题。甲醛含量较高的合成超塑化剂 1d 后典型的排放量在 1000～2000μg/m³。在室温下，这些化学物质足以挥发出来而引起一些症状，如对呼吸和眼睛的刺激。因此干酪素和一些合成超塑化剂的使用在一些国家受到了限制甚至禁止。此外，由于干酪素是一种天然产品，价格和质量上的波动也是其使用过程中存在的问题。

为了兼顾天然和合成超塑化剂的性能特点，并考虑到将 VOC 排放降低到最低程度，开发了具有附加的流化功能的可再分散胶粉系列产品来制备自流平砂浆，而无需添加超塑化剂。附加了流化功能的可再分散胶粉系列共有五种不同特性的产品，随着序号的增加各产品提高流动性的效果也随之增加。如果要求达到合成超塑化剂所表现出来的典型流动性，极佳的保水性和抗离析能力、粘结性能、消泡性能，可以选择不同产品。

其他类型的高效减水剂如萘系和胺基磺酸盐系减水剂也用于地面硬化剂和灌浆材料等干砂浆产品。

(8) 消泡剂

消泡剂可以防止砂浆在搅拌过程中产生气泡，从而改善粉料的润湿过程；另外，消泡剂还可以防止砂浆在施工过程中产生气泡，从而提高砂浆的抗压强度、防止砂浆表面出现缺陷并改善自流平砂浆系统的流平性能。目前使用粉状消泡剂基于不同的化学基团进行制备，如吸附在无机载体上的碳氢化合物、聚乙二醇或聚硅氧烷。应该注意的是，在应用过程中必须通过试验来确定消泡剂的适宜掺量，过量使用消泡剂可能会带来相反的效果。粉状消泡剂可以减少新拌砂浆的含气量。它是一种非离子表面活性剂，亲水基是不离解的极性基-羟基和醚基，不受介质的 pH 值和电解质的影响，稳定性高。消泡剂可以降低水的表面张力，减少湿砂浆中的微泡空气含量，提高剪切稳定性，增加强度。

不同型号的粉状消泡剂有不同的功能。消泡剂的典型掺量为粉料总量的0.05%～0.20%，可用于水泥基自流平砂浆、石膏和水泥基地面找平砂浆、修补砂浆、无收缩灌浆料、填缝剂和粉末涂料等。

(9) 抗裂剂

1) 木质纤维。木质纤维是采用富含木质的高等级天然木材（松木、山毛榉），以及食物纤维、蔬菜纤维等经化学处理、提取加工磨细而成的白色或灰白色粉末。

木质纤维是多孔长纤维状的，平均长度为 10～2000μm，平均直径小于 50μm。松木的直径 18μm、山毛榉的直径 35μm，主要取决木质纤维素的品种。

① 木质纤维的物理性能：

a. 木质纤维的相对密度为 1.3～1.5g/cm³。

b. 木质纤维的含水率为 6%～8%，它在空气中易吸水，饱和吸水率为 6%～8%，故应储存在干燥的场地。

c. 不溶于水和有机溶剂，耐稀酸和稀碱。

d. 耐温性：180℃，1～2h；大于 200℃时，短时间。

e. 具有绒缩性，无毒，可代替 30%～50%的石棉。

f. 耐冻融性：渗到木质纤维毛细孔中的水，冰点可达到－70℃，因此耐冻融。

g. pH 值：7.5。

与纤维素醚、其他纤维的区别见表 2-67、表 2-68。

木质纤维与其他纤维区别 表 2-67

项目	石棉纤维	玻璃纤维	有机纤维	纸纤维	木质纤维
形状	直、弯曲	直	直	弯曲、片	弯曲
表面	凹凸粗糙	光滑	光滑	半粗糙	凹凸粗糙
纤维长度	长	长	长	中-短	短
分散性	一般	差	一般	好	好
搭接	无序	无序	无序	无序	网状
保水	不保水	不保水	不保水	少量保水	保水
强度	强	强	强	弱	弱
耐腐蚀性	强	弱	强	弱	强
触变性	无	无	无	无	有
毒性	有毒	—	—	—	无毒

木质纤维与纤维素醚区别 表 2-68

项目	纤维素醚	木质纤维
水溶性	溶于水	不溶于水
黏着性	有	无
保水性	约 2000%	约 600%
增黏性	有	有，小于纤维素醚

② 木质纤维的特性：

a. 增稠效果：木质纤维具有强劲的交联织补功能，与其他材料混合后纤维之间构成三维立体结构，此结构可把水包含在其中，故可以起到保水作用。纤维长度越长，表面交织越好，达到保水和增稠的效果，抗裂效果越明显。

b. 改善和易性：当体系一旦受到外力，部分液体会从木质纤维的网络中释放出来，网络顺序与流动方向一致，体系的黏度降低，和易性提高，当停止搅动时，水很快重新回到木质纤维素的网络中，并很快恢复到原始的黏度，见图 2-34。符合牛顿流体触变性能，见图 2-35。

建立纤维结构的静止状态

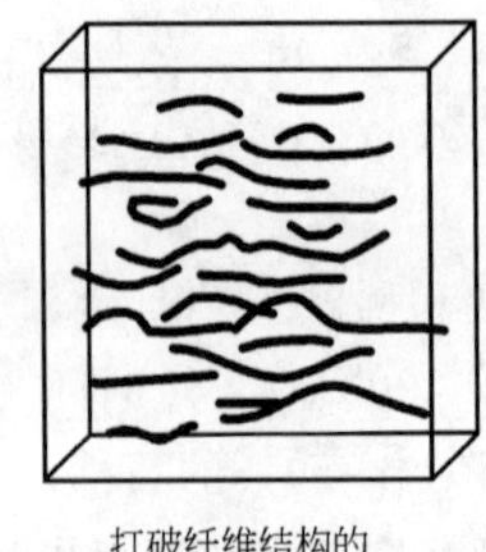
打破纤维结构的移动状态

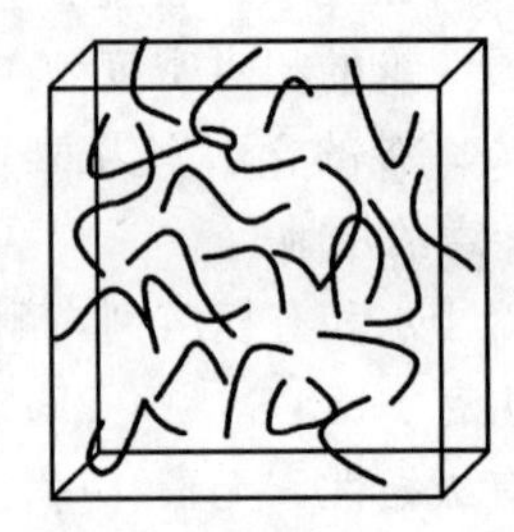
恢复纤维结构的静止状态

图 2-34 木质纤维改善和易性的原理示意图

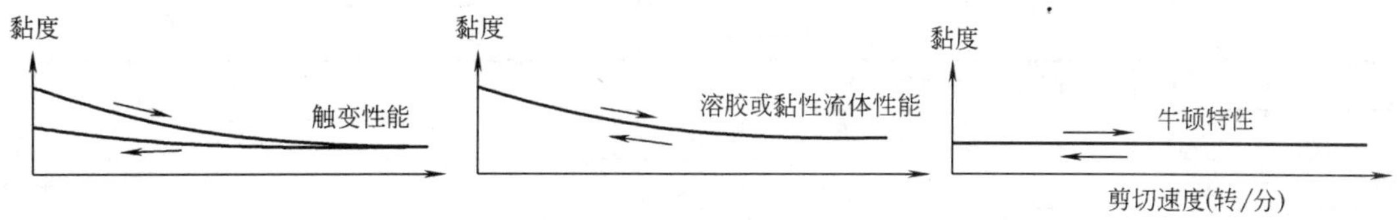

图 2-35 牛顿流体触变性能

c. 抗裂性好：木质纤维可以降低硬化和干燥过程所出现的机械能，提高抗裂性。

d. 低收缩：木质纤维的生物尺寸稳定性好，混合料不会发生收缩沉降，提高抗裂性。

e. 流动性好：木质纤维的毛细管可吸收自重的 1～2 倍的液体，利用结构吸附 2～6 倍的液体。

f. 热稳定及抗下垂性：由于增稠效果明显，不会出现下垂现象，可一次涂抹较厚的灰。在高温条件下，木质纤维也有很好的热稳定性。

g. 延长"开放时间"并缓凝：由于木质纤维的网状结构能传送液体，可以使水从里边传送液体到产生蒸发液体的表面上来，使表面有充足的水进行水化，提高强度。见图 2-36。

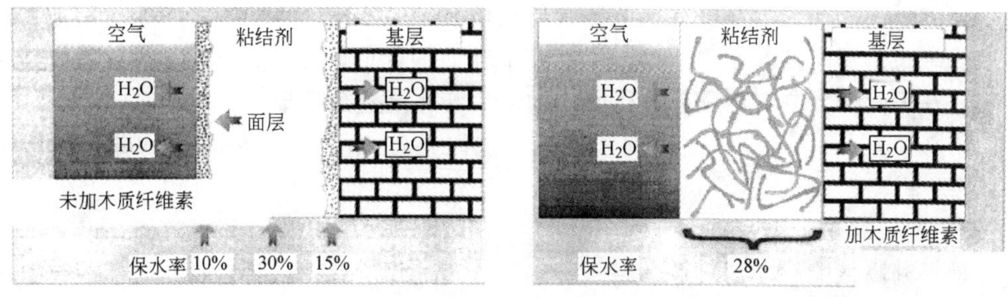

图 2-36 木质纤维的延长"开放时间"

h. 添加量为 0.3%～0.5%。掺加木质纤维的料浆，其添水量应在原有基础上增加 6%～10%，可减少纤维素醚用量的 15%～20%；外墙保温料浆每吨添加量 0.4%～0.5%；内外墙耐水腻子每吨添加量 0.3%～0.5%；陶瓷砖胶粘剂每吨添加量0.2%～0.5%；嵌缝石膏每吨添加量 0.3%～0.6%。具有优化建材性能和改善施工性能的特点，广泛用于涂料、保温浆料、腻子、瓷砖胶粘剂、嵌缝石膏、水泥预制板等。

i. 木质纤维的质量要求，见表 2-69。

③ 粉末减缩剂：添加量 0.1%～0.2%。可作为可再分散粉聚合物的成膜助剂，减少胶凝材料的收缩，既不膨胀也不收缩，稠度和结构保持不变。

(10) 膨胀剂

目前膨胀剂主要在混凝土工程中使用，膨胀剂用来产生一定程度体积膨胀的外加剂，防止和控制产生干缩裂纹。膨胀剂品种较多，有三大类：硫铝酸盐系、氢氧化钙系、硫铝酸盐-氢氧化钙混合系。但最主要使用的品种是硫铝酸钙基的膨胀剂。在干砂浆产品中使用膨胀剂的主要目的也是为了补偿砂浆硬化后产生的收缩。它的作用机理是硫铝酸钙与水泥的水化产物发生化学反应形成钙钒石（三硫型水化硫铝酸钙），由于钙钒石的密度较水

木质纤维的质量标准 表 2-69

试验项目		指标
1	冲气筛分析 纤维长度	<6mm
2	普通筛分析 纤维长度	<6mm
3	通过 0.15mm 筛	(70±10)%
4	通过 0.85mm 筛	(85±10)%
5	通过 0.4255mm 筛	(65±10)%
6	通过 0.106mm 筛	(30±10)%
7	灰分含量	(20±5)%
8	pH 值	7.5±1.0
9	吸油率	纤维质量(5±1)倍
10	含水率(质量计)	<5%
11	溶解度	不溶于水

泥中的其他水化产物小，可以产生适度的体积膨胀，从而达到补偿硬化砂浆由于干缩、化学减缩等产生的体积变化。石灰膨胀剂的主要成分是生石灰（CaO），加水后反应形成氢氧化钙而产生体积膨胀。铁粉类膨胀剂是利用催化剂、氧化剂之类的助剂，使铁粉表面被氧化而形成氢氧化铁或氢氧化亚铁使体积发生膨胀。铝粉和碱性水泥浆反应产生氢气，使含有一定容积气体的水泥浆或砂浆的外观体积增大。但铝粉产生的膨胀发生在早期，在水泥凝结前结束。膨胀剂的用量应根据生产商推荐的掺量结合所需要的干混砂浆性能通过试验确定，在无收缩灌浆材料和修补砂浆中常使用膨胀剂达到所要求的体积稳定性。

使用膨胀剂后，抗裂性能、抗渗性能、抗压性能有一定改善，膨胀剂一般用量为10%以下。

(11) 触变剂

它是一种高性能触变剂，通过特别筛选和处理的片层状硅酸盐材料。其原料是以含蒙脱石［Si_4O_{10}］［$Me_{23}+(OH)_2$］的硅酸盐为主，蒙脱石具有晶内溶胀能力的双八面体晶体结构的三层式矿石。这些层状的溶胀性硅酸盐形成卡屋结构，该结构可提高体系的基本黏度。当施加剪切力超过极限（屈服值）时，结构能够可逆性地被破坏。屈服值的形成可以提高砂浆的稳定性，可克服砂浆下垂或结团等负面效应，可用于厚层砂浆的施工；也可以明显改善膏状砂浆的耐储藏性及自流平体系的抗沉淀性，防止添加剂和颜料的沉淀，可抑制渗色和泌出。它与柱状类硅酸盐（膨润土）相比，性能相差极大。

当砂浆进行泵送、搅拌合刮涂时，微弱的剪切力足以克服屈服值，片层状的硅酸盐起到润滑剂的作用，降低了相对黏度，改善砂浆的施工性。触变剂系列产品中有通用型及专用型。可用于自流平砂浆、装饰砂浆和外墙外保温砂浆、胶粘剂、密封砂浆、填缝剂、勾缝剂、抹灰砂浆和轻质砌筑砂浆。

2.4 增强材料及骨料

2.4.1 玻璃纤维网格布

砂浆在硬化及硬化过程中失去水分而引起体积收缩，同时也会因环境的温度变化而引起胀缩，这些体积变化会在砂浆内部形成内应力，内应力与外力共同作用下产生的应力超过砂浆的极限应力而形成微裂纹或使原有的裂纹扩大。后来发现纤维对于裂纹的发生和发展有约束作用，并且有提高砂浆的抗拉和抗折强度的作用。

但是，玻璃纤维不耐碱，长期在碱性条件下会丧失强度。主要表现在砂浆中的碱性金属氧化物如 $Ca(OH)_2$、NaOH 对玻璃纤维有侵蚀和溶化现象，导致玻璃纤维丧失强度。

若改变玻璃纤维的成分，在玻璃纤维成分中加入锆元素，此时玻璃纤维表面存在着富集锆面，且在碱性溶液溶解度很小，同时锆的表面大量吸附 OH^-，使碱溶液中的 OH^- 浓度降低，抑制 OH^- 的扩散速度，提高了玻璃纤维的耐碱程度。根据建材标准，玻璃纤维中加入提高耐碱成分的氧化锆和氧化钛，有两种成分供选择：①氧化锆的量不小于14.5%、氧化钛的量不小于 6.0%；②氧化锆的量不小于 16.0%、氧化钛的量不小于 5.5%。

若在玻璃纤维上涂覆耐碱高分子化合物可以提高耐碱程度。高分子化合物一般为丙烯酸乳液或丁苯乳液，涂覆量为 8%～20%之间。

耐碱玻纤网格布的标重为 $160g/m^2$。当标重太低时，网格布的抗拉强度太低，不能保证质量；当标重太高，成本太高且不易施工。

耐碱玻纤网格布的性能指标见表 2-70 所示。

耐碱玻纤网格布的性能指标　　表 2-70

试验项目	STO(德国企业)	JG 149—2002	DBJ/T 01 38—2002
单位面积质量(g/m^2)	155	≥130	≥160
网孔中心距离(mm)	6×6		4～6
断裂应变(%)经纬向	<3.5	<5.0	≤5.0
抗拉强度　标态/5cm	≥1750N	—	—
耐碱断裂力保留值	≥870N	≥750N	≥750N
耐碱断裂力保留率(%)	—	≥50	≥50
涂塑量(g/m^2)	≥20		≥20
水中浸泡 28d	>1.2kN		

2.4.2 骨料

按粒径大小分为细骨料和粗骨料。粒径大于 4.75mm 的称粗骨料，介于 0.16～4.75mm 称细骨料。细骨料主要采用天然砂和人工砂。

1. 天然砂

天然砂是由天然岩石经长期风化等自然条件形成，按其产源不同可分为河砂、湖砂、海砂及山砂等。河砂、湖砂、海砂是在河、湖、海等天然水域中形成和堆积的岩石碎屑，长期受水流冲刷作用，颗粒表面圆滑，但是海砂中含有贝壳及盐类有害物质。山砂是岩体风化后的岩石碎屑，其表面多棱角，表面多粗糙，含泥较多。河砂较好。

国家标准建筑用砂的技术要求：

(1) 泥、黏土块含量：天然砂中小于 75μm 颗粒称为泥。黏土块含量一类为 0，三类为 2.0；含泥量多时易干缩。

(2) 有害物质：杂物、硫酸盐、氯化物等。

(3) 碱骨料：无碱活性骨料。

(4) 砂的粗细程度及颗粒级配：砂的粗细程度及颗粒级配是评定砂质量的重要指标。砂的粗细程度是指不同粒径的砂粒混合在一起后的平均粗细程度。细砂表面积大，需水泥浆多，过粗砂易产生离析、泌水。砂的颗粒级配是指砂中不同粒径颗粒的组成情况。颗粒粒径相同时孔隙率大，当不同粒径合理搭配，孔隙率和总表面积均较小。可达到提高和易性、密实度和强度的要求。

2. 人工砂

为同时满足环保和建设用砂的需要，人工砂必将成为建设用砂的主要来源。人工砂可分为两大类：一类是单纯由矿石、卵石或尾矿加工的机制砂；另一类是机制砂与天然砂混合配制的混合砂。人工砂与天然砂的区别在于小于 75μm 颗粒的组成，天然砂中小于 75μm 颗粒称为含泥量，人工砂中小于 75μm 颗粒含量称为石粉含量。优质人工砂用亚甲蓝试验判定石粉含量中主要成分是泥土还是石粉。《建筑用砂》（GB/T 14684—2001）标准规定人工砂可分为粗砂、中砂、细砂三种，其中细度模数为：粗砂：3.7～3.1、中砂：3.0～2.3、细砂：1.6～2.2。

人工砂按国家标准《建筑用砂》（GB/T 14684—2001）的要求分为Ⅰ类、Ⅱ类、Ⅲ类，Ⅲ类砂宜用于建筑砂浆及制品。

3. 粉煤灰

粉煤灰是电厂排出的废物，由于受煤的产地及燃烧过程的影响，其成分非常复杂，根据粉煤灰排放的方法可分为干法和湿法，按使用的对象进行选择。

粉煤灰的技术指标见表 2-71。

粉煤灰的技术指标 **表 2-71**

品名		等级符号	细度(%)		含水率(%)	烧失量(%)	需水量比
			45μm 筛余	80μm 筛余			
粉煤灰	一级灰	Ⅰ	≤12	—	≤1	≤5	≤95
	二级灰	Ⅱ	≤20	—	≤1	≤8	≤105
	统干灰	Ⅲa	—	≤30	≤1	≤8	≤115
	调湿灰		—	≤30	≤25	≤8	≤115
	灰池湿灰	Ⅲb	—	—	≤30	≤15	—

4. 矿渣砂和粉

冶金工业在生产过程中排出大量矿渣，如钢渣、重矿渣和水淬高炉渣，这些矿渣不仅占用大量土地，而且还污染环境。如能利用，变废为宝，既能充分利用资源，也可以降低成本。水淬高炉渣经轮碾破碎，水淬渣的细度模数达到 1.5，变成细砂。重矿渣经破碎、筛分可制得矿渣砂，具有普通自然砂相近的物理性能。相对密度 2.40～2.60，表观密度 1480kg/m^3，孔隙率 43%。如用于砌筑砂浆，可以达到设计标准要求，见表 2-72。

根据《用于水泥和混凝土中的粒化高炉矿渣粉》（GB/T 18046—2000）国家标准，矿渣粉可分为三个等级。矿渣粉的技术要求，见表 2-73。

用矿渣砂配制砌筑砂浆　　表 2-72

设计强度等级(MPa)	材料用量(kg/m³)			强度(MPa)
	水	水泥	矿渣	
5.0	170	190	1500	6.7
7.5	187	260	1500	10.2
10.0	187	300	1500	10.9

矿渣粉的技术要求　　表 2-73

等级		S105	S95	S75
比表面积(细度)(m²/kg)		≥350		
密度(g/cm³)		≥2.8		
活性指数(%)	7d	≥95	≥75	≥55
	28d	≥105	≥95	≥75
流动度比(%)		≥85	≥90	≥95
含水量(%)		≤1.0		
三氧化硫(%)		≤4.0		
烧失量(%)		≤3.0		
氯离子(%)		≤0.02		

2.5 聚合物砂浆

2.5.1 聚合物砂浆胶粘剂

聚合物水泥砂浆胶粘剂技术指标应符合《外墙外保温施工技术规程》(DBJ/T 01—38—2002)和《膨胀聚苯板薄抹灰外墙外保温系统》(JG 149—2003)的要求，技术性能指标见表 2-74。

聚合物水泥砂浆胶粘剂技术指标　　表 2-74

项目名称		DBJ 指标	JG 149 指标
拉伸粘结强度与水泥砂浆(MPa)	常温常态 14d	≥0.7	≥0.6
	常温常态 14d 浸水 48h	≥0.5	≥0.4
	耐冻融	≥0.5	
拉伸粘结强度(与聚苯板)(MPa)	常温常态 14d	≥0.1	≥0.1
	常温常态 14d 浸水 48h	≥0.1	≥0.1
	耐冻融	≥0.1	
可操作时间(h)		≥2	1.5～4.0

2.5.2 聚合物抹面砂浆

保护层必须使用柔性聚合物干混砂浆加水配制，具体可见产品使用说明。其技术性能应符合表 2-75 及《外墙外保温施工技术规程》(DBJ/T 01—38—2002)和《膨胀聚苯板薄抹灰外墙外保温系统》(JG 149—2003) 的要求，见表2-75。

聚合物抹面砂浆技术指标　　表2-75

项目名称		DBJ指标	JG 149指标
拉伸粘结强度(与水泥砂浆)(MPa)	常温常态	≥0.7	
	耐温	≥0.5	
	常温常态浸水48h	≥0.5	
	耐冻融	≥0.5	
拉伸粘结强度(与聚苯板18kg/m³)(MPa)	常温常态	≥0.10	≥0.10
	常温常态浸水48h	≥0.10	≥0.10
	耐冻融	≥0.10	≥0.10
可操作时间(h)		≥2	1.5～4.0
透水性24h(mL)		≤3.0	
压折比		≤3.0	≤3.0
24h吸水量(g/m²)		≤1000	
抗裂性(厚度5mm以下)		无裂纹	
水蒸气透过湿流密度[g/(m²·s)]		≥1.0	

2.6 饰面材料

目前，建筑节能工程常用的饰面材料主要有建筑装饰涂料、陶瓷装饰材料、无机胶凝材料装饰制品（如装饰砂浆)、幕墙材料等。

2.6.1 建筑装饰涂料

1. 定义

涂料是指涂敷于物体表面，并能与建筑构件表面材料很好地粘结，形成连续性的成膜物质，具有保护、装饰或特殊性能的材料。涂料主要由主要成膜物质、次要成膜物质和辅助成膜物质组成。

(1) 主要成膜物质：又称固着剂，主要由树脂或油料组成，是使涂料牢固附着在基面上形成连续薄膜的主要物质，它是构成涂料的基础，决定着涂料的基本特性。

(2) 次要成膜物质：指涂料中使用的颜料、填充料和增塑剂。这些物质本身不能单独成膜，主要用于着色和改善涂膜性能，或降低产品成本。

(3) 辅助成膜物质：主要为分散介质或助剂，为挥发性的物料，成膜后不留存在涂膜中，其作用在于使成膜基料分散（溶解）而成黏稠液体，本身不能构成涂层，但在涂料制作和施工中都不可缺少。

2. 分类

建筑涂料目前尚无统一的分类标准，通常采用习惯分类法。

(1) 按用途分类，可分为外墙涂料、内墙涂料、顶棚涂料、地面涂料和屋面涂料等。

(2) 按成膜物质分类，可分为有机涂料、无机涂料、有机无机复合涂料。

(3) 按分散介质分类，可分溶剂型涂料、水乳型涂料和水溶型涂料。

（4）按建筑功能分类，可分装饰涂料、防水涂料、防霉涂料、防腐涂料、防结露涂料等。

（5）按涂层质感分类，可分薄质涂料、厚质涂料、复层建筑涂料等。

3. 建筑装饰涂料在建筑上的应用

建筑装饰涂料是指以涂料的质感、色彩和光泽来装饰建筑物的建筑涂料。建筑装饰涂料不仅具有色彩鲜艳、造型丰富、质感与装饰效果好等特点，而且还具有施工方便、易于维修、造价较低、自重低、施工效率高，可在各种复杂的墙面上施工等优点。

用在建筑上作装饰的涂料主要有合成树脂乳液（乳胶漆），乳胶漆是以石油化工产品为原料而合成的高分子乳液为基料加入颜料、填料、助剂而制成；是用水为分散体的一类涂料，具有安全、不污染环境，施工方便、涂膜干燥快、保光保色好、透气性好等特点。按施工部位，可分为内墙涂料和外墙涂料。外墙乳胶漆（合成树脂乳液外墙涂料）可用于各种基层表面装饰，可以单独使用，也可作为复层涂料的面层。常用的品种有醋酸乙烯丙烯酸乳液外墙涂料、聚苯乙烯丙烯酸乳液外墙涂料、丙烯酸乳液外墙涂料、氯乙烯偏氯乙烯乳液外墙涂料等。该类型外墙涂料的主要技术指标应符合《合成树脂乳液外墙涂料》（GB/T 9755—2001）的规定。除外观质量外，其指标主要有施工性、对比率、耐水性、耐碱性、耐洗刷性、耐人工老化性、耐冻融性及耐温变性等。

值得一提的是，目前，在节能工程中，为提高饰面层的抗裂性能，常采用有弹性的涂料或弹性涂料，但若片面强调涂料的弹性，忽略其透气性，会对保温体系造成不利影响，可能会引起墙体饰面层的鼓包、脱落等。

涂料装饰面层的技术性能指标见表 2-76 所示。

涂料装饰面层的主要技术性能指标 **表 2-76**

项　目	单　位	指　标
抗拉强度	MPa	≥2.2
延伸率	%	≥64
弹性变形恢复率	%	80
柔韧性	—	−26℃快弯试验无裂缝
抗粉尘附着(残留发射率)	%	98
耐水性		240h 后试验,涂层无裂纹、起泡、剥落及软化物析出
		与未浸泡部分比,颜色、光泽有轻微变化
耐碱性		240h 后试验,涂层无裂纹、起泡、剥落及软化物析出
		与未浸泡部分比,颜色、光泽有轻微变化
耐洗刷性		1000 次洗刷试验后,涂层无变化
耐粘污率		5 次沾污试验后,沾污率在 45%以下
耐冻融循环性		10 次冻融循环试验后,涂层无裂纹、起泡、剥落及软化物析出
		与未试验部分比,颜色、光泽有轻微变化
粘结强度	MPa	不小于 0.69
人工加速耐候性		2000 次试验后,涂层无裂纹、起泡、剥落 、粉化、变色不大于 2 级

2.6.2 陶瓷装饰材料

自古以来，陶瓷产品就是一种良好的装饰材料。陶瓷砖产品是由黏土或其他无机非金属原料，经粉碎、成型、烧结等一系列工艺制作而成，因具有较好的装饰性和使用功能，如：强度高，防潮、抗冻、耐酸碱、绝缘、易清洗、装饰效果好等等，被广泛用作建筑物内外墙、地面和屋面等部位的装饰和保护。

陶瓷砖的成型方法主要有干压成型和挤压成型（多采用干压成型），其产品也相应地分为干压陶瓷砖和挤压陶瓷砖。我国现行的检测标准由三部分组成，包括基础标准、方法标准和产品标准。基础标准为：（GB/T 9195—1999）《陶瓷砖和卫生陶瓷分类及术语》；方法标准为等同采用国际标准 ISO 10545（陶瓷砖—第 2 部分），共分为 16 个分标准（GB/T 3810.1～.16—1999）。陶瓷砖的产品标准按成型方法分为干压陶瓷砖产品标准和挤压陶瓷砖标准两类，因陶瓷砖的吸水率与其性能存在相关性，产品标准均按吸水率的大小分为几个分标准。其中，干压陶瓷砖的产品标准为非等效采用 ISO 13006 相关部分，按吸水率的大小共分为 5 个分标准（GB/T 4100.1～.5—1999）。挤压陶瓷砖的产品标准为等同采用 ISO 13006 中相应部分，主要有：JC/T 457.3—2002 第 3 部分：细炻砖（吸水率 $3\%<E\leqslant 6\%$），JC/T 457.4—2002 第 4 部分：炻质砖（吸水率 $6\%<E\leqslant 10\%$）。

陶瓷砖的检验项目较多，包括尺寸偏差（长宽和厚度偏差、边直度、直角度和表面平整度）、表面质量、吸水率、破坏强度和断裂模数、抗热震性、抗釉裂性、抗冻性、耐磨性、抗冲击性、线性热膨胀系数、湿膨胀、小色差、地砖的摩擦系数、耐化学腐蚀性、耐污染性、铅和镉的溶出量等。与其他产品标准不同的是：陶瓷砖的检验规则发生变化，分为考核性项目和非考核性项目。考核性项目主要有：尺寸偏差、表面质量、吸水率、破坏强度和断裂模数、抗热震性、抗釉裂性（对有釉砖）、抗冻性、耐磨性（对无釉砖）、耐污染性（对有釉砖）等。按使用的场所，陶瓷砖通常被分为内墙砖、外墙砖及地砖。

在选择瓷砖时，除要注意花色及设计图案符合自己的审美要求外，更应注重产品的内在质量。选择时，应首先注意产品包装箱上的标识和产品使用说明书与实际是否相符，包装箱上应有企业名称、产品名称、商标、数量、质量等级、生产日期、执行的标准编号、尺寸及表面特征等。应尽量选择质量好、信誉好的生产厂家的产品。要注意产品的执行标准和质量等级（是优等品还是合格品），陶瓷砖产品标准按吸水率大小分类，不同类别的产品的技术指标不同。陶瓷砖的吸水率与其产品性能有明显的相关性。一般情况下，吸水率越低，结构越致密，其综合性能也相应较好。根据吸水率可以判定产品的类别，推测其相关性能。

陶瓷砖在使用过程中出现的问题除与瓷砖的内在质量有关外，还与铺贴时所用的粘结材料及施工方法等有关。如铺贴时使用的水泥的强度等级越高、比例越高，其干燥收缩时产生的应力可能会越大，对瓷砖的破坏性可能会越强。若产生的应力超过瓷砖所能承受的极限强度时则会引起产品的破坏。因此，为使瓷砖产品满足正常的使用，除要保证瓷砖产品的质量达到标准要求外，还要选择合适的粘贴材料（配套的瓷砖胶粘剂）及采用正确的施工方法。

目前，陶瓷砖产品在建筑节能工程中也得到了一定的应用，在建筑节能工程中使用瓷砖时，除要考虑在一般工程中可能会遇到的问题外，还要考虑配有瓷砖体系的耐久性及安全性等，尤其是外墙外保温用瓷砖体系，需要考虑所用瓷砖应具备的适宜的性能，如：吸水率的大小、重量、抗冻性、透气性等等，还要考虑所用瓷砖胶粘剂的性能是否与之相适应，能否达到长期的稳定粘结。此外，还需考虑体系的增强材料（如钢丝网）能否达到足够的强度，并长期稳定（不易锈蚀或损坏），总之，在外墙外保温体系中使用陶瓷砖产品应慎重，应充分考虑各方面对体系的影响因素。

《胶粉聚苯颗粒外墙外保温系统》（JG 158—2004）中规定：外保温饰面砖应采用粘贴面带有燕尾槽的产品并不得带有隔离剂。其性能应符合下列现行标准的要求：《陶瓷砖和卫生陶瓷分类及术语》（GB/T 9195—1999）；《干压陶瓷砖》（GB/T 4100.1—4100.5—1999）；《陶瓷劈离砖》（JC/T 457—92）；《玻璃马赛克》（GB/T 7697—1996），并应同时满足表 2-77 性能指标的要求。

饰面砖性能指标　　表 2-77

项　目			单位	指　标
尺寸	6m 以下墙面	表面面积	cm^2	≤410
		厚度	cm	≤1.0
	6m 及以上墙面	表面面积	cm^2	≤190
		厚度	cm	≤0.75
单位面积质量			kg/m^2	≤20
吸水率	Ⅰ、Ⅵ、Ⅶ气候区		%	≤3
	Ⅱ、Ⅲ、Ⅳ、Ⅴ气候区			≤6
抗冻性	Ⅰ、Ⅵ、Ⅶ气候区		—	50 次冻融循环无破坏
	Ⅱ气候区			40 次冻融循环无破坏
	Ⅲ、Ⅳ、Ⅴ气候区			10 次冻融循环无破坏

注：气候区划分级按 GB 50178—1993 中一级区划的Ⅰ～Ⅶ区执行。

2.7 锚　固　件

2.7.1 锚固件的技术性能

锚固件在外墙外保温系统中起到机械固定连接或加固作用，一般采用带圆盘形的塑料膨胀套管和塑料钉。材质为聚酰胺、聚乙烯、聚丙烯制成，不得使用回收再生塑料材质。施工部位在 20m 以上宜增设机械锚固件，在下列情况时应当使用机械锚固件：

（1）基层墙体表面状态不易保证粘结强度；

（2）设计要求采用机械锚固件作辅助连接手段，锚固件技术指标如表 2-78 所示。

锚固件技术指标　　表 2-78

试验项目	技术指标	试验项目	技术指标
锚栓有效深度(mm)	≥25	单个锚栓抗拉承载力标准值(kN)	≥0.30
塑料圆盘直径(mm)	≥50	单个锚栓对系统传热增加值[$W/(m^2 \cdot K)$]	≤0.004

2.7.2 外墙外保温体系的安全分析

根据《膨胀聚苯板薄抹灰外墙外保温系统》（JG 149—2003）和《外墙外保温工程技术规程》（JGJ 144—2004）的规定，系统中各种材料及各种材料之间抗拉伸粘接强度的最低要求如下：

（1）胶粘剂与水泥砂浆的拉伸粘接强度为不小于0.6MPa；

（2）胶粘剂与EPS板的拉伸粘接强度为不小于0.1MPa，实际上粘接面积为40%，故EPS板的拉伸粘接强度为不小于0.04MPa；

（3）垂直板面（EPS）方向的抗拉强度为不小于0.1MPa；

（4）抹面砂浆与EPS板拉伸粘接强度为不小于0.1MPa；

（5）胶粘剂与基层的拉伸粘接强度为不小于0.3MPa。

膨胀聚苯板薄抹灰外墙外保温系统抗拉强度最薄弱的环节是胶粘剂与EPS板之间的界面，抗拉强度为不小于0.04MPa。

依据《建筑结构荷载规范》（GB 50009—2001），上海地区百年一遇的基本风压为0.6kPa，地面粗糙度按C类计算，外墙保温层单位面积风荷载$\omega=\gamma_W\psi_W\omega_k$。

其中：γ_W——组合分项系数取值$\gamma_W=1.5$；

ψ_w——作用效应组合系数取值$\psi_w=1.2$；

ω_k——风荷载标准值$\omega_k=\beta_{gz}\mu_s\mu_z\omega_o$；

β_{gz}——阵风系数，见表2-79；

μ_s——风荷载体形系数。墙面取1.0，墙角边取1.8；

μ_z——风压高度变化系数，见表2-80。

ω_o取0.6kPa。

β_{gz}阵风系数　**表2-79**

高度范围	<20m	<50m	<80m	<100m
β_{gz}	1.92	1.73	1.64	1.60

μ_z风压高度变化系数　**表2-80**

高度范围	<20m	<50m	<80m	<100m
μ_z	0.84	1.25	1.54	1.70

将有关数字代入$\omega=\gamma_W\psi_w\beta_{gz}\mu_s\mu_z\omega_o$

$=1.5\times1.2\times1.6\times1.0(1.8)\times1.7\times0.6$

$=2.94$kPa（墙面）；5.29kPa（墙角边）

膨胀聚苯板薄抹灰外墙外保温系统抗拉强度最低的是0.04MPa；

系统抗拉强度最低的与外墙保温层单位面积风荷载之比（安全系数）为0.04MPa/2.94kPa=13.6（墙面）；

0.4MPa/5.29kPa=7.56=7.6（墙角边）。

由以上分析可知：外墙外保温体系的粘结方式是可靠的。

2.8　节能门窗及玻璃制品

2.8.1　铝合金节能门窗

（1）根据建筑物的使用功能、美观要求、经济实力，经综合平衡后，选择门、窗的分格形式、结构形式和性能指标。

性能分级选取应按表 2-81 规定。

性能选取规定 **表 2-81**

性能名称	建筑工程的要求依据	规定	门、窗性能值
抗风压	按 GB 50009—2001 规定确定风荷载标准值 W_k	<	抗风压的承载能力值 P_3
水密性	取 GB 50009—2001 规定的风荷载标准值 W_k 的 0.3，沿海地区取 W_k 的 0.4	<	水密性的分级值 ΔP
气密性	分别按下列规范、规程要求确定： GB 50176—93 GB 50189—2005 JGJ 26—95 DBJ 01—79—2004	<	气密性的分级值 q_1 与 q_2
保温性		>	保温性能分级值 K
隔声性	隔声性能要求值确定按 GBJ 118—88 的规定	<	隔声性能分级值 R_w
采光性	采光性能要求值确定按 GB/T 50033—2001 的规定	<	采光性能分级值 T_r

(2) 铝合金型材表面处理应符合下列规定：

阳极氧化膜厚度为 AA15；

电泳涂漆膜厚度为 B 级；

粉末喷涂厚度为 40～120μm；

氟碳漆喷涂厚度为不小于 30μm；

表面处理颜色按设计要求或订货合同规定。

(3) 钢材及紧固件的表面处理：

钢材除不锈钢材外应按《金属覆盖层钢铁制品热镀锌层技术要求》(GB/T 13912—2002) 的规定处理。

紧固件按《金属镀覆和化学处理表示方法》(GB/T 13911—1992) 的规定处理。

(4) 玻璃：

1) 品种：浮法玻璃、着色玻璃、钢化玻璃、半钢化玻璃、热反射玻璃、低辐射镀膜玻璃、夹层玻璃、夹丝玻璃、中空玻璃等。

2) 厚度（单位 mm)：单层玻璃为 4、5、6、8；
夹层玻璃为 4＋4、5＋5、6＋6；
中空玻璃为 4＋A＋4、5＋A＋5、6＋A＋6 (A＝6～15)

3) 颜色：按建筑工程设计规定的要求；

4) 要求：① 镀膜玻璃面不宜单独使用，用于夹层玻璃或中空玻璃时，镀膜面应在第 2、3 面上；

② 门用玻璃宜采用安全玻璃。

(5) 密封材料：

密封材料应与其他相关材料相容。

(6) 装配要求：

1) 门、窗连接应牢固；

2）玻璃装配应符合《建筑玻璃应用技术规程》（JGJ 113—2003）的规定；

3）门、窗开启力应小于 50N。

（7）防雷连接：

门、窗构件按《建筑物防雷设计规范》（GB 50057—1994）规定与主体结构的防雷系统连接。

（8）门、窗产品尺寸允许偏差：

门、窗产品的尺寸允许偏差应符合《铝合金门》（GB/T 8478—2003）和《铝合金窗》（GB/T 8479—2003）的规定。

（9）连接件尺寸（单位：mm）：

1）连接件尺寸不小于 140×20×1.5（长×度×厚）；

2）焊接板尺寸不小于 80×80×5（长×宽×厚）；

3）金属膨胀螺栓不小于 M6×65；

4）射钉不小于 3.7×42。

（10）铝合金门窗主要物理性能分级指标值，见表 2-82。

铝合金门窗主要物理性能分级指标值 表 2-82

名称	符号与部位		单位	分级					
抗风压性能	P_3		kPa	1	2	3	4	5	6
				$1.0\leqslant P_3<1.5$	$1.5\leqslant P_3<2.0$	$2.0\leqslant P_3<2.5$	$2.5\leqslant P_3<3.0$	$3.0\leqslant P_3<3.5$	$3.5\leqslant P_3<4.0$
				7	8	X·X	—	—	—
				$4.0\leqslant P_3<4.5$	$4.5\leqslant P_3<5.0$	$P_3\geqslant 5.0$	—	—	—
水密性能	ΔP		Pa	1	2	3	4	5	
				$100\leqslant\Delta P<150$	$150\leqslant\Delta P<250$	$250\leqslant\Delta P<350$	$350\leqslant\Delta P<500$	$500\leqslant\Delta P<700$	$\Delta P\geqslant 700$
气密性能	q_1	单位缝长	$m^3/(m\cdot h)$	—	—	3	4	5	—
				—	—	$2.5\geqslant q_1>1.5$	$1.5\geqslant q_1>0.5$	$q_1\leqslant 0.5$	—
	q_2	单位面积	$m^3/(m^2\cdot h)$	—	—	$7.5\geqslant q_2>4.5$	$4.5\geqslant q_2>1.5$	$q_2\leqslant 1.5$	—
保温性能	K		$W/(m^2\cdot K)$	5	6	7	8	9	10
				$4.0>K\geqslant 3.5$	$3.5>K\geqslant 3.0$	$3.0>K\geqslant 2.5$	$2.5>K\geqslant 2.0$	$2.0>K\geqslant 1.5$	$K<1.5$
空气声隔声性能	R_w		dB	2	3	4	5	6	—
				$25\leqslant R_w<30$	$30\leqslant R_w<35$	$35\leqslant R_w<40$	$40\leqslant R_w<45$	$R_w\geqslant 45$	—
采光性能	T_r		—	1	2	3	4	5	—
				$0.20\leqslant T_r<0.30$	$0.30\leqslant T_r<0.40$	$0.40\leqslant T_r<0.50$	$0.50\leqslant T_r<0.60$	$T_r\geqslant 0.60$	—

2.8.2 塑钢节能门窗

1. PVC 塑钢窗技术要求

（1）塑钢外门、窗的物理性能指标：

为确保外用门、窗的安全使用，生产厂家按照工程设计，在对外用门、窗选型后，须根据门、窗的应用地区、应用高度、建筑体形、窗型结构等条件，对所选用的门、窗，必须按照国家规定的性能指标要求进行设计，见表 2-83～表 2-86。

外窗气密性能分级 表 2-83

分级代号	2	3	4	5
单位缝长指标值 q_1 ($m^3/m \cdot h$)	$4.0 \geqslant q_1 > 2.5$	$2.5 \geqslant q_1 > 1.5$	$1.5 \geqslant q_1 > 0.5$	$q_1 \leqslant 0.5$
单位面积指标值 q_2 ($m^3/m^2 \cdot h$)	$12 \geqslant q_2 > 7.5$	$7.5 \geqslant q_2 > 4.5$	$4.5 \geqslant q_2 > 1.5$	$q_2 \leqslant 1.5$

注：本表摘自《建筑外窗性能分级检测方法》(GB/T 7107—2002)。

建筑幕墙开启部分气密性能分级 表 2-84

分级代号	1	2	3	4
分级指标值 q_L ($m^3/m \cdot h$)	$4.0 \geqslant q_L > 2.5$	$2.5 \geqslant q_L > 1.5$	$1.5 \geqslant q_L > 0.5$	$q_L \leqslant 0.5$

注：本表摘自《建筑幕墙》。

建筑幕墙整体气密性能分级 表 2-85

分级代号	1	2	3	4
分级指标值 q_A ($m^3/m^2 \cdot h$)	$4.0 \geqslant q_A > 2.0$	$2.0 \geqslant q_A > 1.2$	$1.2 \geqslant q_A > 0.5$	$q_A \leqslant 0.5$

注：本表摘自《建筑幕墙》。

外窗保温性能分级 表 2-86

分级代号	3	4	5	6	7	8	9	10
分级指标值 K [$W/(m^2 \cdot h)$]	$5.0 > K \geqslant 4.5$	$4.5 > K \geqslant 4.0$	$4.0 > K \geqslant 3.5$	$3.5 > K \geqslant 3.0$	$3.0 > K \geqslant 2.5$	$2.5 > K \geqslant 2.5$	$2.0 > K \geqslant 1.5$	$1.5 > K \geqslant 1.0$

注：本表摘自《建筑外窗保温性能分级及检测方法》(GB/8484—2002)。

(2) 塑钢外门窗的力学性能，应到达《PVC 塑料门》(JG/T 3017—94)、《PVC 塑料门》(JG/T 3018—94) 的规定，见表 2-87～表 2-90。

2. 材料

(1) 窗用型材应符合《门窗框用硬聚乙烯 PVC 型材》(GB 8814) 的要求。

(2) 窗用密封条应符合《塑料门窗用密封条》(GB 12002) 的要求。

(3) 窗用增强型钢衬及其紧固件的表面应经防锈处理。增强型钢衬的壁厚应不小于 1.2mm，窗用增强型钢衬、紧固件及五金的金属材料的规格与质量要求符合标准规定，五金件应能满足窗的机械力学性能要求。

平开塑钢窗的力学性能 (JG/T 3018) 表 2-87

项目	技术要求			
紧锁器的开关力(执手)	不大于 100N(力矩不大于 10N·m)			
开关力	平铰链	不大于 80N	滑撑绞链	30～80N
悬端吊重	在 500N 力作用下，残余变形不大于 2mm，试件不损坏，仍保持使用功能			
翘曲	在 300N 力作用下，允许有不影响使用的残余变形，试件不损坏，仍保持使用功能			
开关疲劳	经不少于 10000 次的开关试验，试件及五金件不损坏，其固定处及玻璃压条等不松脱，仍保持使用功能			
角强度	平均值不低于 3000N，最小值不低于平均值的 70%			
大力关闭	模拟七级风连续开关 10 次，试件不损坏，仍保持使用功能			
窗撑试验	在 200N 力作用下不允许位移，连接处型材不破裂			

平开塑钢门的力学性能（JG/T 3018） 表2-88

项目	技术要求
开关力	不大于80N
悬端吊重	在500N力作用下，残余变形不大于2mm，试件不损坏，仍保持使用功能
翘曲	在300N力作用下，允许有不影响使用的残余变形，试件不损坏，仍保持使用功能
开关疲劳	经不少于10000次的开关试验，试件及五金件不损坏，固定处及玻璃压条等不松动，仍保持使用功能
大力关闭	模拟七级风连续开关10次，试件不损坏，仍保持开关功能
软物冲击	试验后无损坏，开关功能正常
硬物冲击	试验后无损坏
角强度	平均值不低于3000N，最小不低于平均值的70%

推拉塑钢窗的力学性能（JG/T 3017） 表2-89

项目	技术要求
开关力	不大于100N
弯曲	在300N力作用下，允许有不影响使用的残余变形，试件无损坏，仍保持使用功能
扭曲	在200N力作用下，试件不损坏，允许有不影响使用的残余变形
对角线变形	
开关疲劳	经不少于10000次的开关试验，试件及五金件不损坏，固定处及玻璃压条等不松脱
软物冲击	试验后无损坏，开关功能正常
角强度	平均值不低于3000N，最小值不低于平均值的70%

推拉塑钢门的力学性能（JG/T 3017） 表2-90

项目	技术要求
开关力	不大于100N
弯曲	在300N力作用下，允许有不影响使用的残余变形，试件无损坏，仍保持使用功能
扭曲	在200N力作用下，试件不损坏允许有不影响使用的残余变形
对角线变形	
开关疲劳	经不少于10000次的开关试验，试件及五金件不损坏，固定处及玻璃压条等不松脱
软物冲击	试验后无损坏，开关功能正常
硬物冲击	试验后无损坏
角强度	平均值不低于3000N，最小值不低于平均值的70%

(4) 中空玻璃应符合《中空玻璃标准》(GB 11944—2002)、窗纱应符合GB 8397的规定。

(5) 北京地区应执行［京建法（2001）2号］文件关于“北京市建筑工程安全玻璃使用规定”：单块大于1.5m^{2}的窗玻璃和落地窗须采用安全玻璃。其他省市各地区应遵照该地区的建筑工程安全玻璃的规定，或参照执行北京市的规定。

(6) 门窗框、门窗扇对角线尺寸之差应不大于3mm，门板拼装的允许缝隙不大于0.6mm，门窗框、门窗扇相邻构件装配间隙尺寸应不大于0.5mm，相邻两构件焊接（或机械连接）处的同一平面度不大于0.8mm。

(7) 五金配件安装位置应正确，数量应齐全，安装应牢固，当平开扇大于900mm时，应有两个锁闭点。五金配件应开关灵活，满足门窗扇的机械力学性能要求。承受往复运动的配件，在结构上应便于更换。全套五金按门窗开启形式由生产厂负责配齐。

（8）玻璃安装：玻璃的尺寸，从门窗构件的采光边缘算起，每边搭接量不得小于8mm，安装玻璃时在玻璃四周必须配防震垫块。

（9）成品包装、运输：成品外表应加贴保护膜，运输工具应具有防雨措施并保持清洁，在运输装卸时，应保证产品不变形、不损坏、表面完好。

2.8.3 热反射玻璃

热反射玻璃是对太阳光具有较高的反射比和较低的总透射比，可较好地隔绝太阳辐射能，并对可见光具有较高透射比的一种节能玻璃。

热反射玻璃的较高反射比是通过磁控真空阴极溅射、电浮法、真空离子镀膜、溶胶凝胶等在玻璃表面镀敷或离子交换形成一层极薄的金、银、铝、铜、铬、镍、铁等金属或金属氧化物膜来实现的，因此也称为镀膜玻璃。

1. 品种、规格、技术要求

热反射玻璃按颜色分类，有灰色、青铜色、茶色、浅蓝色、棕色、古铜色、褐色等；按性能分，有热反射、减反射、表面导电、防无线电、中空、热反射及夹层热反射玻璃等。热反射玻璃的生产方法很多，产品性能与质量也相差很大，但以磁控真空阴极溅射法生产的性能和质量最佳。

（1）规格

热反射玻璃按厚度分为3mm、4mm、5mm、6mm、8mm、10mm、12mm等七种规格。热反射玻璃的长度、宽度不做规定，目前可生产的最大尺寸可达2000mm×3000mm。

（2）外观质量

磁控真空阴极溅射、真空离子镀膜产品的外观质量应满足表2-91的要求，且原片玻璃应符合《浮法玻璃》（GB 11614—1999）中的一级品或优等品的要求。

磁控真空阴极溅射及真空离子镀膜热反射玻璃的外观质量要求　　表2-91

缺陷		等级		
名称	说明	优等品	一级品	合格品
针孔（空洞）	直径小于1.2mm	集中的不允许	集中的每平方米允许2处	不限
	直径不小于1.2mm，不大于1.6mm的每平方米面积允许个数	中部不允许。边缘75mm允许3个	集中的不允许	不限
	直径大于1.6mm、小于2.5mm的每平方米面积允许个数	不允许	75mm边部允许4个，中部允许2个	75mm边部允许8个，中部允许3个
	直径大于2.5mm	不允许		
斑纹		不允许		
斑点	直径大于1.6mm、小于5.0mm的每平方米面积允许个数	不允许	4个	8个
划伤	宽度大于0.1mm、不大于0.3mm的每平方米面积允许条数	长度不大于50mm的允许4条	长度不大于100mm的允许4条	不限
	宽度大于0.3mm的每平方米面积允许条数	不允许	宽度小于0.4mm、长度不大于100mm的1条	宽度小于0.8mm、长度不大于100mm的2条

(3) 物理性能

热反射玻璃的光学性能、色差、耐磨性能应满足表 2-92 及表 2-93 的要求。

热反射玻璃的光学性能、色差和耐磨要求　　表 2-92

种类	品种			可见光（380nm～780nm）		太阳光（380nm～780nm）			遮蔽系数	色差 ΔE	耐磨性	备注
	系列	颜色	型号	透射比（%）	反射比（%）	透射比（%）	反射比（%）	总透射比（%）			ΔT（%）	
真空阴极溅射	St	银	MStSi-14	14±2	26±3	14±3	26±3	27±5	0.30±0.06	≤4	<8	
		灰	MStGr-8	8±2	36±3	8±3	35±3	20±5	0.20±0.05			
			MStGr-32	32±4	16±8	20±4	14±3	44±6	0.50±0.08			
		金	MStGo-10	10±2	23±3	10±3	26±3	22±5	0.25±0.05			
	Ti	蓝	MTiBl-30	30±4	15±3	24±4	18±3	38±6	0.42±0.08			
		土	MTiEa-10	10±2	22±3	8±3	28±3	20±5	0.23±0.05			
	Cr	银	MCrSi-20	20±3	30±3	18±3	24±3	32±5	0.38±0.05			
		蓝	MTiBl-20	20±3	19±3	19±3	18±3	34±5	0.38+0.06			
		茶	MCrBr-14	14±2	15±3	13±3	15±3	28±5	0.32±0.05			本体着色玻璃为基片
			MCrBr-10	10±2	10±3	13±3	9±3	30±5	0.35±0.05			
电浮法	Bi	茶	EBiBr	30～45	10～30	50～65	12～25	50～7	0.50～0.80			
离子镀膜	Cr	灰	ICrGr	4～20	20～40	6～24	20～38	18～38	0.20～0.45			
		茶	ICrBr	10～20	20～40	10～24	20～38	18～38	0.20～0.45			

注：电浮法产品的反射性能为膜面。磁控真空阴极溅射、真空离子镀膜产品的反射性能为玻璃面。

热反射玻璃颜色均匀性等级　　表 2-93

同一片玻璃缺陷种类	一等品	二等品	三等品
宽不大于 2mm 条状色纹	不允许有	不允许有	3 条
宽 2～4mm 条状色纹	不允许有	不允许有	2 条
宽大于 4mm 条状色纹	不允许有		
雾状、块状色斑	不允许有		

热反射玻璃的型号中，首位字母代表其生产工艺（M 为磁控真空阴极溅射、E 为电浮法、I 为真空离子镀膜），第二、三位字母代表膜层的主要着色材料，第四、第五位字母代表玻璃的颜色（Si 为银色、Gr 为灰色、Go 为金色、BI 为蓝色、Ea 为土色、Br 为茶色），最后的数字表示可见光透射比。

2. 特点与用途

与其他玻璃相比，热反射玻璃具有以下特性：

(1) 太阳光反射比较高、遮蔽系数小、隔热性较高

热反射玻璃的太阳光反射比为 10%～40%（普通玻璃仅为 7%），太阳光总透射比为 20%～40%（电浮法为 50%～70%），遮蔽系数为 0.20～0.45（电浮法为 0.50～0.80）。

因此，热反射玻璃具有良好的隔绝太阳辐射能的性能，可保证炎热夏季室内温度保持稳定，并可大大降低制冷空调费用。

(2) 镜面效应与单向透视性

热反射玻璃的可见光反射比为10%～40%，透射比为8%～30%（电浮法为30%～45%），从而使热反射玻璃具有良好的镜面效应和单向透视性。热反射玻璃较低的可见光透射比避免了强烈的日光，使光线柔和，起到防止眩目的作用。

(3) 化学稳定性较高

热反射玻璃具有较高的化学稳定性，在5%的盐酸或5%的氢氧化钠中浸泡24h后，膜层的性能不会发生明显的变化。

(4) 耐洗刷性较高

热反射玻璃具有较高的耐洗刷性，可用软纤维或动物毛刷任意洗刷，洗刷时可使用中性或低碱性洗衣粉水。

由于热反射玻璃具有良好的隔热性能，在建筑工程中获得广泛应用。热反射玻璃多用来制成中空玻璃或夹层玻璃。如用热反射玻璃与透明玻璃组成带空气层的隔热玻璃幕墙，其遮蔽系数仅有0.1左右。这种玻璃幕墙的热导率约为1.74W/m·K，比一砖厚两面抹灰的砖墙保暖性能还好。

3. 应用技术要点

热反射玻璃用做玻璃幕墙的复合面是热反射玻璃发展的重要方向。用做玻璃幕墙的安装，安装方法可分为两大类：一类是现场插装式，方法是先将承受风荷载和幕墙自重的支座固定在钢筋混凝土楼板上，然后安装水平或垂直轨槽（即边抠），最后将玻璃插入轨槽内即成玻璃幕墙。这种方法的优点是节约金属型材，易于安装，运输与搬运费较低。其最大缺点是安装成败决定于现场施工质量，稍一疏忽就容易出现漏水漏气现象。另一类是预制组合式，这是一种工厂预制组合系统。铝型材加工、墙框组合、镶装玻璃嵌条密封等工序都在工厂内进行，可使玻璃幕墙的产品标准化，生产自动化，容易控制产品质量。在工地上只进行幕墙安装，可加速施工进度，节省现场人力。其缺点是铝型材用量约增加15%～20%。

2.8.4 Low-E 低辐射镀膜玻璃

低辐射镀膜玻璃（Low emissivity coated glass）又称低辐射玻璃、“Low-E”玻璃，是一种对波长范围4.5～25μm的远红外线有较高反射比的镀膜玻璃。低辐射镀膜玻璃还可以复合阳光控制功能，称为阳光控制低辐射玻璃。

1. 产品分类

(1) 产品按外观质量分为优等品和合格品。

(2) 产品按生产工艺分离线低辐射镀膜玻璃和在线低辐射镀膜玻璃。

(3) 低辐射镀膜玻璃可以进一步加工，根据加工的工艺可以分为钢化低辐射镀膜玻璃、半钢化低辐射镀膜玻璃、夹层低辐射镀膜玻璃等。

2. 技术要求

(1) 厚度偏差

低辐射镀膜玻璃的厚度偏差应符合《浮法玻璃》(GB 11614—1999) 标准的有关规定。

(2) 尺寸偏差

1) 低辐射镀膜玻璃的尺寸偏差应符合《浮法玻璃》(GB 11614—1999) 标准的有关规定，不规则形状的尺寸偏差由供需双方商定。

2) 钢化、半钢化低辐射镀膜玻璃的尺寸偏差应符合《幕墙用钢化玻璃与半钢化玻璃》(GB 17841—1999) 标准的有关规定。

(3) 外观质量

低辐射镀膜玻璃的外观质量应符合表 2-94 的规定。

低辐射镀膜玻璃的外观质量　　表 2-94

缺陷名称	说　明	优　等　品	合　格　品
针孔	直径＜0.8mm	不允许集中	
	0.8mm≤直径＜1.2mm	中部：3.0×S，个，且任意两针孔之间的距离大于300mm。 75mm边部：不允许集中	不允许集中
	1.2mm≤直径＜1.6mm	中部：不允许 75mm边部：3.0×S，个	中部：3.0×S，个； 75mm边部：8.0×S，个
	1.6mm≤直径≤2.5mm	不允许	中部：2.0×S，个 75mm边部：5.0×S，个
	直径＞2.5mm	不允许	不允许
斑点	1.0mm≤直径≤2.5mm	中部：不允许 75mm边部：2.0×S，个	中部：5.0×S，个 75mm边部：6.0×S，个
	2.5mm＜直径≤5.0mm	不允许	中部：1.0×S，个 75mm边部：4.0×S，个
	直径＞5.0mm	不允许	不允许
膜面划伤	0.1mm≤宽度≤0.3mm、长度≤60mm	不允许	不限，划伤间距不得小于100mm
	宽度＞0.3mm或长度＞60mm	不允许	不允许
玻璃面划伤	宽度≤0.5mm、长度≤60mm	3.0×S，条	
	宽度＞0.5mm或长度＞60mm	不允许	不允许

注：1. 针孔集中是指在 ϕ100mm 面积内超过 20 个；
2. S 是以平方米为单位的玻璃板面积，保留小数点后两位；
3. 允许个数及允许条数为各系数与 S 相乘所得的数值，按 GB/T 8170 修约至整数；
4. 玻璃板的中部是指距玻璃板边缘 75mm 以内的区域，其他部分为边部。

(4) 弯曲度

1) 低辐射镀膜玻璃的弯曲度不应超过 0.2%。

2) 钢化、半钢化低辐射镀膜玻璃的弓形弯曲度不得超过 0.3%，波形弯曲度 (mm/300mm) 不得超过 0.2%。

(5) 对角线差

1) 低辐射镀膜玻璃的对角线差应符合《浮法玻璃》(GB 11614—1999) 标准的有关规定。

2) 钢化、半钢化玻璃低辐射镀膜玻璃的对角线差应符合 GB 17841 标准的有关规定。

(6) 光学性能

低辐射镀膜玻璃的光学性能包括：紫外线透射比、可见光透射比、可见光反射比、太阳光直接透射比、太阳光直接反射比和太阳能总透射比。这些性能的差值应符合表 2-95 的规定。

低辐射镀膜玻璃的光学性能要求 表 2-95

项目	允许偏差最大值(明示标称值)(%)	允许最大差值(未明示标称值)(%)
指标	±1.5	≤3.0

注：对于明示标称值（系列值）的产品，以标称值作为偏差的基准，偏差的最大值应符合本表的规定；对于未明示标称值的产品，则取三块试样进行测试，三块试样之间差值的最大值应符合本表的规定。

(7) 颜色均匀性

低辐射镀膜玻璃的颜色均匀性，以 CIELAB 均匀空间的色差 AE* 来表示，单位：CIELAB。

测量低辐射镀膜玻璃在使用时朝向室外的表面，该表面的反射色差 AE* 不应大于2.5 CIELAB 色差单位。

(8) 辐射率

离线低辐射镀膜玻璃应低于 0.15；在线低辐射镀膜玻璃应低于 0.25。

(9) 耐磨性

试验前后试样的可见光透射比差值的绝对值不应大于 4%。

(10) 耐酸性

试验前后试样的可见光透射比差值的绝对值不应大于 4%。

(11) 耐碱性

试验前后试样的可见光透射比差值的绝对值不应大于 4%。

2.8.5 中空玻璃

中空玻璃又称密封隔热玻璃，它是由两片或多片性质与厚度相同或不相同的平板玻璃，切割成预定尺寸，中间夹层充填干燥剂的金属隔离框，用胶粘接压合后，四周边部再用胶接、焊接或熔接的办法密封，所制成的玻璃构件。可以根据要求选用各种不同性能的玻璃原片，如透明浮法玻璃、压花玻璃、彩色玻璃、防阳光玻璃、镜面反射玻璃、夹丝玻璃、钢化玻璃等。

1. 产品品种、规格和技术性能

中空玻璃的品种，按层数分，包括 2 层、3 层和多层等数种；按所使用的玻璃种类分，有普通中空玻璃、吸热中空玻璃、热反射中空玻璃、钢化中空玻璃、夹层中空玻璃、夹丝中空玻璃、压花中空玻璃等；按颜色分类，有无色、茶色、蓝色、灰色、紫色、金色、银色及复合式等多种；按隔离框厚度分，又包括 6mm、9mm、12mm、16mm、18mm 等；按使用玻璃原片的厚度可包括 3～18mm 数种。

中空玻璃一般为正方形或长方形，也可做成异形（如圆形或半圆形）等。

(1) 规格

常用中空玻璃形状和最大尺寸见表 2-96。

(2) 材料

中空玻璃所用材料应满足中空玻璃制造和性能要求。

常用中空玻璃形状和最大尺寸 表 2-96

玻璃厚度(mm)	间隔厚度(mm)	长边最大尺寸(mm)	短边最大尺寸(正方形除外)(mm)	最大面积(m^2)	正方形边长最大尺寸(mm)
3	6	2110	1270	2.4	1270
	9～12	2110	1270	2.4	1270
4	6	2420	1300	2.86	1300
	9～10	2440	1300	3.17	1300
	12～20	2440	1300	3.17	1300
5	6	3000	1750	4.00	1750
	9～10	3000	1750	4.80	2100
	12～20	3000	1815	5.10	2100
6	6	4550	1980	5.88	2000
	9～10	4550	2280	8.54	2440
	12～20	4550	2440	9.00	2440
10	6	4270	2000	8.54	2440
	9～10	5000	3000	15.00	3000
	12～20	5000	3180	15.90	3250
12	12～20	5000	3180	15.90	3250

1）玻璃。可采用浮法玻璃、夹层玻璃、钢化玻璃、幕墙用钢化玻璃和半钢化玻璃、着色玻璃、镀膜玻璃和压花玻璃等。浮法玻璃应符合《浮法玻璃》(GB 11614—1999）的规定，夹层玻璃应符合《夹层玻璃》(GB 9962—1999）的规定，钢化玻璃应符合《钢化玻璃》(GB/T 9963—1998）的规定、幕墙用钢化玻璃和半钢化玻璃应符合《幕墙用钢化玻璃和半钢化玻璃》(GB 17841—1999）的规定。其他品种的玻璃应符合相应标准或由供需双方商定。

2）密封胶。密封胶应满足以下要求：

① 中空玻璃用弹性密封胶应符合《中空玻璃用弹性密封胶》(JC/T 486—2001）的规定；

② 中空玻璃用塑性密封胶应符合有关规定。

3）胶条。用塑性密封胶制成的含有干燥剂和波浪形铝带的胶条，其性能应符合相应标准。

4）间隔框。使用金属间隔框时应去污或进行化学处理。

5）干燥剂。干燥剂质量、性能应符合相应标准。

(3）尺寸偏差：

1）中空玻璃的长度及宽度允许偏差见表 2-97。

2）中空玻璃厚度允许偏差见表 2-98。

中空玻璃的长度及宽度允许偏差 表 2-97

长(宽)度 L(mm)	允许偏差(mm)
$L<1000$	±2
$1000\leqslant L<2000$	+2、−3
$L\geqslant 2000$	±3

中空玻璃厚度允许偏差　　表 2-98

公称厚度 t(mm)	允许偏差(mm)
$t<17$	±1.0
$17\leqslant t<22$	±1.5
$t\geqslant 22$	±2.0

注:中空玻璃的公称厚度为玻璃原片的公称厚度与间隔层厚度之和。

3）中空玻璃两对角线之差。正方形和矩形中空玻璃对角线之差应不大于对角线平均长度的 0.2%。

4）中空玻璃的胶层厚度。单道密封胶层厚度为 10±2mm，双道密封外层密封胶层厚度为 5～7mm（图 2-37），胶条密封胶层厚度为 8mm＋2mm（图 2-38），特殊规格或有特殊要求的产品由供需双方商定。

5）其他规格和类型的尺寸偏差由供需双方协商决定。

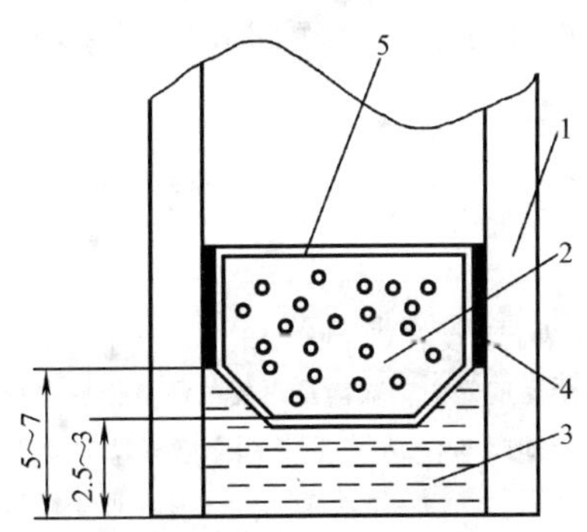

图 2-37　密封胶厚度图（单位：mm）
1—玻璃；2—干燥剂；3—外层密封胶；4—内层密封胶；5—间隔框

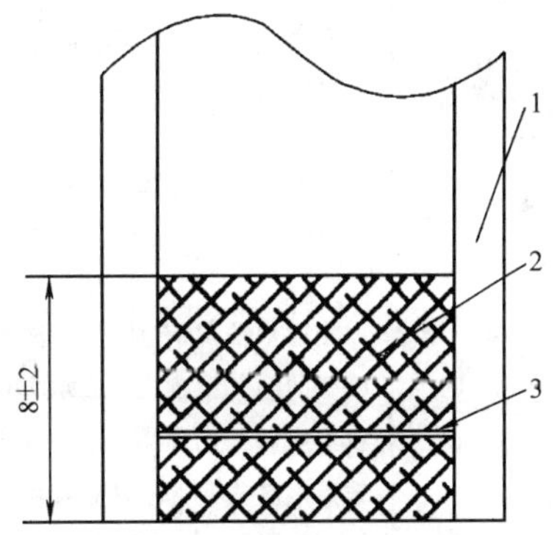

图 2-38　胶条厚度（单位：mm）
1—玻璃；2—胶条；3—铝带

（4）外观

中空玻璃不得有妨碍透视的污迹、夹杂物及密封胶飞溅现象。

（5）密封性能

1）20 块 4mm＋12mm＋4mm 试样全部满足以下两条规定为合格：

① 在试验压力低于环境气压 10kPa＋0.5kPa 下，初始偏差必须不小于 0.8mm；

② 在该气压下保持 2.5h 后，厚度偏差的减少应不超过初始偏差的 15%。

2）20 块 5mm＋9mm＋5mm 试样全部满足以下两条规定为合格：

① 在试验压力低于环境气压 10kPa±0.5kPa 下，初始偏差必须不小于 0.5mm；

② 在该气压下保持 2.5h 后，厚度偏差的减少应不超过初始偏差的 15%。

其他厚度的样品可由供需双方商定。

（6）露点

20 块试样露点均不大于－40℃为合格。

（7）耐紫外线辐照性能

2 块试样紫外线照射 168h，试样内表面上均无结雾或污染的痕迹、玻璃原片无明显错位和产生胶条蠕变为合格。如果有1块或2块试样不合格，可另取2块备用试样重新试验，2块试样均满足要求为合格。

(8) 气候循环耐久性能

试样经循环试验后进行露点测试。4块试样露点不大于－40℃为合格。

(9) 高温高湿耐久性能

试样经循环试验后进行露点测试。8块试样露点不大于－40℃为合格。

(10) 中空玻璃的技术性能见表2-99和表2-100规定。

中空玻璃的技术性能　　**表2-99**

光学性能	根据所选用的玻璃原片，中空玻璃可以具有各种不同的光学性能： 可见光透过率范围：10%～80% 光反射率范围：25%～80% 总透过率范围：25%～50%
热性能	在某些条件下，其绝热性可优于混凝土墙。据统计，一些欧洲国家采用中空玻璃窗比普通单层窗每平方米可节省燃料油40～50L
隔声性能	其噪声效果通常与噪声的种类、声强等有关。一般可使噪声下降30～44dB。交通噪声可降低31～38dB，即可将街道汽车隔声降低到学校教室的安静程度
露点	在通常情况下，中空玻璃接触室内高湿度空气的时候玻璃表面温度较高，而外层玻璃虽然湿度低，但接触的空气湿度也低，所以不会结露，中空玻璃内部空气的干燥度是中空玻璃最重要的质量指标，中空玻璃应保证内部露点在－40℃以下。中空玻璃防露使用图表如图2-39所示，例如当室内温度为21℃，相对湿度为57%，中空玻璃（空间距离为12mm）传热系数3.0W/m^2·K，室外温度－6℃以上时不结露，相同情况下，单层玻璃（传热系数为5.6W/m^2·K）在室外温度为7℃时，已结露

中空玻璃的绝热性能　　**表2-100**

玻璃类型	间隔宽度(mm)	传热系数[W/(m^2·K)]	玻璃类型	间隔宽度(mm)	传热系数[W/(m^2·K)]
单层玻璃	—	5.9	三层中空玻璃	2×9	2.2
				2×12	2.1
普通双层中空玻璃	6	3.4	热反射中空玻璃	12	1.6
	9	3.1	混凝土墙	150①	3.3
	12	3.0	砖　墙	230①	2.8
防阳光双层中空玻璃	6	2.5			
	12	1.8			

注：① 指墙之厚度。

2. 特点与用途

(1) 特点

中空玻璃不仅具有与单层玻璃相同的采光性能，而且与单层玻璃相比，具有节能（隔热保温）、隔声、防结露、安全、美观等一系列优点。如在玻璃之间充以各种漫射光材料或电介质等，则可获得更好的声控、光控、隔热等效果。

中空玻璃的K值（传热系数）一般不大于3.2W/(m^2·K)，而4mm单层玻璃的K值为5.8W/(m^2·K)，据测算，如果用4mm＋12mm＋4mm（玻璃厚度＋隔离框厚度＋玻璃厚度）的中空玻璃取代 4mm 厚的单层玻璃，每年可节约燃煤 22.5kg/m^2（取暖），年节电 20（kW·h)/m^2（空调制冷）。有调查结果表明，安装普通的 12mm 双层中空玻璃的传热系数 K 为 3.59 W/(m^2·K)，可节约能源费用 20%～40%。据罗马尼亚的统计，采用双层中空玻璃，冬季采暖能耗可降低 25%～30%；在日本东京地区的标准建筑上，用 18mm（3mm＋12mm＋3mm）普通双层中空玻璃代替 3mm 普通透明玻璃，其空调能耗可降低 21%；如中空玻璃用吸热或热反射玻璃组成，则降低空调能耗更为显著；如采用 3mm 蓝色吸热玻璃＋6mm 空气层＋3mm 普通透明玻璃组成双层中空玻璃，代替 3mm 普通透明玻璃，其空调能耗可降低 31%。美国一幢 20 层办公楼采用银色涂层的双层中空玻璃代替单层玻璃，其空调能耗降低 69%。

我国北方地区建筑的门窗结露始终是一个很大的问题，有时即使采用了双层门窗，也防止不了结露。如不及时清除，则继续至结冰，不但影响室内环境和采光，而且易损坏门窗。中空玻璃的内部露点低于－40℃，如采用（4＋12＋4)mm 的中空玻璃，当室温为 20℃，相对湿度为 40%时，室外温度在－25℃时不结露，而使用 4mm 的单层玻璃，室外温度在－5℃时就结露。采用中空玻璃，可有效地降低结露温度，见图 2-39。

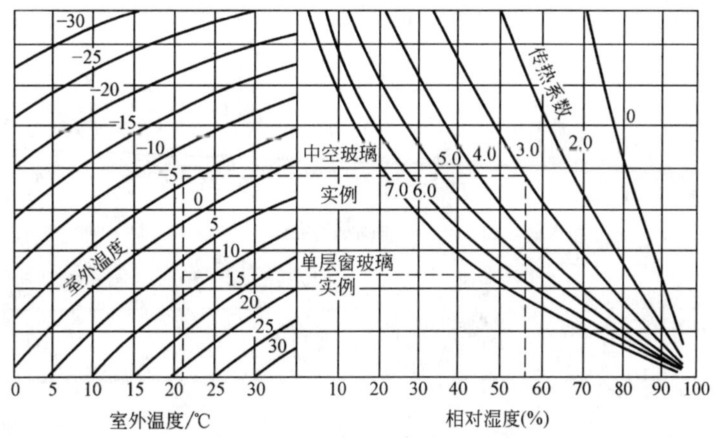

图 2-39 中空玻璃防结露使用图表

中空玻璃的应用对建筑节能、降低室内噪声、改善室内环境，采用新型建筑外墙，具有重要意义。

(2) 用途

中空玻璃主要用于需要采暖、空调、防止噪声、结露及需要无直射阳光和特殊光的建筑物上，广泛应用于住宅、饭店、宾馆、办公楼、学校、医院、商店等需要室内空调的场合，也可用于火车、汽车、轮船的门窗等处。

3. 中空玻璃在节能建筑中的应用

中空玻璃在国外建筑物中采用已非常普遍，如美国不仅在新建筑物中使用双层中空玻璃，而且在旧建筑物中也用中空玻璃替换单层玻璃。德国则以法律形式规定“所有建筑物必须全部采用中空玻璃，禁止把普通玻璃用做窗玻璃”。日本从 1975 年开始将中空玻璃用于住宅建筑，并规定“北海道等寒冷地区一律采用中空玻璃”。

单从基建费用计算，装设中空玻璃要比装设单层玻璃窗的费用高得多，但由于中空玻璃的保温、隔声、吸热性能，可减少建筑的采暖空调费用，故综合效益还是合算的。据测算，装设中空玻璃窗所增加的费用，约3～4年时间即可全部得到回收。

选用玻璃原片厚度和最大使用规格，主要决定于使用状态的风压载荷，对于四周固定垂直安装的中空玻璃，其厚度及最大尺寸的选择原则条件是：

(1) 玻璃最小厚度所能承受的平均风压（双层中空玻璃所能承受的风压为单层玻璃的1.5倍）；

(2) 最大平均风压不超过玻璃的使用强度；

(3) 玻璃最大尺寸所能承受的平均风压。

第 3 章　墙体保温工程施工技术

3.1　自保温材料墙体工程施工技术

3.1.1　加气混凝土砌块墙体砌筑工程施工

1. 施工准备

（1）材料

1）加气混凝土砌块。其外观质量、强度等级、体积密度、干燥收缩、抗冻性和导热系数应符合现行国家标准《蒸压加气混凝土砌块》（GB/T 11968）的要求。施工时所用的小砌块的产品龄期不应小于 28d，承重加气混凝土砌块的强度等级应不低于 A7.5。

注：加气混凝土砌块是以水泥、矿渣、砂、石灰等主要原材加入发气剂、经搅拌成型、蒸压养护而成的实心砌块。尺寸规格为 600mm×200mm、600mm×250mm、600mm×300mm（长×高），宽度模数为 25mm、50mm 和 60mm。加气混凝土砌块按其抗压强度分为 A1.0、A2.0、A2.5、A3.5、A5.0、A7.5、A10 七个强度等级；按其密度分为 B03～B08 六个密度级别（密度为 300～850kg/m^3）；按其尺寸偏差与外观质量、密度和抗压强度分为优等品、一等品和合格品。

2）水泥。一般采用强度等级 32.5 或 42.5 普通硅酸盐水泥或矿渣硅酸盐水泥，应有出厂合格证。水泥进场使用前，应分批对其强度、安定性进行复验。检验批应以同一生产厂家、同一编号为一批。当在使用中对水泥质量有怀疑或水泥出厂超过三个月时，应复查试验，并按其结果使用。不同品种的水泥，不得混合使用。

3）砂。宜用中砂，并应通过 5mm 孔径的筛，当配制强度等级 M5 以下的水泥混合砂浆时，砂的含泥量不超过 10%；配制水泥砂浆及强度等级 M5 及其以上的水泥混合砂浆时，砂含泥量不超过 5%，并不得含有草根等有机质杂物。

4）掺合料。石灰膏、粉煤灰和磨细生石灰粉等，其质量应符合有关要求，生石灰熟化时间不得少于 7d，严禁使用冻结或脱水硬化的石灰膏。

5）水。应使用饮用水或不含有害物质的洁净水，水质应符合国家现行标准《混凝土用水标准》（JGJ 63—2006）的规定。

6）胶粘剂。用建筑胶粘剂，其质量应符合相应标准。

7）其他。混凝土块、木砖、ϕ6 钢筋、铁扒钉等。

（2）机具设备

1）机械。砂浆搅拌机、筛砂机、淋灰机、提升架等。

2）工具。铺灰铲、小撬棍、刀锯、铁锹、平直架、2m 靠尺、皮数杆、灰斗、吊篮、手推车、小线、砌块夹具等。

（3）作业条件：

1）砌筑施工前，墙基层施工应完成并经验收合格，应将灰渣杂物及高出部分清除干净，并在砌筑前洒水湿润。

2）在结构墙、柱上弹出500mm标高水平线、加气混凝土墙边线、门口位置线。

3）做好地面垫层。在砌块墙底部，应砌筑烧结普通砖或浇筑混凝土基础带，其高度不宜小于200mm。

4）按照设计要求预先在结构墙柱上每500mm左右焊好预留拉结钢筋。

5）加气混凝土砌块应在砌筑前1～2d浇水湿润。

（4）技术准备：

1）按墙段实量尺寸和砌块规格尺寸绘制砌块排列平、立面和构造详图。

2）根据砌块尺寸和灰缝厚度计算皮数和排数，制作好皮数杆并将皮数杆竖立墙的两端。

3）遇有穿墙管线，应预先核实其位置、尺寸，以预留为主，减少事后剔凿，损害墙体。

2. 施工工艺

（1）施工工艺流程如下

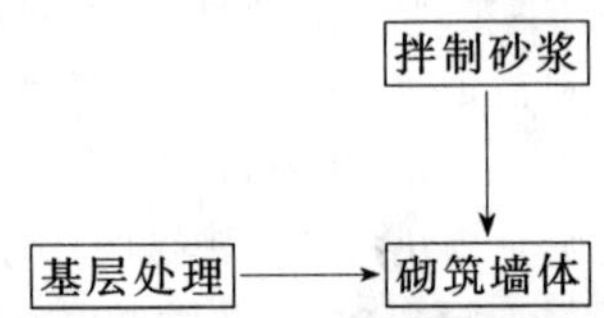

（2）施工方法

1）基层处理。将砌筑加气混凝土墙根部和混凝土基础带表面上的杂物清扫干净，用砂浆找平，并用水平尺检查其平整度。砌筑时应向砌筑面适当浇水。

2）拌制砂浆。

① 砌筑砂浆现场拌制时，各组分材料应采用重量计量，计量应准确（计量精度水泥控制在±2%以内，砂和掺合料等控制在±5%以内）。

② 砌筑砂浆宜采用机械搅拌，并注意投料顺序，应先倒砂子，然后水泥、掺合料，最后加水，其拌合时间，不得少于2min，且拌合均匀，颜色一致。

③ 砂浆应随拌随用，常温下拌好的砂浆应在拌合后3～4h内用完，当气温超过30℃时，应在拌成后2～3h内使用完毕。对掺有缓凝剂的砌筑砂浆，其使用时间应视其具体情况适当延长。

④ 当砌筑砂浆出现泌水现象时，应在砌筑前再次拌合。

⑤ 凡在砂浆中掺入有机塑化剂、早强剂、缓凝剂、防冻剂等，应经检验和试配符合要求后，方可使用。有机塑化剂应有砌体强度的型式检验报告。

⑥ 砂浆试块：每一检验批且不超过250m^{3}砌体的各种类型及强度等级的砌筑砂浆，每台搅拌机至少做一组试块（一组六块）。砂浆强度等级或配合比变化时，应另做试块。

3）砌筑墙体。

① 砌筑前按砌块平、立面构造图进行排列摆块，不足整块的可以锯截成需要尺寸，

但不得小于砌块长度的 1/3。最下一层如灰缝厚度大于 20mm 时，应用细石混凝土找平铺砌。

② 砌筑加气混凝土砌块单层墙，应将加气混凝土砌块立砌，墙厚为砌块的宽度；砌双层墙，是将加气混凝土砌块立砌两层，中间加空气层（厚度约为 70～80mm），两层砌块间每隔 500mm 墙高应在水平灰缝中放置 $\phi4$～6 的钢筋扒钉，扒钉间距 600mm。

③ 砌筑加气混凝土砌块应采用满铺满挤法砌筑，上下皮砌块的竖向灰缝应相互错开，长度不宜小于砌块长度的 1/3 并不小于 150mm。当不能满足要求时，应在水平灰缝中放置 2ϕ6 的拉结钢筋或 ϕ4 的钢筋网片，拉结钢筋或钢筋网片的长度不小于 700mm。转角处应使纵横墙的砌块相互咬砌搭接，隔皮砌块露端面。砌块墙的丁字交接处，应使横墙砌块隔皮露头，并坐中于纵墙砌块。

④ 加气混凝土砌块墙体拉结筋的设置：

a. 承重墙的外墙转角处，墙体交接处，均应沿墙高 1m 左右在水平灰缝中放置拉结钢筋，拉结钢筋为 3ϕ6，钢筋伸入墙内不小于 1000mm。

b. 非承重墙的外墙转角处，与承重墙体交接处，均应沿墙高 1m 左右在水平灰缝中放置拉结钢筋，拉结钢筋为 2ϕ6，钢筋伸入墙内不小于 700mm。

c. 墙的窗口处，窗台下第一皮砌块下面应设置 3ϕ6 拉结钢筋，拉结钢筋伸过窗口侧边应不小于 500mm。墙洞口上边也应放置 2ϕ6 钢筋，并伸过墙洞口每边长度不小于 500mm。

d. 加气混凝土砌块墙的高度大于 3m 时，应按设计规定做钢筋混凝土拉结带。如设计无规定时，一般每隔 1.5m 加设 2ϕ6 或 3ϕ6 钢筋拉结带，以确保墙体的整体稳定性。

⑤ 加气混凝土砌块墙体灰缝应横平竖直，砂浆饱满，水平灰缝厚度不得大于 15mm，竖向灰缝宽度宜不大于 20mm。

⑥ 加气混凝土砌块墙每天砌筑高度不宜超过 1.8m。

⑦ 砌块与门窗口连接：当采用后塞口时，应预制好埋有木砖或铁件的混凝土块，按洞口高度，2m 以内每边砌筑 3 块，洞口高度大于 2m 时，每边砌筑 4 块，混凝土块四周的砂浆要饱满密实。安装门框时用手电钻在边框预先钻出钉眼，然后用钉子将木框与混凝土内预埋木砖钉牢。

⑧ 砌块与楼板连接：墙体砌到接近上层梁、板底部时，应留一定空隙，待填充墙砌完并至少间隔 7d 后再用烧结普通砖斜砌挤紧挤牢，砖的倾斜度为 60°左右，砂浆应饱满密实。

（3）季节性施工

1）冬期施工。

① 冬期施工砌体工程，应有完整的冬期施工方案。当日最低气温低于 0℃时，即使在冬期施工以外，也应按冬期施工办理。

② 冬期施工砂浆宜用普通硅酸盐水泥拌制。石灰膏等掺合料应防止受冻，如遭冻结，应经融化后方可使用。

③ 拌制砂浆用砂，不得含有冰块或直径大于 10mm 的冻结块。

④ 砌块不得遭水浸冻，使用前应清除表面冰雪，在气温低于 0℃条件下砌筑时，砌块不得浇水，但必须增大砂浆的稠度。

⑤ 冬期砌筑砂浆的拌合宜采用两步投料法。材料加热时，水加热温度不超过80℃，砂加热温度不超过40℃。砂浆使用温度不应低于+5℃。当采用掺盐砂浆砌筑时，宜将砂浆强度等级较常温提高一级。配筋砌体内不得采用掺盐砂浆法施工。

⑥ 冬期施工砂浆试块的留置，应增加不少于一组与砌体同条件养护的试块，测试检验其28d的强度。

2）雨期施工。雨期砌筑应有防雨措施。砌块存放场地应做好排水沟，雨天应进行遮盖，防止雨水浸湿砌块，对于浸泡在雨水中的砌块不得立即上墙。

3. 质量标准

（1）主控项目

加气混凝土砌块和砂浆的强度等级必须符合设计要求。

检验方法：检查砌块的合格证、产品性能试验报告和砂浆试块的试验报告。

（2）一般项目

1）加气混凝土砌块墙体一般尺寸的允许偏差及检验方法见表3-1。

加气混凝土砌块墙体一般尺寸允许偏差及检验方法　　表3-1

项　目		允许偏差(mm)	检　验　方　法
轴线位移		10	用尺量检查
墙面平整度		8	用2m靠尺和楔形塞尺量检查
垂直度	≤3m	5	用2m托线板或吊线、尺量检查
	>3m	10	
门窗洞口高、宽(后塞口)		±5	用尺检查
外墙上、下窗口偏移		20	以底层为准用经纬仪或吊线检查

2）加气混凝土砌块不应与其他块材混砌。

抽检数量：每检验批抽20%，且不应少于5处。

检验方法：观察检查。

3）加气混凝土砌块砌体的砂浆饱满度不得低于80%。

抽检数量：每步架子不应少于3处，且每处不少于3块。

检验方法：用百格网检测砖底面与砂浆粘结痕迹面积，每处检测3块砖，取其平均值。

4）拉结筋（或钢筋混凝土拉结带）留设间距、位置、长度及配筋的规格、根数应符合设计要求，留置位置应与块体皮数相符合。拉结筋应置于灰缝中，埋置长度应符合设计要求，竖向位置偏差不得超过一皮砌块高度。

抽检数量：每检验批抽20%，且不应少于5处。

检验方法：观察和尺量检查。

5）砌块砌筑时应错缝搭砌，搭砌长度不宜小于砌块长度的1/3；竖向通缝不应大于两皮。

抽检数量：每检验批的标准间中抽10%，且不应少于3间。

检验方法：观察和尺量检查。

6）加气混凝土砌块墙体水平灰缝厚度宜为15mm，竖向灰缝宽度宜为20mm。

抽检数量：每检验批的标准间中抽 10%，且不应少于 3 间。

抽检方法：用尺量 5 皮砌块的高度和 2m 砌块长度折算。

7）加气混凝土砌块墙砌至接近梁、板底标高时，应留一定空隙，待填充墙砌完并至少间隔 7d 后，再将其补砌、挤紧。

抽检数量：每检验批抽 10%填充墙片（每两柱间的填充墙为一墙片），且不应少于 3 片墙。

检验方法：观察检查。

4. 成品保护

(1) 砌块在装运过程中，应轻码轻放，宜使用专用机具，严禁摔、掷及翻斗车自翻卸货，应计算好每处用量，分类整齐码放。砌块堆放场地应坚实平整并有防雨措施。

(2) 加气混凝土砌块墙上不得留脚手眼，搭拆脚手架时不得碰撞已砌好的墙体和门窗边角。

(3) 门框安装后，应将门框两侧 300～600mm 高度范围钉铁皮保护，防止损坏。

(4) 加气混凝土墙上设备槽孔应以预留为主，不得随意剔凿，可划准尺寸用刀刃镂划，如造成墙体砌块松动或损坏，应进行补强处理。

(5) 落地砂浆应及时清除干净，以免与地面粘结，影响下道工序施工。

5. 应注意的质量问题

(1) 对于断裂砌块应粘结加工后再使用，严禁直接使用碎块砌筑。

(2) 砌筑时应按排列组砌图正确组砌，避免排块及局部做法不合理。

(3) 在砌筑门、窗洞口时，应事先预制符合要求的混凝土垫块，并按设计构造图放置；过梁梁端部位应按规定砌好四皮砖或放混凝土垫块；在门窗洞口上口设钢筋混凝土带并整道墙贯通，以确保门窗洞口构造做法符合规定。

(4) 在结构施工时应按设计要求在板、梁底部预留好拉结筋，做到墙顶连接牢固。

(5) 应按设计及有关规定留置拉结筋、拉结带，以确保砌体整体牢固。

(6) 砌筑前应根据墙体尺寸及砌块规格，制作皮数杆，并将灰缝做好标记，拉通线砌筑，做到灰缝基本一致，墙面平整。

6. 安全、环保措施

(1) 安全施工要求

1）砌筑使用的脚手架未经安全验收严禁使用。脚手架上的堆放材料不得超过规定荷载（均布荷载每平方米不得超过 3kN，集中荷载不得超过 1.5kN。冬期施工有霜、雪时，必须将脚手架上的霜、雪清除后方可作业。

2）用起重机吊砌块时应使用砖笼，吊砂浆的料斗不能装得过满，吊臂回转范围内不得停留有人，以免发生危险。吊运砌块时信号工应与吊车司机密切配合，听从指挥，禁止超载。

3）操作人员必须戴好安全帽，上下架子应走专用马道或楼梯。

4）夜间施工应有充足照明。

5）现场临时用电，应符合国家现行标准《施工现场临时用电安全技术规范》（JGJ 46—2005）的有关规定。

6）大风、大雨等异常气候之后，应及时检查砌体是否有垂直度的变化，是否有裂缝和不均匀下沉等现象。

（2）环保措施

1）施工现场搅拌站应设置排水专用水沟和废水沉淀池。搅拌站应采取封闭和喷雾降尘措施。

2）切锯加气混凝土砌块应使用专用工具，不得用斧或瓦刀随意砍劈，并在专设地点作业，防止污染环境。

3）落地灰应及时集中清理，现场严禁抛掷易引起扬尘的材料。

3.1.2　混凝土砌块外墙夹芯保温工程施工

混凝土承重小型空心砌块（简称混凝土砌块）是替代实心黏土砖的重要墙体材料，其砌筑施工工艺与其他砌体工程施工工艺相同。

混凝土砌块外墙夹芯保温有两种做法：一种是双层砌块墙做法；另一种是采用集承重、保温、装饰为一体的复合砌块直接砌筑。

1. 双层砌块保温墙做法

混凝土砌块夹芯保温外墙，由结构层、保温层、保护层组成。结构层一般采用190mm厚主砌块，保温层一般采用聚苯板、岩棉或聚氨酯现场分段发泡，保温层厚度根据各地区的建筑节能标准确定，保护层一般采用90mm厚劈裂装饰砌块。

（1）节点构造

1）复合夹芯墙体构造（图3-1）。结构层与保护层砌体间采用曲镀锌钢筋网片或拉结钢筋连接。ϕ_4^b 镀锌钢筋网片见图3-2，每三皮砌块放一层网片。

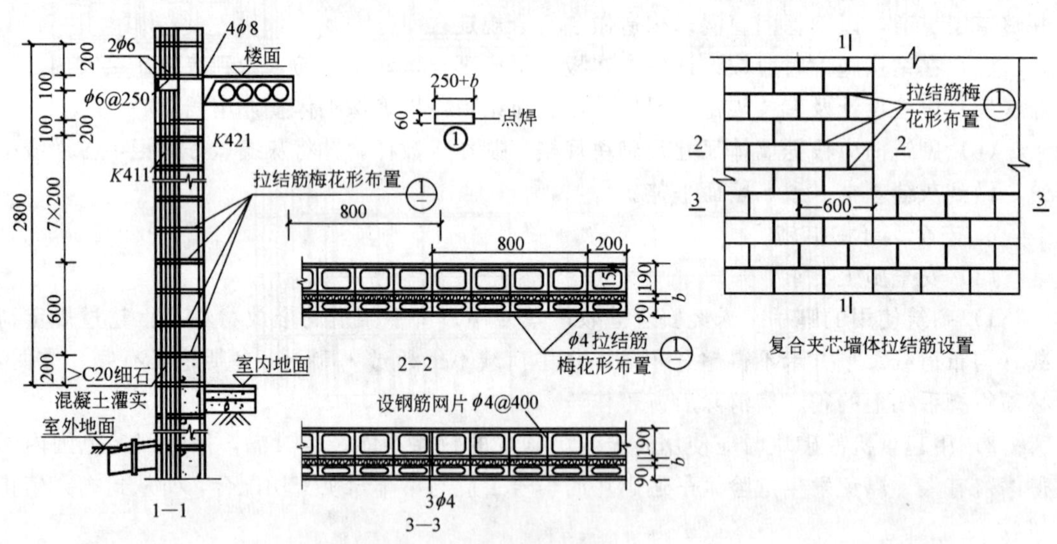

图3-1　复合夹芯墙体构造

注：1. 拉结筋及钢筋片应做防锈处理。处理后方可使用；

2. 本图仅用于抗震设防烈度不大于7度地区；

3. 墙体灰缝内设置钢筋网片的部位不设拉结筋；

4. 拉结筋布置水平间距不大于800mm，竖向间距不大于600mm，梅花形布置，拉结网片设置竖向间距不大于600mm。

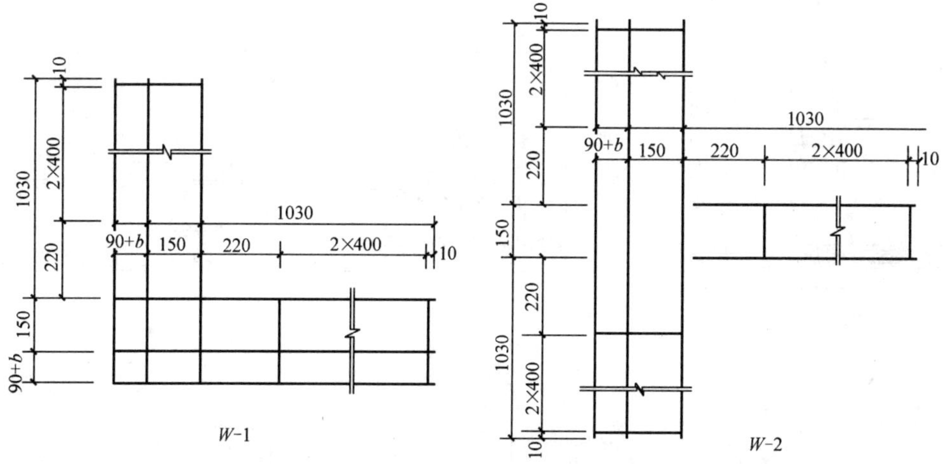

图 3-2 复合夹芯墙体拉结筋网片

b—保温层厚度

2）复合夹芯墙体芯柱构造节点 1（图 3-3）。

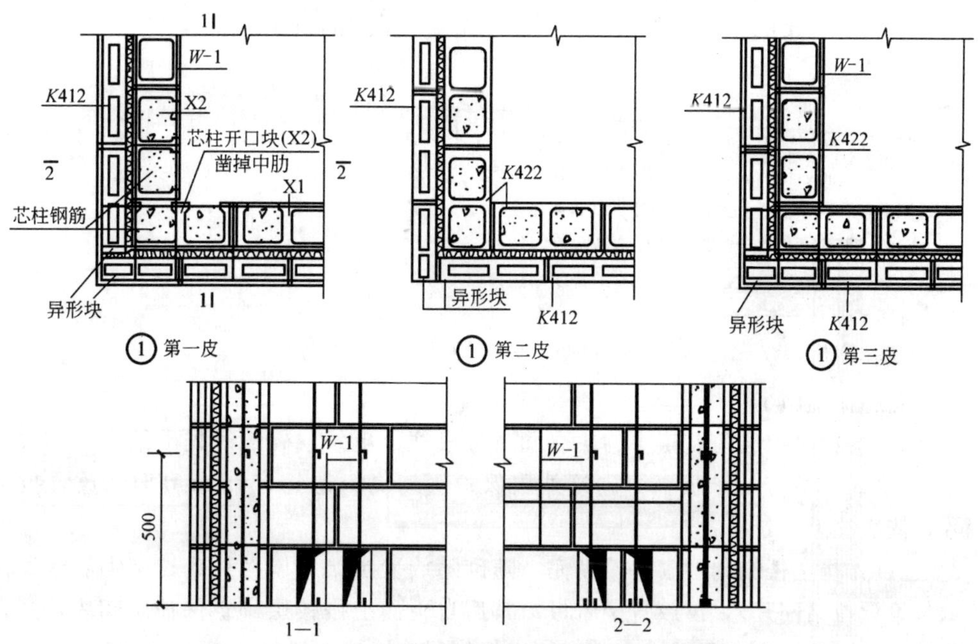

图 3-3 复合夹芯墙芯柱构造节点 1

注：1. 每层第一皮砌块砌筑时，芯柱部位应在室内侧设清理口，上下层的芯柱插筋通过清理口搭接。搭接长度 500mm，浇筑混凝土前芯孔内废弃物应清除干净，封好清理口。

2. 芯柱应采用不小于 C20 高流动度、低收缩细石混凝土浇筑密实。

3. W-1 详见图 3-2 复合夹芯墙体拉结筋网片。

4. 不设芯柱或清理口时，节点第一皮的排块采用第三皮方式，网片沿墙高每 600mm 一道。

5. 异形块根据各地保温层厚度值进行设计。

6. 抗震设防不大于 7 度地区的工程，外墙可参照本图采用复合夹芯墙体。

3）复合夹芯墙体芯柱构造节点2（图3-4）。

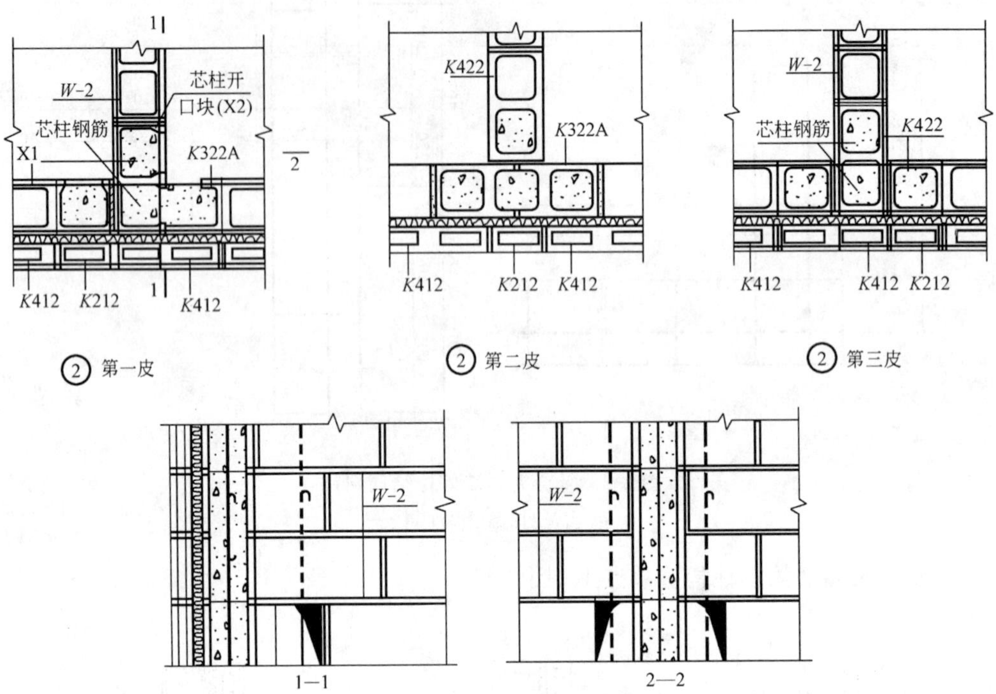

图3-4　复合夹芯墙芯柱构造节点2

注：1. 每层第一皮砌块砌筑时，芯柱处须留出清理口，上下层的芯柱插筋通过清理口搭接。搭接长度500mm，浇筑混凝土前芯孔内废弃物应清除干净，封好清理口。

2. 芯柱应采用不小于C20高流动度、低收缩细石混凝土浇筑密实。

3. W-2详见图3-2复合夹芯墙体拉结筋网片。

4. 不设芯柱或清理口时，节点第一皮的排块采用第三皮方式，清理口上面的网片W-2不增设，网片W-2沿墙高每600mm一道。

5. 抗震设防不大于7度地区的工程，外墙可参照本图采用复合夹芯墙体。

（2）夹芯保温施工

1）结构层和保护层的混凝土砌块墙同时分段往上砌筑。砌筑时先砌结构层砌块，砌至600mm高时，放置聚苯板；再砌筑外层保护层砌块，砌至600mm高时，放置拉结钢筋网片，依次往上砌筑。

2）也可先将全楼结构层砌块墙砌完，随砌随放置拉结钢筋网片或拉结钢筋（设拉结筋的部位不设拉结网片），再放置聚苯板，其后自下而上按楼层砌筑保护层砌块，并砌入钢筋网片。这种施工方法可减少砌筑工序对保护层装饰性砌块的污染。

2. 承重保温装饰复合空心砌块墙做法

承重保温装饰空心砌块是集保温、承重、装饰三种功能于一体的新型砌块，同时解决了装饰面与结构层稳定可靠连接的问题。砌块型号、规格、形状见表3-2。

（1）砌块性能

承重保温装饰混凝土空心砌块的主要性能指标是：抗压强度不小于10MPa，抗折强度不小于1.60MPa，密度不小于1200kg/m^3，抗渗性不大于10mm，传热系数K不大于1.10W/(m^2·K)，隔声不小于50dB；聚苯板的密度18～20kg/m^3，导热系数不大于0.042W/(m·K)。

砌块型号、规格、形状 表 3-2

砌块型号	规格(mm)	形状	说　明
W_4	390×280×190	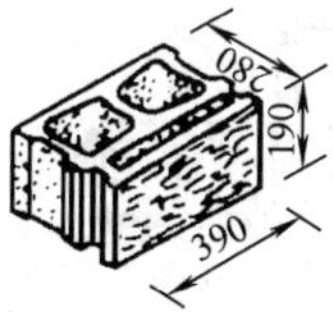	主砌块
W_3	290×280×190		辅助块
W_2	190×280×190	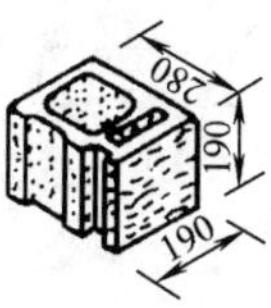	辅助块
$Q_4(Q_4')$	390×114×190(90)	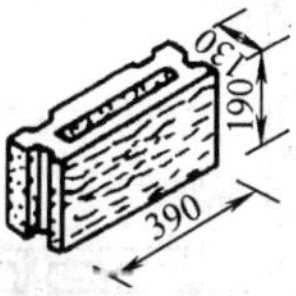	圈梁主块
$Q_3(Q_3')$	290×114×190(90)		圈梁辅助块
$Q_2(Q_2')$	190×114×190(90)		圈梁辅助块
$Q_1(Q_4')$	280×190×190(90)	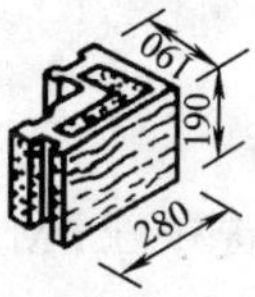	L形辅助块

(2) 节点构造

1) 复合砌块 L 墙做法（图 3-5）。

2) 复合砌块丁字墙做法（图 3-6）。

3.1.3 保温砌模现浇钢筋混凝土网格剪力墙施工技术

保温小型空心砌筑模块（简称保温模块）主规格尺寸为 310mm×400mm×200mm，外壁厚 110mm，内壁厚 50mm（用于外墙）、200mm×400mm×200mm，壁厚 40mm（用

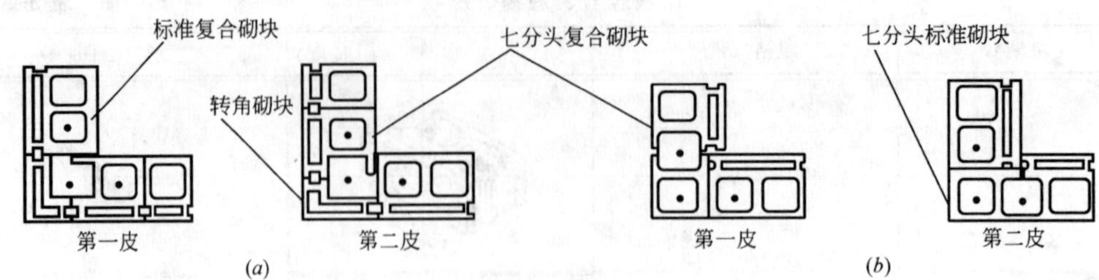

图 3-5　复合砌块 L 墙做法
(*a*) 阳角；(*b*) 阴角

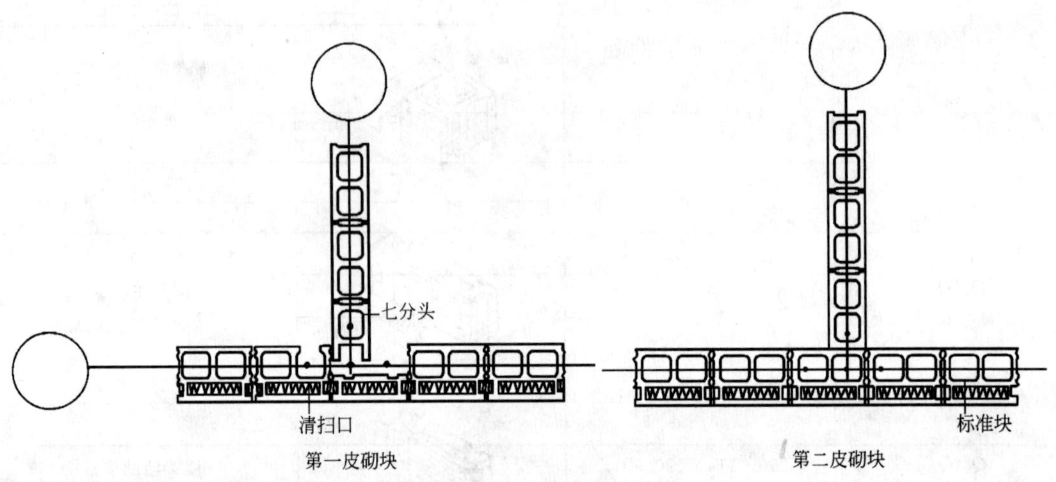

图 3-6　复合砌块丁字墙做法

于内承重墙)，纵向有 2 个空洞，沿长度方向有槽。保温砌模的主要功能是在砌筑成墙体后，前期作为浇筑混凝土网格墙的模板，后期成为墙体的保温层。保温性能应满足设计计算确定。本施工技术适用于以保温砌模现浇钢筋混凝土网格承重剪力墙的多层、中高层居住建筑和其他类似建筑的施工。施工中还应当遵守国家和北京市现行有关标准的规定。

1. 施工准备。

(1) 材料准备

1) 保温砌模。

① 保温砌模的抗压强度应大于 0.5MPa，抗折强度应大于 0.3MPa，常温下自然养护龄期不少于 28d，保温砌模强度达到设计值的 100%方可出厂。

② 保温砌模厂应提供产品合格证和质量检测证明，其主要技术性能指标应符合表 3-3～表 3-6 的要求。

③ 施工企业应按设计要求和规定对进入现场的保温砌模进行分批验收，应按《砌体工程施工质量验收规程》(GB 50203—2002) 进行复验。

2) 钢筋。剪力墙、圈梁组合柱等所用钢筋均应有出厂产品合格证，并按规定进行复试，确认合格后方可使用。所用的地锚筋纵、横钢筋网片均应使用电焊连接，施工现场应按规格码放，应防止锈蚀和污染。

保温砌模规格尺寸 表 3-3

型　号		B(宽度)(mm)	L(长度)(mm)	H(高度)(mm)
301(外墙)	公称尺寸	300	400	200
	实际尺寸	310	395	195
201(内墙)	公称尺寸	200	400	200
	实际尺寸	200	395	195

尺寸允许偏差 表 3-4

项目名称	单位	优等品	合格品
长度	mm	±2	±4
宽度	mm	±2	±4
高度	mm	±1.5	±2
对角线	±3		±7

外观质量 表 3-5

项目名称		单位	优等品	合格品
缺棱掉角	个数	个	0	≤2
	三个方向投影最小值	mm	0	≤20
垂直度	不大于	mm	1	3
弯曲度	不大于	mm	3	4

自然状态单块自重及允许偏差 表 3-6

型号	单位	干燥重量	允许偏差(%)
301	kg/块	5.4	±4
201	kg/块	3.6	±4

3）砌筑砂浆技术要求见（表 3-7）。

砌筑胶浆技术要求 表 3-7

检验项目	技术指标	检验项目	技术指标
抗压强度(MPa)	≥1	抗下塌性	良好
粘接剪切强度(MPa)	≥0.7	可操作时间(h)	2
稠度(cm)	7～8		

① 水泥：应有产品合格证，并按规定进行复试，确认合格后方可使用。强度等级 32.5 矿渣硅酸盐水泥或普通硅酸盐水泥。

② 砂：应符合《普通混凝土用砂质量标准及检验方法》(JGJ 52)，采用中砂或细砂，含泥量不超过 3%。

③ 胶粘剂：选用 VAE 乳液。

④ 水：不含有害物质的洁净水。

⑤ 胶浆配合比应根据设计的强度等级按重量比配制，采用机械搅拌，胶浆应有良好的和易性和保水性，稠度宜为7～8cm，砌筑胶浆应在拌成后2h内用完，随用随拌。

4）混凝土技术要求见（表3-8）。

自密实混凝土技术性能指标　　表3-8

检验项目	技术指标	检验项目	技术指标
混凝土强度等级	C25～C40(根据设计确定)	扩展度(mm)	600～700
坍落度(mm)	≥260	排空时间(s)	8～12

注：排空时间是指：将坍落度筒倒置（小口朝下），下端用木板堵住，从大口处浇满混凝土后抽掉木板，混凝土全部流出所用的时间。

免振自密实混凝土强度等级由设计确定。

① 水泥：宜采用强度等级32.5硅酸盐和普通硅酸盐水泥；

② 石子：碎石或卵石，粒径不大于16mm，含泥量、泥块含量等指标应符合《普通混凝土用碎石或卵石标准及检验方法》（JGJ 53—92）规定要求；

③ 砂：宜采用中砂或粗砂，含泥量不超过3%；

④ 粉煤灰：Ⅰ、Ⅱ级低钙粉煤灰，并应有合格证及试验报告符合《用于水泥和混凝土中的粉煤灰》(GB/T 1596—2005)；

⑤ 水：不含有害物质的纯净水（冬期施工应用热水）；

⑥ 外加剂：混凝土使用的外加剂应符合国家现行标准的要求，并经过混凝土试配，性能合格方可使用。

5）耐碱玻璃纤维网格布。耐碱玻璃纤维网格布的技术性能指标应符合表3-9的规定。

耐碱玻璃纤维网格布的技术性能指标　　表3-9

检 验 项 目	技 术 指 标
网孔尺寸(mm)	4×4、5×5
单位面积质量(g/m^2)	≥160
经纬向断裂(N)	≥750(50mm宽)
断裂强度保持率(100℃氢氧化钙水溶液浸泡4h)(%)	≥50

6）聚合物砂浆。聚合物砂浆的技术性能指标应符合表3-10的规定

（2）施工技术准备

1）保温砌模应根据施工进度要求分层配套运入施工现场。保温砌模堆放场地应夯实并便于排水。装卸时不得倾卸和抛掷，堆放高度不应超过2m。

2）基础施工前应用钢尺校核建筑物的放线尺寸，其允许偏差应符合表3-11规定。

3）保温砌模砌筑前应熟悉施工图纸，并根据墙体尺寸、楼层标高及门窗，构造柱的数量尺寸编制砌模排列图。

聚合物砂浆的技术性能指标　　表 3-10

检验项目		单位	技术指标
拉伸粘结强度(与水泥砂浆)	常温常态	MPa	≥0.70
	耐温	MPa	≥0.50
	耐水	MPa	≥0.50
	耐冻融	MPa	≥0.50
可操作时间		h	≥2
24h 吸水量		g/m^2	≤1000
柔韧性水泥基 28d 压折比(抗压强度/抗折强度)			≤3
水蒸气透过湿流密度		$g/m^2 \cdot h$	≥1.00
抗裂性(厚度 5mm 以下)			无裂纹
透水性(24h)			≤3

放线尺寸允许偏差　　表 3-11

长度 L 宽度 B 的尺寸(m)	允许偏差(mm)	长度 L 宽度 B 的尺寸(m)	允许偏差(mm)
$L(B)\leqslant 30$	±5	$60<L(B)\leqslant 90$	±15
$30<L(B)\leqslant 60$	±10	$L(B)>90$	±20

4）根据砌模排列图对砌筑在第一层的砌模进行清扫孔的加工，在保温砌模的一侧锯开 130mm×120mm 的孔洞，用于绑扎锚固钢筋和清扫砌筑时的落地砂浆杂物，并加工相当数量的半块砌模以备用。

5）保温砌模砌筑前，应对基础质量进行检查和验收，符合要求后方可进行墙体（砌模）施工。

6）砌筑前应在墙体的阴阳角处立好皮数杆。皮数杆应标志砌模的皮数、灰缝厚度以及门窗洞口、过梁、圈梁和楼板等部位位置。

（3）机具设备

1）机具准备。搅拌机、砂浆机、砖笼、刀锯、水平仪、线坠、皮数杆、胶皮锤等。

2）起重设备。塔吊汽车吊、浇筑量大也可考虑使用混凝土泵或泵车。浇筑灰斗。

（4）混凝土搅拌配制

1）采用免振自密实混凝土，强度等级根据设计规定。

2）混凝土坍落度应大于 200mm，扩展度应大于 500mm。

3）宜采用现场搅拌，配制后 1h 内浇筑。

2. 保温砌模及网格剪力墙施工要求

（1）保温砌模施工

保温砌模混凝土墙工艺流程，见图 3-7。

（2）砌模施工时应遵守下列基本规定

1）一栋建筑所需的保温砌模应采用同一生产厂家产品。

2）砌筑前应清理砌模上、下两个平面的污物。

3）严禁使用断裂和壁肋有贯通裂缝的保温砌模。

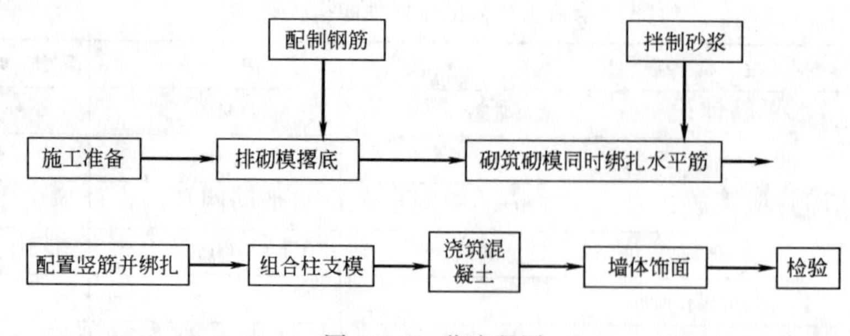

图3-7　工艺流程图

4）地梁上平面清扫后按设计图纸弹线，应从门口或组合柱方向开始砌筑。

5）内、外墙可同时砌筑，纵横墙应直槎对接，砌筑后胶浆抹缝。

6）墙体砌筑高度应根据气温、风压、墙体部位等不同情况分别控制，日砌筑高度1.8～2.2m（根据施工季节决定）。

7）保温砌模砌筑好后需要移动或被撞动时，应重新铺浆砌筑。

（3）砌模灰缝应符合下列规定

1）灰缝应做到横平竖直，水平灰缝的胶浆饱满度不得低于90%，竖缝两侧的砌模均应两边挂灰，砂浆饱满度不得低于80%，不得出现瞎缝，透缝。

2）砌筑时的铺灰长度应为400mm（一块一铺），严禁用水冲浆罐缝，不得采用以石子、木楔等物垫塞灰缝。

3）砌模的水平及垂度灰缝宽度应控制在3～5mm。

4）砌模墙体应以胶浆勾缝。深度不大于3mm，并要求平整密实。

（4）砌模墙体施工时，应搭设双排脚手架，不得在砌模墙体上设置脚手架孔，可在圈梁、组合柱上预留8″钢丝，待浇筑完混凝土后用来固定脚手架。

（5）砌模砌筑

1）每层楼第一层砌模应全部具有清扫口。外墙清扫口朝向内侧，内墙清扫口朝向一致。

2）砌筑时上、下砌模应严格对孔，错缝搭接，墙面必须平整，柱边与门窗口留直槎。

3）门窗上口宽度不大于2m时，门窗上口不做过梁，砌模砌筑应采用模板支托。

4）消防栓、配电盘及管径大于100mm的横向线管的埋设可在砌筑时根据其外廓尺寸预留出来，做法同窗口。

5）水、暖、消防、电器管件的固定，用预埋件或在浇筑的混凝土达到强度后用膨胀螺栓连接。

6）直径小于50mm的垂直管线可直接埋设在竖孔内。依据设计加设加强筋，浇筑混凝土前作好隐检记录，管口密封。

7）砌模墙体的伸缩缝、沉降缝内，不得夹有砂浆碎砌块及其他杂物。

8）砌筑进度：内、外墙砌筑进度宜整个建筑物同步进行，如建筑面积过大，也可以按施工流水段为单元，但与相邻的单元高度差不得超过一个楼层高度，流水段的分段位置宜设在伸缩缝、沉降缝等处。同层分段可设在门窗洞口砌模砌筑过梁一侧。

9）在砌筑每层楼后应校核墙体的轴线尺寸和标高，对于允许内偏差可在浇筑混凝土圈梁或楼板上予以调整。

3. 钢筋铺设

(1) 砌模内水平筋铺设

1) 砌筑一层铺设一层水平钢筋网片。

2) 水平筋网片应平放在砌模水平槽的中间位置，水平筋网片的横筋应位于砌模肋上。

3) 水平网片筋搭接长度应不小于 $30d$（d 为纵筋直径)，并用钢丝绑扎，每侧 2 个绑扣。

4) 砌体与组合柱相接时，其水平筋伸进组合柱长度应不少于 $30d$，并与柱筋绑扎，每侧 2 个绑扣。

5) 门窗洞口上面的砌体水平筋应根据设计图纸选用，其铺设方法同墙体。

(2) 砌模内竖向钢筋网片筋放置

1) 地梁（圈梁）浇筑混凝土前预埋墙体锚固筋网片，其纵筋高出地梁（圈梁）上平面 $48d$，间距 200mm，锚固筋网片垂直于墙体轴线。

2) 墙体砌筑到一楼层高时才可放置竖向网片，每孔一片，从上部对准砌模孔向下插入网片，网片应位于孔中，并应垂直于墙体轴线。

3) 竖向网片在下部的清扫口内锚固筋搭接绑扎，上端应与墙体水平网片或圈梁纵筋绑扎，搭接长度 $48d$。

4) 竖向纵筋网片根据楼层高度（并加上深入圈梁的搭接长度）预制加工整根网片筋，网片长度应包括伸入圈梁和上层的搭接长度。

5) 门洞口两侧砌模孔内应根据设计要求设置加强筋。

6) 组合柱、圈梁钢筋绑扎与安装应符合《混凝土结构工程施工质量验收规范》(GB 50204—2002) 要求。

7) 以上各层楼钢筋铺设方法均同首层。

4. 混凝土浇筑

(1) 混凝土浇筑前准备

1) 检查墙体砌筑的粘接强度和抗压强度达到胶浆的强度的规定值。

2) 将清扫口内的落地砂浆、垃圾及杂物全部清除干净后，用钢模板封赌支牢。

3) 在墙体一侧钻观察孔（孔径 50mm、间距 1.5m）用木塞堵严以备检查混凝土浇筑质量。

4) 校正钢筋位置并检查搭接长度和绑扎固定情况。

5) 向砌模墙体芯柱孔内喷洒适量水泥浆，以达到孔壁湿润为准。

6) 门窗洞口的立面和上面用模板封严，并应有牢固的支撑。

7) 施工流水分段处应用细钢丝网封堵、绑牢。

8) 因使用大流动性混凝土，必须将各处缝隙封严堵实。

(2) 混凝土浇筑施工

1) 砌模墙体及钢筋铺设经检验合格后方可浇筑墙体混凝土，并应通知质检和监理人员旁站监督混凝土浇筑。

2) 混凝土应在拌成 1h 内浇筑。

3) 墙体浇筑点水平间距不大于 1m。

4）分层浇筑高度宜不大于1.4m，第一层可浇至与窗下口平齐。以上部分可分成一次或两次浇筑，但分层处不得设在网格墙横梁断面内。

5）在一个施工流水段内，浇筑高度应同步进行。砌模墙体内宜实行混凝土定量浇灌。并设专人检查混凝土水平流动，对有墙体崩模、跑浆处，应及时采取封堵措施。

6）混凝土墙体浇筑一般不用振捣。但发现混凝土流动不良或组合柱等钢筋密集处可用钢钎或小号振捣棒振实。

7）分层浇筑的时间应控制在下层混凝土初凝前进行。

8）墙体内混凝土浇筑后可不必进行喷水养护。

9）圈梁楼板混凝土浇筑及养护同普通钢筋混凝土施工。

10）常温下圈梁与楼板混凝土浇筑应在墙体混凝土达到设计强度50%后浇筑，楼板施工需满堂支模。采用装配整体式楼板需硬架支模。

5. 水、电管线安装及墙面施工

(1) 主体结构完成，并经监理、设计验收合格后方可实施

(2) 水、电管线安装

1）主体结构完成，并验收合格后方可实施。

2）水暖、消防、电器、箱体、管件在墙体预留的孔洞内安装，利用预埋件或膨胀螺栓与混凝土墙体固定，箱体背后采用砌保温板或钢丝网片抹聚合物水泥砂浆处理。

3）对直径小于30mm的暗管线，在墙面弹出安装线，依线剔槽并用管卡子、胀栓固定牢固，并用1∶3水泥砂浆填实、找平。

(3) 墙体面层施工应符合下列要求

1）墙体预埋管件全部完成并验收合格后方可实施；

2）面层施工前应检测墙体外观尺寸，超出允许偏差时应先行修整；

3）门窗洞口处应采用聚合物砂浆粘贴玻纤布包角（玻纤布宽度300～400mm），门窗洞口四角沿45°方向应采用聚合物砂浆粘贴玻纤布条（玻纤布规格为100mm×400mm）；

4）提高抹灰层粘接性能可将水泥胶浆均匀甩在墙面上进行毛化处理，胶浆疙瘩应均匀牢固，或喷刷界面剂；

5）在门窗口角、墙垛、墙面等处吊垂直、套方、抹灰饼定基准；

6）内外墙底层可采用下述做法：采用掺有抗裂剂的灰砂比为1∶4的水泥砂浆，底灰厚度为5～7mm，并分层与所贴灰饼抹平，并用木杠刮平、找直，木抹搓毛；

7）内墙面层可采用下述做法：底层砂浆充分硬化（不少于7d）后进行，用水淋湿墙面后抹防裂砂浆，厚度在3mm左右，用钢抹压光。

8）外墙面层可采用下述做法：

① 外墙喷刷涂料：用水淋湿墙面，胶浆粘贴玻纤网布（网布搭接宽度不小于100mm），抹3mm厚聚合物抗裂砂浆，并压入玻纤网布内，抹平、压光，表面刮涂防水腻子，分格缝嵌入建筑密封膏后刷外墙涂料；

② 外墙粘贴面砖：用水淋湿墙面阴干后，采用专用粘接剂，厚度10mm左右，粘贴面砖（大面积粘贴前，应进行面砖粘贴强度和拉拔试验），外墙分格缝嵌入建筑密封膏。

(4) 浴厕、女儿墙防水施工应符合下列要求

1）应先涂界面剂，抹5～7mm厚掺有抗裂剂的1∶4的水泥砂浆底灰，上抹3mm厚

聚合物水泥砂浆，砂浆层基本干透后方可做防水层，面层做法可按北京地区浴厕防水做法的有关规定操作。

2）防水层应作闭水试验，合格后方可继续下道工序。

6. 冬期、雨期及大风天施工

（1）冬期施工应符合下列要求

1）室外日平均气温连续5d低于5℃时应为冬期施工；

2）不得使用雪水浸透后受冻的砌模，砌筑前应清除表面冰雪等物；

3）应采用普通硅酸盐水泥配置砂浆，砂浆所用的砂内不得含有冰块；

4）搅拌混凝土时可掺入防冻剂，掺量需经试验确定，不得随意变动；

5）拌合用水温度不得超过80℃；

6）砂浆和混凝土拌制后应及时砌筑和浇筑，防止冻结；

7）气温低于－10℃时不得砌筑墙体和浇筑混凝土。

（2）雨期施工应符合下列要求

1）砌模不应贴地堆放，应采取防雨措施，应严格控制砌模的相对含水率；

2）降雨量较大时应停止砌筑并应对砌筑墙体采取遮雨措施，防止雨水浸入墙体，继续施工时应复核墙体的垂直度。

（3）大风时施工应符合下列要求

1）浇筑混凝土应在起重机作业时的风速、风力限定条件下进行；

2）施工现场超过6级风时，不得砌筑砌模；

3）施工现场达到6级风时，没有浇筑混凝土的砌模墙体、且砌筑高度达到1m时应采取临时支撑措施：在长墙两侧（特别在内墙处）、顶部可用脚手架管或木方水平贯通加固；水平加固杆件，每隔3m应用支撑与地面或脚手架固定；窗间墙或组合柱等竖向部位也应采取支撑措施；

4）大面积施工时，应事先准备防风支撑工具以备用。

7. 施工安全措施

（1）工程施工应遵守国家有关的各项安全法规和规程。

（2）砌模垂直运输时应码放在专用铁笼内吊运；采用集装托板吊运时，托板四周必须设有安全网罩，并与托板有可靠连接，严防砌模从空中坠落。

（3）砌筑砌模墙体或浇筑混凝土时，不得站在墙上操作，并应有相应的安全防护措施。

（4）浇筑混凝土时，灰斗就位、浇筑必须有专人指挥。

3.1.4 310节能装饰承重砌块的应用技术

1. 材料及相关技术要求

（1）310节能保温砌块材料

310节能砌块是集承重、保温、装饰于一体的新型墙体材料。

310节能砌块的主要规格为390mm×310mm×190mm，其主要原料为砂子、水泥、石子、聚苯板、金属拉钩和无机颜料。从功能上分为内墙承重部分、外墙装饰部分和中间保温部分，由金属连接件将这三部分连接为一体。

节能保温砌块性能见表3-12。

节能砌块性能表 表3-12

序号	项目	单位	数据
1	砌块规格	mm	390×310×190
2	抗压强度	MPa	≥10.0
3	抗折强度	MPa	≥1.60
4	砌块重量	kg/块	25
5	砌块密度	kg/m^3	≤1200
6	砌块抗渗性	mm	≤10
7	抗冻强度损失	%	≤16.8
8	传热系数	$W/(m^2 \cdot K)$	0.6
9	空气隔声系数	dB	≥50
10	聚苯板质量	kg/m^3	≥20

(2) 场地要求

混凝土砌块堆放场地应夯实并便于排水。混凝土砌块不得任意倾卸和抛掷，不宜贴地堆放，须按规格强度等级分别堆放，使用之前严禁浇水淋湿砌块。混凝土砌块应按设计的强度等级和施工进度要求，分层配套运入施工现场，并按以下规定妥善堆放：混凝土砌块堆放高度不宜超过1.6m，当采用集装箱或集装托板时，其叠放高度不宜超过两箱或两格(每格6皮混凝土砌块)。

(3) 相关材料要求

1) 砂浆。混凝土砌块应采用黏聚性和保水性好，强度较高的专用砂浆，砂浆的材料及性能要求应符合标准。

① 水泥：应有产品合格证，并按规定进行复试，确认合格后方可用。应根据砌筑砂浆强度等级选择水泥，一般采用32.5级或42.5级普通硅酸盐水泥或矿渣硅酸盐水泥。

② 石灰膏：生石灰熟化成石灰膏时，应用孔径不大于3mm的筛网过滤，熟化时间不得少于7d。贮的石灰膏应防止干燥、冻结和污染。严禁使用脱水硬化的石灰膏，石灰膏如遭冻结应融化后再使用。

③ 外加剂、掺合料：砌筑砂浆中使用的外加剂和掺合料的品质应符合国家现行标准的要求，并经过砂浆的试配，性能合格后方可使用。

④ 砂：宜采用中砂或细砂，含泥量不得超过3%，不得含植物根茎等杂物。

⑤ 水：不含有害物质的纯净水。

⑥ 砂浆：北京地区采用的砂浆强度等级为M15、M10、M7.5、M5。砂浆配合比应根据设计的强度等级经试验确定，并应按重量比配配制，采用机械搅拌。砂浆应有良好的和易性和保水性，稠度宜为700～750mm，分层度不宜大于20mm。室内地面以下的砌体，应用水泥砂浆砌筑；室内地面以下的砌体应用水泥混合砂浆砌筑。水泥砂浆和水泥混合砂浆应分别在拌成后3h后4h内用完；施工期间最高气温超过30℃时，必须在2和3h内用完。砂浆随用随拌，在砌筑前如出现泌水现象，应重新拌合。对有抗渗要求的砌体，

应采用具有抗渗性的砂浆砌筑。

为保证混凝土砌块的砌筑质量，应积极研制并优先采用一定强度等级的专用砌筑砂浆。

2）芯柱混凝土。

① 水泥：宜采用32.5级（或42.5级）硅酸盐或普通硅酸盐水泥。

② 石子：碎石或卵石，粒径5～12mm，颗粒级配，针片状颗粒含量、含泥量、泥块含量等指标应符合有关规定要求。

③ 砂：宜采用中砂或粗砂。

④ 水：不含有害物质的纯净水。

⑤ 外加剂、掺合料：混凝土使用的外加剂和掺合料的品质应符合国家现行标准的要求，并经过混凝土试配性能合格方可使用。

⑥ 混凝土：宜采用流态混凝土，坍落度不小于200mm，要求硬化时微膨胀与砌块内壁结合好，无缝隙。混凝土配合比应根据设计的强度经试验确定，并应按重量比配制，采用机械搅拌。

为保证钢筋混凝土芯柱的施工质量，应积极研制并优先采用一定强度等级的专用芯柱混凝土。

灌孔混凝土的强度等级：C40、C35、C30、C25、C20，要求为砌体强度等级的2倍，不应低于1.5倍的砌块强度等级。

3）网片。对非盲孔砌筑的砌体，其所用拉结钢筋和钢筋网片应作镀锌或磷酸乙三脂防锈处理，优先采用专业化生产的经防锈处理的平焊钢筋网片。砌体中的加强钢筋网片和拉结钢筋，应按设计要求埋设在灰缝砂浆层中，其连接部位的搭接长度须大于$30d$。

(4) 校核放线立数杆：

基础施工前，应用钢尺校核房屋的放线尺寸其允许偏差不应超过规定的尺寸，L为长度，B为宽度：

$L(B)<30$　　偏差小于5

$60<L(B)\leqslant 90$　　偏差小于15

$30<L(B)\leqslant 60$　　偏差小于10

$L(B)>90$　　偏差小于20

砌筑前，应在墙体的阴、阳角处立好皮数杆，皮数杆的间距不宜大于6m。皮数杆应标志砌块的皮数、灰缝的厚度以及窗门洞口、过梁、圈梁和楼板等部位的位置。

(5) 排块及控制缝

墙体施工前，必须根据设计图上的门窗、过梁和芯柱的位置及楼层标高、砌筑尺寸和灰缝厚度等编制砌块排列图，并应尽量采用主规格砌块。

合理设置控制缝，当砌筑直墙体的长度大于15m时应设置控制缝，控制缝的设置长度宜为7～12m，控制缝应设置在窗洞口角处或墙中，竖向设置，填缝材料应符合设计规定。

2. 墙体施工技术和相关工程做法

(1) 砌筑条件及要求

砌筑底层墙体前，应对基础质量进行检查和验收，符合要求后方可进行墙体排块施工，排块时应从砌筑物的转角顺时针或逆时针排列，形成一个闭合的整体，第二皮砌块对孔错缝，奇数皮同第一皮的排列，偶数皮同第二皮的排列，即完成整个建筑物的排块。

一栋楼应采用同一混凝土砌块生产厂的产品，混砌也应该采用与小砌块材料强度等级的预制混凝土块。因为小砌块是混凝土制成的薄壁空心墙体材料，块体强度与黏土砖等其他墙体材料不等强，而且两者间的线膨胀值也不一致。混砌材料强度不同，容易引起砌体裂缝，影响砌体强度。遇下雨、大风和平均气温低于5℃时应停止施工。

(2) 砌筑规则

1) 砂浆铺面做法灰缝要求。

① 灰缝应做到横平竖直，水平灰缝的砂浆饱满度不得低于90%，竖缝两侧的砌体块均应两边挂灰，砂浆饱满度不得低于90%，不得出现瞎缝、透明缝。

② 砌筑时，铺灰长度不得超过400mm（即两个主规格砌块长度）；严禁用水冲浆灌缝，也不得采用以石子、木楔等物塞灰缝的操作方法。

③ 砌体水平灰缝的厚度和垂直灰缝的宽度应控制在8～12mm。

④ 砌筑时宜以原浆压缝，随砌随压，深度不大于3mm，并要求平整密实。

2) 砌筑顺序要求。

① 内、外墙应用时砌筑纵横墙应交错搭接。墙体的临时间断处必须砌成斜槎，斜槎长度不应小于高度的2/3。严禁留直槎，不利于房屋抗震。

② 按先下后上顺序，先基础后主体。在砌完每一个楼层后，应校核墙体的轴线尺寸和标高。对允许范围内的轴线和标高偏差，可在楼板面上予以校正。

3) 楼板、梁与墙体的搭接。

① 楼板支撑处如无圈梁时，板下宜用C20混凝土填实一皮砌块。现浇混凝土圈梁下的一皮混凝土砌块须用上口封闭砌块或采用其他封闭措施。

② 梁端支承处的砌体，应根据设计要求用C20混凝土填实部分砌体孔洞。如设计无规定，则填实宽度不应小于400mm，高度不应小于190mm。安装预制梁和板时，必须坐浆垫平。

(3) 圈梁和过梁以及门窗洞口的做法

固定圈梁、挑梁等构件侧模的水平拉杆、扁铁或螺栓应从小砌块灰缝中预留4ϕ10孔穿入，不得在小砌块块体上打凿安装洞。内墙可利用侧砌的小砌块孔洞进行支模，模板拆除后应采用C20混凝土将孔洞填实。

安装预制梁、板时，必须先找平后灌浆，不得干铺。预制楼板安装也可采用硬架支模法施工。

窗台梁两端伸入墙内的支承部位应预留孔洞。孔洞口的大小、部位和上下皮小砌块孔洞，应保证门窗洞两侧的芯柱竖向贯通。

木门窗框与小砌块墙体两侧连接处的上、中、下部位应砌入埋有沥青木砖的小砌块(190mm×190mm×190mm)或实心小砌块，并用铁钉、射钉或膨胀螺栓固定。

门窗洞口两侧的小砌块孔洞灌填C20混凝土后，其门窗与墙体的连接方法可按实心混凝土墙体施工。

圈梁施工时，在底面无芯柱处，应先铺钢丝网或钢板网封住砌块孔洞，再设置圈梁钢筋。

(4) 网片及拉结筋设置

单排孔小砌块孔肋对齐、错缝对孔。主要保证墙体竖向直接性，避免产生竖向裂缝，影响砌体强度。不能对孔时允许最小搭接长度不小于90mm，即主规格小砌块块长的1/4。不能满足时，应在此水平灰缝中设 $\phi 4$ 点焊网片（不宜搭焊），网片两端延长度距垂直灰缝的距离不得小于300mm。

砌体中的加强钢筋网片和拉结钢筋，应按设计要求埋设在灰缝砂浆层中，其连接部位的搭接长度须大于 $30d$。

拉结筋柱与砌体用 $\phi 6$ 拉结筋拉结，拉结形式有胀锚螺栓、预埋铁件、贴模箍、预埋钢筋或按设计，竖向间距宜为400mm，伸入墙的长度不应小于700mm或伸至洞口边。

(5) 芯柱、管线敷设施工

1) 钢筋混凝土芯柱施工。在楼面砌筑第一皮小砌块时，在芯柱部位，应用开口砌块砌出操作孔（即清扫口），在操作孔侧面宜预留连通孔，在砌块砌筑时，随时刮平芯柱孔洞内凸出的砂浆，浇灌混凝土前，将芯柱孔洞内的垃圾、砂浆和杂物从其下端的开口砌块的清扫口清除出来并用水冲洗。校正钢筋位置并绑扎或焊接固定后，浇水湿润方可浇灌混凝土。

底层芯柱的钢筋宜与基础或基础圈梁的预埋钢筋的搭接，每个楼层的芯柱宜采用整根的钢筋，上下楼层间的钢筋可在圈梁的上部搭接，也可在楼板面搭接，搭接长度不可小于 $45d$，芯柱部位保证芯孔贯通。

砌完1.4m高度后，应连续浇灌芯柱混凝土，，每浇灌400～500mm高度捣实一次或边浇灌边捣实。芯柱混凝土宜采用高性能流态混凝土，每楼层每根芯柱的混凝土分2～3段连续浇灌振动密实。若混凝土坍落度大于200mm可一次浇灌，分2～3段振动密实。

芯柱与圈梁或现浇混凝土带应整体现浇，如采用槽型小砌块作圈梁模壳时，其底部必须留出芯柱通过的孔洞，芯柱所处的每层楼板应留口或浇一条现浇板带。

芯柱混凝土应在砌完一个楼层高度的墙体后，而且砌筑砂浆强度平均值不小于1.0MPa时，方可浇灌。浇灌后的芯柱面应低于最上一皮混凝土砌块表面30～50mm。

芯柱施工时实行混凝土定量浇灌，并设专人检查混凝土灌入量认可后方可继续施工。

2) 管线的敷设和预埋件设置。对设计规定或施工所需的孔洞、沟槽和预埋件等，应在砌筑时进行预留或预埋，不得在已砌筑的墙体上打洞和凿槽。

照明、电信、闭路电视等线路可采用内穿12号钢丝的白色增强塑料管，水平管线宜预埋于专供水平管的实心带凹槽小砌块内，也可敷设在圈梁模板内侧或现浇混凝土板中。竖向管线应随墙体砌筑埋设在小砌块孔洞内；管线出口内应用U型小砌块竖砌，内埋开关、插座或焊接盒等配件，四周用水泥砂浆填实。冷、热水平管可采用实心带凹槽的小砌块进行敷设；立管宜安装在E字型小砌块中的一个开口孔洞中，待管道试水验收合格后，采用C20混凝土浇灌封闭。

安装后的管道表面应低于墙面4～5mm，并与墙体卡牢固定，不得有松动、反弹现象。浇水湿润后用1∶2水泥砂浆填实封闭，外设10mm×310mm的 $\phi 0.5$～0.8钢丝网，网宽应跨过槽口，每边不得小于80mm。

对设计规定或施工所需的孔洞、管道、沟槽和预埋件等，必须在砌筑时预留或预埋。如果有已砌筑的墙体上打孔洞时，其砂浆强度应超过设计值的70%，并应采用小型机具施工，防止冲击、振动。

预埋电线管应随砌随埋设，电线管从混凝土砌块孔内穿过，接线盒和开关盒可嵌埋于U形砌块或预制的留口砌块内，然后用水泥砂浆填实窝牢。

（6）抹灰、勾缝

1）抹灰施工条件及做法。外墙面或内墙面为混水墙时，须在砌体砌筑30d后方可进行抹灰，抹灰厚度要均匀，一般以12mm为佳，宜分两次抹灰。外墙面抹灰应做分隔缝，分块面积不得大于15m²。抹灰后喷水养护时间不得少于3d。若混水墙面平整度好，外墙刮防水腻子，内墙刮普通腻子找平。

在进行内外墙抹灰前，应清理砌块表面浮灰、杂物，用水泥砂浆填塞孔洞及水电管槽或梁、柱、板和砌体之间的缝隙，并在前一天浇水湿润用水泥浆或聚合物水泥浆作界面处理。

混凝土构配件与砌体相接处抹灰前，应在墙面铺钉金属网，接缝两侧金属网搭界处抹灰前，应在墙面铺钉金属网，接缝两侧金属网搭接宽度不应小于100mm。

2）勾缝做法。为确保工程质量，勾缝也是一项重要环节，内外墙勾缝起着不同的作用。

① 内墙勾缝：便于装修，内墙原浆勾缝，在砂浆达到“指纹硬化”时随即勾缝，要压密实平整，勾成平缝。墙体平整度、垂直度很好的情况下可以不再抹灰。

② 外墙勾缝：为防止外墙灰缝渗水，外墙可采用二次勾缝。

首先砌筑时按原浆勾缝，在砂浆达到“指纹硬化”时，把灰缝略勾深一些，留12mm的余量，灰缝要压密实，然后划出毛刺。

主体完工进行二次勾缝，勾缝前用喷壶把灰缝湿润，采用灰砂比为1∶1的水泥防水砂浆（采用细纱），内掺一定比例的防水粉或抗渗剂，勾成原缝，灰缝颜色由甲方设计确定。灰缝要求密实压光，保持光滑平整均匀，凹进4mm左右。

装饰混凝土砌块饰面墙体，应根据设计要求在现场砌筑一段样板墙，经建设、设计、施工三方确认后再正式施工。施工过程中要防止装饰墙面的污染。

3. 冬雨期施工及安全施工

（1）冬期施工

1）当室外日平均气温连续5d稳定低于5℃或气温骤然下降时，应及时采取冬期施工措施，当室外日平均气温连续5d高于5℃时应解除冬期施工。

注：1. 气温根据当地气象资料确定；

2. 冬期施工期限以外，当日最低气温低于−3℃时，也应根据本节的规定执行。

2）冬期施工所用的材料，应符合下列的规定：

① 不得使用浇过水或浸水后受冻的小砌块。

② 砌筑砂浆宜用普通硅酸盐水泥拌制。

③ 石灰膏、电石膏应防止受冻，如遭冻结，应融化后方可使用。

④ 砌筑砂浆和芯柱、构造柱混凝土所用的砂与粗骨料不得含有冰块和直径大于10mm的冻结块。

⑤ 拌合砌筑砂浆宜采用两步投料法。水的温度不得超过 80℃，砂的温度不得超过 40℃，砂浆稠度宜较常温适当减小。

⑥ 现场运输与储存砂浆应有冬期施工措施。

3）砌筑后，应及时用保温材料对新砌砌体进行覆盖，砌筑面不得留有砂浆。继续砌筑前，应清扫砌筑面。

4）冬期施工时，对低于 MU10 强度等级的砌筑砂浆，应比常温施工提高一级，且砂浆使用时的温度不应低于 5℃。

5）记录冬期砌筑的施工日记除按常规要求外，尚应记载室外空气温度，砌筑时砂浆温度、外加剂掺量以及其他有关材料。

6）芯柱和构造柱混凝土的冬期施工应按国家现行标准《建筑工程冬期施工规程》(JGJ 104—97) 和《混凝土结构工程施工质量验收规范》(GB 50204—2002) 中有关规定执行。

7）基土不冻胀时，基础可在冻结的地基上砌筑；基土有冻胀性时，必须在未冻的地基上砌筑。在基槽和基坑回填土前应采取防止地基遭受冻结的措施。

8）小砌块砌体不得采用冻结法施工。埋有未经防腐处理的钢筋（网片）的小砌块砌体不应采用掺氯盐砂浆法施工。

9）采用掺外加剂法时，其掺量应由实验确定，并应符合现行国家标准《混凝土外加剂应用技术规范》(GB 50119—2003) 的有关规定。

10）采用暖棚法施工时，小砌块和砂浆在砌筑时的温度不应低于 5℃，同时离所砌的结构底面 500mm 处的棚内温度也不应低于 5℃。

11）暖棚内的小砌块砌体养护时间，应根据暖棚内的温度按表 3-13 确定。

暖棚法小砌块砌体的养护时间 表 3-13

暖棚内温度(℃)	20	5	10	15
养护时间不小于(d)	3	6	5	4

(2) 雨期施工

1）雨期施工时，堆室外的小砌块应有覆盖设施。

2）雨期施工，混凝土砌块不应贴地堆放，应采取防雨措施，严格控制上墙混凝土砌块的相对含水率不大于 40%。

3）当降雨量为小雨及以上时，应停止砌筑。对已砌筑的墙体宜覆盖。继续施工时，应复核墙体的垂直度。

4）砌筑砂浆稠度应视实际情况适当减小，每日砌筑高度不宜超过 1.2m。

(3) 安全施工

1）小砌块墙体施工的安全技术要求必须遵守现行建筑工程安全技术标准的规定。

2）混凝土砌块垂直运输时，宜码放在专用铁笼内吊运，则托板四周必须设有安全网罩，并与托板可靠连接；严防混凝土砌块从空中坠落。

3）在楼面装卸和堆放混凝土砌块时，严禁倾卸和抛掷，并不得撞击楼板。

4）堆放在楼板上的混凝土砌块和砂浆施工荷载不得超过楼板的设计允许承载力，否则应对楼板采取加固措施。

5）砌筑小砌块或进行其他施工时，施工人员严禁站在墙上进行操作。

6）施工中，如需在砌筑中设置临时施工洞口，其洞边离交接处的墙面距离不得小于600mm，并应沿洞口两侧每400mm处设置4点焊网片及洞顶钢筋混凝土过梁。

4. 送检、验收

（1）混凝土砌块砌筑墙体的一般规定：

1）以下适用于普通混凝土小砌块和轻骨料混凝土小砌块工程的施工质量验收。

2）施工所使用的砌块的产品龄期不应小于28d，承重墙体严禁使用断裂小砌块，砌块砌筑时应底面朝上反砌于墙上。

3）砌筑时应清除表面污物和芯柱用砌块孔洞底部毛边，墙体应对孔错缝搭砌，搭接长度不应小于90mm，墙体个别部位不能满足搭接要求时，应在灰缝中设置拉结筋或钢筋网片，但竖向通缝不得超过两皮砌块。

4）施工时所使用的砂浆，宜选用专用砌块砌筑砂浆或按设计配比。普通混凝土砌块砌筑时严禁浇水或湿砌块上墙，在天气特别干燥炎热时可提前稍喷水湿润，轻骨料砌块砌筑时可提前浇水湿润。

5）底层室内地面以下或防潮层以下的砌体，应采用强度不低于C20的混凝土灌实砌块的孔洞。

6）浇筑芯柱的混凝土强度不应小于C20，其坍落度不应小于160mm，砌筑砂浆强度大于1MPa时方可浇筑芯柱混凝土，浇筑前应清理芯柱孔洞内的杂物并用水冲洗，注入适量与芯柱混凝土相同的去石砂浆，再分3～4次注入振捣。

（2）砌块的检验与砌筑墙体的验收

1）每一项目或工程必须使用同一厂家的砌块产品，每一万块抽检一组（每组3～5块），用于多层以上基础和底层的砌块抽检数量不应少于2组。砂浆试块的抽检数量应符合规范规定。

检验方法：查砌块和砂浆试块试验报告。

2）砌体水平灰缝和竖向灰缝的砂浆饱满度不得小于90%，不得出现瞎缝、透明缝。

抽检数量：每检验批不少于3处。

检验方法：用专用百格网检测砌块与砂浆粘结痕迹，每处检测3块砌块，取其平均值。

3）墙体转角处和纵横墙交接处应同时砌筑，临时间断处应砌成斜槎，斜槎的水平投影长度不应小于高度的2/3。

抽检数量：每检验批20%接槎，且不应少于5处。

检验方法：观察检查。

4）墙体的水平灰缝和竖向灰缝宜为10mm，不大于12mm且不小于8mm。

抽检数量：每层楼的检测点不应少于3处。

抽检方法：用尺量5皮砌块的高度和2m砌体长度折算。

5）砌筑墙体的一般尺寸偏差应符合规范规定。

砌体的允许偏差应符合表3-14的规定。

混凝土砌块砌体尺寸、位置的允许偏差　　表 3-14

序号	项目			允许偏差(mm)	检验方法
1	轴线位置偏移			10	用经纬仪或拉线和尺量检查
2	基础和墙砌体顶面标高			±15	用水准仪和尺量检查
3	垂直度	每层		5	用线锤和 2m 托线板检查
		全高	≤10m	10	用经纬仪或重锤挂线和尺量检查
			>10m	20	
4	表面平整度	清水墙柱		3	用 2m 靠尺和塞尺检查
		混水墙柱		5	
5	水平灰缝平直度	清水墙 10m 以内		7	用 10m 拉线和塞尺检查
		混水墙 10m 以内		10	
6	水平灰缝厚度(连续五皮砌块累计)			±10	与皮数杆比较,尺量检查
7	垂直灰缝宽度(水平方向连续五块累计)			±10	用尺量检查
8	门窗洞口(后塞口)	宽度		±5	用尺量检查
		高度		±5	
9	外墙上下窗口偏移			20	以低层窗口为准,用经纬仪或吊线检查

3.2 膨胀聚苯板薄抹灰外墙外保温系统施工技术

3.2.1 系统构造

以 EPS 板为保温材料，玻纤网格布增强抹面层和外饰面层为保护层，采用粘结方式固定，保护层厚度小于 6mm 的外墙保温系统。适用范围：由于聚苯板的绝热作用，本系统在冬期可起保温作用，在夏季可起隔热作用，因此在按设计需冬期保温和（或）夏季隔热的地区都可以使用）。根据以上对系统抗震性能的分析，在非地震区和地震区都可以使用。白蚁对聚苯板有侵蚀作用，因此应用于无白蚁灾害的地区。面层装饰材料宜为涂料的建筑；新建、改建、扩建和既有建筑的外墙。

EPS 板薄抹灰外墙外保温系统构造见表 3-15、表 3-16。

无锚栓薄抹灰外保温系统基本构造　　表 3-15

基层墙体①	系统的基本构造				构造示意图
	粘接层②	保温层③	薄抹灰增强防护层④	饰面层⑤	⑤ ④ ③ ② ①
混凝土墙体 各种砌体墙体	胶粘剂	膨胀聚苯板	抹面胶浆 复合 耐碱网布	涂料	

辅有锚栓的薄抹灰外保温系统基本构造 表 3-16

基层墙体①	系统的基本构造					构造示意图
	粘接层②	保温层③	连接件④	薄抹灰增强防护层⑤	饰面层⑥	⑥ ⑤ ④ ③ ② ①
混凝土墙体 各种砌体墙体	胶粘剂	膨胀聚苯板	锚栓	抹面胶浆 复合 耐碱网布	涂料	

3.2.2 系统材料要求

(1) 薄抹灰外墙外保温系统的性能指标，应符合表 3-17 的要求。

薄抹灰外保温系统的性能指标 表 3-17

试验项目		性能指标
吸水量(g/m²,浸水 24h)		≤1000
抗冲击强度(J)	普通型(P 型)	≥3.0
	加强型(Q 型)	≥10.0
抗风压值(kPa)		不小于工程项目的风荷载设计值
耐冻融		表面无裂纹、空鼓、起泡、剥离现象
水蒸气湿流密度[g/(m²·h)]		≥0.85
不透水性		试样防护层内侧无水渗透
耐候性		表面无裂纹、粉化、剥落现象

(2) 胶粘剂的性能指标应符合表 3-18 的要求。

胶粘剂的性能指标 表 3-18

试验项目		性能指标
拉伸粘接强度(MPa)(与水泥砂浆)	原强度	≥0.60
	耐水	≥0.40
拉伸粘接强度(MPa)(与膨胀聚苯板)	原强度	≥0.10,破坏界面在膨胀聚苯板上
	耐水	≥0.10,破坏界面在膨胀聚苯板上
可操作时间(h)		1.5~4.0

(3) 膨胀聚苯板应为阻燃型。其性能指标除应符合表 3-19、表 3-20 的要求外，还应符合《绝热用模塑聚乙烯泡沫塑料》(GB/T 10801.1—2002) 第Ⅱ类的其他要求。膨胀聚苯板出厂前应在自然条件下陈化 42d 或在 60℃蒸气中陈化 5d。

(4) 抹面胶浆的性能指标应符合表 3-21 的要求。

(5) 耐碱网布的主要性能指标应符合表 3-22 的要求。

膨胀聚苯板主要性能指标 表 3-19

试验项目	性能指标	试验项目	性能指标
导热系数[W/(m·K)]	≤0.041	垂直于板面方向的抗拉强度(MPa)	≥0.10
表观密度(kg/m³)	18.0～22.0	尺寸稳定性(%)	≤0.30

膨胀聚苯板允许偏差 表 3-20

试验项目		允许偏差	试验项目	允许偏差
厚度(mm)	≤50mm	±1.5	对角线差	±3.0
	>50mm	±2.0	板边平直(mm)	±2.0
长度(mm)		±2.0	板面平整度(mm)	±1.0
宽度(mm)		±1.0		

注：本表的允许偏差值以 1200mm×600mm 的膨胀聚苯板为基准。

抹面胶浆的性能指标 表 3-21

试验项目		性能指标
拉伸粘接强度(MPa)(与膨胀聚苯板)	原强度	≥0.10,破坏界面在膨胀聚苯板上
	耐水	≥0.10,破坏界面在膨胀聚苯板上
	耐冻融	≥0.10,破坏界面在膨胀聚苯板上
柔韧性	抗压强度/抗折强度(水泥基)	≤3.0
	开裂应变(非水泥基)(%)	≥1.5
可操作时间(h)		1.5～4.0

耐碱网布主要性能指标 表 3-22

试验项目	性能指标	试验项目	性能指标
单位面积质量(g/m²)	≥130	耐碱断裂强力保留率(经、纬向)(%)	≥50
耐碱断裂强力(经、纬向)(N/50mm)	≥750	断裂应变(经、纬向)(%)	≤5.0

(6) 金属螺钉应采用不锈钢或经过表面防腐处理的金属制成，塑料钉和带圆盘的塑料膨胀套管应采用聚酰胺（polyamide6、polyamide6.6）、聚乙烯（polyethylene）或聚丙烯（polypropylene）制成，制作塑料钉和塑料套管的材料不得使用回收的再生材料。锚栓有效锚固深度不小于 25mm，塑料圆盘直径不小于 50mm。其技术性能指标应符合表 3-23 的要求。

锚栓技术性能指标 表 3-23

试验项目	技术指标
单个锚栓抗拉承载力标准值(kN)	≥0.30
单个锚栓对系统传热增加值[W/(m²·K)]	≤0.004

涂料必须与薄抹灰外保温系统相容，其性能指标应符合外墙建筑涂料的相关标准。

在薄抹灰外保温系统中所采用的附件，包括密封膏、密封条、包角条、包边条、盖口条等应分别符合相应的产品标准的要求。

3.2.3 工艺要求

基层处理→粘贴或锚固聚苯板→聚苯板表面扫毛→薄抹一层抹面胶浆→

贴压玻纤网布→细部处理和加贴玻纤网布→抹面胶浆找平→面层涂饰工程

3.2.4 施工环境要求

（1）施工环境空气温度和基层墙体表面温度不小于5℃；风力不大于5级。

（2）施工现场应具备通电、通水施工条件，并保持清洁的工作环境；

（3）外墙和外门窗口施工及验收完毕（门窗框已安装就位）；

（4）冬期施工时，应采取适当的保护措施。

（5）夏期施工时，应避免阳光晒。必要时，可在施工脚手架上搭设防晒布，遮挡施工墙面；

（6）雨天施工时，应采取有效措施，防止雨水冲刷墙面；

（7）系统在施工过程中，应采用必要的保护措施，防止施工墙面受到污损，待建筑泛水、密封膏等构造细部按设计要求施工完毕后，方可拆除保护物。

3.2.5 主要施工要点

1. 基层墙体的处理

（1）基层墙体必须清理干净，墙面应无油、灰尘、污垢、隔离剂、风化物、涂料、蜡、防水剂、潮气、霜、泥土等污染物或其他有碍粘结的材料，并应剔除墙面的凸出物，再用水冲洗墙面，使之清洁平整。

（2）清除基层墙体中松动或风化的部分，用水泥砂浆填充后找平。

（3）基层墙体的表面平整度不符合要求时，可采用1∶3水泥砂浆找平。

（4）既有建筑进行保温改造时，应彻底清除原有外墙饰面层，露出基层墙体表面，并按上述方法进行处理。

（5）基层墙体处理完毕后，应将墙面略微湿润，以备进行粘贴聚苯板工序的施工。

2. 粘贴聚苯板

（1）根据设计图纸的要求，在经平整处理的外墙面上沿散水标高用墨线弹出散水水平线；当需设置系统变形缝时，应在墙面相应位置弹出变形缝及其宽度线，标出聚苯板的粘贴位置。

（2）粘贴聚苯板可以采用以下两种方法：

1）点粘法。沿聚苯板的周边用不锈钢抹子涂抹配制好的粘结胶浆，浆带宽50mm，厚10mm。当采用标准尺寸的聚苯板时，尚应在板面的中间部位均匀布置8个粘结胶浆点，每点直径为100mm，浆厚10mm，中心距200mm。当采用非标准尺寸的聚苯板时，板面中间部位涂抹的粘结胶浆一般不多于6个点，但也不少于4个点。点粘法粘结胶浆的涂抹面积与聚苯板板面面积之比不得小于1/3，见图3-8。

2）条粘法。在聚苯板的背面全涂上粘结胶浆（即粘结胶浆的涂抹面积与聚苯板板面面积之比为100%），然后将专用的锯齿抹子紧压聚苯板板面，并保持成45°，刮除锯齿间多余的粘结胶浆，使聚苯板面留有若干条宽为10mm，厚度为13mm，中心距为40mm且平行于聚苯板长边的浆带，见图3-9。

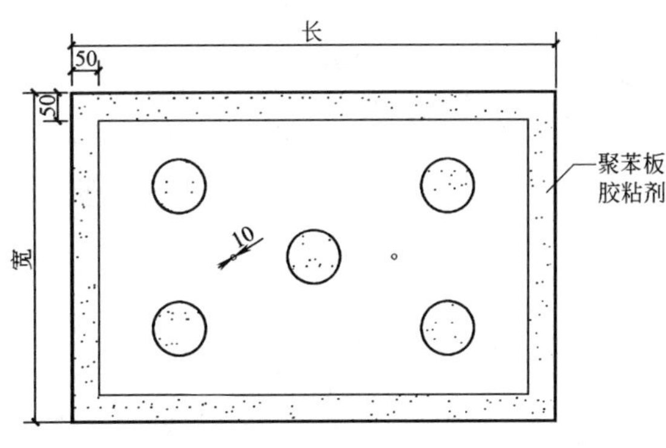

图 3-8 封闭框粘聚苯板示意图

图 3-9 条粘聚苯板示意图

(3) 聚苯板抹完粘结胶浆后，应立即将板平贴在基层墙体墙面上滑动就位。粘贴时动作应轻柔、均匀挤压。为了保持墙面的平整度，应随时用一根长度超过 2.0m 的靠尺进行压平操作。

(4) 聚苯板应由建筑外墙勒脚部位开始，自下而上，沿水平方向横向铺设，每排板应互相错缝 1/2 板长，见图 3-10。

(5) 聚苯板贴牢后，应随时用专用的搓抹子将板边的不平处搓平，尽量减少板与板间的高差接缝。当板缝间隙大于 1.6mm 时，则应切割聚苯板条将缝填实后磨平。

(6) 在外墙转角部位，上下排聚苯板间的竖向接缝应为垂直交错连接，保证转角处板材安装的垂直度，并将标有厂名的板边露在外侧，见图 3-11。

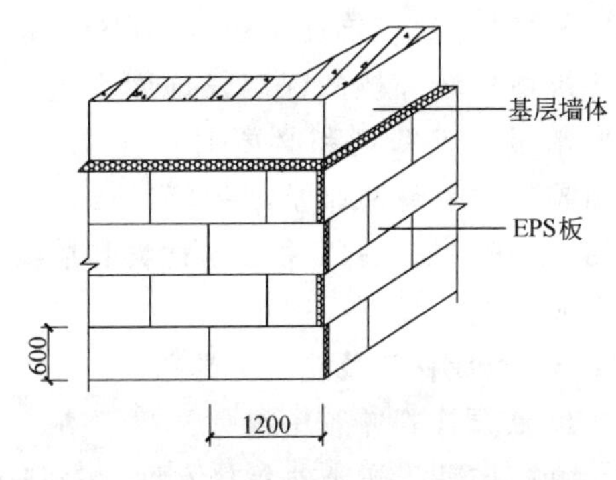

图 3-10 EPS 板排板图

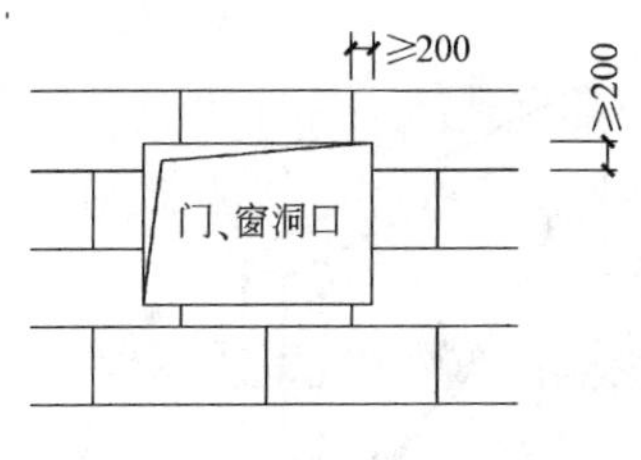

图 3-11 门窗洞口 EPS 板排列

(7) 粘贴上墙后的聚苯板应用粗砂纸磨平，然后再将整个聚苯板面打磨一遍。打磨时散落的碎屑粉尘应随时用刷子、扫把或压缩空气清理干净，操作工人应带防护面具。

3. 薄抹一层抹面胶浆

(1) 涂抹抹面胶浆前，应先检查聚苯板是否干燥，表面是否平整，去除板面的有害物质、杂质或表面变质部分，并用细麻面的木抹子将聚苯板表面扫毛，扫净聚苯浮屑。

(2) 薄抹一层抹面胶浆。

4. 贴压玻纤网布

(1) 在一薄层抹面胶浆上从上而下铺贴标准玻纤网布；

(2) 平整、不皱折，网布对接，用木抹子将网布压入抹面胶浆内；

(3) 对于设计切成V形或U形分格缝，网布不应切断，将网布压入V形或U形分格缝内，用抹面胶浆在表面做成V形或U形缝。

5. 细部处理和加贴玻纤网布

见《外墙外保温建筑构造（一）》(02J121—1)：

(1) 首层墙体构造及墙角 A3；

(2) 二层及二层以上墙体构造及墙角 A4；

(3) 勒脚 A6；

(4) 女儿墙和挑檐 A7；

(5) 窗口 A8～A10；

(6) 阳台 A11～A12；

(7) 墙身变形缝 A13～A14；

(8) 线脚、分格缝、伸缩缝、空调机搁板 A15。

6. 抹面胶浆找平

贴压网布后用抹面胶浆在网布表面薄薄抹一层找平。

7. 面层涂饰工程

按《建筑装饰装修工程质量验收规范》(GB 50210—2001) 中第10章"涂饰工程"的要求施工验收。

附1 国外膨胀聚苯板薄抹灰外墙外保温系统施工技术

附1.1 膨胀聚苯板薄抹灰外墙外保温系统的组成

膨胀聚苯板薄抹灰外墙外保温系统是一种PB类型外保温及饰面系统（EIFS)，是置于建筑物外墙外侧的保温及饰面系统，是由聚苯板、胶粘剂和必要时使用的锚栓、抹面胶浆和耐碱网布及涂料等组成的系统产品。一般由图3-12中所示材料和层次组合而成。

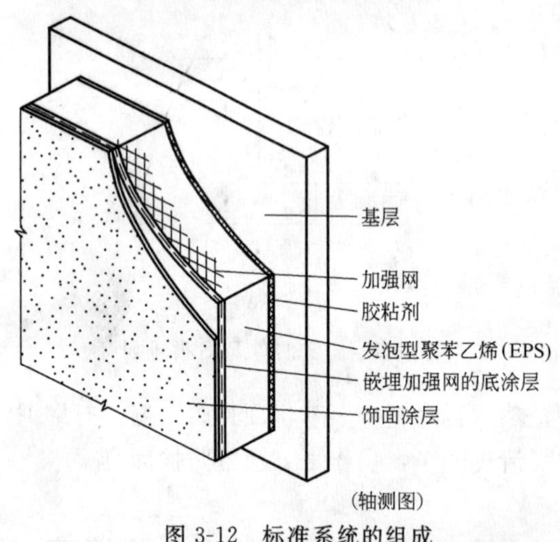

图3-12 标准系统的组成

附1.2 组成材料及施工工具

1. 底层涂料兼胶粘剂

(1) 水泥：普通硅酸盐水泥，32.5或42.5级。可用作底层涂料，用于EPS组成材料板表面；用作砖石结构找平材料；用作胶粘剂，用于EPS与砖石结构及混凝土基层粘结。

(2) 干粉水泥：工厂预混合的水泥是干粉产品，只需加水拌合即可使用。可用作底层涂料，用于EPS和聚氨酯保温板表面；可用作砖石结构找平材料；用作胶粘剂，用于EPS与砖石结构、石膏板及纤维面石膏板粘结。

(3) 合成胶粘剂：只需搅拌即可使用的聚合物基产品。可用作底层涂料，用于EPS保温板表面；用作胶粘剂，用于EPS与石膏板及纤维面石膏板粘结。

(4) 胶粘剂：只需搅拌即可使用的聚合物基产品。只用作胶粘剂，用于EPS与木质板材、石膏板及纤维面石膏板粘结。

(5) 封底涂料：与30%的水（体积比）混合。建议在施涂之前在水泥底涂层上施涂，作为颜色打底。用作界面胶粘剂可改善面涂层的防水性、颜色一致性、易操作性和遮盖率。

2. 加强网

(1) 标准网：聚合物乳液涂覆耐碱玻璃纤维加强网。用途是埋入标准系统底涂层中，满足典型使用要求。

(2) 超高冲击网：超高抗拉强度玻璃纤维网。用途是在铺贴标准网之前埋入第一层底涂层中，用于墙体需要最高抗冲击的部位。

(3) 局部网：高韧性加强网。用途是用于背面反包和制作特殊形状或造型。

(4) 角部加强网：经过专门折叠的粗壮型高抗拉强度网。用途是埋入底涂层中，只用于外角。

(5) 中强网：高抗拉强度网。用途是在铺贴标准网之前埋入第一层底涂层中。用于墙体中需要更好抗冲击性的部位。

3. 附件

(1) 密封条：预压缩的泡沫塑料条。用途是用于EPS与门窗边框或其他端头间的周边密封以替代传统的背面反包技术（在适合的场合）。

(2) 包边条：高质量的PVC塑料条。用于端头以取代传统的背面反包技术（如伸缩缝、整平地面端头和门窗等处）。

4. 其他材料和工具

(1) EPS板：应保证施工中使用的发泡型聚苯乙烯保温板附有火焰蔓延和发烟量数据，并符合ASTMC～578对Ⅰ型模压成型聚苯乙烯泡沫塑料的规定。聚苯板应老化处理至少6周，最大使用尺寸为610mm×1220mm，最小厚度为19mm。为检验EPS板，将一小块EPS折成两半，立即闻一下气味。如果有明显的溶剂气味，这些板就不能使用。

(2) 水泥：水泥是底层涂料兼胶粘剂，水泥质量符合标准要求。

(3) 搅拌设备：使用13mm卡头，6～8安培电机，400～500转/min的电钻。搅拌器应为不锈钢2浆分散搅拌器或类似设备。

(4) 抹灰工通用工具：通常有抹灰板，勺子，不锈钢抹子，塑料抹子，打磨板，修边抹子，角抹子等，开槽工具和用于涂胶粘剂的槽口抹子。

为了得到最佳粘结性能和涂胶面积，一般用的抹子有不锈钢抹子；对于砌筑墙和混凝土基层，干粉胶粘剂使用16mm（5/8″）槽口抹子；对于板材基层，干粉胶粘剂使用8mm（5/16″）槽口抹子，见图3-13。

(5) 其他工具：多用刀，卷尺，涂料滚子和托板（用于封底涂料），台称，称料斗，电线，EPS锯，盖布，胶纸带等。

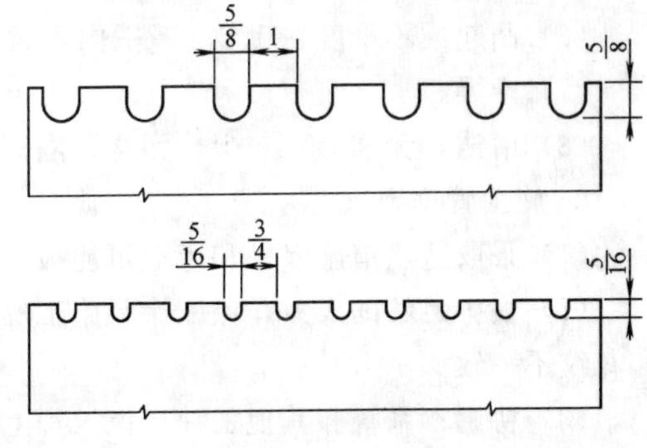

图3-13 抹子外形图

5. 材料产品保存

(1) 进场的所有产品都应存放在清洁、干燥的环境中，避免日晒。存放温度应在13～29℃之间。

(2) 材料（桶装的）和干粉材料在上述条件下存放期约为1年。

(3) EPS板和包边条应平放。立放可能导致这些材料翘曲。

(4) 加强网应立放。平放可能使网变得在铺贴时不易操作。

(5) 密封条是在预压缩状态下制成的，要避免使密封条处于过热条件下，否则会造成密封条膨胀。

附1.3　施工条件

1. 环境条件

(1) 标准系统底层涂料兼胶粘剂、封底涂料、面层涂料和其他涂料施工期间环境气温应至少在4℃以上。

(2) 基层表面温度在4℃或4℃以下时不要进行标准系统底层涂料兼胶粘剂、封底涂料、面层涂料和其他涂料施工。

(3) 要对系统采取可靠的保护措施，在不利的天气下或不利天气即将来临时不要进行标准系统底层涂料兼胶粘剂、封底涂料、面层涂料和其他涂料施工。

(4) 在标准系统底涂层兼胶粘剂和面涂层施土后24h内环境气温必须保持在4℃或4℃以上。需要时还应更长，直至涂层完全干燥。

(5) 标准系统各涂层施涂后应立即采取防雨保护措施，直至所有密封膏和防雨板安装完毕。

注：底层涂料兼胶粘剂、面层涂料和其他涂料是水基丙烯酸产品，符合以上条件是必不可少的。湿度、风、寒冷、炎热、雨等都会影响涂料的和易性和干燥。当条件许可时，可能有必要用帐篷和（或）帆布遮盖并采取辅助加热措施来保证这些条件。

2. 基层条件

需对基层进行核查，基层应符合下列要求：

(1) 坚实，没有损坏。

(2) 在框架上的安装和定位正确。

(3) 固定正确、牢固。

(4) 表面无任何碎屑和疏松。

(5) 除安装要求的缝隙外无任何其他缝隙或空洞。木质板材板间需留出3mm缝隙。

(6) 凸起或不平度在1.2m范围内不大于6mm。

(7) 干燥。

(8) 清洁，无油污、灰尘、污物、隔离剂、涂料、蜡、水、霜等异物。

3. 施工管理要求

(1) 采取适当措施保护和遮盖可能被施工玷污的相邻结构材料。

(2) 安排足够的人力，保证涂料施工的连续作业，避免冷缝、翻脚手架造成的分界线和花纹不一致。

(3) 协调本系统和其他工种在该工程上的施工安排。

(4) 施工前现场应搭好脚手架并准备好其他必要设备。

(5) 有电动工具所需的电源进线。

(6) 在系统的材料拌合处有清洁的饮用水管路。

附 1.4 施工要点

1. 系统的起端和终端做法

在大多数情况下，系统是从墙体底部水平基线处开始做起。然而在对施工进行筹划时，注意力应特别集中在系统所有的中断点及终端等处。根据所设计的详图和规定，必须重点考虑以下部位：

① 门窗的周边。

② 墙的顶部（屋顶线）。

③ 墙底部（整平地面或铺筑地面）。

④ 穿墙管线（排水孔、固定装置、出口等）。

⑤ 装饰造型。

⑥ 伸缩缝。

⑦ 不同种材料的结合处。

在以上这些部位，保温板边缘必须被保护和（或）密封，避免受气候因素侵袭。保护系统端头的做法，一般以下四种方法：背面反包、包边、包边条和密封条。

(1) 背面反包

背面反包是包封保温板边缘的传统方法，就是保温板边缘被完全包在网加强底涂层中（图 3-14）。开始做背面反包时，将 23.5cm 宽的局部网纵长方向沿水平或垂直基线安装，使网搭接在保温板背面的宽度至少为 6.5cm。局部网可用胶粘剂粘贴，也可采用机械固定方式用防腐 U 形钉或钉子将网固定在板材基层上（图 3-15 和图 3-16）。

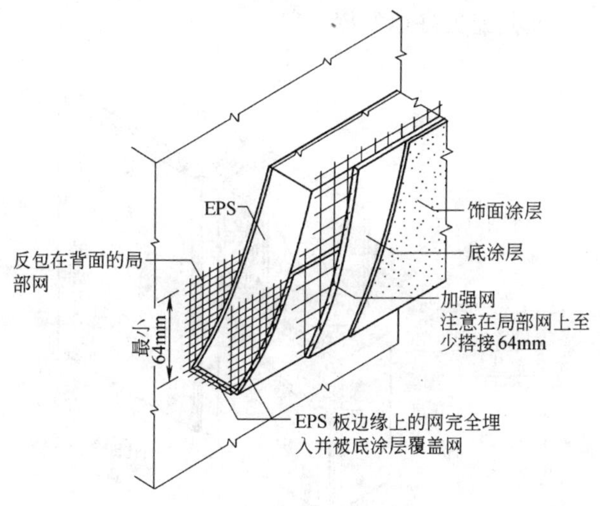

图 3-14 系统起端背面反包

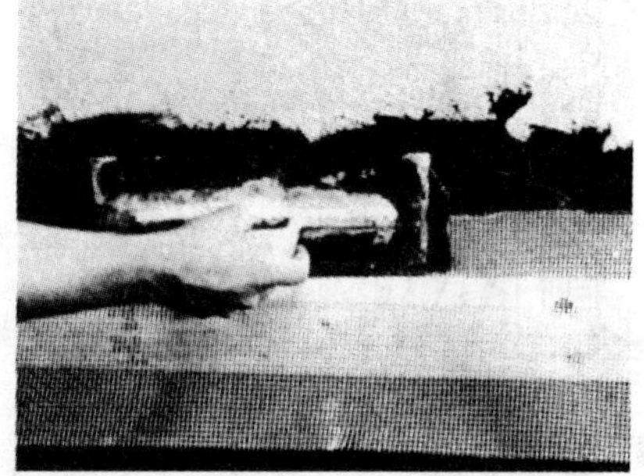

图 3-15 使用胶粘剂将局部网固定在基层上

用胶粘剂固定局部网，要特别小心不要让胶粘剂落在网的甩出待用部分上，否则在后续包边工序中将不能很好地被嵌埋在保温板边缘上（图 3-17）。

此时背面反包工作还有待保温板固定后才能完成。应考虑使胶粘剂有足够的时间干燥。干燥时间与条件有关，至少 24h 或更长。

图 3-16 用 U 型钉将局部网钉在基层上

图 3-17 向基层上固定局部网时不正确的操作

(2) 包边

包边与背面反包类似，但有一个显著不同之处：在板材基层上，网加强底涂层不仅密封保温板边，而且还包封基层板的边缘并搭接在框架上（图 3-18）。这种方法只能用于在施工完成后再安装永久性固定件（例如门窗）的情况。

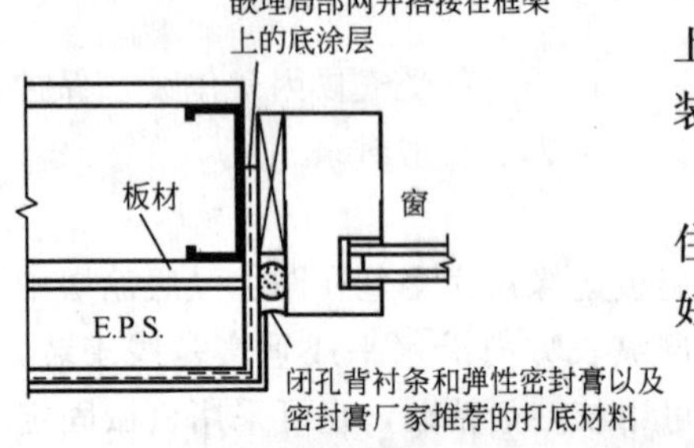

图 3-18 包边

同时，还必须在不同工种之间做好协调。还应记住，基层和（或）框架必须清洁，以保证底涂层的良好粘结。

(3) 包边条

包边条用在许多部位以替代背面反包方法（图 3-19 和图 3-20），用它们做的端头比背面反包的更好。包边条也为密封膏提供了一个很好的基层，使其能更好地发挥作用。

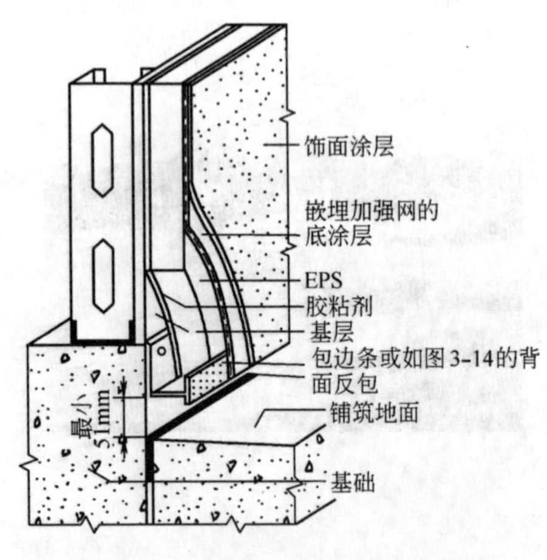

图 3-19 使用包边条作系统的起端

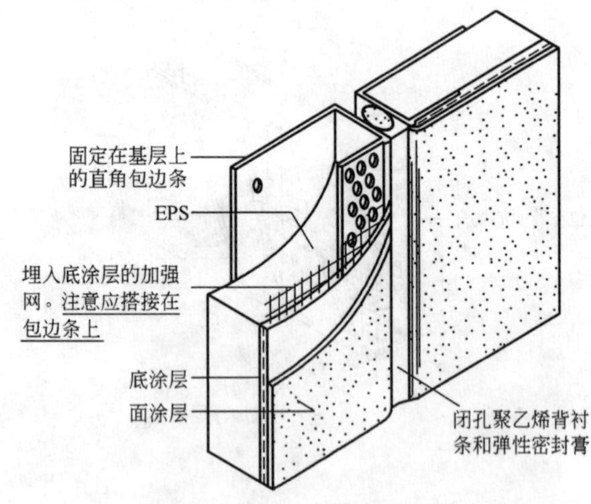

图 3-20 使用包边条的伸缩缝

象背面反包一样，包边条也是沿水平或垂直基线安装。包边条用于起端时，将包边条置于整平地面以上 20cm 或铺筑地面以上 5cm。按图将包边条沿长度方向按 25～30cm 间隔钉在基层上。对于板材基层，可使用防腐螺钉固定，也可使用钉子，只要合适即可。螺钉或钉子应穿透板材，固定到框架上。对砌筑墙基层，使用防腐的砌筑墙专用钉固定包边条（图 3-21）。

图 3-21 固定包边条

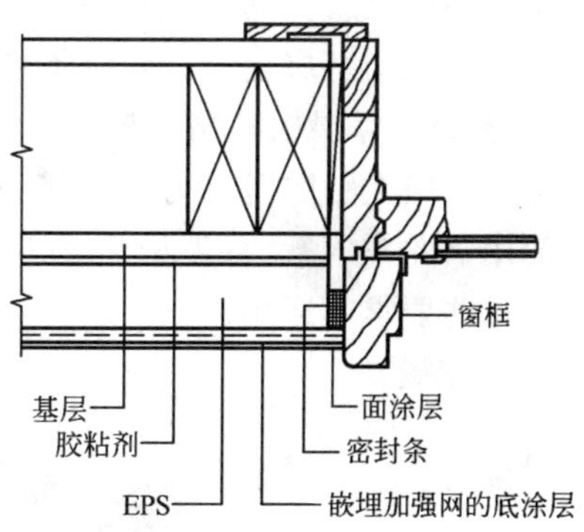

图 3-22 窗框端头密封条
注意密封条与保温板表面齐平

(4) 密封条

与背面反包和包边条不同，密封条只是用作门窗和穿墙洞口的周边密封或用于保温板与不同种材料结合处（图 3-22）。密封条是一种开孔的高质量聚酯-聚氨酯泡沫塑料。安装在相邻材料之间后会一直处于永恒的膨胀状态。这种产品的安装是和保温板粘贴同时进行的（注：密封条不得用于伸缩缝或其他要求有较大位移能力的部位）。

2. 粘贴保温板

(1) 选择合适的胶粘剂

在完成背面反包的前期工作或固定包边条工作后，准备好向基层上粘贴 EPS 保温板。根据设计要求和施工方法，可针对不同的基层选用胶粘剂进行施工。

(2) 在 EPS 保温板背面涂胶粘剂

针对指定的胶粘剂，使用恰当尺寸的槽口抹子，现在可向保温板上涂粘结材料了。沿纵向将胶粘剂涂在保温板背面，使保温板贴在基层上时，所涂的槽口胶条为水平走向（图 3-23）。

槽口胶条应从头至尾覆盖保温板表面并一直涂至保温板端头（图 3-24）。为保证足够的粘结力和涂胶面积，所涂槽口胶条之间应露出 EPS 板。胶粘剂只能涂在保温板背面上。

图 3-23 施涂胶粘剂

图 3-24 涂在保温板上的胶粘剂

注意，不要把胶粘剂涂在将要与其他板相接的板侧边上，而且绝不能把胶粘剂直接涂在要粘贴保温板的基层上。否则将不能获得良好的粘结，而且可能导致开裂或系统失败。

(3) 将EPS保温板粘贴在板材基层上

在板材基层上粘贴时，为了使保温板横缝与基层板缝错开，第一排保温板需切割成一半宽度使用（图3-25）。保温板竖缝与基层板缝间的错缝一般应不小于30cm。对于砖石结构基层，这些要求不适用。

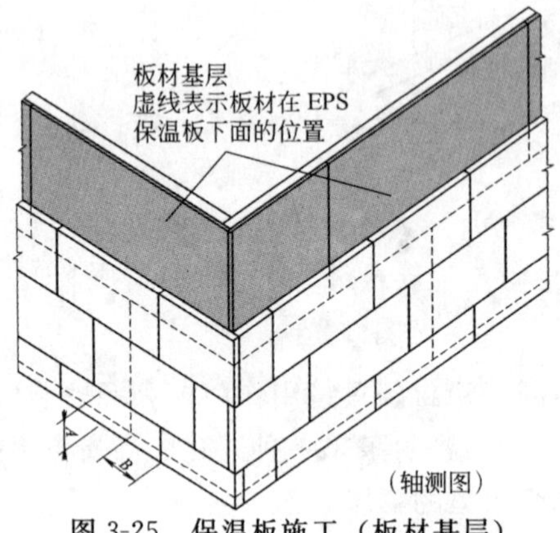

图3-25 保温板施工（板材基层）

A. 考虑到EPS保温板的横缝与基层板缝间的错逢，第一排EPS板为一半宽度。

B. EPS保温板竖缝与基层板缝应至少错开30cm。

- 按顺砌方式将保温板贴在干燥的基层上。一般长边为横向，竖缝逐排错缝
- 内外角处端头互锁
- 每排中及各排间的板缝要靠紧，形成一个齐平、连续均匀且无缝隙的表面。任何大于2mm的缝隙都需用保温板薄片填塞。
- 在打磨保温板前，至少应留出24h让胶粘剂形成可靠的粘结，根据条件要求还可能需要更长时间。
- 将保温板表面任何不平整之处磨平。

在任何时候基层板材板缝与保温板板缝都绝不能重合。

在粘贴保温板之前，首先要检查所有的系统端头，确认在这些部位都已安装了背面反包、包边条或密封条。在把保温板粘贴到基层之前，需用抹子刮除多余的胶粘剂。将保温板贴在墙上，滑动就位，注意不要在板面上压出凹痕或损坏保温板（图3-26）。就位后立即在整块保温板上均匀施加压力。打磨板是一种有用的工具，可用它夯实保温板，注意施力要均匀，不要损坏保温板（图3-27）。按顺砌方式粘贴保温板，竖缝逐排错缝。

图3-26 保温板就位

图3-27 向板面均匀施压

(4) 密封条安装

若在门窗框处使用密封条取代背面反包或嵌缝做法，现在就该安装了。从密封条卷上拉开一段适当长度，使胶面朝向门窗框把密封条贴在框上。在上角处，密封条端头采用平接方式，使顶部的密封条盖住侧边密封条的端头。同样，在下角处使侧边密封条盖住底部密封条端头（图 3-28）。接着把 EPS 保温板粘贴在墙上，滑动就位并靠紧形成密封。要确保所有边缘均被密封以防止任何水分渗漏。

注：在设计条件不允许安装密封条的部位，相邻的不同特性部位及系统端头之间必须使用闭孔背衬条和弹性密封膏。其他用来在这些部位包封系统端头的方法和附件还有背面反包方法和包边条。

在接缝处使保温板靠紧，形成缝隙最小、齐平、连续平整的表面。刮除保温板边缘多余的胶粘剂（图 3-29）。用保温板薄片填塞所有大于 2mm 的缝隙（图 3-30）。不要在保温板薄片上涂胶粘剂。沿水平方向连续铺贴 EPS 板，错开竖缝并覆盖基层接缝（图 3-25），所有内角和外角都要互锁以加强角部（参见图 3-26）。

保温板接缝应离开门窗或其他类似构造的洞口角部 20cm 或更远，做好计划使围绕角部的保温板由一块整板裁成。记住：保温板接缝不能和洞角连成一线。

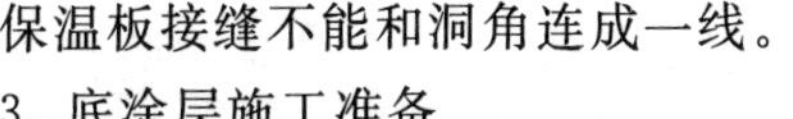

图 3-28 安装密封条

3. 底涂层施工准备

(1) 前提条件

进行下一道工序之前，胶粘剂必须至少干燥 24h 或更长时间（取决于条件）。

(2) 磨平 EPS

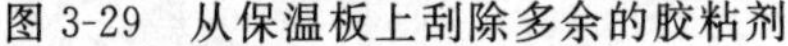

图 3-29 从保温板上刮除多余的胶粘剂

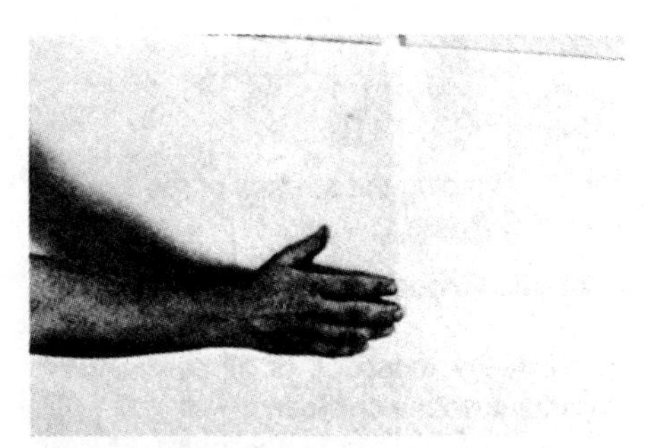

图 3-30 用 EPS 薄片填塞缝隙

用打磨板或电动打磨机将 EPS 板表面全部打磨一遍并磨平（图 3-31）。用直尺检查表面高点和低点，并按需要磨平。从保温板表面彻底清除松散的 EPS 颗粒。

(3) 外角

通过弹墨线使外角垂直；通过打磨将保温板磨至与墨线齐平；从墙面上除去所有松散的 EPS 颗粒。

(4) 装饰缝或凹槽

用墨线标出所有装饰缝、带形装饰或其他凸出墙面的装饰件的位置。

装饰缝或凹槽一般可用电动开槽器或专用电热刀切割（图 3-32）。凹槽底部保温板厚度必须至少保留 19mm。

图 3-31　打磨保温板表面

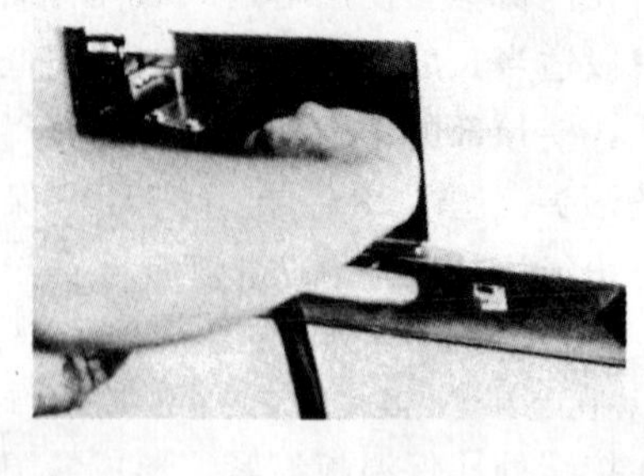

图 3-32　用电热刀切割凹槽

(5) 固定 EPS 装饰件

不大于 5cm×30cm 的 EPS 小装饰件现在可覆盖在已贴好的保温板上（图 3-33）。使用 16mm 槽口抹子把水泥系胶粘剂涂在装饰件的背面，方法与前面所述相同。将装饰件粘贴在保温板板面上并均匀用力按压。在某些情况下可能需要先用钉子将装饰件临时钉住就位，使胶粘剂有时间凝固。待胶粘剂干燥后再将钉子取出。

大于 5cm×30cm 的 EPS 装饰件应直接粘贴在基层上（图 3-34）。按指定的胶粘剂使用相应的槽口抹子，把胶粘剂涂在装饰件背面，方法与前面所述相同。将装饰件直接粘贴在基层上并均匀用力按压。必要时可联合使用适用的胶粘剂和防腐的机械固定件临时或永久性固定这种装饰件。在对装饰件进行打磨和做底涂层前，应让胶粘剂充分干燥至少 24h 或更长时间（取决于条件）。

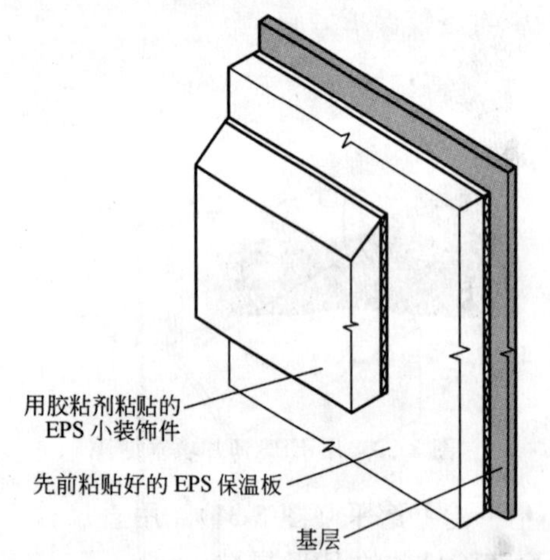

图 3-33　将 EPS 小装饰件粘贴在 EPS 保温板正面

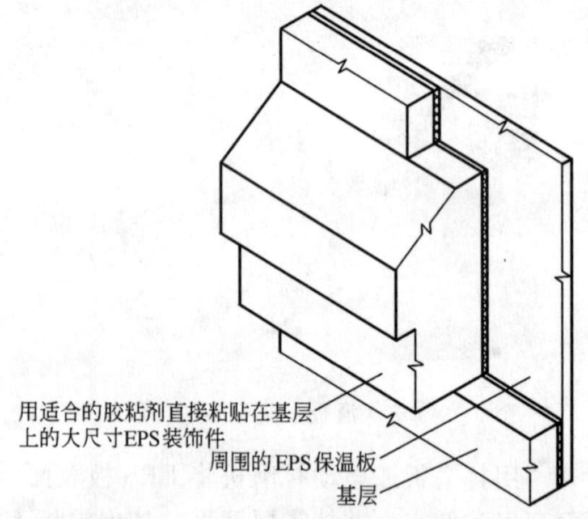

图 3-34　将大尺寸 EPS 装饰件直接粘贴在基层上

(6) 背面反包

所有无密封条或包边条的端头都应有甩出的局部网。要继续完成背面反包工序，用抹子把指定的底层涂料涂在露在外面的保温板边缘和正面上。在正面施涂范围应宽到可以容纳背面反包网的宽度，然后用不锈钢抹子把网埋入新抹的底涂层中。

(7) 角部预铺网

要求在内角和外角都铺设双层加强网。在内角，抹第一层底涂层，宽度要能容纳短局部网（23.5cm 宽），把网埋入新抹的底涂层中。

外角可按同样方式预铺加强网。为达到更高强度和更清晰的棱角线条，推荐使用角部加强网。为使施工容易操作，这种粗壮加强网是工厂预折叠的。不得把局部网用于内角。

（8）装饰缝或凹槽预铺网

加强网底涂层必须不间断地通过这些凹进的部位，在这些凹槽部位预铺加强网时，先在凹槽中和两侧约 6.5cm 的范围内抹第一层底涂层。

使用一个与凹槽外形相同的特制工具，先把局部网埋入凹槽中，在此过程中必须严格避免将网划破。

用抹子在凹槽两侧完成嵌埋局部网，如果仍可看见网纹，必须再加抹一层底层涂料。为使外观更平滑，可使用油漆刷做细部处理。

（9）装饰件预铺网

在涂底涂层前，应让粘贴装饰件的胶粘剂至少干燥 24h 或更长时间（取决于条件）。

装饰件施工准备及底涂层做法与墙体系统其余部分相同。底层涂料不应只涂在装饰件上，而应同时在相邻墙面板上涂约 6.5cm 宽作为搭接（图 3-35）。立即将局部网埋入新抹的底涂层中，要做到没有网纹显露。必要时可加抹一遍底层涂料将网完全盖住。

与装饰缝相同，在标准底涂层施工时，与装饰件相邻的区域需抹标准网加强底涂层搭接（图 3-36）。注意，两层加强网（上层和下面的装饰件层）应在相继进行的两次底涂层施工中嵌埋。

4. 施涂标准系统底涂层

（1）前提条件

1）将标准加强网裁剪成适当长度。

2）端头应已做好背面反包，包边条和（或）密封条等保护措施。

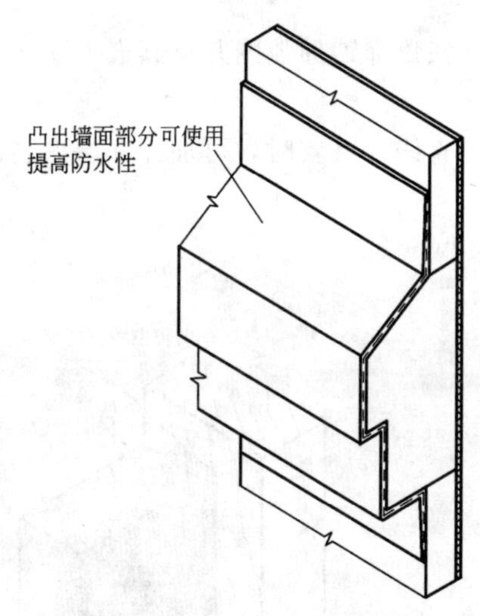

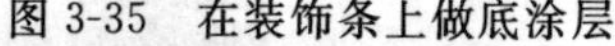

图 3-35　在装饰条上做底涂层

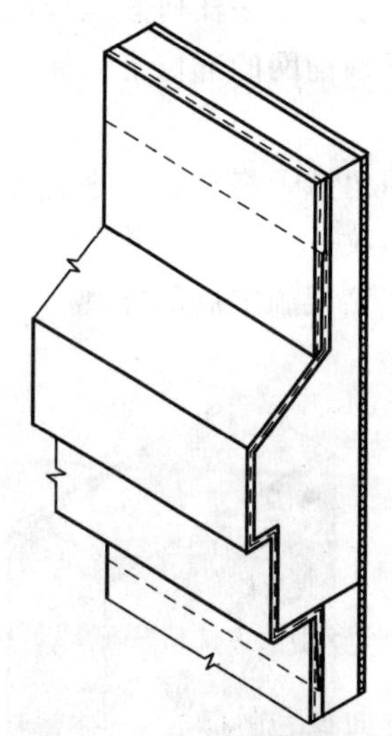

图 3-36　上层和下面装饰件网加强底涂层的搭接

3）装饰缝和角部应已做好预铺网。

4）尽可能在建筑物的背阴面施工。

（2）标准底涂层施工步骤

所有底涂层都是以同样的方式涂在保温板表面的。使用不锈钢抹子，在保温板表面均

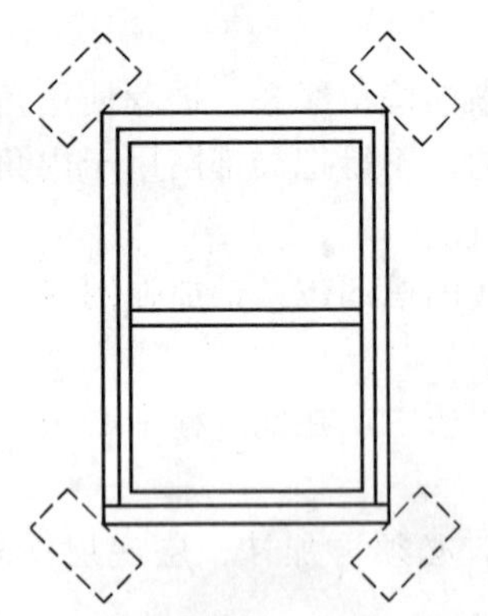

图 3-37 在标准底涂层上面嵌埋在底层涂料中的洞口四角加强网的位置

匀涂一层底层涂料，涂层厚度约为 2mm，宽度略大于加强网宽度（1m）。

立即将加强网铺在新抹的底涂层上并用抹子嵌入底涂层中，抹子要从中间抹向两边。这种方法可使网保持平整并牢牢嵌入底涂层中。如果埋入的网有任何部分仍有网纹显露，可再涂上一薄层涂料。

在与前面已施涂的部位的连接处，底涂层的施工方法与此相同。应注意，在施工过程中，所有加强网端头和边缘相接处都应至少搭接 6.5cm。在任何角部 20cm 范围内都不得有加强网边缘或端头搭接缝。在这些部位材料堆积过厚在施工结束后可能会明显看出痕迹。蝶形加强将“蝴蝶”角部加强网斜贴在门窗和凹进墙内的装饰物等所有洞口的角部。蝴蝶网是从 356 局部网上剪下的，长度为 30cm。将蝴蝶网嵌埋在前面已铺好的标准加强网上面，并将边缘抹薄（图 3-37）。

（3）在包边条和密封条上施涂底涂层

加强网和底层涂料都要覆盖在已安装的包边条有孔的凸缘上（图 3-38）。同样，所有已安装的密封条露在外面的边缘都必须涂网加强底涂层覆盖（图 3-39）。这样就有效地封闭了保温板边，形成一个既好看又防水的端头。警告：若不按以上所述做网加强底涂层，则可能最终导致这些部位开裂和（或）水分渗漏。

（4）角部铺双层网

所有外角部位都应预铺了或者是局部网，或者是角部网；内角都应预铺了局部网；从干燥的底涂层上除去任何散丝或高低不平之处。

在做了预铺网的部位上面涂第二层底涂层，接着在角部铺加强网并将其嵌入新抹的底涂层中。

应使用角抹子将角部抹平轧光，形成一条整齐的直线。必要时，可加抹底层涂料以做到不显露网纹。

（5）底涂层施工后的外观

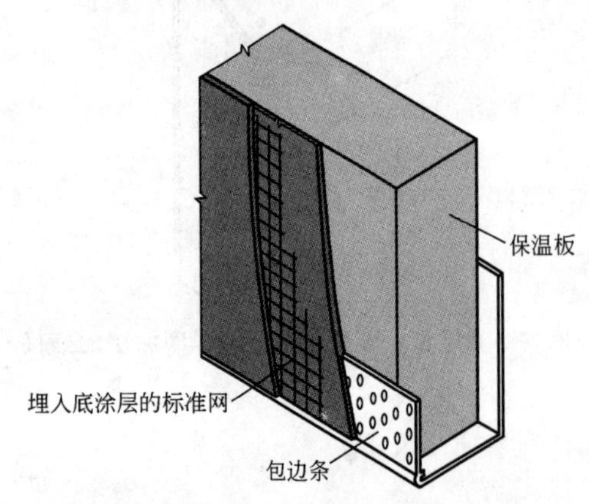

图 3-38 覆盖在包边条上的网加强底涂层

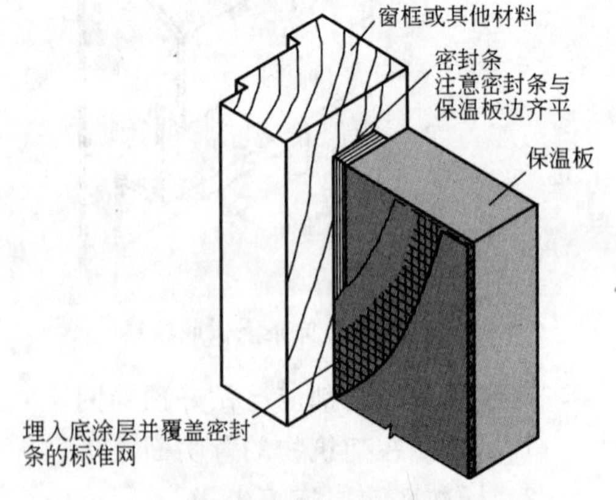

图 3-39 覆盖密封条的网加强底涂层

底涂层施涂应光滑、无抹痕和不显露加强网网纹。在施涂另外的涂层前，应有24h或更长的干燥时间（取决于条件）。

5. 高冲击底涂层施工

（1）前提条件

1）将粗壮网从整卷上裁成适用长度。

2）现在端头应已用背面反包、包边条和（或）密封条做好保护。

3）装饰缝和角部应做好了预铺网。

4）尽可能在建筑物的背阴面施工。

（2）施工

在需要高抗冲击的部位，在保温板上施涂约2mm厚的底涂层，立即将粗壮网嵌入湿的底涂层（图3-40）。

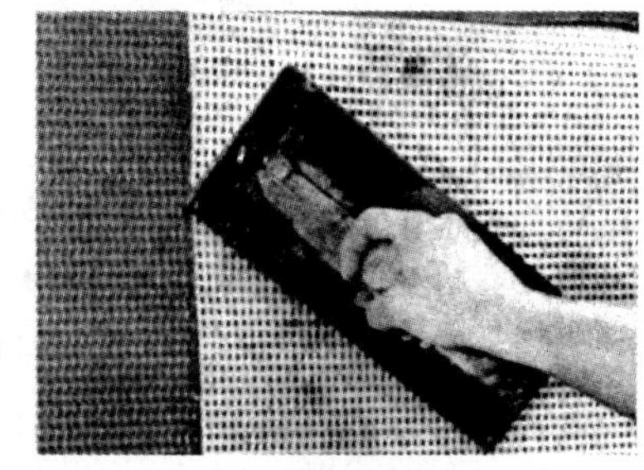

图3-40　嵌埋相互靠紧的粗壮网

如果粗壮网仍有网纹显露，必要时可再涂底层涂料覆盖。粗壮网边缘和端头必须相互靠紧，粗壮网不要搭接。材料堆积过厚将导致施工完成后能明显看出痕迹。

在施涂另外的涂层前，应有24h或更长的干燥时间（取决于条件），这样可使第一层高冲击底涂层形成可靠的粘结。

第一层高冲击底涂层硬化后，检查是否有凸出的加强网散丝。必要时进行整修以得到一个平整的工作表面。粗壮网不应有网纹显露。

第一层底涂层干燥后，涂第二层底涂层并嵌埋标准加强网以完成高冲击底涂层施工，做法同标准底涂层施工步骤。

标准加强网搭接缝必须与此前铺贴的粗壮网接缝至少错开15cm。标准网和粗壮网两种网的端头和边缘绝不能重合。

（3）中抗冲击

对于中抗冲击，使用中强网，施工方法与高冲击施工相同。

另一种选择方法如下：当有指定时，将中强网的网边和网边、端头和端头互相靠紧埋入底涂层中，紧接着立即在中强网靠紧的网边、端头接缝处居中铺贴局部网条（23.5cm）。需要时可再涂底层涂料将网完全埋入，形成一个平整、均匀的表面。

6. 高级系统底涂层施工

按中标准底涂层施工步骤的说明施涂第一层网加强底涂层。应注意按照上述关于在包边条、密封条和角部双包网上做底涂层的指南做好这些部位的施工。在涂第二层底涂层前使第一层底涂层至少养护24h或更长时间（取决于条件），这样可使底涂层与保温板形成可靠粘结。

在第一层充分养护后，检查是否有任何不平整之处，例如凸起、空洞、抹痕、加强网散丝、粗糙和显露网纹等，对这些不平整之处进行修理以形成一个平整的表面。

施涂第二层底涂层，使网加强底涂层最终厚度为3mm。

7. 面涂层施工

（1）前提条件

① 在面涂层施工前，底涂层必须至少养护24h或更长时间（取决于条件）。

② 检查养护后的底涂层是否有任何不平整，对这些不平整进行修整使其形成一个平整的表面。

③ 尽可能在建筑物背阴面施工。

（2）封底涂料

在水泥系底涂层和基层上施涂面层涂料时，建议使用封底涂料。涂封底涂料的作用是防止水泥底涂层或基层吸水，避免粉化危险和使面涂层之下的颜色均匀一致，它也可增进面层涂料的可操作性和流动性。

（3）搅拌和施涂封底涂料

将19.3L的桶装涂料彻底搅拌至均匀稠度，将其一半倒入第二个清洁的桶内。在每个桶中加入3.8～7.6L清洁饮用水，再一次彻底搅拌。

用滚涂或喷涂方法施涂封底涂料。涂封底涂料虽然不必要求和油漆一样，但也应盖住底涂层。

（4）搅拌面层涂料

使用耐用型13mm电钻和2桨不锈钢搅拌器或类似设备，以400～500转/min的转速搅拌至均匀稠度，避免搅入气泡。

必要时可添加少量清洁饮用水调节和易性，每整桶面层涂料加水量不超过0.25L。如果需要加水，要保证随后所用的每桶涂料加水量相同，这样可保证颜色和花纹的一致性。

在由墙角和端头划定的一面墙上应使用同一批号的面层涂料，批号标在桶上。

（5）安排面层涂料施工

在安排面层涂料施工时，要记住，为了得到最好的结果，涂料必须连续施涂。当可能时，最好利用墙面上的终端来安排工作日的工作。例如在柱子、装饰缝、伸缩缝、墙角等部位之间施涂。对于大面积施工，必须调集足够的人力以保证施工中不出现冷缝和分界线。

直射阳光、风、温度和湿度都可能影响面层涂料的和易性和干燥时间，可能时应在建筑物背阴面施工或遮盖脚手架。

（6）施涂面层涂料

用清洁的不锈钢抹子施涂面层涂料，面层涂料的施涂厚度应等于产品的骨料尺寸，可涂到6mm厚。

为使施工保持一致，在墙面中两个终端之间各处无论何时都必须保持“湿边”。

（7）搓面层涂料花纹

细涡卷纹和粗涡卷纹可用硬质塑料抹子做均匀的圆周运动或8字形运动搓出花纹。为保证施工一致，所有技工应采用同一种运动形式。

在搓花纹时，应不断地刮去粘在塑料抹子上的涂料。为获得最佳效果，建议用塑料抹子搓两遍。在搓花纹时抹子不要蘸水或用水清洗，抹子上带的水将会使面层涂料干燥后出现颜色差别。

多纹理面层涂料的施涂和搓花纹很像其他灰泥类材料，使用传统的抹灰方法抹多纹理涂料以产生跳抹或点刻效果，多纹理面涂层最厚处应不超过6mm。

光面面层涂料，细砂和粗砂面层涂料被用来达到一种相对平滑的纹理。这些面层涂料都是使用不锈钢抹子施涂和抹花纹，也可使用塑料抹子搓花纹。

8. 系统成品保护

(1) 准备工作

① 计划并准备好立即采取所需的任何保护措施。

② 标准系统各涂层施涂后，立即采取保护措施防雨和避免其他损坏，直至所有密封膏和防雨板全部安装完毕。

③ 在标准系统底涂层和粘结剂以及面涂层施涂后，环境空气温度必须保持在4℃或更高，至少保持24h，或直到涂层完全干燥。在高湿度和（或）凉的天气下，这可能需要几天的时间。

(2) 保护完工的系统

新抹涂层表面看似硬化和干燥，但往往仍需要采取保护措施使其在整个厚度内充分养护。特别是在冻结温度、雨、雪或其他有害气候条件很有可能出现的情况下。

4℃以下的温度可能由于减缓或停止丙烯酸聚合物成膜而妨碍涂层的适当养护。由寒冷气候造成的伤害短期内往往不易被发现，但是长久以后就会出现涂层开裂、破碎或分离。

像过分寒冷一样，突然降温可影响涂层的适当养护，但其结果来得特别快。突然降雨可将未经养护的新抹涂料直接从墙上冲掉。

在情况允许时，可根据天气情况进行工作，或者提供适当的遮蔽，例如搭帐篷和（或）用防雨帆布遮盖。为保持适当的养护温度，可能不得不采取辅助采暖措施将临时遮蔽处加热。

(3) 防雨板和密封膏

在系统背面的水分多半会导致内部墙体覆盖物及系统本身的损坏，水分可由于接着发生的冻融循环而破坏EPS与基层的粘结。在石膏板基层上，水分可引起纸面与石膏芯分离或使石膏芯变软。

在安装好永久性防雨板和密封膏之前，应一直提供临时性措施，保护处在不利位置的系统。对于任何使用了背面反包或包边条的端头，应给以特别考虑。这些端头包括门窗的周边，伸缩缝，不同材料邻接部位，固定件、软管小龙头、出口、排水孔等穿墙管线以及墙顶部和底部的端头。

(4) 密封膏

密封膏是将系统密封的一种有效方法，可将相邻材料间的结合处密封使其不受气候因素破坏，而且有弹性可吸收由于温度变化而引起的膨胀和收缩。密封膏接缝的构成，见图3-41。

由于表面的材料和状况种类繁多，需要与密封膏制造商核实以确保该密封膏与所要施工的表面间的相容性。特殊的表面处理或封底涂料可能是需

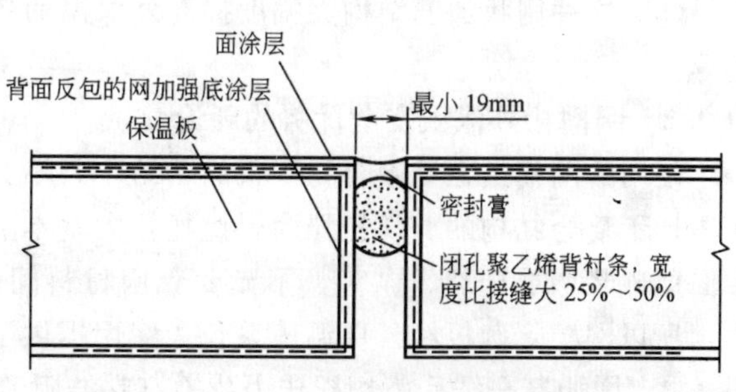

图3-41 典型的密封膏接缝要求

要的。

附2 外墙外保温网槽板结构构造

外墙外保温网槽板是强化了的、双面带有网状小凹槽的聚苯板，其网槽深度为3～10mm左右，宽度为2～10cm左右，其与聚合物砂浆结合后形成具有嵌入式网状的立体复合结构，他使外保温体系的平面粘结转变为立体复合结构，从而彻底解决了墙体外保温由于不同材料间的热胀冷缩差异过大造成的面层开裂、剥落等安全问题；同时也解决了因全部是现场手工操作，可能出现的可靠性、稳定性、安全性等问题。见图3-42。

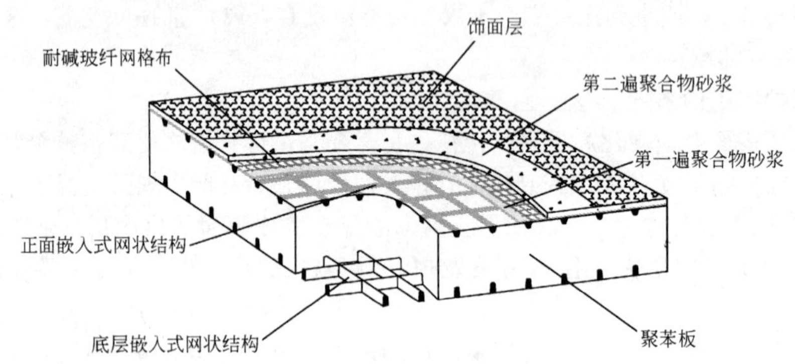

图3-42 外墙外保温网槽板结构示意图

附2.1 嵌入式网状立体复合结构的安全优势

(1) 平面粘贴为立体复合结构，增加了复合结构剪切力，使聚苯板与面层砂浆及与墙体粘结融为一体，此剪切力不会随聚苯板长久使用老化而改变，从而彻底解决聚苯板与基材、面层砂浆的剥离问题，这是提供外保温长久使用不剥落的关键因素，因此网槽板可以提供外保温长久使用不剥落的关键因素，因此网槽板可以提供外保温长久耐候性、不剥落。

(2) 聚苯板面上的网槽增加了与聚合物砂浆的粘结面积，从而提高了与砂浆的粘结附着力。

(3) 网状结构使板面收缩变形控制在每个小网结构内，大墙面的收缩变形得到最大限度的控制，减小面层砂浆开裂及剥离的可能。

(4) 提高改善手工操作的可靠性和稳定性，只要聚合物砂浆抹入、嵌入到聚苯板网槽内，就能形成聚合物网状嵌入，形成复合结构。

(5) 这种网状加筋结构大幅度提高外保温的各种物机性能，如抗剥离、抗压、抗折强度等。

附2.2 网槽板外保温安全优势的理论分析

使用的网槽板在与聚合物砂浆的粘结中，不光增加了复合结构材料之间粘结附着力，还增加了复合结构的剪切托挂力，此托挂力基本上不随材料长期使用而降低。外保温系统中面层砂浆如要开裂、剥落，不光要克服材料间的粘结附着力，同时还要克服剪切托挂力，所以网槽聚苯板给外保温体系长久使用提供了一个更可靠、更稳定的安全保证。

附2.3 增加复合结构剪切托挂力及提高粘结附着力的理论计算

〈1〉嵌入式的网状复合结构提高了平面粘结附着力及增加了复合结构剪切托挂力，见

(图 3-43)。

增加粘结面积及提高粘结附着力计算如下：

每单位网槽平面面积＝30×30＝900mm^2

每单位网槽增加粘结面积＝3×(30×2＋28×2)＝348mm^2

增加粘结面积比例＝348/900＝38.7％

聚合物砂浆与聚苯板平面粘结最大附着力为 0.1MPa

增加粘结面积后的粘结强度＝0.1MPa×(1＋38.7％)＝0.139MPa

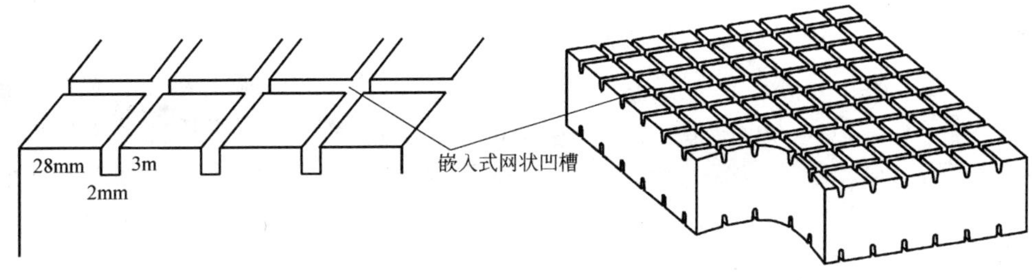

图 3-43 网槽聚苯板网槽示意图

根据以上分析计算，网槽结构聚合物砂浆与聚苯板的粘结附着力提高 38.7％，为 139MPa。但此粘结附着力会随着长久使用逐渐降低，直至完全丧失。

〈2〉增加复合结构剪切托挂力的计算

网槽聚苯板与聚合物砂浆结合后，在聚苯板内部形成嵌入式的网状聚合物砂浆，聚苯板与聚合物砂浆相互融合，形成统一的复合结构整体，此结构为面层聚合物砂浆在平面粘结力以外又提供了立体复合托挂力，此剪切托挂力基本上不随使用时间长久而变化，它为网槽板保温系统的长久使用提供了稳定可靠的安全保障。

这种复合结构如要破坏必须是在聚苯板与聚合物砂浆平面粘结附着力破坏的基础上，其复合剪切托挂力再发生破坏即嵌入的聚合物砂浆剪切破坏或嵌入部分的聚苯板剪切断裂，才会造成外保温面层聚合物砂浆开裂、剥落。

〈3〉从以上各种理论分析及计算我们得出结论

① 外保温体系所受外力主要为负风压及自重约 5.1kPa 左右。

② 网槽聚苯板增加了聚合物砂浆与聚苯板结合的剪切托挂力，提高聚合物砂浆和聚苯板的粘结附着力。

③ 网槽板提高粘结附着力 38.7％，达 139kPa，此力虽然远大于外保温体系所受外力，但此附着力会随长久使用逐渐下降，在局部有质量问题的部位可能还会更低。

④ 网槽板提供的剪切托挂力最低为 78.4kPa，它远大于外保温体系所受外力，而且此托挂力基本上不随时间推移而下降，它是提供外保温面层聚合物砂浆不开裂、不剥落的关键因素。

⑤ 网槽板将膨胀收缩应力集中在 30mm 网格以内，最大收缩量为 0.9mm，所以聚苯板与聚合物砂浆膨胀收缩差异产生的应力，可忽略不计，不会造成面层聚合物砂浆的开裂。

附 2.4 网槽板外保温体系检测对比数据

我们将千束彩网槽聚苯板外保温体系与普通平面聚苯板外保温体系作了性能对比检测分析，见表 3-24。

网槽板外保温体系检测对比数据 表 3-24

项 目	普通聚苯板	网槽聚苯板	提高比率(%)
剥离强度	103	150	45.6
抗折强度	1.08	1.23	13.8
抗压强度	0.24	0.26	8.3

我们从实际检测的数据可以看出，网槽聚苯板与平面聚苯板粘贴相比，在抗剥离、抗压、抗折强度等各种物机性能有明显的提高，尤其是在抗开裂、剥离方面提高更为明显，可提高50%左右，实际检测结果与理论分析及计算相符。

使用的网槽聚苯板，与聚合物砂浆结合后在墙体表面形成了复合结构，使外保温材料间的粘结形式，由原来的平面粘结转变为立体复合；增加了剪切托挂力，同时提高了粘结强度，控制了收缩变形，使外保温系统长久使用的可靠性、稳定性、安全性大大提高。

3.3 胶粉聚苯颗粒保温浆料外墙外保温系统施工技术

3.3.1 系统构造

1. 基本构造

胶粉聚苯颗粒保温浆料外墙外保温系统（简称胶粉聚苯颗粒外墙外保温系统）由基层墙体、界面层、保温层、抗裂防护层和饰面层组成（图3-44）。保温层由胶粉料和聚苯颗粒轻骨料加水搅拌成胶粉聚苯颗粒保温浆料抹于墙体表面形成。饰面层可以是弹性涂料，也可以粘贴面砖或干挂石材。对于轻质框架填充墙，虽然墙体的保温性能可能已经能够满足保温要求，但由于墙体材料的不均匀性，直接抹灰后不仅不能消除热桥，而且在两种材料接触处还易产生裂缝，因此要用胶粉聚苯颗粒保温浆料进行补充保温和均质化处理。该系统采用了逐层渐变、柔性释放应力的技术路线及无空腔的构造，可适用于不同气候区、不同基层墙体、不同建筑高度的各类建筑外墙的保温与隔热。

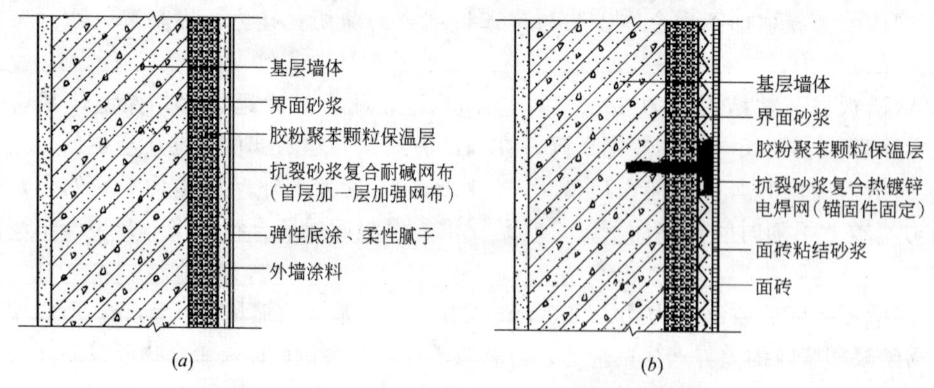

图3-44 胶粉聚苯颗粒外墙外保温系统基本构造

(*a*) 涂料饰面；(*b*) 面砖饰面

2. 主要特点

(1) 无空腔构造，抗风压性能优异。

(2) 防火性能突出，适合于高层建筑和防火要求等级高的建筑部位使用。

(3) 施工适应性好，适合于各种建筑结构的公共建筑和居住建筑的节能保温工程。

(4) 防护面层抗冲击性能好，保温层无接缝，抗裂性能可靠。

(5) 施工性能好、速度快，一次抹灰厚度高，与其他外檐施工配合性好，防护面层易修复。

3.3.2 系统及材料性能要求

1. 系统性能

(1) 外保温系统应经大型耐候性试验验证。对于面砖饰面外保温系统，还应经抗震试验验证并确保其在设防烈度等级地震下面砖饰面及外保温系统无脱落。

(2) 胶粉聚苯颗粒外保温系统的性能应符合表 3-25 的要求。

胶粉聚苯颗粒外保温系统的性能指标　　表 3-25

试验项目		性能指标	
耐候性		经 80 次高温(70℃)—淋水(15℃)循环和 20 次加热(50℃)—冷冻(−20℃)循环后不得出现开裂、空鼓或脱落。抗裂防护层与保温层的拉伸粘结强度不应小于 0.1MPa,破坏界面应位于保温层	
吸水量(g/m²),浸水 1h		≤1000	
抗冲击强度	C 型	普通型(单网)	3J 冲击合格
		加强型(双网)	10J 冲击合格
	T 型	3.0 J 冲击合格	
抗风压值		不小于工程项目的风荷载设计值	
耐冻融		严寒及寒冷地区 30 次循环、夏热冬冷地区 10 次循环表面无裂纹、空鼓、起泡、剥离现象	
水蒸气湿流密度[g/(m²·h)]		≥0.85	
不透水性		试样防护层内侧无水渗透	
耐磨损,500L 砂		无开裂,龟裂或表面保护层剥落、损伤	
系统抗拉强度(C 形)(MPa)		≥0.1 并且破坏部位不得位于各层界面	
饰面砖粘结强度(T 形),MPa(现场抽测)		≥0.4	
抗震性能(T 形)		设防烈度等级下面砖饰面及外保温系统无脱落	
火反应性		不应被点燃,试验结束后试件厚度变化不超过 10%	

2. 界面砂浆

界面砂浆性能应符合表 3-26 的要求。

界面砂浆性能指标　　表 3-26

项目		单位	指标
界面砂浆压剪粘结强度	原强度	MPa	≥0.7
	耐水	MPa	≥0.5
	耐冻融	MPa	≥0.5

3. 胶粉料

胶粉料的性能应符合表 3-27 的要求。

胶粉料性能指标　表3-27

项　目	单　位	指　标	项　目	单　位	指　标
初凝时间	h	≥4	拉伸粘结强度	MPa	≥0.6
终凝时间	h	≤12	浸水拉伸粘结强度	MPa	≥0.4
安定性(试饼法)	—	合格			

4. 聚苯颗粒

聚苯颗粒的性能应符合表3-28的要求。

聚苯颗粒性能指标　表3-28

项　目	单　位	指　标
堆积密度	kg/m³	8.0～21.0
粒度(5mm筛孔筛余)	%	≤5

5. 胶粉聚苯颗粒保温浆料

胶粉聚苯颗粒保温浆料的性能应符合表3-29的要求。

胶粉聚苯颗粒保温浆料性能指标　表3-29

项　目	单　位	指　标	项　目	单　位	指　标
湿表观密度	kg/m³	≤420	压剪粘结强度	kPa	≥50
干表观密度	kg/m³	180～250	线性收缩率	%	≤0.3
导热系数	W/(m·K)	≤0.060	软化系数	—	≥0.5
蓄热系数	W/(m²·K)	≥0.95	难燃性	—	B_1级
抗压强度	kPa	≥200			

6. 抗裂砂浆

抗裂剂及抗裂砂浆性能应符合表3-30的要求。

抗裂剂及抗裂砂浆性能指标　表3-30

项　目			单　位	指　标
抗裂剂	不挥发物含量		%	≥20
	贮存稳定性(20℃±5℃)		—	6个月，试样无结块凝聚及发霉现象，且拉伸粘结强度满足抗裂砂浆指标要求
抗裂砂浆	可使用时间	可操作时间	h	≥1.5
		在可操作时间内拉伸粘结强度	MPa	≥0.7
	拉伸粘结强度(常温28d)		MPa	≥0.7
	浸水拉伸粘结强度(常温28d,浸水7d)		MPa	≥0.5
	压折比		—	≤3.0
水泥应采用强度等级42.5的普通硅酸盐水泥，并应符合GB 175—1999的要求；砂应符合JGJ 52的规定，筛除大于2.5mm颗粒，含泥量少于3%				

7. 耐碱网布

耐碱网布的性能应符合表 3-31 的要求。

8. 弹性底涂

弹性底涂的性能应符合表 3-32 的要求。

耐碱网布性能指标 **表 3-31**

项目		单位	指标
外观		—	合格
长度、宽度		m	50～100、0.9～1.2
网孔中心距	普通型	mm	4×4
	加强型		6×6
单位面积质量	普通型	g/m^2	≥160
	加强型		≥500
断裂强力(经、纬向)	普通型	N/50mm	≥1250
	加强型	N/50mm	≥3000
耐碱强力保留率(经、纬向)		%	≥90
断裂伸长率(经、纬向)		%	≤5
涂塑量	普通型	g/m^2	≥20
	加强型		
玻璃成分		%	符合 JC 719 的规定，其中 ZrO_2 14.5±0.8，TiO_2 6±0.5

弹性底涂性能指标 **表 3-32**

项目		单位	指标
容器中状态		—	搅拌后无结块，呈均匀状态
施工性		—	刷涂无障碍
干燥时间	表干时间	h	≤4
	实干时间	h	≤8
断裂伸长率		%	≥100
表面憎水率		%	≥98

9. 柔性耐水腻子

柔性耐水腻子的性能应符合表 3-33 的要求。

10. 外墙外保温饰面涂料

外墙外保温饰面涂料必须与胶粉聚苯颗粒外保温系统相容，其性能除应符合国家及行业相关标准外，还应满足表 3-34 的抗裂性要求。

11. 面砖粘结砂浆

面砖粘结砂浆性能应符合表 3-35 的要求。

12. 面砖勾缝料

面砖勾缝料的性能应符合表 3-36 的要求。

柔性耐水腻子性能指标 表 3-33

项目			单位	指标
柔性耐水腻子	容器中状态		—	无结块、均匀
	施工性		—	刮涂无障碍
	干燥时间(表干)		h	≤5
	打磨性		—	手工可打磨
	耐水性 96h		—	无异常
	耐碱性 48h		—	无异常
	粘结强度	标准状态	MPa	≥0.60
		冻融循环(5次)	MPa	≥0.40
	柔韧性		—	直径50mm,无裂纹
	低温贮存稳定性		—	-5℃冷冻4h无变化,刮涂无困难

外墙外保温饰面涂料抗裂性能指标 表 3-34

项目		指标
抗裂性	平涂用涂料	断裂伸长率≥150%
	连续性复层建筑涂料	主涂层的断裂伸长率≥100%
	浮雕类非连续性复层建筑涂料	主涂层初期干燥抗裂性满足要求

面砖粘结砂浆的性能指标 表 3-35

项目		单位	指标
拉伸粘结强度		MPa	≥0.60
压折比		—	≤3.0
压剪粘结强度	原强度	MPa	≥0.6
	耐温7d	MPa	≥0.5
	耐水7d	MPa	≥0.5
	耐冻融30次	MPa	≥0.5
线性收缩率		%	≤0.3
水泥应采用强度等级42.5的普通硅酸盐水泥,并应符合GB 175—1999的要求;砂应符合JGJ 52的规定,筛除大于2.5mm颗粒,含泥量少于3%			

面砖勾缝料性能指标 表 3-36

项目		单位	指标
外观		—	均匀一致
颜色		—	与标准样一致
凝结时间		h	大于2h,小于24h
拉伸粘结强度	常温常态14d	MPa	≥0.60
	耐水(常温常态14d,浸水48h,放置24h)	MPa	≥0.50
压折比		—	≤3.0
透水性(24h)		ml	≤3.0

13. 塑料锚栓

塑料锚栓由螺钉和带圆盘的塑料膨胀套管两部分组成。金属螺钉应采用不锈钢或经过表面防腐蚀处理的金属制成，塑料钉和带圆盘的塑料膨胀套管应采用聚酰胺（polyamide 6、polyamide 6.6）、聚乙烯（polyethylene）或聚丙烯（polypropylene）制成，制作塑料钉和塑料套管的材料不得使用回收的再生材料。塑料锚栓有效锚固深度不小于25mm，塑料圆盘直径不小于50mm，套管外径7～10mm。单个塑料锚栓抗拉承载力标准值（C25混凝土基层）不小于0.80kN。

14. 热镀锌电焊网

热镀锌电焊网（俗称四角网）应符合《镀锌电焊网》QB/T 3897—1999标准并满足表3-37的要求。

热镀锌电焊网性能指标 **表3-37**

项目	单位	指标	项目	单位	指标
工艺	—	热镀锌电焊网	焊点抗拉力	N	>65
丝径	mm	0.90±0.04	镀锌层重量	g/m^2	≥122
网孔大小	mm	12.7×12.7			

15. 饰面砖

外保温饰面砖应采用粘贴面带有燕尾槽的产品并不得带有隔离剂。其性能应符合下列现行标准的要求：《陶瓷砖和卫生陶瓷分类及术语》（GB/T 9195—1999）、《干压陶瓷砖》（GB/T 4100.1—4100.5）、《陶瓷劈离砖》（JC/T 457）、《玻璃马赛克》（GB/T 7697），并应同时满足表3-38性能指标的要求。

饰面砖性能指标 **表3-38**

项目			单位	指标
尺寸	6m以下墙面	表面面积	cm^2	≤410
		厚度	cm	≤1.0
	6m及以上墙面	表面面积	cm^2	≤190
		厚度	cm	≤0.75
单位面积质量			kg/m^2	≤20
吸水率	Ⅰ、Ⅵ、Ⅶ气候区		%	≤3
	Ⅱ、Ⅲ、Ⅳ、Ⅴ气候区			≤6
抗冻性	Ⅰ、Ⅵ、Ⅶ气候区		—	50次冻融循环无破坏
	Ⅱ气候区			40次冻融循环无破坏
	Ⅲ、Ⅳ、Ⅴ气候区			10次冻融循环无破坏

注：气候区划分级按GB 50178—1993中一级区划的Ⅰ～Ⅶ区执行。

16. 附件

在胶粉聚苯颗粒外保温系统中所采用的附件，包括射钉、密封膏、密封条、金属护角、盖口条等应分别符合相应的产品标准的要求。

3.3.3 施工要点

1. 施工条件

(1) 基层墙体应符合《混凝土结构工程施工质量验收规范》(GB 50204—2002) 和《砌体工程施工质量验收规范》(GB 50203—2002) 的要求。

(2) 门窗框及墙身上各种进户管线、水落管支架、预埋管件等按设计安装完毕，并预留出外保温层的厚度。

(3) 施工中环境温度不应低于5℃，风力应不大于5级，风速不宜大于10m/s。严禁雨期施工，雨期施工时应采取防雨措施。

2. 施工机具准备

(1) 在进行保温施工前，按工程量的大小，进场工人的数量安装好容积约300L砂浆搅拌机，按现场平面布置搭设搅拌机棚，接通水电，调试正常，搅拌棚的地点应选择背风向，靠近垂直运输机械。搅拌棚应三侧封闭，一侧作为进出料通道，应有顶棚，地面应平整坚实。

(2) 保温施工若采用双排脚手架施工时，脚手架应搭设牢固，脚手板应分层铺严；若采用电动吊篮施工，电动吊篮应安装完毕，安全验收检查合格后方可使用。配套垂直运输机械应安装验收完毕后使用。

(3) 铁抹子：保温浆料施工宜使用抹子面积较大的矩形抹子。

(4) 阳角抹子、阴角抹子：保温浆料施工宜用塑料材质，抗裂砂浆宜用钢材质。

(5) 托灰板。

(6) 杠尺：铝合金杠尺长度2～2.5m和1.5m两种。

(7) 靠尺：木靠尺3～5cm宽，2m长单面为八字靠尺。

(8) 猪鬃刷：2寸。

(9) 方头铁锹。

(10) 搅拌桶：容积为20L左右的敞口搅拌桶。

(11) 手推车。

(12) 木方尺：单边长不小于15cm。

(13) 常用的检测工具：经纬仪及放线工具、2m托线板/杠尺、方尺、探针、钢尺等。

3. 材料配制

(1) 界面砂浆的配制

界面剂：中细砂：水泥=1：1：1 (质量比)，用砂浆搅拌机或电动搅拌器搅拌。先加入1份界面剂与1份中细砂搅拌均匀后再加入水泥搅拌均匀成浆状。

(2) 胶粉聚苯颗粒保温浆料的配制：

采用300L以上的砂浆搅拌机，或满足浆料在搅拌机中的容积不超过搅拌机容积70%的搅拌机。先将35～40kg水倒入搅拌机内 (加入的水量以满足施工和易性为准)，接着倒入一袋 (25kg) 胶粉料，搅拌5min后，再倒入一袋 (200L) 聚苯颗粒轻骨料继续搅拌直至均匀 (3min以上)。该浆料应随搅随用，且在4h内用完。

(3) 抗裂砂浆的配制

涂料饰面时：抗裂剂：中砂 (细度模数3.0～2.3)：水泥=1：3：1 (质量比)；面砖

饰面时：抗裂剂：中砂（细度模数 3.0～2.3）：水泥＝1：2：1（质量比），用砂浆搅拌机或电动搅拌器搅拌。先加入抗裂剂、中砂搅拌均匀后，再加入水泥继续搅拌 3min。所用中砂含水率应小于 3%，抗裂砂浆配制及使用过程中均不得加水，并应在配制好后 2h 内用完。

（4）柔性腻子的配制

柔性腻子胶：白色硅酸盐水泥＝1：0.4（质量比），用电动搅拌器搅拌均匀即可使用，应在 2h 内用完。

（5）面砖粘结砂浆的配制

由面砖专用胶液：中细砂（细度模数 2.8～2.0）：水泥＝(0.7～0.8)：1：1（质量比），用砂浆搅拌机或电动搅拌器搅拌。先加入面砖专用胶液、中细砂搅拌均匀后，再加入水泥继续搅拌 3min，面砖粘结砂浆配制及使用过程中均不得加水，并应在配制好后 2h 内用完。

（6）面砖勾缝材料的配制

面砖勾缝胶粉：水＝4：1（质量比），用电动搅拌器搅拌均匀，并应在配制好后 2h 内用完。

4. 施工程序

胶粉聚苯颗粒外墙外保温系统施工程序，见图 3-45。

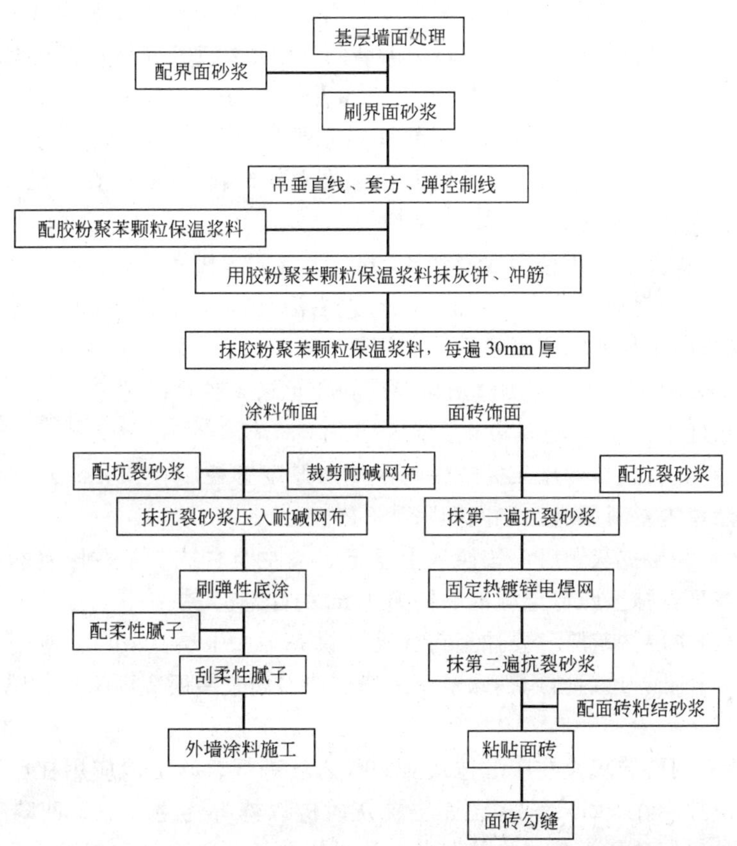

图 3-45 胶粉聚苯颗粒外墙外保温系统施工程序

5. 施工操作要点

(1) 基层墙面处理

保温施工前应会同相关部门做好结构验收的确认，外墙面基层的垂直度和平整度应符合现行国家施工验收规范要求。进行保温层隐蔽施工前应做好如下检查工作，确认墙体的平整度、垂直度允许偏差在验收标准规定之内。

1）外墙面的阳台栏杆，雨漏管托架，外挂消防梯等外挂件应安装完毕并验收合格。墙面的暗埋管线、线盒、预埋件、空调孔应提前安装完毕并验收合格，并应考虑到保温层的厚度的影响。

2）外窗辅框应安装完毕并验收合格。

3）墙面脚手架孔，模板穿墙孔及墙面缺损处用水泥砂浆修补完毕并验收合格。

4）主体结构的变形缝、伸缩缝应提前做好处理。

5）彻底清除基层墙体表面浮灰、油污、隔离剂、空鼓及风化物等影响墙面施工的物质。墙体表面凸起物不小于10mm时应剔除。

6）各种材料的基层墙面均应用涂料滚刷、满刷界面砂浆，注意界面砂浆层不宜施工过厚。

(2) 吊垂直线、弹控制线，贴饼

保温浆料施工前应在墙面做好施工厚度标志，应按如下步骤进行贴饼：

1）每层首先用2m杠尺检查墙面平整度，用2m托线板检查墙面垂直度。

2）在距每层顶部约10cm处，同时距大墙阴、阳角约10cm处，根据大墙角已挂好的钢垂直控制线厚度，用界面砂浆粘贴5cm×5cm聚苯板块作为标准贴饼。

3）待标准贴饼固定后，在两水平贴饼间拉水平控制线，具体做法为将带小线的小圆钉插入标准贴饼，拉直小线，使小线控制比标准贴饼略高1mm，在两贴饼之间按1.5m间隔水平粘贴若干标准贴饼。

4）用线坠吊垂直线在距楼层底部约10cm，大墙阴、阳角10cm处粘贴标准贴饼（楼层较高时应两人共同完成）之后按间隔1.5m左右沿垂直方向粘贴标准贴饼。

5）每层贴饼施工作业完成后水平方向用2～5m小线拉线检查贴饼的一致性，垂直方向用2m托线板检查垂直度，并测量灰饼厚度，作记录，计算出超厚面积工程量。

(3) 保温层施工

1）保温浆料应分层作业施工完成，每次抹灰厚度宜控制在20mm左右，分层抹灰施工至设计保温层厚度，每层施工时间间隔为24h。

2）保温浆料底层抹灰顺序应按照从上至下，从左至右抹灰，在压实的基础上可尽量加大施工抹灰厚度，抹至距保温标准贴饼差1cm左右为宜。

3）保温浆料中层抹灰厚度要抹至与标准贴饼齐平。中层抹灰后，应用大杠在墙面上来回搓抹，去高补低，最后再用铁抹子压一遍，使保温浆料层表面平整，厚度与标准贴饼一致。

4）保温浆料面层抹灰应在中层抹灰4～6h之后进行，施工前应用杠尺检查墙面平整度，墙面偏差应控制在±2mm。保温面层抹灰时应以修补为主，对于凹陷处用稀浆料抹平，对于凸起处可用抹子立起来将其刮平，最后用抹子分遍再赶压墙面，先用2m杠尺检验水平，后用托线板检验垂直，要求垂直度平整度达到验收标准。

5）保温浆料施工时要注意清理落地浆料，落地浆料在4h内重新搅拌即可使用。

6）阴阳角找方应按下列步骤进行：

① 用木方尺检查基层墙角的直角度，用线坠吊垂直检验墙角的垂直度。

② 保温浆料的中层灰抹后应用木方尺压住墙角保温浆料层上下搓动，使墙角保温浆料基本达到垂直，然后角部用阴、阳角抹子压光。

③ 保温浆料面层大角抹灰时要用方尺、抹子反复测量抹压修补操作，确保垂直度±2mm，直角度±2mm。

④ 门窗侧口的墙体与门窗边框连接处应预留出相应的保温层的厚度，并对已做好门窗边框表面成品保护。

⑤ 门窗辅框安装验收合格后方可进行门窗口部位的保温抹灰施工，门窗口施工时应先抹门窗侧口、窗上口部分的保温层，再抹大墙面的保温层。窗台口部分应先抹大墙面的保温层，再抹窗台口部分的保温层。施工前应按门窗口的尺寸截好单边八字靠尺，作口应贴尺施工以保证门窗口处方正与内、外尺寸的一致性。

7）做门、窗口滴水槽应在保温浆料施工完成后，在保温层上用壁纸刀沿线划开设定宽度的凹槽，槽深15mm左右，先用抗裂砂浆填满凹槽，然后将滴水槽嵌入预先划好的凹槽中，并保证与抗裂砂浆粘结牢固，收去滴水槽两侧檐口浮浆，滴水槽应镶嵌牢固、水平。滴水槽施工时应注意槽镶嵌的位置距窗侧口的墙面不应大于2cm，距外保温墙面不应超过3cm。

8）保温浆料施工完成后应按检验批的要求做全面的质量检验。在自检合格的基础上，整理好施工质量记录报总包方和相关方进行隐蔽检查验收。

(4) 抗裂防护层及饰面层施工

1）涂料饰面。待保温层施工结束3～7d后（强度达到用手掌按不动墙面为判断标准）且保温层厚度、平整度隐蔽验收合格以后，方可进行抗裂层施工。

① 抗裂层施工前应先将耐碱涂塑玻纤网格布按楼层高度分段裁好，将网格布裁成长度3m左右的布块，网格布包边应剪掉。

② 按施工配比要求配制搅拌抗裂砂浆，注意砂浆应随搅随用，严禁使用过时砂浆。现场用砂时应过2.5mm的筛网，否则抗裂砂浆层过于粗糙影响工程质量。

③ 抹抗裂砂浆时，厚度应控制在3～5mm，抹完宽度、长度相当于网格布面积的抗裂砂浆后，应立即用铁抹子将耐碱玻纤网格布压入新抹的抗裂砂浆中。网布之间搭接宽度应不小于50mm，先将底部网格布搭接处压入抗裂砂浆中，然后再抹一些抗裂砂浆将上面搭接的网格布压入抗裂砂浆中，搭接处要充满抗裂砂浆，严禁在网格布搭接处不抹抗裂砂浆或不满抹抗裂砂浆干搭现象，最后要沿网格布纵向用铁抹子再压一遍收光，消除面层的抹子印。网格布压入程度以可见暗露网眼，但表面看不到裸露的网格布为宜。

④ 阴角处耐碱网格布要单面压槎搭接，其宽度应不小于150mm；阳角处应双向包角压槎搭接，其宽度应不小于200mm。网格布施工时根据架子情况可横向铺贴施工，也可竖向铺贴施工，但要注意要顺槎顺水搭接，严禁逆槎逆水搭接。

⑤ 网布铺贴要紧贴墙面保证平整，无褶皱，砂浆饱满度应达到100%，不应出现大面积露布之处，大墙面要抹平、找直，阴阳角处要保证方正和垂直度。

⑥ 首层墙面应铺贴双层耐碱网格布，第一层铺贴网格布，网格布之间应采用对接方

法进行铺贴（不搭接），第一层铺贴施工完成后，进行第二层网格布地铺贴，铺贴方法如前所述，两层网格布之间的抗裂砂浆应饱满，严禁干贴。

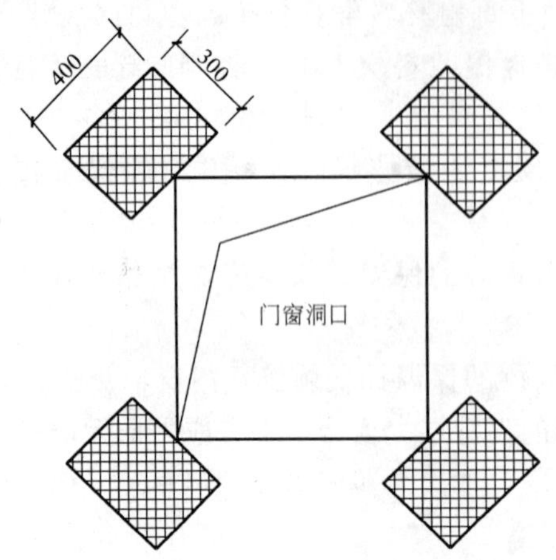

图 3-46 门窗洞口处增贴一道网格布示意图

⑦ 建筑物首层外保温应在阳角处双层网格布之间设专用金属护角，护角高度一般为 2m。在第一层网格布铺贴好后，应放好金属护角，用抹子在护角孔处拍压出抗裂砂浆，抹第二遍抗裂砂浆压网格布，网格布覆盖包裹住护角，保证护角部位坚实牢固抗冲击。

⑧ 大面积铺贴网格布之前，应在门窗洞口处沿 45°角方向先粘贴一道网格布，网格布尺寸宜为 300mm × 400mm，粘贴部位如图 3-46 所示。

⑨ 抗裂面层口角处需做压平修整时，可用鬃刷蘸取适量水涂刷新抹抗裂砂浆表面后再进行压光作业，可有效地防止抗裂砂浆粘抹子。压后窗台口处要平直，不要有毛刺，窗口阳角应用阳角抹子赶压修整顺直。

⑩ 抗裂层施工完成后应按检验批的要求对工程质量进行全面检查，检查方法同保温层平整度、垂直度检验方法。在自检合格的基础上，整理好施工质量记录报总包方和相关方进行隐蔽检查验收。

⑪ 抗裂砂浆抹完后，严禁在此面层上抹普通水泥砂浆腰线、套口线或刮涂刚性腻子等达不到柔性指标的外装饰材料。

⑫ 在抗裂砂浆施工 2h 后刷弹性底涂，使其表面形成防水透汽层。

⑬ 待抗裂砂浆基层干燥后，保温抗裂层验收合格后方可进行饰面层施工，对平整度达不到装饰要求的部位应刮柔性耐水腻子进行找补，这些部位包括：平整度不够的墙面、阴角、阳角、色带以及需要找平的部位，涂刮耐水腻子找平施工时，应用靠尺对墙面及找平部位进行检验，对于局部不平整处，应先刮柔性耐水腻子进行修复，刮涂柔性耐水腻子宜在柔性耐水腻子未干前进行打磨，打磨柔性耐水腻子宜用 0 号粗砂纸加打磨板进行打磨。大面积涂刮腻子应在局部修补之后进行，大面积涂刮腻子宜分两遍进行，但两遍涂刮方向应相互垂直。

⑭ 浮雕涂料可直接在弹性底涂上进行喷涂，其他涂料在腻子层干燥后进行刷涂或喷涂。若干挂石材，则根据设计要求直接在保温面层上进行干挂石材。

2）面砖饰面。待保温层施工结束 3～7d 后（强度达到用手掌按不动墙面为判断标准）且保温层厚度、平整度隐蔽验收合格以后，方可进行抗裂层施工。

① 抗裂层施工前应先将热镀锌四角焊网按楼层高度用克丝钳子分段裁好，将热镀锌四角焊网裁成长度约 3m 左右的网片，并尽量将网片整平。

② 抹第一遍抗裂砂浆时，厚度应控制在 3mm 左右，要求满抹，不得有漏抹之处。按楼层分层施工，第一层抗裂砂浆固化后，开始进行铺钉热镀锌四角焊网施工，要求第一层抗裂层的平整度不低于保温浆料层的平整度。

③ 铺钉热镀锌四角焊网应按从上而下，从左至右的顺序进行施工，首先将热镀锌四

角焊网在墙面就位，热镀锌四角焊网张开后弯曲面向墙面，用约 5～6cm 长的摵成 U 形的 12 号钢丝插入保温层将热镀锌四角焊网临时固定，将热镀锌四角焊网固定于保温墙面上后立即用电动冲击钻在临时固定的热镀锌四角焊网上部打孔，在孔中插入塑料膨胀锚栓，用手锤将胀钉钉牢，塑料膨胀锚栓的分布应尽可能地按图 3-47 所示。控制胀栓密度应为每平米 5～6 个，锚固胀栓固定热镀锌四角焊网要钉入结构墙体，钉入深度应不小于 25mm。在轻体填充砌块墙上施工时应尽可能地将铆钉打入砌块砂浆缝中，具体做法是在钉胀栓前先将砌块宽度标于施工墙体构造柱两侧，然后拉水平线将胀钉打在水平控制线内，以确保胀钉的拉拔强度。

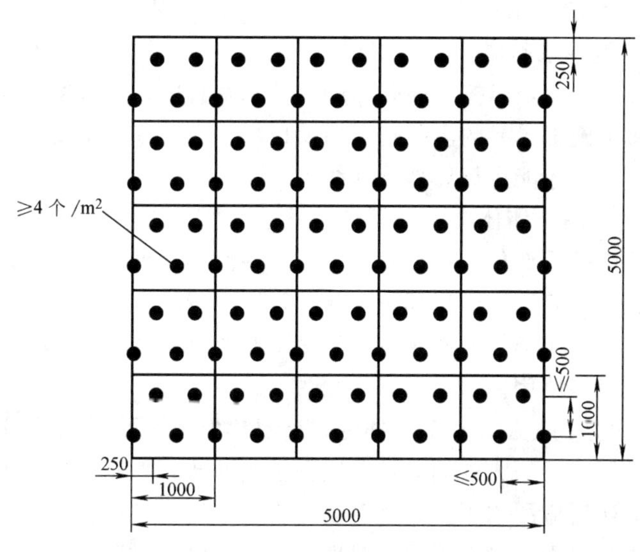

图 3-47 粘贴面砖锚固点分布图

④ 铺钉热镀锌四角焊网施工时要尽量使热镀锌四角焊网贴近墙面，对于热镀锌四角焊网局部翘起的部分应再用约 5～10cm 长的摵成 U 形的 12 号钢丝插入保温层压平固定，要求热镀锌四角焊网局部翘起应小于 2mm。热镀锌四角焊网边相互搭接宽度应在 40mm 左右（3 格网格），搭接部位以不大于 300mm 的距离用镀锌钢丝将两网绑扎在一起。

⑤ 为使热镀锌四角焊网铺钉门窗口角和墙面阴阳角部位施工质量得到保证，可将门窗口角和墙面阴阳角部位的热镀锌四角焊网在施工前预先折成直角，再进行锚固施工。

⑥ 窗洞等侧口部位热镀锌四角焊网收口处的固定胀栓数每延米不应少于三个胀栓，门窗口的热镀锌四角焊网边应直接固定于墙体基层并紧靠辅框处进行锚固施工，锚入胀钉距基层墙体外侧的距离不宜小于 30mm。

⑦ 在裁剪热镀锌四角焊网过程中不得将钢网形成死折，检查热镀锌四角焊网铺钉要紧贴墙面保证平整度达到±2mm 的要求。

⑧ 热镀锌四角焊网平整度检验合格后方可进行第二层抗裂砂浆的罩面施工，第二层抗裂砂浆抹灰层厚度应控制在 5～7mm，热镀锌四角焊网要求 100%地被抗裂砂浆覆盖，抗裂砂浆面层平整度、垂直度应控制在±2mm 之内。

⑨ 抗裂砂浆抹灰 2～3h 之后可用木抹子在热镀锌四角焊网格上将抗裂砂浆面层搓毛，为下一层的连接提供相应的界面。

⑩ 抗裂砂浆口角处需做压平修整时，可在表面用鬃刷适量刷水后再进行压光作业，可有效地防止压光过程中灰浆粘抹子。窗台口处要平直，不得有毛刺，窗口阳角应用阳角抹子赶压修整顺直。

⑪ 抗裂砂浆施工完成后应按检验批的要求对施工质量进行全面检查，在自检合格的基础上，整理施工质量记录并报总包方和相关方进行隐蔽检查验收。

⑫ 抗裂砂浆抹完后，严禁在面层上涂抹普通水泥砂浆腰线以及做水泥砂浆套口等。

⑬ 粘贴面砖按一般面砖粘贴施工工艺进行，应采用保温层专用面砖粘贴砂浆。

a. 弹线分格：抗裂砂浆基层验收后即可按图纸要求进行分段分格弹线。同时在面层进行粘标准控制面砖的作业，以控制面砖出墙尺寸和垂直度、平整度，注意每个立面的控制线应一次弹完。每个施工单元的阴阳角、门窗口、柱中、柱角都要弹线，控制线应用墨线弹制，验收合格后班组才能进行局部放细线施工。

b. 排砖：根据排砖图，墙体尺寸和面砖尺寸进行横竖方向的排砖，应注意保证面砖缝均匀，大墙面、通天柱子部位应排整砖。在同一墙面不允许出现一行以上的非整砖，非整砖要出现在阴角、窗间墙等不明显部位，砖缝宽度不应小于 5mm，严禁采用密缝排砖。

c. 浸砖：吸水率大于 0.5%的面砖应浸泡 24h 后擦干浮水后使用，吸水率小于 0.5%的面砖不需要浸砖可直接使用。

d. 贴砖：贴砖作业一般为从上而下进行，高层建筑大面积贴砖应分段进行。每段贴砖施工应由下至上进行。根据大墙面的控制线贴控制面砖，控制面砖一般要贴在控制线的交角处，贴好控制面砖后应用水平线、垂直线检查合格后拉细部控制线施工。贴砖前墙面应充分湘水，待湘水层风干至潮湿无明水时即可施工。贴砖时背面打灰要饱满，粘结灰浆中间略高四边略低，粘贴时要轻轻揉压，压出的灰浆用铁铲剔除。粘结灰浆厚度宜控制在 3～5mm 左右，面转的垂直度、平整度应与控制面砖一致。

e. 面砖勾缝：施工前应在面砖施工检查合格后进行，勾缝时应先勾横缝再勾竖缝，缝深2～3mm、缝隙要顺直，轮廓要方正，颜色要一致。缝勾完后应立即用棉丝、海绵蘸水或清洗剂擦洗干净，勾缝后的面砖层严禁用盐酸等各种酸性物质清洗墙面，以免造成勾缝材料泛白。面砖粘贴后应及时勾缝，严禁在接近冬期施工时面砖粘贴后不做勾缝处理而越冬的施工现象发生。

3.4 EPS 板现浇混凝土外墙外保温系统施工技术

3.4.1 系统构造

1. 基本构造

本系统是用于现浇混凝土剪力墙的外保温系统，材料采用阻燃型聚苯乙烯泡沫塑料板（EPS）作建筑物的外保温材料，保温板内表面（与现浇混凝土接触的表面）沿水平方向开有矩形齿槽或燕尾槽，外表面满涂界面剂，板面不平时可采用胶粉聚苯颗粒保温浆料进行找平，同时提高防火性能、耐候性能和透汽性能。它的安装方式是在施工时在绑扎完墙体钢筋后将保温板与墙体钢筋固定，然后安装内外钢模板即保温板置于墙体钢质大模板内侧，并用尼龙锚栓与墙体锚固。浇灌墙体混凝土时，外保温板与墙体有机的结合在一起，拆模后外保温与墙体同时完成，见图 3-48 和图 3-49 所示。

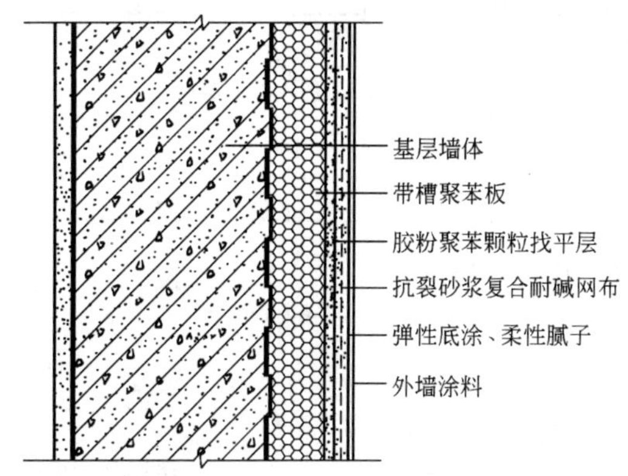

图 3-48 EPS板现浇混凝土外墙外保温系统基本构造（带胶粉聚苯颗粒保温浆料找平）

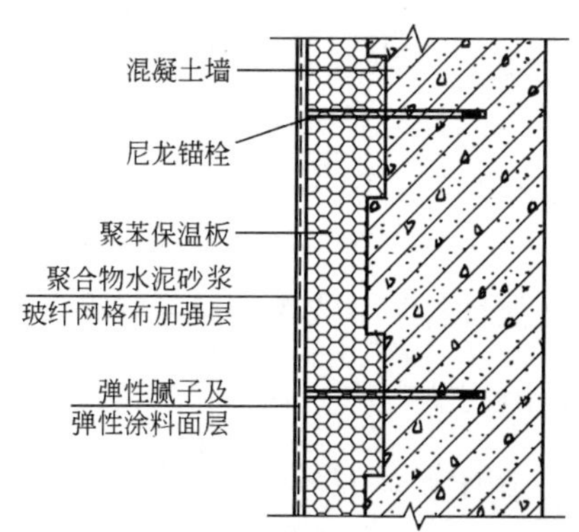

图 3-49 EPS板现浇混凝土外墙外保温系统基本构造（不带胶粉聚苯颗粒保温浆料找平）

2. 主要特点

施工简单、安全、省工、省力、经济、与墙体结合好，并能进行冬期施工。

摆脱了人贴手抹的手工操作安装方式，实现了外保温安装的工业化和减轻了劳动强度，有很好的经济效益和社会效益。

3.4.2 材料性能要求

膨胀聚苯板应为阻燃型。其性能指标除应符合表 3-39 的要求外，还应符合《绝热用模塑聚苯乙烯泡沫塑料》(GB/T 10801.1—2002) 第Ⅱ类的其他要求，膨胀聚苯板出厂前应在自然条件下陈化 42d 或在 60℃蒸汽中陈化 5d。

膨胀聚苯板主要性能指标 **表 3-39**

试验项目	性能指标	试验项目	性能指标
导热系数[W/(m·K)]	≤0.041	垂直于板面方向的抗拉强度(MPa)	≥0.10
表观密度(kg/m³)	18.0～22.0	尺寸稳定性(%)	≤0.30

聚苯板界面砂浆的性能指标应符合表 3-40 的要求。

聚苯板界面砂浆的性能指标 **表 3-40**

项目			性能指标
拉伸粘结强度	与水泥砂浆试块	标准状态 7d	≥0.30MPa
		标准状态 14d	≥0.50MPa
		浸水后	≥0.30MPa
	与 18kg/m³ 聚苯板试块(标准状态或浸水后)		≥0.10MPa 或聚苯板破坏
	与胶粉聚苯颗粒找平浆料试块(标准状态)		≥0.10MPa 或胶粉聚苯颗粒找平浆料试块破坏

尼龙锚栓的技术性能指标见表3-41所示。

尼龙锚栓技术性能指标 表3-41

项目		测试值(kg)	测试条件
握紧力	ϕ8系列	≥300	钻孔直径8mm,进入墙体深度40mm
	ϕ10系列	≥400	钻孔直径10mm,进入墙体深度50mm
吊挂力	ϕ8系列	≥300	
	ϕ10系列	≥400	

其他材料及系统性能指标应符合本章3.3.2的相关规定。

3.4.3 施工要点

1. 施工机具准备

(1) 切割聚苯板操作平台、电热丝、接触式调压器、电烙铁、强制式试讲搅拌机、垂直运输机械、水平运输机械、手提搅拌器、喷枪、手提式电动打磨机。

(2) 常用抹灰工具剂抹灰的专用检测工具、经纬仪剂放线工具、水桶、剪子、滚刷、铁锹、手锤、方尺、靠尺。

2. 施工程序

EPS板现浇混凝土外墙外保温系统的施工程序，见图3-50。

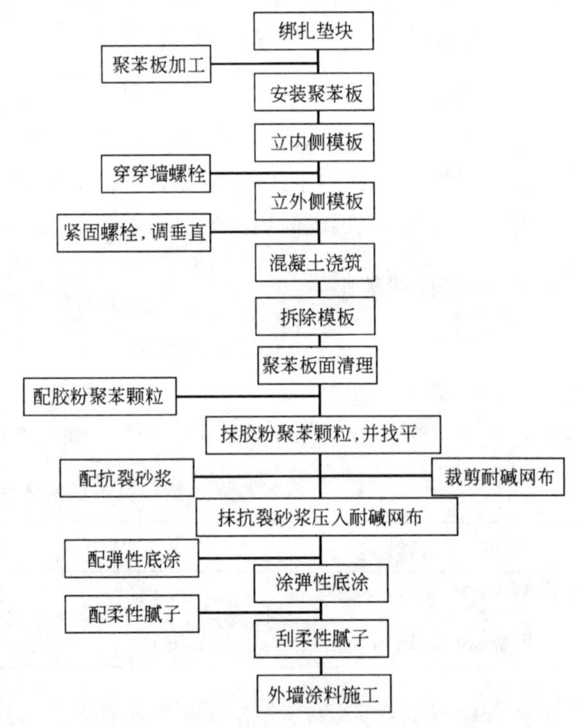

图3-50 EPS板现浇混凝土外墙外保温系统的施工程序

3. 施工操作要点

(1) 聚苯板加工

1) 形式1。按设计规定容重的阻燃级聚苯板加工尺寸为：1.20m×设计保温厚度×层高，板的长、宽、对角线尺寸误差不应大于2mm，厚度、企口误差不大于1mm（图3-51）。板的双面采用聚苯板涂刷界面砂浆进行处理，注意不要漏涂，对破坏部位应及时补涂；聚苯板在运输及现场码放过程中应平放不宜立摆，轻拿轻放。

2) 形式2。保温材料是采用阻燃型聚苯乙烯泡沫塑料板，板宽1.22m，板高按层高，厚度按设计要求，背面带有凸凹形齿槽（凸凹槽宽度为100mm，深度10mm），周边带有高低槽（槽宽25mm，深度为1/2板厚）的保温板（外喷界面剂），形式见图3-52。

(2) 组合浇筑施工工艺

1) 按施工设计图做好聚苯板的排板方案。墙身钢筋绑扎完毕，水电箱盒、门窗洞口预埋完毕，检查保护层厚度应符合设计要求，办完隐蔽工程验收手续。

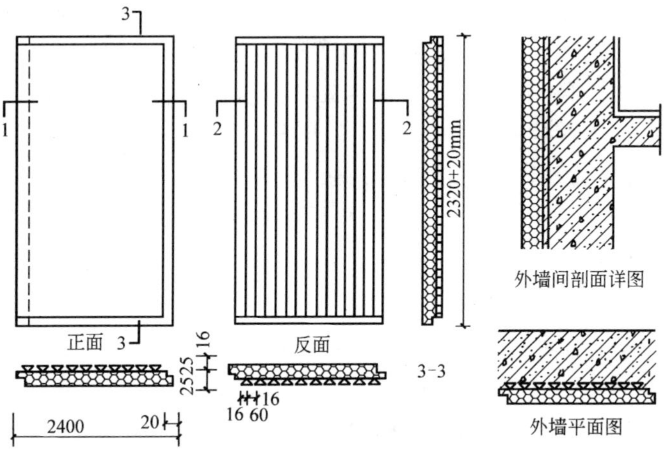

图 3-51 聚苯板加工图

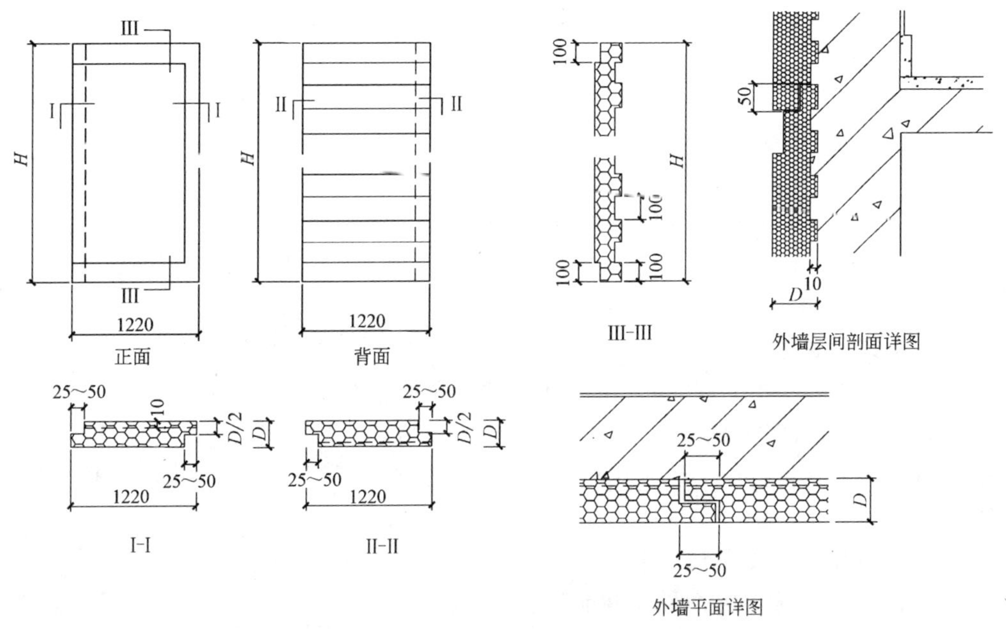

图 3-52 聚苯板加工图

2) 弹好墙身线。在 EPS 外墙模板系统支模时，首先将 EPS 板按外墙身线就位于外墙钢筋的外侧，先根据建筑物平面图及其形状排列聚苯板，安装时首先安装阴阳角处聚苯板，然后再安装大墙面聚苯板，并且根据其特殊节点的形状预先将聚苯板裁好，将聚苯板的接缝处涂刷上粘接胶（有污染的部分必须先清理干净），板与板之间的企口缝在安装前涂刷聚苯板粘接胶，随即安装。然后将聚苯板粘接上，粘接完成的聚苯板不要再移动，在板的专用竖缝处用塑料夹子将两块聚苯板连接到一起，基本拉住聚苯板。专用 ABS 工程塑料卡穿透聚苯板，就位时可用绑扎丝把卡子与墙体钢筋绑扎固定，绑扎时注意聚苯板底部应绑扎紧一些，使底部内收 3～5mm，以保证拆模后聚苯板底部与上口平齐。再用专用卡子骑板缝插入机械连接两板，要求两板尽可能紧密。

3）绑扎垫块。外墙钢筋验收合格后，绑扎按混凝土保护层厚度要求制作好的水泥砂浆垫块。每平方米不少于4个，首层的聚苯板必须严格控制在统一水平上，保证以后上面聚苯板的缝隙严密和垂直。在板缝处用聚苯板胶填塞。

4）在外侧聚苯板安装完毕之后，安装门窗洞口模板，安装内模板之前要检查钢筋，各种水电预埋件位置是否正确，并清扫模内杂物。

5）内模板按内墙身位置线找正之后，将外墙内侧向的大模板准确就位，调整好垂直度，立模的精度要符合标准要求，并固定牢靠，使该模板成为基准模板。

6）从内模板穿墙孔处插穿墙拉杆及塑料套管和管堵，并在穿墙拉杆的端部，套上一节镀锌铁皮圆筒。插入聚苯板但此时暂不穿透聚苯板模板。

7）合外模板时首先将外模板放在三脚架上，按照大模板穿墙螺栓的间距，用电烙铁给聚苯板开孔，使模板与聚苯板的孔洞吻合，孔洞不宜太大以免漏浆。此时二次插穿墙螺栓利用圆铁皮筒，将EPS板切出一个圆孔，使穿墙螺栓完全穿透墙体外模板，用穿墙螺栓将外墙外侧组合模板就位。

8）穿墙螺栓穿透墙体后，将端头套的镀锌铁皮圆筒摘掉，然后完成相应的外模板的调整和紧固作业。

9）在常温条件下墙体混凝土浇筑完成，间隔12h后且混凝土强度不小于1MPa即可拆除墙体内、外侧面的大模板。

（3）聚苯板浇筑注意事项

1）在外墙外侧安装聚苯板时，将企口缝对齐，墙宽不合模数的用小块保温板补齐，门窗洞口处保温板可不开洞，待墙体拆模后再开洞。门窗洞口及外墙阳角处聚苯板外侧的缝隙，用楔形聚苯板条塞堵，深度10～30mm。

2）在浇筑混凝土时，注意振捣棒在插、拔过程中，不要损坏保温层。

3）在整理下层甩出的钢筋时，要特别注意下层保温板边槽口，以免受损。

4）墙体混凝土浇灌完毕后，如槽口处有砂浆存在应立即清理。

5）穿墙螺栓孔，应以干硬性砂浆捻实填补（厚度小于墙厚）随即用保温浆料填补至保温层表面。

6）聚苯板在开孔或裁小块时，注意防止碎块掉进墙体内。

（4）找平及抗裂防护层和饰面层施工

需要找平时，用胶粉聚苯颗粒保温浆料找平，并用胶粉聚苯颗粒对浇筑的缺陷进行处理。胶粉聚苯颗粒保温浆料的施工方法及抗裂防护层和饰面层的施工参见本章第3.3.5条的相关内容。

4. 主要节点构造做法

（1）窗口的一般做法

在主体完工后进行面层抹灰前，为消除外保温的局部“热桥”，即主要发生在外墙的门、窗洞口框料的周边外侧部位。窗框安装完成后在其四周抹聚苯颗粒保温砂浆，并外抹聚合物水泥砂浆压玻纤网格布以防止开裂（窗台部位应放置两层网格布），窗口上部应做滴水，见图3-53。

（2）阳台分户隔板做法

为消除阳台栏板和分户墙隔板部位“热桥”，可以在该部位两侧后贴保温板（图3-54

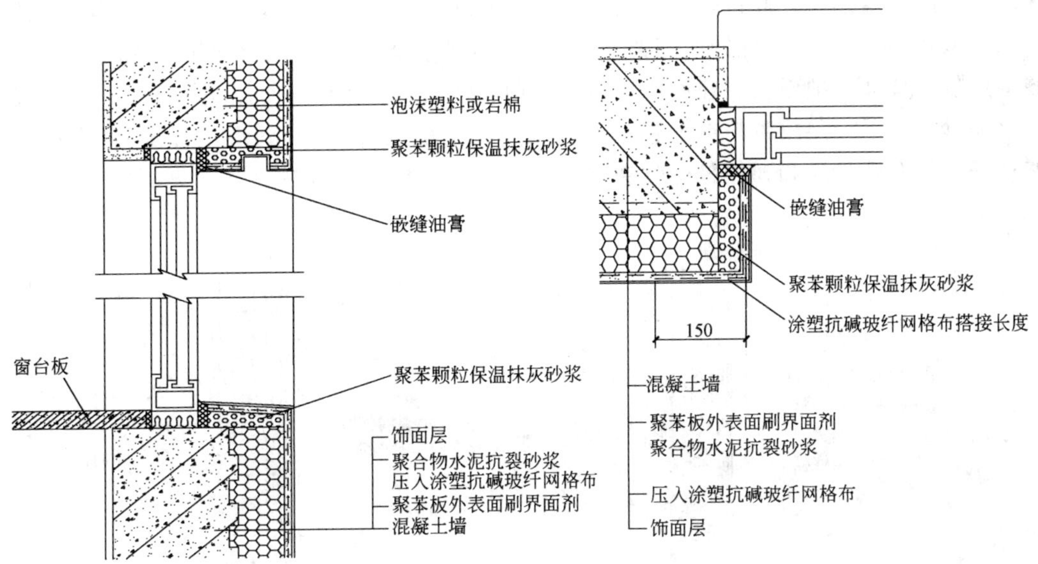

图 3-53 窗口保温做法

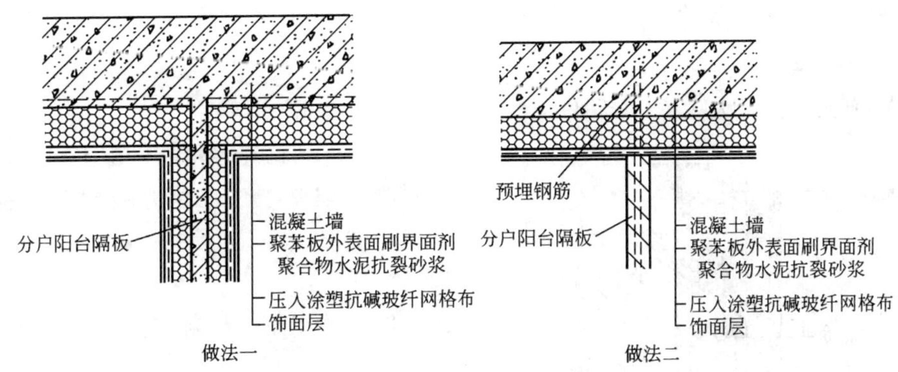

图 3-54 分户阳台隔板保温做法

做法一)，也可以采用预埋钢筋后做阳台靠墙栏板和分户（图 3-54 做法二）做法。

3.5 EPS钢丝网架板现浇混凝土外墙外保温施工技术

3.5.1 系统构造

1. 基本构造

该系统用于建筑剪力墙体系，其施工工序是当外墙的钢筋绑扎完毕后，然后将一种由工厂预制的保温构件放在墙体钢筋外侧（这种构件是外表面有横向齿槽形的聚苯板，中间斜插若干 $\phi2.5$ 穿过板材的镀锌钢丝，这些斜插镀锌钢丝与板材外的一层 $\phi2$ 钢丝网片焊接，构件表面喷有界面剂，构件由工厂预制）并与墙体钢筋固定，再支墙体内外钢模板（此时保温板位于外钢模板内侧），然后浇筑混凝土墙，拆模后保温板和混凝土墙体结合在一起，牢固可靠。为确保保温板与墙体之间结合的可靠性，在聚苯保温构件上有镀锌斜插丝伸入混凝土墙内，并通过聚苯板插入经防锈处理的 ϕ6 L 形钢筋，或插入 ϕ10 塑料胀管，约每平米 3～4 个，然后在钢丝网架上抹抗裂型水泥砂浆找平层或胶粉聚苯颗粒保温浆料找平层复合抗裂防护面层，最后用弹性粘结剂粘贴面砖。如在表面做涂料面层，则在抗裂型水泥砂浆找平面层或胶粉聚苯颗粒保温浆料找平层上抹 4～5mm 左右的聚合物水泥砂浆玻纤网格布防护层和弹性腻子防裂层，最后在表面做有机弹性涂料，见图 3-55 和图 3-56 所示。

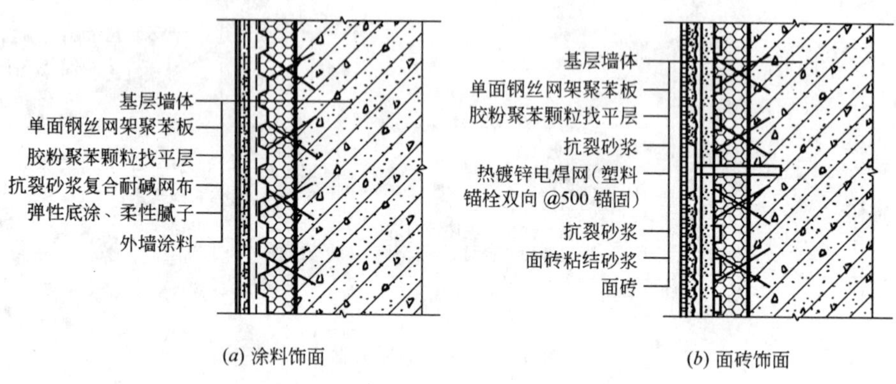

图 3-55 EPS 钢丝网架板现浇混凝土外墙外保温系统（胶粉聚苯颗粒保温浆料找平层）

2. 主要特点

(1) 施工快，可大大缩短工期；

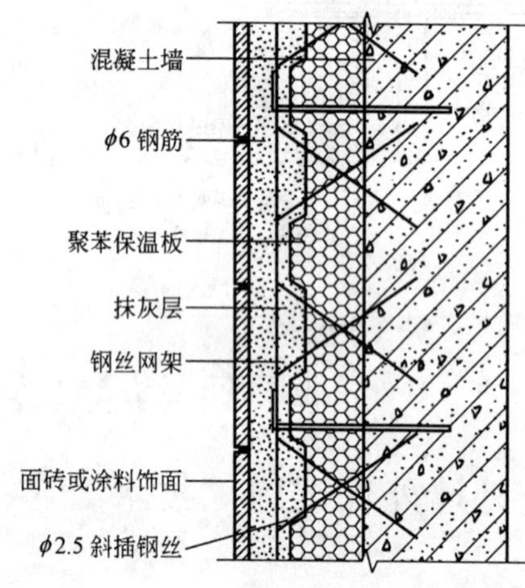

图 3-56 EPS 钢丝网架板现浇混凝土外墙外保温系统（抗裂型水泥砂浆料找平层）

(2) 与主体结构连接可靠，施工安全；

(3) 能冬期施工（因保温板置于钢模内侧，相当于保温模板）；

(4) 造价低；

(5) 适宜于在面层粘贴面砖。

3.5.2 材料性能

斜嵌入式钢丝网架聚苯板的性能指标应符合表 3-42～表 3-45 的要求。

其他材料性能参见本章前面相关节。

3.5.3 施工

1. 施工准备

斜嵌入式钢丝网架聚苯板的质量要求 表 3-42

项 目	质 量 要 求
凹槽	钢丝网片一侧的聚苯板面上凹槽宽 20～30mm，凹槽深 10mm±2mm，并且间距均匀
企口	聚苯板两长边设高低槽，宽 20～25mm，深 1/2 板厚，要求尺寸准确
界面处理	聚苯板的两面及钢丝网架上均匀喷涂聚苯板界面砂浆，聚苯板界面砂浆与聚苯板的粘结牢固，涂层均匀一致，不得露底，干擦不掉粉

斜嵌入式钢丝网架的质量要求 表3-43

项目	质量要求
镀锌低碳钢丝	用于钢丝网片的镀锌低碳钢丝的直径为2.00mm、2.20mm，用于斜插丝的镀锌低碳钢丝的直径为2.20mm、2.50mm，误差为±0.05mm，其性能指标应符合YB/T 126—1997的要求
焊点强度	抗拉力不小于330N，无过烧现象
焊点质量	网片漏焊、脱焊点不超过焊点数的8‰，且不应集中在一处，连续脱焊点不应多于2点，板端200mm区段内的焊点不允许脱焊、虚焊，斜插丝脱焊点不超过2%
斜插钢丝(腹丝)密度	(100～150)根/m^2
斜插钢丝与钢丝网片所夹锐角	60±5°
钢丝挑头	网边挑头长度不大于6mm，插丝挑头不大于5mm
穿透聚苯板挑头	聚苯板厚度不大于50mm，穿透聚苯板挑头离板面垂直距离不小于30mm；聚苯板厚度大于50mm不大于80mm，穿透聚苯板挑头离板面垂直距离不小于35mm；聚苯板厚度大于80mm不大于150mm，穿透聚苯板挑头离板面垂直距离不小于40mm
聚苯板对接	不大于3000mm长板中聚苯板对接不得多于两处，且对接处需用聚氨酯胶粘牢
钢丝网片与聚苯板的最短距离	5mm±1mm

注：横向钢丝应对准凹槽中心。

斜嵌入式钢丝网架聚苯板的规格 表3-44

层高(mm)	长(mm)	宽(mm)	厚(mm)
2800	2825～2850	1220	40～150
2900	2925～2950		
3000	3025～3050		
其他	其他规格可根据实际层高协商确定		

注：1. 斜嵌入式钢丝网架聚苯板的钢丝网片尺寸应略小于聚苯板的尺寸；
2. 聚苯板的厚度包括梯形槽部分的厚度，厚度根据保温要求计算确定。

斜嵌入式钢丝网架聚苯板的规格尺寸允许偏差 表3-45

项目		允许偏差	项目		允许偏差
长度、宽度	<1000	±5	厚度	<50	±2
	1000～2000	±8		50～75	±3
	2000～4000	±10		75～150	±4
	>4000	正偏差不限，-10		含钢丝网时	±5
两对角线偏差		≤10	钢丝网两对角线偏差		≤10

(1) 技术准备

1) 熟悉各方提供的有关图纸资料，参阅有关施工工艺，做好内业。

2) 了解材料性能，掌握施工要领，明确施工顺序。

3) 与提供成套材料和技术的企业联系，并由该企业派人员在现场对工人进行培训和做技术指导。

(2) 材料准备

1) 保温构件。厚度按设计要求，表观密度18～20kg/m^3 自熄型单层钢丝网架聚苯泡沫保温构件（表面应喷涂界面剂）。

2）保温板与墙体连接材料。经防锈处理的L型ϕ6钢筋或尼龙胀栓。

3）抗裂砂浆抹灰层材料。普通硅酸盐水泥P·O 32.5，中砂，干粉料或聚合物乳液，防裂外加剂，耐碱涂塑型玻纤网格布。

4）面层。面砖或弹性有机涂料按设计要求。

5）其他材料。聚苯颗粒保温浆料、泡沫塑料棒、塑料滴水线槽、分格条和嵌缝油膏等。

（3）机具准备

1）在进行保温施工前，按工程量的大小，进场工人的数量安装好容积约300L砂浆搅拌机，按现场平面布置搭设搅拌机棚，接通水电，调试正常，搅拌棚的地点应选择背风向，靠近垂直运输机械。搅拌棚应三侧封闭，一侧作为进出料通道，应有顶棚，地面应平整坚实。

2）保温施工若采用双排脚手架施工时，脚手架应搭设牢固，脚手板应分层铺严；若采用电动吊篮施工，电动吊篮应安装完毕，安全验收检查合格后方可使用。配套垂直运输机械应安装验收完毕后使用。

3）切割聚苯板操作平台、电热丝、接触式调压器、电烙铁、强制式搅拌机、垂直运输机械、水平运输机械、手提电动搅拌器、喷枪、瓷砖切割器、手提式电动打磨机、电动冲击钻、8mm合金钻头。

4）常用抹灰工具、抹灰专用的检测工具、经纬仪、放线工具、水桶、剪子、滚刷、铁锹、手锤、方尺、靠尺等。

2. 施工顺序

（1）施工工艺流程，见图3-57

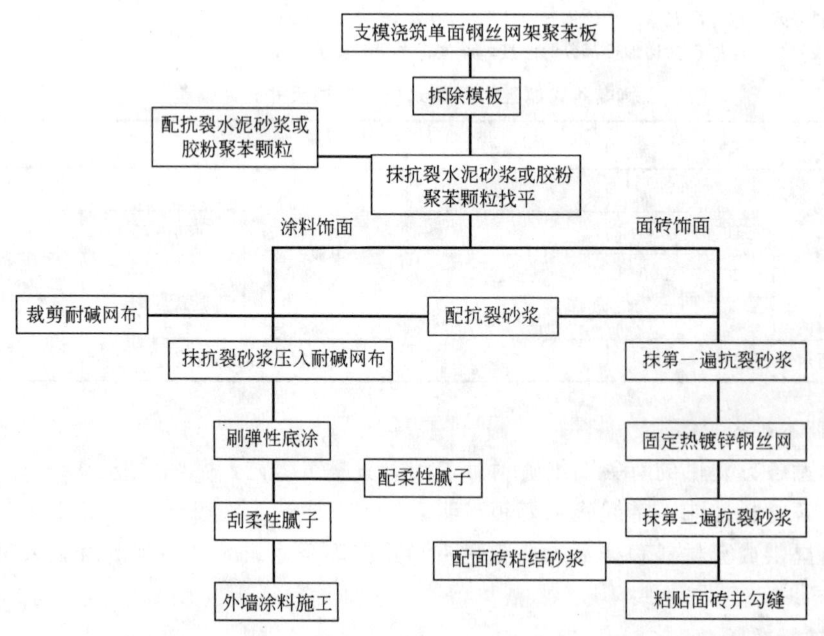

图3-57 EPS钢丝网架板现浇混凝土外墙外保温系统施工程序

(2) 钢筋绑扎

1) 钢筋须有出厂证明及复试报告。

2) 采用预制点焊网片做墙体主筋时，须严格按其操作规程执行。

3) 绑扎钢筋时严禁碰撞预埋件，若碰动时应按设计位置重新固定牢固。

(3) 安装外墙外保温构件

1) 单面钢丝网架聚苯板在工厂加工成型，板面及钢丝网架均匀喷涂聚苯板界面砂浆，注意不得有漏喷之处，厚度不小于1mm，对露喷部位应及时补涂；聚苯板在运输及现场码放过程中应平放不宜立摆，轻拿轻放。

2) 内、外墙钢筋绑扎经验收合格后，方可进行保温构件安装。

3) 按照设计所要求的墙体厚度弹水平线及垂直线，以确定外墙厚度尺寸，同时在外墙钢筋外侧绑卡砂浆块（不得采用塑料垫卡），每块板内不少于6块，以确保钢筋与保温构件之间的保护层。

4) 拼装保温构件。安装保温构件时，保温构件就位后，板之间用火烧丝绑扎，间距不大于150mm，用电烙铁在聚苯板上烫孔，将L筋按位置穿过保温板，用火烧丝将其与墙体钢筋绑扎牢固。

L筋：$\phi 6$、长150mm，弯勾30mm，外表应刷防锈漆两道或其他防锈处理。

5) 保温板外侧低碳钢丝网片均按楼层层高断开，互不连接。

(4) 模板安装

宜采用大模板。按保温板厚度确定模板配置尺寸、数量。

1) 按弹出墙线位置安装模板。在底层混凝土强度不低于7.5MPa时，开始安装。安装上一层模板时，利用下一层外墙螺栓孔挂三角平台架（安全防护架）。

2) 安装外墙外侧模板。安装前须在现浇混凝土墙体的根部或保温板外侧采取可靠的定位措施，以防模板挤靠保温板。模板放在三角平台架上，将模板就位，穿螺栓紧固校正，连接必须严密、牢固，以防止出现错台和漏浆现象。

(5) 混凝土浇筑

宜采用商品混凝土，其坍落度应不小于180mm。

1) 墙体混凝土浇筑前保温板顶面必须采取遮挡措施，应安装槽口保护套，形状如“Π”形，宽度为保温板厚度加模板厚度。新、旧混凝土接槎处应均匀浇筑30～50mm同强度等级的减石混凝土。混凝土应分层浇筑，厚度控制在500mm，一次浇筑高度不宜超过1.0m，混凝土下料点应分散布置，连续进行，间隔时间不超过2h。

2) 振捣棒振动间距一般应小于500mm，每一振动点的延续时间以表面呈现浮浆和不再沉落为度。

3) 洞口处浇筑混凝土时，应沿洞口两边同时下料，使两侧浇筑高度大体一致，振捣棒应距洞边300mm以上，以保证洞口下部混凝土密实。

4) 施工缝留置在门洞口过梁跨度1/3范围内，也可留在纵横墙的交接处。

5) 墙体混凝土浇筑完毕后，需整理上口甩出钢筋，并以木抹子抹平混凝土表面，采用预制楼板时，宜采用硬架支模，墙体混凝土表面标高低于板底30～50mm。

(6) 模板拆除

1) 在常温条件下，墙体混凝土强度不低于1.0MPa，冬期施工墙体混凝土强度不低于7.5MPa时，才可以拆除模板，拆模时应以同条件养护试块抗压强度为准。

2）先拆外墙外侧模板，再拆外墙内侧模板。并及时修整墙面混凝土边角和清除粘在板面的漏浆。

3）穿墙套管拆除后，混凝土墙部分孔洞应用干硬性砂浆捻塞，保温板部分孔洞应用保温材料补齐。

4）拆模后保温板上的横向钢丝必须对准凹槽，钢丝距槽底不小于8mm。

（7）混凝土养护

常温施工时，模板拆除后12h内喷水或养护剂养护，不少于七昼夜，次数以保持混凝土具有湿润状态为准。冬期施工时应定点、定时测定混凝土养护温度，并做记录。

（8）外墙外保温板板面抹灰

1）抹灰前准备。

① 凡保温板表面有余浆与板面结合不好，如有疏松空鼓现象者均应清除干净、无灰尘、油渍和污垢。

② 绑扎阴阳角，窗口四角角网，角网尺寸应为400mm×1200mm、200mm×1200mm钢丝网架板拼缝处应用火烧丝绑扎，间距应不大于150mm，窗口四角八字网尺寸应为400mm×200mm呈45°。

③ 两层之间保温板钢丝网应断开不得相连。

2）原材料。

① 水泥：32.5级普通硅酸盐水泥；

② 砂子：中砂，含泥量不大于3%；

水泥砂浆按1∶3比例配置，并按水泥重量加入防裂剂，要求其收缩值不大于1%。

3）抹灰。钢丝网架可用胶粉聚苯颗粒保温浆料进行找平，并用胶粉聚苯颗粒对浇筑的缺陷进行处理。

① 板面上界面剂如有缺损，应在表面上补界面处理剂，要求均匀一致，不得露底（包括钢丝网架）。

② 抹灰层之间及抹灰层与保温板之间必须粘结牢固，无脱层、空鼓现象。表面应光滑洁净，接槎平整，线角须垂直、清晰。

③ 抹灰应分底层和面层，分层抹灰待底层抹灰凝结后可进行面层抹灰，每层抹完后均需洒水养护，或喷养护剂。

④ 分隔条宽度、深度要均匀一致，平整光滑，横平竖直，楞角整齐，滴水线槽流水坡间要正确、顺直、槽宽和深度不小于10mm。

⑤ 抹灰完成后，在常温下24h后表面平整无裂纹即可在面层抹4～5mm聚合物水泥砂浆玻纤网格布防护层，然后在表面作面砖装饰层，如做涂料宜采用弹性腻子和有机弹性涂料。

⑥ 外墙如贴面砖宜采用胶粘剂并按《建筑工程饰面砖粘结强度检验标准》（JGJ 110）进行检验。

⑦ 注意环境影响，施工时应避免大风天气，当天气温度低于5℃时，停止施工。

（9）成品保护措施

1）抹完水泥砂浆面层后的保温墙体，不得随意开凿孔洞，如确有开洞需要，如安装物件等，应在砂浆达到设计强度后方可进行，待安装物体完毕后修补洞口。

2）翻拆架子时应防止撞击已装修好的墙面，门窗洞口、边、角、垛处应采取保护措施。其他作业也不得污染墙面，严禁踩踏窗台。

3.6 机械固定EPS钢丝网架板外墙外保温系统施工技术

机械固定EPS钢丝网架板外保温系统符合建筑节能需要，使用面积已达数百万平方米。适用于砌体、框架填充墙和现浇剪力墙建筑，施工简便，易于操作，钢丝抹灰层25mm厚，耐火性能超过1.2h；钢网抹灰基层可靠，适合粘贴面砖饰面。以往多采用1∶3水泥砂浆抹面，强度高，属刚性，灰层厚易产生干缩和温度裂缝，严重影响使用寿命和保温效果。根据建筑节能发展需要，若采用此工艺需提高SB板现场安装质量，改进抹灰配比做法，合理设置保温系统的变形缝，全面改进整体提高施工技术。

3.6.1 系统特点

（1）外墙外保温用EPS钢丝网架板（称SB板），是以阻燃型聚苯乙烯板为保温芯材，配有双向斜插入的高强度钢丝，并与单面覆以网目50×50的ϕ2.0钢丝网片焊接，成为带有整体焊接钢丝网架的保温板材，根据保温需要斜插丝不穿透EPS板，按照国家建材行业标准《钢丝网架水泥聚苯乙烯夹芯板》（JC 623—1996）要求，SB板必须是机械连续自动焊接而成，严禁手工焊网。

（2）SB板可以和多种墙体复合，如实心砖墙、多孔砖墙、混凝土空心砌块墙体及现浇钢筋混凝土墙体。

（3）SB板构造图，见图3-58。

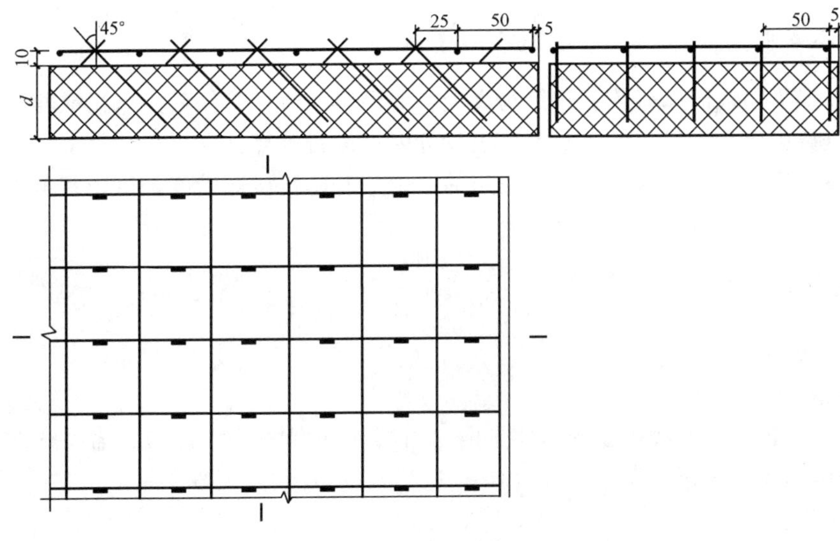

图3-58 SB1板构造图

3.6.2 材料要求

1. 钢丝

SB板板面网片的冷拔钢丝为ϕ2.0±0.05mm，用于斜插的镀锌冷拔钢丝为ϕ2.0±

0.05mm，其抗拉强度不小于550N/mm²，钢网脱焊、漏焊点不得超过2%，连续脱焊点不应多于2个，斜插丝脱焊点不得超过2%。

2. 芯板

阻燃型聚苯乙烯芯板密度为15～20kg/m³，氧指数不小于30，其余应符合《隔热用聚苯乙烯泡沫塑料》（GB 10801—89）的规定。

3. 抹灰砂浆

用于SB板砂浆面层宜采用不低于M10的抗裂水泥砂浆；如饰面层为弹性涂料时，为避免墙体开裂，应在山墙中层抹灰后压入耐碱玻纤网格布，网格布应符合《耐碱玻纤网格布》（JC/T 841—1999）的规定。

3.6.3 构造要求

（1）采用SB板与砌体复合时，应在墙体预埋$\phi6$拉结筋，双向间距500，梅花型布置，$\phi6$拉结筋距保温板端边120～150mm。

（2）在每层外墙圈梁或框架梁上预埋铁件与承托角钢焊牢，焊缝厚度$h_f=6$，四边围焊。承托角钢尺寸根据芯板厚度确定。

（3）在完成的实心砖或钢筋混凝土墙体上复合SB板，锚固铁件可用$\phi6$膨胀螺丝固定，梅花型布置，每m²不少于7个或根据抗风计算增加。

（4）SB板局部加强采用增设局部钢丝网或增加钢筋的方法，钢丝网和钢筋与SB板钢丝架之间采用绑扎连接方法。

（5）建筑装饰分格缝，凹进深度，不得透过底层抹灰，分格间距根据设计。

（6）山墙等大面积抹灰，超过15m²以上时，宜设变形缝，变形缝嵌填弹性密封膏。

3.6.4 技术要求

（1）根据不同地区风荷载和建筑物高度，保温墙面所承受的最大风荷载和拉结筋、膨胀螺栓的拉拔力由生产厂家提供数据，由设计人员进行验算。

（2）中高层、高层建筑外墙外保温层的钢丝应有防雷接地措施，以防雷击事故。接地措施由设计人员根据具体情况确定。

3.6.5 SB板安装施工

1. 施工准备

（1）材料：

SB板、各种宽度的冷拔镀锌钢丝平网、角网、U型网、$\phi6$钢筋、锚固铁件、膨胀螺栓和22号镀锌钢丝、承托角钢、预埋件。

（2）工具：

冲击钻、锤、扳手、断丝剪、钢尺、钢锯及常用工具。

（3）作业条件：

1）检查SB板质量：对于运输、堆放造成的变形，必须予以矫正，脱焊点必须补焊或用钢丝扎紧。

2）清理墙面：清除墙面上灰渣，并将墙面上不平整处补平。

2. 施工操作要点

(1) 实心墙先在墙内预埋 $\phi 6$ 拉结筋，筋长 320mm，预埋端设 20mm 弯钩，外露 160mm，拉结筋双向中距不应大于 500mm，多孔砖墙预埋拉结筋构造同实心墙；混凝土墙用 $\phi 6$ 胀管螺钉固定，每 m^2 不少于 7 个固定胀管螺钉。拉结筋（或胀管螺钉）呈梅花型布置，外露拉结筋预刷两道防锈漆，沿门窗洞的拉结筋距洞边宜为 75mm。

(2) 在圈梁或框架梁上预埋连接件，其中距应不大于 1200，SB 板承托角钢与预埋连接件焊接。

(3) SB 板按设计裁板，拼接后安装就位。砌体墙拉结筋穿透 SB 板后扳倒，把钢丝网片压紧，并用钢丝扎紧。

(4) 门窗洞口四角应铺 L 形 SB 板，不应采用直缝拼板，并在洞口四角 SB 板附加 45°斜铺 400×200 钢网。

(5) 板与板应挤紧，聚苯不碰头可用聚苯条塞实，要保证保温层严密。

(6) 外墙阴阳角及门窗口、阳台底边处等，须附加钢丝网（平网、角网、U 网）。

(7) 钢筋混凝土墙上复合 SB 板，可用 $\phi 6$ 膨胀螺栓通过锚固件固定在墙体上。锚固件为镀锌薄钢板，槽深根据保温板厚度确定。

(8) 大墙面超过 $15m^2$ 时，宜设置水平和垂直变形缝，变形缝净宽 20mm，内填聚乙烯棒形背衬，外嵌弹性密封膏。变形缝两侧 SB 板应用 U 形钢丝网包边，砂浆抹平后缝宽 20mm。

3.6.6 外墙面抹灰

1. 抹灰前准备

(1) 抹灰前要认真清除板面灰尘、污垢、油渍等。

(2) 检查加固阴阳角及拼缝网片，应顺直平整牢固。

2. 原材料

(1) 抹面砂浆水泥：P·O 32.5 普通硅酸盐水泥。砂：中砂，含泥量不大于 3%。

底层和中层水泥砂浆按 1∶4 比例配制。

(2) 界面处理剂：聚合物水泥浆，内掺 4%的抗裂剂和适量熟石灰粉，28d 抗压强度应达到 10MPa。面层为细砂水泥砂浆内掺 8%抗裂剂和 1%甲基纤维素。

(3) 耐碱玻纤网格布。

3. 抹灰

(1) 抹灰前，在 SB 板面未涂刷界面剂的部分，均匀喷涂或刷涂一层界面处理剂。

(2) 抹灰分三层：底层、中层和罩面层。底层厚 12～15mm，中层 8～10mm，罩面层 3～5mm，总厚度不小于 25mm。山墙应在中层抹灰后，压入一层玻纤网格布，再抹罩面层灰。

(3) 饰面，涂料饰面时，应在罩面层上先刮一层专用罩面腻子，不平处应用砂纸磨平。面砖饰面时，在罩面层上用专用粘接砂浆粘接面砖，专用胶粉勾缝。

3.7 现场喷涂硬泡聚氨酯外墙外保温系统施工技术

3.7.1 设计要点

(1) 本系统适用于全国各地区需冬季保温、夏季隔热的多层及中高层新建民用建筑和工业建筑，也适用于既有建筑的节能改造工程，建筑高度可不受限制。

（2）本系统适用于抗震设防烈度不大于8度的建筑物。

（3）本系统的基层墙体为混凝土空心砌块、灰砂砖、多孔砖、空心砖、实心砖、加气混凝土砌块等砌体结构外墙或全现浇钢筋混凝土外墙。

（4）本系统中聚氨酯保温层的厚度应符合国家和本地区现行的相关建筑节能设计标准的规定。

（5）本系统外饰面粘贴面砖时，抗裂防护层中的热镀锌电焊网要用塑料锚栓双向@500mm锚固，确保外饰面层与基层墙体的有效连接。

（6）热桥部位如门窗洞口、飘窗、女儿墙、挑檐、阳台、空调机搁板等部位应加强保温，不好喷涂聚氨酯的部位应抹胶粉聚苯颗粒保温浆料。

（7）基层墙体的平整度误差不应超过3mm，否则应先对基层墙体进行找平后方可进行喷涂聚氨酯的施工。

（8）为确保聚氨酯与基层墙体的有效粘结，基层墙体应该充分干燥，并应对基层墙体进行界面处理。

（9）为确保聚氨酯的有效发泡，基层墙面的温度不应太低，一般环境温度低于10℃不应再进行喷涂施工，若非施工，则应采用低温发泡的聚氨酯。

（10）门窗洞口等边角处难以喷涂聚氨酯的部位应采用粘贴或锚固聚氨酯块材的方法在喷涂前施工好。

3.7.2 系统构造

现场喷涂硬泡聚氨酯外墙外保温系统根据饰面层做法的不同，可分为涂料饰面系统及面砖饰面系统两种。

基本构造为：聚氨酯防潮底漆层、聚氨酯保温层、聚氨酯界面砂浆层、胶粉聚苯颗粒保温浆料找平层；抗裂砂浆复合涂塑耐碱玻纤网格布（涂料饰面）或抗裂砂浆复合热镀锌电焊网尼龙胀栓锚固（面砖饰面）抗裂防护层，表面刮涂抗裂柔性耐水腻子、涂刷饰面涂料或面砖粘结砂浆粘贴面砖构成饰面层，其系统构造如图3-59。

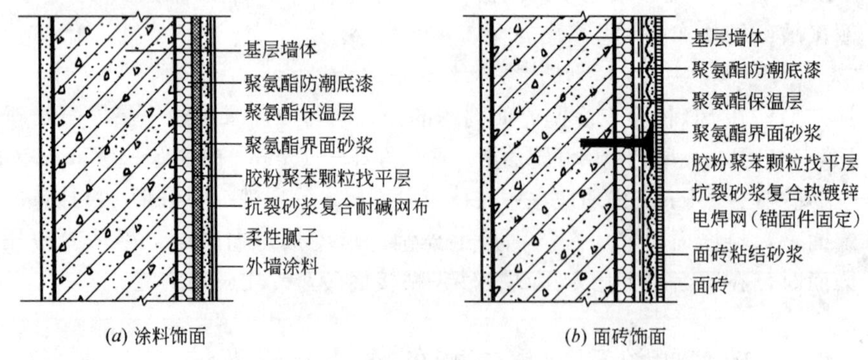

图3-59 现场喷涂硬泡聚氨酯外墙外保温系统

3.7.3 系统及材料性能要求

1. 系统性能要求

现场喷涂硬泡聚氨酯外墙外保温系统性能指标应符合表 3-46 的规定。

2. 现场喷涂硬泡聚氨酯外墙外保温系统材料性能指标

应符合表 3-47～表 3-51 的规定。

现场喷涂硬泡聚氨酯外墙外保温系统性能指标 **表 3-46**

试验项目		性能指标	
耐候性		经 80 次高温(70℃)—淋水(15℃)循环和 20 次加热(50℃)—冷冻(-20℃)循环后不得出现开裂、空鼓或脱落。抗裂防护层与保温层的拉伸粘结强度不应小于 0.1MPa,破坏界面应位于保温层	
吸水量(g/m^2)浸水 1h		≤1000	
抗冲击强度	C 形	普通型(单网)	3J 冲击合格
		加强型(双网)	10J 冲击合格
	T 形	3.0J 冲击合格	
抗风压值		不小于工程项目的风荷载设计值	
耐冻融		严寒及寒冷地区 30 次循环、夏热冬冷地区 10 次循环表面无裂纹、空鼓、起泡、剥离现象	
水蒸气湿流密度[$g/(m^2 \cdot h)$]		≥0.85	
不透水性		试样防护层内侧无水渗透	
耐磨损,500L 砂		无开裂,龟裂或表面保护层剥落、损伤	
系统抗拉强度(C 形)/(MPa)		≥0.1 并且破坏部位不得位于各层界面	
饰面砖粘结强度(T 形)/(MPa)(现场抽测)		≥0.4	
抗震性能(T 形)		设防烈度等级地震作用下面砖饰面及外保温系统无脱落	

聚氨酯防潮底漆性能指标 **表 3-47**

项目		单位	指标
外观		—	淡黄至棕黄色液体、无机械杂质
施工性		—	刷涂无困难
干燥时间(常温)	表干	h	≤4
	实干		≤24
附着力	干燥基层	级	≤1
	潮湿基层		≤1
耐碱性		—	48h 不起泡、不起皱、不脱落

聚氨酯泡沫塑料 **表 3-48**

项目	单位	指标
喷涂效果	—	无流挂、塌泡、破泡、烧芯等不良现象,泡孔均匀、细腻、24h 后无明显收缩
密度	kg/m^3	30～50
压缩强度(屈服点时或变形 10%时的强度)	kPa	≥150
抗拉强度	kPa	≥150
导热系数	$W/(m \cdot K)$	≤0.025

续表

项目			单位	指标
尺寸稳定性(70,48h)			%	≤5
水蒸气透湿系数(温度(23±2)℃,相对湿度(0～85)%)			ng/(Pa·m·s)	≤6.5
吸水率(V/V)			%	≤3
燃烧性	垂直燃烧法	平均燃烧时间	s	≤30
		平均燃烧高度	mm	≤250

聚氨酯预制边角模块尺寸偏差 **表 3-49**

项目	单位	指标
长度、宽度	mm	±5
厚度	mm	±3
角度	°	±2

聚氨酯预制边角模块用胶粘剂性能指标 **表 3-50**

项目		单位	指标
容器中状态	A组分	—	均匀膏状物,无结块、凝胶、结皮或不易分散的固体团块
	B组分		均匀棕黄色胶状物
干燥时间	表干时间	h	≤4
	实干时间		≤24
拉伸粘结强度(与水泥砂浆)	标准状态	MPa	≥0.5
	浸水后		≥0.3
拉伸粘结强度(与聚氨酯)	标准状态	MPa	≥0.20或聚氨酯试块破坏
	浸水后		≥0.20或聚氨酯试块破坏

聚氨酯界面剂及界面砂浆性能指标 **表 3-51**

项目			单位	指标
界面剂	容器中状态		—	搅拌后均匀无结块
	施工性		—	刷涂无困难
	低温贮存稳定性		—	3次试验后,无结块、凝聚及组成物的变化
界面砂浆	拉伸粘结强度(与水泥砂浆)	标准状态	MPa	≥0.7
		浸水后		≥0.5
	拉伸粘结强度(与聚氨酯)	标准状态	MPa	≥0.20且聚氨酯破坏
		浸水后		≥0.20且聚氨酯破坏

聚氨酯预制边角模块长度为900mm，夹角为直角（90°），基本外形及尺寸应符合图3-60的要求，外观应基本平整，无严重凹凸不平及变形，标准厚度部位完整，不允许有缺损，接槎部位允许有缺损，但面积不大于25cm^2。

3. 胶粉聚苯颗粒保温浆料找平层、抗裂防护层、饰面层材料和其他辅助材料

参见本章第3.2节的规定。

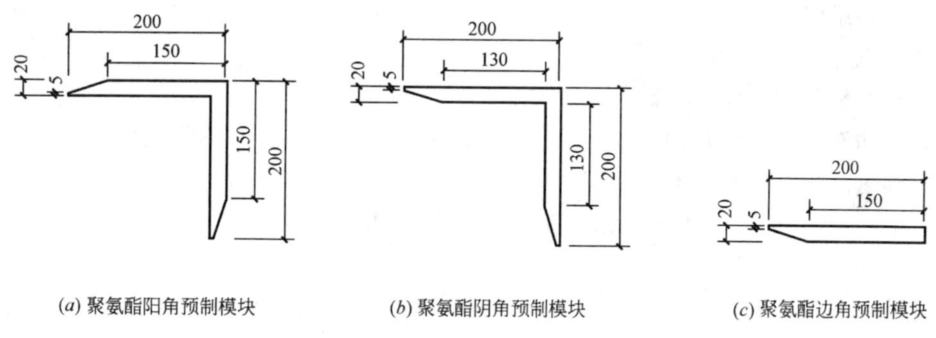

(a) 聚氨酯阳角预制模块　(b) 聚氨酯阴角预制模块　(c) 聚氨酯边角预制模块

图 3-60　聚氨酯预制边角模块外形及尺寸要求

3.7.4　施工工艺及技术要点

1. 施工条件

（1）基层墙体应符合《混凝土结构工程施工质量验收规范》(GB 50204—2002）和《砌体工程施工质量验收规范》(GB 50203—2002）的要求。对于砌体工程，基层表面应抹水泥砂浆找平后方可进行喷涂施工。

（2）墙面应清理干净，清洗油渍，施工孔洞、架眼以及阳台板、墙板残缺处应用水泥砂浆修补整齐、清扫浮灰等；旧墙面松动、风化部分应剔除干净。

（3）外墙面上的雨水管卡、预埋铁件、设备穿墙管道等应提前安装完毕，并预留出外保温层的厚度。

（4）施工用吊篮或专用外脚手架搭设牢固，安全检验合格后方可上人施工。脚手架横竖杆距离墙面、墙角适度，脚手板铺设与外墙分格相适应。施工时应有防止工具、用具、材料坠落的措施。

（5）作业时环境温度不应低于 10℃，风力不应大于 5 级，风速不宜大于 10m/s。严禁雨天施工，雨期施工时应做好防雨措施。

2. 工具与机具

（1）空气压缩机：型号 W-1.0/7，公称排气量 1.0m^3/min，额定排气压力 0.7MPa，配用电机功率 7.5kW。

（2）双组分硬泡聚氨酯高压无气喷涂机。

（3）在进行保温施工前，按工程量的大小、进场工人的数量，安装好容积约 300L 砂浆搅拌机，按现场平面布置搭设搅拌机棚，接通水电调试正常，搅拌棚的地点应选择背风向，靠近垂直运输机械。搅拌棚三侧封闭，一侧作为进出料通道，应有顶棚，地面应平整坚实。

（4）施工用双排脚手架搭设牢固，吊篮安装完毕安全检查验收合格，垂直运输机械安装验收完毕。吊篮、脚手架与墙面的控制距离要适当，聚氨酯硬泡保温材料的最佳喷施距离为 0.9m。

（5）手提电动搅拌器。

（6）常用工具：铁抹子、阳角抹子、阴角抹子、托灰板、杠尺、靠尺、猪鬃刷、方头铁锹、手推车、木方尺、经纬仪及放线工具、2m 托线板、杠尺、方尺、探针、钢尺、聚氨酯喷涂设备维修所需全套工具、与硬泡聚氨酯保温层厚度一致的牙签、门窗遮挡材料。

3. 材料配制

(1) 聚氨酯防潮底漆的配制

聚氨酯防潮底漆：稀释剂按 0.5：1 质量比搅拌均匀，并在 4h 内用完。

(2) 聚氨酯预制块胶粘剂的配制

固化剂：粘合剂按 1：4 体积比搅拌均匀，并在 4h 内用完。

(3) 硬泡聚氨酯的配制

聚氨酯白料：聚氨酯黑料按 1：1 体积比采用高压无气喷涂机在大于 10MPa 的压力条件下混合喷出。

(4) 聚氨酯界面砂浆的配制

聚氨酯界面剂：水泥按 1：0.5 的质量比用砂浆搅拌机或手提式搅拌器搅拌均匀，拌合好的界面砂浆应在 2h 内用完。

4. 施工程序

现场喷涂硬泡聚氨酯外墙外保温系统施工程序见图 3-61。

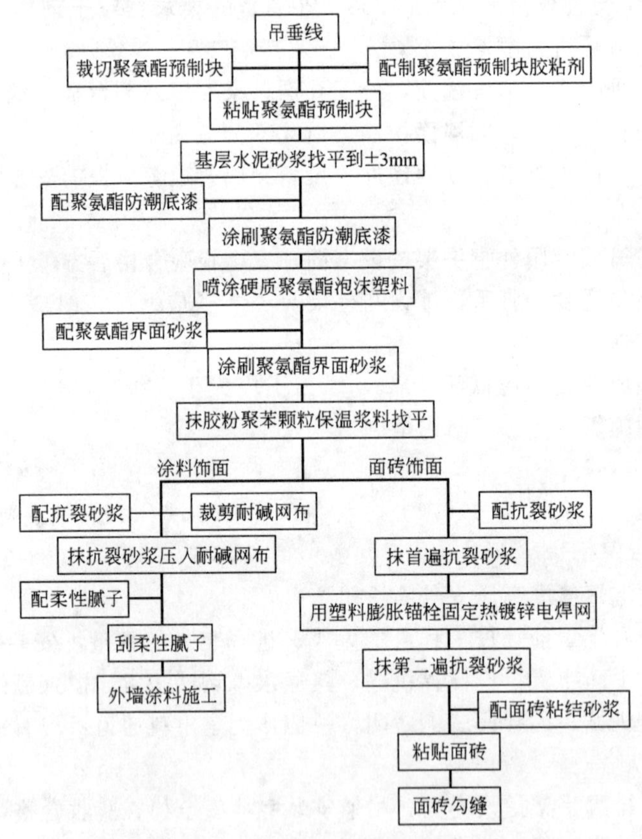

图 3-61 现场喷涂硬泡聚氨酯外墙外保温系统施工程序

5. 施工要点

见图 3-62～图 3-65 所示。

(1) 吊大墙大角垂直线，安装粘贴预制的聚氨酯模块

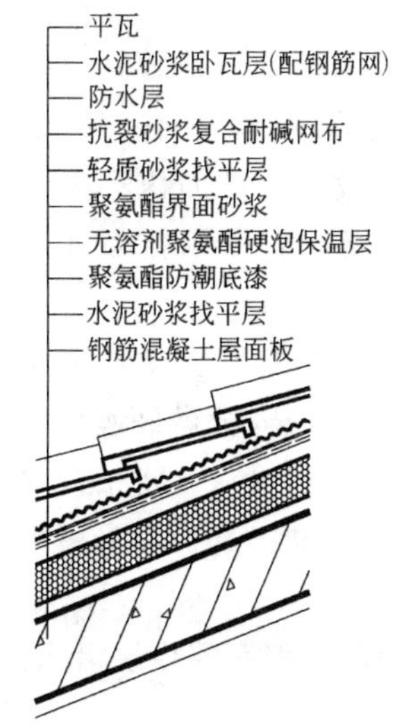

图 3-62 硬泡聚氨酯屋面保温构造

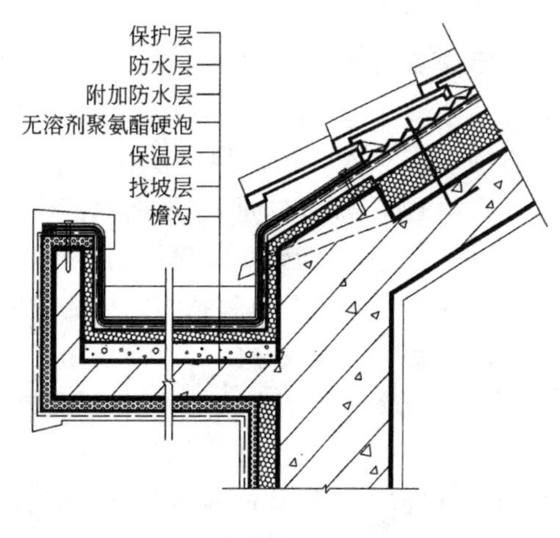

图 3-63 屋面檐沟保温构造

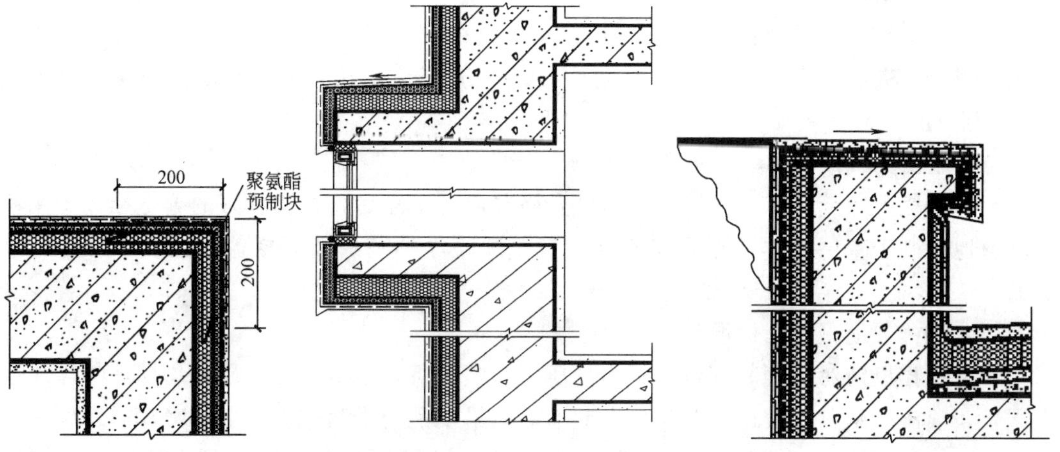

图 3-64 聚氨酯保温大角做法示意

图 3-65 聚氨酯保温装饰线做法示意

硬泡聚氨酯保温材料施工前应在墙面吊钢垂直控制线，墙角、门窗口处粘贴聚氨酯角膜，施工应按下列步骤进行：

1）在顶部墙面与底部墙面设膨胀螺栓，作为大墙面挂线铁丝的垂挂点，高层建筑用经纬仪打点挂线，多层建筑用大线坠吊细钢丝挂线，用紧线器勒紧在墙体大阴、阳角安装钢垂线，钢垂线距墙体的距离为保温层的总厚度。

2）挂线后每层首先用 2m 杠尺检查墙面平整度，用 2m 托线板检查墙面垂直度，达到平整度要求方可施工。

3）用手锯或壁纸刀将预制的聚氨酯模块裁成宽度为 150～300mm，一边含有坡口（坡度不大于 45°）的条状模块，以及其他需要的不规则形状。裁好后用压缩空气将模块表面的锯末吹干净，摆放整齐备用。在墙体阴、阳角处聚氨酯角膜用胶粘剂粘贴，调整角膜厚度使其与聚氨酯硬泡保温层厚度相当，角膜直角边要求与钢垂线对齐，坡口边紧贴墙面，要求粘结牢固。角膜应距钢垂线有 1cm 左右的距离，该距离为胶粉聚苯颗粒保温浆料找平层厚度。

4）将制成的模块用聚氨酯预制件胶粘剂粘贴在墙体阴、阳角处。粘贴时用抹子或灰刀沿聚氨脂预制件周边涂抹配制好的胶粘剂胶浆，其宽度为50mm左右，厚度为3～5mm，然后在模块中间部位均匀布置4～6个点。使得胶粘剂胶的涂料面积不小于聚氨酯模块面积的30%，对于门窗洞口、装饰线角，女儿墙边沿等部位，用聚氨酯直角膜裁成平板沿边口粘贴同样坡口向里紧贴墙面。

5）墙体阴、阳角处聚氨酯模块的排布应做错槎处理。聚氨酯角膜要求粘结牢固，无翘起、脱落现象。聚氨酯角膜粘结完成后喷施硬泡聚氨酯之前，应充分做好遮挡工作。一般门窗用塑料彩条布裁成与门窗口面积相当的布块进行遮挡，具体做法是将带钉木条或园钉将彩条布钉于聚氨酯角膜之上，对于架子管，铁艺等不规则需防护部位应采用聚乙烯保鲜膜进行缠绕防护。

6）对于门窗洞口、装饰线角，女儿墙边沿等部位，用预制的聚氨酯模块沿边口粘贴，同样坡口向里粘贴墙面。模块于模块之间应拼接严密，缝宽超出2mm时，用相应厚度的聚氨酯片堵塞。对于墙体宽度不足900mm处，不宜喷涂施工，而应直接用相应规格尺寸的聚氨酯模块粘贴。

7）预制聚氨酯模块粘贴完成24h后，用电锤在预制聚氨酯模块表面向内打孔，用塑料胀栓固定，进墙深度不小于30mm，拧入或敲入胀栓，钉头不超出板面，平均每个模块1～2个胀栓。

(2) 聚氨酯底漆施工

涂刷聚氨酯底漆，待基层平整度验收合格并清理干净后，将稀释好的聚氨酯底漆用滚刷均匀地涂刷于基层墙体。涂刷应使硬泡聚氨酯喷涂的基层墙面覆盖完全，不得有露刷之处。

(3) 喷施硬泡聚氨酯保温材料

做好遮挡以防污染相邻部位。开启高压无气喷涂机将聚氨酯保温硬泡均匀地喷涂于墙面之上，喷施应从角膜坡口处开始，发起泡后，沿发泡边沿喷施施工。

第一遍喷涂厚度宜控制在1cm左右。喷施第一遍之后在喷涂硬泡层上插与设计厚度相等的标准厚度钉，插钉间距30～40cm为宜，并成梅花状分布。

插钉之后继续施工，喷涂可多遍完成，每遍厚度宜控制在10mm之内。控制喷涂厚度至刚好覆盖钉头为止（喷涂硬泡表面应看到钉头位置，但看不到钉头）。

喷施聚氨酯保温材料时要注意防风，为防止风吹聚氨酯保温材料造成污染，吊篮，脚手架应该挂有小眼安全网，风速超过5m/s时不应施工。

聚氨酯硬泡保温层喷施后应按要求检查保温层厚度，并按检验批要求进行质量检验做检验记录。

对于硬泡聚氨酯保温层厚度严重超标处（已超过垂直控制线即保温层总厚度）可用手锯将过厚处修平。

(4) 聚氨酯表面界面处理

聚氨酯保温层喷涂4h之后可做聚氨酯界面砂浆处理，聚氨酯界面砂浆可用滚子均匀地涂于聚氨酯保温层上，也可以使用喷斗作业施工。

（5）抹胶粉聚苯颗粒保温浆料找平

胶粉聚苯颗粒保温浆料找平层应分两遍施工，每遍间隔在24h以上。抹头遍胶粉聚苯颗粒保温浆料应压实，厚度不宜超过10mm。抹第二遍胶粉聚苯颗粒保温浆料应达到厚度要求并用大杠搓平，用抹子局部修补平整，用托线尺检测后达到验收标准。

（6）抗裂防护层及饰面层施工

待保温层施工完成3～7d且保温层施工质量验收以后，即可进行抗裂层和饰面层施工。

3.8 岩棉外墙外保温系统施工技术

3.8.1 系统构造

岩棉外墙外保温系统由基层墙体、岩棉板保温层、找平层、抗裂防护层和饰面层组成（图3-66）。岩棉板保温层用塑料膨胀锚栓配合热镀锌电焊网锚固在基层墙体上，岩棉板外表面及热镀锌电焊网上均需喷涂喷砂界面剂，以提高岩棉板的防水性及热镀锌电焊网的防腐蚀性，同时也有利于将找平层材料与岩棉板牢固地粘结在一起。找平层采用胶粉聚苯颗粒保温浆料，起补充保温及找平双重作用，找平层厚度不应低于20mm。饰面层采用弹性涂料。

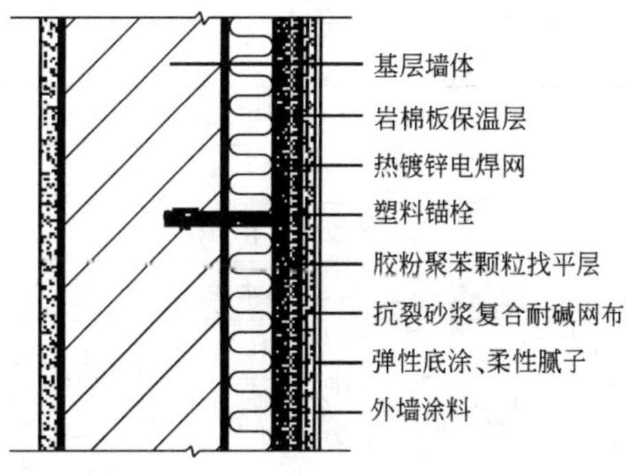

图3-66 岩棉外墙外保温系统基本构造

3.8.2 系统及材料性能要求

（1）岩棉外墙外保温系统性能指标应符合表3-52的要求。

岩棉外墙外保温系统性能指标 表3-52

试验项目		性能指标
耐候性		表面无裂纹、粉化、剥落现象，抗裂防护层与找平层的拉伸粘结强度不应小于0.1MPa，破坏界面应位于找平层
吸水量（浸水1h）(g/m^2)		≤1000
抗冲击强度（J）	普通型（单网）	≥3J
	加强型（双网）	≥10J
抗风压值		不小于工程项目的风荷载设计值
耐冻融		表面无裂纹、空鼓、起泡、剥离现象，抗裂防护层与找平层的拉伸粘结强度不应小于0.1MPa，破坏界面应位于找平层
水蒸气湿流密度[$g/(m^2\cdot h)$]		≥0.85
不透水性		试样防护层内侧无水渗透
耐磨损，500L砂		无开裂，龟裂或表面保护层剥落、损伤
系统抗拉强度（MPa）		≥0.1并且破坏部位不得位于各层界面
热阻		复合墙体热阻符合设计要求

（2）岩棉板的性能指标应符合表3-53的要求。

（3）喷砂界面剂的性能指标应符合表3-54的要求。

岩棉板性能指标 表3-53

项　目	单　位	指标	项　目	单　位	指标
密度	kg/m^3	≥150	憎水率	%	≥98
密度允许偏差	%	±10	热荷重收缩温度	℃	≥650
纤维平均直径	μm	≤7	有机物含量	%	≤4.0
导热系数	W/(m·K)	0.045	抗压强度(10%压缩量)	kPa	≥40
蓄热系数	$W/(m^2·K)$	≥0.75	剥离强度	kPa	≥14
渣球含量(颗粒直径>0.25mm)	%	≤6.0	燃烧性能等级	—	A级
质量吸湿率	%	≤1.0			

喷砂界面剂性能指标 表3-54

项　目			指　标
容器中状态			搅拌后无结块，呈均匀状态
施工性			喷涂无困难
低温贮存稳定性			3次试验后，无结块、凝聚及组成物的变化
耐水性			168h无异常
pH值			9～11
拉伸粘结强度	与水泥砂浆	常温常态	≥0.5MPa
		浸水后	≥0.3MPa
	与岩棉板	常温常态	≥0.10MPa或岩棉板破坏
		浸水后	≥0.08MPa或岩棉板破坏
	与胶粉聚苯颗粒保温浆料	常温常态	≥0.10MPa或胶粉聚苯颗粒保温浆料试块破坏
		浸水后	≥0.08MPa或胶粉聚苯颗粒保温浆料试块破坏

④ 其他组成材料性能指标应符合《胶粉聚苯颗粒外墙外保温系统》（JG 158—2004）中第5.3～5.10、5.13～5.14和5.16条的要求。

3.8.3 施工要点

1. 施工条件

（1）基层墙体应符合《混凝土结构工程施工质量验收规范》（GB 50204—2002）和《砌体工程施工质量验收规范》（GB 50203—2002）的要求。

（2）门窗框及墙身上各种进户管线、水落管支架、预埋管件等按设计安装完毕，并预留出外保温层的厚度。

（3）施工中环境温度不应低于5℃，风力应不大于5级，风速不宜大于10m/s。严禁雨天施工，雨期施工时应采取防雨措施。

2. 施工机具

外接电源设备、垂直运输机械、水平运输手推车、强制式砂浆搅拌机、电动搅拌器、称量衡器、电锤、喷枪、手提式切割机、手锯、水桶、滚刷、铁锹、手锤、剪刀、壁纸刀、钳子、经纬仪、放线工具、托线板、垂直检测尺、直角检测尺、靠尺、塞尺、探针、钢尺及常用抹灰工具、抹灰专用检测工具等。

3. 材料配制

按第 3.4.3 条的要求进行。

4. 施工程序

岩棉外墙外保温系统施工程序见图 3-67。

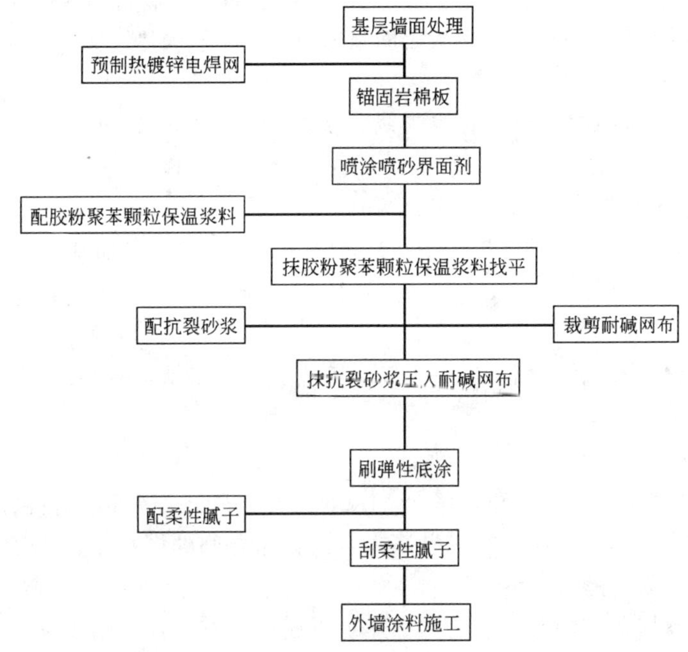

图 3-67 岩棉外墙外保温系统施工程序

5. 施工操作要点

(1) 基层墙面处理

彻底清除基层墙体表面浮灰、油污、隔离剂、空鼓及风化物等影响墙面施工的物质。墙体表面凸起物不小于 10mm 时应剔除。

(2) 保温层施工准备

1) 吊垂直，弹出岩棉板定位线。在建筑外墙大角（阳角、阴角）及其他必要处挂垂直基准钢线，每个楼层适当位置挂水平线，以控制岩棉板的垂直度和平整度。

2) 根据岩棉板的厚度，预制 U 形和 L 形热镀锌电焊网片。

(3) 保温层施工

1) 根据岩棉板定位线安装岩棉板，岩棉板要错缝拼接，可用普通水泥砂浆将岩棉板预固定在基层墙体上。

2) 在岩棉板上垂直墙面用电锤钻孔，钻孔深度不得小于锚固深度，每平方米墙面至少要钻 4 个锚固孔，锚固孔从距离墙角、门窗侧壁 100～150mm 以及从檐口与窗台下方

150mm 处开始设置。沿窗户四周，每边至少应钻 3 个锚固孔。

3）在岩棉板上铺设热镀锌电焊网，用塑料锚栓根据锚固孔的位置锚固岩棉板及热镀锌电焊网。门窗侧壁及墙体底部要用预制的 U 形热镀锌电焊网片包边，墙体转角处用 L 形热镀锌电焊网包边，这些包边网片要随同岩棉板一起被锚固件穿过，并用手压紧，以便定位。热镀锌电焊网采用单孔搭接，搭接处每米至少应用塑料锚栓锚固 3 处。

4）岩棉板固定好后，按每平方米至少 4 个的密度在热镀锌电焊网下安装塑料垫片，将热镀锌电焊网垫起 5mm，以保证岩棉板与热镀锌电焊网能存在一定的距离，以有利于找平层的施工。

5）采用专用喷枪将喷砂界面剂均匀喷到岩棉板表面，确保岩棉板表面及热镀锌电焊网上均喷上了喷砂界面剂，以增强岩棉板表面强度及防水性能和热镀锌电焊网的防腐性能。

（4）找平层施工

1）吊胶粉聚苯颗粒找平层垂直控制线、套方作口，按设计厚度用胶粉聚苯颗粒作标准厚度贴饼、冲筋。

2）抹胶粉聚苯颗粒进行找平，应分两遍施工，每遍间隔在 24h 以上。抹头遍胶粉聚苯颗粒时应压实，厚度不宜超过 10mm。抹第二遍胶粉聚苯颗粒时应达到冲筋厚度，用大杠搓平，用抹子局部修补平整；30min 后，用抹子再赶抹墙面，用托线尺检测后达到验收标准。

3）找平层固化干燥后（用手掌按不动表面为宜，一般为 3～7d），方可进行抗裂防护层施工。

（5）抗裂防护层及饰面层施工

1）抹抗裂砂浆压入耐碱网布。将 3～4mm 厚抗裂砂浆均匀地抹在保温层表面，立即将裁好的耐碱网格布用抹子压入抗裂砂浆内，网格布之间的搭接不应小于 50mm，并不得使网格布皱褶、空鼓、翘边。

首层应铺贴双层耐碱网布，第一层铺贴加强耐碱网布，加强耐碱网布应对接，然后进行第二层普通耐碱网布的铺贴，两层耐碱网布之间抗裂砂浆必须饱满。

在首层墙面阳角处设 2m 高的专用金属护角，护角应夹在两层耐碱网布之间。其余楼层阳角处两侧耐碱网布双向绕角相互搭接，各侧搭接宽度不小于 200mm。

门窗洞口四角应预先沿 45°方向增贴 300mm×400mm 的附加耐碱网布。

2）刷弹性底涂。在抗裂砂浆施工 2h 后刷弹性底涂，使其表面形成防水透汽层。涂刷应均匀，不得漏涂，以渗入抗裂砂浆层内不形成可剥离的弹性膜为宜。

3）刮柔性腻子。在抗裂砂浆层基本干燥后刮柔性腻子，一般刮两遍，使其表面平整光洁。

4）外饰面施工。浮雕涂料可直接在弹性底涂上进行喷涂，其他涂料在腻子层干燥后进行刷涂或喷涂。

3.9 胶粉聚苯颗粒贴砌聚苯板外墙外保温系统施工技术

3.9.1 系统构造

1. 基本构造

胶粉聚苯颗粒贴砌聚苯板外墙外保温系统由于聚苯板内粘贴层、外找平层和板缝填充层均为胶粉聚苯颗粒粘结保温浆料（简称粘结保温浆料），故该做法也称为“三明治”做法。

根据饰面层做法的不同，“三明治做法”可分为涂料饰面系统及面砖饰面系统两种。基本构造为保温粘结层由 15mm 厚粘结保温浆料抹于墙体表面，再贴砌开好横向槽并涂刷界面剂的聚苯板，预留的 10mm 板缝砌筑碰头灰挤出刮平，表面再用 10mm 厚粘结保温浆料找平，形成粘结保温浆料＋聚苯板＋粘结保温浆料无空腔复合保温层；抗裂防护层采用抗裂砂浆复合涂塑耐碱玻纤网格布（涂料饰面）或抗裂砂浆复合热镀锌钢丝网尼龙胀栓锚固（面砖饰面）构成抗裂防护层，表面刮涂抗裂柔性耐水腻子、涂刷饰面涂料或面砖粘结砂浆粘贴面砖构成饰面层，其体系构造如图 3-68 所示。

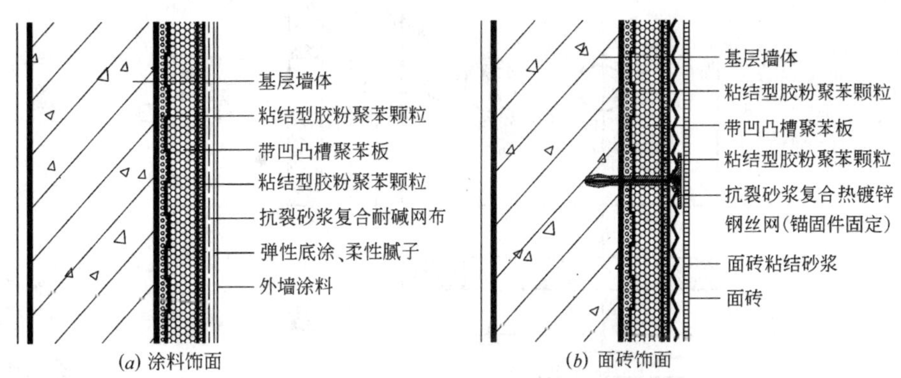

图 3-68　胶粉聚苯颗粒贴砌聚苯板外墙外保温系统基本构造

2. 基本特点

(1) 热桥部位如门窗洞口、飘窗、女儿墙、挑檐、阳台、空调机搁板等部位应加强保温，不好用聚苯板进行保温的部位应抹胶粉聚苯颗粒保温浆料进行保温。

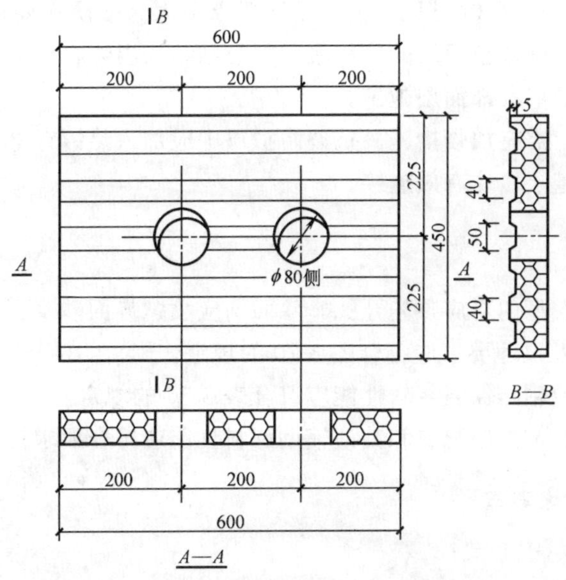

图 3-69　贴砌聚苯板系统膨胀聚苯板外形及尺寸要求

(2) 膨胀聚苯板应预先开出梯形槽，每块板上还应开出两个用于透汽及粘贴加强用的塞孔（塞孔可为圆柱形、方柱形或纵截面为凸字形），膨胀聚苯板双面均应喷刷界面砂浆。其外形及尺寸要求应符合图3-69的规定。

(3) 挤塑聚苯板每块板应预先开出两个用于透汽及粘贴加强用的塞孔（塞孔可为圆柱形、方柱形或纵截面为凸字形），挤塑聚苯板双面均应喷刷界面砂浆。其外形及尺寸要求应符合图3-70的规定。

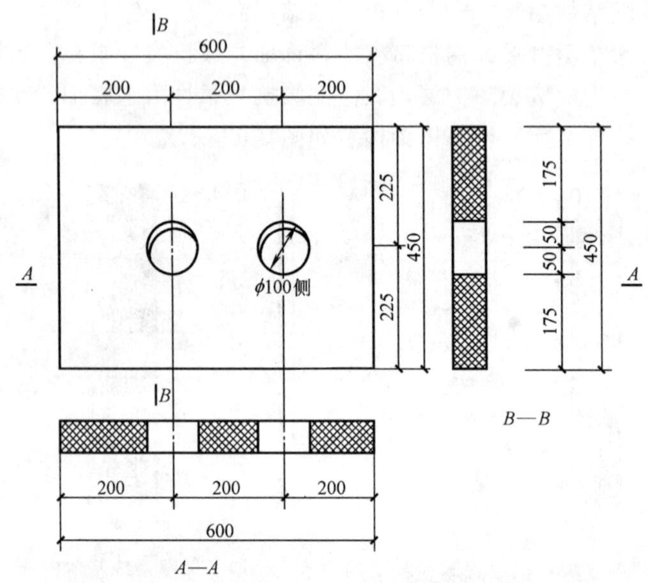

图3-70　贴砌聚苯板系统挤塑聚苯板外形及尺寸要求

(4) 聚苯板之间应留有10mm宽的板缝以便透汽，并有利于粘贴时不会在板四周形成空鼓。板缝及塞孔均用胶粉聚苯颗粒粘结保温浆料填实。

(5) 建筑高度不太高（60m以下）、耐候性要求不太高或防火要求不太高且聚苯板粘贴的平整度比较高时，聚苯板面层的胶粉聚苯颗粒粘结保温浆料找平层可省去，直接在聚苯板面层进行抗裂防护层及饰面层施工。

(6) 面砖饰面时，需有加强措施。抗裂防护层中应加入热镀锌电焊网，并用塑料膨胀锚栓、预埋锚筋等与基层墙体有效连接。

3.9.2　材料性能要求

(1) 聚苯板为阻燃型的，应预先开孔，双面均应喷刷界面砂浆。聚苯板性能应符合表3-55的规定，其外形及尺寸要求应符合图3-70的规定。

(2) 胶粉聚苯颗粒粘结保温浆料性能应符合表3-56的规定。

(3) 抗裂防护层、饰面层材料和其他辅助材料性能应符合要求。

3.9.3　施工工艺及技术要点

1. 施工条件

(1) 基层墙体应符合《混凝土结构工程施工质量验收规范》(GB 50204—2002)和《砌

聚苯乙烯泡沫塑料板技术要求 表 3-55

项目		指标	
		EPS	XPS
导热系数[W/(m·k)]		≤0.042	≤0.030
表观密度(kg/m³)		≥18	25～32
熔结性	断裂弯曲负荷(N)	≥25	—
	弯曲变形(mm)	≥20	≥10
尺寸稳定性(%)		≤0.5	≤1.2
水蒸汽透湿系数[ng/(Pa·m·s)]		2.0～4.5	1.2～3.5
吸水率(%)(v/v)		≤4	≤2
燃烧性		B级,离火自熄	B级,离火自熄
氧指数(%)(材料标准,取其一)		≥30	≥26

粘结保温浆料性能指标 表 3-56

项目		单位	指标
湿表观密度		kg/m³	≤520
干表观密度		kg/m³	≤300
导热系数		W/(m·K)	≤0.07
抗压强度(56d)		MPa	≥0.3
燃烧性能		—	难燃B1级
拉伸粘结强度(与带界面砂浆的水泥砂浆试块)	常温常态(56d)	MPa	≥0.12
拉伸粘结强度(与带界面砂浆的聚苯板)	常温常态(56d)	MPa	≥0.10或聚苯板破坏

体工程施工质量验收规范》(GB 50203—2002) 的要求。对于砌体工程，基层表面应抹水泥砂浆找平后方可进行施工。

(2) 墙面应清理干净，清洗油渍，施工孔洞、架眼以及阳台板、墙板残缺处应用水泥砂浆修补整齐、清扫浮灰等；旧墙面松动、风化部分应剔除干净。

(3) 外墙面上的雨水管卡、预埋铁件、设备穿墙管道等应提前安装完毕，并预留出外保温层的厚度。

(4) 施工用吊篮或专用外脚手架搭设牢固，安全检验合格后方可上人施工。脚手架横竖杆距离墙面、墙角适度，脚手板铺设与外墙分格相适应。施工时应有防止工具、用具、材料坠落的措施。

(5) 作业时环境温度不应低于5℃，风力不应大于5级，风速不宜大于10m/s。严禁雨天施工，雨期施工时应做好防雨措施。

2. 工具与机具

(1) 强制式砂浆搅拌机、垂直运输机械、水平运输手推车、手提式搅拌器、手锯、水桶、剪刀、滚刷、铁锹、扫帚、手锤、壁纸刀。

(2) 常用的检测工具：经纬仪及放线工具、托线板、方尺、探针、钢尺等。

(3) 电动吊篮或专用保温施工脚手架。

3. 材料配制

胶粉聚苯颗粒粘结保温浆料的配制：采用300L以上的砂浆搅拌机或满足浆料在搅拌机中的容积不超过搅拌机容积70%的搅拌机。先将36～38kg水倒入搅拌机内（加入的水量以满足施工和易性为准），倒入一袋（35kg）胶粉料，搅拌5min，再倒入一袋（200L）聚苯颗粒复合轻骨料继续搅拌3min，直至搅拌均匀。该浆料应随搅随用，且在4h内用完。

4. 施工工艺流程

施工工艺流程见图3-71。

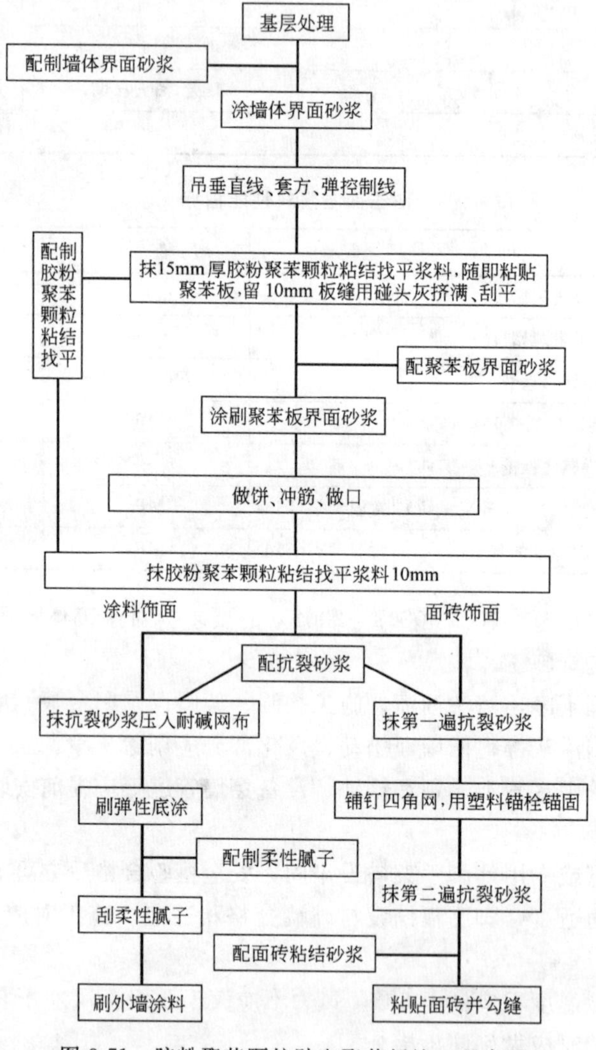

图3-71 胶粉聚苯颗粒贴砌聚苯板施工程序图

5. 施工要点

(1) 基层处理

墙面应清理干净、清洗油渍、清扫浮灰等。墙面松动、风化部分应剔除干净。墙表面凸起物不小于10mm时应剔除。

(2) 界面处理

对要求做界面处理的基层应满涂基层界面砂浆，用滚刷或喷枪将界面砂浆均匀涂刷，拉毛不宜太厚，保证所有墙面做到毛面处理。

(3) 吊垂直、套方、弹控制线

根据建筑要求，在墙面弹出外门窗水平、垂直控制线及伸缩线、装饰线等。在建筑外墙大角及其他必要处挂垂直基准钢线和水平线。

(4) 贴砌聚苯板

在墙角或门窗碛口处贴标准厚度板，拉水平控制线，抹约 15mm 厚的底层粘结保温浆料后随即粘贴预制好的聚苯板，凹槽向墙，粘贴聚苯板时应均匀轻柔挤压聚苯板，使聚苯板埋入浆料，随时用 2m 靠尺和托线板检查平整度和垂直度。聚苯板间应用浆料砌筑约 10mm 的板缝，注意灰缝不饱满处用粘结保温浆料勾平。

排板时应按水平顺序排列，上下错缝粘贴，阴阳角处应做错槎处理，窗口处聚苯板裁成刀把形，如图 3-72 和图 3-73。

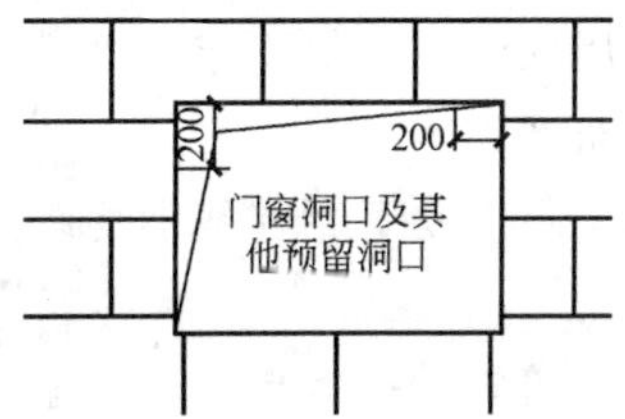

图 3-72 保温板排板示意图

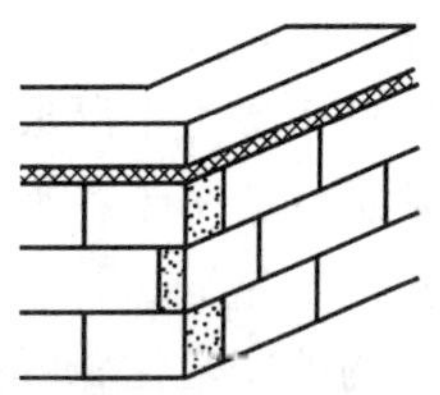

图 3-73 大角排板图

聚苯板排板时遇到非标准尺寸时，可进行现场裁切。裁切时应注意边口尺寸整齐，切口应与聚苯板面垂直，整墙面阳角处应尽可能使用整板，必须使用非整板时，非整板的宽度不应小于 300mm。

聚苯板表面平整度、垂直度不达标时应用粗砂纸将其打磨至达标为止。

(5) 涂刷聚苯板界面砂浆

聚苯板贴砌 24h 后满涂聚苯板界面砂浆，用滚刷或喷枪均匀涂刷，拉毛不宜太厚，但必须保证所有外露的聚苯板面都做到毛面处理。

(6) 做饼、冲筋、作口

套方作口，按厚度线用粘结保温浆料或聚苯板作标准厚度灰饼。

(7) 抹面层 10mm 厚粘结保温浆料

聚苯板界面砂浆涂刷完成 24h 后，用粘结保温浆料在聚苯板上罩面找平；聚苯板间若有预留间隔带应采用粘结保温浆料填塞；混凝土梁柱、门窗洞口、墙体边角处等特殊部位以及防火隔离带部位的保温作业均用粘结保温浆料进行处理。在粘结保温浆料和抗裂砂浆配制时，搅拌需设专人专职进行，以保证配合比的准确。

(8) 划分格线、门、窗口滴水槽（按设计要求）

在保温层施工完成后，根据设计要求弹出滴水槽控制线，用壁纸刀沿线划开设定的凹槽，槽深 15mm 左右，用抗裂砂浆填满凹槽，将塑料滴水槽（成品）嵌入凹槽与抗裂砂浆粘结牢固，收去两侧沿口浮浆，滴水槽应镶嵌牢固、水平。

（9）抗裂防护层及饰面层施工

待保温层施工完成3～7d且保温层施工质量验收以后，即可进行抗裂层施工。抗裂防护层和饰面层施工按本章第2.3.5条的做法要求进行。

3.10　挤塑聚苯板薄抹灰外墙外保温系统施工技术

3.10.1　基本规定

（1）本系统是以挤塑聚苯乙烯泡沫板为保温材料，为确保安全采用粘钉结合的方式将挤塑板固定在墙体的外表面上，聚合物砂浆作保护层，以耐碱玻纤网格布为增强层，外饰面为涂料、彩色砂浆的外墙外保温系统。

（2）为保证保温工程的质量，减少材料的浪费，本系统要求对不平整的墙面做找平层。当墙面平整度、垂直度检验合格符合国家中级抹灰验收标准时可不做找平层。

（3）保温层采用墙体专用挤塑泡沫板，其厚度应根据国家对不同地区现行标准和计算方法经计算确定，其安装必须采用专用胶粘剂并辅助专用保温钉机械固定。

（4）保护面层为干混聚合物砂浆，以耐碱玻纤网格布增强。

（5）基层可适用于各类墙体，如：砖墙、砌块墙和混凝土墙等新建或旧房改造的外墙外保温工程。

（6）结构的安全性、耐久性、抗冲击性和可靠性是建筑物的基本要求。本系统采用了专用挤塑聚泡沫板，加上面层采用了耐候性及抗裂性强的聚合物砂浆，以确保结构的安全性和材料的耐久性。

3.10.2　性能要求

因外墙外保温系统直接暴露在大气中，本系统根据国家行业标准《外墙外保温工程技术规程》（JGJ 144—2004）的要求进行了系统的耐候性试验，各项指标符合国家行业标准的要求。挤塑泡沫板外墙外保温系统的各项性能要求如下：

1. 外墙专用挤塑板

外墙专用挤塑板采用专门用于墙体的保温板，这种板材具备导热系数低、吸水率小和强度高等特点，其性能指标见表3-57。

挤塑聚苯板的主要性能指标　　表3-57

试验项目	企业标准
导热系数[W/(m·K)]，25℃，生产以后90d	≤0.0289
表观密度(kg/m³)	25～32
压缩强度(kPa)	150～250
垂直与板面方向的抗拉强度(kPa)	≥250
吸水率，浸水96h(%)(V/V)	≤1.5
尺寸稳定性，70℃±2℃下，48h(%)	≤2.0

在长期高湿度或浸水环境下，挤塑板仍能保持其优良的保温隔热性能。图3-74所示的挤塑板在70%相对湿度下，两年中热阻的变化仍保持80%以上。

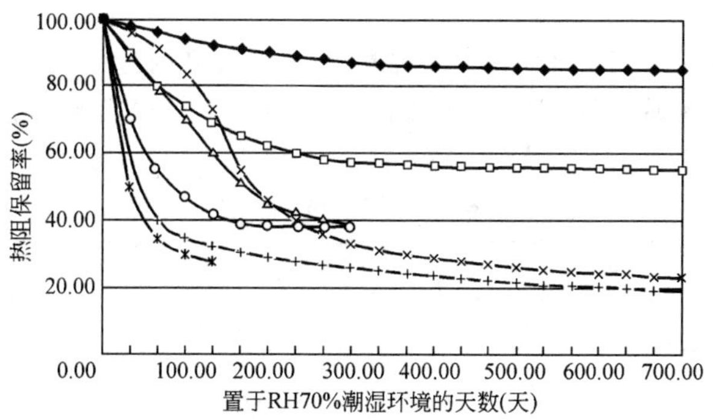

图 3-74 保温材料在 70%相对湿度下的热阻变化曲线

外墙专用挤塑聚苯板的泡孔尺寸为 0.2～0.4mm，闭孔结构均匀封闭，因此有较好的力学性能，抗压强度在 150～250kPa 之间，密度控制在 25～32kg/m^3 以内，使其有较好的柔韧性，减少温度变形。

2. 专用胶粘剂

专用胶粘剂是用于保温板与墙面粘结的胶粘剂，由水泥、细骨料、聚合物改性剂等配制而成的干混砂浆，其性能指标见表 3-58。

专用胶粘剂性能指标 **表 3-58**

试验项目		JG 149—2003	企业标准	测试结果
拉伸粘结强度(MPa)(与水泥砂浆)	原强度	≥0.60	≥0.70	1.44
	耐水	≥0.40	≥0.50	1.25
拉伸粘接强度(MPa)(与挤塑聚苯板)	原强度	≥0.10,破坏界面在膨胀聚苯板上	≥0.25,破坏界面在挤塑聚苯板上	0.36,挤塑聚苯板破坏
	耐水	≥0.10,破坏界面在膨胀聚苯板上	≥0.25,破坏界面在挤塑聚苯板上	0.36,挤塑聚苯板破坏
可操作时间(h)		1.5～4.0	1.5～4.0	2.0

3. 面层聚合物砂浆

面层聚合物砂浆用于保温板面层的防护砂浆，是由水泥、细骨料、聚合物改性剂等在工厂配制而成的干混砂浆，起保护保温层耐冲击和防开裂的作用，其性能指标见表 3-59。

面层聚合物砂浆性能指标 **表 3-59**

试验项目		JG 149—2003	企业标准	测试结果
拉伸粘接强度(MPa)(与挤塑板)	原强度	≥0.10,破坏界面在膨胀聚苯板上	≥0.25,破坏界面在挤塑聚苯板上	0.37,挤塑聚苯板破坏
	耐水	≥0.10,破坏界面在膨胀聚苯板上	≥0.25,破坏界面在挤塑聚苯板上	0.36,挤塑聚苯板破坏
	耐冻融	≥0.10,破坏界面在膨胀聚苯板上	≥0.25,破坏界面在挤塑聚苯板上	0.36,挤塑聚苯板破坏
柔韧性(压折比)		≤3.0	≤3.0	2.8
可操作时间(h)		1.5～4.0	1.5～4.0	2

4. 耐碱网格布

耐碱玻纤网格布由耐碱玻璃纤维编织而成，并采用抗碱高分子化合物涂塑，使其拥有双重耐碱性能，以提高在碱性环境下的耐久性和抗裂性，与聚合物砂浆复合起到加强作用，其性能见表3-60。

网格布性能指标　　表3-60

试验项目	JG 149—2003	企标指标	测试结果
网眼尺寸	4×4	4～6	4×4
单位面积质量(g/m^2)	≥130	≥160	172
耐碱断裂强力(经、纬向)(N/50mm)	≥750	≥800	1062(经向) 914(纬向)
耐碱断裂强力保留率(经、纬向)(%)	≥50	≥60	74.9(经向) 71.7(纬向)
断裂应变(经、纬向)(%)	≤5.0	≤5.0	4.3(经向) 3.6(纬向)

5. 专用固定件（Pat：01237844.5）

系统采用粘钉结合的固定方式，并且根据使用高度的不同采用不同数量的固定件，其指标见表3-61。

固定件的性能指标　　表3-61

测试项目		性能指标	实测值
拉拔力(kN)	C20混凝土墙体	≥0.80	≥1.2
	烧结实心砖墙体	≥0.64	≥1.0
	多孔砖墙体	≥0.64	≥1.0
	陶粒混凝土砌块墙体	≥0.64	≥0.90
	混凝土空心砌块墙体	≥0.64	≥0.80
单个固定件对系统传热增加值[$W/(m^2 \cdot K)$]		≤0.004	≤0.003

该固定件采用工程塑料制作，尾部有设计独特的回拧锚固机构，适用于不同的基层墙体，同时为减少冷桥，锚固件的设计和用材均采取了相应措施。

6. 界面剂

专用外墙保温体系界面剂是丙烯酸类为主、含有多种有机组分的水溶性乳液。该界面剂的主要作用是改善挤塑板与聚合物砂浆粘结表面的性能，以提高两者之间的粘结强度，见表3-62。

界面剂的性能指标　　表3-62

项目	性能指标
外观	色泽均匀，无沉淀
固含量(%)(m/m)	≥25
pH值	6～7
破坏形式	挤塑板内破坏

3.10.3 构造和施工要求

1. 构造

以外墙专用挤塑板为保温材料，采用粘钉结合方式将挤塑板固定在墙体的外表面上，聚合物砂浆作保护层，以耐碱玻纤网格布为增强层，外饰面为水溶性弹性涂料的墙外保温系统基本构造见图 3-75。

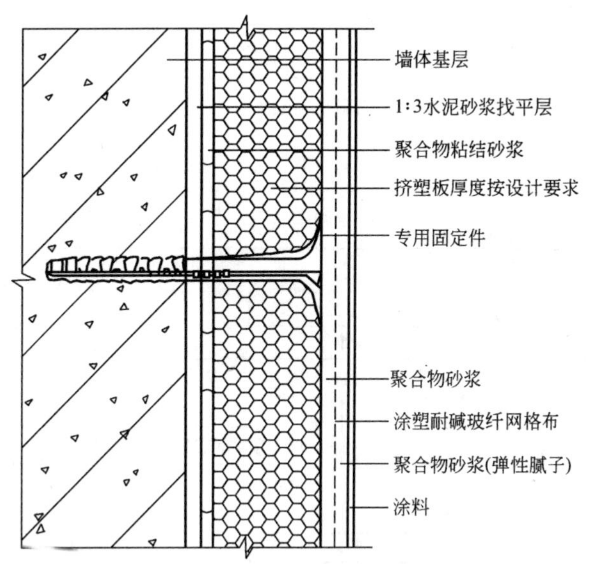

图 3-75 外墙外保温基本构造图

2. 施工

(1) 施工条件

1) 待基层墙面抹完水泥砂浆找平层，并已干燥经验收合格，门窗框、各种管线、预埋件、预留孔洞、支架已安装到位后，再进行外保温施工。

2) 施工现场环境温度在施工及施工后不得低于 50℃，风力不大于5 级。

3) 为保证施工质量，施工面应避免阳光直射。必要时应在脚手架上搭设防晒布，遮挡墙面。

4) 雨天施工时应采取有效措施，防止雨水冲刷墙面。

5) 墙体系统在施工过程中所采取的保护措施，应待泛水、密封膏等永久保护按设计要求施工完毕后方可拆除。

(2) 施工程序

本系统施工流程见图 3-76。

(3) 施工要点

1) 基层处理。必须彻底清除基层表面浮灰、涂料、油污、隔离剂及风化物等影响粘结强度的材料。为增加挤塑板与粘结砂浆及保护面层的结合力，应在挤塑板表面滚（喷）涂专用界面剂，待晾干至粘手时再用聚合物砂浆作粘结或作保护层。

2) 调制聚合物砂浆。使用干净的塑料桶按 1∶5 的水灰比加入清水和干砂浆，然后用手持式电动搅拌器搅拌约 5～10min，直至搅拌均匀，且稠度适中为止。应将配好的砂浆静置 5min，再搅拌即可使用，调好的砂浆宜在 1h 内用完。注意：本聚合物砂浆只需加入净水，不能加入其他任何材料。

3) 安装挤塑板。

① 标准板面尺寸：为 1200mm×600mm。非标准板按实际需要进行加工。尺寸允许偏差为±1.5mm，大小面垂直，安装允许偏差及检查方法见表 3-63。

② 网格布翻包：膨胀缝两侧、孔洞边的挤塑板上预贴窄幅网格布。

③ 在挤塑板上涂抹粘结砂浆：将涂抹好的挤塑板立即贴在墙面上，动作要迅速。应用 2m 靠尺压平操作，保证其平整度和粘贴牢固。

安装允许偏差及检查方法　　表 3-63

项次	项目		允许偏差(mm)	检查方法
1	平整度		3	用2m靠尺
2	垂直度	每层	5	用2m托线板
		全高	$H/1000$，且不大于20	用经纬仪或吊线和尺
3	阴阳角垂直度		2	用2m靠尺
4	阴阳角方正度		2	用200mm方尺和楔形尺
5	接缝偏差		1	用直尺和楔形尺

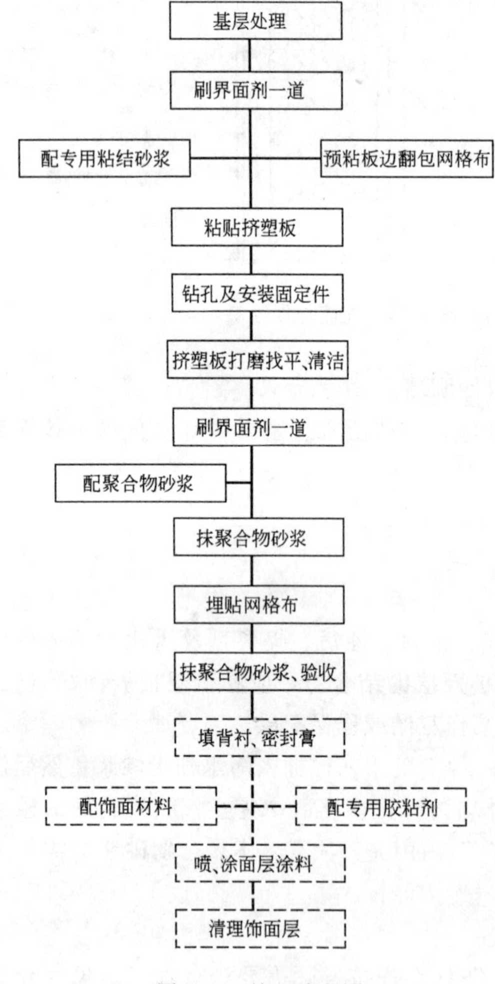

图 3-76　施工流程图

4）安装固定件

待挤塑板粘贴牢固，一般在8～24h内固定件安装完毕，按设计要求的位置用冲击钻钻孔，锚固深度为50mm，钻孔深度为60mm。固定件个数及具体规定应根据建筑物的高度和部位确定。

5）打磨。挤塑板接缝不平处应用粗砂纸打磨。打磨后应用刷子或压缩空气将操作过程中产生的碎屑、其他浮灰清理干净。

6）抹聚合物砂浆。清扫挤塑板面，滚（喷）涂界面剂，待晾干至黏手时将聚合物砂浆均匀地抹在挤塑板上，厚度约2mm左右。

7）压入网格布。抹聚合物砂浆后立即压入网格布。按要求进行剪裁，并应留出搭接宽度；网格布的剪裁应顺经纬向进行。

8）抹聚合物砂浆（压平）。抹完砂浆后，压入网格布后待砂浆干至不粘手时，抹面层聚合物砂浆，厚度以盖住网格布为准，约1mm左右。使砂浆保护层总厚度约(2.5±0.5)mm左右。首层墙面为提高其抗冲击能力应辅加一层网格布。

9）补洞和对墙面损坏处的修理。应采用与基材相同材料及时对孔洞及损坏处进行修补。

10）变形缝的处理。在变形缝处填塞发泡聚乙烯圆棒，其直径应为变形缝宽的1.3倍，然后分两次勾填嵌缝膏，深度为缝宽的50%～70%。

3.11 外墙挂板保温（连环甲或SIS）系统施工技术

3.11.1 概述

外墙挂板——连环甲系统，英文名称Siding Insulation System，以下简称连环甲系统是集外装饰与保温为一体的新型外墙外保温体系。

1. 适用范围

适用于基层墙体为钢筋混凝土、烧结实心砖、多孔砖、混凝土空心砌块等承重墙体。其他墙体应进行现场固定件与基层墙体拉拔力测试，拉拔力不小于1.2kN的墙体；适用于各种形式的低层及多层新建或改、扩建的工业与民用建筑外墙挂板——连环甲系统使用，可供建筑设计、建筑装修和施工安装人员参考。适用于抗震设防烈度不大于8度的建筑物。

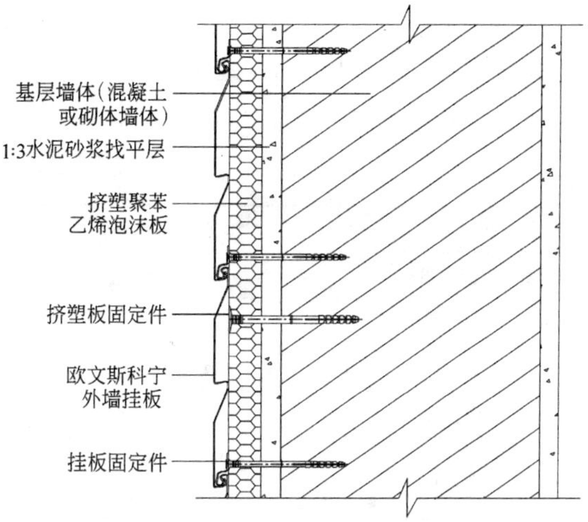

基层墙体（混凝土或砌体墙体）
1:3水泥砂浆找平层
挤塑聚苯乙烯泡沫板
挤塑板固定件
欧文斯科宁外墙挂板
挂板固定件

图3-77 连环甲外墙保温系统构造图

2. 系统简介

本系统是以挤塑聚苯乙烯泡沫板为保温材料，采用专用固定件将挤塑聚苯乙烯泡沫板固定在墙体的外表面上，然后，再安装装饰与围护为一体的装饰挂板所组成的外墙外保温与外装饰系统。其基本构造见图3-77。

3. 系统构成

（1）为保证保温工程的质量，减少材料的浪费，本系统要求对不平整的墙面做找平层。当墙面的平整度、垂直度检验合格符合国家中级抹灰验收标准方可进行下一步工序。

（2）保温层采用连环甲系统专用挤塑泡沫板，它可以满足连环甲系统要求的墙体保温材料硬度与韧性，其厚度应根据国家或项目当地的建筑节能保温规范与标准的要求与计算方法确定。业主也可以根据国外先进的设计标准确定保温层厚度以达到更加节能的效果。

（3）保温层的安装，须采用专用保温层固定件固定。采用机械固定方式，避免了湿作业施工，提高了施工效率，缩短了工期，结合挂板固定件，可以有效的抵抗由正负风压更替产生的疲劳荷载，固定方式安全、可靠。

（4）外墙面层采用复合材料外墙挂板，采用专用挂板固定件与墙体连接。有多种颜色与形式的选择，提供给设计师、业主更多的选择。

（5）本系统可应用于钢筋混凝土墙、各种砖墙或砌体墙等基层之上，如对保温层或挂板固定件在基层墙体上的抗拉拔力有疑问时，可采用现场测试。对于保温层固定件，单个固定件拉拔力应大于1.20kN；对于挂板固定件，单个固定件拉拔力应大于1.20kN。

（6）结构的安全性、耐久性、抗冲击性和可靠性是建筑物的必备条件，节能措施则是建筑物的内涵。连环甲系统由于采用了保温和物理性能优异的连环甲系统专用挤塑泡沫板，专用的保温层与外墙挂板固定件，配合外表美观、耐候性能优异的外墙挂板，使整个系统热工性能良好，主体结构更加坚固耐久。

3.11.2 系统使用材料

1. 外墙挂板

挂板及其配件是一种高分子复合材料，其柔韧性好、耐候性能高，用于保温层外侧既美观又起到保护保温层的作用。常用的挂板有DL型和DLD型两种形式，规格为229mm(高)×4000mm(长)×1mm(厚)。常用颜色有白色、象牙白、杏仁色、丝绸色、古陶色、烟灰色等六种。挂板其各项性能指标均达到或超过美国ASTM标准及有关文件的要求。其部分性能指标见表3-64。

挂板规格及性能 **表3-64**

测试项目	单位	测试标准	测试值
悬臂梁冲击强度(0℃)	kg cm/cm	ASTM D256	10.40
悬臂梁冲击强度(23℃)	kg cm/cm	ASTM D256	20.74
线性膨胀系数	mm/m ℃	ASTM D696	5.67×10^{-3}
抗拉强度	kPa	ASTM D4216	485.8
防火性能		ASTM-E84 GB/T 8627—1999	防火A级 防火B1级

2. 金属配件及固定件

(1) 保温系统的金属配件指的是外墙阳角的金属包角。包角呈L形，每边长为120mm。夹角与建筑物外墙阳角一致，通常为90°。包角由镀锌铁皮制作，厚1mm。包角有两个作用，一个是便于安装外角柱，J形槽，另一个作用是增加阳角的强度。

(2) 用于安装保温系统的固定件共有三种：一种是挤塑板保温层固定件，用于将挤塑板固定于基层墙面上；第二种是挂板固定件，用于将挂板穿过挤塑板固定在基层墙体上；第三种是金属配件固定件，用于将挂板固定于金属配件上。

采用自攻螺钉连接外墙挂板与包角金属配件，自攻螺钉直径3.2mm，长度大于20mm，钉帽下缘齐平，钉帽直径约9mm。

(3) 挤塑板保温层固定件由两部分组成：一是膨胀钉采用优质工程塑料制作，尾部有设计独特的回拧锚固结构；二是自攻螺钉采用高强度结构钢及防锈性能优异的灰磷镀层工艺，适用温度范围－40～80℃，单个构件拉拔力及拉拔力设计值可参考表3-65（安全系数k取3.0）。

挤塑板固定件的拉拔力及拉拔力设计值 **表3-65**

基层墙体	拉拔力	拉拔力设计值
钢筋混凝土墙体(C25)	1.5kN	0.5kN
烧结实心砖墙体(MU10)	1.4kN	0.45kN
多孔砖墙体(MU10)	1.2kN	0.4kN
混凝土空心砌块(MU10)	1.2kN	0.4kN

注：拉拔力为实测平均值。

（4）如基层墙体为其他材料，应进行现场固定件于基层墙体拉拔力测试，以确定拉拔力设计值，建议最低拉拔力为 1.2kN，拉拔力设计值为 0.4kN。

（5）外墙挂板保温层固定件采用优质工程塑料膨胀套管和不锈钢或经防锈处理的螺钉制作，尾部有设计独特的回拧锚固结构，适用温度范围－40～80℃。要求钉帽直径不小于 9mm，钉身根部直径为 3.2mm ，钉长不小于 80mm，单个构件的性能见表 3-66。

挂板固定件的拉拔力及拉拔力设计值 表 3-66

基层墙体	拉拔力	拉拔力设计值
钢筋混凝土墙体(C25)	1.5kN	0.5kN
烧结实心砖墙体(MU10)	1.4kN	0.45kN
多孔砖墙体(MU10)	1.2kN	0.4kN
混凝土空心砌块(MU10)	1.2kN	0.4kN

注：拉拔力为实测平均值。

3. 保温隔热材料

（1）挤塑聚苯乙烯泡沫板是一种高性能的硬质保温板材，它不仅具备极低的导热系数，更具有优越的抗湿、抗冲击、耐候等性能。XPS 所特有的微细闭孔蜂窝状结构，使其拥有极高的抗压、抗剪强度，以及极低的吸水率。

（2）在长期高湿度或浸水环境下，XPS 仍能保持其优良的保温隔热性能。

（3）热工计算表明：25mm 厚挤塑板的热阻相当于 650mm 厚实心黏土墙的热阻。

（4）由于 XPS 所特有的微细闭孔蜂窝状结构，它的强度几乎不受浸水的影响，所以 XPS 是最优质的保温材料。

（5）挤塑聚苯乙烯泡沫塑料板规格与性能，见表 3-67。

挤塑聚苯乙烯泡沫塑料板规格及性能 表 3-67

性能	单位	测试标准	性能标准及规格				
			R5	R6	R8	R10	R12
压缩强度	kPa	GB 8813	150～250				
表观密度	kg/m³	GB 6343	≤35				
导热系数	W/(m·K)	GB 3399	0.0289(@25℃)，0.026(@10℃)				
热阻值		ASTM C518	5	6	8	10	12
	(m²·K)/W	GB 3399	0.87	1.04	1.38	1.73	2.08
透湿系数	ng/(Pa·m·s)	QB/T 2411	≤3.0				
吸水率	%(V/V)	GB/T 8810	≤2.0				
氧指数	%	GB/T 8626	>30				
厚度	mm	GB 6342	25	30	40	50	60
宽度	mm		600				
长度	mm		1800				
边沿接口形式			平头，榫槽				

4. 嵌缝材料

(1) 嵌缝用建筑密封膏应采用聚氨酯或硅酮型建筑密封膏，其性能指标应符合《聚氨酯建筑密封膏》(JC 482～484) 及《建筑用硅酮结构密封胶》(GB 16776—2005) 的要求外，应与本系统有关产品进行相容试验，不相容不能使用。

(2) 发泡聚乙烯圆棒：用于填塞节点缝隙，作密封膏的隔离、背衬材料，其直径按缝宽的1.3倍选用。

3.11.3 施工工艺

1. 施工条件

(1) 水泥砂浆找平层已做好，基层墙面应干燥并已验收合格，门窗框、各种管线、预埋件、预留孔洞、支架已安装到位。

(2) 施工现场环境温度在施工及施工后24h内均不得低于5℃，风力不大于5级。

(3) 为保证施工质量，施工面应避免阳光直射。必要时，应在脚手架上搭设防晒布，遮挡墙面。

(4) 雨天施工时应采取有效措施，防止雨水冲刷墙面。

(5) 墙体系统在施工过程中所采取的保护措施，应待泛水、密封膏等永久保护按设计要求施工完毕后方可拆除。

2. 主要施工工具

(1) 常用工具：2m靠尺、角尺、壁纸刀、冲击钻、电动螺钉刀、电锤、电热丝切割器、白铁皮剪刀、钢锯条、墨斗、托线板、卷尺、硅胶枪等。另外，基本的测量仪器也是需要的，如水准仪。

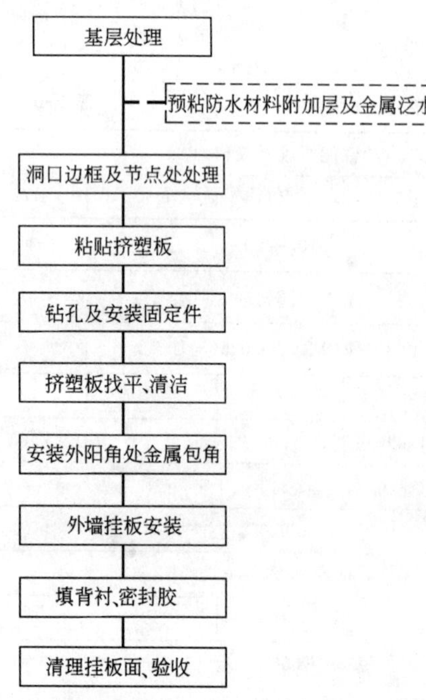

图3-78 施工工艺流程图

(2) 挂板专用施工工具：

1) 压痕器：用于在外墙挂板墙的最上侧或洞口下方的挂板终止层处，可用其在剪裁的挂板上压制倒刺卡口，以供固定挂板使用。

2) 钉槽冲孔器：在安装挂板中，用于扩展不满足安装要求宽度的钉槽口处，可在外墙挂板上压制钉槽口，以确保挂板在长方向上的自由伸缩。

(3) 安全防护用品：应配备必要的施工安全保护用品，以确保施工安全。

3. 施工程序

(1) 本系统做法见施工流程图3-78。

(2) 施工要点

1) 基层处理。

① 必须彻底清除基层表面浮灰、油污、隔离剂、基层表面局部突出物、空鼓及风化物等影响表面平整度和XPS安装的材料。

② 对于旧房改造工程，应清除外墙表面的影响安装保温材料的物体。所有外墙上的门窗框、

水落管支架、进户管线、墙面预埋件等，均应在保温隔热层施工前完工。

③ 对新建工程的结构墙体，应按现行外墙标准检测其平整度及垂直度，局部采用 2m 靠尺检查，最大偏差应小于 4mm，超差部分应剔凿或用水泥砂浆修补平整。

④ 在挂板与其他外墙材料（如石材、涂料和面砖）的结合处，需检查这些外墙材料的交接处或交接线的水平或垂直度，如不满足，则必须在安装挂板前调整。

2）安装节点及洞口的金属泛水及防水垫层。安装节点及洞口泛水，未特别说明处，泛水采用热镀锌钢板、不锈钢板 1mm 厚，附加防水层采用自粘式防水卷材，在图 3-79 中已指定泛水或附加防水层材料与材料厚度的节点，应按图施工。

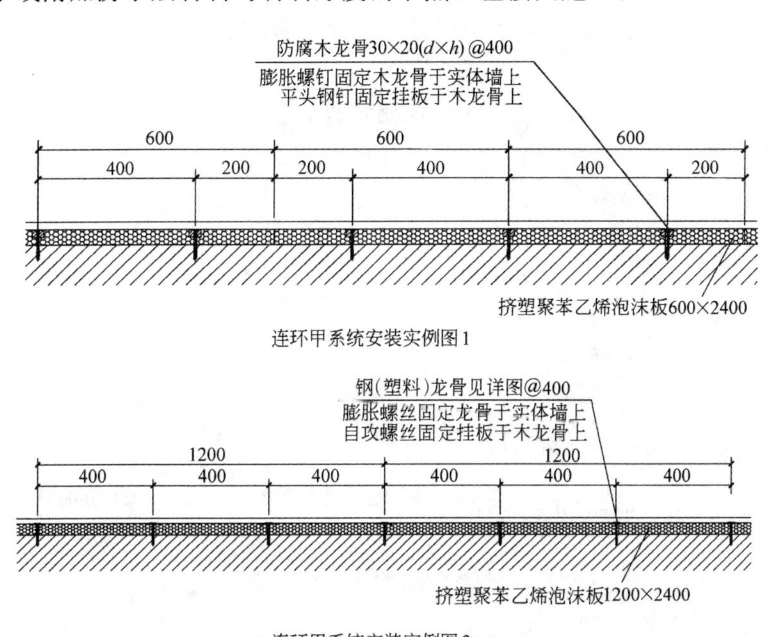

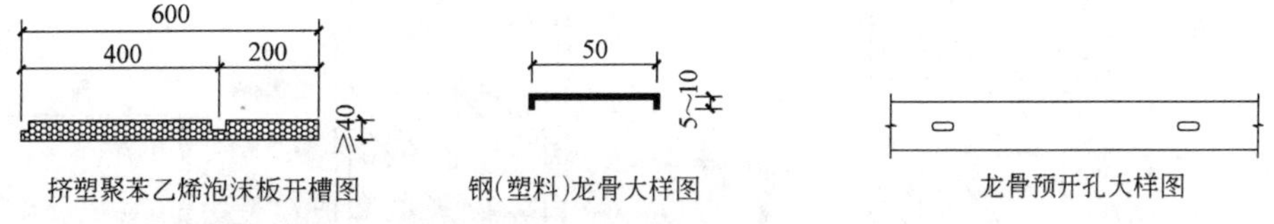

图 3-79　连环甲安装图（一）

注：1. 钢龙骨应采用热镀锌钢板 1.5mm 厚，固定件应采取防止冷桥的措施；

2. 塑料龙骨应保证较高的龙骨刚度和较小的热膨胀系数，固定件应采取防止冷桥的措施。

3）安装挤塑板。

① 标准板面尺寸为 1200mm×600mm。非标准板按实际需要的尺寸加工，挤塑板切割用电热丝切割器或工具刀切割，尺寸允许偏差为±1.5mm，大小面垂直。

② 已完成基层处理的墙面上，在每片准备安装挂板的墙面顶端和底端分别弹水平基准线。

③ 挤塑板贴在墙上时，应用 2m 靠尺压平操作，保证其平整度，板与板之间要挤紧。每贴完一块，应及时施加挤塑板专用固定件固定。板间不留间隙，若因挤塑板面方正或裁切不直形成缝隙，应用挤塑板条塞入并打磨平整。

④ 挤塑板应水平安装，保证连续结合，而且上下两排挤塑板宜竖向错缝板长1/2，保证最小错缝尺寸200mm。

⑤ 在墙体阴阳角处，应先排好尺寸，裁切挤塑板，使其安装时垂直交错连接，保证拐角处顺直且垂直。

⑥ 在安装窗框四周的阳角和外墙阳角时，应先做出基准线，作为控制阳角上下竖直的依据。

⑦ 按设计要求的位置用冲击钻钻孔，锚固深度为50mm，钻孔深度60mm。

⑧ 固定挤塑板的固定件每平方米约7～10个。先钻孔（钻孔深度必须大于胀管锚入长度），再将胀管打入，最后，将自攻螺钉拧入。确保固定件可靠锚入墙体基层并达到规定的抗拔强度。

⑨ 任何面积大于0.1m^2的单块板必须加固定件，数量视形状及现场情况而定，对于

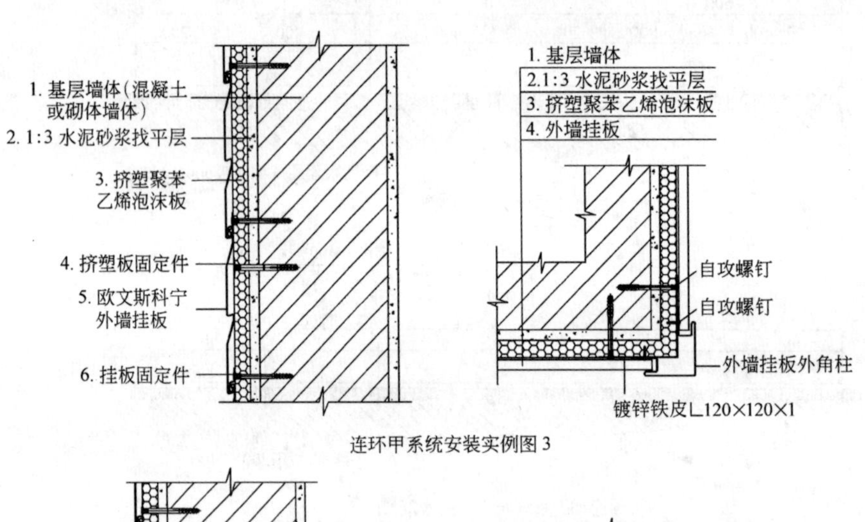

连环甲系统安装实例图3

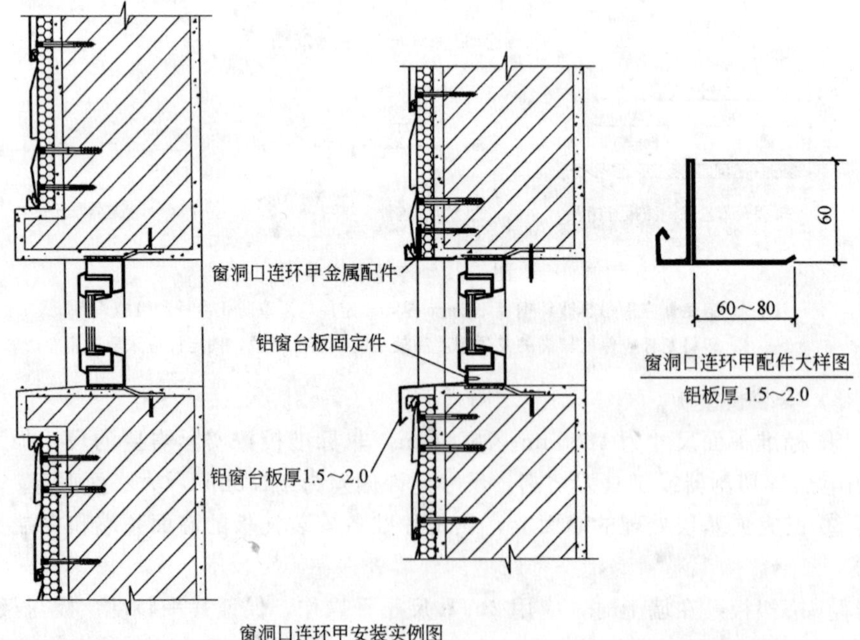

窗洞口连环甲安装实例图

图3-80 连环甲安装图（二）

小于 0.1m^2 的单块板应根据现场情况决定是否加固定件。

⑩ 固定件加密，阳角、檐口下、孔洞边缘四周应加密，其间距不大于 300mm，距基层边缘不小于 60mm，见图 3-80 门窗洞口及边角。

⑪ 自攻螺钉应用电动螺钉刀拧紧并使工程塑料膨胀钉的帽子与挤塑板表面平齐或略拧入一些，确保膨胀钉尾部回拧使之与基层充分锚固。

⑫ 挤塑板接缝不平处应用粗砂纸打磨平整，并在施工挂板前保持板面清洁。

4）外墙挂板安装。

① 沿外墙阳角安装金属包角，包角沿外墙阳角通长布置，两侧每隔 400mm 高设一固定件固定。

② 安装起始条、J 形槽和内外角柱，再安装挂板。

5）沉降缝、伸缩缝、防震缝统称变形缝，其做法是在变形缝处填塞发泡聚乙烯圆棒，其直径应为变形缝宽的 1.3 倍，分两次勾填嵌缝膏，深度为缝宽的 50%～70%。

4. 质量要求

（1）在墙面上抹找平层采用 1∶3 水泥砂浆找平层时，先用水湿润墙面，然后做灰饼、光筋，抹灰时一定要抹平压实，严格控制平均厚度 20mm，用 2m 靠尺检查，最大偏差应小于 4mm。

（2）检验出厂合格证或进行复验，以确定挤塑板的各项性能指标符合有关标准的要求。

（3）挤塑板必须牢固、无松动现象。每 20m 检查一处，每层不少于 3 处。

（4）无论是挤塑板还是挂板的固定件要求进入墙体内不小于 50mm，并可靠锚固。同样，每 20m 检查一处，每层不少于 3 处。

（5）上下挂板可靠扣接，无脱扣现象，每块板均需检查确保挂板水平安装，并控制好内外角柱、J 形槽的垂直度和水平度，每 2m 长，允许偏差小于 2mm。

（6）挂板两端可靠伸入外角柱、内角柱或 J 形槽内，同时，两端分别留有 6mm 左右的间隙。

（7）任何单片挂板应能左右移动。

（8）相邻墙面上的挂板应在同一高度上。

（9）挂板及其他收边构件裁剪整齐，无毛边。

（10）J 型槽与窗套间，管道及其他突出物周围打密封胶。

（11）安装完毕后，挂板面应擦洗干净。

3.12 预制墙体外保温系统

3.12.1 概述

预制墙体保温系统是一种新型的外墙外保温施工技术。工厂化预制生产的各种保温幕墙板，采用配套的机械连接构件，现场进行装配化安装，形成外墙外保温系统。

预制墙体保温系统与其他墙体保温系统相比：采用工业化过程进行生产，产品质量能够得到严格的控制；减少了现场的湿作业；减少了大量的施工环节，缩短了施工工期；避免了施工过程中的环境污染以及噪声污染，符合绿色文明施工要求。具有显著的优点。预制保温系统施工不受季节及气候影响，在北京地区能够进行冬期施工，特别是在既有建筑节能改造方面，预制墙体保温系统更显示出优势和特点：能够适应各种既有建筑的基层墙面，不必对原有基层墙面进行复杂的清除处理。预制墙体保温系统采取机械连接方式，固定在既有墙体外侧，还能够部分达到改造既有建筑外观面貌的目的。

预制墙体保温系统目前在国内的生产和应用刚刚开始。各种产品系统在结构构造、施工环节、性能特点以及造价上有较大的区别，还需在进一步的推广和应用过程中进一步成熟和完善。以满足各种环境条件下的建筑节能要求。

下面以EVE轻质保温幕墙板为例介绍预制墙体保温系统。

3.12.2 EVE轻质保温幕墙板

EVE轻质保温幕墙是一种工业化生产的大幅面干挂式外保温幕墙系统。集外墙保温功能与外墙装饰功能于一体，现场安装悬挂在建筑外表面，满足建筑节能与建筑装饰的需要。

1. EVE轻质保温幕墙板的组成结构

EVE轻质保温幕墙板的组成结构，见图3-81。

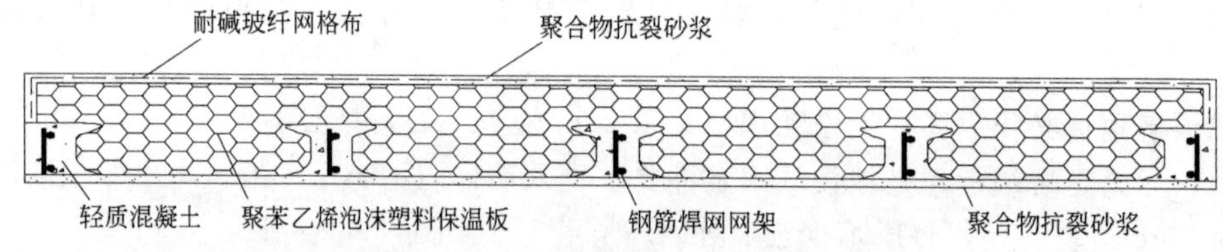

图3-81 EVE保温幕墙板构造剖面图

EVE轻质保温幕墙板由多种材料复合而成，采用高强度轻质混凝土及钢筋网架结构，混凝土框架之间及其外侧填充复合EPS或XPS保温板，保温板外侧包覆耐碱玻纤网格布及聚合物抗裂砂浆，聚合物抗裂砂浆外侧涂布高档外墙装饰涂料。

2. EVE轻质保温幕墙板特点

(1) 轻质性

轻质保温幕墙板的面密度为50kg/m^2，仅相当于粘贴一层外墙瓷砖的重量。

(2) 保温性

轻质保温幕墙板的传热系数0.55W/(m^2·K)，满足节能65%的建筑设计规范要求。

(3) 装饰性

轻质保温幕墙板的外表面经工厂化饰面处理，可形成仿天然石材、仿金属铝塑板幕墙、仿饰面瓷砖等多种装饰效果，满足高档外观装饰要求。

(4) 安装性

采用预埋或锚固在结构基层墙体上的金属挂件，将大幅面EVE轻质保温幕墙板安全、准确、快速安装悬挂在建筑外墙表面。干作业、无污染、无噪声、施工快、质量好。

3. EVE轻质保温幕墙板技术性能

见表3-68。

EVE 轻质保温幕墙板主要性能指标　　表 3-68

性能指标 \ 板规格	3500×3000×100(mm)	3500×3000×120(mm)	3500×3000×140(mm)
面密度	48kg/m^2	50kg/m^2	55kg/m^2
抗弯荷载	1.5kN/m^2	1.5kN/m^2	1.5kN/m^2
抗冲击强度(30kg 砂袋)	>5 次	>5 次	>5 次
抗压强度(混凝土立方体)	30MPa	30MPa	30MPa
抗冻融性	25 次	25 次	25 次
耐火时限	>0.5h	>0.5h	>0.5h
干燥收缩值	<0.4mm/m	<0.4mm/m	<0.4mm/m
空气隔声量	>30dB	>35dB	>35dB
传热系数	≤0.55W/(m^2·K)	≤0.48W/(m^2·K)	≤0.42W/(m^2·K)

3.12.3 EVE 轻质保温幕墙板应用范围

EVE 轻质保温幕墙板适用于钢结构、混凝土框架结构等各种轻型建筑结构；适用于各种多层、高层以及低层房屋；适用于各种新建建筑的外墙保温，外墙装饰；既有建筑的节能改造，既有建筑的外观翻新改造。

3.12.4 EVE 轻质保温幕墙板的安装

(1) EVE 轻质保温幕墙板的连接节点，见下列图 3-82～图 3-88。

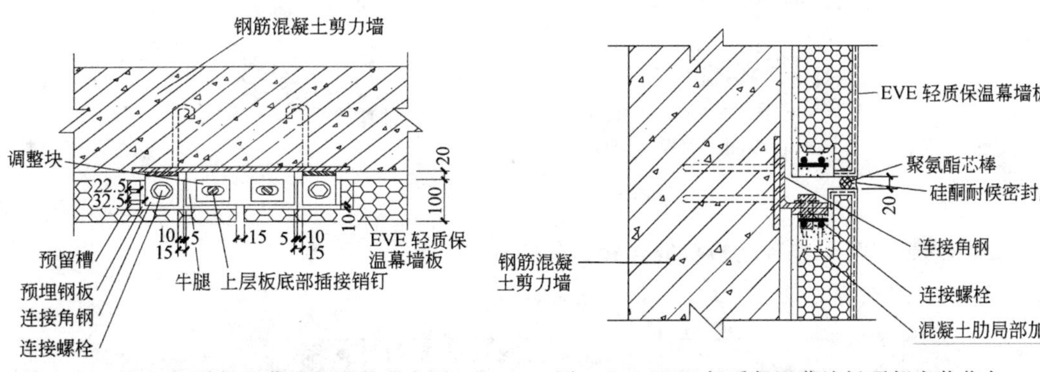

图 3-82　EVE 轻质保温幕墙板安装节点图

图 3-83　EVE 轻质保温幕墙板顶部安装节点

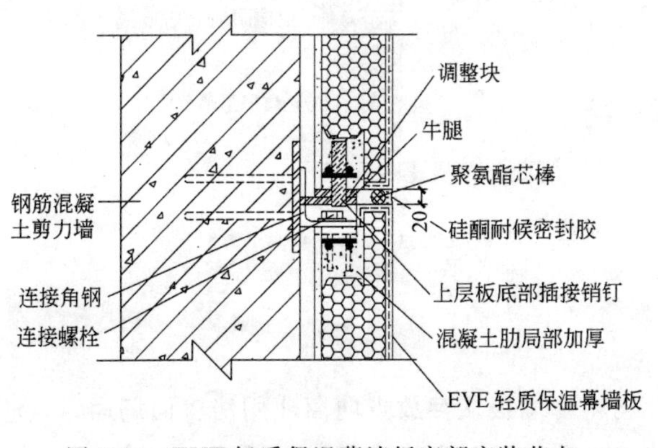

图 3-84　EVE 轻质保温幕墙板底部安装节点

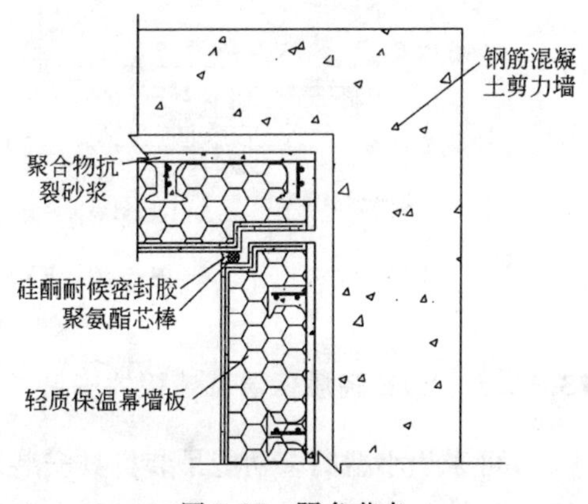

图 3-85　阴角节点

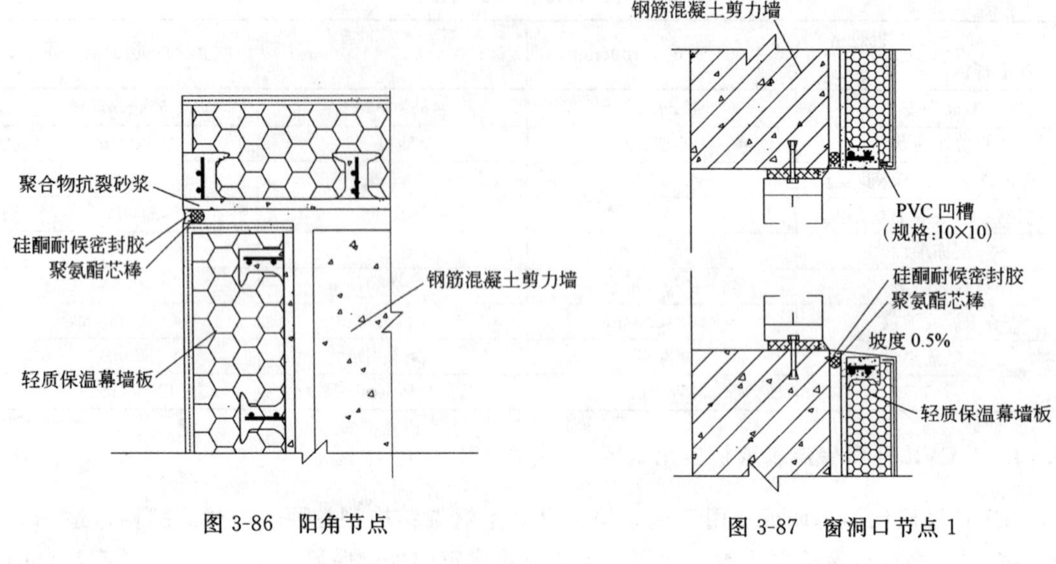

图3-86 阳角节点

图3-87 窗洞口节点1

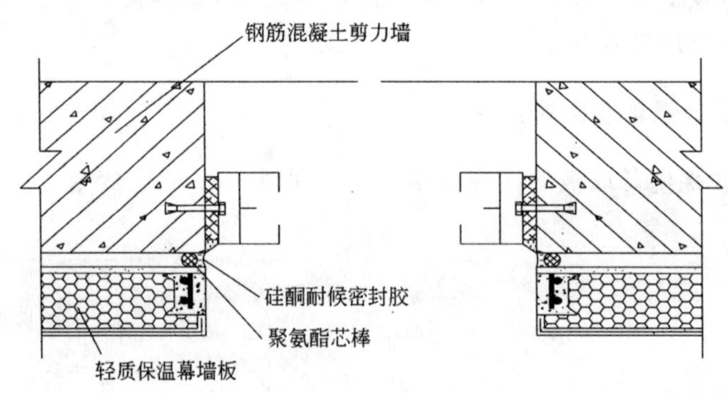

图3-88 窗洞口节点2

(2) EVE轻质保温幕墙板板缝连接，见图3-89。

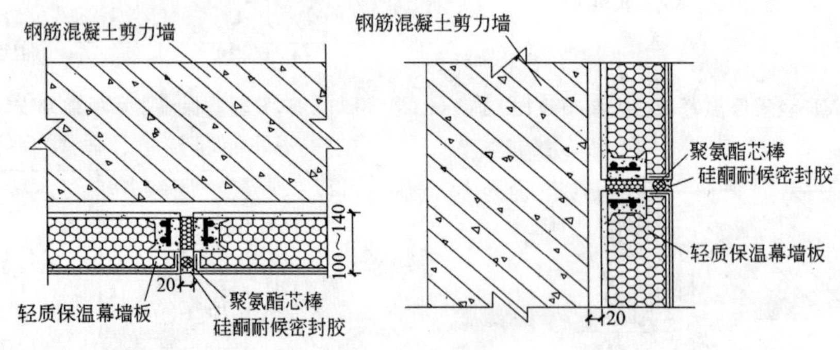

图3-89 EVE轻质保温幕墙板板缝连接

3.12.5 EVE轻质保温幕墙板的安装

可采用小型高多功能吊装机具安装。当将幕墙板从存放点向商业用房屋面调运时，应事先计划好幕墙板的挪运路径，保证幕墙板在调运过程中不会损坏，见图3-90与图3-91。

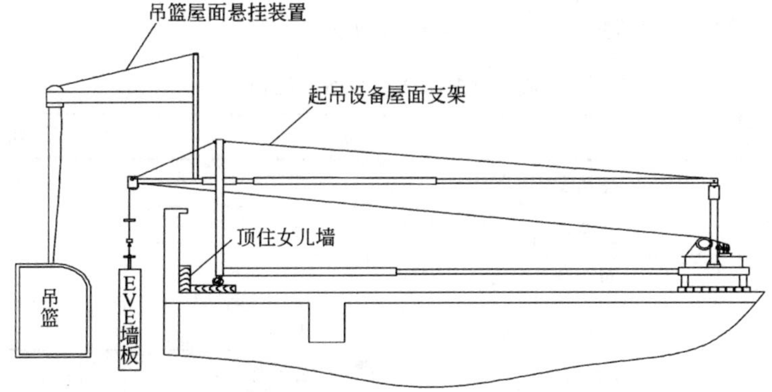

图 3-90 高层多功能吊装机具构造示意图

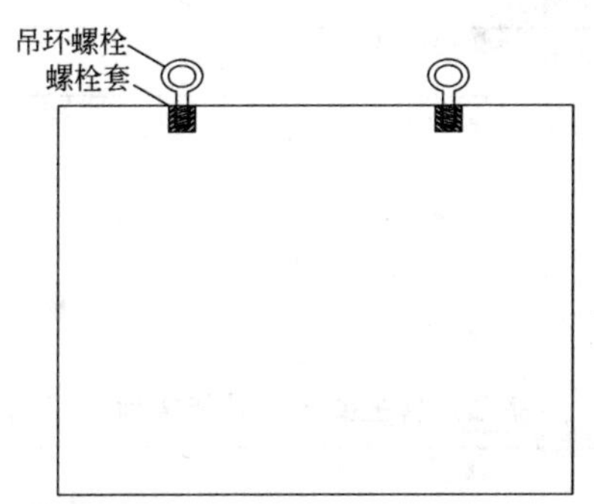

图 3-91 保温幕墙板吊点构造示意

注：螺栓套与墙板内部的钢筋网架焊接，墙板内部结构本图略。

3.13 GKP装配式龙骨薄板外墙外保温系统施工技术

3.13.1 适用范围

本做法是以轻钢龙骨为框架，纤维增强硅酸钙板或水泥加压平板为面板，玻璃棉、岩棉或自熄型聚苯板为保温材料，采用机械联结方式的一种外保温技术。适用于各类新建、扩建、改建民用建筑的外墙外保温工程；基层墙体可以是混凝土墙和各种砌体墙；建筑高度一般在100m以内，抗震设防烈度不大于8度。

3.13.2 施工准备

1. 技术准备

(1) 结合设计要求，进行装配式龙骨薄板外墙外保温二次设计。

(2) 编制施工方案，对施工人员进行书面技术交底。

(3) 对施工人员进行必要的技术培训。

2. 材料要求

(1) 龙骨及支持体系：

龙骨及支持体系应与结构墙体联结牢固，能承受足够的吊挂力和拉拔力，表面必须作镀锌等防锈、防腐处理，其规格品种如表 3-69 所示：

龙骨及支撑体系规格、品种　　表 3-69

编　号	名　称	截　面　形　状	规格(mm)
1	宽龙骨	┌──┐	60×35
2	窄龙骨	┌─┐	40×35
3	角龙骨	└──	40×40
4	专用支座	└──	50×40×40
5	膨胀螺栓	标准件	M6
6	双头螺柱		M5×80
7	沉头螺钉	标准件	M5×18、M5×20
8	自攻螺钉	标准件	3.5×40、3.5×25

注：本表按保温材料为 5cm 厚设计，若厚度不同，尺寸应按设计作相应调整。

（2）保温龙骨：

按施工设计要求厚度，由工厂预制相应高度的保温龙骨。保温龙骨的主要技术性能和外形尺寸允许偏差应符合表 3-70 和表 3-71 的要求。

保温龙骨主要技术性能指标　　表 3-70

项　目	指　标
热阻[$(m^2 \cdot K)/W$]	≥1
刚度，f=0.2kN	中点挠度 δ≤3mm
ϕ3.0～3.5 自攻钉拔出力(kN)	≥0.4

保温龙骨外形尺寸允许偏差　　表 3-71

项　目		允许偏差	项　目	允许偏差
长度(mm)	≤3000	±15	宽度 mm	±1.5
	>3000	±20	侧向弯曲 mm	±1.5
高度(mm)	≤50	±1.5	平整度 mm	±1.0
	>50	±2.0		

（3）薄板：

可采用工业化生产的纤维增强硅酸钙板或水泥加压平板（FC 板）产品须满足《纤维增强硅酸钙板》（JC/T 564—94）或《建筑用石棉水泥平板》（JC 412—91）要求，且厚度不均匀度不大于 10%，其他性能指标见表 3-72。

薄板性能指标　　表 3-72

名　称	厚度(mm)	不燃性	吸水率(%)	表面平整(mm)
纤维增强硅酸钙板	6 或 8	不燃	≤30	4
水泥加压平板(FC 板)	6 或 8	不燃	≤24	4

(4) 保温材料：

可采用聚苯板、玻璃棉毡或岩棉等多种保温材料，其物理性能指标如表3-73。

保温材料性能指标 表3-73

名称	表观密度(kg/m^3)	导热系数[W/(m·K)]	不燃性
自熄型聚苯板	16～18	≤0.042	自熄
玻璃棉毡	18～20	≤0.053	不燃
岩棉	80	≤0.050	不燃

(5) 饰面材料：

宜采用建筑涂料且应符合《建筑外墙弹性涂料应用技术规程》(DBJ/T 01—57—2001)、《合成树脂乳液外墙涂料》(GB/T 9755—2001)、《复层建筑涂料》(GB 9779—2005)、《合成树脂乳液砂壁状建筑涂料》(GB 9153—88)、《合成树脂乳液砂壁状建筑涂料》(JG/T 24—2000) 的要求。

(6) 外挂装饰板及配件：

外挂装饰板、起始条、收口条、J型槽、阴角柱、阳角柱等。其中，阴角柱可用J型槽代替，阳角柱可用彩钢板按设计图纸在工厂压型成不同规格长度的预制件。彩钢板厚度0.6～0.8mm，颜色由设计要求确定。

(7) 机械联结件：

1) 机械锚固件。制作螺钉的材料应是经表面防锈处理的金属或不锈钢；塑料套应用聚酰胺 (PA6或PA6～6)、聚乙烯 (PE) 或聚丙烯 (PP) 等材料制成，不得使用再生材料。锚固件的长度按下式计算：

$$L=L_0+a$$

式中 L——锚固件长度；

L_0——保温龙骨高度；

a——有效锚固深度。

有效锚固深度根据基层墙体材料和设计要求并参照生产厂家产品使用说明书确定。锚固承载能力需大于设计承载力。锚固件性能指标应符合表3-74的要求。

机械锚固件主要技术性能指标 表3-74

试验项目	技术指标
单个锚栓最大拉力承载力(已考虑安全系数)(kN)	C25以上的混凝土中≥0.6
单个锚栓对系统传热增加值[$W/(m^2·K)$]	≤0.004

2) 自攻螺钉。十字槽圆头螺钉，$\phi3.0$～3.5，钉帽直径不小于9mm，材料应是表面防锈处理的金属或不锈钢。

(8) 其他材料：

1) 发泡聚乙烯圆棒或条，其直径或宽度按缝宽的1.3倍选用。

2) 建筑密封膏应采用聚氨酯、硅酮、丙烯酸酯型建筑密封膏，其技术性能除应符合

《聚氨酯建筑密封膏》（JC 482—92）、《建筑用硅酮结构密封胶》（GB 16776—2005）、《丙烯酸酯建筑密封膏》（JC/T 484—92）的有关要求外，尚应与本系统有关产品进行相容试验。

3）防水基料应符合《聚合物乳液建筑防水涂料》（JC/T 864—2000）。

4）嵌缝膏为建筑防水密封膏，最大伸长率不小于150%。

3. 机具准备

冲击钻、电钻、云石机、墨斗、盒尺、锤子、螺钉刀、开刀、壁纸刀、托线板、2m靠尺、刷子等。

4. 作业条件

(1) 基层墙体：

经过工程验收达到质量标准的结构承重墙面或非承重墙面即可进行外墙外保温施工。

(2) 门窗洞口：

门窗洞口经过验收，洞口尺寸位置达到设计和质量要求；门窗框或辅框应已立完。

(3) 气候条件

施工环境不受季节影响（外饰面除外）。除风力大于5级和雨天不能施工外，基本属于可全天候施工。

3.13.3 施工工艺

1. 基本构造

基本构造示意图见图3-92。

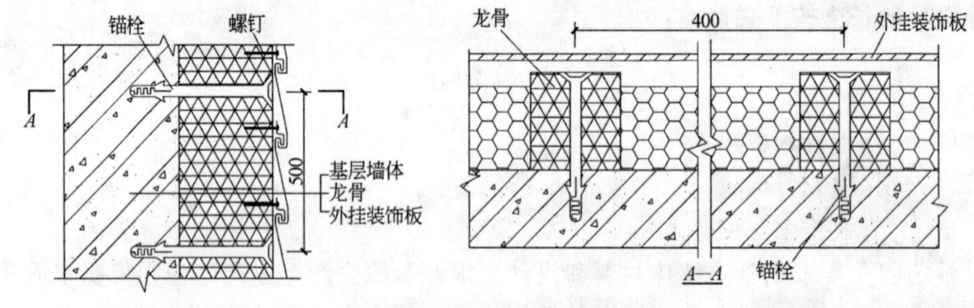

图3-92 基本构造示意图

2. 工艺流程

见图3-93。

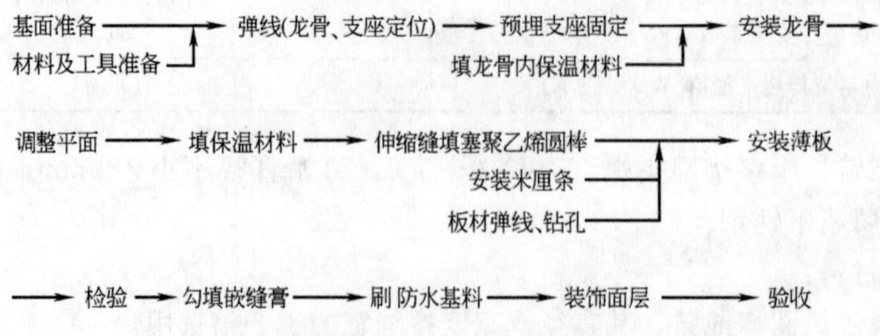

图3-93

3. 操作工艺

(1) 基层准备：

一般情况基层不做处理，若局部高差超过龙骨可调整范围的应剔凿或修补。

(2) 弹线—龙骨、专用支座定位：

按图纸要求定出龙骨的位置和距离，标出其中心线并放出横竖龙骨的边线，然后在边线上按已装配的龙骨实物，定出专用支座的中心距位置，并使相邻中心线的专用支座交错排列（采用长短龙骨交叉使用）。基准线以窗口两边为准向左右进行。

(3) 预埋专用支座固定件：

在结构层的定位位置上用冲击钻钻出 $\phi10$ 深 40mm 的孔，将 $\phi6$ 膨胀螺栓预埋好。

(4) 安装龙骨、专用支座：

采用自上而下的顺序进行安装，先安装竖向龙骨再安装横向龙骨。预先将龙骨槽内填满聚苯板，并与专用支座组装好，然后按图纸要求固定于膨胀螺栓之上，使龙骨处于可调状态。注意阴阳角的处理，如图 3-94 阳角大样图和 3-95 阴角大样图。

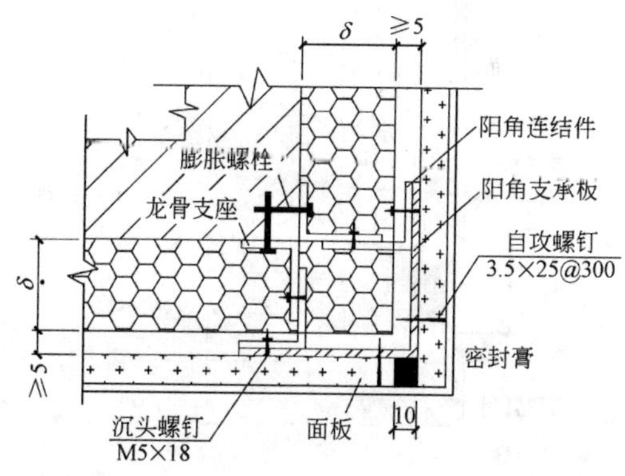

图 3-94 阳角大样图

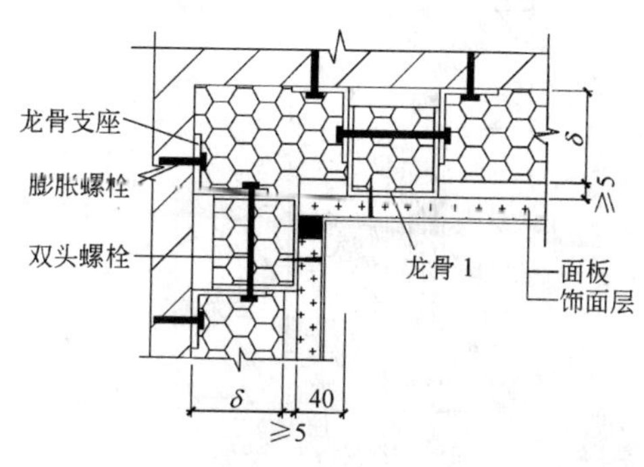

图 3-95 阴角大样图

(5) 调整平面：

用 2m 靠尺和吊线法将龙骨位置调整好，然后将全部螺母拧紧，使龙骨平面误差不大于 1.5mm，垂直误差不大于 5mm（每层）。

(6) 填保温材料：

按尺寸将保温材料填充于龙骨间，采用与保温材料相配套的固定方法固定。如聚苯板用粘贴或专用锚固件固定；玻璃棉毡用岩棉钉固定。

(7) 伸缩缝处理：

在伸缩缝中填塞发泡聚乙烯圆棒，填塞后缝深为 4mm 左右，见图 3-96。

(8) 安装薄板：

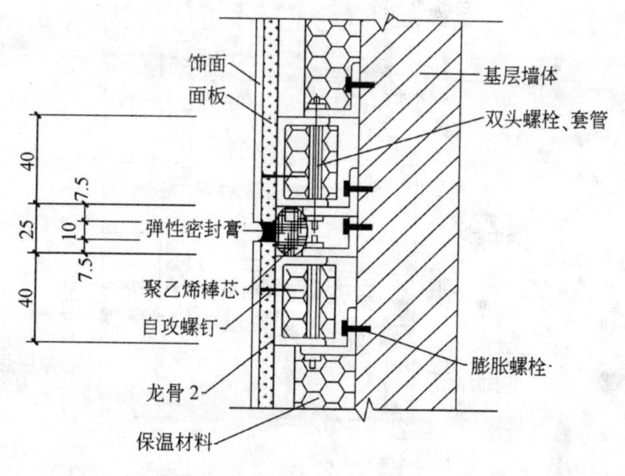

图 3-96 伸缩缝做法大样图

1）将需安装的薄板按图纸要求裁切好，在薄板外表面弹出装钉线，预钻 $\phi3$ 安装孔。在板边钻孔时若出现崩边现象，应错位20mm重新钻孔。

2）利用基准线控制安装薄板的位置，确保薄板安装横平竖直。

3）板定位后，在板面预钻孔位置上钻 $\phi3$ 龙骨孔，然后用自攻螺钉固定，并使螺钉沉头略低于板面。

4）板与板之间安装距离一般为10mm。

（9）勾填嵌缝膏：板与板之间的缝隙勾填嵌缝膏，分两次填实勾平。

（10）将面板用布擦去表面粉尘及浮土，清除多余的嵌缝膏残渣等杂物。

（11）板面缺陷处用腻子修补并打磨平整。

（12）刷防水基料两遍，每遍间隔时间大于30min。

（13）刷饰面涂料：在干燥后的防水基料上，均匀涂刷涂料两遍，颜色按设计要求。

（14）其他节点处理：见图3-97～图3-99。

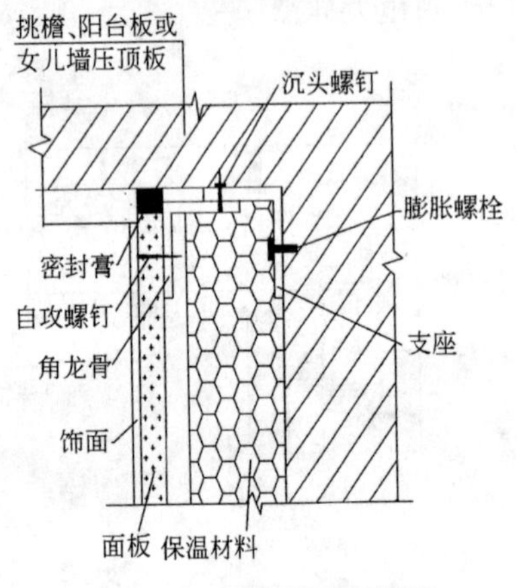

图3-97 挑檐做法大样图

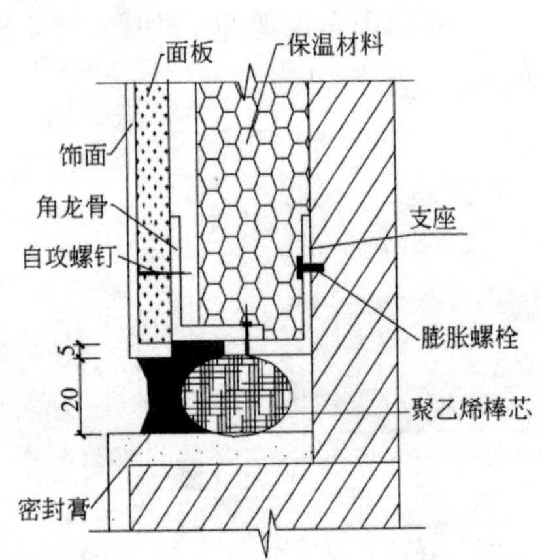

图3-98 勒脚做法大样图

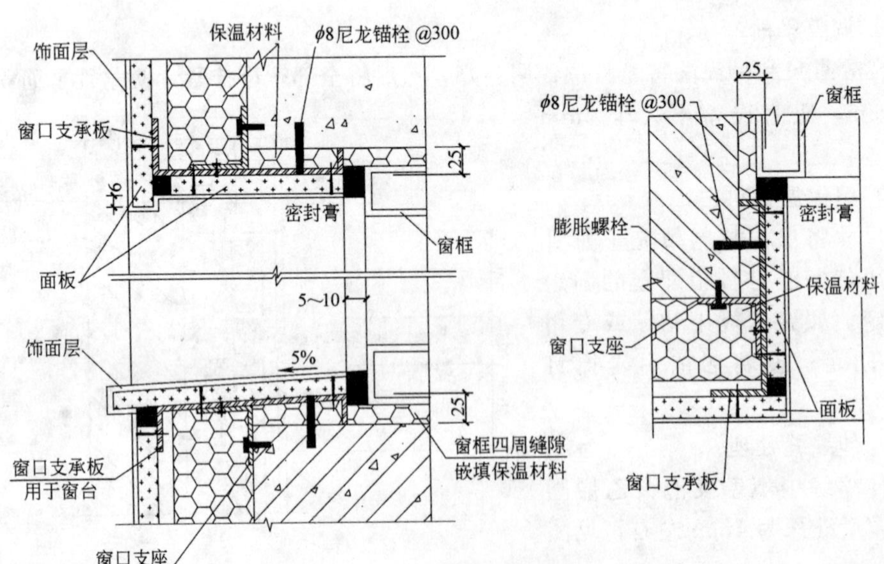

图3-99 窗口做法示意图

3.13.4 质量标准

1. 主控项目

(1) 龙骨及专用支座与墙体基面要联结牢固，双头螺栓螺母要拧紧且不过力，避免造成龙骨变形、螺钉滑扣。

检验方法：观察、推拉检查。

(2) 装配式龙骨薄板外保温工程的各项材料应符合相关国家和行业标准的规定。

检验方法：检查产品合格证书，检测报告。

(3) 薄板与龙骨应联结牢固，不得漏钉、虚钉。

检验方法：观察、推拉检查。

(4) 保温材料平均厚度必须符合要求，其负偏差不得大于3mm。

检验方法：用钢筋插入和尺量检查。

2. 一般项目

(1) 同一块板不得出现两次以上崩边现象。

检验方法：观察检查。

(2) 保温材料应填满塞实，不得有超出2mm的空隙。

检验方法：观察检查。

(3) 板缝平直通顺，板与板之间不得出现明显错台；阴阳角平直。螺钉不高出板面，腻子应打磨平整。

检验方法：观察检查。

(4) 嵌缝膏要填实勾平，防止渗水。

检验方法：观察检查。

(5) 装配式龙骨薄板外保温工程的允许偏差和检验方法应符合表3-75的规定：

允许偏差和检验方法 **表3-75**

项次	项目	允许偏差(mm)	检查方法
1	表面平整	4	用2m靠尺楔形塞尺检查
2	立面垂直	4	用2m托线板检查
3	阴、阳角垂直	4	用2m托线板检查
4	阳角方正	4	用200mm方尺检查
5	伸缩缝(装饰线)平直	3	拉5m线和尺检查

3.13.5 成品保护

(1) 外保温施工完成后，后续工序与其他正在进行的工序应注意对成品进行保护。合理安排水、电设备安装等工序，禁止在保温墙面上随意剔凿，避免尖锐物件撞击。

(2) 对施工中可能发生破损的入口、通道、阳角等部位，应采取临时保护措施。

(3) 脚手架拆除时注意不要碰损墙面。

3.13.6 质量记录

(1) 钢龙骨及支座用材料产品合格证。

（2）保温材料产品合格证及检测报告。

（3）面板产品合格证。

（4）龙骨安装、保温材料安装等隐检记录。

（5）分项工程质量验收记录。

3.13.7 安全、环保措施

1. 安全操作要求

（1）施工人员应遵守施工现场各项安全生产管理规定。

（2）进入现场必须戴安全帽。施工现场严禁上下抛扔工具等物品。

（3）从事施工作业高度在2m以上时必须采取有效的防护措施，系好安全带，防止坠落。

（4）脚手架应满铺脚手板，并固定牢固，严禁出现探头板。

（5）使用手持电动工具均应设置漏电保护器，戴绝缘手套，防止触电。机械发生事故时，非机电维修人员严禁维修。

2. 环保措施

（1）每道工序应做到活完脚下清，及时清理废料，并放置到指定地点。

（2）靠近居民生活区施工时，要控制施工噪声。需夜间运输时，车辆不得鸣笛，减少噪声扰民。

3.14 外墙内保温墙体工程施工

3.14.1 增强石膏聚苯复合保温板外墙内保温工程施工

1. 施工准备

（1）材料

1）增强石膏聚苯复合保温板。其质量应符合标准规定，主要性能指标为：板重不大于25kg/m^2（厚60mm板）；收缩率不大于0.08%；热阻不小于0.8m^2·K/W；含水率不大于5%；抗弯荷载不小于1.8G（G为板材重量）；抗冲击性：垂直冲击10次，背面无裂纹（砂袋重10kg，落距500mm）；条板规格为长2400～2700mm，宽595mm，厚有50mm、60mm、70mm、80mm、90mm五种。

2）辅助材料。

① 石膏类胶粘剂（用于保温板与墙体固定）：粘结强度不小于1.0MPa，使用时间为0.5～1.0h。

② 聚合物砂浆型胶粘剂（用于粘贴防水保温踢脚和抹门窗口护角）：是用聚合物乳液和32.5级水泥配制而成。用水泥∶细砂＝1∶2，掺聚合物乳液∶水＝1∶1的混合胶液搅拌合成适当稠度的砂浆胶粘剂。

③ 中碱玻纤网格布（挂胶）：网孔中心距不大于4mm×4mm，单位面积重量不小于80g/m^2，抗断裂力经纬向均不小于900N/50mm，含胶量为8%。

④ 仿棉无纺布：用于板缝处理。

⑤ 嵌缝腻子（用于板缝处理）：初凝时间不小于0.5h，抗压强度不小于3.0MPa，抗折强度不小于1.5MPa。

⑥ 石膏腻子（用于满刮墙面）：抗压强度不小于2.5MPa，抗折强度不小于1.0MPa，粘结强度不小于0.2MPa，终凝时间不超过4h。

(2) 机具设备

1) 机具。刀锯、手刨、灰槽、托板、水桶、橡皮锤、钢丝刷、撬杠、木楔、开刀、扫帚等。

2) 计量检测用具。钢尺、托线板、线坠等。

(3) 作业条件

1) 结构工程经验收合格。

2) 标高控制线（+500mm）弹好并经预检合格。

3) 外墙门窗框安装完，与墙体安装牢固，缝隙用砂浆填塞密实。塑钢、铝合金门窗框缝隙按产品说明书要求的材料堵塞，并贴好保护膜。

4) 水暖及装饰工程需用的管卡、挂钩和窗帘杆卡子等埋件留出位置或埋设完，电气工程的暗管线、接线盒等埋设完，并应完成暗管线的穿带线工作。

(4) 技术准备

1) 编制保温板施工方案并经审批。

2) 大面积施工前先做样板，并经监理、建设单位及有关质量部门检查合格后，方可大面积施工。

3) 对操作人员进行安全技术交底。

2. 施工工艺

(1) 施工工艺流程

基层处理→分档、弹线→配板→墙面贴饼→安装接线盒、管卡、埋件→粘贴防水保温踢脚板→安装保温板→板缝处理、贴玻纤网格布→刮腻子

(2) 施工方法，见图3-100：

1) 基层处理。将混凝土墙表面凸出的混凝土或砂浆剔平，用钢丝刷满刷一遍，然后用扫帚蘸清水把表面残渣、浮尘及隔离剂清理干净。表面沾有油污的部分，应用清洗剂或去污剂处理，用清水冲洗干净晾干。穿墙螺栓孔用干硬性砂浆分层堵塞密实抹平。将砖墙表面舌头灰、残余砂浆、浮尘清理干净，堵好脚手眼。

2) 分档、弹线。以门窗洞口边为基准，向两边按板宽分档。按保温层的厚度在墙、顶上弹出保温墙面的边线，按防水保温踢脚层的厚度在地面上弹出防水保温踢脚面的边线，并在墙面上弹出踢脚的上口线。

3) 配板。根据开间或进深尺寸及保温板实际规格，预排出保温板，有缺陷的板应修补。排板从门窗口开始，非整张板放在阴角，据此弹出保温板位置线。当保温板与墙的长度不相适应时，应将部分保温板预先拼接加宽（或锯窄）成合适的宽度，并放置在阴角处。

4) 墙面贴饼。根据排板线，检查墙面的平整、垂直，找规矩。在贴饼位置上，用钢丝刷刷出直径不少于100mm的洁净面并浇水润湿，刷一道聚合物水泥浆。用1∶3水泥砂

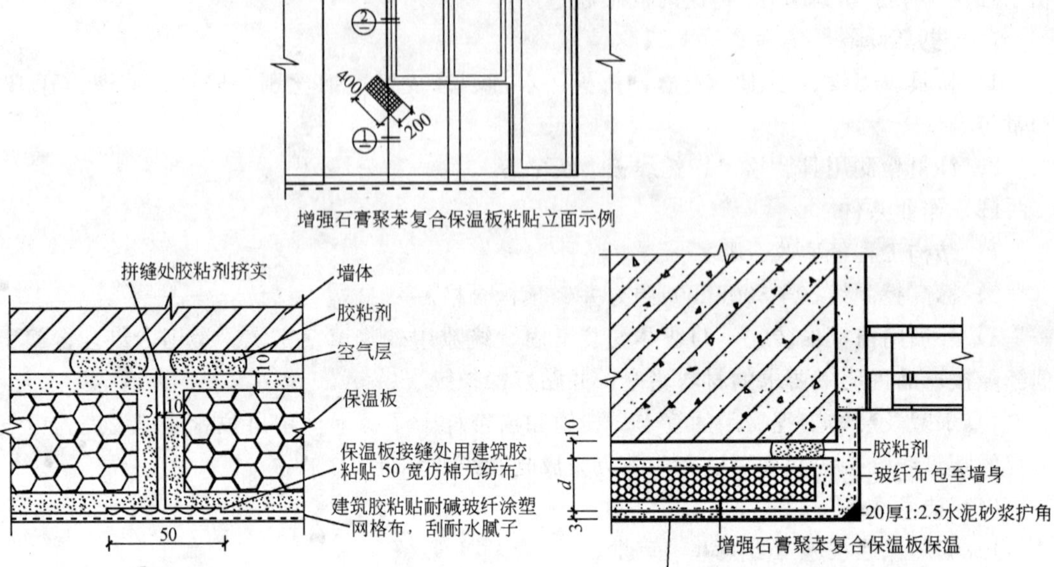

图3-100　增强石膏聚苯板复合外墙内保温示意图（单位：mm）

浆贴饼，灰饼大小一般直径为100mm，厚度20mm（空气层厚度），设置埋件处做出200mm×200mm的灰饼。

5）安装接线盒、管卡、埋件。接线盒应与复合板面相平，管道埋件按设计要求埋设牢固。

6）粘贴防水保温踢脚板（水泥聚苯颗粒踢脚板）。在踢脚板内侧，上下各按200～300mm的间距布设粘结点，同时在踢脚板底面及侧面满刮胶粘剂，按线粘贴踢脚板。粘贴时用橡皮锤贴紧敲实，挤实碰头缝，并将挤出的胶粘剂随时清理干净。踢脚板应垂直、平整，上口平直，与结构墙间的空气层为10mm左右。

7）安装保温板。

① 将接线盒、管卡、埋件的位置准确地翻样到板面，并开出洞口。

② 复合板安装顺序宜从左至右进行。安装前将与板接触面的浮灰清扫干净，在复合板的四周边满刮粘结石膏，板中间抹成梅花形粘结石膏点，数量应大于板面面积的10%（直径不小于100mm，间距不大于300mm），并按弹线位置直接与墙体粘牢。

③ 安装时边用手推挤，边用橡皮锤敲振，使拼合面挤紧冒浆，贴紧灰饼。随时用开刀将挤出的胶粘剂刮平。板顶面应留5mm缝，用木楔子临时固定，其上口用石膏胶粘剂填塞密实（胶粘剂干后撤去木楔，用胶粘剂填塞密实）。

按以上施工方法依次安装复合板。

④ 安装过程中随时用2m靠尺及塞尺测量墙面的平整度，用2m托线板检查板的垂

直度。

⑤ 保温板安装完毕后，用聚合物水泥砂浆抹门窗口护角。保温板在门窗洞口处的缝隙，露出的接线盒、管卡、埋件与复合板开口处的缝隙，用胶粘剂嵌塞密实。

8）板缝处理、贴玻纤网格布。

① 板缝处理：复合板安装完胶粘剂达到强度后，检查所有缝隙是否粘结良好，有裂缝时，应及时修补。将板缝内浮灰及残留胶粘剂清理干净，在板缝处刮一道接缝腻子，粘贴 50mm 宽仿棉无纺布一层，压实粘牢，表面用接缝腻子刮平。所有阳角粘贴 200mm 宽（每边各 100mm）玻纤布，其方法同板缝，墙面阴角和门窗口阳角处加贴玻纤布一层（角两侧各 100mm）。门窗口角斜向加贴 200mm×400mm 玻纤网格布。

② 板缝处理完后，在板面满贴玻璃纤维布一层，玻璃纤维布应横向粘贴，用力拉紧、拉平，上下搭接不小于 50mm，左右搭接不小于 100mm。

9）刮腻子。玻璃纤维布粘结层干燥后，墙面满刮 2～3mm 石膏腻子，分 2～3 遍刮平，与玻璃纤维布一起组成保温墙的面层，验收后按设计做内饰面。

（3）季节性施工

1）雨期施工时，保温板应在库内存放，运输过程中采取防雨措施，防止石膏板被雨淋。

2）冬期施工时，做好门窗封闭，根据气温采取保温措施，环境温度不应低于 5℃，防止石膏胶粘剂受冻。

3. 质量标准

（1）主控项目

1）保温板的规格和各项技术指标以及胶粘剂的质量均应符合有关标准。

检验方法：检查产品合格证书和性能检测报告。

2）保温板与结构墙面应粘接牢固，无松动现象，保温墙表面平整，无起皮、起皱及裂缝现象。

检验方法：观察。

3）空气层厚度不得小于 20mm（或按设计要求）。

检验方法：尺量检查。

（2）一般项目

1）板间拼缝宽为 5mm，板缝必须用胶粘剂挤实刮平，粘结牢固。

检验方法：观察；尺量检查。

2）玻纤布条要贴平、粘实，阴阳角外应拐过 100mm。

检验方法：观察；尺量检查。

3）墙面腻子应刮平整，表面无裂缝、起皮及透底现象。

检验方法：观察。

4）保温板安装的允许偏差和检验方法，见表 3-76。

4. 成品保护

（1）保温板安装后，对墙角、窗台等部位及时做护角保护，防止损坏棱角。

（2）施工中各专业工种应紧密配合，做好预留、预埋，减少剔凿。

（3）安装埋件应在保温板胶粘剂硬化后进行，且应用电钻钻孔，严禁随意剔凿开洞。

保温板安装的允许偏差及检验方法 表 3-76

项目	允许偏差(mm)	检验方法
表面平整	3.0	用2m靠尺和楔形塞尺检查
立面垂直	3.0	用2m托线板检查
阴阳角垂直	3.0	用2m托线板检查
阴阳角方正	3.0	用200mm方尺和楔形塞尺检查
接缝高差	1.5	用直尺和楔形塞尺检查

(4) 施工期间应采取有效措施，防止明水浸湿保温墙面。粘结石膏和复合保温板应存放在干燥的室内，防止受潮。

(5) 保温板运输、装卸、堆放应横向立放，避免碰撞。堆放场地应坚实、平整、干燥。

5. 应注意的质量问题

(1) 增强石膏聚苯复合板板缝胶粘剂应填塞密实良好。当胶粘剂干燥后出现裂缝时，应及时修补。

(2) 板缝处理时，不得用玻纤布代替仿棉无纺布，布应与板体接缝粘结牢固，防止产生裂缝。

6. 安全、环保措施

(1) 安全操作要求

1) 操作人员必须戴安全帽，高处作业应系好安全带。

2) 室内安装用工具式脚手架，宽度不得小于500mm（或不少于两块脚手板），间距不得大于2m，作业人员不得超过2人，移动时上面不得站人。

3) 夜间或在光线不足的地方施工时，移动照明应使用36V低压设备。

4) 粘贴保温板和玻纤网布时，板面上及掉在地上的胶粘剂应及时清理干净。操作完后应将拌制胶粘剂的用具洗净。

(2) 环保措施

1) 切割石膏聚苯板时操作人员应注意防护，避免粉末污染对人员造成伤害。产生的垃圾要集中存放，统一消纳。

2) 清理作业面时，应将垃圾装袋清运，严禁将垃圾杂物从窗口、洞口、阳台等处任意抛撒。

3) 使用的洗涤剂、界面处理剂、胶粘剂等应通过环保检测，符合相应规范的要求。

3.14.2 增强粉刷石膏聚苯板外墙内保温工程施工

1. 施工准备

(1) 材料

1) 聚苯乙烯泡沫塑料板性能应符合现行国家标准《绝热用模塑聚苯乙烯泡沫塑料》(GB 10801.1—2002) 中第Ⅰ、Ⅱ类产品的规定。规格一般为600mm×900mm、600mm×1200mm，厚度有30mm、40mm、50mm、60mm、70mm、80mm、90mm。应有出厂合格证及性能检测报告。

2）粘结石膏、粉刷石膏、耐水性粉刷石膏，其性能指标见表 3-77。

粘结石膏、粉刷石膏、耐水性粉刷石膏性能指标 **表 3-77**

项目		单位	粘结石膏	粉刷石膏	耐水性粉刷石膏
可操作时间		min	≥50	≥50	≥50
保水率		%	≥70	≥65	≥75
抗裂性			24h 无裂纹	24h 无裂纹	24h 无裂纹
凝结时间	初凝时间	min	≥60	≥75	≥75
	终凝时间		≤120	≤240	≤240
强度	绝干抗折强度	MPa	≥3.0	≥3.0	≥3.5
	绝干抗压强度		≥6.0	≥6.0	≥7.0
	剪切粘结强度		≥0.5	≥0.4	≥0.4
收缩率		%	≤0.06	≤0.05	≤0.06
软化系数			—	—	≥0.5

3）中碱网格布分为 A 型和 B 型，其性能及规格见表 3-78。

4）耐水腻子。其性能指标见表 3-79。

中碱网格布性能及规格要求 **表 3-78**

项目	单位	指标	
		A 型玻纤布(被覆用)	B 型玻纤布(粘贴用)
布重	g/m²	≥80	≥45
含胶量	%	≥10	≥8
抗拉断裂荷载	N/50mm	经向≥600 纬向≥400	经向≥300 纬向≥200
幅宽	mm	600 或 900	600 或 900
网眼尺寸	mm	5×5 或 6×6	2.5×2.5

耐水腻子性能指标 **表 3-79**

项目		单位	技术指示	
			Ⅰ型	Ⅱ型
容器中状态			外观白色状、无结块、均匀	
料浆可使用时间		h	终凝不小于 2	
施工性			刮涂无困难、无起皮、无打卷	
干燥时间		h	≤5	
白度		%	≥80	
打磨性			手指干擦不掉粉，用砂纸易打磨	
软化系数		%	不小于 0.70	不小于 0.50
耐碱性		24h	无异常	无异常
粘结强度	标准状态	MPa	>0.60	>0.50
	浸水以后	MPa	>0.35	>0.30
低温储存稳定性			-5℃冷冻 4h 无变化，刮涂无困难	

5）网格布胶粘剂。固含量不小于0.5%，黏度400mPa·s。

6）砂。平均粒径为0.35～0.5mm的中砂，砂的颗粒要求质地坚硬、洁净，含泥量不得大于3%，不得含有草根、树叶和其他有机物杂质，砂在使用前应按使用要求过不同孔径的筛子。

7）水泥。矿渣水泥、普通硅酸盐水泥强度等级不低于32.5级。水泥进场应有产品合格证和出厂检验报告，进场后应进行取样复试。水泥的凝结时间和安定性复验合格。当对水泥质量有怀疑或水泥出厂超过三个月时，在使用前必须进行复试，并按复试结果使用。

8）其他材料。建筑用界面剂应符合北京市地方标准《建筑用界面剂应用技术规程》（DBJ/T 01—40）的规定。

（2）机具设备

1）工具。筛子、抹子、灰槽、铁锹、托板、壁纸刀、剪刀、橡皮锤、扫帚、钢丝刷等。

2）计量检测用具。钢尺、方尺、托线板、线锤等。

3）安全防护用品。口罩、手套、护目镜等。

（3）作业条件

1）结构工程经验收合格。

2）标高控制线（+500mm）弹好并经预检合格。

3）外墙门窗框安装完，与墙体安装牢固，缝隙用砂浆填塞密实。塑钢、铝合金门窗框缝隙按产品说明书要求的材料堵塞，并贴好保护膜。

4）水暖及装饰工程需用的管卡、挂钩和窗帘杆卡子等埋件留出位置或埋设完；电气工程的暗管线、接线盒等埋设完，并应完成暗管线的穿带线工作。

（4）技术准备

1）编制施工方案并经审批。

2）大面积施工前先做样板，并经监理、建设单位及有关质量部门检查合格后，方可大面积施工。

3）对施工人员进行安全技术交底。

2. 施工工艺

（1）工艺流程

清理基层→弹线、贴灰饼、分块→配置粘结石膏砂浆→粘贴聚苯板→抹灰、挂A形网格布→粘贴B形网格布→门窗洞口护角及踢脚板→刮耐水腻子

（2）施工方法，见图3-101。

1）清理基层。将混凝土墙表面凸出的混凝土或砂浆剔平，用钢丝刷满刷一遍，然后用扫帚蘸清水把表面残渣、浮尘及隔离剂清理干净。表面沾有油污的部分，应用清洗剂或去污剂处理，用清水冲洗干净晾干。穿墙螺栓孔用干硬性砂浆分层堵塞密实抹平。将砖墙表面舌头灰、残余砂浆、浮尘清理干净，堵好脚手眼。

2）弹线、贴灰饼、分块。按设计选用的空气层、聚苯板的厚度，在与外墙内表面相邻的墙面、顶棚和地面上弹出聚苯板粘贴控制线、门窗洞口控制线；如对空气层厚度有严格要求，根据聚苯板粘贴控制线，按2m×2m的间距做出50mm×50mm灰饼。

排板时，以楼层结构净高尺寸减20～30mm（根据楼板的平整度而定）为准，根据保

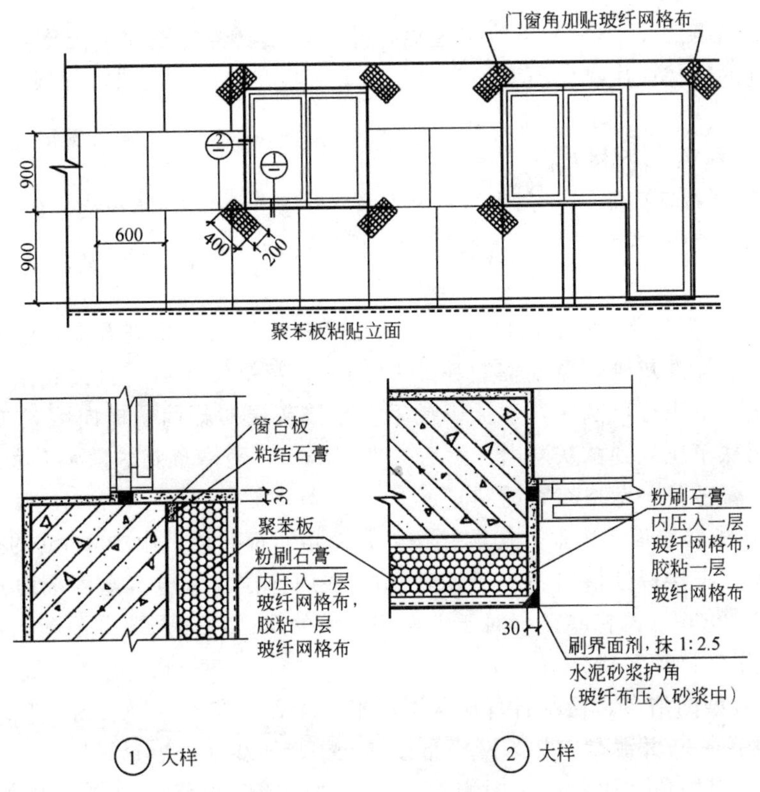

图 3-101 增强粉刷石膏聚苯板外墙内保温示意图（单位：mm）

温板的尺寸，按水平顺序错缝、阴阳角错槎、板缝不得正好留在门窗口四角处的原则合理进行排列分块，并在墙上弹线。

3）配制粘结石膏砂浆。粘结石膏：中砂＝4：1（体积比）或直接使用预混好中砂的粘结石膏，加水充分拌合到稠度合适为止。一次拌合量要确保在 50min 内用完，稠化后禁止加水稀释。

4）粘贴聚苯板。

① 用粘结石膏砂浆以梅花形在聚苯板上设置粘结点，每个粘结点直径不小于 100mm；沿聚苯板四边设矩形粘结条，粘结条边宽不小于 50mm，同时在矩形条上预留排气孔，整体粘结面积不小于 30%，见图 3-102。

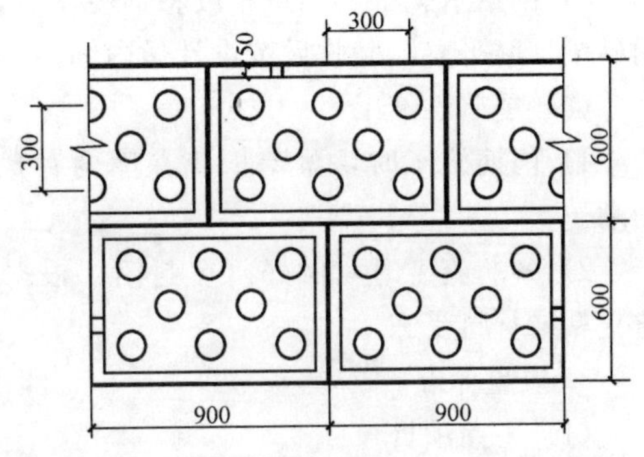

图 3-102 聚苯板排块粘贴示意图（单位：mm）

② 粘贴聚苯板时，从下至上逐层按线顺序进行，用手挤压并用橡皮锤轻敲，使粘结点与墙面充分接触，并要确保空气层的厚度。施工中应随时用托线板检查聚苯板的垂直度和平整度，粘贴 2h 内不得碰动。

③ 裁切聚苯板在遇到电气盒、插座、穿墙管线时，先确定位置再裁切，裁切的洞口

要大于配件周边10mm左右。

④ 聚苯板粘贴后，用聚苯条填塞缝隙，并用粘结石膏将缝隙填充密实。聚苯板与相邻墙面、顶棚的接槎应用粘结石膏嵌实刮平，聚苯板邻接门窗洞口、接线盒处的空气层不得外露。

5）抹灰、挂A型网格布。

① 配制粉刷石膏砂浆，配合比为粉刷石膏：中砂＝2：1（体积比）（或采用预混好中砂的粉刷石膏），加水充分拌合到合适稠度，粉刷石膏砂浆的一次拌合量以在50min内用完为宜。

② 在聚苯板表面弹出踢脚高度控制线，在控制线以上用粉刷石膏砂浆在聚苯板面上按常规做法做出标准灰饼，厚度控制在8～10mm。灰饼硬化后，直接在聚苯板上抹粉刷石膏砂浆。按灰饼用杠尺刮平，木抹子搓毛。在抹灰层初凝前，横向绷紧被覆A型中碱玻纤网布，用抹子压入到抹灰层内，然后抹平、压光，网格布要尽量靠近表面。踢脚板位置不抹粉刷石膏砂浆，网格布直铺到底。

③ 凡是与相邻墙面、窗洞、门洞接槎处，网格布都要预留出100mm的接槎宽度；整体墙面相邻网格布接槎处搭接不小于100mm；在门窗洞口、电气盒四周对角线方向斜向加铺400mm×200mm网格布条。对于墙面积较大的房间，如采取分段施工，网格布应留槎200mm，搭接不小于100mm。

6）粘贴B型网格布。粉刷石膏抹灰层基本干燥后，在抹灰层表面用粘结剂粘贴B型中碱玻璃纤维网格布并绷紧，相邻网格布接槎处搭接不少于100mm。

7）门窗洞口护角及踢脚板。门窗洞口、立柱、墙阳角部位护角抹聚合物水泥砂浆。做法为：聚苯板表面先涂刷界面剂，再抹1：2.5水泥砂浆，压光时应把粉刷石膏抹灰层内甩出的网格布压入水泥砂浆面层内；做水泥踢脚板时，应先在聚苯板上满刮一层界面剂，再抹聚合物水泥砂浆。压光时应把粉刷石膏抹灰层内甩出的网格布压入水泥砂浆面层内。

8）刮耐水腻子。网格布胶粘剂硬化后，满刮2～3mm耐水腻子，分两遍刮成，干后用砂纸打磨平整，验收后按设计做内饰面。

（3）季节性施工

1）雨期施工时，聚苯板应在库内存放，运输安装过程中采取防雨措施，防止雨淋受潮。

2）冬期施工时，做好门窗封闭，根据气温采取保温措施，环境温度不应低于5℃，防止粘结材料受冻。

3. 质量标准

（1）主控项目

1）保温材料的品种、规格、质量应符合设计要求。

检验方法：检查产品合格证书和性能检测报告。

2）聚苯板应与墙面粘贴牢固，无松动和虚粘现象。

检验方法：观察。

3）粉刷石膏面层应平整、光滑，不得有空鼓、裂纹，网格布不得外露。

检验方法：观察。

4）空气层厚度不得小于10mm（或按设计要求）。

检验方法：观察；检查施工记录。

5）相邻网格布接槎处搭接不小于100mm。

检验方法：尺量检查。

（2）一般项目

1）聚苯板与墙面粘结面积不小于30%。聚苯板碰头缝不抹粘结石膏，上下应错缝。

检验方法：观察；检查施工记录。

2）网格布应压贴密实，不能有褶皱、翘曲、外露现象。

检验方法：观察。

3）聚苯板间不留缝，出现个别板缝时用聚苯条（片）塞紧，聚苯板与墙面、顶棚、踢脚间接槎应用粘结石膏嵌实、刮平。

检验方法：观察。

4）聚苯板安装的允许偏差及检查方法见表3-80。

聚苯板安装允许偏差及检验方法 **表3-80**

项　　目	允许偏差(mm)	检　验　方　法
表面平整	2.0	用2m靠尺和塞尺检查
立面垂直	3.0	用2m托线板检查
阴阳角垂直	3.0	用2m托线板检查
阴阳角方正	3.0	用200mm方尺和塞尺检查
接缝高差	1.5	用直尺和塞尺检查

5）保温面层的允许偏差及检查方法见表3-81。

保温面层的允许偏差及检验方法 **表3-81**

项　　目	允许偏差(mm)	检　验　方　法
立面垂直度	4	用2m垂直检测尺检查
表面平整度	4	用2m靠尺和塞尺检查
阴阳角方正	4	用直角检测尺检查
踢脚上口直线度	4	拉5m线，不足5m拉通线，用钢直尺检查

4. 成品保护

（1）保温板施工后，对墙角、窗台及时做护角保护，防止损坏棱角。

（2）施工期间应采取有效措施，防止明水浸湿保温墙面。粘结石膏、粉刷石膏应存放在干燥的室内，防止受潮。

（3）保温墙附近不得进行电、气焊操作，防止重物碰撞和挤靠墙面。

（4）施工中各专业工种应紧密配合做好预留、预埋，对抹完粉刷石膏的保温墙，不得进行任意剔凿。

5. 应注意的质量问题

（1）每块聚苯板与墙体的粘结面积不应小于30%，防止聚苯板松脱。

（2）二层网格布的施工应与基层粘贴牢固，搭接应符合要求，防止表面产生裂缝。

（3）应在门窗洞口处采用刀把型材粘贴，并在四角加铺 200mm×400mm 网格布，防止门窗洞口产生裂缝。

6. 安全、环保措施

（1）安全操作要求

1）操作人员必须戴安全帽，高空作业必须系好安全带。

2）室内安装用工具式脚手架，宽度不得少于 500mm（或不少于两块脚手板），间距不得大于 2m，作业人员最多不得超过 2 人，移动时上面不得站人。

3）夜间或在光线不足的地方施工时，移动照明必须使用 36V 低压设备。

4）电源开关、控制箱等设施要加锁，并设专人负责管理，防止漏电、触电。

5）拌制粘结石膏、粉刷石膏的工具与容器，用毕洗净。

（2）环保措施

1）施工垃圾装袋清运，严禁将垃圾杂物从窗口、洞口、阳台等处向楼下任意抛撒。

2）施工用的界面剂、清洗剂、胶粘剂应符合环保要求。

3）在城区或靠近居民生活区施工时，对施工噪声要有控制措施，夜间运输车辆不得鸣笛，减少噪声扰民。

3.14.3 胶粉聚苯颗粒保温浆料外墙内保温工程施工

1. 施工准备

（1）材料

1）水泥。矿渣水泥或普通水泥强度等级不低于 32.5 级。应有出厂证明和复试单，当出厂超过三个月时，水泥必须做复试并按试验结果使用，严禁使用受潮水泥。

2）砂。平均粒径为 0.35～0.5mm 的中砂，砂的颗粒要求质地坚硬、洁净，含泥量不得大于 3%，不得含有草根、树叶、碱质和其他有机物等杂质。砂在使用前应按使用要求过不同孔径的筛子。

3）界面剂。界面剂应有产品合格证、性能检测报告，并应符合北京市地方标准《建筑用界面剂应用技术规程》（DBJ/T 01—40—98）的规定，进场后及时进行检验。

4）胶粉料。其主要技术性能指标见表 3-82。

胶粉料主要技术性能指标 **表 3-82**

项 目	单 位	指 标
初凝时间	h	≥4
终凝时间	h	≤16
安定性	—	合格
拉伸粘结强度(常温 28d)	MPa	≥0.6
浸水拉伸粘结强度(常温 28d,浸水 7d)	MPa	≥0.4

5）聚苯颗粒。其主要技术性能指标见表 3-83。

6）玻璃纤维网格布。其主要技术性能指标见表 3-84。

7）抗裂柔性腻子。其主要技术性能指标见表 3-85。

聚苯颗粒主要技术性能指标 **表 3-83**

项目	单位	指标
堆积密度	kg/m³	12～21
粒度(5mm 筛孔筛余)	%	≤5

玻璃纤维网格布技术性能指标 **表 3-84**

项目		单位	指标
网孔中心距		mm	4×4
单位面积质量		g/m²	≥160
断裂拉力	经向	N/50mm	≥1250
	纬向	N/50mm	≥1250
耐碱强度保留率 28d	经向	%	≥90
	纬向		
涂塑量		g/m²	≥20

抗裂柔性腻子技术性能指标 **表 3-85**

项目		单位	指标
施工性		—	刮涂无困难
干燥时间(表干)		h	＜5
打磨性		%	20～80
耐水性 48h		—	无异常
耐碱性 24h		—	无异常
粘结强度	标准状态	MPa	＞0.60
	浸水后	MPa	＞0.40
低温储存稳定性		—	−5℃冷冻 4h 无变化，刮涂无困难
柔韧性		—	直径 50mm，无裂纹
稠度		mm	110～130

(2) 机具设备

1) 机械。强制式砂浆搅拌机、手提式搅拌器。

2) 工具。手推车、灰槽、灰勺、刮杠、靠尺板、铁抹子、木抹子、阴阳角抹子、水桶、壁纸刀、滚刷、铁锹、扫帚、手锤、錾子等。

3) 计量检测用具。磅秤、钢尺、水平尺、方尺、托线板、线坠、探针等。

4) 安全防护用品。口罩、手套、护目镜等。

(3) 作业条件

1) 结构工程已验收合格。

2) 测设标高控制线（+500mm 线），并经预检合格。

3) 门窗框已安装完，与墙体连接牢固，缝隙堵塞密实，有完好的保护措施。

4) 墙面的预埋件留出位置或已安装完。水电管线、箱、盒安装完。

5) 抹灰用的高凳或架子搭设完，脚手架铺设符合安全要求并检查合格。

(4) 技术准备

1) 编制分项工程施工方案并经审批，对操作人员进行安全技术交底。

2）在大面积施工前应先做样板，经监理、建设单位确认后，方可进行大面积施工。

2. 施工工艺

(1) 施工工艺流程

配制砂浆→基层墙体处理→涂刷界面砂浆→吊垂直、套方、弹控制线、贴饼冲筋→抹胶粉聚苯颗粒保温浆料→保温层验收→抹抗裂砂浆、压入网格布→抗裂层验收→刮柔性抗裂腻子

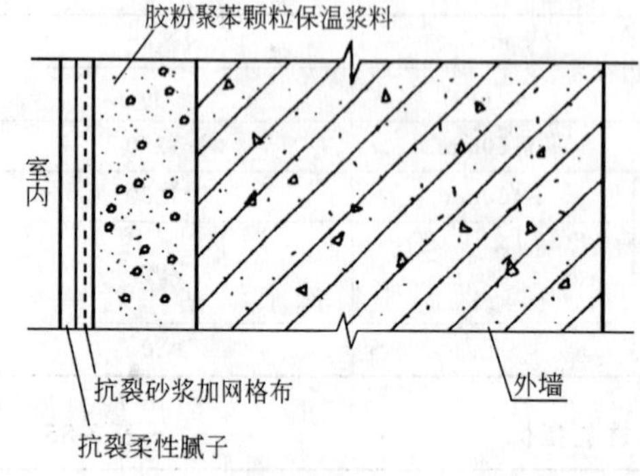

图 3-103　胶粉聚苯颗粒保温浆料构造

(2) 施工方法，见图 3-103。

1）配制砂浆。

① 界面砂浆的配制：配合比为水泥：中砂：界面剂＝1：1：1（重量比），准确计量，搅拌成均匀膏状。

② 胶粉聚苯颗粒保温浆料的配制：胶粉聚苯颗粒保温浆料由胶粉料与聚苯颗粒（两种材料分袋包装）组成，先将 35～40kg 水倒入砂浆搅拌机内，然后倒入一袋 25kg 的保温胶粉料，搅拌 3～5min 后，再倒入一袋 200L 的聚苯颗粒轻骨料继续搅拌 3min，可按施工稠度适当调整加水量。搅拌均匀后倒出，随拌随用，并在 4h 内用完。配制完的胶粉聚苯颗粒保温浆料性能指标，见表 3-86。

③ 抗裂砂浆的配制：配合比为抗裂剂：水泥：中砂＝1：1：3（重量比），加水用砂浆搅拌机或手提搅拌器搅拌均匀，稠度为80～130mm，拌好的砂浆不得任意加水，并在 2h 内用完。抗裂砂浆由聚合物乳液掺加多种外加剂制成，具有良好的拉伸粘结强度和浸水拉伸粘结强度等特点，其技术性能指标见表 3-87。

胶粉聚苯颗粒保温浆料技术性能指标　　表 3-86

项　目	单　位	指　标
湿表观密度	kg/m^3	≤450
干表观密度	kg/m^3	≤230
导热系数	W/m·K	≤0.060
压缩强度	kPa	≥200
线性收缩率	%	≤0.3
软化系数	—	≥0.5
难燃性	—	B_1

抗裂砂浆技术性能指标　　表 3-87

项　目	单　位	指　标
砂浆稠度	mm	80～130
可操作时间	h	≥2.0
拉伸粘结强度(常温 28d)	MPa	>0.8
浸水拉伸粘结强度（常温 28d，浸水 7d)	MPa	>0.6
抗弯曲性	—	5%弯曲变形无裂缝

2）基层墙体处理。剔除混凝土墙面凸出部分及杂物，用钢丝刷满刷一遍，然后用扫帚蘸清水把表面残渣、浮尘清扫干净；表面沾有油污时，用去污剂处理，并用清水冲洗晾干。将砖墙表面的舌头灰、残余砂浆、灰尘清理干净，堵好脚手眼，浇水湿润。

3）涂刷界面砂浆。用滚刷或扫帚蘸取界面砂浆均匀涂刷（甩）在墙面上，不得漏刷（甩），也不宜太厚。

4）吊垂直、套方、弹控制线、贴饼冲筋。分别在门窗口角、垛、墙面等处吊垂直，套方，并在侧墙、顶板处根据保温层厚度弹出抹灰控制线。用胶粉聚苯颗粒保温浆料做灰饼，灰饼间距 1.2～1.5mm，并用胶粉聚苯颗粒保温浆料冲筋，筋宽 50～100mm，可冲立筋也可冲横筋。

5）抹胶粉聚苯颗粒保温浆料。

① 抹第一遍保温浆料：第一遍抹灰厚度为总厚度的一半（最大厚度不大于 20mm），用刮杠垂直、水平刮找一遍，用木抹子搓毛。保温浆料抹上墙粘住后，不宜反复赶压。

② 抹第二遍保温浆料：第一遍稍干后抹第二遍保温浆料。第二遍抹灰厚度要达到冲筋厚度（如超过 20mm 则再增加一遍抹灰），每抹完一个墙面，用刮杠刮平找直后用铁抹子压实赶平。阳角处应抹 1∶2 聚合物水泥砂浆。

6）保温层验收。保温层固化干燥后（表面用手按不动为宜），用检测工具进行检验，表面应垂直平整、阴阳角方正顺直，对不符合要求的墙面进行修补。

7）抹抗裂砂浆、压入网格布。在保温层验收合格后，用铁抹子在保温层上抹抗裂砂浆，厚度为 3～4mm，不得漏抹。在刚抹好的砂浆上用铁抹子压入裁好的网格布，要求网格布竖向铺贴，并全部压入抗裂砂浆内。网格布不得有干贴现象，粘贴饱满度应达到 100%，不得有褶皱、空鼓、翘边现象。接槎处搭接应不小于 50mm，先压入一侧网格布，抹一些抗裂砂浆，再压入另一侧，两层搭接网格布之间要布满抗裂砂浆，严禁干槎搭接。阳角处两侧网格布双向绕角相互搭接。在门窗口、洞口边应 45°斜向加贴一道 200mm×400mm 网格布。

8）抗裂层验收。抹完抗裂砂浆，检查垂直平整和阴阳角方正，对于不符合要求的墙面，进行修补。厨房、卫生间抹完抗裂砂浆后，用木抹子搓平。

9）刮柔性抗裂腻子。在抹完抗裂砂浆 24h 后即可刮抗裂柔性腻子，分 2～3 遍刮完，要求平整光滑，满足做涂饰的要求。对有防水要求的部位应刮柔性防水腻子。

（3）季节性施工

1）雨期施工时，保温材料应入库存放，不得雨淋受潮。并经常测试砂子含水率，随时调整砂浆用水量。

2）冬期施工时，室内环境温度不低于 5℃。

3）冬期施工拌保温浆料、抗裂砂浆应采用热水拌合，运输时采取保温措施，涂抹时保温浆料温度不得低于 5℃。

4）冬期施工应做好门窗封闭，采取保温措施。应设专人负责进行保温、测温工作，确保保温浆料、抗裂砂浆不受冻。

3. 质量标准

（1）主控项目

1）基层表面的尘土、污垢、油渍等应清除干净。

检验方法：观察；检查施工记录。

2）外墙内保温材料的品种、性能应符合设计要求。

检验方法：检查产品合格证书、性能检测报告和进场验收记录。

3）保温层厚度及构造做法应符合建筑节能设计要求，厚度应均匀，不允许有负偏差。

检验方法：探针检测；检查隐蔽工程验收记录。

4）保温层与墙体以及各构造层之间应粘结牢固，无脱层、空鼓、裂缝，面层无粉化、起皮、爆灰等现象。

检验方法：观察；用小锤轻击检查；检查施工记录。

5）抗裂砂浆无漏抹，网格布均匀压入抗裂砂浆，无漏贴，搭接和门窗洞口四角加贴符合设计要求。

检验方法：观察；检查隐蔽工程验收记录。

（2）一般项目

1）表面光滑、洁净，接槎平整，线角顺直清晰，表面纹路一致。

检查方法：观察；手摸检查。

2）边角平顺，表面光滑，门窗框与墙体间缝隙填塞密实、平整。

检验方法：观察。

3）洞、槽、盒位置、尺寸准确，表面整齐洁净，管道后面平整。

检验方法：观察；尺量检查。

4）外墙内保温抹灰允许偏差和检验方法见表3-88。

外墙内保温抹灰允许偏差及检验方法 **表3-88**

项目	允许偏差(mm)		检验方法
	保温层	抗裂层	
立面垂直	4	3	用2m托线板检查
表面平整	4	3	用2m靠尺及塞尺检查
阴阳角垂直	4	3	用2m托线板检查
阴阳角方正	4	3	用200mm方尺及塞尺检查

4. 成品保护

（1）门窗框上残存的砂浆应及时清理干净，铝合金门窗框应贴好保护膜。

（2）架子拆除时应轻拆轻放，对边角处应做木板保护，防止污染和损坏已抹好的墙面。

（3）禁止在地面上直接拌合胶粉聚苯颗粒保温浆料和抗裂砂浆，以防污染破坏地面。

（4）保护好墙上的埋件、电线槽（盒）、水暖设备和预留孔洞等，以防堵塞。

（5）超过使用时间的浆料不得使用；各构造层硬化前避免水冲、撞击和挤压。

5. 应注意的质量问题

（1）抹保温浆料前，应做好基层处理，均匀涂刷界面砂浆；保温浆料一次不得抹得过厚，应分层抹压，掌握好抹灰间隔时间，防止抹灰层下坠，产生空鼓、开裂。

（2）做好门窗洞口四角斜向网格布加强层的施工，防止在四角产生裂缝。

(3) 门窗洞口、阳角等部位应用聚合物水泥砂浆做护角，避免棱角损坏。

6. 安全、环保措施

(1) 安全施工要求

1) 操作人员必须戴安全帽，高空作业必须系好安全带。

2) 机械操作人员必须持证上岗，非操作人员严禁操作。

3) 室内抹灰宜用工具式脚手架，宽度不得少于500mm或不少于两块脚手板，间距不得大于2m，作业人员最多不得超过2人，移动时上面不得站人。

4) 夜间或在光线不足的地方施工时，移动照明必须使用36V低压设备。

5) 采用垂直运输设备上料时，严禁超载。运料小车的车把严禁伸出笼外，小车必须加车挡，各楼层防护门应随时关闭。

(2) 环保措施

1) 砂浆搅拌站应封闭，宜采取喷雾降尘措施，设置污水沉淀池，污水经沉淀后排放。

2) 抹灰时产生的垃圾要及时运至垃圾站，统一消纳。

3) 施工垃圾应装袋清运，严禁从窗口、洞口、阳台等处任意抛撒。

4) 墙面基层剔凿处理时宜在白天进行，并采取措施，减少噪声扰民。

5) 使用的洗涤剂、界面剂、外加剂等应符合环保要求。

3.14.4 增强水泥聚苯复合保温板外墙内保温工程施工

1. 施工准备

(1) 材料及工具

1) 材料。

① 增强水泥聚苯复合保温板，性能、质量必须符合《外墙内保温板质量检验评定标准》(DBJ 01—30—2000) 的要求。

板材规格：外墙内保温板通常分为条板和小块板两种 (表3-89)。

板材规格 **表3-89**

<table>
<tr><th></th><th>厚度(mm)</th><th>宽度(mm)</th><th>长度(mm)</th><th>边肋(mm)</th><th>聚苯乙烯泡沫板厚度(mm)</th><th>面层厚度(mm)</th></tr>
<tr><td rowspan="2">条板</td><td>60</td><td rowspan="2">595</td><td rowspan="2">2400～2700</td><td rowspan="2">≤20</td><td rowspan="4">≥40</td><td rowspan="2">10</td></tr>
<tr><td>70</td></tr>
<tr><td rowspan="2">小块板</td><td>50</td><td rowspan="2">595</td><td rowspan="2">900～1500</td><td>≤10</td><td rowspan="2">5</td></tr>
<tr><td>60</td><td>无肋</td></tr>
</table>

② 辅助材料性能：

a. 聚合物水泥砂浆胶粘剂（用于粘贴保温板和板缝处理）粘结强度不小于1.0MPa，使用时间为0.5～1.0h。

b. 耐碱玻纤涂塑网布其主要技术性能指标见表3-90

c. 乳胶（聚醋酸乙烯乳液）用于粘贴耐碱玻纤涂塑网布。

固体含量23%±2%；压缩剪切强度≥3.0MPa。

d. 石膏腻子（用于满刮墙面）：

耐碱玻纤涂塑网布技术性能指标　　表 3-90

项目		单位	指标
网孔中心距		mm	≤4×4
单位面积重量		g/m^2	≥80
断裂强力	经向	N/50mm	≥900
	纬向	N/50mm	≥900
耐碱保留率 28d	经向	%	≥90
	纬向		
含胶量		%	8

抗压强度≥2.5MPa 抗折强度≥1.0MPa；

粘结强度≥0.2MPa 终凝时间不超过 4h。

2）工具。刀锯、灰槽、托板、水桶、2m 托线板、靠尺、钢卷尺、橡皮锤、钢丝刷、木楔、开刀、扫帚等。

（2）作业条件

1）屋面防水层及结构工程分别交工和验收完毕，墙面弹出＋50mm 或＋100mm 标高线。

2）外墙门窗口已安装完毕。

3）水暖及装饰工程分别需用的管卡、炉钩和窗帘杆固定件等埋件宜留出位置。电气工程的暗管线、接线盒等必须埋设完毕，并应完成暗管线的穿带线工作。

4）操作地点环境温度不低于 5℃。

2. 施工工艺

（1）施工工艺流程：

结构墙面清理 → 弹出保温板位置线 → 抹冲筋带 → 粘贴、安装保温板 →

板边、板缝及门窗四角处粘贴玻纤布条 → 整个墙面粘贴玻纤布 → 抹门窗口护角 → 保温墙面刮腻子

（2）施工要点

1）凡凸出墙面超过 20mm 的砂浆、混凝土块必须剔除并扫净墙面。

2）根据开间或进深尺寸及保温板实际规格，预排保温板。排板应从门窗口开始，非整板放在阴角，据此弹出保温板位置线。

3）在墙距顶、地面各 200mm 处及墙中部，用 1∶3 水泥砂浆冲筋四道，筋宽 60mm，筋厚以保证空气层厚度为准，通长冲筋中间应断开 100mm 作为通气口。

4）粘贴、安装保温板。

① 在冲筋带粘接面及相邻板侧面和上端满刮胶粘剂。

② 将保温板粘贴上墙，揉挤安装就位，并随时用 2m 托线板检查，用橡皮锤将其找正，板底留 20～30mm 缝隙并用木楔子临时固定，小块板应上下错槎安装。粘贴后的保温板整体墙面必须垂直平整，板缝挤出的胶粘剂应随时刮平。

③ 板缝以及门窗口的板侧，均应另用胶粘剂嵌填或封堵密实。板下端用木楔临时固定，板下空隙用 C20 细石混凝土堵实，常温下 3d 后再撤去木楔。

5）保温墙上贴玻纤布。

① 粘贴前清除保温板面的浮灰及残留胶粘剂。

② 两板拼缝处用乳胶粘贴 50mm 宽玻纤布条一层，门窗口角加贴玻纤网格布（图 3-104），粘贴时要压实、粘牢、刮平。墙面阴角和门窗口阳角处加贴 200mm 宽玻纤布一层（角两侧各 100mm）。然后在板面满贴玻纤布一层，玻纤布应横向粘贴，粘贴时用力拉紧、拉平，上下搭接不小于 50mm，左右搭接不小于 100mm。

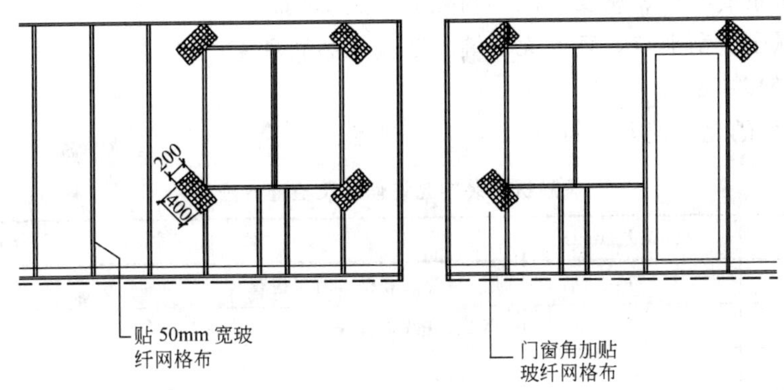

图 3-104 门窗角加贴玻璃网格布

6）保温板安装完毕后，用聚合物水泥砂浆抹门窗口护角。

7）待玻纤布粘结层干燥后，墙面满刮 2～3mm 石膏腻子，分 2～3 遍刮平，与玻纤布一起组成保温墙的面层，最后按设计规定做内饰面层。

（3）水电专业配合要求

1）水电专业必须与保温板施工密切配合，各种管线和设备的埋件必须固定于结构墙内，锚固牢固，孔洞位置应留准确，且应用电钻钻孔。

2）电气接线盒等埋设深度应与保温层厚度相应，凹进保温墙面不大于 2mm。

3. 质量标准

（1）主控项目

1）保温板的规格和各项技术指标以及粘结剂的质量均须符合有关标准，见表 3-91。

保温板允许偏差 **表 3-91**

项目	允许偏差(mm)	检验方法
长度	±5	用钢卷尺测量平行于板长度方向的任意部位
宽度	±2	用钢卷尺测量垂直于板长度方向的任意部位
厚度	±2	用刻度值为 1mm 的钢直尺测量板的两端及中部
对角线差	≤8(条板)	用钢卷尺测量板面两个对角线长度之差
	≤3(小板)	
板侧面平直度	≤1/750	拉线用塞尺测量侧面弯曲量大处
板面平整度	≤2	用靠尺和塞尺测量靠尺与板面两点间量大间隙 (条板用 2m 靠尺、小块板用 1m 靠尺)
板面翘曲	≤4	用调平尺在板的两端测量

2）保温板与结构墙面必须粘接牢固，无松动现象，保温墙表面平整，无起皮、起皱及裂缝现象。

3）空气层厚度不得小于20mm或设计要求。

（2）一般项目

1）板间拼缝宽为5±1mm，板缝必须用胶粘剂挤实刮平，粘结牢固。

2）玻纤布条要贴平、粘实，阴阳角处应拐过100mm。

3）墙面腻子应刮平整，表面无裂缝、起皮及透底现象。

（3）允许偏差

保温板安装的允许偏差应符合表3-92的规定。

保温板安装的允许偏差及检查方法 **表3-92**

项　目	允许偏差(mm)	检　查　方　法
表面平整	3	用2m靠尺和楔形塞尺检查
立面垂直	3	用2m托线板检查
阴阳角垂直	3	用2m托线板检查
阴阳角方正	3	用200mm方尺和楔形塞尺检查
接缝高差	1.5	用直尺和楔形塞尺检查

4. 成品保护措施

（1）各专业工种应紧密配合，合理安排工序，严禁颠倒工序作业。

（2）安装埋件应在保温板粘贴后及胶粘剂硬化之后方可进行，且应用电钻钻孔，严禁在保温墙上随意剔凿开洞。

（3）应防止明水浸湿保温墙。

5. 其他注意事项

（1）保温板运输、装卸堆放应横向立放，严禁碰撞。堆放场地应坚实、平整、干燥，并应有防雨防潮措施。

（2）粘贴保温板和玻纤布时，板面上及掉在地上的胶粘剂应及时清理干净。

（3）操作完毕和下班前，应将拌制胶粘剂的用具洗净。

（4）严格遵守有关的安全操作规程，实现安全生产和文明施工。

第 4 章　屋面保温隔热工程施工技术

4.1　屋面保温隔热性能要求

屋面保温隔热工程是建筑节能工程重要的组成部分，建筑屋面与墙体同属于建筑围护结构，建筑围护结构的总体热工性能必须符合节能 65％的设计要求。

4.1.1　屋面热工性能指标

居住建筑屋面传热系数见表 4-1；公共建筑屋面传热系数见表 4-2。

居住建筑屋面传热系数限值 *K*［W/(m^2·K)］　　**表 4-1**

严寒地区	采暖期室外平均温度－14.5～－11.1℃	体形系数≤0.3	0.40
		体形系数＞0.3	0.25
	采暖期室外平均温度－11.0～－8.1℃	体形系数≤0.3	0.50
		体形系数＞0.3	0.30
	采暖期室外平均温度－8.0～－5.1℃	体形系数≤0.3	0.60
		体形系数＞0.3	0.40
寒冷地区	采暖期室外平均温度－5.0～－2.1℃	体形系数≤0.3	0.70
		体形系数＞0.3	0.50
	采暖期室外平均温度－2.0～2.0℃	体形系数≤0.3	0.80
		体形系数＞0.3	0.60
夏热冬冷地区	$K≤1.0, D≥3.0$		
	$K≤0.8, D≥2.5$		
夏热冬暖地区	$K≤1.0, D≥2.5$		
	$K≤0.5$		

注：当屋顶的 *K* 值满足要求，但 *D* 值（热惰性指标）不满足要求时，应按照《民用建筑热工设计规范》（GB 50176）第 5.1.1 条来验算隔热设计要求。

公共建筑屋面传热系数 *K*［W/(m^2·K)］　　**表 4-2**

项　目		严寒地区 A 区	严寒地区 B 区	寒冷地区	夏热冬冷地区	夏热冬暖地区
体型系数≤0.3		≤0.35	≤0.45	≤0.55	≤0.70	≤0.90
0.3＜体型系数≤0.4		≤0.30	≤0.35	≤0.45		
屋顶透明部分	传热系数限值	≤2.5	≤2.6	≤2.7	≤3.0	≤3.5
	遮阳系数限值 *SC*				0.40	0.35

注：有外遮阳时，遮阳系数＝玻璃的遮阳系数×外遮阳的遮阳系数；无外遮阳时，遮阳系数＝玻璃的遮阳系数［摘自《公共建筑节能设计标准》(GB 50189—2005)］。

4.1.2　屋面热工设计要点

(1) 保温隔热屋面适用于具有保温隔热要求的屋面工程。保温隔热屋面的类型和构造设计应根据建筑物的功能要求、屋面的结构形式、环境气候条件、防水处理方法和施工条件等因素，经技术经济比较后确定。

(2) 屋面保温可采用板式材料或整体现喷保温层，屋面隔热可采用架空、蓄水、种植等隔热层。

(3) 屋面保温层的厚度设计，应根据所在地区现行建筑节能设计标准计算确定。

(4) 屋面保温层的构造应符合下列规定：

1) 保温层设置在防水层上部时，保温层的上面应做保护层；

2) 保温层设置在防水层下部时，保温层的上面应做找平层；

3) 屋面坡度较大时，保温层应采取防滑措施；

4) 吸湿性保温材料不宜用于封闭式保温层。

(5) 架空屋面宜在通风较好的建筑物上采用，不宜在寒冷地区采用。

(6) 架空屋面的设计应符合下列规定：

1) 架空屋面的坡度不宜大于5%；

2) 架空隔热层的高度，应按屋面宽度或坡度大小的变化确定；

3) 当屋面宽度大于10m时，架空屋面应设置通风屋脊；

4) 架空隔热层的进风口，宜设置在当地炎热季节最大频率风向的正压区，出风口宜设置在负压区。

(7) 蓄水屋面不宜在寒冷地区、地震地区和振动较大的建筑物上采用。当屋面防水等级为Ⅰ、Ⅱ级时，不宜采用蓄水屋面。

(8) 蓄水屋面的设计应符合下列规定：

1) 蓄水屋面的坡度不宜大于0.5%；

2) 蓄水屋面应划分为若干蓄水区，每区的边长不宜大于10m，在变形缝的两侧应分成两个互不连通的蓄水区；长度超过40m的蓄水屋面应设分仓缝，分仓隔墙可采用混凝土或砖砌体；

3) 蓄水屋面应设排水管、溢水口和给水管，排水管应与水落管或其他排水出口连通；

4) 蓄水屋面的蓄水深度宜为150～200mm；

5) 蓄水屋面泛水的防水层高度，应高出溢水口100mm；

6) 蓄水屋面应设置人行通道。

(9) 种植屋面应根据地域、气候、建筑环境、建筑功能等条件，选择相适应的屋面构造形式。

(10) 种植屋面的设计应符合下列规定：

1) 在寒冷地区应根据种植屋面的类型，确定是否设置保温层。保温层的厚度，应根据屋面的热工性能要求，经计算确定；

2) 种植屋面所用材料及植物等应符合环境保护要求；

3) 种植屋面根据植物及环境布局的需要，可分区布置，也可整体布置。分区布置应设挡墙（板），其形式应根据需要确定；

4) 排水层材料应根据屋面功能、建筑环境、经济条件等进行选择；

种植土层材料应根据种植植物的要求，选择综合性能良好的材料。种植土层厚度应根据不同种植土和植物种类等确定；

5) 种植屋面可用于平屋面或坡屋面。屋面坡度较大时，其排水层、种植土应采取防滑措施。

(11) 倒置式屋面的设计应符合下列规定：

1) 倒置式屋面坡度不宜大于3%；

2) 倒置式屋面的保温层，应采用吸水率低且长期浸水不腐烂的保温材料；

3）保温层可采用干铺或粘贴板状保温材料，也可采用现喷硬质聚氨酯泡沫塑料；

4）保温层的上面采用卵石保护层时，保护层与保温层之间应铺设隔离层；

5）现喷硬质聚氨酯泡沫塑料与涂料保护层间应具相容性；

6）倒置式屋面的檐沟、水落口等部位，应采用现浇混凝土或砖砌堵头，并做好排水处理。防水层下面应有适当的保温层。

4.1.3 屋面保温材料要求

（1）屋面保温材料常用板状保温材料，如聚苯板、聚氨酯泡沫塑料板、加气混凝土板（泡沫混凝土板）等，各类保温材料质量要求见表 4-3。

板状保温材料质量要求　　表 4-3

项　目	质量要求					
	聚苯乙烯泡沫塑料		硬质聚氨酯泡沫塑料	泡沫玻璃	加气混凝土类	膨胀珍珠岩类
	挤压	模压				
表观密度（kg/m³）	—	15～30	≥30	≥150	400～600	200～350
压缩强度（kPa）	≥250	60～150	≥150	—	—	—
抗压强度（MPa）	—	—	—	≥0.4	≥2.0	≥0.3
导热系数[W/(m·K)]	≤0.030	≤0.041	≤0.027	≤0.062	≤0.220	≤0.087
70℃，48h 后尺寸变化率（%）	≤2.0	≤4.0	≤5.0	—	—	—
吸水率（V/V，%）	≤1.5	≤6.0	≤3.0	≤0.5	—	—
外　观	板材表面基本平整，无严重凹凸不平					

（2）进场的保温隔热材料应抽样复验。抽样数量，应按使用的数量确定，同一批材料至少应抽样一次。

（3）进场后的保温隔热材料物理性能应检验下列项目：

1）板状保温材料：表观密度、压缩强度、抗压强度；

2）现喷硬质聚氨酯泡沫塑料应先在试验室试配，达到要求后再进行现场施工；

（4）保温隔热材料的贮运、保管应符合下列规定：

1）保温材料应采取防雨、防潮的措施，并应分类堆放，防止混杂；

2）板状保温材料在搬运时应轻放，防止损伤断裂、缺棱掉角，保证板的外形完整。

4.2 屋面保温隔热系统

屋面保温隔热系统指屋面保温隔热构造及保温材料的选择。保温隔热构造，包括非上人屋面、上人屋面、倒置式屋面、坡屋面、架空屋面、种植屋面等。屋面保温隔热构造、材料与屋面防水层密切相关。构造不合理、选材不当会直接影响防水层的寿命乃至整个屋盖系统的寿命。也直接影响人们的生活、工作。因此，屋面保温隔热系统的设计，保温材料的选择、施工都必须重视，才能确保屋面工程的使用功能。

4.2.1 非上人屋面

1. 构造示意

非上人屋面是指一般屋面不允许上人行走、活动的屋面（维修人员除外）。因此屋面防水层的保护常选用浅色涂料、细砂、云母粉、蛭石颗粒等保护层。非上人屋面的构造示

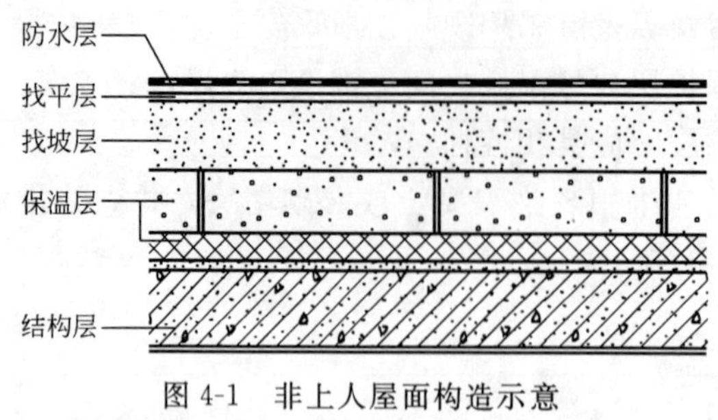

图 4-1 非上人屋面构造示意

意见图 4-1，屋面保温材料厚度及传热系数见表 4-4。

2. 技术特点及要求

(1) 屋面荷载设计较小，最好选用表观密度小、导热系数小、蓄热量大的保温隔热材料。使屋面既有较好的保温效果，又不致荷载过大。

(2) 屋面保温隔热材料及其厚度，应根据节能建筑热工要求确定。当屋面同时使用两种保温材料复合时，应注意保温材料的排列。当选用加气混凝土砌块及聚苯板保温材料时，加气混凝土砌块宜铺设在聚苯板保温材料上面。

非上人屋面保温材料厚度及传热系数 **表 4-4**

非上人屋面	保温材料厚度(mm)		传热阻 R_o	传热系数 K	热惰性指标
	加气块	聚苯板(挤塑聚苯板)	$(m^2 \cdot K/W)$	$[W/(m^2 \cdot K)]$	D
(1)防水层	100	50(40)	1.74(1.76)	0.57(0.57)	4.18(4.19)
(2) 20厚水泥砂浆找平层	100	60(50)	1.84(2.03)	0.54(0.49)	4.23(4.31)
(3)最薄30厚轻骨料混凝土找坡层	100	70(60)	2.04(2.31)	0.49(0.43)	4.31(4.43)
(4)加气混凝土块保温层和聚苯板保温层(挤塑聚苯板)	100	80(70)	2.24(2.59)	0.45(0.39)	4.40(4.55)
	100	90(80)	2.24(2.87)	0.41(0.35)	4.49(4.67)
(5)钢筋混凝土屋面板	100	100(90)	2.64(3.14)	0.38(0.32)	4.57(4.79)

注：聚苯板导热系数修正系数 $\alpha=1.2$，导热系数计算值 $\lambda_c=0.042\times1.2=0.05W/(m\cdot K)$，挤塑聚苯板导热系数修正系数 $\alpha=1.2$，导热系数计算值 $\lambda_c=0.03\times1.2=0.036W/(m\cdot K)$，加气块导热系数修正系数 $\alpha=1.5$，导热系数计算值 $\lambda_c=0.19\times1.5=0.29W/(m\cdot K)$。

(3) 复合保温材料除采用加气混凝土砌块与聚苯板复合外，还可采用加气混凝土砌块与挤塑聚苯板复合，以及加气混凝土砌块与聚氨酯泡沫板复合。

(4) 复合保温材料做法常用于公共建筑及高层或高档的民用建筑屋面保温。

4.2.2 上人屋面

1. 构造示意

上人屋面是指屋面允许经常上人行走、活动，因此屋面防水层的保护层为刚性保护层，如铺设块体材料、抹水泥砂浆、细石混凝土等。上人屋面的构造示意见图 4-2。屋面保温材料厚度及传热系数见表 4-5。

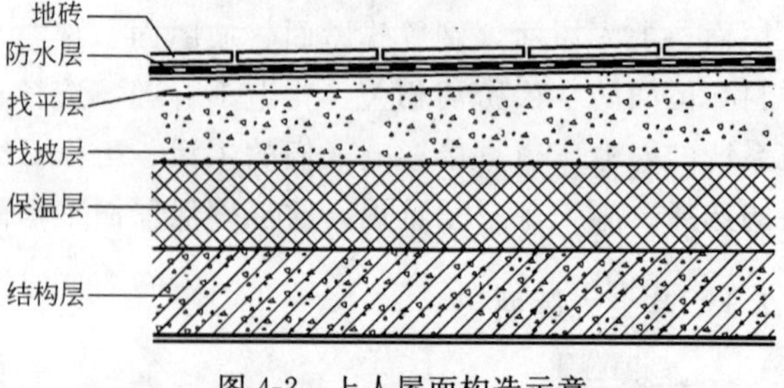

图 4-2 上人屋面构造示意

2. 技术特点及要求

(1) 屋面设计荷载比非上人屋面大，增加了刚性保护层的荷载。

(2) 屋面保温隔热材料不宜选用吸水率大的材料，避免屋面湿作业时，保温隔热材料大量吸水，降低热工性能。

(3) 要确保防水层质量，若防水层产生渗漏，不易维修。

上人屋面保温材料厚度及传热系数 表 4-5

上人屋面	保温材料厚度(mm)	传热阻 R_o ($m^2 \cdot K/W$)	传热系数 K [$W/(m^2 \cdot K)$]	热惰性指标 D
(1) 25~50厚铺地砖水泥砂浆铺卧 (2)防水层 (3) 20厚1∶3水泥砂浆找平层 (4)最薄30厚轻骨料混凝土找坡层 (5)挤塑聚苯板保温层 (6)钢筋混凝土屋面板	50	1.69	0.59	2.76
	60	1.97	0.51	2.86
	70	2.24	0.45	2.96
	80	2.52	0.40	3.06
	90	2.80	0.36	3.16
	100	3.08	0.33	3.26
	110	3.35	0.30	3.36

注：挤塑聚苯板导热系数修正系数 $\alpha=1.2$，导热系数计算值 $\lambda_c=0.03\times1.2=0.036W/m\cdot K$。

(4) 根据热工要求，保温材料除选用挤塑聚苯板外，还可选用聚苯板、聚氨酯泡沫板保温材料。

(5) 单一保温隔热材料适用于一般工业与民用建筑或公用建筑的屋面保温隔热。

4.2.3 倒置式屋面

1. 构造示意

倒置式屋面是将保温隔热层设置在防水层上面，其构造示意见图 4-3，屋面保温材料厚度及传热系数见表 4-6。

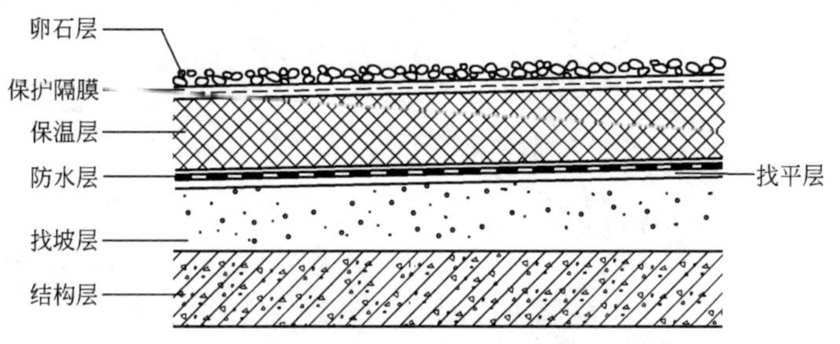

图 4-3 倒置式屋面构造示意

倒置式屋面保温材料厚度及传热系数 表 4-6

倒置式屋面	保温材料厚度(mm)	传热阻 R_o ($m^2 \cdot K/W$)	传热系数 K [$W/(m^2 \cdot K)$]	热惰性指标 D
(1)卵石层	50	1.68	0.59	2.69
(2)透水保护薄膜	60	1.96	0.51	2.79
(3)挤塑聚苯板保温层	70	2.24	0.45	2.89
(4)防水层	80	2.52	0.40	2.99
(5) 15mm厚水泥砂浆找平层	90	2.79	0.36	3.09
(6)最薄30厚轻骨料混凝土找坡层	100	3.07	0.33	3.19
(7)钢筋混凝土屋面板	110	3.35	0.30	3.29

注：挤塑聚苯板导热系数修正系数 $\alpha=1.2$，导热系数计算值 $\lambda_c=0.03\times1.2=0.036W/(m\cdot K)$。

2. 技术特点及要求

(1) 倒置式屋面将保温层设置在防水层之上，大大减弱了防水层受大气、温差、紫外线照射的影响，使防水层不易老化，可延长防水层的使用寿命。

(2) 倒置式屋面省去了传统屋面中的隔汽层及保温层上的水泥砂浆找平层，简化了施工工序。且易于维修。

(3) 倒置式屋面应采用吸水率低的保温隔热材料。除采用挤塑聚苯板外，还可选用聚氨酯硬泡体喷涂保温层、聚氨酯泡沫板等。

(4) 倒置式屋面保温隔热材料上应采用卵石或块体材料做保护层兼压置材料，防止大风将保温隔热材料刮走。

（5）倒置式屋面应选用防水性、耐霉烂性和耐腐蚀性好的防水材料，不得采用以植物纤维或含植物纤维做胎体的防水材料。

（6）倒置式屋面在公共建筑应用较多。

4.2.4 坡屋面

1. 构造示意

坡屋面是坡度较大的屋面，坡度一般大于10%。在现代城市建设中，根据建筑风格及景观的要求，如别墅、大屋盖等，常采用坡屋面，且用瓦材装饰屋顶的较多。如：彩色沥青瓦用于小别墅，西班牙瓦、小青瓦用于公共建筑等。坡屋面构造示意见图4-4，保温材料厚度及传热系数见表4-7。

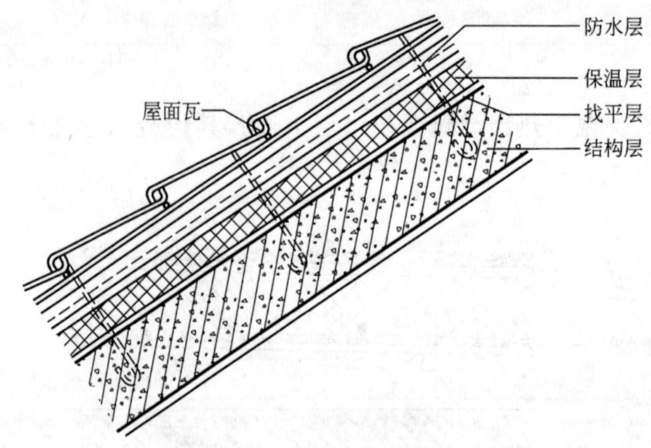

图4-4 坡屋面构造示意

坡屋面保温材料厚度及传热系数 表4-7

坡屋面	保温材料厚度（mm）	传热阻 R_o（$m^2 \cdot K/W$）	传热系数 K［$W/(m^2 \cdot K)$］	热惰性指标 D
(1)瓦屋面 (2)防水涂料层 (3)挤塑聚苯板保温层 (4)15厚水泥砂浆找平层 (5)钢筋混凝土屋面板	50	1.77	0.59	1.94
	60	1.91	0.52	2.00
	70	2.19	0.46	2.11
	80	2.46	0.41	2.23
	90	2.74	0.36	2.34
	100	3.02	0.33	2.46

注：挤塑聚苯板导热系数修正系数 $\alpha=1.2$，导热系数计算值 $\lambda_c=0.03\times1.2=0.036W/(m \cdot K)$。

2. 技术特点及要求

（1）坡屋面宜选用吸水率小、导热系数小、表观密度小的保温隔热材料。如挤塑聚苯板、聚氨酯硬泡体喷涂等。

（2）坡屋面的防水层，当选用彩色沥青瓦时，防水层则设置在最上面，兼有装饰作用。

（3）坡屋面屋顶采用西班牙瓦、小青瓦、水泥瓦等，防水层宜选用耐水性、耐腐蚀性优良的防水涂料。如聚氨酯防水涂料、丙烯酸防水涂料等，易于施工。

（4）坡屋面保温隔热材料也可采用聚氨酯硬泡体喷涂施工，保温防水一体化。

4.2.5 架空屋面

1. 构造示意

架空屋面是利用通风空气间层散热快的特点以提高屋面的隔热能力。一般是由隔热构件、通风空气间层、支撑构件和基层（结构层、保温层、防水层）组成。坡屋面构造示意见图 4-5，保温隔热材料的厚度及传热系数见表 4-8。

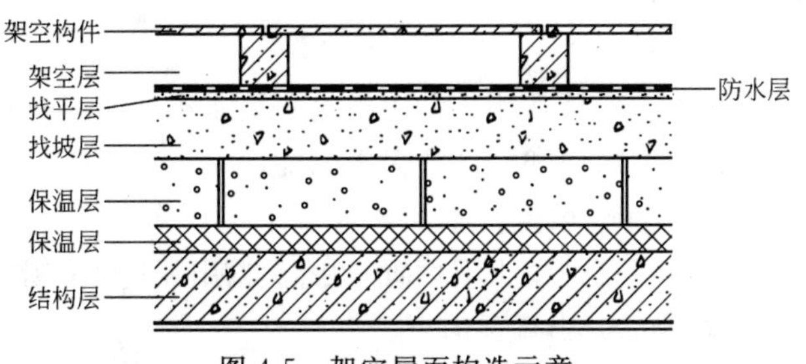

图 4-5 架空屋面构造示意

架空屋面保温隔热材料厚度及传热系数 表 4-8

架空屋面	保温材料厚度(mm)		传热阻 R_o $(m^2 \cdot K/W)$	传热系数 K $[W/(m^2 \cdot K)]$	热惰性指标 D
	加气块	聚苯板(挤塑聚苯板)			
(1)500×500×50 钢筋混凝土板	100	60(40)	1.84(1.75)	0.54(0.57)	4.17(4.15)
(2)150 厚架空层	100	70(50)	2.04(2.03)	0.49(0.49)	4.25(4.27)
(3)防水层	100	80(60)	2.24(2.31)	0.45(0.43)	4.34(4.39)
(4)15 厚水泥砂浆找平层	100	90(70)	2.44(2.58)	0.41(0.39)	4.43(4.51)
(5)最薄 30 厚轻骨料混凝土找坡层	100	100(80)	2.64(2.86)	0.38(0.35)	4.51(4.63)
(6)加气混凝土砌块保温层	100	110(90)	2.84(3.14)	0.35(0.32)	4.60(4.75)
(7)聚苯板保温层(挤塑聚苯板)	100	120(100)	3.04(3.42)	0.33(0.29)	4.68(4.87)
(8)钢筋混凝土屋面板					

注：聚苯板导热系数修正系数 $\alpha=1.2$，导热系数计划值 $\lambda_c=0.042\times1.2=0.05W/(m\cdot K)$，挤塑聚苯板导热系数修正系数 $\alpha=1.2$，导热系数计算值 $\lambda_c=0.03\times1.2=0.036W/(m\cdot K)$，加气块导热系数修正系数 $\alpha=1.5$，导热系数计划值 $\lambda_c=0.19\times1.5=0.29W/(m\cdot K)$。

2. 技术特点及要求

(1) 架空屋面由于带有通风的空气间层构造，大大地提高了屋面的隔热能力。

(2) 架空屋面的进风口宜设在炎热季节最大频率风向的正压区，出风口宜设在负压区。

(3) 架空屋面的坡度不宜大于 5%，架空隔热层的高度应按屋面宽度或坡度大小的变化确定。一般为 100～300mm。

(4) 架空隔热板与山墙或女儿墙间应留出 250mm 距离。

(5) 在支座底面的防水层，应采取加强措施。

(6) 架空屋面宜在通风良好的建筑物上采用；不宜在寒冷地区采用。一般在天气较暖的南方用架空屋面较多，且在南方采用架空屋面隔热，屋面可不做保温层。

4.2.6 种植屋面

1. 种植屋面构造层次示意

在屋面上铺以种植土，并种植植物，起到隔热及改善环境作用的屋面，称为种植屋面。种植屋面可以改善城市生态环境。在屋面上种植花草树木，不但可以极大限度地提高城市的绿化覆盖率，而且夏季降低室内气温，有较好的隔热保温效果。发展种植屋面，美化城市景观、改善人文环境，前景广阔。

种植屋面包括屋顶绿化及地下车库顶板花园式绿化。为了保证种植屋面上的植物正常生长，做到土层湿润并排除积水，又能做到防水层不渗不漏，满足建筑工程的使用功能，比一般屋面防水难度大，因此对种植屋面的构造必须高度重视。

种植屋面构造层次如下：

(1) 种植土

种植屋面应具有良好水土保持功能的种植植被。要求种植土具有自重轻、不板结、保水保肥、适于植物生长、施工简便和经济环保等功能。

(2) 过滤层

为了防止种植土流失，应在种植土下设置一层过滤层。一般采用聚酯无纺布（重量宜为200～250g/m^2）或玻纤毡。

(3) 排（蓄）水层

隔离过滤层的下部为排（蓄）水层。在大雨或人工灌水过多时种植土吸水饱和，多余的水应排出屋面，防止植物烂根。排水层可采用专用的塑料排（蓄）水板或橡胶排（蓄）水板；也可采用粒径20～40mm的卵石或轻质陶粒。

(4) 耐根穿刺层

植物根有很强的穿刺能力，一般的防水材料经受不住植物根生长穿刺，导致屋面渗漏。因此在种植屋面中必须在柔性防水层上空铺或粘结一层耐植物根穿刺的材料。

耐根穿刺层宜选用合金防水卷材、铜复合胎基改性沥青根阻防水卷材、聚氯乙烯防水卷材、高密度聚乙烯土工膜、金属铜胎改性沥青防水卷材、聚乙烯丙纶防水卷材以及聚乙烯胎高聚物改性沥青防水卷材等。

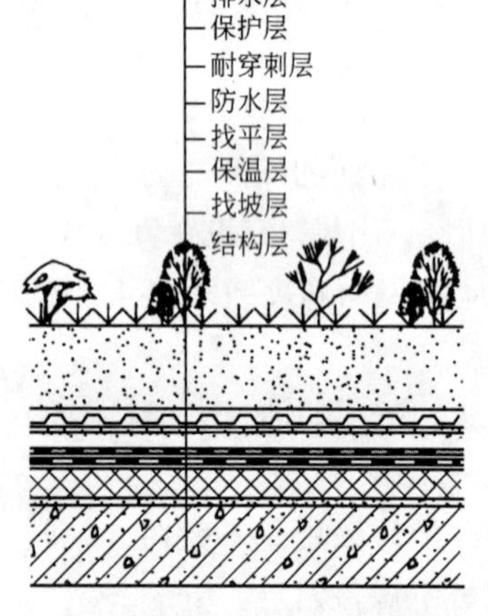

图 4-6　种植屋面构造示意

(5) 防水层

种植屋面的防水层应采用耐腐蚀、耐霉烂、耐水性好及耐久性优良的防水材料。

(6) 保温层

保温层应采用吸水率低、导热系数小，并具有一定强度的保温材料。宜选用挤塑聚苯板、聚氨酯硬泡体喷涂等。保温层的厚度由热工计算确定。

(7) 结构层

种植屋面必须根据屋面的结构和荷载能力，在建筑物整体荷载允许范围内实施。

种植屋面的构造层次示意见图4-6。

2. 技术特点及要求

(1) 种植屋面应设置保温层；地下建筑顶板覆土较厚或不采暖时，可不设保温层。

(2) 种植屋面四周应设置足够高的实体防护墙和一定高度的内挑防护栏杆。

(3) 种植屋面应设置冬季防冻胀保护措施。在女儿墙及山墙周边应设置缓冲带，当建筑物的排水系统设在屋面周边时，周边的排水沟可以作为防冻胀缓冲带。

(4) 种植屋面施工完的防水层、耐根穿刺层应按相关材料特性进行养护，并进行蓄水或淋水试验，确认无渗漏后再做保护层、排水层、铺种植土等。

（5）种植屋面绿化种植植物，应选择适应性强、耐旱、耐贫瘠、喜光、抗风、不易侧伏且根系不发达的园林植物。不宜种植高大乔木。

（6）种植屋面进行绿化时应避免损坏耐根穿刺层、防水层。

4.3 屋面保温隔热工程施工技术

4.3.1 聚苯板保温屋面（XPS、EPS板）施工

聚苯板保温屋面包括挤塑聚苯板（XPS）及模压聚苯板（EPS）的施工。

1. 施工准备

（1）技术准备

1）会审图纸，掌握施工图中的细部构造及有关技术要求。

2）编制施工方案。针对工程特点及保温材料特性，编制具体的施工方案，并经监理（建设）单位批准。

3）技术交底。对施工操作人员进行技术、安全交底，使其掌握施工的关键技术及对相关工序的配合。

（2）材料要求

1）进场的保温材料应有出厂合格证，材料性能报告及现场抽样复验报告。

2）聚苯板的厚度、规格、外观质量应符合设计要求。

3）聚苯板的技术性能，表观密度、导热系数、抗压强度、尺寸变化率、吸水率应符合设计要求。

（3）主要机具

手推车、水平尺、抹子、开刀、线盒等。

（4）作业条件

1）铺设保温层的基层应平整、干燥、干净。

2）聚苯板为易燃材料，现场施工时严禁吸烟和使用明火，施工前应配备消防器材。

3）穿过屋面和墙面结构层的管根部位，应用细石混凝土填塞密实，管根固定牢固。

2. 工艺流程

基层处理 → 弹线 → 保温层铺设 → 质量验收

3. 操作要点

（1）基层处理

1）现浇钢筋混凝土屋面板：将屋面板表面清理干净，灰浆、杂物全部清除，基层应干燥。

2）装配式钢筋混凝土屋面板：应用强度等级不小于C20的细石混凝土将板缝灌填密实。当板缝宽度大于40mm或上窄下宽时，应在缝中放置构造钢筋，细石混凝土浇捣密实。板端缝应进行密封处理。必要时，屋面板接缝应用一布二涂防水附加层进行加强处理。

（2）弹线

当设计屋面无隔汽层时，即可在结构上弹线、铺设保温层。弹线时按设计坡度及流水

方向，找出屋面坡度走向，确定保温层的厚度范围。

当设计屋面有隔汽层时，应先进行隔汽层施工，然后再铺设保温层。

隔汽层采用涂料时应满刷。涂刷均匀，薄厚一致，一般三遍成活儿。隔汽层采用卷材时，一般采用单层卷材空铺，搭接缝采用粘结。

封闭式保温层，在屋面与墙的连接处，隔汽层应沿墙向上连续铺设，并高出保温层上表面不得小于150mm。

(3) 保温层铺设

1) 干铺保温层。聚苯板可直接铺设在结构层或隔汽层上，紧靠需隔热保温的表面，铺平、垫稳、缝对齐。

分层铺设时，上、下两层板的接缝应相互错开，表面两块相邻聚苯板板边厚度应一致。

板间的缝隙应用同类材料的碎屑嵌填密实。

2) 粘贴保温层。聚苯板也可采用粘结法铺设。用粘结材料平粘在屋面基层上，应贴严、粘牢。板缝间或缺棱掉角处应用聚苯板碎屑加粘结材料拌均后填补严密。

粘贴聚苯板的胶粘剂一般采用水乳型高分子乳液胶粘剂，如EVA乳液、丙烯酸乳液或醋酸乙烯乳液配制的胶粘剂。不得用溶剂型胶粘剂。溶剂型胶粘剂会将聚苯板溶化，降低保温性能。

4. 质量要求

(1) 保温层应紧贴（靠）基层，铺平垫稳，拼缝严密，上下层错缝，接缝嵌填密实。

(2) 保温层厚度达到设计要求，厚度偏差不得大于4mm。

(3) 质量检查数量，应按屋面面积每100m^{2}抽查1处，每处10m^2，且不得小于3处。

5. 成品保护及安全注意事项

(1) 保温层在施工中及完工后，应采取保护措施。推小车应铺脚手板，不得损坏保温层。

(2) 保温层完工后，经质量验收合格，应及时铺抹水泥砂浆找平层，以保证保温效果。

(3) 聚苯板易燃，材料贮存、运输应注意防火。

(4) 聚苯板保温层施工时，现场严禁明火，并配备消防器材和灭火设施。

(5) 聚苯板保温材料搬运时应轻拿轻放，防止损伤断裂、缺棱掸角，保证外形完整。

(6) 干铺聚苯板保温层可在负温下施工。粘贴（水乳型胶粘剂）聚苯板保温层宜在5℃以上施工。

(7) 雨天、雪天、5级风以上的天气不得进行保温层施工。

(8) 倒置式屋面聚苯板保温层上宜采用卵石、块材或水泥砂浆做覆盖保护，铺设厚度按设计要求，并应均匀一致。

4.3.2 加气混凝土砌块保温屋面施工

1. 施工准备

(1) 技术准备

同本章第 4.3.1 条。

(2) 材料要求

1) 加气混凝土（或泡沫混凝土）砌块保温材料进场抽样复验，表观密度 400～600kg/m³，抗压强度应不小于 2.0MPa。

2) 保温材料进场应有出厂合格证，材料技术性能应符合设计要求。

(3) 主要机具

手推车、平锹、抹子、线盒等。

(4) 作业条件

1) 铺设保温层的基层应平整、干燥、干净。

2) 穿过屋面和墙面结构层的管根部位，应用细石混凝土填塞密实，管根固定牢固。

2. 工艺流程

基层处理→保温层铺设→质量验收

3. 操作要点

(1) 基层处理

同本章第 4.3.1 条。

(2) 保温层铺设

1) 干铺保温层。加气混凝土砌块可直接铺在结构层或隔汽层上，紧靠需隔热保温的表面，逐行铺设，铺平、垫稳、缝对齐。相邻两行的加气块接缝应错开，厚度应一致。

分层铺设时，上、下两层加气混凝土砌块的接缝应错开。

接缝的缝隙应用碎加气混凝土砌块嵌填密实。

2) 粘贴保温层。加气混凝土砌块可采用粘贴法铺设。用粘结材料平粘在屋面基层上，贴严、粘牢。板缝间或缺棱掉角处应用碎加气块加粘结材料拌均后填补严密。粘贴加气混凝土砌块采用水泥、石灰混合砂浆。其比例为：水泥∶石灰∶砂子＝1∶1∶8。

(3) 复合保温层的铺设

为了达到节能 65%的要求，有的工程保温层设计为两种保温材料复合做法。

1) 当采用聚苯板与加气混凝土砌块复合保温时，聚苯板保温层在下，加气混凝土砌块铺在聚苯板上面。

2) 当采用聚氨酯泡沫板与加气混凝土砌块复合保温时，聚氨酯泡沫板保温层在下，加气混凝土砌块铺在聚氨酯泡沫板上面。

4. 质量要求

见本章第 4.3.1 条。

5. 成品保护及安全注意事项

(1) 保温层在施工中及完工后，应采取保护措施。推小车应铺脚手板，不得破坏保温层。

(2) 保温层完工后，经质量验收合格，应及时铺抹水泥砂浆找平层，以保证保温效果。

(3) 加气混凝土砌块在搬运时应轻拿轻放，防止损伤断裂、缺棱掉角，保证外形完整。

(4) 干铺加气混凝土砌块保温层可在负温施工。粘贴保温层宜在 5℃以上施工。

(5) 冬期施工时，加气混凝土砌块中不得含有冻雪、冻块；雨期施工时，保温材料应采取遮盖措施，防止雨淋、吸水。

（6）雨天、雪天、5级风以上的天气不得进行加气混凝土砌块保温层施工。

4.3.3 聚氨酯硬泡体喷涂保温屋面施工

聚氨酯硬泡体材料是一种集防水、保温隔热于一体的新型材料。它主要由多元醇（polyol）与异氰酸酯（MDI）两组分液体原料组成，采用无氟发泡技术，在一定状态下发生热反应，产生闭孔率不低于95%的硬泡体化合物——聚氨酯硬泡体（PUR）。

聚氨酯硬泡体防水保温工程是使用专用喷涂设备，在现场作业面上连续喷涂施工完成的。喷涂施工完成后，在施工作业面上形成一层无接缝的连续壳体。

聚氨酯硬泡体具有导热系数小，节能保温效果好、抗压强度高、聚体连续性好、防水保温一体化等优点，得到了越来越广泛的应用。

聚氨酯硬泡体防水保温材料适用于混凝土结构、金属结构、木质结构的屋面、墙体的保温隔热。

1. 施工准备

（1）技术准备

1）根据工程特点编制施工方案。并进行安全、技术交底。

2）聚氨酯硬泡体防水保温层厚度的设计，应根据建筑防水与保温隔热性能要求而定，按屋面传热系数 K [$(W/m^2 \cdot K)$] 的大小，一般分为4个厚度等级。

① 当屋面传热系数 $K \leqslant 0.80$ 时，防水保温层厚度应为25mm；

② 当屋面传热系数 $K \leqslant 0.70$ 时，防水保温层厚度应为30mm；

③ 当屋面传热系数 $K \leqslant 0.60$ 时，防水保温层厚度应为40mm；

④ 当屋面传热系数 $K \leqslant 0.50$ 时，防水保温层厚度应不小于50mm，最大厚度可达80mm。

3）材料进场后，对材料的合格证、技术性能检测报告、以及聚氨酯硬泡体的阻燃性能等进行检查。

4）对使用喷枪的操作人员应进行技术培训。

（2）材料要求

聚氨酯硬泡体防水保温材料的主要技术性能应达到下列要求。

1）保温隔热性能：导热系数应不大于0.022W/(m·K)；

2）防水性能：聚氨酯硬泡体吸水率应不大于1%；闭孔率不小于95%；

3）粘结强度：与混凝土、金属、木质等基面的平均粘结强度应不小于40kPa；

4）密度：表观密度为40kg/m³左右；

5）尺寸稳定性：当环境温度为−50～150℃时，70℃温度下48h后，尺寸变化率应不大于1%；

6）抗压强度不小于0.3MPa，抗拉强度不小于500kPa；

7）对原材料的要求，A组分（多元醇）和B组分（异氰酸酯）在喷涂施工时，热反应过程中不得产生有毒气体；

8）发泡剂等添加剂不应含氟等有毒物质；

9）聚氨酯硬泡体防水保温材料的防火性能应符合《建筑设计防火规范》（GB 50016—2006）的要求。

(3) 主要机具

聚氨酯硬泡体专用喷涂设备、清理基层工具等。

(4) 作业条件

1) 建筑屋面的结构层为混凝土时，应设找坡层或找平层。找坡层或找平层应坚实、平整、干燥（其含水率应小于8%），表面不应有浮灰和油污。

2) 平屋面的排水坡度不应小于2%，天沟、檐沟的纵向排水坡度不应小于1%。

3) 屋面与山墙、女儿墙、天沟、檐沟以及突出屋面结构的连接处应为圆弧形。

4) 屋面上的设备、管线等应在聚氨酯硬泡体防水保温层喷涂施工前安装就位，管根部位，应用细石混凝土填塞密实。

2. 工艺流程

清理基层 → 聚氨酯硬泡体喷涂 → 保护层施工 → 质量验收

3. 操作要点

(1) 清理基层

当施工作业基面的表面有浮灰或油污时，聚氨酯硬泡体防水保温层会从作业基面上拱起或脱离，即为脱层或起鼓。因此，必须将基层表面的灰浆、油污、杂物彻底清理干净。

(2) 聚氨酯硬泡体喷涂

1) 聚氨酯硬泡体防水保温层施工应使用现场连续喷涂施工的专用喷涂设备。

2) 聚氨酯硬泡体防水保温材料必须在喷涂施工前配制好。两组分液体原料（多元醇和异氰酸酯）与发泡剂等添加剂必须按工艺设计配比准确计量，投料顺序不得有误，混合应均匀，热反应应充分，输送管路不得渗漏，喷涂应连续均匀。

3) 基层检查、清理、验收合格后即可喷涂施工。根据防水保温层厚度，一个施工作业面可分几遍喷涂完成，每遍喷涂厚度宜在10～15mm。当日的施工作业必须当日连续喷涂施工完毕。屋面上的异形部位应按“细部构造”进行喷涂施工。

4) 聚氨酯硬泡体材料喷涂施工后20min内严禁上人行走。

5) 聚氨酯硬泡体防水保温层检验、测试合格后，方可进行防护层施工。

6) 聚氨酯硬泡体防水保温层喷涂施工，应喷涂1组3块200mm×200mm同厚度试块，以备材料的性能检测。

(3) 保护层施工

1) 聚氨酯硬泡体防水保温层表面应设置一层防紫外线照射的保护层。保护层可选用耐紫外线的保护涂料或聚合物水泥保护层。

2) 当采用聚合物水泥保护层时，可将聚合物水泥刮涂在保温层表面，要求分3次刮涂，保护层厚度在5mm左右，每遍刮涂间隔时间不少于24h。

4. 质量要求

(1) 聚氨酯硬泡体防水保温层不应有渗漏现象；

(2) 聚氨酯硬泡体防水保温层的厚度应符合设计要求；

(3) 聚氨酯硬泡体防水保温层表面应平整，最大喷涂波纹应小于5mm；而且不应有起鼓、断裂等现象；

(4) 聚氨酯硬泡体材料的密度、抗压强度、导热系数、尺寸稳定性、吸水率等性能指标应符合要求；

（5）平屋面、天沟、檐沟等的表面排水坡度应符合设计要求；

（6）屋面与山墙、女儿墙、天沟、檐沟以及突出屋面结构的连接处的连接方式与结构形式应符合设计要求；

（7）防水保温层表面的防紫外线涂料保护层，不应有漏喷、裂纹、皱褶、脱皮等现象。

5. 成品保护及安全注意事项

（1）聚氨酯硬泡体保温材料喷涂施工后20min内，严禁上人行走。

（2）保温层完工后，应及时做保护层。聚合物水泥保护层上料、施工时应铺垫脚手板，避免破坏保温层。

（3）喷涂施工现场环境温度不宜低于15℃，温度低则发泡不完全。空气相对湿度宜小于85%，风力宜小于3级。

（4）喷涂施工时，操作人员应配戴防护用品。确保安全施工。

（5）两组分材料在喷涂加热过程中应注意防火，材料贮存应远离火源，防止发生火灾。

4.3.4　架空屋面施工

架空屋面是利用通风空气层散热快的特点，提高屋面的隔热能力。根据实际测量，架空层过小则隔热效果不明显，如空气间层增大，则屋面温度逐渐降低。但架空层过高，温度降低不明显且屋面荷载加大。实践证明：空气间层高度在100～300mm较为适宜。

1. 施工准备

（1）技术准备

1）熟悉设计图纸，掌握架空屋面的具体设计及构造要求。

2）编制架空屋面施工方案，并进行技术、安全交底。

（2）材料要求

1）预制混凝土板，常用规格为：50mm厚，498mm×498mm。

2）砖墩，非黏土砖或砌块，115mm×115mm×90mm。

3）砌筑砂浆。

（3）施工机具

清理基层工具，垂直、水平运料机具及砖瓦工用砌筑工具。

（4）作业条件

1）屋面保温层、防水层或保护层均已完工，并已通过质量验收。

2）屋面管道、设备等均已安装完毕。

2. 工艺流程

清理基层→弹线分格→砌筑砖墩→坐砌隔热板→养护→表面勾缝→质量验收

3. 操作要点

（1）清理基层

将屋面的杂物、灰浆清理干净。

（2）弹线分格

屋面隔热板应按设计要求设置分格缝。分格缝可按照防水保护层的分格为原则进行分格。

（3）砌筑砖墩

1）屋面防水层如无刚性保护层，则应在砖墩下增铺一层卷材或油毡，以大于砖墩周边 150mm 左右为宜。

2）砌筑砖墩应按砌体施工规范要求，灰缝饱满、平整。宜用 M5 水泥砂浆砌筑。

（4）坐砌隔热板

1）坐砌隔热板时宜横向拉线，纵向用靠尺控制板缝，使其横平竖直。

2）砌筑时应坐浆饱满，宜用 M2.5 水泥砂浆砌筑，砌平、粘牢。

（5）养护

隔热板坐浆完毕，需进行 1～2d 的湿养护，待砂浆强度达到上人要求时，可进行隔热板勾缝。

（6）表面勾缝

1）隔热板表面缝隙宜用 1∶2 水泥砂浆填塞。勾缝水泥砂浆要调好稠度，随勾缝随拌料。

2）勾缝要填实、塞满，勾缝砂浆表面要反复压光。

3）勾缝要对缝进行湿养护 1～2d。

4. 质量要求

（1）架空隔热板的质量必须符合设计要求，不得有断裂、露筋等缺陷。

（2）架空隔热板的铺设应平整、稳固，缝隙勾填密实。

（3）架空隔热板距山墙或女儿墙不得小于 250mm，以免热胀冷缩影响墙的牢固。

（4）架空层中不得有灰浆、杂物堵塞，以免影响空气流动。

（5）当屋面宽度大于 10m，应设通风屋脊。

5. 成品保护及安全注意事项

（1）原材料运输、搬运时应避免损伤；

（2）对无刚性保护层的屋面，在进行架空层施工时一定要采取有效措施，注意保护好防水层，严禁损伤防水层；

（3）砖墩砌完，清理落地灰及砖渣时注意不要损坏防水层；

（4）隔热板坐砌完毕，在养护期间，严禁上人踩踏或堆放杂物；

（5）隔热板坐砌完毕，不得再在其上进行破坏性的其他施工；

（6）强调高空作业安全，防止高空坠落，施工顺序应由外向内施工；

（7）屋面作业人员严禁高空向下抛物；

（8）高温天气需做好防暑降温措施；

（9）架空屋面砌筑施工宜在 5℃以上进行，5 级风以上不得进行高空作业。

4.3.5 种植屋面施工

种植屋面分为花园式种植屋面、简单式种植屋面及地下建筑顶板覆土种植 3 种形式。

花园式种植屋面以造景为主，设计成空中花园，一旦渗漏，修补代价极高。因此，保温层、防水层设计必须高度重视。防水层上必须设置耐根穿刺层。

简单式种植屋面一般在带有刚性保护层的屋面上直接铺设预制草毯一次成坪绿化，或摆放可移动容器（如塑料托盘、模块等）绿化。由于种植草坪或地被植物，根系不太发达，屋面可不设置耐根穿刺层。但必须确保屋面的防水、保温功能。

地下建筑（如地下车库、停车场、商场、人防等）顶板上实施地面绿化，大多设计为地面花园、健身广场，因此视同于种植屋面。当覆土较深或不采暖时，可不设保温层，但必须做好防水层及耐根穿刺层，以确保种植、使用功能。

1. 施工准备

(1) 技术准备

1) 种植屋面必须根据屋面的结构和荷载能力，在建筑物整体荷载范围内实施。其屋面绿化设计应由具有建筑和园林设计资质的单位承担。

2) 种植屋面防水层应达到Ⅱ级以上建筑防水标准。

3) 种植屋面必须铺设一层耐植物根系穿刺的防水层。

4) 种植屋面应经过认真设计，由土建及园林专业共同协调完成。

(2) 材料要求

1) 种植土

① 种植屋面所用材料及植物等均应符合环保要求。

② 种植土材料应根据植物的要求，选择综合性能良好的材料。要求种植土具有自重轻、不板结、保水保肥、适于植物生长、施工简便、经济、环保等功能。

③ 种植土层的厚度应根据植物的种类确定。种植土厚度、荷载及植物种类见表4-9。

植物种类、种植土厚度、种植荷载 **表4-9**

植 物 种 类	植物高度(m)	种植土层厚度(mm)	种植荷载(kg/m²)
小型乔木	2.0～2.5	≥600	250～300
大灌木	1.5～2.0	500～600	150～250
小灌木	1.0～1.5	300～500	100～150
地被植物	0.2～1.0	100～300	50～100
草坪	≤0.2	50～150	30～50

2) 过滤层。

① 过滤层可防止种植土流失，并且有足够的透水性。在种植土下应设置一层过滤层。

② 过滤层一般采用聚酯无纺布（重量宜为200～250g/m²）或玻纤毡。

3) 排（蓄）水层。

① 排（蓄）水层材料应根据屋面荷载、功能等进行选用。

② 排（蓄）水层宜选用专用的塑料排（蓄）水板或橡胶排（蓄）水板；厚度10～25mm。

③ 当屋面荷载足够大时，可采用粒径20～40mm卵石或陶粒，卵石层厚度宜为80mm，陶粒层厚度宜为150mm。

④ 排（蓄）水板只起排、蓄水作用，不能代替耐根穿刺层。

4) 耐根穿刺层。

① 种植屋面必须铺设一层耐植物根系穿刺的防水材料。

② 耐根穿刺层材料宜选用下列几种：

a. 铜复合胎基改性沥青（SBS）根阻防水卷材：厚4mm（铜复合胎厚1.2mm）热熔法施工。

b. 聚氯乙烯防水卷材（PVC）：厚1.2～1.5mm；热焊接法接缝。

c. 热塑性聚烯烃防水卷材（TPO）：厚1.2～1.5mm；热焊接法接缝。

d. 合金防水卷材（PSS）：厚0.5mm；接缝采用焊条焊接。

e. 高密度聚乙烯土工膜（HDPE）：厚1.0～1.5mm；热焊接法接缝。

f. 金属铜胎改性沥青防水卷材（JCuB）：厚4mm；热熔法施工。

g. 聚乙烯胎高聚物改性沥青防水卷材（PPE）：厚4mm；热熔法施工。

h. 聚乙烯丙纶防水卷材：厚0.7～0.9mm；专用防水胶粘剂冷粘结施工。

5）防水层。

① 种植屋面的防水层应采用耐腐蚀、耐霉烂、耐水性好及耐久性优良的防水材料。

② 种植屋面应根据工程具体情况及设计要求，铺设1～2道防水层。

③ 在下列情况下，所使用的防水材料应具相容性：

a. 防水卷材与基层处理剂；

b. 防水卷材与胶粘剂；

c. 防水材料与密封材料；

d. 防水材料与耐根穿刺材料。

6）保温层。

① 种植屋面应设保温层；

② 保温层应采用密度小、吸水率低、导热系数小并具有一定强度的保温材料，宜用挤塑聚苯板、聚乙烯泡沫塑料板、聚氨酯硬泡体喷涂等；

③ 保温层的厚度由热工计算确定。

7）结构层。

种植屋面结构层应为现浇的整体钢筋混凝土屋面板。其荷载达到种植屋面的要求。

（3）作业条件

1）伸出屋面的管道、设备、预埋件等在保温层施工前安装完毕，管道根部用细石混凝土填塞密实。

2）现场环境气温符合保温层、防水层等各工序的要求。

3）基层验收合格。

4）进行热作业施工需事先申请点火证，经批准后方可施工。

（4）主要机具：各工序准备所需的施工机具。

2. 工艺流程

清理基层 → 保温层施工 → 找平层施工 → 防水层施工 → 耐根穿刺层施工 → 蓄水试验 → 保护层施工 → 铺设排（蓄）水板 → 铺设过滤层 → 砌筑挡土墙 → 铺设种植土 → 种植绿色植物

3. 操作要点

（1）清理基层

将基层杂物、灰浆清理干净。

（2）保温层施工

按设计要求的厚度铺设保温材料，铺平、垫稳，验收合格。

（3）找平层施工

1）先找出排水坡度，然后抹1：2.5～1：3的水泥砂浆找平层，厚度宜为20mm。

2）找平层应坚实、平整，无起砂、麻面、裂缝等缺陷。找平层应干净、干燥。经隐蔽验收合格。

（4）防水层施工

1）若设计为SBS橡胶改性沥青防水卷材，采用热熔法施工，单层厚度应不小于3mm。卷材接缝处应溢出熔化的沥青胶条，连续不间断、顺直。

2）采用其他防水材料时应遵照《屋面工程技术规范》（GB 50345—2004）的要求进行施工。

（5）耐根穿刺层施工

1）当耐根穿刺材料采用合金防水卷材时，大面与自粘橡胶沥青卷材粘结，搭接缝采用热焊接法施工。

2）当耐根穿刺材料采用高密度聚乙烯土工膜时，大面采用空铺，搭接缝采用热焊接法施工。

3）采用其他耐根穿刺材料施工时，应符合《种植屋面防水施工技术规程》的要求。

4）耐根穿刺防水层在平面与立墙转角处应向上铺设至种植土表面上250mm处收头。

5）当防水层与耐根穿刺层不相容时中间宜加一道隔离层，隔离层可采用聚乙烯膜（PE）、无纺布或油毡等。

（6）蓄水试验

防水层及耐根穿刺层完工后，应按相关材料特性进行养护，并按《屋面工程技术规范》（GB 50345—2004）要求进行蓄水或淋水试验。确认无渗漏后再做保护层及其他工序。

（7）保护层施工

根据设计要求在防水层及耐根穿刺层上铺设相关保护层，以保护防水层、耐根穿刺层不被损坏。

（8）铺设排（蓄）水板

排（蓄）水层宜采用排（蓄）水板，凸面朝下，一般采用空铺对接方法，铺平。

（9）铺设过滤层

过滤层一般采用200～250g/m² 聚酯纤维无纺布。搭接缝用线绳联接，大面空铺，四周向上翻100mm，端部及收头处50mm范围内用胶粘剂与基层粘牢。

（10）砌筑挡土墙

挡土墙也称花台，可根据设计要求采用不同的材料。如塑料隔栅，小园木，砌块、空心砖砌筑等。挡土墙高度一般不高于400mm。种植土的厚度可采用造坡方式。边缘种草可薄，中间种乔木可增厚。也可根据树木大小设置树池、花坛等。

（11）铺设种植土

1）根据设计要求，可以铺设50～1.5mm不等厚度的种植土。

2）种植土不得采用田园土。一般采用无机质与有机质配制的、经过消毒的轻质种植土。

3）在屋面与立面转角处、女儿墙根处、伸出屋面管道根、水落口、天沟、檐口等部位，300～500mm范围内不得铺设种植土，可用陶粒或卵石代替。

4）种植屋面女儿墙周边应设置缓冲带（约250mm宽）。当建筑物的排水系统设在屋面周边时，周边的排水沟可以作为防冻胀缓冲带。

（12）种植绿色植物

1）绿色植物的种植时间，应根据植物对气候条件的要求确定。

2）种植屋面种植高于2m的植物时应采取防风固定措施。种植屋面不适于种植高于4m的植物。

3）种植屋面应预留水管或其他供水设施。以确保灌溉。

4. 质量要求

（1）进入现场的保温材料、耐根穿刺材料、防水材料及配套材料应现场抽样复验合格。

（2）种植屋面及地下建筑顶板花园不得有渗漏现象。

（3）每道工序完工后，经质量验收合格才准许进行下道工序施工。

（4）种植屋面挡土墙施工时，留设的排水孔位置应准确，并不得堵塞。

（5）种植屋面种植土的厚度、质量应符合设计要求。

（6）种植屋面用耐根穿刺防水卷材的根阻性能应经过试验验证。

（7）种植屋面应确保建筑物的保温隔热性能。

（8）种植屋面应确保植物生长，建成真正的绿色屋面。

5. 成品保护及安全注意事项

（1）种植屋面防水层施工中及完成后必须注意成品保护，不得损坏防水层。

（2）排水口不得堵塞。

（3）防水卷材施工时应注意环境温度，施工温度应符合《屋面工程技术规范》（GB 50345—2004）的要求。

（4）防水卷材热熔施工时，现场必须配备灭火器材，注意防火。

（5）种植土及植物材料施工时不得损坏防水层及耐根穿刺防水层。在屋面作业时应均匀堆放。

（6）进行屋面各工序施工时应注意高空作业的安全，必要时系好安全带。

（7）完工后的种植屋面应加强维护管理，定期检查建筑物安全、防水功能及植物生长情况。雨后及时疏通排水管道，水落口防止被枝叶堵塞，注意植物防风、防侧伏。

（8）种植屋面应注意检查防治病虫害。

4.4 屋面保温隔热细部构造

4.4.1 板块状保温隔热细部构造

1. 檐沟，见图 4-7。
2. 屋面檐口，见图 4-8。
3. 雨篷，见图 4-9。
4. 女儿墙，见图 4-10。
5. 屋面变形缝，见图 4-11。
6. 高低屋面变形缝，见图 4-12。
7. 横式水落口，见图 4-13。
8. 直式水落口，见图 4-14。
9. 伸出屋面管道，见图 4-15。
10. 屋面水平出入口，见图 4-16。
11. 屋面垂直出入口，见图 4-17。
12. 屋面排汽口，见图 4-18、见图 4-19。

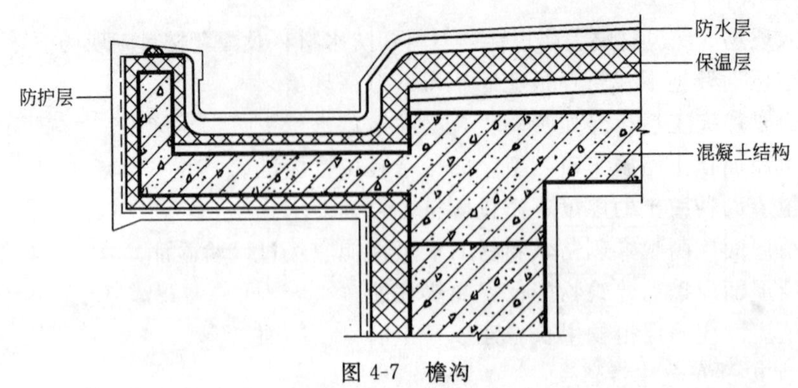

图 4-7　檐沟

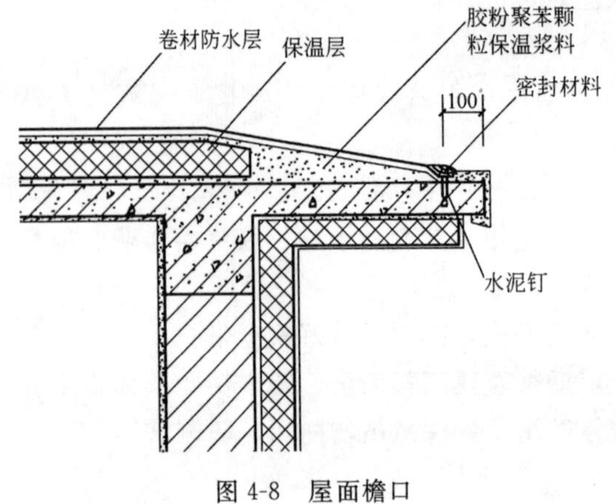

图 4-8　屋面檐口

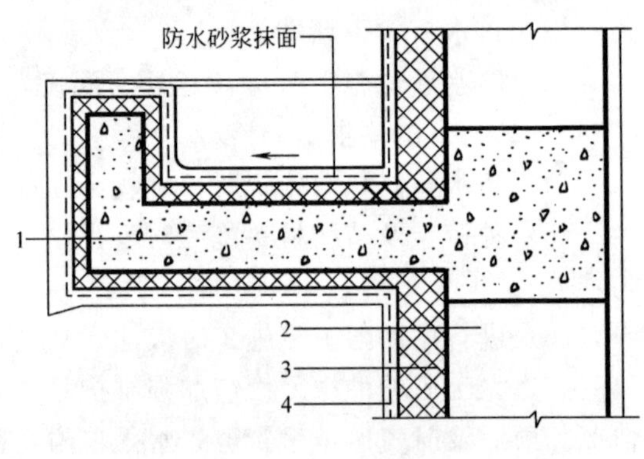

图 4-9　雨篷

1—混凝土雨篷；2—填充墙；3—保温层；
4—防护层及外饰面

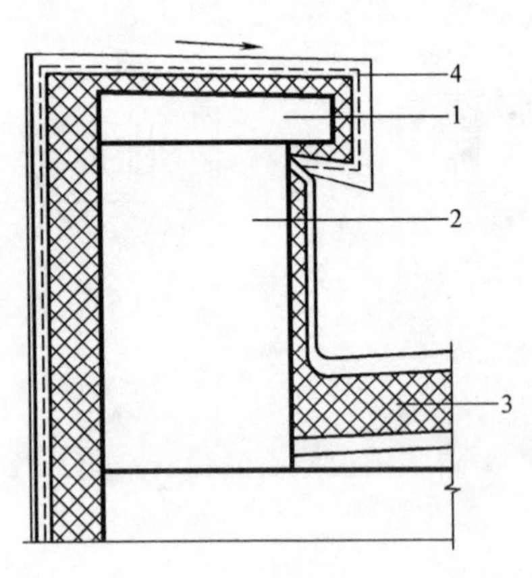

图 4-10　女儿墙

1—混凝土压顶；2—填充墙；3—保温层；
4—防护层及外饰面

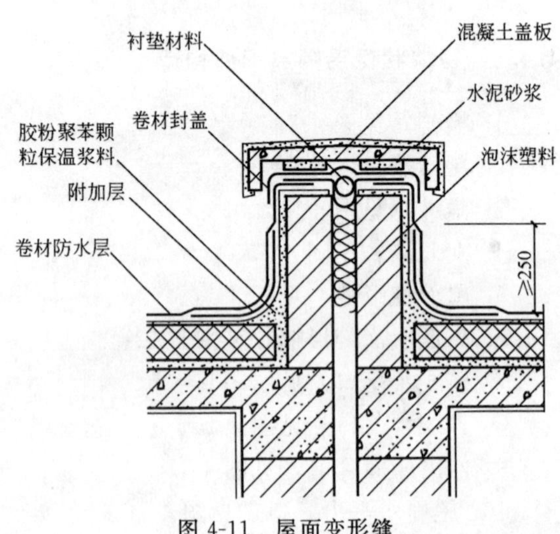

图 4-11　屋面变形缝

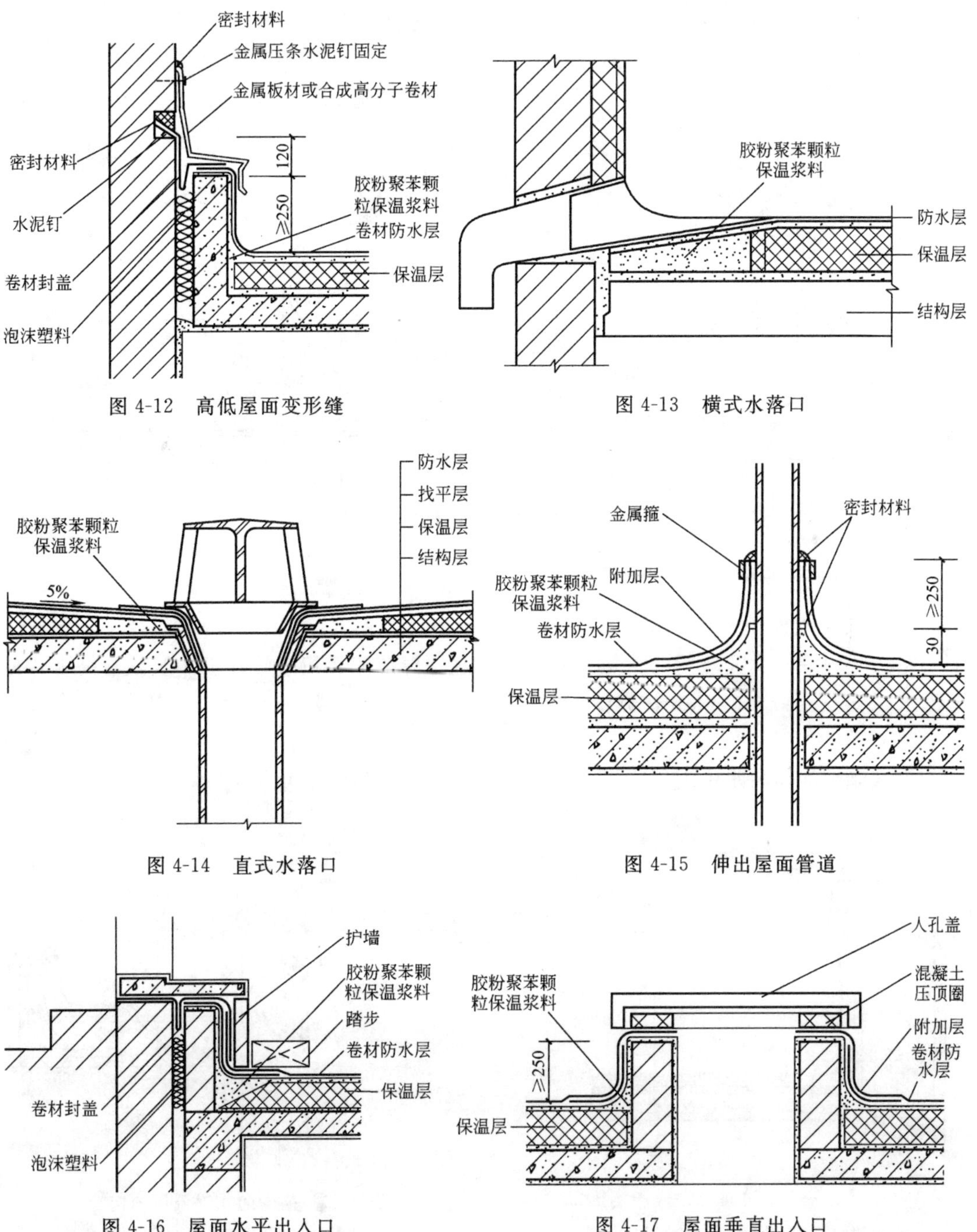

图 4-12 高低屋面变形缝

图 4-13 横式水落口

图 4-14 直式水落口

图 4-15 伸出屋面管道

图 4-16 屋面水平出入口

图 4-17 屋面垂直出入口

当屋面保温层材料潮湿且干燥有困难时，应做排汽屋面。排汽屋面的设计应符合下列要求：

(1) 找平层设置的分格缝可兼做排汽道，排汽道处铺贴防水卷材宜采用空铺、点粘或条粘法。

(2) 排汽道宜纵横贯通，并同与大气连通的排汽管相通；排汽管可设在屋面排汽道交叉处。

(3) 排汽道宜纵横设置，间距宜为 6m。屋面面积每 36m² 宜设置一个排汽口。

(4) 排汽口应埋设排汽管，排气管宜设置在结构层上，并穿过保温层。排汽管的管壁四周应打排汽孔。排汽管宜用塑料管材。屋面排汽口构造见图 4-18 和图 4-19。

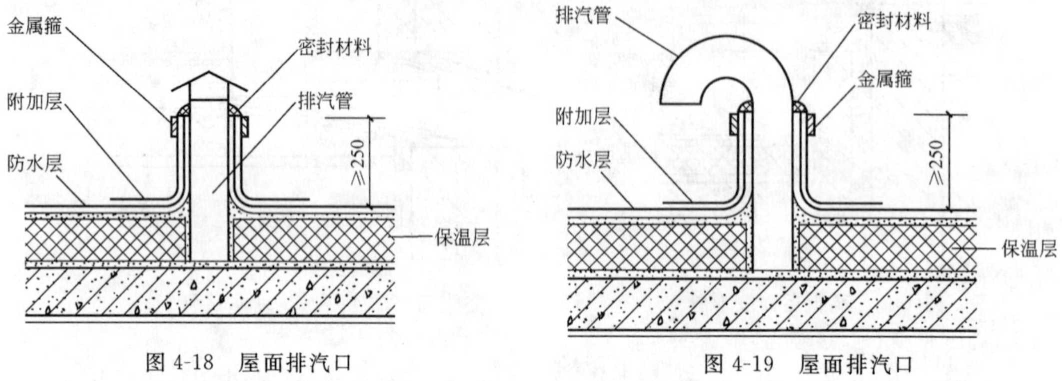

图 4-18 屋面排汽口　　图 4-19 屋面排汽口

(5) 在保温层下也可铺设带支点的塑料板，通过空腔层排水、排汽。

4.4.2 聚氨酯硬泡体喷涂细部构造

1. 山墙、女儿墙

屋面与山墙、女儿墙间的聚氨酯硬泡体防水保温层应直接连续地喷涂至泛水高度，最低泛水高度不应小于 250mm，见图 4-20。

2. 檐沟

聚氨酯硬泡体防水保温层在天沟、檐沟的连接处应连续地直接喷涂，见图 4-21。

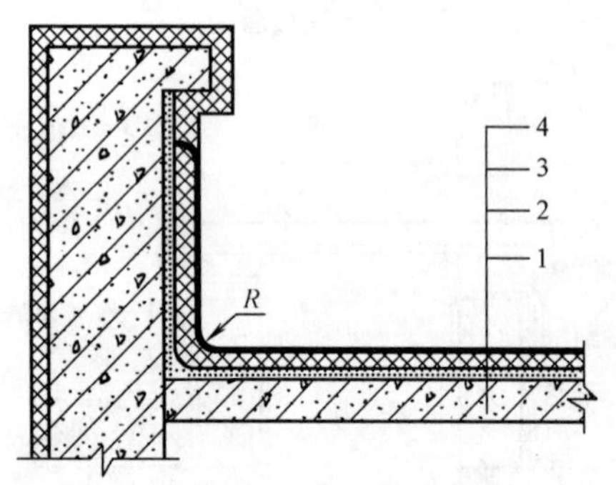

图 4-20 山墙、女儿墙的泛水收头
1—结构层；2—找平层或找坡层；
3—聚氨酯硬泡体喷涂层；4—防护层

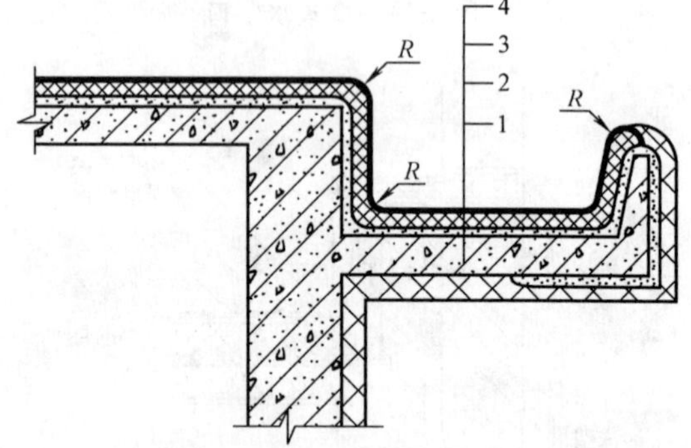

图 4-21 檐沟防水保温层的构造
1—结构层；2—找平层或找坡层；
3—聚氨酯硬泡体喷涂层；4—防护层

3. 无组织排水檐口

无组织排水檐口聚氨酯硬泡体防水保温层收头应连续地喷涂到檐口平面端部，喷涂厚度应逐步连续均匀地减薄至不小于 15mm 为止，见图 4-22。

4. 伸出屋面管道

伸出屋面的管道或通气管应根据泛水高度要求连续地直接喷涂，见图 4-23。

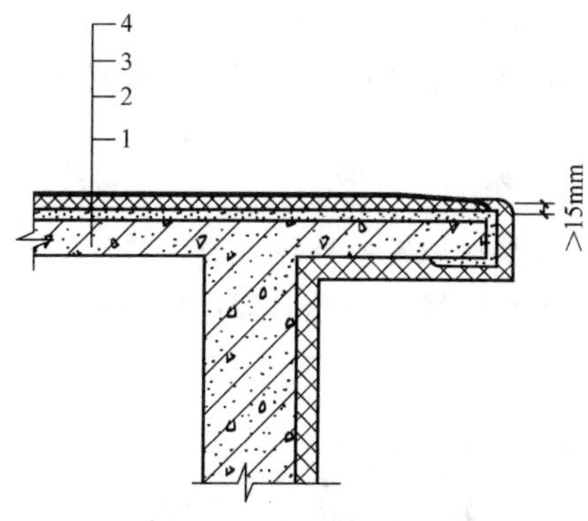

图 4-22 无组织排水檐口

1—结构层；2—找平层或找坡层；3—聚氨酯硬泡体喷涂层；4—防护层

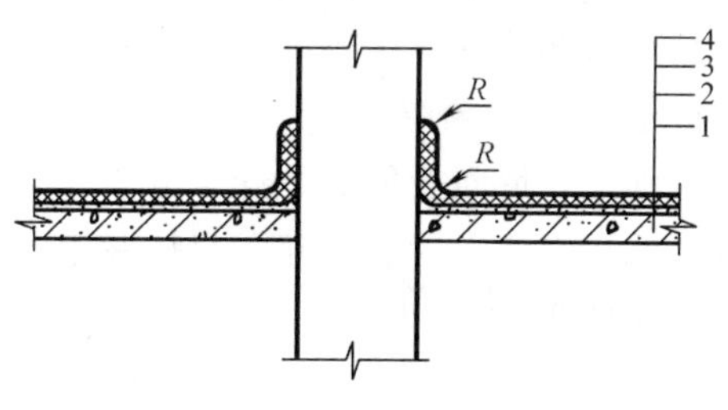

图 4-23 伸出屋面管道

1—结构层；2—找平层或找坡层；3—聚氨酯硬泡体喷涂层；4—防护层

5. 出入口

出入口聚氨酯硬泡体防水保温层收头应连续地直接喷涂至帽口，见图 4-24。

6. 水落口

水落口防水保温层收头构造应符合下列规定：

(1) 水落口杯宜采用塑料制品或铸造铁。

(2) 直式水落口周围直径 500mm 范围内的坡度不应小于 5%。

(3) 横式水落口在山墙或女儿墙上应根据泛水高度要求，聚氨酯硬泡体防水保温层应连续地直接喷涂至水落口内，见图 4-25 和图 4-26。

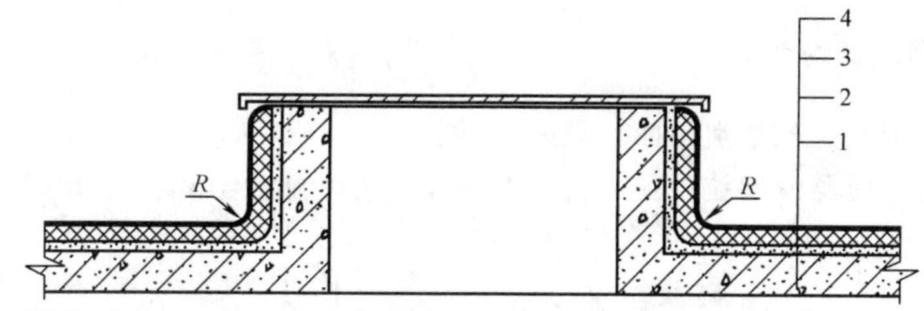

图 4-24 垂直出入口防水保温层的构造

1—结构层；2—找平层或找坡层；3—聚氨酯硬泡体喷涂层；4—防护层

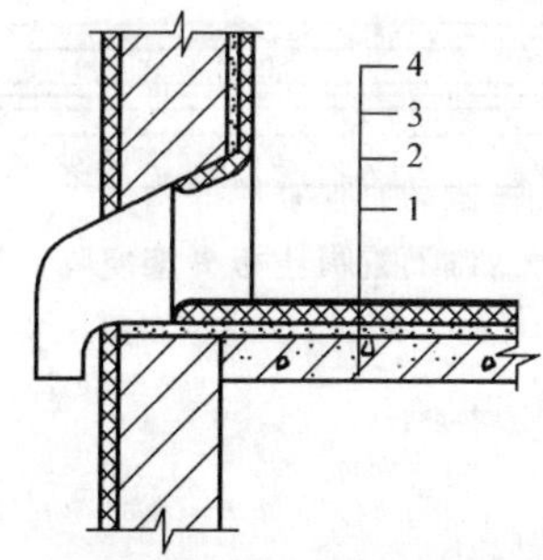

图 4-25 横式水落口构造

1—结构层；2—找平层或找坡层；3—聚氨酯硬泡体喷涂层；4—防护层

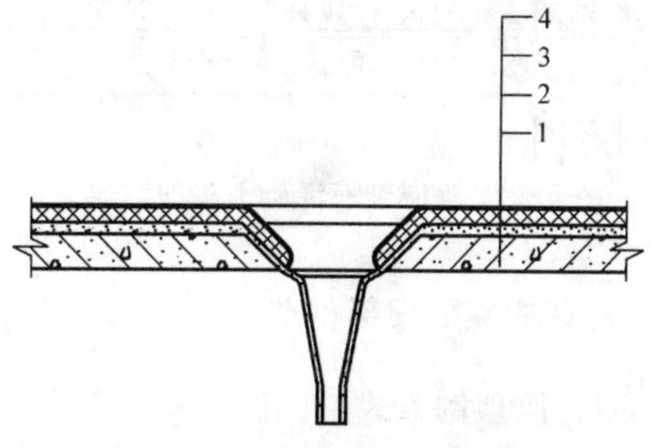

图 4-26 直式水落口构造

1—结构层；2—找平层或找坡层；3—聚氨酯硬泡体喷涂层；4—防护层

7. 伸缩缝

水平伸缩缝防水保温层的施工方法：在伸缩缝内应填充塑料棒，并用密封膏密封，然后连续地直接喷涂至帽口，见图 4-27。

8. 高低跨变形缝

屋面与山墙间变形缝的施工方法：聚氨酯硬泡体防水保温层应连续地直接喷涂至泛水高度。然后在变形缝内填充塑料棒并用密封膏密封，再在山墙上用螺钉固定能自由伸缩的钢板，见图 4-28。

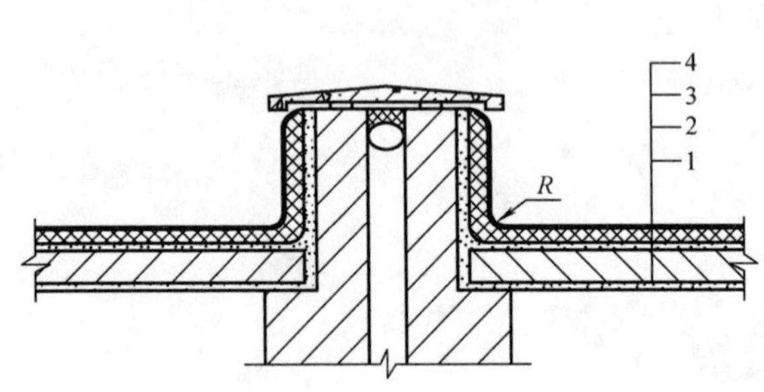

图 4-27 水平伸缩缝构造

1—结构层；2—找平层或找坡层；3—聚氨酯硬泡体喷涂层；4—防护层

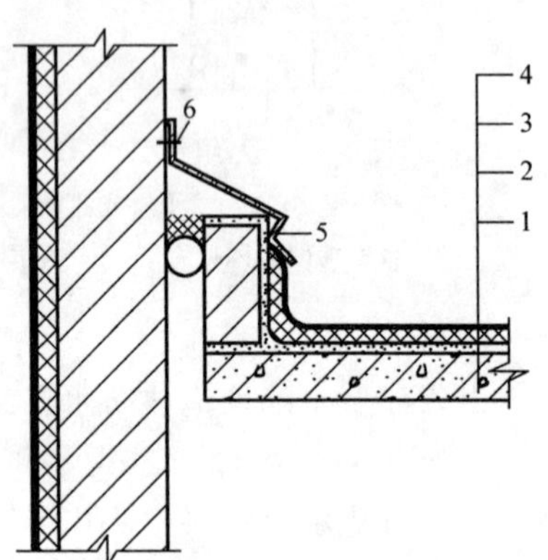

图 4-28 屋面与山墙间变形缝的构造

1—结构层；2—找平层或找坡层；3—聚氨酯硬泡体喷涂层；4—防护层；5—金属盖板；6—螺钉

4.4.3 架空屋面细部构造

1. 预制细石混凝土板架空屋面，见图 4-29。

2. 细石混凝土板凳或陶粒混凝土板凳架空隔热层，见图 4-30。

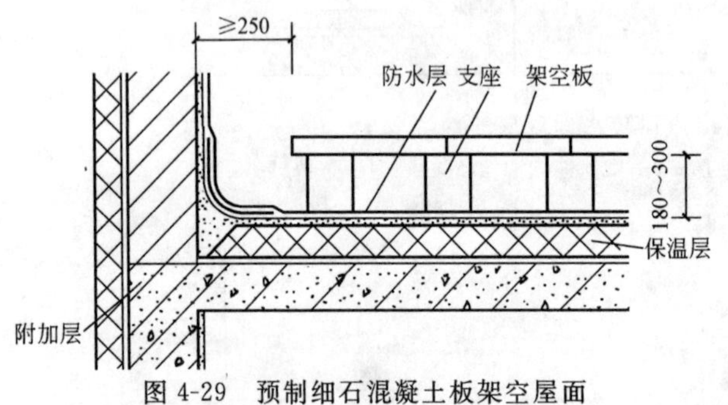

图 4-29 预制细石混凝土板架空屋面

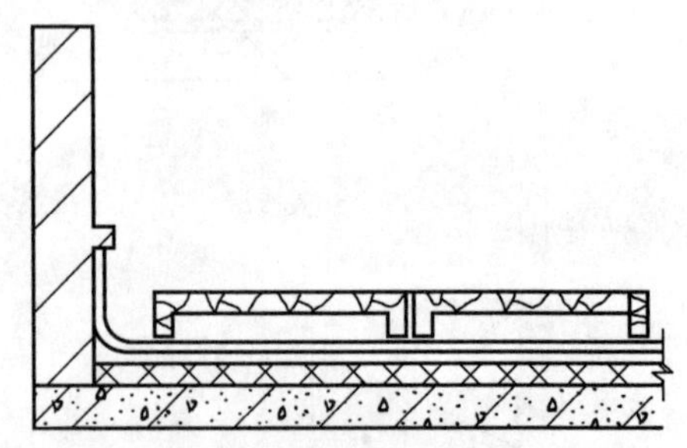

图 4-30 细石混凝土板凳架空隔热层

4.4.4 倒置式屋面细部构造

1. 卵石压顶倒置式屋面

一般不上人的倒置式屋面以卵石压顶。卵石保护层与保温层之间应铺设聚酯纤维无纺布或耐腐蚀的纤维织物进行隔离保护。卵石压顶倒置式屋面见图 4-31。

2. 块体材料或水泥砂浆压顶

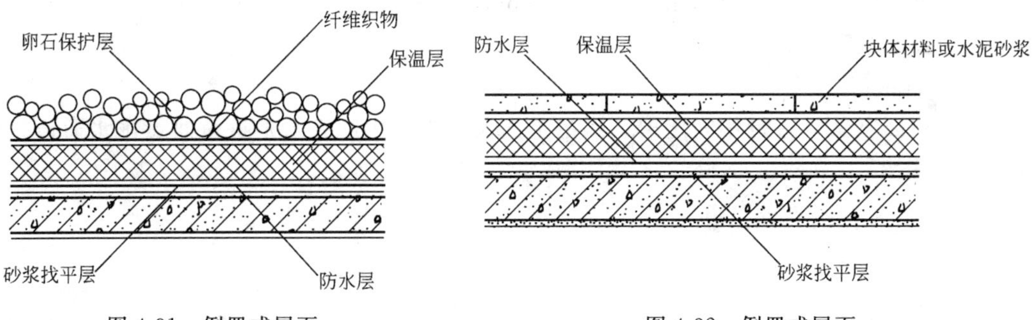

图 4-31 倒置式屋面　　　　图 4-32 倒置式屋面

倒置式屋面保护层，应为上人屋面时，可采用块体材料如水泥方砖或水泥砂浆保护层，见图 4-32。

4.4.5 种植屋面细部构造

1. 女儿墙

(1) 女儿墙周边应设置不小于 300mm 宽的挡土墙或缓冲带。

(2) 设置挡土墙时，挡土墙下部应设泄水孔或排水管。挡土墙宽度应不小于 120mm，高度视种植土厚度确定。挡土墙顶高度应高于种植土不小于 150mm，见图 4-33。

2. 水落口

种植屋面排水系统优选外排水，立面防水层收头入凹槽，用密封材料封严，外抹水泥砂浆保护，外排水构造见图 4-34。

3. 伸出屋面管道

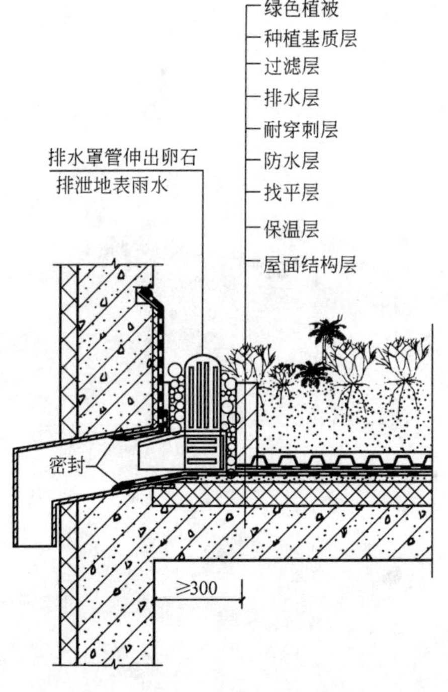

图 4-33 女儿墙外排水

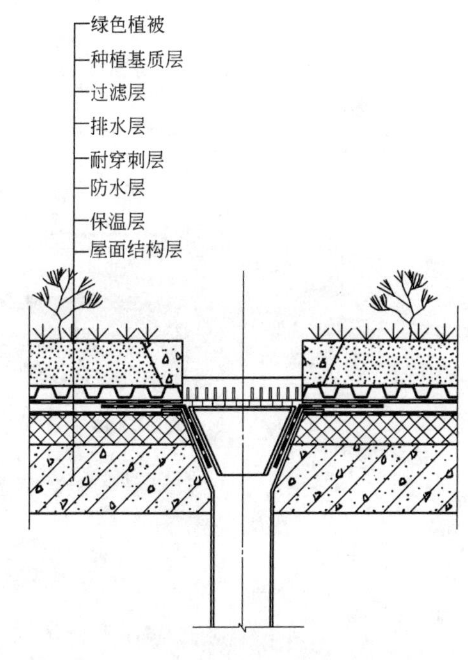

图 4-34 水落口内排水

伸出屋面管道防水层应高出种植土 250mm，卷材收头用密封材料封严，并用紧固圈固定，外抹水泥砂浆保护，构造见图 4-35。

4. 人行走道

种植屋面宜留设人行中间走道，满足上人及维护，中间人行走道可兼做排水通道，见图 4-36。

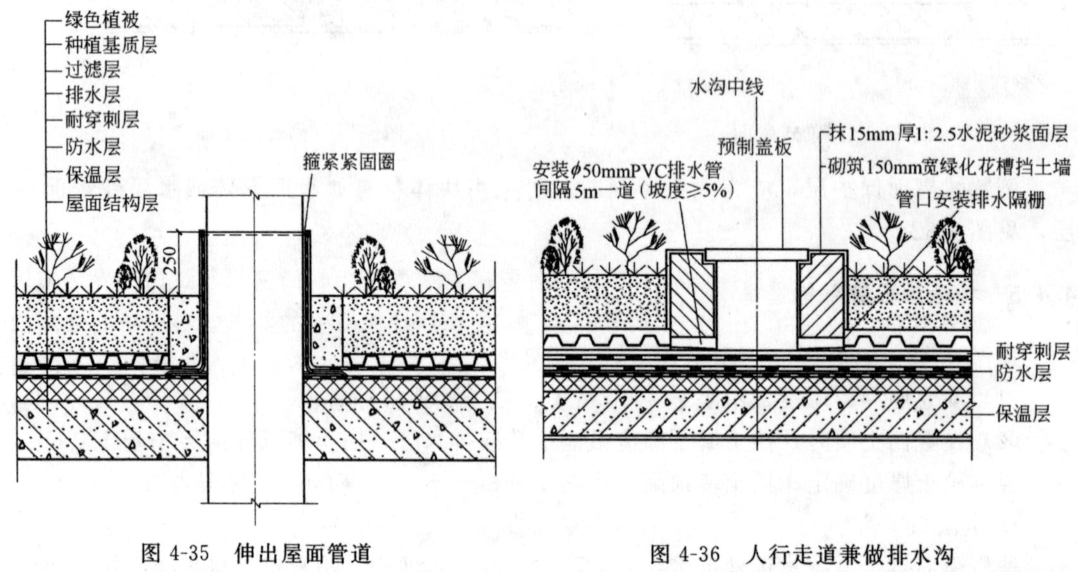

图 4-35　伸出屋面管道

图 4-36　人行走道兼做排水沟

第 5 章　门窗及幕墙工程保温节能技术

5.1　概　　述

5.1.1　建筑门窗与建筑节能

建筑门窗对建筑物内部适应外界环境条件起着重要的作用。门窗与建筑物外界环境因素存在着密切的、错综复杂的关系。反映在门窗的使用功能方面的要求，各项功能之间内在影响关系是错综复杂的。随着建筑物的高层化和窗户面积的扩大化，新型门窗不断出现，门窗应如何适应建筑师设计的需要，满足抗风压、阻止冷风渗透、防止雨水渗漏、保温、隔热、隔声、采光等各方面要求，一直是建筑业与门窗生产企业关注的问题。

目前，国家提倡建设节约型社会，降低建筑能耗十分重要，建筑门窗的保温、隔热性能更为人们关注。建筑门窗是整个建筑围护结构中保温隔热最薄弱的一个环节，是影响建筑节能和室内热环境质量的主要因素之一。据有关资料报道，在我国采暖住宅建筑中，当窗墙面积比为 25%左右时，通过窗户的传热损失约占建筑物全部损失的 1/4；通过门窗开启缝隙及门窗与墙体之间缝隙空气渗漏造成热损失约占 1/4，两者合计约占 1/2，见表 5-1。

建筑物热量损失　　表 5-1

序　　号	项　　目	传热系数[W/(m² · K)]	热损失(%)
1	外墙(37 砖墙)	1.57	25.6
2	外窗(单玻钢窗)	6.4	23.7
3	楼梯间墙	1.83	10.8
4	屋顶	1.26	8.6
5	阳台门	6.4	3.0
6	户门	2.91	2.8
7	地面	0.30	2.3
8	空气渗透		23.2

注：此表是北京地区 20 世纪的一组实测的数据。

衡量门窗节能效果的主要是门窗的保温功能和隔热功能。保温功能就是在于降低建筑的采暖能耗和提高室内热环境质量，这主要使门窗具有较高的总热阻值，从而能够减少通过窗户的传热损失。整窗传热系数用 K 值来表示，其单位为 W/(m² · K)，传热系数 K 值是热阻 R 值的倒数；门窗的隔热功能就是在于减少门窗的太阳辐射得热量，从而起到降低夏季空调负荷（特别是其峰值）和改善室内环境的作用。

一般门窗的隔热功能是采用遮阳系数 SC 来衡量。热量通过门窗传递的途径有 3 个：一是热能通过门窗框、扇及玻璃进行热传递；二是通过玻璃接收和传递太阳辐射的热量；

三是通过门窗的缝隙形成空气渗漏而进行的热交换。门窗保温隔热技术系统就是指针对增加门窗热传递阻力而采用新工艺、新技术、新材料等各种技术措施。

5.1.2 建筑门窗节能设计要求

2004年，国家发改委正式发布的我国第一个《节能中长期专项规划》中明确了我国“十一五”期间全社会节能重点领域，名列前三位的是：工业、交通、建筑，并明确建筑节能的重点是严格执行节能设计标准和规范。近几年来，我国相继陆续出台了一系列的标准和规范：《建筑气候区划标准》(GB 50178—94)、《民用建筑节能设计标准（采暖居住建筑部分）》(JGJ 26—95)、《夏热冬冷地区居住建筑节能设计标准》(JGJ 34—2001)、《夏热冬暖地区居住建筑节能设计标准》(JGJ 75—2003)、《公共建筑节能设计标准》(GB 50189—2005）等，这些标准中对建筑门窗节能都提出了明确要求。

由于我国幅员辽阔，各地气候有很大的差异，可用采暖度日数HDD18和空调度日数CDD26衡量当地寒冷和炎热的程度。依据不同的采暖度日数HDD18和空调度日数CDD26范围，将全国划分为表5-2所示的5个气候区，11个气候子区。

居住建筑节能设计气候分区 **表5-2**

气候分区		分区依据
严寒地区（Ⅰ区）	严寒A区	5500≤HDD18<8000
	严寒B区	5000≤HDD18<5500
	严寒C区	3800≤HDD18<5000
寒冷地区（Ⅱ区）	寒冷A区	2000≤HDD18<3800,CDD26≤100
	寒冷B区	2000≤HDD18<3800,100<CDD26≤200
夏热冬冷地区（Ⅲ区）	夏热冬冷A区	1000≤HDD18<2000,50<CDD26≤150
	夏热冬冷B区	1000≤HDD18<2000,150<CDD26≤300
	夏热冬冷C区	600≤HDD18<1000,100<CDD26≤300
夏热冬暖地区（Ⅳ区）	夏热冬暖地区	HDD18<600,CDD26>200
温和地区（Ⅴ区）	温和A区	600≤HDD18<2000,CDD26≤50
	温和B区	HDD18<600,CDD26≤50

1. 公共建筑门窗节能设计要求

2005年国家标准《公共建筑节能设计标准》(GB 50189—2005）正式发布实施，对公共建筑的门窗传热系数限值提出了具体的规定，见表5-3～表5-7。

严寒地区A区公共建筑门窗传热系数限值 **表5-3**

围护结构部位		体型系数≤0.3 传热系数 $K[W/(m^2 \cdot K)]$	0.3<体型系数≤0.4 传热系数 $K[W/(m^2 \cdot K)]$
单一朝向外窗（包括透明幕墙）	窗墙面积比≤0.2	≤3.0	≤2.7
	0.2<窗墙面积比≤0.3	≤2.8	≤2.5
	0.3<窗墙面积比≤0.4	≤2.5	≤2.2
	0.4<窗墙面积比≤0.5	≤2.0	≤1.7
	0.5<窗墙面积比≤0.7	≤1.7	≤1.5
屋顶透明部分		≤2.5	

严寒地区B区公共建筑门窗传热系数限值　　表5-4

围护结构部位		体型系数≤0.3 传热系数 K[W/(m² · K)]	0.3<体型系数≤0.4 传热系数 K[W/(m² · K)]
单一朝向外窗（包括透明幕墙）	窗墙面积比≤0.2	≤3.2	≤2.8
	0.2<窗墙面积比≤0.3	≤2.9	≤2.5
	0.3<窗墙面积比≤0.4	≤2.6	≤2.2
	0.4<窗墙面积比≤0.5	≤2.1	≤1.8
	0.5<窗墙面积比≤0.7	≤1.8	≤1.6
屋顶透明部分		≤2.6	

寒冷地区公共建筑门窗传热系数和遮阳系数限值　　表5-5

围护结构部位		体型系数≤0.3 传热系数 K[W/(m² · K)]		0.3<体型系数≤0.4 传热系数 K[W/(m² · K)]	
外窗（包括透明幕墙）		传热系数 K [W/(m² · K)]	遮阳系数 SC （东、南、西北/北向）	传热系数 K [W/(m² · K)]	遮阳系数 SC （东、南、西北/北向）
单一朝向外窗（包括透明幕墙）	窗墙面积比≤0.2	≤3.5	—	≤3.0	—
	0.2<窗墙面积比≤0.3	≤3.0	—	≤2.5	—
	0.3<窗墙面积比≤0.4	≤2.7	≤0.7/—	≤2.3	≤0.7/—
	0.4<窗墙面积比≤0.5	≤2.3	≤0.6/—	≤2.0	≤0.6/—
	0.5<窗墙面积比≤0.7	≤2.0	≤0.5/—	≤1.8	≤0.5/—
屋顶透明部分		≤2.7	≤0.50	≤2.7	≤0.50

夏热冬冷地区公共建筑门窗传热系数和遮阳系数限值　　表5-6

围护结构部位		传热系数 K[W/(m² · K)]	
外窗（包括透明幕墙）		传热系数 K [W/(m² · K)]	遮阳系数 SC （东、南、西北/北向）
单一朝向外窗（包括透明幕墙）	窗墙面积比≤0.2	≤4.7	—
	0.2<窗墙面积比≤0.3	≤3.5	≤0.55/—
	0.3<窗墙面积比≤0.4	≤3.0	≤0.50/0.60
	0.4<窗墙面积比≤0.5	≤2.8	≤0.45/0.55
	0.5<窗墙面积比≤0.7	≤2.5	≤0.40/0.50
屋顶透明部分		≤3.0	≤0.40

夏热冬暖地区公共建筑门窗传热系数和遮阳系数限值　　表5-7

围护结构部位		传热系数 K[W/(m² · K)]	
外窗（包括透明幕墙）		传热系数 K [W/(m² · K)]	遮阳系数 SC （东、南、西北/北向）
单一朝向外窗（包括透明幕墙）	窗墙面积比≤0.2	≤6.5	—
	0.2<窗墙面积比≤0.3	≤4.7	≤0.50/0.60
	0.3<窗墙面积比≤0.4	≤3.5	≤0.45/0.55
	0.4<窗墙面积比≤0.5	≤3.0	≤0.40/0.50
	0.5<窗墙面积比≤0.7	≤3.0	≤0.35/0.45
屋顶透明部分		≤3.5	≤0.35

2. 居住建筑门窗节能设计要求

(1) 建筑门窗的传热系数及遮阳系数限值：根据建筑所处城市的气候分区区属不同，不应超过表5-8～表5-17中规定的限值。

严寒地区A区居住建筑门窗的传热系数限值　表5-8

部位		传热系数 K [W/(m²·K)]
户门		1.5
阳台门下部门芯板		1.0
外窗（含阳台门透明部分）	窗墙面积比≤20%	2.5
	20%<窗墙面积比≤30%	2.2
	30%<窗墙面积比≤40%	2.0
	40%<窗墙面积比≤50%	1.7

严寒地区B区居住建筑门窗的传热系数限值　表5-9

部位		传热系数 K [W/(m²·K)]
户门		1.5
阳台门下部门芯板		1.0
外窗（含阳台门透明部分）	窗墙面积比≤20%	2.8
	20%<窗墙面积比≤30%	2.5
	30%<窗墙面积比≤40%	2.1
	40%<窗墙面积比≤50%	1.8

严寒地区C区居住建筑门窗的传热系数限值　表5-10

围护结构部位		传热系数 K [W/(m²·K)]
户门		1.5
阳台门下部门芯板		1.0
外窗（含阳台门透明部分）	窗墙面积比≤20%	2.8
	20%<窗墙面积比≤30%	2.5
	30%<窗墙面积比≤40%	2.3
	40%<窗墙面积比≤50%	2.1

寒冷地区A区居住建筑门窗的传热系数限值　表5-11

围护结构部位		传热系数 K [W/(m²·K)]
户门		2.0
阳台门下部门芯板		1.7
外窗（含阳台门透明部分）	窗墙面积比≤20%	2.8
	20%<窗墙面积比≤30%	2.8
	30%<窗墙面积比≤40%	2.5
	40%<窗墙面积比≤50%	2.0

寒冷地区B区居住建筑门窗的传热系数和遮阳系数限值　表5-12

围护结构部位		传热系数 K[W/(m²·K)]	
		轻钢、木结构、轻质墙板等围护结构	重质围护结构
户门		2.0	
阳台门下部门芯板		1.7	
		传热系数 K[W/(m²·K)]	遮阳系数 SC（东、西向/南、北向）
外窗（含阳台门透明部分）	窗墙面积比≤20%	3.2	—
	20%<窗墙面积比≤30%	3.2	—
	30%<窗墙面积比≤40%	2.8	0.70/—
	40%<窗墙面积比≤50%	2.5	0.60/—

夏热冬冷地区A区居住建筑门窗的传热系数和遮阳系数限值　表5-13

围护结构部位		传热系数 K[W/(m²·K)]	
		轻钢、木结构、轻质墙板等围护结构	重质围护结构
户门		≤3.0	
		传热系数 K[W/(m²·K)]	遮阳系数 SC（东、南、西向/北向）
外窗（含阳台门透明部分）	窗墙面积比≤20%	≤4.7	—
	20%<窗墙面积比≤30%	≤3.2	≤0.80/—
	30%<窗墙面积比≤40%	≤3.2	≤0.70/0.80
	40%<窗墙面积比≤50%	≤2.5	≤0.60/0.70
天窗	天窗面积占屋顶面积≤4%	≤3.2	≤0.6

夏热冬冷地区 B 区居住建筑门窗的传热系数和遮阳系数限值 表 5-14

围护结构部位		传热系数 K[W/(m²·K)]	
		轻钢、木结构、轻质墙板等围护结构	重质围护结构
户门		≤3.0	
		传热系数 K[W/(m²·K)]	遮阳系数 SC（东、南、西向/北向）
外窗（含阳台门透明部分）	窗墙面积比≤20%	≤4.7	—
	20%<窗墙面积比≤30%	≤3.2	≤0.70/0.80
	30%<窗墙面积比≤40%	≤3.2	≤0.60/0.70
	40%<窗墙面积比≤50%	≤2.5	≤0.50/0.60
天窗	天窗面积占屋顶面积≤4%	≤3.2	≤0.5

夏热冬冷地区 C 区居住建筑门窗的传热系数和遮阳系数限值 表 5-15

围护结构部位		传热系数 K[W/(m²·K)]	
		轻钢、木结构、轻质墙板等围护结构	重质围护结构
户门		≤3.5	
		传热系数 K[W/(m²·K)]	遮阳系数 SC（东、南、西向/北向）
外窗（含阳台门透明部分）	窗墙面积比≤20%	≤4.7	—
	20%<窗墙面积比≤30%	≤4.0	≤0.70/0.80
	30%<窗墙面积比≤40%	≤3.2	≤0.60/0.70
	40%<窗墙面积比≤50%	≤2.5	≤0.50/0.60
天窗	天窗面积占屋顶面积≤4%	≤4.0	≤0.5

夏热冬暖地区居住建筑门窗的传热系数和遮阳系数限值 表 5-16

围护结构部位		轻钢、木结构、轻质墙板等围护结构	重质围护结构
		传热系数 K[W/(m²·K)]	遮阳系数 SC（东、南、西向/北向）
外窗（含阳台门透明部分）	窗墙面积比≤20%	—	—
	20%<窗墙面积比≤30%	—	≤0.65/0.75
	30%<窗墙面积比≤40%	—	≤0.55/0.65
	40%<窗墙面积比≤50%	—	≤0.45/0.55
天窗	天窗面积占屋顶面积≤4%	—	≤0.4

温和地区A区居住建筑门窗的传热系数和遮阳系数限值 表5-17

围护结构部位		传热系数 $K[W/(m^2 \cdot K)]$	
		轻钢、木结构、轻质墙板等围护结构	重质围护结构
户门		≤3.0	
		传热系数 $K[W/(m^2 \cdot K)]$	遮阳系数 SC（东、南、西向/北向）
外窗（含阳台门透明部分）	窗墙面积比≤20%	≤4.7	—
	20%＜窗墙面积比≤30%	≤4.0	≤0.80/0.80
	30%＜窗墙面积比≤40%	≤3.2	≤0.70/0.70
	40%＜窗墙面积比≤50%	≤2.5	≤0.60/0.60
天窗	天窗面积占屋顶面积≤4%	≤4.0	≤0.6

注：1. 建筑朝向的范围：
北（偏东60°至偏西60°）；
东、西（东或西偏北30°至偏南60°）；
南（偏东30°至偏西30°）。
2. 表中的窗墙面积比按不同朝向分别计算；
3. 表中的遮阳系数系指外窗透明部分的遮阳系数：
有外遮阳时，遮阳系数＝玻璃的遮阳系数×外遮阳的遮阳系数；
无外遮阳时，遮阳系数＝玻璃的遮阳系数。

（2）窗墙面积比控制：各个朝向窗墙面积比是指不同朝向外墙面上的窗、阳台门的透明部分的总面积与所在朝向建筑的外墙面的总面积（包括该朝向上的窗、阳台门的透明部分的总面积）之比。

窗墙面积比的确定要综合考虑多方面的因素，其中最主要的是不同地区冬、夏季日照情况（日照时间长短、太阳总辐射强度、阳光入射角大小）、季风影响、室外空气温度、室内采光设计标准以及外窗开窗面积与建筑能耗等因素。一般普通窗户（包括阳台门的透明部分）的保温隔热性能比外墙差很多，窗墙面积比越大，采暖和空调能耗也越大。因此，从降低建筑能耗的角度出发，必须限制窗墙面积比。

窗（包括阳台门的透明部分）对建筑能耗高低的影响主要有两个方面，一是窗的传热系数影响到冬季采暖、夏季空调室内外温差传热；另外就是窗受太阳辐射影响而造成的建筑室内的得热。冬季，通过窗口进入室内的太阳辐射有利于建筑的节能，因此，减小窗的传热系数抑制温差传热是降低窗热损失的主要途径之一；而夏季，通过窗口进入室内的太阳辐射成为空调降温的负荷，因此，减少进入室内的太阳辐射以及减小窗或透明幕墙的温差传热都是降低空调能耗的途径。

在夏热冬暖和夏热冬冷地区，夏季透过窗户进入室内的太阳辐射热构成了空调负荷的主要部分，设置外遮阳是减少太阳辐射热进入室内的一个有效措施。因此，对窗的玻璃（或其他透明材料）的遮阳系数的要求高于窗墙面积比。

在严寒和寒冷地区，采暖期室内外温差传热的热量损失占主要地位。因此，对窗的传热系数的要求高于南方地区，其窗墙面积比可参考表5-18的规定。

窗墙面积比 **表 5-18**

朝向		建筑层数			
		3层	6层	9层	29层
严寒地区	南	0.328	0.349	0.4003	0.4003
	东西	0.032	0.301	0.3007	0.3005
	北	0.15	0.249	0.2497	0.25
寒冷地区	南	0.328	0.502	0.4003	0.4003
	东西	0.032	0.298	0.3001	0.3001
	北	0.15	0.304	0.25	0.25

(3) 从节能的角度出发，居住建筑不应设置凸窗，但节能并不是居住建筑设计所要考虑的惟一因素。若设置凸窗时，凸窗凸出（从外墙内表面至凸窗内表面）不应大于600mm。凸窗的传热系数应比普通平窗降低10%，其不透明的顶部、底部、侧面的传热系数应不大于外墙的传热系数。

严寒地区不应设置凸窗，寒冷地区及夏热冬冷地区A区和B区北向的卧室、起居室不应设置凸窗。

计算窗墙面积比时，凸窗的窗面积和凸窗所占的墙面积都按窗洞口面积计算。

(4) 为了保证建筑的节能，要求外窗具有良好的气密性能，以避免夏季和冬季室外空气过多地向室内渗漏。

3. 北京地区建筑门窗节能设计要求

北京地区属于寒冷地区，根据建筑节能65%标准要求，制定了相关标准《住宅建筑门窗应用技术规范》（DBJ 01—79—2004）、《居住建筑节能设计标准》（DBJ 01—602—2004）、《公共建筑节能设计标准》（DBJ 01—621—2005）、《居住建筑节能保温工程施工质量验收规程》（DBJ 01—97—2005）等，这些标准中对建筑门窗传热系数提出了限值，见表5-19～表5-22。

甲类建筑外窗传热系数和遮阳系数限值 **表 5-19**

围护结构部位		传热系数 K[W/(m²·K)]	
外窗(包括透明幕墙)		传热系数 K [W/(m²·K)]	遮阳系数 SC (东、南、西向)
单一朝向外窗(包括透明幕墙)	窗墙面积比≤0.2	≤3.50	不限制
	0.2<窗墙面积比≤0.3	≤3.00	不限制
	0.3<窗墙面积比≤0.4	≤2.70	≤0.60
	0.4<窗墙面积比≤0.5	≤2.30	≤0.55
	0.5<窗墙面积比≤0.7	≤2.00	≤0.50
	0.7<窗墙面积比≤0.85	≤1.80	≤0.45
	0.85<窗墙面积比≤1.0	≤1.60	≤0.45

乙类建筑外窗传热系数和遮阳系数限值 **表 5-20**

外窗(包括透明幕墙)		体型系数≤0.30	
		传热系数 K [W/(m²·K)]	遮阳系数 SC (东、南、西向)
单一朝向外窗(包括透明幕墙)	窗墙面积比≤0.2	≤3.50	不限制
	0.2<窗墙面积比≤0.3	≤3.00	不限制
	0.3<窗墙面积比≤0.4	≤2.70	≤0.60
	0.4<窗墙面积比≤0.5	≤2.30	≤0.55
	0.5<窗墙面积比≤0.7	≤2.00	≤0.50
屋顶透明部分		≤2.70	≤0.50

续表

外窗（包括透明幕墙）		体型系数＞0.30	
		传热系数 K [W/(m² · K)]	遮阳系数 SC（东、南、西向）
单一朝向外窗（包括透明幕墙）	窗墙面积比≤0.2	≤2.80	不限制
	0.2＜窗墙面积比≤0.3	≤2.50	不限制
	0.3＜窗墙面积比≤0.4	≤2.30	≤0.70
	0.4＜窗墙面积比≤0.5	≤2.00	≤0.60
	0.5＜窗墙面积比≤0.7	≤1.80	≤0.50
屋顶透明部分		≤2.70	≤0.50

居住建筑各部分围护结构传热系数限值 [W/(m² · K)]　　**表 5-21**

住宅类型	外窗/阳台门上部	阳台门下部门芯板	接触室外空气地板	不采暖空间上部楼板
5层及以上建筑	2.8	1.70	0.5	0.55
4层及以下建筑				

不同朝向的窗墙面积比　　**表 5-22**

朝　　向	窗　墙　比
北、西北、西、东北、东、西南	0.30
东南	0.35
南	0.50

5.2　建筑门窗保温隔热节能措施

5.2.1　门窗保温隔热主要技术措施

提高门窗保温性能实质就是要增大门窗的总热阻或减少窗户的总传热系数；提高门窗的隔热性能就是要隔离或减少太阳的辐射热。门窗保温隔热技术措施就是针对不同气候区域的热工性能要求，采取相应的技术来实现各地区对门窗的保温隔热要求的技术措施。在寒冷和严寒地区以减少传热系数 K 值为主，同时适当兼顾降低遮阳系数 SC。

环境在稳定条件下，门窗的传热系数由制作门窗用的框材和配用的玻璃的传热系数来决定。

$$R_w = F_f \cdot R_f + (1 - F_f) R_g \tag{5-1}$$

$$K_w = 1/R_w \tag{5-2}$$

R_w——整窗总的热阻值 [(m² · K)/W]；

K_w——整窗总的传热系数 [W/(m² · K)]；

F_f——窗框扇型材占整窗面积的比例；

R_f——型材的热阻 [(m² · K)/W] 为型材传热系数的倒数；

R_g——窗户玻璃的热阻值，[(m² · K)/W]，为玻璃传热系数的倒数。

节能保温门窗主要是通过对门窗框用型材及玻璃这两大部位结构性能的改造，来提高热阻值，降低损失。

5.2.2 增加型材的热阻值的主要措施

目前常用的门窗主要有木、塑、钢、铝、玻璃钢等材料，不同材料的传热性能比较见表 5-23。

不同材料的传热系数 表 5-23

材料名称	铝材	钢材	玻璃	玻璃钢	松木	PVC	空气
传热系数[W/(m²·K)]	203	110.9	0.81	0.27	0.17	0.30	0.046

采用上述材料制造成的门窗的保温性能见表 5-24。

各类窗户传热、保温性能对比 表 5-24

窗框材料	窗户类型	传热系数[W/(m²·K)]	窗框材料	窗户类型	传热系数[W/(m²·K)]
木窗	单玻木窗	4.5	普通铝合金窗	单框中空玻璃窗	3.5
	单框双玻木窗	2.5	断热铝合金窗	单玻窗	5.7
	双层木窗	1.76		一般中空玻璃窗	2.7～3.5
钢窗	单玻钢窗	6.5	塑料窗	单框单玻窗	4.7
	单框双玻窗	3.9～4.5		单框双玻窗	3.0～3.5
	双层窗	2.9～3.0		单框中空玻璃窗	2.6～3.0
普通铝合金窗	单玻铝窗	6.5	玻璃钢窗	单框中空玻璃	2.3～2.8
	双玻铝窗	3.9～4.5		单框单玻	4.0

（1）木门窗是最早在建筑上采用的门窗，它的保温性、装饰性及对人类生活的影响等性能都是其他材料无法可比的。但是，由于资源及加工技术等多方面因素的影响，目前木窗已不是建筑首选的门窗品种。但在高级别墅和少数有特种装饰的建筑物仍采用。

（2）钢窗（包括彩板组角窗）由于保温性能较差，现在逐渐在寒冷地区民用建筑中退出。

（3）铝合金门窗：一般普通铝合金门窗因其铝框材传热性能好，保温功能差，目前也逐渐被淘汰。新型铝合金门窗即“第二代铝合金建材”中的断热冷桥型材是目前环保节能型材的主要的一个品种。它是利用机械方式，把具有低传热性能的复合材料与铝合金组合起来达到增加铝合金门窗型材的热阻的目的。隔热断桥铝合金门窗型材常见的有两种不同工艺生产隔热型材，一种是采用欧洲引进的“穿条工艺”；一种是由美国引进的“灌注工艺”。见图 5-1。

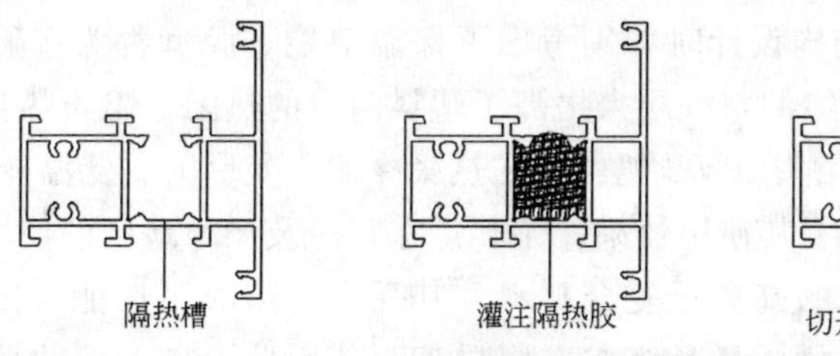

图 5-1 两种断桥铝合金型材

1）“穿条工艺”是由两个隔热条将铝型材内外两部分连接起来，从而阻止铝型材内外热量的传导，实现增加热阻的目的。其隔热条的宽度随着隔热要求提高而加大，形状结构也有不同，见图 5-2。

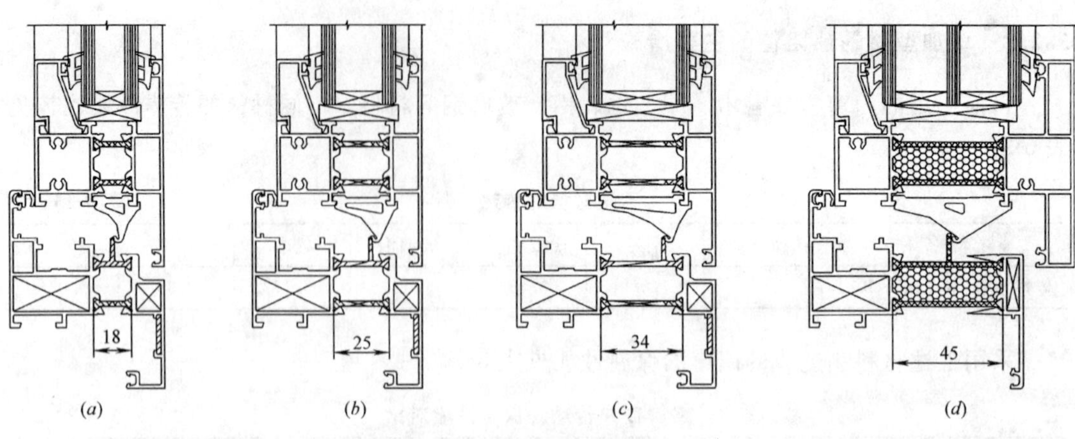

图 5-2 不同隔条的保温效果

整窗传热系数 K 值：(*a*) 3.4～4.7W/(m^2·K)；(*b*) 2.7～3.5W/(m^2·K)；(*c*) 2.0～2.7W/(m^2·K)；(*d*) 1.5～2.0W/(m^2·K)

随着建筑业的不断发展现在采用的隔热条更为复杂，宽度更宽以加大隔热区域，甚至填充发泡材料来减少热递和热辐射（图 5-2 (*d*)）。

隔热条是“穿条工艺”断热铝型材的关键部分，应采用聚酰胺尼龙（PA66GF25），具有抗腐蚀性好、耐久性好、强度高等特点，不要采用 PVC 材料。

2）“灌注工艺”断热铝合金型材是把某种未成型的高分子绝热聚合物充满，并固定在铝合金型材专用的断热槽中，然后将铝合金型材槽底连接部分切除。常用的隔热材料是以聚氨基甲酸乙酯树脂（PUR）隔热胶为主，槽的宽度也是可按要求设计以保证隔热的实现，见图 5-1。

(4) PVC 塑钢门窗是以改性硬聚氯乙烯（UPVC）树脂为主要原料，配以一定比例的各种助剂经挤出加工为各种断面结构的塑料异型材，然后通过机械切割、铣、钻、焊接、清理加工成符合要求的门窗框扇。为了保证门窗框扇足够的力学性能和五金配件的联贯强度，在其异型材内腔衬以足够厚度、长度的镀锌钢衬。并根据门窗的功能要求，装配不同的橡胶密封条、毛条、五金配件、玻璃等。通过这样的生产过程生产出的产品称塑料门窗，俗称塑钢门窗。

塑料门窗型材材料（PVC）的传热系数为 0.3W/(m^2·K)，比较低，为钢材的 1/357、铝材的 1/1250。型材在腔结构设计时特别考虑了保温节能，腔型都为多腔式结构设有独立密闭的保温空腔，利用隔绝的空气层来提高了塑料门窗的热阻，阻止热量的传递。

塑料型材有其优点，但由于 PVC 塑料存在热胀冷缩、变形大、低温冷脆、本身强度、抗风压能力弱等缺陷，影响了其使用效果。尤其是在寒冷及严寒地区的使用。

(5) 玻璃钢是一种新型的高分子复合材料，其强度、热膨胀性能、传热性能都优于 PVC。而用它制成的门窗型材同样是多腔空腹异型材。因此，各方面的性能远远优于塑料型材。

玻璃钢异型材是以无碱直接无捻粗纱及其织物作为增强材料，以不饱和聚酯树脂为基体材料，填加其他矿物填料，通过特殊的拉挤工艺、加热固化，制成各种不同截面的中空门窗型材。玻璃钢门窗不仅具有优异的保温性能，而且它的优势及门窗必备的性能及可装饰性等优点越来越被建筑师青睐，已成为保温节能门窗产品的新秀。

综上所述，目前节能保温门窗的框材，主要以塑料、断热铝合金、玻璃钢三种材质为主。

5.2.3 提高玻璃保温、隔热功能的措施

门窗镶嵌的玻璃占整窗面积的60%～70%，提高玻璃的保温功能是门窗节能的关键。其主要两个方面：一是减少门窗用玻璃热传递；玻璃本身的导热系数小（U 值为 0.76W/m^2·K)，但是厚度薄仅有3～5mm左右，相对传热系数就比较高，容易传热。因此，为了提高玻璃的保温节能性能，就需要控制降低玻璃及其制品的传热系数；另外，玻璃的基本特点是透光，包括阳光。透过玻璃的能量会直接影响建筑物的能耗。因此，合理地控制透过玻璃太阳能就能产生较好的节能效果见（图 5-3)。

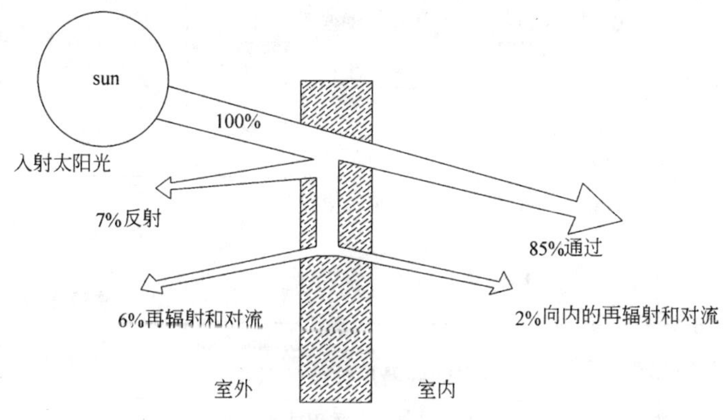

图 5-3　太阳辐射热量传递途径

冬季可以减少采暖的能量消耗，夏季可以减少空调负荷。这种性能为玻璃本身的遮阳系数 SC。

目前具有较好的节能保温效果的玻璃及玻璃制品的品种较多。常见的有中空玻璃。首先要考虑控制玻璃的传热系数，这是决定玻璃是否保温隔热的关键因素。中空玻璃的传热系数较低，低辐射玻璃的传热系数也比较低，低辐射中空玻璃的传热系数就更低，甚至能低于 1.5W/(m^2·K)。

中空玻璃是当前国家力推的节能产品，有些地区已作为强制性建筑规范，如北京、天津等。中空玻璃是将两片或多片玻璃其周边用间隔框分开，并用密封胶密封，使玻璃间形成有干燥气体空间的一种复合玻璃制品，可以将多种节能玻璃复合在一起，产生最好的节能效果。优质的中空玻璃和具有优良的保温性能的门窗型材制成的节能门窗的效果更佳，见表 5-25～表 5-27。

部分不同结构玻璃的节能效果（W/m^2）　　表 5-25

玻璃种类、结构	夏季传入室内的热量	冬季传出室内的热量
6mm 单片玻璃	710	154
普通透明中空玻璃	594	69
单片热反射玻璃	368	137
热反射中空玻璃	242	84
LOW-E 中空玻璃	215	41

中空玻璃保温性能分级表 表 5-26

分级	U值(或K值)[W/(m²·K)]	材料或构造			门窗框配置	适用地区
		玻璃	间隔层	气体		
一级	≤1.800	离线 Low-E	单层 12mm	空气	断桥铝合金 PVC 玻璃钢等	严寒地区 寒冷地区 夏热冬冷地区 夏热冬暖地区
		在线 Low-E	单层 12mm	氩气		
		不限	双层 24mm	氩气		
二级	>1.80,≤1.800	离线 Low-E	单层≥9mm	空气	断桥铝合金 PVC 玻璃钢等	严寒地区 寒冷地区 夏热冬冷地区 夏热冬暖地区
		在线 Low-E	单层≥9mm	空气		
		阳光控制镀膜	单层 12mm	空气		
		不限	双层 24mm	空气		
三级	>2.50,≤2.90	阳光控制镀膜	单层≥9mm	空气	普通铝合金 断桥铝合金 PVC 玻璃钢等	寒冷地区 夏热冬冷地区 夏热冬暖地区
		不限	单层 12mm	氩气		
		不限	单层≥9mm	氩气		
四级	>2.90	不限	单层	空气	普通铝合金 断桥铝合金 PVC 玻璃钢等	夏热冬冷地区 夏热冬暖地区

中空玻璃隔热性能分级表 表 5-27

分 级	遮蔽系数 Se	采用玻璃品种	适用地区
Ⅰ	≤0.25	阳光控制镀膜玻璃、具有遮蔽功能 Low-E 玻璃	夏热冬冷地区 夏热冬暖地区
Ⅱ	>0.25,≤0.40	阳光控制镀膜玻璃、具有遮蔽功能 Low-E 玻璃	夏热冬冷地区 夏热冬暖地区 严寒地区
Ⅲ	>0.25,≤0.60	着色玻璃、阳光控制镀膜玻璃、具有遮蔽功能的 Low-E 玻璃	夏热冬冷地区 寒冷地区 严寒地区
Ⅳ	>0.25,≤0.80	着色玻璃、阳光控制镀膜玻璃、Low-E 玻璃	寒冷地区 严寒地区

中空玻璃的节能效果与两片玻璃间的空腔间隙有关，内腔间距大到没有出现气体对流时，内腔间距越大隔热性能越好。内腔间距离以 12～15mm 效果为最佳。

图 5-4 为玻璃内腔间距与隔热性能关系。

另外中空玻璃还可以采用钢化玻璃、夹层玻璃等安全玻璃为原片加工，可以达到保温节能与安全使用玻璃相结合，其效果更好。表 5-25 为部分不同结构玻璃的节能效果。

节能门窗当前主要有塑钢门窗、铝合金（断热）门窗、玻璃钢门窗，其性能见表 5-28。

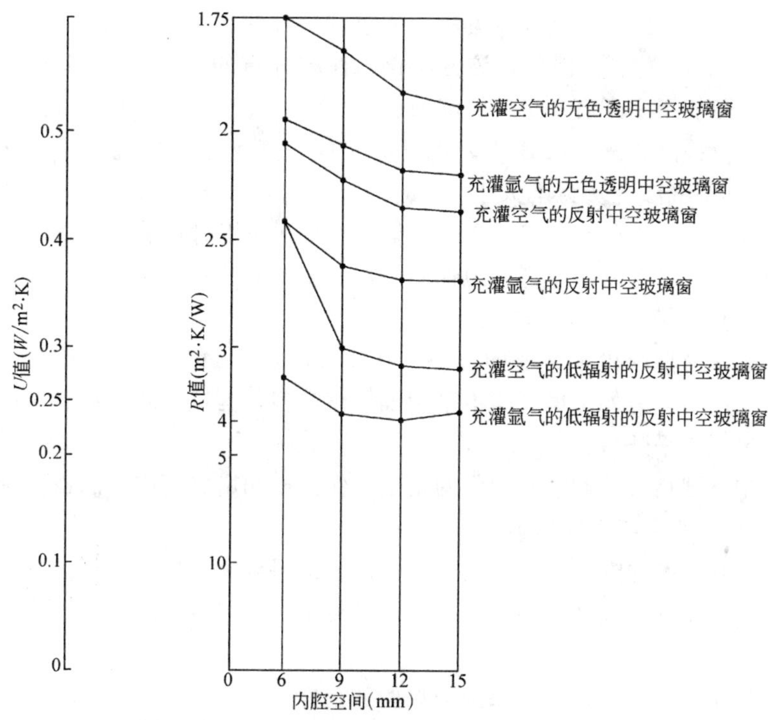

图 5-4 玻璃内腔间距与隔热性能关系

常用建筑门窗的保温性能 表 5-28

窗 种 类	传热系数[W/(m²·K)]	备 注
铝合金窗	6.0～6.7	单层玻璃
塑料窗	4.3～5.7	单层玻璃
铝合金窗	3.8～4.5	普通中空玻璃
塑料窗	3.5～3.2	普通中空玻璃
铝合金隔热窗	3.0～3.4	普通中空隔热型材
铝合金隔热窗	2.1～2.8	Low-E 中空玻璃、隔热型材
玻璃钢节能窗	2.3～2.7	普通中空玻璃
玻璃钢节能窗	1.4～2.1	型材有隔热措施、单层 Low-E 中空玻璃

5.2.4 提高门窗气密性防止热量渗漏的措施

建筑外门窗是建筑外围护结构中具有多功能的构件，通风换气是它的主要功能之一，一般建筑尤其是民用居住建筑都是靠门窗进行通风换气的，这样就必须具有开启扇和开启缝隙。此外，门窗构件是由各种构件拼装而成的，还具有拼装缝隙。冬季当室外刮大风时，冷空气从门窗缝隙渗入室内，会使室温剧烈波动，影响室内环境卫生并消耗大量热能。门窗防止空气渗透的性能用气密性来衡量，气密性是指外窗在关闭状态下，阻止空气渗透的能力，主要指标为单位缝长空气渗透量 q_1 ［单位：$m^3/(m \cdot h)$］和单位面积空气渗透量［单位：$m^3/(m^2 \cdot h)$］。《建筑外窗保温性能分级及检测》（GB/T 8484—2002）中规定了建筑外窗性能以整窗传热系数 K 值作保温性能为分级指标，并在检测原理中说明

"对试件缝隙进行密封处理"，在检测方法中要求"试件开启缝应采用塑料胶带双面密封，然后进行整窗的 K 值检测"。因此，该方法得出建筑外窗的传热系数 K 值是整窗材料的传热系数，而实际使用中开启及拼装缝隙引起空气渗透会造成能源的浪费。按照《建筑外窗气密性能分级及检测方法》(GB/T 7107—2000)，建筑外窗气密性为4级时，即在室内外10Pa压差下其空气渗透量为不大于 $4.5m^3/(m \cdot h)$，大于 $1.5m^3/(m \cdot h)$，则建筑外窗损失大约在 $1.3 \sim 0.5W/(m^2 \cdot K)$ 之间，整个外窗在作用时传热系数 K 值加大。因此，在上述一系列标准中对气密性能都列为控制门窗保温性能的一个要求。

提高门窗气密性能的主要措施有：

(1) 合理选择窗型减少不必要的缝隙。在设计门窗立面时，在满足换气要求的前提下，尽量减少开启扇。另外，尽可能不采用推拉窗窗型，推拉窗的活动缝隙虽然采用毛条密封，但其效果低于平开窗。

(2) 提高型材规格尺寸和组装制作的精度，保证框和扇之间应有的搭接量，平开窗一般不得小于6mm，并且四周要均匀。

(3) 增加密封道数并选用优质密封橡胶条。目前保温窗一般采用多道密封，并且根据各自型材断面形状不同，设计采用不同形状的密封条，密封条应选用三元乙丙橡胶为原料的胶条。

(4) 合理选用五金件，最好选用多锁点的五金件。

5.2.5 门窗隔热功能与建筑物遮阳

给建筑物的窗子设置一些遮挡物，阻挡阳光直接射进室内，这样的措施叫做窗户遮阳。在夏天，当室温较高时，再加上阳光直射入室，会使房间过热，特别是局部过热。如果阳光直射到人体上，人就会感到难受，影响工作、学习和生活，甚至影响健康。强烈的阳光直射入室还会影响室内的照度分布，产生眩光，使人容易疲劳，不利于正常工作，并使室内的家具、衣物、书籍等褪色、变质，此外，对于有空调的房间，透过窗户射入的太阳辐射热会增高室温，增加空调设备的负荷，造成室温的波动和空调费用的增加。

窗户遮阳的目的就是使阳光不能直射入室，避免上述各种不利情况的产生；并起到调光，降低室温，改善室内热环境、光环境的作用；但遮阳对室内的采光和通风也有不利的影响。设置遮阳设施应根据气候、技术、经济、使用房间的性质及要求等条件，综合决定遮阳隔热、通风采光等功能。同时，应考虑到冬季房间得热和采光的要求。一般而言，遮阳的效果如下：

(1) 遮阳设施有遮挡太阳辐射热的效果。当窗口的遮阳形式符合窗口朝向要求时，遮阳后同没有遮阳之前所透进的太阳辐射热量的百分比，叫做遮阳的太阳辐射透过系数。由实测得知：西向窗口用挡板式遮阳时的太阳辐射透过系数约为17%；西南向用综合式遮阳时，约为26%；南向用水平式遮阳时，约为35%。可见，遮挡太阳辐射热的效果是相当大的。

(2) 遮阳有降低室温的效果。在开窗通风而风速较小的情况下，在遮阳的房间的室温，一般比没有遮阳的约低1～2℃。

(3) 遮阳对采光和通风的不利影响。遮阳设施会减少进入屋里的光线，阴雨天时影响更大。设置遮阳板后，一般室内照度约降低53%～73%；此外，也影响房间的通风，使室内风速约降低22%～47%，这对防热是不利的。因此，遮阳的设计还要考虑采光，少挡风，最好能导风入室。

1. 遮阳的技术措施

（1）遮阳的形式

大体上可分为选择性透光和遮挡式两种。所谓选择性透光遮阳是利用某些特殊镶嵌材料对阳光具有选择性吸收、反射（折射）和透射的特性来达到控制太阳辐射的一种遮阳方式；所谓遮挡式遮阳就是直接阻挡阳光进入室内的遮阳方式，有水平式、垂直式、综合式和挡板式四种基本形式，见图5-5。

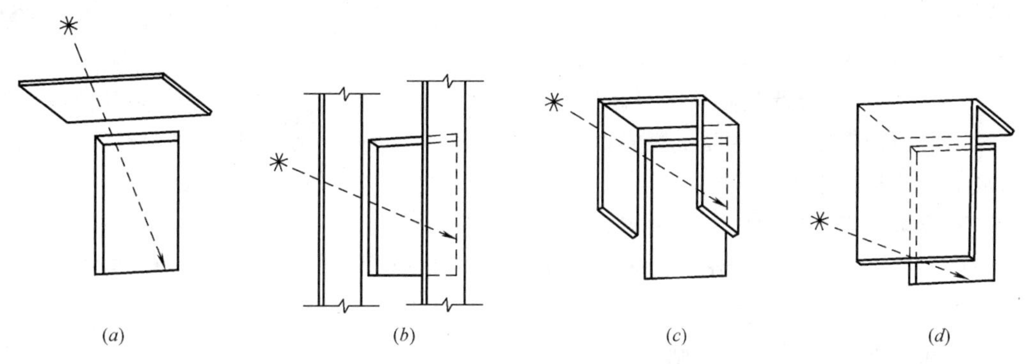

图5-5 遮挡式遮阳的基本形式

（*a*）水平式；（*b*）垂直式；（*c*）综合式；（*d*）挡板式

上述各种遮阳形式适应的朝向范围如下：

1）选择性透光遮阳。这种形式主要是反射、吸收太阳中的红外线和部分可见光。根据这类遮阳材料的光物理特性，可选择性地用于各朝向窗户，一般而言夏热冬冷地区、东、西、南的窗户可选用反射率、吸收率较大的品种，北向可选用可见光透过率大的品种。

2）水平式遮阳。这种形式能够遮挡从窗口上方射来的阳光。所以，它适用于南向和接近南向的窗口遮阳，也适用于北回归线以南的低纬度地区的北向和接近北向的窗口遮阳。

3）垂直式遮阳。这种形式能够遮挡从窗口两侧斜射来的阳光。适用于北回归线以南的低纬度地区的北向和接近北向的窗口遮阳。

4）综合式遮阳。这种形式是水平式同垂直式组合起来的形式，所以能遮挡从窗口上方和左、右两侧射来的阳光。适用于南向、东南向、西南向和接近此朝向的窗口遮阳。同时，也适用于北回归线以南的低纬度地区的北向及接近此朝向的窗口遮阳。

5）挡板式遮阳。这种形式能够遮挡平射到窗口来的阳光。适用于东向、西向和接近这两个朝向的窗口遮阳。

（2）根据所选用材料和制作方法不同，遮阳还可分为几个种类：

1）遮阳玻璃。采用光物理特性玻璃或在普通玻璃上粘贴节能薄膜作为窗户的遮阳型镶嵌材料。目前普遍的品种有热反射（镀膜）玻璃、低辐射玻璃和热反射薄膜，它们的优点是保温隔热效果好、使用方便、美观，不足之处在于价格较高，尤其是低辐射玻璃；热反射型材料采光效果不理想。

2）活动遮阳。活动遮阳，常见的有用苇、竹、木或布、铝合金、塑料等制造成的布窗帘、百页窗帘、遮阳篷等遮阳设施。这类遮阳设施的优点是经济易行、灵活，可根据阳光的照射变化和遮阳要求而调节，没有阳光时可全部卷起或打开，对房间的通风、采光有利。

3）结合建筑构件处理的遮阳。这种处理常见的有加宽挑檐、外走廊和凸阳台等，起水平式遮阳作用；凹阳台可起综合式遮阳作用；外廊或阳台上部加垂帘可起水平和部分挡板式遮阳作用，冬天要争取日照时，垂帘可做成翻板，包括百页翻板。

4）遮阳板。遮阳板有固定的和活动的两种。目前，多数是固定的。南方地区一年中需要较长时间的遮阳，可考虑设置永久性的遮阳板；活动的多用于东、西朝向的窗口，以便随阳光照射的情况加以调节，遮阳效果好，又有利于通风、采光。北方地区可根据需要选择使用固定式或活动式遮阳板。

遮阳板的优点是能达到较严格的遮阳要求，而且较耐用；缺点是增加造价，处理不善将影响采光和通风，挡板式遮阳尤其如此。

5）绿化遮阳。对低层建筑来说，这是一种既有效又经济的遮阳措施，它有种树和棚架攀缘植物两种做法。种树要根据窗口朝向对遮阳形式的要求来选择和配置树种；植物攀缘的水平棚架是起水平式遮阳的作用，垂直棚架是起挡板式遮阳的作用。

遮阳设施应当本着节约的原则来处理。能用绿化或结合一般建筑构件的，就用这类方法去处理；能用简易活动遮阳设施的，就用这种设施遮阳；只有必要时才用遮阳板这种形式，并尽可能把它兼做挡雨板用。

2. 设于门窗外侧的遮阳设施

(1) 遮阳板

如木制的、金属的、各种硬质塑料的、石棉板的或轻质混凝土制成的各种遮阳板设施。从构造形式上分，它们大致有水平式遮阳板、垂直式遮阳板、方格式遮阳板、挡板式遮阳板等，其构造形式分别见图5-6～图5-9。

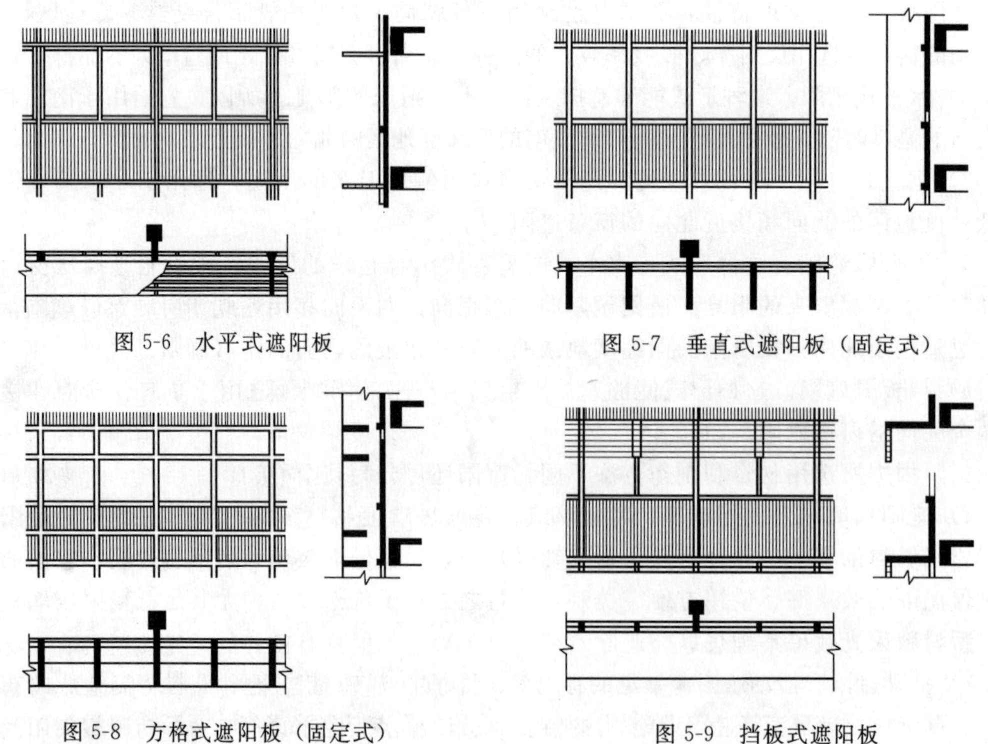

图5-6 水平式遮阳板

图5-7 垂直式遮阳板（固定式）

图5-8 方格式遮阳板（固定式）

图5-9 挡板式遮阳板

从功能的需要来说，一般水平式遮阳板适用于南向的房间，当需要挑出更长时，可以改变成两层或多层的水平遮阳板，这样既可缩短挑出的总长度，又可获得同样的遮阳效果。方格式遮阳板适用于东南向或西南向的房间；垂直式遮阳板和挡板式遮阳板适用于东向或西向的房间，后者可改成百页式的，有利于乘凉、通风，也能达到同样的遮阳效果，但由于东、西向的日照角度比较低，当窗户设置这两种形式的遮阳板后，一般也只能部分遮住东、西向的日照。如果要求全部遮住这两个朝向的日照，则只有使垂直遮阳板的朝向偏北，或把遮阳板设计成可转动的。这样做，则会对房间内的视线造成一定的阻碍，或增加管理上的麻烦。

(2) 活动遮阳设施

设于门窗外侧的遮阳设施，除了以上提到的各种形式的遮阳板外，还有竹帘、帆布篷、芦席、凉棚等。其遮阳的性能与前述的各种形式的遮阳板基本相同。图 5-10 是一些活动遮阳设计的示例简图。

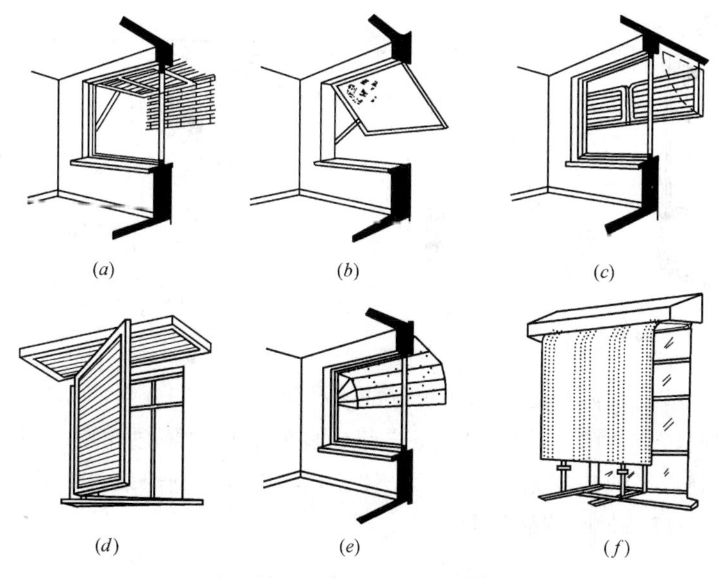

图 5-10 室外活动遮阳设施

(3) 百叶窗类

百叶窗的设置与建筑地区及建筑朝向有着密切的关系，多用于朝南、朝东、朝西的方向。它的构造是由一排有倾斜角的塑料或铝制页片组成的，有固定式和活动式的区别。较小的倾斜角可以改善透射日光的分布，倾斜角的设置与建筑气候有关。对于主要是多云的地区，叶片可以不设倾斜角，在日光充足的地区则必须设倾斜角；在设倾斜角时，应该向上倾斜，因为直接受到辐射的叶片的亮度很高，向上倾斜比向下倾斜对于室内光环境有利。在选择倾斜角的大小时，除了满足上述要求以外，还应考虑防止由窗产生的眩光及妨碍眺望室外的景物。在选择活动页片的宽距比时，应该做到每年尽可能较长时期保持遮阳效果。

新型玻璃百叶窗具有良好的遮阳效果，由于玻璃不但具有良好的透光性还具有良好的折光特性，因此将玻璃加工成一定的形状，并根据传递能量与采光的要求做成玻璃百页窗。这对于建筑节能是很有实用潜力的，它通过调整窗上百叶的角度来自动调节太阳的透射量，可取得最佳的采光方向，具有良好的被动式太阳增益效果。据相关资料，这种百叶窗的传热系数为 2.5W/(m^2·K)，比普通玻璃低 1/2 以上，当与透明热反射薄膜联合使用时，其传热系数可降到 1.6W/(m^2·K)，如与透明绝热材料结合，其传热系数甚至可降到 1W/(m^2·K) 以下。

3. 设于室内的遮阳设施

如一般的窗帘、弹簧卷帘（图 5-11）、活动遮阳百叶板、保温盖板（图 5-12）等。节能窗帘一般是由纱、布、绒类材料和热反射织物制成，张挂 1 层或 2 层，内层一般为热反射织物，可以是透光的或挡光的，这些材料的花纹和颜色还起着美化室内环境的作用。保温盖板是近年发展起来的可同时用于门窗的隔热和保温的覆盖物，可用复合保温材料外贴铝合金板组成。它们都可在不同程度上起到遮阳的效果。但这些房间内的设施，其主要缺点是遮阳与自然通风会产生一定的矛盾。另外，阳光的辐射热量虽在一定程度上得到了遮挡，但其相当一部分的热量还会滞留在室内，使房间的温度最终升高。

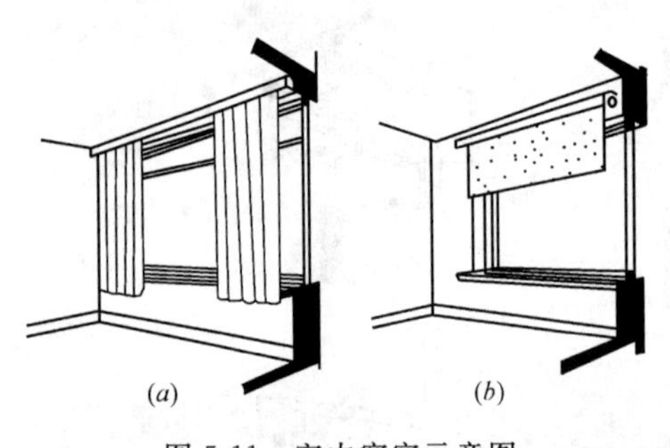

图 5-11　室内窗帘示意图

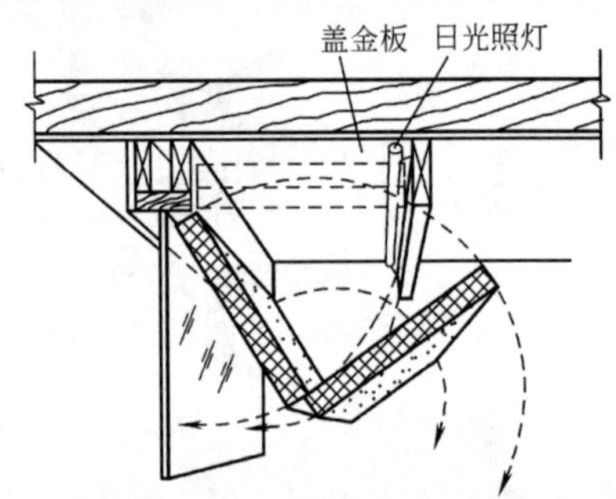

图 5-12　保温盖板示意图

热反射织物（节能）窗帘是利用纺织物的多孔绝热特点和金属的优良反光特性结合起来制成的复合材料做成的窗帘，可以对窗户起到良好的保温隔热作用。表 5-29 和表 5-30 分别列出锦辉缎、红平绒与尼龙绸窗帘的光性、热物性以及绝热效果。其绝热效率比单层玻璃提高 44.1%～47.5%，节能效果显著。

热反射织物窗帘的光性与热物性　表 5-29

项　目	太阳光透过率(%)	可见光透过率(%)	遮光系数	遮光率(%)	反向发射率
锦辉锻窗帘	10	15	>0.29	>71	0.29
红平绒窗帘	0	0	0	100	0.22
尼龙绸窗帘	10	15	>0.18	>82	0.28

热反射织物窗帘的绝热效果　表 5-30

项　目	室内外温差(℃)						平均升温速率(℃/h)	绝热效率(%)
时间(h)	1	2	3	4	5	6		
单层玻璃窗	25.0	31.0	34.0	35.0	35.5	35.5	5.9	—
锦辉缎窗帘	11.5	16.0	18.1	19.1	19.6	19.9	3.3	44.1
红平绒窗帘	12.1	16.0	17.5	18.2	18.5	18.7	3.1	47.5
尼龙绸窗帘	13.0	17.1	18.6	19.2	19.5	19.5	3.3	44.1

4. 利用热反射材料遮阳

常用的热反射材料主要有吸热玻璃、热反射镀膜玻璃、低辐射玻璃和热反射薄膜，使用它们作为窗的镶嵌材料或粘贴在镶嵌材料上，可起到极好的遮阳作用。这些材料中，除低辐射玻璃外，其他几种材料对窗户的采光都有不同程度的影响。另外，这些材料用来作为遮阳时，同样会给房间的通风造成一定影响，使滞留在室内的一部分热量散不到室外去。因此，利用门窗的镶嵌材料本身来遮阳，也有一定的局限性。

(1) 热反射玻璃

吸热玻璃、镀膜玻璃和低辐射玻璃一般直接用作窗户的透光材料（镶嵌材料），热反射玻璃的光作用机理是将大部分太阳辐射热反射出去，而吸热玻璃的隔热机制却是吸收大部分辐射热线。图 5-13 所示的是在几种玻璃表面上的日照热量入射模式。

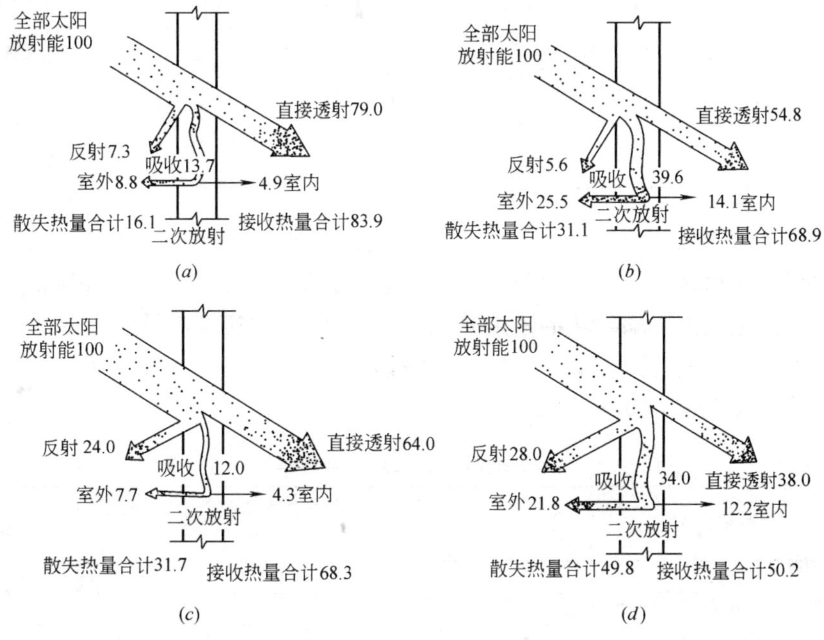

图 5-13 太阳辐射热在不同玻璃上的传递特性

(*a*) 平板玻璃；(*b*) 蓝色吸热玻璃；(*c*) 平板镀膜玻璃；(*d*) 双面镀膜玻璃

由图 5-13 可以看出，虽然热反射玻璃对阳光的直接阻隔能力较吸热玻璃差，但由于吸热玻璃在二次辐射过程中向室内放出的热量较多，故两者的实际隔热能力基本相同。由此图还可以看出，由于双面镀膜的蓝色吸热玻璃具有双重作用，即从光谱选择性吸收和表面反射两个方面来限制太阳辐射热的进入，因此能够更为有效地减轻冷气负荷。但这两种材料的透光率太低，影响采光，不利于冬季采光。

低辐射玻璃的采光透过率达 80%左右，太阳热反射率在 20%左右。比较这三种材料的光物理特性，单独从隔热效果来讲，前两种的效果较佳，但从综合性能上看，低辐射玻璃更为优异，因为它的高透光率更符合人们的生活习惯，还可减少室内照明能耗。

(2) 热反射薄膜

薄膜型热反射材料是指在聚合物膜（如聚酯膜）上镀有一层厚度为 10～100mm 的特殊的连续金属或金属氧化物膜（与镀膜玻璃类似），一般产品的主要性能特点是可见光透过率在10%～60%，太阳热辐射反射率在40%～70%，是良好的热反射材料，可直接装贴于成窗玻璃片上，起到隔热作用。我国现有产品价格在10～15元/m²，其可见光透过率偏低，通常在30%以下，但热反射率可达70%左右。表5-31中列出一些新型薄膜有关技术参数，可供选用。

一些热反射薄膜的光、热性能 表5-31

编号	可见光(%)		太阳能(%)		遮阳系数	紫外线透过率(%)	太阳能吸收率(%)
	透过率	反射率	透过率	反射率			
1	5	5	46	8	0.65	5	46
2	7	58	10	49	0.25	1	41
3	18	5	50	8	0.70	5	42
4	15	60	12	55	0.24	1	33
5	35	8	45	17	0.62	1	38
6	35	19	35	17	0.55	1	48
7	50	5	66	8	0.84	1	26
8	48	13	48	12	0.64	1	40
9	70	11	63	9	0.82	1	28
10	84	9	84	9	0.99	1	7

表5-32是热反射薄膜太阳辐射热透射率的实测数值。从表5-32中可以看出，它对太阳辐射热的反射率很高，有良好的隔热作用。据相关资料，在3mm的普通窗用玻璃上粘贴隔热薄膜后，能使太阳辐射热的透射量减少70%以上。其隔热效果等效于用吸热玻璃经镀膜处理而制成的热反射玻璃。而当隔热薄膜贴于玻璃窗的内侧时，则可使散热量降低约17%，略优于双层窗的隔热效果。

热反射薄膜的太阳热透射率 表5-32

材料与构造	测试条件	紫外光透射率(%)	可见光透射率(%)	红外光透射率(%)	太阳辐射热透射率(%)	平均热透射率(%)
3mm玻璃外贴隔热薄膜	入射角0°	0	8.4	10.8	19.2	21.65
	入射角60°	0.3	13.2	7.95	21.45	
	入射角90°	0.4	13.8	7.5	21.70	
	无阳光	1	19.5	3.75	24.25	

表5-33列出了热反射薄膜贴于窗户不同部位对窗户传热系数的影响。由表可知，在普通窗玻璃内侧粘贴隔热薄膜后，窗的实际传热能力有所降低，这与隔热膜可以反射一部分室内热线等因素有关。此外，在窗框上贴隔热膜也有减少热量散失的效果。而在采用双层窗结构时，薄膜的粘贴部位以内层玻璃外表面为最佳。

热反射薄膜贴用部位对传热系数的影响 表5-33

窗的形式及薄膜粘贴部位	传热系数[W/(m²·K)]
单层窗,普通透明玻璃	5.24
双层窗,普通透明玻璃	2.76
单层窗,普通玻璃,内表面贴隔热薄膜	3.93
双层窗,普通玻璃,内层内侧贴隔热薄膜	2.32
双层窗,普通玻璃,外层内侧贴隔热薄膜	2.13
双层窗,普通玻璃,内层外侧贴隔热薄膜	2.04
单层窗,窗框上贴隔热薄膜	2.15

5.3 主要材料及门窗成品标准

5.3.1 外门、窗型材标准

1. 铝合金门窗型材

(1) 应符合《铝合金建筑型材 第1部分 基材》(GB 5237.1—2004)、《铝合金建筑型材 第2部分 阳极氧化、着色型材》(GB 5237.2—2004)、《铝合金建筑型材 第3部分 电泳涂漆型材》(GB 5237.3—2004)、《铝合金建筑型材料 第4部分 粉末喷涂型材》(GB 5237.4—2004)、《铝合金建筑型材 第5部分 氟碳漆喷涂型材》(GB 5237.5—2004)、《铝合金建筑型材 第6部分 隔热型材》(GB 5237.6—2004)。

(2) 受力构件(指参与受力和传力的杆件)应经试验或计算确定，其未经表面处理的型材最小实测壁厚：窗应不小于1.4mm，门应不小于2.0mm。

(3) 隔热条的材质、强度要求应符合GB/T 5236的要求，不得采用PVC材料替代。

(4) 表面处理：铝合金建筑型材表面应符合5-34的规定。

铝合金型材表面处理 **表5-34**

品种	阳极氧化、着色铝合金建筑型材	电泳喷漆铝合金建筑型材	粉末喷涂铝合金建筑型材	氟碳漆喷涂铝合金建筑型材
厚度	AA15	B级	40～120μm	≥30μm

2. 门、窗用未增塑聚氯乙烯(PVC-U)型材

应符合《门窗用未增塑聚氯乙烯(PVC-U)型材》(GB/T 8814—2004)的规定，同时须满足下列要求。

(1) 耐候性：暴露4000h后，其颜色变化$\Delta E \leqslant 5$；$\Delta b \leqslant 3$。

(2) 可焊性(平均值)不小于35N/mm^2；最小测试值不小于30/mm^2。

(3) 弯曲弹性模量不小于2200MPa。

(4) 低温落锤冲击性能：在1.0m高度下，锤体质量1000g±4g，锤头半径25mm±2mm，型材可视面破裂个数不大于1个。

(5) 主型材两个相对最大可视面的加热尺寸变化率为±2.0%，每个试样两个可视面的加热尺寸变化率之差应不大于0.4%，辅助型材的加热尺寸变化率为±3.0%。

(6) 维卡软化温度按B法要求进行，为75℃。

(7) 主型材可视面最小壁厚：平开门窗不小于2.5mm，推拉门窗不小于2.3mm。

(8) 主型材断面应具有独立的保温(隔声)腔室、增强型钢腔室及排水腔室。

注：主型材是指通过焊(螺)接构成门窗框、扇的型材。

3. 玻璃纤维增强塑料(玻璃钢)门窗型材

应符合《门、窗用玻璃纤维增强塑料拉挤中空型材》的规定(JC/T 941—2004)，其型材性能：

(1) 纵向弯曲强度不小于200MPa；

(2) 纵向弯曲弹性模量不小于1.00×10^4MPa；

(3) 横向弯曲强度不小于 30MPa；

(4) 树脂含量应为 (20～35)%；

(5) 树脂不可溶分含量不小于 85%；

(6) 巴氏硬度不小于 35。

同时应具有良好的物理机械性能、加工工艺性能及装饰性能。

5.3.2 建筑门窗玻璃

(1) 建筑门窗用玻璃的外观和性能应符合现行国家标准和行业标准规定。

(2) 中空玻璃应符合现行国家标准《中空玻璃》(GB/T 11944—2002) 的有关规定。密封胶层厚度：单道密封胶层厚度为 10±2mm；双道密封外层密封胶层厚度为 5～7mm；胶条密封胶层厚度为 8±2mm。

(3) 中空玻璃性能应符合表 5-35 规定。

中空玻璃性能表 **表 5-35**

试验项目	试验条件	性能要求
密封	在试验压力低于环境 10±0.5kPa 下，在该气压下保持 2.5h 后	初始偏差(4+12+4)必须不小于 0.8mm；(5+9+5)必须不小于 0.5mm
露点	将露点仪温度降到不大于 40℃，使露点仪与试样表面接触不低于 3min	露点不大于−40℃
紫外线照射	紫外线照射 168h	试样内表面不得有结雾或污染的痕迹
气候循环及高温、高湿	气候试验经 320 次循环，高温、高湿试验经 224 次循环，试验后进行露点测试	露点不大于−40℃

注：中空玻璃保温性能 K 值根据整窗的技术要求，在设计制作时制定指标要求。

5.3.3 建筑门窗密封材料

(1) 用于安装玻璃的密封材料应选用橡胶系列密封条或硅酮密封胶，其中橡胶系列密封条的物理性能应符合《塑料门窗用密封条》(GB/T 12002—1989) 标准中寒冷地区的规定；硅酮建筑密封胶应符合《硅酮建筑密封膏》(GB/T 14683—2003) 的规定。

(2) 框扇间用密封条应选用橡胶系列密封条或经过硅化处理密封毛条，其中橡胶系列密封条的物理性能应符合《塑料门窗用密封条》(GB/T 12002—1989) 标准中寒冷地区的规定；密封毛条的空气渗透性能、机械性能及尺寸允许偏差应符合《建筑门窗密封毛条技术条件》(JC/T 635—1996) 标准中优等品的规定。

(3) 填充建筑外门、外窗与洞口之间的伸缩缝内腔以及副框与洞口之间的伸缩缝内腔，应采用聚氨酯发泡密封胶等隔热隔声材料。

(4) 密封建筑外门、外窗的室外防雨槽必须采用中性硅酮系列密封胶，不得采用丙烯酸密封膏。

(5) 带副框的建筑门窗，其相连接处应采用硅酮系列密封胶。

5.3.4 建筑门窗制成品性能

不同材质的保温节能窗有各自的优点、不足及适用范围。

每类门窗均有高、中、低不同档次，其区分主要表现在型材及五金配件的档次，组装加工的精密程度，物理性能的等级，型材表面的处理等。

建筑外的抗风压、气密、水密、保温、隔声及采光六大性能国家有统一的分级标准和检测方法。

（1）建筑外窗抗风压性能分级（安全检测压力差 P_3）应符合《建筑外窗抗风压性能分级及检测方法》（GB/T 7106—2002）要求，见表 5-36。

表 5-36

分级代号	1	2	3	4	5	6	7	8	＊＊
P_3(kPa)	$0.1 \leqslant P_3 < 1.5$	$1.5 \leqslant P_3 < 2.0$	$2.0 \leqslant P_3 < 2.5$	$2.5 \leqslant P_3 < 3.0$	$3.0 \leqslant P_3 < 3.5$	$3.5 \leqslant P_3 < 4.0$	$4.0 \leqslant P_3 < 4.5$	$4.5 \leqslant P_3 < 5.0$	$P_3 \geqslant 5.0$

注：表中＊＊表示不小于 5.0kPa 的具体值，取代分级代号。

（2）建筑外窗气密性能分级应符合《建筑外窗气密性能分级及检测方法》（GB/T 7107—2002）的要求，见表 5-37。

表 5-37

分级代号	1	2	3	4	5
q_1[m³/(m·h)]	$6.0 \geqslant q_1 > 4.0$	$4.0 \geqslant q_1 > 2.5$	$2.5 \geqslant q_1 > 1.5$	$1.5 \geqslant q_1 > 0.5$	$q_1 \leqslant 0.5$
q_2[m³/(m²·h)]	$18 \geqslant q_2 > 12$	$12 \geqslant q_2 > 7.5$	$7.5 \geqslant q_2 > 4.5$	$4.5 \geqslant q_2 > 1.5$	$q_2 \leqslant 1.5$

（3）建筑外窗水密性能分级应符合《建筑外窗气密性能分级及检测方法》（GB/T 7108—2002）的要求，见表 5-38。

表 5-38

分级代号	1	2	3	4	5	6
ΔP(Pa)	$100 \leqslant \Delta P < 150$	$150 \leqslant \Delta P < 250$	$250 \leqslant \Delta P < 350$	$350 \leqslant \Delta P < 500$	$500 \leqslant \Delta P < 700$	$\Delta P \geqslant 700$

（4）建筑外窗保温性能分级应符合《建筑外墙外保温性能分级及检测方法》（GB/T 8484—2002）的要求，见表 5-39。

表 5-39

分级代号	1	2	3	4	5
K 值[W/(m²·K)]	$K \geqslant 5.5$	$5.5 > K \geqslant 5.0$	$5.0 > K \geqslant 4.5$	$4.5 > K \geqslant 4.0$	$4.0 > K \geqslant 3.5$
分级代号	6	7	8	9	10
K 值[W/(m²·K)]	$3.5 > K \geqslant 3.0$	$3.0 > K \geqslant 2.5$	$2.5 > K \geqslant 2.0$	$2.0 > K \geqslant 1.5$	$K < 1.5$

（5）建筑外窗空气隔声性能分级（计权隔声量）应符合《建筑外窗空气隔声性能分级及检测方法》（GB/T 8485—2002）的要求，见表 5-40。

表 5-40

分级代号	1	2	3	4	5	6
R_w(dB)	$20 < R_w \leqslant 25$	$25 < R_w \leqslant 30$	$30 < R_w \leqslant 35$	$35 < R_w \leqslant 40$	$40 < R_w \leqslant 45$	$R_w > 45$

（6）建筑外窗采光性能分级应符合《建筑外窗采光性能分级及检测方法》（GB/T 11976—2002）的要求，见表5-41。

表5-41

分级代号	1	2	3	4	5
Tr	0.20≤*Tr*<0.30	0.30≤*Tr*<0.40	0.40≤*Tr*<0.50	0.5≤*Tr*<0.60	*Tr*≥0.60*

注：* *Tr*（透射光折减系数）值大于0.60时，应给出具体数值。

5.3.5 北京市对建筑门窗的要求

北京市建筑外门窗必须符合《住宅建筑门窗应用技术规范》（DBJ 01—79—2004）地方标准的要求。

1. 建筑外门、外窗物理性能及试验方法

应满足表5-42的规定。

表5-42

项 目	标 准 编 号	物理性能指标
抗风压性能	《建筑外窗抗风性能分级及检测方法》(GB/T 7106—2002)	低层、多层住宅建筑应不小于2500Pa；中高层、高层住宅建筑应不小于3000Pa；住宅建筑高度超过100m时(超高层)，应符合设计要求
气密性能	《建筑外窗气密性能分级及检测方法》(GB/T 7107—2002)	在±10Pa检测压力差下：q_1 不大于 $1.5m^3/(m \cdot h)$；q_2 不大于 $1.5m^3/(m \cdot h)$
水密性能	《建筑外窗水密性能分级及检测方法》(GB/T 7108—2002)	未渗透压力小于250Pa
保温性能	《建筑外窗保温性能分级及检测方法》(GB/T 8484—2002)	外窗传热系数 *K* 不宜大于 $2.8W/(m^2 \cdot K)$；阳台门下门芯板传热系数 *K* 不宜大于 $1.70W/(m^2 \cdot K)$（阳台门玻璃同外窗）
隔声性能	《建筑外窗空气隔声性能分级及检测方法》(GB/T 8485—2002)	计权隔声量 R_w 不小于30dB(快速路和主干路道路两侧50m范围内临街一侧)；计权隔声量 R_w 不小于25dB(次干路和支路道路两侧50范围内临街一侧)
采光性能	《建筑外窗采光性能分级及检测方法》(GB/T 11976—2002)	透光折减系数 *Tr* 应符合设计要求

2. 建筑外窗的机械力学性能

外窗的机械力学性能应符合表5-43的要求。

表5-43

项目	适用的产品种类	标 准 编 号	性能指标及要求
反复启闭性能	铝合金窗 PVC 塑料窗其他材料窗	《推拉铝合金门窗用滑轮》(GB/T 3892—1999)、《平开铝合金门窗执手》(QB/T 3886—1999)、《铝合金不锈钢滑撑》(QB/T 3888—1999)、《PVC塑料窗力学性能、耐候性试验方法》(QB 11793.3—1989)	应不少于1万次，且启闭无异常，使用无障碍

3. 建筑门窗的构造要求

(1) 建筑外窗玻璃镶嵌处选用橡胶密封条材料时，在窗的型材上应设置排水孔及等压孔，以便将渗入窗内的雨水及时排向室外。

(2) 建筑外窗的窗框与窗扇配合的搭接处（减压腔）宜按等压原理设计。

(3) 建筑外窗内平开形式的窗扇下部宜设置披水板。

(4) 组角装配式的建筑外窗，构件连接处应采取防雨密封措施。

(5) 为避免建筑门窗的密封胶条脱槽，安装密封胶条应在90°拐角处断开，并采用45°组角粘结方式，胶条接口处要保持严密。

(6) 在卧室、客厅部位安装的建筑外窗宜设置空气调节装置，便于调节室内空气，改善室内空气质量。

4. 建筑门窗的安全要求

建筑外窗在下列部位使用必须设计使用安全玻璃：

(1) 倾斜窗；

(2) 单块大于 1.5m^2 的玻璃；

(3) 易遭受撞击、冲击而造成人体伤害的其他部位；

(4) 落地窗距地面净高 900mm 之内必须全部采用安全玻璃。

5.4 不同材质保温节能窗典型产品示例

5.4.1 玻璃钢门窗

(1)（北京建工茵莱玻璃钢制品有限公司）引进加拿大茵莱玻璃纤维有限公司的型材拉挤、表面喷涂、门窗组装等生产、检验设备，以及该公司的专有技术和专利技术。产品具有强度高、保温节能、环保、美观、耐久等优点。

(2) 以北美门窗形式为主，有平开窗（内开、外开）、推拉窗、上提拉窗、摇把式外平开窗、上悬窗及平开门（内开、外开）、推拉门、平行推拉门等。

(3) 型材的截面设计独特，采用多腔结构，具有独立和密闭的主体腔体，满足排水、增强保温、隔声的效果。

(4) 中空玻璃总厚度为 22～30mm，一般选用（5＋12＋5)mm 的中空玻璃，具有良好的隔声、保温性能。

(5) 玻璃安装槽的深度达 14mm 提高了安全性，并采用独特的玻璃安装方法：玻璃外侧采用聚乙烯结构胶带粘结密闭，内侧采用橡塑软硬共挤压条。不仅为玻璃提供安全、可靠的密封，还使产品更为美观、透光率高。

(6) 型材表面采用玻璃钢专用的环保涂料直接喷涂，色彩多种多样，可按用户的要求选择，涂层具有良好的耐候和抗老化性，正常的使用寿命在 10 年以上。

(7) 主要技术性能见表 5-44。

(8) 门窗结构见图 5-14。

技术性能检测值　表 5-44

名　称	检　测　值	评定等级	检测标准
抗风压(Pa)	+4523 −4560	8级	GB/T 7106—2002
气密性能[m^3/(m·h)]	0.2	5级	GB/T 7107—2002
水密性能(Pa)	517	5级	GB/T 7108—2002
保温性能[W/(m^2·K)]	2.1	8级	GB/T 8484—87
隔声性能(dB)	37	4级	GB/T 8485—2002

注：1. 为60规格平开窗检测值；
2. 型材采取阻热处理，中空玻璃（5+12A+5）mm白玻，框玻比为0.34。

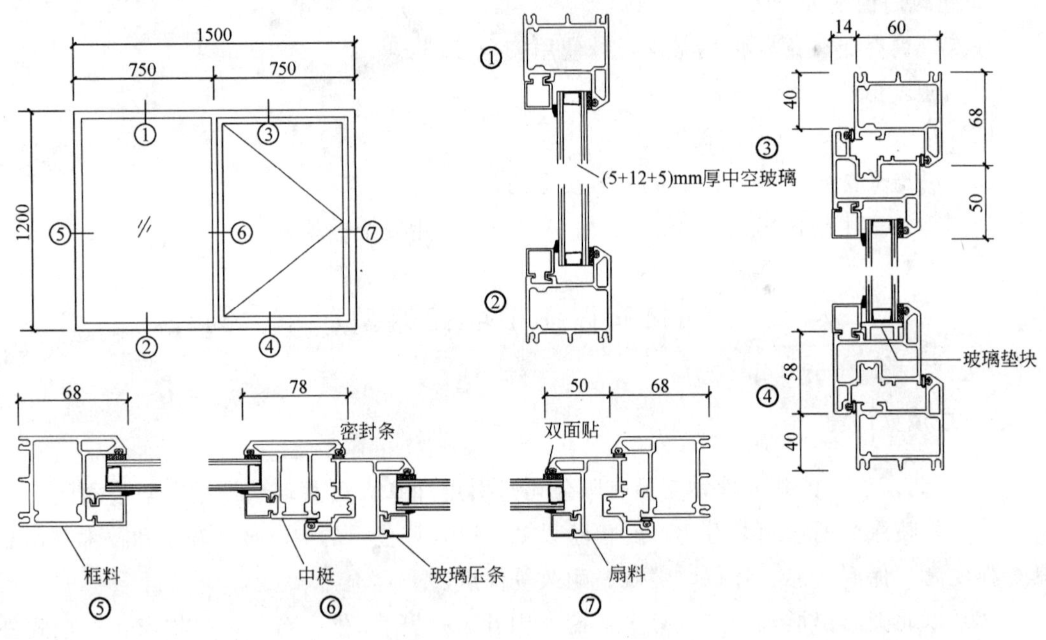

图 5-14　门窗结构图

5.4.2　断桥铝合金门窗

（1）（北京东亚铝业有限公司）断桥铝合金保温窗主要技术性能，见表5-45。

断桥铝合金保温窗主要技术性能检测值　表 5-45

名　称	检　测　值	评定等级	检测标准
抗风压(Pa)	3000～3500	5级	GB/T 7106—2002
气密性能[m^3/(m·h)]	0.2	5级	GB/T 7107—2002
水密性能(Pa)	517	5级	GB/T 7108—2002
保温性能[W/(m^2·K)]	2.5	7级	GB/T 8484—87
隔声性能(dB)	32	3级	GB/T 8485—2002

(2) 断桥铝合金保温窗结构见图 5-15。

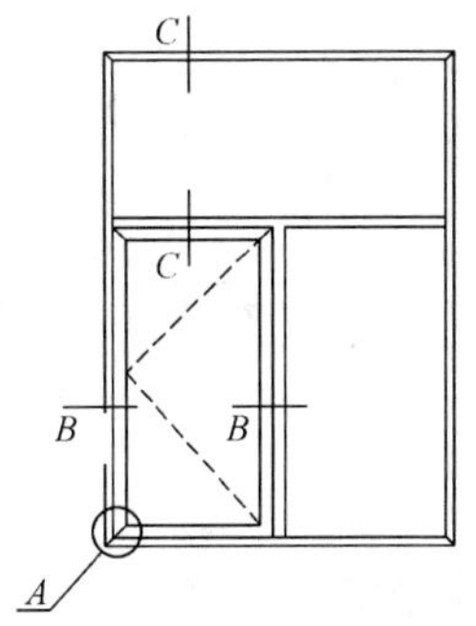

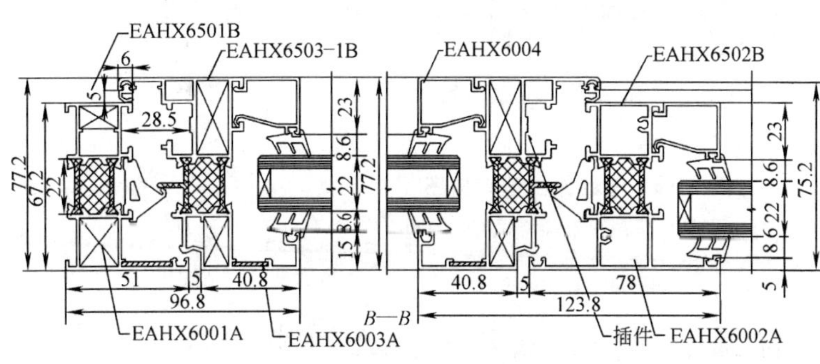

图 5-15 断桥铝合金保温窗结构图

注：玻璃规格型号为(5+12A+5)mm。

5.4.3 塑料窗

(1)（北京北新建材有限公司）塑料保温窗主要技术性能见表 5-46。

塑料保温窗主要技术性能检测值 表 5-46

性 能	检 测 值	60 三密封内开系列	玻璃配置(mm)	执 行 标 准
抗风压性能(kPa)	正压:5.4 负压:5.8	8 级	5+12+5	GB/T 7106—2002
空气渗透性能[m^3/(m·h)] 空气渗透性能[m^3/(m^2·h)]		4 级	5+12+5	GB/T 7107—2002
水密性能(Pa)	350	4 级	5+12+5	GB/T 7108—2002
传热系数[W/(m^2·K)]	2.6	7 级	5+12+5	GB/T 8484—2002
隔声性能(dB)	32	3 级	5+12+5	GB/T 8485—2002

(2) 塑料保温窗结构见图 5-16。

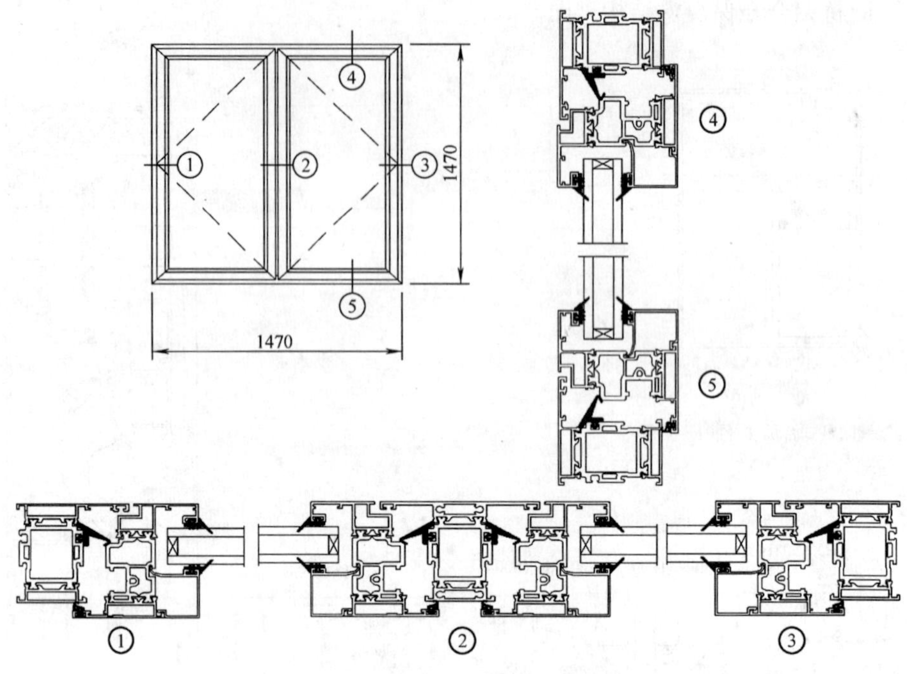

图 5-16　塑料保温窗结构图

注：玻璃规格型号为(5+12A+5)mm。

5.5　保温节能门窗安装工艺及要求

5.5.1　门窗安装工艺程序与技术要求

门窗安装是直接影响门窗使用功能、节能保温效果的一个重要环节。如安装不当即使制作再精细，质量再高的门窗也会出现各种毛病，甚至丧失使用功能变成废品。例如变形、污染、损伤、连接不牢固，安装缝隙封堵不当等现象，尤其对保温要求高的门窗安装缝隙处理是关系到保温效果的主要方面。因此，门窗安装质量既是门窗制作质量的延伸，又是建筑工程质量一个重要环节，在北京等地区已列为工程质量验收的重要项目。

一般门窗安装工程有带安装副框和无副框两种工艺。为了兼顾门窗洞口墙体保温施工和门窗安装质量，如果工程条件允许应尽量采用有副框安装。

1. 建筑门窗无副框安装（湿法作业）工艺流程

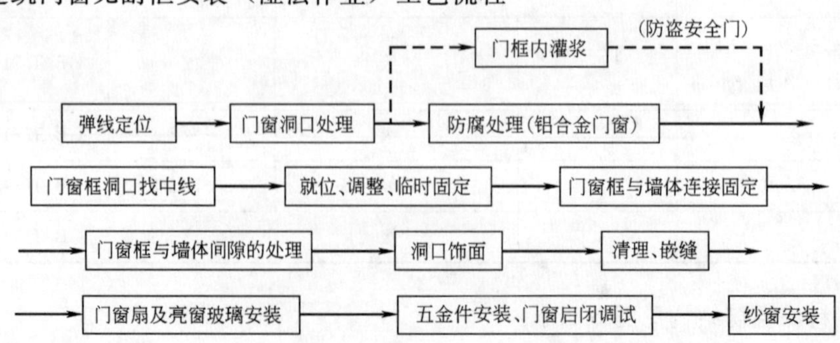

2. 建筑门窗带副框安装

(1) 工艺流程(此流程不适用于户门、单元门):

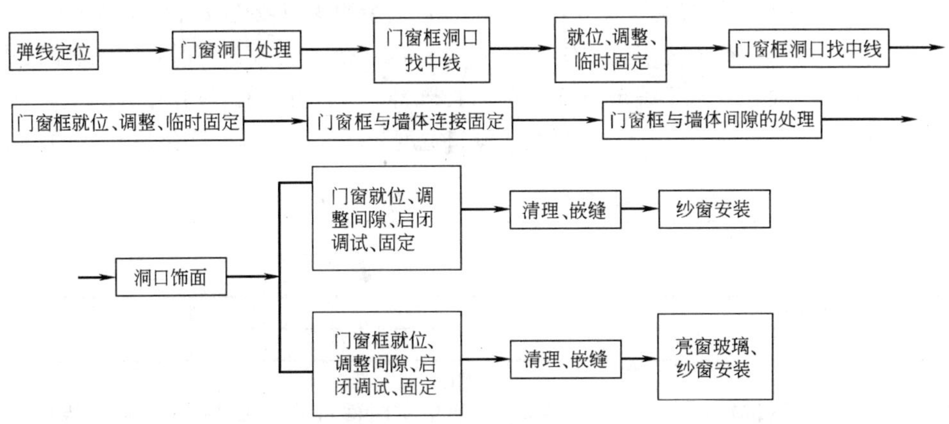

(2) 副框的安装工艺流程与湿法作业中门窗外框安装工艺流程相同。

(3) 副框固定后,洞口内外侧与副框槽口用水泥砂浆等抹平,当外侧抹灰时应用片材将抹灰层与门窗框临时隔开,其厚度为5mm。待外抹灰层硬化后,撤去片材,预留出宽度为5mm、深度为6mm的防雨水槽。待门窗固定后,用中性硅酮密封胶密封门窗外框边缘与副框间隙及防雨水槽处,密封宽度自窗框边缘至防雨水槽处。另外,在涂打中性硅酮密封胶时,应注意密封胶与墙体涂料的匹配,尤其是胶缝与墙体涂层相接触部分,防止因密封胶收缩造成涂层脱落产生裂缝。

(4) 副框安装尺寸允许偏差及要求参照表5-47。

副框安装尺寸允许偏差及要求(mm) **表5-47**

序号	项目		允许偏差及要求
1	副框槽口宽度、高度	≤1500	0~+2.0
		>1500	0~+3.0
2	对角线之差	≤2000	≤3.0
		>2000	≤5.0
3	下框水平度		2.0
4	正面、侧面垂直度		2.0
5	副框与墙体的连接须牢固、可靠		须牢固、可靠
6	弹性填充		均匀,不得有间隙

(5) 建筑门窗外框与副框连接宜采用软连接形式,也可采用紧固件连接方法,但四周间隙应适当调整,其间隙值可参照表5-48的要求。

建筑门窗外框与副框间隙表(mm) **表5-48**

序号	项目名称	技术要求
1	左、右间隙值(两侧)	4~6
2	上、下间隙值(两侧)	3~5

注:建筑门窗宽度、高度大于1500mm时,应按门窗材料的热膨胀系数调整间隙值。

(6) 铝合金门窗安装采用钢副框时,应采取绝缘措施。

3. 质量检查

在门窗安装过程中，应注意做好下列工作。

（1）墙体门窗洞口质量检查

1）门窗安装应采用预留洞口安装，不得采用边安装边砌口或先安装后砌口的施工方法。

2）门窗应在墙体湿作业完工且硬化后进行，当需要在湿作业前进行时，应采取保护措施。

3）在建筑施工部门配合下确定门窗安装基准线。同一类型的门窗及其相邻的上、下、左、右洞口应横平竖直，保持同一垂直各水平线。洞口宽度与高度尺寸偏差符合表5-49的规定。

洞口宽度与高度尺寸允许偏差（mm） **表5-49**

洞口宽度或高度 / 墙体表面	<2400	2400～4800	>4800
未粉刷墙面	±10	±15	±20
已粉刷墙面	±5	±10	±15

4）组合窗的洞口应在门窗拼装的对应位置设预埋件或预留洞口。门窗安装前应对上述问题按规定检验且符合要求，并办好工种间交接后方可进行。当洞口尺寸超过标准偏差时，应通过工程监理人员通知施工部门修补洞口。

5）门窗的洞口防水处理。在按常规施工过程中对洞口抹灰处理方法，应用防水砂浆，尤其对门窗洞口下部及两侧1/4高度处进行防水处理。

（2）安装前准备

1）安装人员在门窗安装前，应熟悉门窗大样图与门窗洞口表，了解门窗编号的意义及不同型号与规格的门窗安装的层次与部位。

2）安装人员在安装前，应按设计图纸的要求检查核对门窗、五金件、安装辅助材料的质量，尤其要核对门窗的数量、品种、规格、开启方向、外形等，对不合格者应更换。

（3）门窗安装作业应注意的问题

1）门窗搬运时应注意将门窗产品按编号搬运到相应的楼层。应特别注意防止低层门窗放到高层，高层的门窗放到低层。以避免高层门窗抗风压性能不足，低层门窗抗风压性能过剩。

2）安装方法选择与要求。门窗一般有两种固定方法：一是固定件安装；二是直连法安装。一般带副框安装的门窗都采用直连法安装，副框与墙体固定一般采用M8×60塑料膨胀螺钉，膨胀螺钉符合有关标准规定。塑料膨胀螺钉离副框四个角为100～150mm，两螺钉间距不能超过600mm。副框与门窗主框相连采用M8的自攻螺钉，自攻螺钉位置应距窗角、中竖框、中横框150～200mm，两螺钉间距应不大于600mm，高层建筑应不大于500mm。

采用固定件安装时，固定件的位置与门窗主框与墙壁体连接相同。

3）窗框安装固定应在窗框装入洞口时（或副框入洞口时），其上、下框中线和底线与洞口中线和底线对齐。窗的上下框四角及中横框的对称位置应用木楔或垫块作临时固定，然后按设计图纸或甲方要求确定窗框在洞口厚度方向的安装位置，见图5-17。

4）在位置确认无误后调整窗框在洞口内“三维”方向的垂直度和水平度（即窗框在墙体厚度方向的垂直度、正立面方向的垂直度和水平度），其允许偏差符合门窗安装质量要求。

5）门框安装。门的安装基本上与窗安装一致，所不同的是门的安装应注意与地面施工

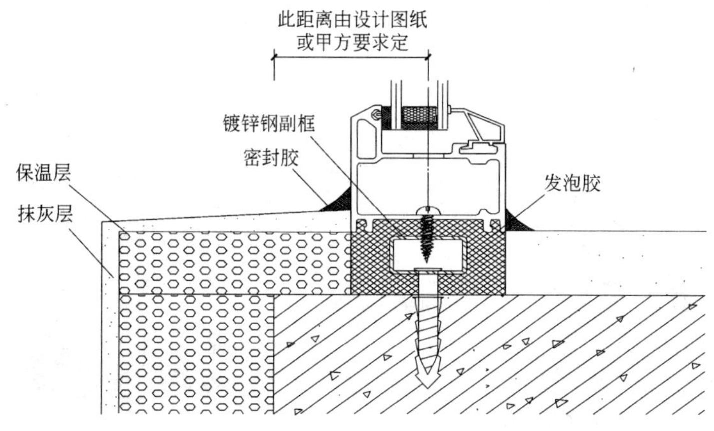

图 5-17 窗框在洞口厚度方向的安装位置

配合，一般在地面工程施工前进行，依据图纸及门扇开启方向，确定门框的安装位置，安装时采取防门框变形的措施。安装无下框平开应使两边框的下脚低于地面标高 30mm；带下框的平开门或推拉门下框底部应低于地面标高 10mm，然后将上框固定在墙体上，调整门框不平和垂直度。安装门连窗，一般采用拼管拼接，铝合金门窗、玻璃钢门窗有专用的拼接件。无论是否采用拼管拼接，都应将上、下门框、窗框牢固的固定在上、下楼板或墙体上。

① 门窗框固定：应先固定上框，再固定边框和下框。

② 安装缝隙及洞口处理：门窗洞口与门窗框或副框之间安装缝隙，必须采用聚氨酯发泡剂材料堵塞，缝隙应充满；采用副框安装，副框与门窗框之间的缝隙同样采用聚氨酯发泡剂填充。

6）门窗扇安装。一般节能保温窗为平开窗，安装门窗扇时应对安装绞链和锁块特别注意，锁块位置是否与传动器锁点匹配、绞链部分密封胶条是否有损坏。安装完毕后要仔细检查框扇搭接量是否在设计范围内，四周是否均匀；推拉门窗，框扇搭接是否均匀，毛条、密封胶条质量尤为重要。

5.5.2 保温节能窗安装节点

（1）保温砌块外墙（无副框），见图 5-18。

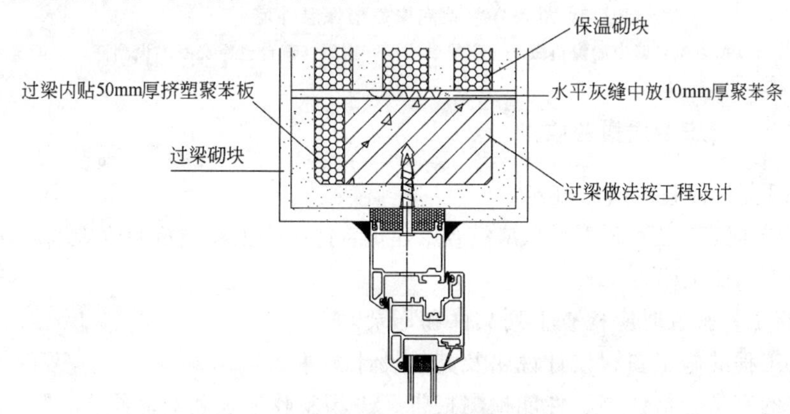

图 5-18 保温节能窗口与安装做法示意

（2）硬泡聚氨酯保温外墙（有副框），见图5-19。

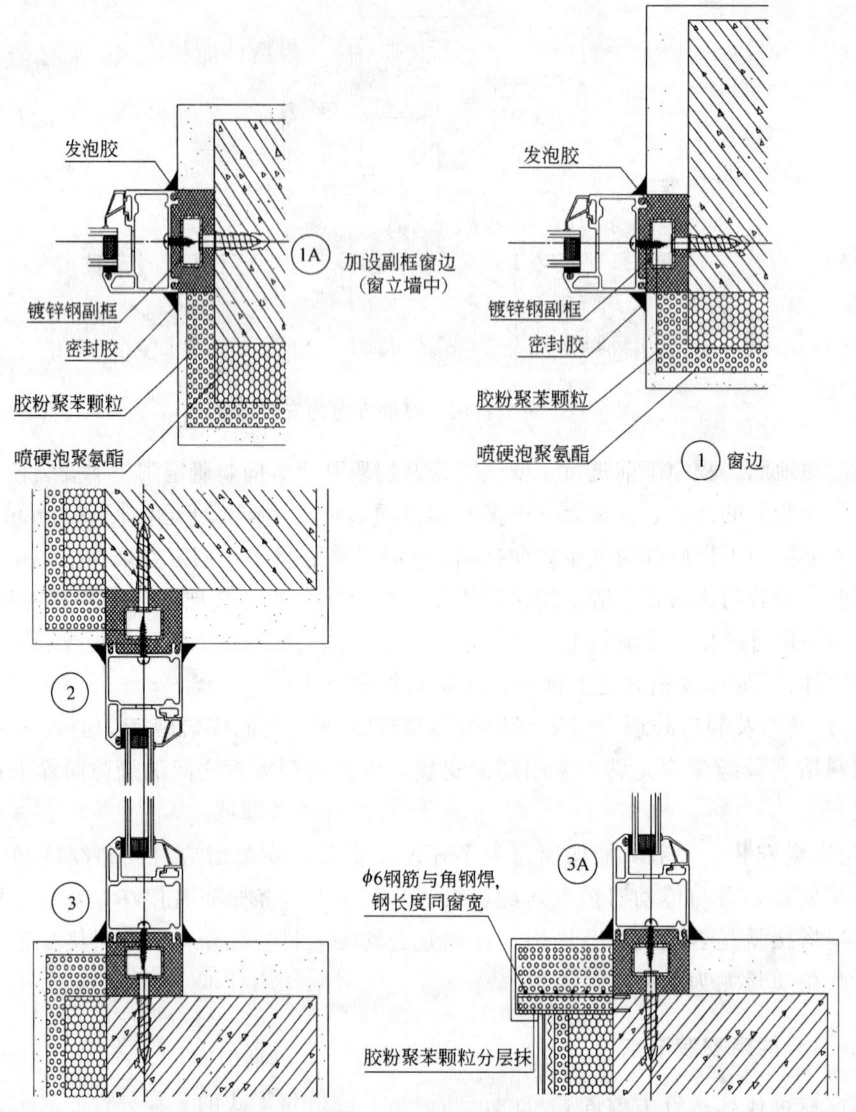

图5-19　硬泡聚氨酯保温外墙

注：本图节点1A为窗立墙中的窗边做法，窗加设副框，窗眉、窗台也应交圈加设副框，不再重复表示。

5.5.3　保温节能窗安装质量验收

1．建筑门窗工程验收通用规定

（1）保温节能安装工程质量验收应符合《建筑装饰装修工程质量验收规范》（GB 50210—2001）中第五章门窗工程的要求。

（2）门窗工程验收时应检查下列文件和记录。

1）门窗工程的施工图、设计说明及其他设计文件。

2）材料的产品合格证书、性能检测报告、进场验收记录和复验报告。

3）特种门及附件的生产许可文件。

4）隐蔽工程验收记录。

5）施工记录。

6）建筑外墙金属窗、塑料窗的抗风压性能、空气渗透性能和雨水渗漏性能。

（3）门窗工程应对下列隐蔽工程项目进行验收：

1）预埋件和锚固件。

2）隐蔽部位的防腐、填嵌处理。

（4）各分项工程的检验批应按下列规定划分：

1）同一品种、类型和规格的木门窗、金属门窗、塑料门窗及门窗玻璃每100樘应划分为一个检验批，不足100樘也应划分为一个检验批。

2）同一品种、类型和规格的特种门每50樘应划分为一个检验批，不足50樘也应划分为一个检验批。

（5）检查数量应符合下列规定：

1）木门窗、金属门窗、塑料门窗及门窗玻璃，每个检验批应至少抽查5%，并不得少于3樘，不足3樘时应全数检查；高层建筑的外窗，每个检验批应至少抽查10%，并不得少于6樘，不足6樘时应全数检查。

2）特种门每个检验批应至少抽查50%，并不得少于10樘，不足10樘时应全数检查。

（6）门窗安装前，应对门窗洞口尺寸进行检验。

（7）金属门窗和塑料门窗安装应采用预留洞口的方法施工，不得采用边安装边砌口或先安装后砌口的方法施工。

（8）木门窗与砖石砌体、混凝土中的木砖应进行防腐处理。

（9）当金属窗或塑料窗组合时，其拼樘料的尺寸、规格、壁厚应符合设计要求。

（10）建筑外门窗的安装必须牢固，在砌体上安装门窗严禁用射钉固定。

（11）建筑门窗工程现场检测。

1）建工门窗工程在竣工验收前，应对建筑外窗的气密性能、水密性能进行现场抽样检测。

单位工程面积为5000m^2（含5000m^2）以下时，随机抽取同一生产厂家具有代表性的1组建筑外窗试件，试件数量为同系列、同规格、同分格形式的三樘外窗。

单位工程建筑面积为5000m^2以上时，随机抽取同一生产厂家具有代表性的2组建筑外窗，每组试件数量为同系列、同规格、同分格形式的三樘外窗。

2）建筑外窗物理性能检测方法应按照《住宅建筑门窗应用技术规范》（DBJ 01—79）附录A执行。

3）当抽检的外窗检测结果不符合规范规定时，应对该组的不合格项进行加倍抽样复测。

4）当加倍抽样复测的检测结果仍不符合规范规定时，则判定该门窗工程质量不合格。

5）当抽检的外窗检测结果全部符合规范规定时，判定该门窗工程质量合格。

2. 断桥铝合金保温节能窗安装质量验收

（1）主控项目

1）金属门窗的品种、类型、规格、尺寸、性能、开启方向、安装位置、连接方式及铝合金门窗的型材壁厚应符合设计要求。金属门窗的防腐处理及填嵌、密封处理应符合设计要求。

检验方法：观察；尺量检查；检查产品合格证书、性能检测报告、进场验收记录和复验报告；检查隐蔽工程记录。

2）金属门窗框和副框的安装必须牢固。预埋件的数量、位置、埋设方式、与框的连接方式符合设计要求。

检验方法：手扳检查；检查隐蔽工程验收记录。

3）金属门窗扇必须安装牢固，并应开关灵活、关闭严密，无倒翘。推拉门窗扇必须有防脱落措施。

检验方法：观察；开启和关闭检查；手扳检查。

4）金属门窗配件的型号、规格、数量应符合设计要求，安装应牢固，位置应正确，功能应满足作用要求。

（2）一般项目

1）金属门窗表面应洁净、平整、色泽一致，无锈蚀。大面应无划痕、碰伤。漆膜或保护层应连续。

检验方法：观察。

2）铝合金门窗、推拉门窗扇开关力应不大于100N。

检验方法：用弹簧秤检查。

3）金属门窗框与墙体之间的缝隙应填嵌饱满，并采用密封胶密封。密封胶表面应光滑、顺直，无裂纹。

检验方法：观察；轻敲门窗框检查；检查隐蔽工程验收记录。

4）金属门窗扇的橡胶密封条或毛毡密封条应安装完好，不得脱槽。

检验方法：观察；开启和关闭检查。

5）有排水孔的金属门窗，排水孔应畅通，位置和数量应符合设计要求。

检验方法：观察。

（3）铝合金门窗安装的允许偏差和检验方法符合表5-50要求。

铝合金门窗安装的允许偏差和检验方法 表5-50

项次	项目		允许偏差(mm)	检验方法
1	门窗槽口宽度、高度	≤1500mm	1.5	用钢尺检查
		>1500mm	2	
2	门窗槽口对角线长度差	≤2000mm	3	用钢尺检查
		>2000mm	4	
3	门窗框的正、侧面垂直度		2.5	用垂直检测尺检查
4	门窗横框的水平度		2	用1m水平尺和塞尺检查
5	门窗横框标高		5	用钢尺检查
6	门窗竖向偏开中心		5	用钢尺检查
7	双层门窗内外框间距		4	用钢尺检查
8	推拉门窗扇与框搭接量		1.5	用钢直尺检查

3. 塑料门窗、玻璃钢门窗安装质量验收

玻璃钢门窗与塑钢门窗同属塑料门窗，因此《建筑装饰装修工程质量验收规范》（GB 50210—2001）中关于塑料门窗安装工程的质量验收同样适用于玻璃钢门窗。

（1）主控项目

1）塑料门窗的品种、类型、规格、尺寸、性能、开启方向、安装位置、连接方式及填嵌、密封处理应符合设计要求，内衬增强型钢的壁厚及设置应符合国家现行产品标准的质量要求。

检验方法：观察；尺量检查；检查产品合格证书、性能检测报告、进场验收记录和复验报告；检查隐蔽工程验收记录。

2）塑料门窗框、副框和扇的安装必须牢固。固定片或膨胀螺栓的数量与位置应正确，连接方式应符合设计要求。固定点应距窗角、中横框、中竖框 150～200mm，固定点间距应不大于 600mm。

检验方法：观察；手扳检查；检查隐蔽工程验收记录。

3）塑料门窗拼樘料内衬增强型钢的规格、壁厚必须符合设计要求，型钢应与型材内腔紧密吻合，其两端必须与洞口固定牢固。窗框必须与拼樘料连接紧密，固定点间距应不大于 600mm。

检验方法：观察；开启和关闭检查；手扳检查。

4）塑料门窗扇应开关灵活、关闭严密，无倒翘。推拉门窗扇必须有防脱落措施。

检验方法：观察；手扳检查；尺量检查。

5）塑料门窗配件的型号、规格、数量应符合设计要求，安装应牢固，位置应正确，功能应满足使用要求。

检验方法：观察；手扳检查；尺量检查。

6）塑料门窗框与墙体间缝隙应采用闭孔弹性材料填嵌饱满，表面应采用密封胶密封。密封胶应粘结牢固，表面应光滑、顺直、无裂纹。

（2）一般项目

1）塑料门窗表面应洁净、平整、色泽一致，无锈蚀。大面应无划痕、碰伤。

检验方法：观察。

2）塑料门窗扇的密封条不得脱槽，旋转窗间隙应基本均匀。

检验方法：观察。

3）塑料门窗扇的开关力应符合下列规定：

① 平开门窗扇平铰链的开关力应不大于 80N；滑撑铰链的开关力应不大于 80N，并不小于 30N。

② 推拉门窗扇的开关力应不大于 30N。

检验方法：观察；用弹簧秤检查。

4）玻璃密封条与玻璃及玻璃槽口的接缝应平整，不得卷边、脱槽。

检验方法：观察。

5）排水孔应畅通，位置和数量应符合设计要求。

检验方法：观察。

（3）塑料门窗安装的允许偏差和检验方法符合表5-51的要求。

塑料门窗安装的允许偏差和检验方法　表5-51

项次	项　　目		允许偏差(mm)	检验方法
1	门窗槽口宽度、高度	≤1500mm	2	用钢尺检查
		＞1500mm	3	
2	门窗槽口对角线长度差	≤2000mm	3	用钢尺检查
		＞2000mm	5	
3	门窗框的正、侧面垂直度		3	用垂直检测尺检查
4	门窗横框的水平度		3	用1m水平尺和塞尺检查
5	门窗横框标高		5	用钢尺检查
6	门窗竖向偏开中心		5	用钢尺检查
7	双层门窗内外框间距		4	用钢尺检查
8	同樘平开门窗相邻扇高度差		2	用钢直尺检查
9	平开门窗铰链部位配合间隙		＋2；－1	用塞尺检查
10	推拉门窗扇与框搭接量		＋1.5；－2.5	用钢直尺检查
11	推拉门窗扇与竖框平行度		2	用1m水平尺和塞尺检查

4. 检查数量、方法与记录

北京市为了加强住宅工程质量管理，保障竣工房屋使用功能，根据国家有关法律和条例，制定了《住宅工程质量分户验收管理规定及实施规定的指导意见》，对门窗安装质量验收检查数量、方法及记录进行规范。

（1）门窗安装检查数量

门窗安装工程分户验收应按每户住宅划分为一个检验批。当分户检验批具备验收条件时，可及时验收。除高层建筑的外窗，每户应抽查不得少于3樘，不足3樘时应全数检查；高层建筑的外窗，每户应抽查不得少于6樘，不足6樘时应全数检查。每户住宅门窗安装工程观感质量应全数检查。以房间为单位，检查并记录。

（2）判定

1）实测实量内容宜按照规定的主控项目规定的检查部位、检查数量，确定检查点。必要时确定实测值的基准值，记录在相应项目表格中第一个空格内，实测值与基准值相减的差值在允许偏差范围内判为合格，当超出允许偏差时应在此实测值记录上画圈做出不合格记号，以便判断不合格点是否超出允许偏差1.5倍和不合格点率。实测值应全数记录。

2）当分户检验批的主控项目的质量经检查全部合格，一般项目的合格点率达到80%以上，且不得有严重缺陷（不合格点实测偏差应小于允许偏差的1.5倍），判为合格。

3）当实测偏差大于允许偏差1.5倍，或不合格点率为20%时，应整改并重新验收，记录整改项目测量结果。

（3）记录

检验记录见表5-52和表5-53。

铝合金门窗安装工程分户质量验收记录表 表 5-52

单位工程名称		结构类型		层数	
验收部位(房号)		户　型		检查日期	
建设单位		参检人员姓名		职务	
总包单位		参检人员姓名		职务	
分包单位		参检人员姓名		职务	
监理单位		参检人员姓名		职务	
施工执行标准名称及编号					

施工质量验收规范的规定(GB 50210—2001)				施工单位检查评定记录	监理(建设)单位验收记录
主控项目	1	门窗质量	第 5.3.2 条		
	2	框和副框安装，预埋件	第 5.3.3 条		
	3	门窗扇安装	第 5.3.4 条		
	4	配件质量及安装	第 5.4.5 条		
一般项目	1	表面质量	第 5.3.6 条		
	2	推拉扇开关应力	第 5.3.7 条		
	3	框与墙体间缝	第 5.3.8 条		
	4	扇密封条或毛毡密封条	第 5.3.9 条		
	5	排水孔	第 5.3.10 条		

一般项目			项　目		允许偏差(mm)	实测值	
	6	安装允许偏差	门窗槽口宽度、高度	≤1500mm	1.5		
				>1500mm	2		
			门窗槽口对角线长度差	≤2000mm	3		
				>2000mm	4		
			门窗框的正、侧面垂直度		2.5		
			门窗横框的水平度		2		
			门窗横框标高		5		
			门窗竖向偏离中心		5		
			双层门窗内外框间距		4		
			推拉门窗扇与竖框平行度		1.5		

复查记录	监理工程师(签章)：　年　月　日 建设单位专业技术负责人(签章)：　年　月　日
施工单位检查评定结果	总包单位质量检查员(签章)：　年　月　日 分包单位质量检查员(签章)：　年　月　日
监理单位验收结论	监理工程师(签章)：　年　月　日
建设单位验收结论	建设单位项目专业技术负责人(签章)：　年　月　日

塑料（玻璃钢）门窗安装工程分户质量验收记录表 表 5-53

单位工程名称		结构类型		层数	
验收部位(房号)		户　型		检查日期	
建设单位		参检人员姓名		职务	
总包单位		参检人员姓名		职务	
分包单位		参检人员姓名		职务	
监理单位		参检人员姓名		职务	
施工执行标准名称及编号					

施工质量验收规范的规定(GB 50210—2001)					施工单位检查评定记录	监理(建设)单位验收记录
主控项目	1	门窗质量		第5.4.2条		
	2	框、扇安装		第5.4.3条		
	3	拼樘料与框连接		第5.4.4条		
	4	门窗扇安装		第5.4.5条		
	5	配件质量及安装		第5.4.6条		
	6	框与墙体缝隙填嵌		第5.4.8条		
一般项目	1	表面质量		第5.4.8条		
	2	密封条及旋转门窗间隙		第5.4.9条		
	3	门窗扇开关力		第5.4.10条		
	4	玻璃密封条、玻璃槽口		第5.4.11条		
	5	排水孔		第5.4.12条		
	6	安装允许偏差	项　目	允许偏差(mm)	实测值	
			门窗槽口宽度、高度 ≤1500mm	2		
			门窗槽口对角线长度差 ≤2000mm	3		
			门窗框的正、侧面垂直度	3		
			门窗横框的水平度	3		
			门窗横框标高	5		
			门窗竖向偏离中心	5		
			双层门窗内外框间距	4		
			同樘平开窗相邻扇高度差	2		
			平开门窗铰链部位配合间隙	+2;−1		
			推拉门窗扇与框搭接量	+1.5;−2.5		
			推拉门窗扇与竖框平行度	2		

复查记录	监理工程师(签章)：　　年　月　日 建设单位专业技术负责人(签章)：　　年　月　日
施工单位检查评定结果	总包单位质量检查员(签章)：　　年　月　日 分包单位质量检查员(签章)：　　年　月　日
监理单位验收结论	监理工程师(签章)：　　年　月　日
建设单位验收结论	建设单位项目专业技术负责人(签章)：　　年　月　日

5.6 建筑幕墙保温隔热节能技术

5.6.1 建筑幕墙的保温隔热技术措施

(1) 建筑的玻璃幕墙面积不宜过大；空调建筑或空调房间应尽量避免在东、西朝向大面积采用玻璃幕墙；采暖建筑应尽量避免在北朝向大面积采用玻璃幕墙。

(2) 在有保温性能要求时，建筑玻璃幕墙应采用中空玻璃、Low-E 中空玻璃、充惰性气体的 Low-E 中空玻璃、两层或多层中空玻璃等。严寒地区可采用双层玻璃幕墙提高保温性能。

在有遮阳要求时，建筑玻璃幕墙宜采用吸热玻璃、镀膜玻璃（包括热反射镀膜、Low-E 镀膜、阳光控制镀膜等）、吸热中空玻璃、镀膜（包括热反射镀膜、Low-E 镀膜、阳光控制镀膜等）中空玻璃等。

(3) 保温型玻璃幕墙应采取措施，避免形成跨越分隔室内外保温玻璃面板的冷桥。主要措施包括采用隔热型材、连接紧固件采取隔热措施、采用隐框结构等。

保温型幕墙的非透明面板应加设保温层，保温层可采用岩棉、超细玻璃棉或其他不燃保温材料制作的保温板。

(4) 保温型玻璃幕墙周边与墙体或其他围护结构连接处应采用有弹性、防潮型保温材料填塞，缝隙应采用密封剂或密封胶密封。

(5) 空调建筑的向阳面，特别是东、西朝向的玻璃幕墙，应采取各种固定或活动式遮阳装置等有效的遮阳措施。在建筑设计中宜结合外廊、阳台、挑檐等处理方法进行遮阳。

建筑玻璃幕墙的遮阳应综合考虑建筑效果、建筑功能和经济性，合理采用建筑外遮阳并和特殊的玻璃系统相配合。

(6) 医院、办公楼、旅馆、学校等公共建筑采用玻璃幕墙时，在每个有人员经常活动的房间，玻璃幕墙均应设置可开启的窗扇或独立的通风换气装置。

(7) 当建筑采用双层玻璃幕墙时，严寒、寒冷地区宜采用空气内循环的双层形式；夏热冬暖地区宜采用空气外循环的双层形式；夏热冬冷地区和温和地区应综合考虑建筑外观、建筑功能和经济性采用不同的形式。

空调建筑的双层幕墙，其夹层内应设置可以调节的活动遮阳装置。

(8) 严寒、寒冷、夏热冬冷地区建筑玻璃幕墙应进行结露验算，在设计计算条件下，其内表面温度不应低于室内的露点温度。

(9) 建筑幕墙的非透明部分，应充分利用幕墙面板背后的空间，采用高效、耐久的保温材料进行保温。

在严寒、寒冷地区，幕墙非透明部分面板的背后保温材料所在空间应充分隔汽密封，防止结露。幕墙与主体结构间（除结构连接部位外）不应形成冷桥。

(10) 空调建筑大面积采用玻璃幕墙时，根据建筑功能、建筑节能的需要，可采用智能化控制的遮阳系统、通风换气系统等。智能化的控制系统应能够感知天气的变化，能结合室内的建筑需求，对遮阳装置、通风换气装置等进行实时监控，达到最佳的室内舒适效果和降低空调能耗。

5.6.2 典型建筑幕墙热工性能指标

(1) 幕墙单元的传热系数 K_{CW} 应采用下式计算：

$$K_{CW}=\frac{\sum K_g A_g+\sum K_p A_p+\sum K_f A_f+\sum \psi_g l_g+\sum \psi_p l_p}{\sum A_g+\sum A_p+\sum A_f} \tag{5-3}$$

式中 A_g——透明面板面积（m^2）；

l_g——透明面板边缘长度（m）；

K_g——透明面板中部的传热系数［$W/(m^2 \cdot K)$］；

ψ_g——透明面板边缘附加线传热系数（$W/m^2 \cdot K$）；

A_p——非透明面板面积（m^2）；

l_p——非透明面板边缘长度（m）；

K_p——非透明面板中部的传热系数［$W/(m^2 \cdot K)$］；

ψ_p——非透明面板边缘附加线传热系数（$W/m^2 \cdot K$）；

A_f——框的投射面积（m^2）；

K_f——窗框的面传热系数［$W/(m^2 \cdot K)$］。

1）当幕墙背后有实体墙，且幕墙与实体墙之间为封闭空气层时，实体墙部分的室内环境到室外环境的传热系数 K 可采用下式计算：

$$K=\frac{1}{\frac{1}{K_{CW}}-\frac{1}{h_{in}}+\frac{1}{K_{wall}}-\frac{1}{h_{out}}+R_{air}} \tag{5-4}$$

式中 K_{CW}——实体墙部分面积范围内外层幕墙的传热系数［$W/(m^2 \cdot K)$］；

R_{air}——幕墙与墙体间空气间层的热阻，一般可取 0.17［$(m^2 \cdot K)/W$］；

K_{wall}——实体墙部分面积范围内实体墙的传热系数［$W/(m^2 \cdot K)$］；

h_{in}——墙的内表面换热系数；

h_{out}——墙的外表面换热系数。

2）单层墙体的传热系数 K_{wall} 可采用下式计算：

$$K_{wall}=\frac{1}{\frac{1}{h_{out}}+\frac{d}{\lambda}+\frac{1}{h_{in}}} \tag{5-5}$$

式中 d——单层材料的厚度（m）；

λ——单层材料的导热系数［$W/(m \cdot K)$］。

3）多层实体墙的传热系数 K_{wall} 可采用下式计算：

$$K_{wall}=\frac{1}{\frac{1}{h_{out}}+\sum_i \frac{d_i}{\lambda_i}+\frac{1}{h_{in}}} \tag{5-6}$$

式中 d_i——各层单层材料的厚度（m）；

λ_i——各层单层材料的导热系数［$W/(m \cdot K)$］。

4）若幕墙与实体墙之间存在冷桥（热桥），当冷桥的面积不大于实体墙部分面积 1%时，冷桥的影响可以忽略；当冷桥的面积大于实体墙部分面积 1%时，应计算冷桥的影响。

计算冷桥的影响，可采用当量热阻 R_{eff} 代替式（5-4）中的空气间层热阻 R_{air}，当量热阻 R_{eff} 可采用下式计算：

$$R_{\mathrm{eff}}=\frac{A}{\dfrac{A-A_{\mathrm{b}}}{R_{\mathrm{air}}}+\dfrac{A_{\mathrm{b}}\lambda_{\mathrm{b}}}{d}} \tag{5-7}$$

式中 A_b——冷桥元件的面积（m^2）；

A——幕墙单元内空气间层的总面积（m^2）；

λ_b——冷桥材料导热系数［W/(m·K)］；

R_{air}——空气间层的热阻［(m^2·K)/W］。

（2）玻璃幕墙单元的太阳能总透射比 g_t 应采用下式计算：

$$g_{\mathrm{t}}=\frac{\sum g_{\mathrm{g}}A_{\mathrm{g}}+\sum g_{\mathrm{p}}A_{\mathrm{p}}+\sum g_{\mathrm{f}}A_{\mathrm{f}}}{A_{\mathrm{t}}} \tag{5-8}$$

式中 A_g——透明面板的面积（m^2）；

g_g——透明面板的太阳能总透射比；

A_p——非透明面板的面积（m^2）；

g_p——非透明面板的太阳能总透射比；

A_f——框的面积（m^2）；

g_f——框的太阳能总透射比；

A_t——幕墙单元的总投影面积（m^2）。

幕墙的遮阳系数 SC 应为幕墙的太阳能总透射比与标准 3mm 透明玻璃的太阳能总透射比的比值：

$$SC=\frac{g_{\mathrm{t}}}{0.87} \tag{5-9}$$

式中 SC——幕墙的遮阳系数；

g_t——幕墙的太阳能总透射比。

框的太阳能总透射比 g_f 应采用下式计算：

$$g_{\mathrm{f}}=\rho_{\mathrm{f}}\cdot\frac{K_{\mathrm{f}}}{\dfrac{A_{\mathrm{surf}}}{A_{\mathrm{f}}}h_{\mathrm{out}}} \tag{5-10}$$

式中 h_{out}——框的外表面换热系数；

ρ_f——框表面太阳辐射吸收系数；

K_f——框的传热系数［W/(m^2·K)］；

A_{surf}——框的外表面面积（m^2）；

A_f——框面积（m^2）。

（3）典型玻璃及玻璃系统的光学热工参数见表 5-54。

典型玻璃系统的光学热工参数 **表 5-54**

玻璃品种		可见光透射比 τ_v	太阳能总透射比 g_g	遮阳系数 SC	中部传热系数 K[W/(m^2·K)]
透明玻璃	3mm 透明玻璃	0.83	0.87	1.00	5.8
	6mm 透明玻璃	0.77	0.82	0.93	5.7
	12mm 透明玻璃	0.65	0.74	0.84	5.5
吸热玻璃	5mm 绿色吸热玻璃	0.77	0.64	0.76	5.7
	6mm 蓝色吸热玻璃	0.54	0.62	0.72	5.7
	5mm 茶色吸热玻璃	0.50	0.62	0.72	5.7
	5mm 灰色吸热玻璃	0.42	0.60	0.69	5.7

续表

玻璃品种		可见光透射比 τ_v	太阳能总透射比 g_g	遮阳系数 SC	中部传热系数 $K[W/(m^2 \cdot K)]$
热反射玻璃	6mm 高透光热反射玻璃	0.56	0.56	0.64	5.7
	6mm 中等透光热反射玻璃	0.40	0.43	0.49	5.4
	6mm 低透光热反射玻璃	0.15	0.26	0.30	4.6
	6mm 特低透光热反射玻璃	0.11	0.25	0.29	4.6
单片 Low-E	6mm 高透光 Low-E 玻璃	0.61	0.51	0.58	3.6
	6mm 中等透光型 Low-E 玻璃	0.55	0.44	0.51	3.5
中空玻璃	6 透明+12 空气+6 透明	0.71	0.75	0.86	2.8
	6 绿色吸热+12 空气+6 透明	0.66	0.47	0.54	2.8
	6 灰色吸热+12 空气+6 透明	0.38	0.45	0.51	2.8
	6 中等透光热反射+12 空气+6 透明	0.28	0.29	0.34	2.4
	6 低透光热反射+12 空气+6 透明	0.16	0.16	0.18	2.3
	6 高透光 Low-E+12 空气+6 透明	0.72	0.47	0.62	1.9
	6 中透光 Low-E+12 空气+6 透明	0.62	0.37	0.50	1.8
	6 较低透光 Low-E+12 空气+6 透明	0.48	0.28	0.38	1.8
	6 低透光 Low-E+12 空气+6 透明	0.35	0.20	0.30	1.8
	6 高透光 Low-E+12 氩气+6 透明	0.72	0.47	0.62	1.5
	6 中透光 Low-E+12 氩气+6 透明	0.62	0.37	0.50	1.4

（4）典型玻璃幕墙的遮阳系数可根据表 5-54，采用下式计算：

$$SC_W = \frac{SC_g \cdot A_g + SC_f \cdot A_f}{A_g + A_f} \tag{5-11}$$

式中 SC_W——幕墙的遮阳系数；

SC_g——玻璃或玻璃系统的遮阳系数；

SC_f——框的遮阳系数，不隔热的金属型材可近似取 0.2，其它可取 0.05；

A_g——幕墙玻璃面积（m^2）；

A_f——幕墙框的投射面积（m^2）。

（5）幕墙的水平遮阳可转换成水平遮阳加挡板遮阳，垂直遮阳可转化成垂直遮阳加挡板遮阳，如图 5-20 所示。图中标注的尺寸 A 和 B 用于计算水平遮阳和垂直遮阳，遮阳板的外挑系数 PF，C 为挡板的高度或宽度。挡板遮阳的轮廓透光比 η 可以近似取为 1。

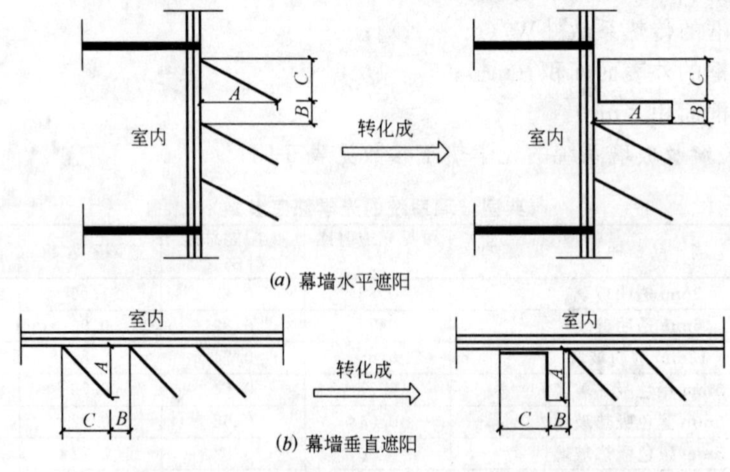

图 5-20 幕墙遮阳计算示意

第 6 章 楼地面保温隔热工程施工技术

6.1 楼地面保温隔热设计要求

6.1.1 楼地面的热工性能指标

(1) 居住建筑楼板的传热系数及地面的热阻应根据所处城市的气候分区按表 6-1 的规定进行设计。

居住建筑不同气候分区楼地面的传热系数及热阻限值 **表 6-1**

气候分区	楼地面部位	传热系数 K [$W/(m^2 \cdot K)$]	热阻 R [$(m^2 \cdot K)/W$]
严寒地区 A 区	底面接触室外空气的楼板	0.35	
	分隔采暖与非采暖空间的楼板	0.58	
	周边及非周边地面		0.30
严寒地区 B 区	底面接触室外空气的楼板	0.45	
	分隔采暖与非采暖空间的楼板	0.75	
	周边及非周边地面		3.20
寒冷地区	底面接触室外空气的楼板	0.60	
	分隔采暖与非采暖空间的楼板	1.00	
	周边地面		1.77
	非周边地面		3.20
夏热冬冷地区	底面接触室外空气的楼板	1.50	
夏热冬暖地区	上下为居室的层间楼板	2.00	

注：1. 周边地面是指距外墙内表面 2m 以内的地面，非周边地面是指距外墙内表面 2m 以外的地面；
2. 地面热阻是指建筑基础持力层以上各层材料的热阻。

(2) 公共建筑楼板地面的传热系数及地下室外墙的热阻应根据所处城市的气候分区按表 6-2 的规定进行设计。

6.1.2 楼地面的热工设计措施

1. 采暖楼地面面层的热工设计措施

采暖楼地面的保温设计，除应按本地区建筑节能设计标准的规定使其传热系数 K 或热阻 R 符合表 6-1 和表 6-2 的规定外，从人们的健康与舒适出发，计算地面的吸热指数 B [$W/(m^2 \cdot h^{1/2} \cdot K)$] 值，一般按下式计算：

$$B=\sqrt{\lambda \rho c} \qquad (6\text{-}1)$$

式中 λ——楼地面面层材料的导热系数 [$W/(m \cdot K)$]；

ρ——楼地面面层材料的密度 (kg/m^3)；

c——楼地面面层材料的比热容 [$kJ/(kg \cdot K)$]。

公共建筑不同气候分区楼地面及地下室外墙的传热系数
K [$W/(m^2 \cdot K)$] 及热阻 R [$(m^2 \cdot K)/W$] **表 6-2**

气候分区	楼 地 面 部 位	体型系数不大于 0.3	体型系数大于 0.3
严寒地区 A 区	底面接触室外空气的楼板	$K \leqslant 0.45$	$K \leqslant 0.40$
	分隔采暖与非采暖空间的楼板	$K \leqslant 0.60$	
	周边地面	$R \geqslant 2.00$	
	非周边地面	$R \geqslant 1.80$	
	采暖地下室外墙(与土接触的墙)	$R \geqslant 2.00$	
严寒地区 B 区	底面接触室外空气的楼板	$K \leqslant 0.50$	$K \leqslant 0.45$
	分隔采暖与非采暖空间的楼板	$K \leqslant 0.80$	
	周边地面	$R \geqslant 2.00$	
	非周边地面	$R \geqslant 1.80$	
	采暖地下室外墙(与土接触的墙)	$R \geqslant 1.80$	
寒冷地区	底面接触室外空气的楼板	$K \leqslant 0.60$	$K \leqslant 0.50$
	分隔采暖与非采暖空调空间的楼板	$K \leqslant 1.50$	
	周边及非周边地面	$R \geqslant 1.50$	
	采暖、空调地下室外墙(与土接触的墙)	$R \geqslant 1.50$	
夏热冬冷地区	底面接触室外空气的架空或外挑楼板	$K \leqslant 1.00$	
	地面及地下室外墙(与土接触的墙)	$R \geqslant 1.20$	
夏热冬暖地区	底面接触室外空气的架空或外挑楼板	$K \leqslant 1.50$	
	地面及地下室外墙(与土接触的墙)	$R \geqslant 1.00$	

注：1. 周边地面是指距外墙内表面 2m 以内的地面，非周边地面是指距外墙内表面 2m 以外的地面；
2. 地面热阻是指建筑基础持力层以上各层材料的热阻之和；
3. 地下室外墙热阻是指土以内各层材料热阻之和。

不同类型采暖楼地面的吸热指数 B 值，应符合表 6-3 的规定。

不同类型采暖楼地面的吸热系数 B 值 **表 6-3**

采暖建筑类型	B[$W/(m^2 \cdot h^{1/2} \cdot K)$]
高级居住建筑、幼儿园、托儿所、疗养院等	<17
一般居住建筑、办公楼、学校等	17～23
临时逗留用房及室温高于 23℃的采暖用房	>23

2. 地面保温层的热工设计措施

地面的热阻是建筑基础持力层以上各层材料的热阻之和。对于公共建筑，当持力层为密实的土时，持力层以上土层厚度大于 1.8m 即可。但从提高地面的保温和防潮性能考虑，最好是在地面的垫层中采用不小于 20mm 厚度的挤塑聚苯板等板块状保温材料作垫层，使地面的热阻接近于居住建筑的地面热阻。

3. 地面的防潮设计措施

夏热冬冷和夏热冬暖地区的居住建筑底层地面，在每年的梅雨季节都会由于湿热空气的差异而产生地面结露，特别是夏热冬暖地区更为突出。底层地板的热工设计除热特性外，还必须同时考虑防潮问题。防潮设计措施有：

(1) 地面构造层的热阻应不少于外墙热阻的 1/2，以减少向基层的传热，提高地表面温度；

(2) 面层材料的导热系数要小，使地表面温度易于紧随室内空气温度变化；

(3) 面层材料有较强的吸湿性，具有对表面水分的“吞吐”作用，不宜使用硬质的地面砖或石材等作面层；

(4) 采用空气层防潮技术，勒脚处的通风口应设置活动遮挡板；

(5) 当采用空铺实木地板或胶结强化木地板作面层时，下面的垫层应有防潮层。

6.1.3 楼地面的节能设计

1. 楼板的节能设计

楼板分层间楼板（底面不接触室外空气）和底面接触室外空气的架空或外挑楼板（底部自然通风的架空楼板），传热系数 K 有不同的规定。保温层可直接设置在楼板上表面（正置法）或楼板底面（反置法），也可采取铺设木搁栅（空铺）或无木搁栅的实铺木地板。

(1) 保温层在楼板上面的正置法，可采用铺设硬质挤塑聚苯板、泡沫玻璃保温板等板材或强度符合地面要求的保温砂浆等材料，其厚度应满足建筑节能设计标准的要求；

(2) 保温层在楼板底面的反置法，可如同外墙外保温做法一样，采用符合国家、行业标准的保温浆体或板材外保温系统；

(3) 底面接触室外空气的架空或外挑楼板宜采用反置法的外保温系统；

(4) 铺设木搁栅的空铺木地板，宜在木搁栅间嵌填板状保温材料，使楼板层的保温和隔声性能更好。

2. 底层地面的节能技术

底层地面的保温、防热及防潮措施应根据地区的气候条件，结合建筑节能设计标准的规定采取不同的节能技术。

(1) 寒冷地区采暖建筑的地面应以保温为主，在持力层以上土层的热阻已符合地面热阻规定值的条件下，最好在地面面层下铺设适当厚度的板状保温材料，进一步提高地面的保温和防潮性能；

(2) 夏热冬冷地区应兼顾冬天采暖时的保温和夏天制冷时的防热、防潮，也宜在地面面层下铺设适当厚度的板状保温材料，提高地面的保温及防热、防潮性能；

(3) 夏热冬暖地区底层地面应以防潮为主，宜在地面面层下铺设适当厚度保温层或设置架空通风道以提高地面的防热、防潮性能。

3. 地面辐射采暖技术

地面辐射采暖是成熟的、健康、卫生的节能供暖技术，在我国寒冷和夏热冬冷地区已推广应用，深受用户欢迎。

地面辐射采暖技术的设计、材料、施工及其检验、调试及验收应符合《地面辐射供暖技术规程》(JGJ 142—2004) 的规定。

为提高地面辐射采暖技术的热效率，不宜将热管铺设在有木搁栅的空气间层中，地板面层也不宜采用有木搁栅的木地板。合理而有效的构造做法是将热管埋设在导热系数 λ 较大的密实材料中，面层材料宜直接铺设在埋有热管的基层上。

不能直接采用低温（水媒）地面辐射采暖技术在夏天通入冷水降温，必须有完善的通风除湿技术配合，并严格控制地面温度使其高于室内空气露点温度，否则会形成地面大面积结露。

6.1.4 楼地面的热工计算

1. 楼板层的传热系数

楼板层的传热系数 K 按公式（6-2）、（6-3）和（6-4）计算：

$$K=\frac{1}{R_o}=\frac{1}{R_i+R+R_e} \tag{6-2}$$

$$R=\sum R_j \tag{6-3}$$

$$R_j=\frac{\delta_i}{\lambda_{c\cdot j}} \tag{6-4}$$

楼板层地面计算要点是：

（1）上下为居室的层间楼板的上、下表面换热阻均取 $R_{i,e}=0.11$（$m^2\cdot K$）/W；

（2）底面接触室外空气的架空或外挑楼板的上表面换热阻 $R_i=0.11$（$m^2\cdot K$）/W，下表面换热阻 $R_e=0.06$（$m^2\cdot K$）/W；

（3）有地下室或地下室停车库楼板的上表面换热阻 $R_i=0.11$（$m^2\cdot K$）/W，下表面换热阻 $R_e=0.08$（$m^2\cdot K$）/W；

（4）保温层材料的导热系数应按公式（6-5）计算导热系数 $\lambda_{c\cdot j}$；

$$\lambda_{c\cdot j}=\lambda\cdot a \tag{6-5}$$

（5）有钢筋混凝土梁、肋的底面接触室外空气的架空通风或外挑楼板，当采用的外保温系统只是粘结在楼板底面时，应按公式（6-6）计算楼板的平均传热系数 K_m，并使 K_m 符合标准中规定的限值：

$$K_m=\frac{K_p\cdot F_p+K_b\cdot F_b}{F_p+F_b} \tag{6-6}$$

2. 底层地面的热阻

底层地面由于上下不是空气边界层，不能采用传热系数 K 作为评价底层地面的热工性能指标，只能采用热阻作为评价其热工性能的指标，如《公共建筑节能设计标准》（GB 50189—2005）中的表 4.2.2-6。

底层地面的热阻 R_g［（$m^2\cdot K$）/W］按下式计算：

$$R_g=R_a+R \tag{6-7}$$

或

$$R_g=R \tag{6-8}$$

式中 R_a——地面上表面的换热阻［（$m^2\cdot K$）/W］，取 $R_a=0.11$（$m^2\cdot K$）/W；

R——基础持力层以上各层材料的热阻之和［（$m^2\cdot K$）/W］，包括面层、保温层、垫层及至基础底面的土层，各层材料的热阻 R_j 按公式（6-4）、（6-5）计算。

底层地面热阻计算要点是：

基础持力层以上各层材料的导热系数 λ 可由《民用建筑热工设计规范》（GB 50176—93）的附录表 4.1 中查取；

严寒及寒冷地区的地面应将周边地面和非周边地面的热阻分别计算，周边地面是指距外墙 2m 以内的地面。

3. 保温层厚度计算

地面的保温层厚度 δ_{in}（m）按下式计算：

$$\delta_{in}=\delta_{c.in}(R_{re}-R_c-0.11) \tag{6-9}$$

式中 $\delta_{c.in}$——保温层材料的计算导热系数，[W/(m·K)]；

R_{re}——地面要求的热阻 [$(m^2 \cdot K)/W$]，由建筑节能设计标准中查取；

R_c——地面面层至基础底面除保温层外的各层材料的热阻之和 [$(m^2 \cdot K)/W$]，按公式（6-3）和（6-4）计算。

6.1.5 典型楼地面的热工性能参数

1. 层间楼地面的热工性能

层间楼地面的热工性能参数见表 6-4。

层间楼地面的热工性能参数 **表 6-4**

简图	基本构造（由上至下）	厚度 δ (mm)	干密度 ρ_o (kg/m³)	导热系数 λ [W/(m·K)]	修正系数 a	传热阻 R_o [(m²·K)/W]	传热系数 K [W/(m²·K)]
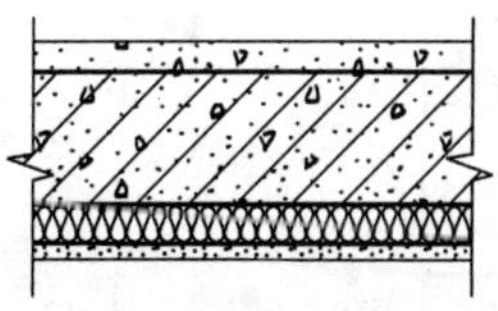	1. C20 细石混凝土	30	2300	1.51	1.0		
	2. 现浇钢筋混凝土楼板	100	2500	1.74	1.0		
	3. 保温砂浆	20	300	0.06	1.3	0.57	1.78
	4. 抗裂石膏(网格布)	5	1050	0.33	1.0		
	5. 柔性腻子						
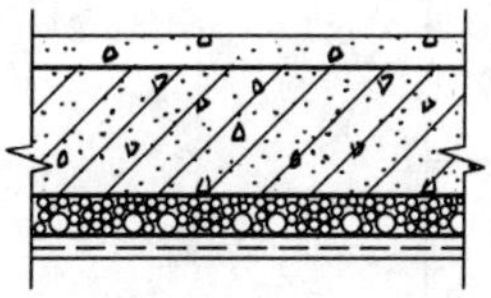	1. C20 细石混凝土	30	2300	1.51	1.0		
	2. 现浇钢筋混凝土楼板	100	2500	1.74	1.0		
	3. 聚苯颗粒保温浆料	20	230	0.06	1.3	0.55	1.82
	4. 抗裂石膏(网格布)	5	1800	0.93	1.0		
	5. 柔性腻子						
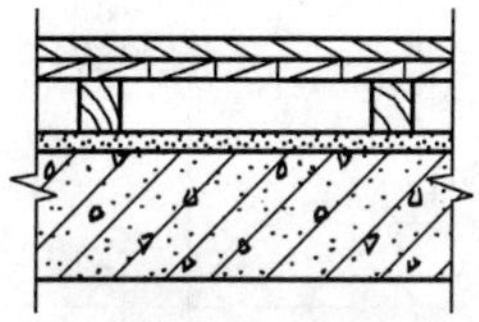	1. 实木地板	12	700	0.17	1.0		
	2. 细木工板	15	300	0.093	1.0		
	3. 30×40 杉木搁栅@400	40	500	0.14	1.0	0.72	1.39
	4. 水泥砂浆	20	1800	0.93	1.0		
	5. 现浇钢筋混凝土楼板	100	2500	1.74	1.0		
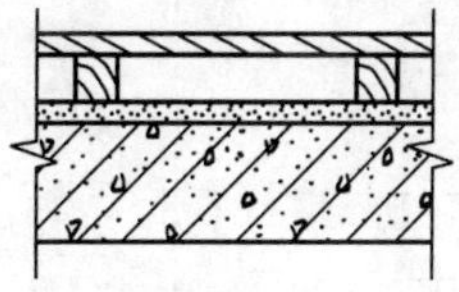	1. 实木地板	18	700	0.17	1.0		
	2. 30×40 杉木搁栅@400	40	500	0.14	1.0	0.60	1.68
	3. 水泥砂浆	20	1800	0.93	1.0		
	4. 现浇钢筋混凝土楼板	100	2500	1.74	1.0		
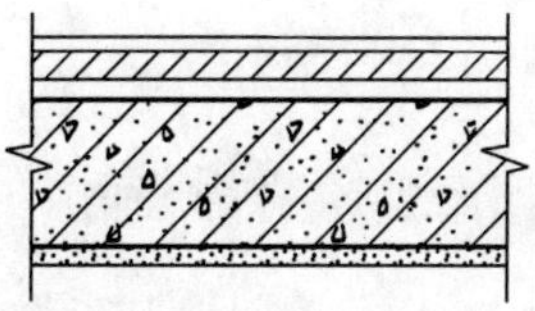	1. 水泥砂浆找平层	20	1800	0.93	1.0		
	2. 上保温层						
	(1)高强度珍珠岩板	40	400	0.12	1.3	0.67	1.49
	(2)乳化沥青珍珠岩板	40	400	0.12	1.3	0.67	1.49
	(3)复合硅酸盐	30	192	0.06	1.3	0.71	1.41
	3. 水泥砂浆找平及粘结层	20	1800	0.93	1.0		
	4. 现浇混凝土楼板	120	2500	1.74	1.0		
	5. 保温砂浆抹灰	20	600	0.15	1.0		

2. 底部自然通风架空楼地板的热工性能

底部自然通风架空楼地板的热工性能参数见表6-5。

底部自然通风架空楼地板的热工性能参数 **表6-5**

简图	基本构造（由上至下）	厚度 δ (mm)	干密度 ρ_0 (kg/m³)	导热系数 λ [W/(m·K)]	修正系数 a	传热阻 R_o [(m²·K)/W]	传热系数 K [W/(m²·K)]
	1. C20细石混凝土	30	2300	1.51	1.0		
	2. 现浇钢筋混凝土楼板	100	2500	1.74	1.0		
	胶粘剂						
	3. ①挤塑聚苯板	20	28	0.030	1.2	0.77	1.30
	②挤塑聚苯板	25	28	0.030	1.2	0.92	1.09
	4. 聚合物砂浆（网格布）	3	1800	0.93	1.0		
	高弹涂料						
	1. C20细石混凝土	30	2300	1.51	1.0		
	2. 现浇钢筋混凝土楼板	100	2500	1.74	1.0		
	胶粘剂						
	3. ①膨胀聚苯板	25	20	0.042	1.2	0.70	1.43
	②膨胀聚苯板	30	20	0.042	1.2	0.81	1.24
	4. 聚合物砂浆（网格布）	3	1800	1.0	1.0		
	高弹涂料						
	1. 实木地板	18	700	0.17	1.0		
	2. 矿（岩）棉或玻璃棉板	30	100	0.14	1.3	0.92	1.09
	30×40杉木搁栅@400	40					
	3. 水泥砂浆	20	1800	0.93	1.0		
	4. 现浇钢筋混凝土楼板	100	2500	1.74	1.0		
	1. 实木地板	12	700	0.17	1.0		
	2. 细木工板	15	300	0.093	1.0		
	3. 矿（岩）棉或玻璃棉板	30	100	0.14	1.3	1.05	0.95
	30×40杉木搁栅@400	40					
	4. 水泥砂浆	20	1800	0.93	1.0		
	5. 现浇钢筋混凝土楼板	100	2500	1.74	1.0		

3. 低温（水媒）辐射采暖地板的热工性能

低温（水媒）辐射采暖地板的热工性能参数见表6-6。

6.1.6 建筑地面节能工程技术措施

1. 建筑地面节能工程包括建筑室内地面和毗邻采暖、不采暖空间及毗邻室外空气的地面工程。

低温（水媒）辐射采暖地板（主体部位）的热工性能参数 **表 6-6**

构造简图	层次及材料	厚度 δ (mm)	干密度 ρ_0 (kg/m³)	计算导热系数 λ_c [W/(m·K)]	传热阻 R_o [(m²·K)/W]	传热系数 K [W/(m²·K)]
回旋式埋管 管距设计计算确定	1. 水泥砂浆找平层	20	1800	0.93		
	2. 钢筋网 C15 细石混凝土	40	2500	1.74		
	3. 埋于细石混凝土层中的循环加热管	塑料管径为 ϕ20，按设计要求排管和固定				
	4. 聚苯板(EPS)	30	25	0.06	0.67	1.49
	5. 防水层(一毡二油)	4				
	6. 水泥砂浆找平层	20	1800	0.93		
	7. 钢筋混凝土楼板	120	2500	1.74		
	8. 水泥砂浆抹灰	20	1800	0.93		
	注：1. 本表所列构造做法适用于上铺瓷砖、花岗石或合成木地板面层的楼地面； 2. 聚苯板铺至外墙边沿处应沿墙上铺 50mm； 3. 本表所列 R_o及 K 值是指包括聚苯板在内的以下各层及边界层的热工性能指标； 4. 本表所列构造做法也适用于底层地面，如用于底层地面，钢筋混凝土楼板层应改为底层地面的垫层(一般为混凝土)； 5. 如上下层为同一住户，可不用设置表中的 4、5 层					

2. 地面节能工程的施工，应在主体或基层质量验收合格后进行。基层的处理应符合设计要求及施工工艺的规定。对既有建筑地面进行节能改造施工前，应对基层进行处理并达到施工工艺的要求。

3. 地面节能工程应对下列部位进行隐蔽工程验收：

1）保温层附着的基层；

2）保温板粘结；

3）防止开裂的加强措施；

4）地面工程的隔断热桥部位；

5）有防水要求的地面面层的防渗漏；

6）地面辐射采暖工程的隐蔽验收应符合《地面辐射供暖技术规程》（JGJ 142）的规定。

4. 用于地面节能工程的保温、隔热材料，其厚度、密度和导热系数必须符合设计要求和有关标准的规定，各种保温板或保温层的厚度不得有负偏差。

5. 建筑地面保温、隔热以及隔离层、保护层等各层的设置和构造做法应符合设计要求。并应按照经过审批的施工方案进行施工。

6. 地面节能工程的施工质量，应符合下列要求：

1）保温板与基体及各层之间的粘结应牢固，缝隙应严密。

2）保温浆料层应分层施工。

3）穿越地面直接接触室外空气的各种金属管道应按设计要求，采取隔断热桥的保温绝热措施。

4）严寒、寒冷地区底面接触室外空气或外挑楼板的地面，应按照墙体的要求执行。

7. 有防水要求的地面，其节能保温做法不得影响地面排水坡度。其防水层宜设置在地面保温层上侧，当防水层设置在地面保温层下侧时，其面层不得渗漏。

8. 严寒、寒冷地区的建筑首层直接与土壤接触的周边地面毗邻外墙部位或和房芯回填土的部位应按照设计要求采取隔热保温措施。

6.2 楼/地面保温隔热层施工技术

6.2.1 楼/地面填充保温层工程施工技术

1. 概述

(1) 适用范围

适用于建筑工程中建筑地面工程（含室外散水、明沟、踏步、台阶和坡道等附属工程）中的填充层的施工及施工质量验收。

(2) 编制参考标准及规范：

1)《建筑工程施工质量验收统一标准》(GB 50300—2001)；

2)《建筑地面工程施工质量验收规范》(GB 50209—2002)；

3)《建筑地面设计规范》(GB 50037—96)；

4)《屋面工程质量验收规范》(GB 50207—2002)；

5)《民用建筑工程室内环境污染控制规范》(GB 50325—2001)。

2. 相关概念

(1) 填充层

在建筑地面上起隔声、保温、找坡或敷设管线等作用的构造层。填充层应采用松散、板块、整体保温材料和吸声材料等铺设而成。

(2) 松散保温材料

松散保温材料包括膨胀蛭石、膨胀珍珠岩、炉渣等以散状颗粒组成的材料。

(3) 整体保温材料

指用松散保温材料和水泥（或其他）胶结材料按设计要求的配合比拌制、浇筑，经固化而形成的整体保温材料。

(4) 板状保温材料

指采用水泥、沥青或其他有机胶结材料与松散保温材料，按一定比例拌合加工而成的板状制品，如水泥膨胀珍珠岩板、水泥膨胀蛭石板、沥青膨胀珍珠岩板、沥青膨胀蛭石板等。另外还有化学合成聚酯与合成橡胶类材料，如泡沫塑料板、有机纤维板等。

(5) 表观密度

材料在自然状态下，单位体积的重量。

3. 基本要求

(1) 填充层采用的材料应按设计要求和《建筑地面工程施工质量验收规范》(GB 50209—2002) 的规定选用，并应符合国家标准的规定，进场材料应有质量合格证明文件、规格、型号及性能检测报告。

(2) 沥青胶结料应按设计要求选用，并应符合现行国家标准《民用建筑工程室内环境污染控制规范》(GB 50325—2001) 的规定。

(3) 填充层的下一层表面应平整，当为水泥类时，尚应干燥、洁净，并不得有空鼓、裂缝和起砂等缺陷。

(4) 采用松散材料铺设填充层时，应分层铺平拍实；采用板状材料铺设填充层时，应分层错缝铺贴。

(5) 填充层施工质量检验尚应符合现行国家标准《屋面工程质量验收规范》(GB 50207—2002) 的有关规定。

4. 施工准备

(1) 技术准备

1) 审查图纸，制定施工方案，进行技术交底。

2) 抄平放线，统一标高、找坡。

3) 填充层的配合比应符合设计要求。

(2) 材料要求

1) 填充层采用的松散、板块、整体保温板材材料等，其材料的密度和导热系数、强度等级或配合比均应符合设计要求。填充层材料自重不应大于 $9kN/m^3$，其厚度应按设计要求确定。填充层的构造做法，见图 6-1。

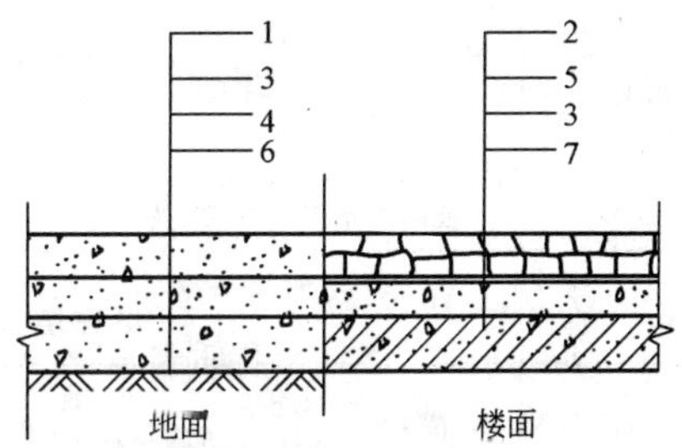

图 6-1 填充层构造简图

1—松散填充层；2—板结块填充层；3—找平层；4—垫层；5—隔离层；6—基层（素土夯实)；7—楼层结构层

2) 松散材料可采用膨胀蛭石、膨胀珍珠岩、炉渣、水渣等铺设，其质量要求见表 6-7，其中不应含有有机杂质、石块、土块、重矿渣块和未燃尽的煤块等。

松散材料质量要求 表 6-7

项 目	膨胀蛭石	膨胀珍珠岩	炉 渣
粒 径	3～15mm	≥0.15mm 及≤0.15mm 的含量不大于 8%	5～40mm
表观密度	$\leqslant 300kg/m^3$	$\leqslant 120kg/m^3$	$500 \sim 1000kg/m^3$
导热系数	≤0.14W/(m·K)	≤0.07W/(m·K)	0.19～0.256W/(m·K)

3) 整体保温材料可采用质量符合上述规定的膨胀蛭石、膨胀珍珠岩等松散保温材料；以水泥、沥青为胶结材料或和轻骨料混凝土等拌合铺设。沥青、水泥等应符合设计及国家有关标准的规定，水泥的强度等级应不低于 32.5 级。沥青在北方地区宜采用 30 号以上，南方地区应不低于 10 号。轻骨料应符合现行国家标准《粉煤灰陶粒和陶砂》(GB 2838—2003)、《黏土陶粒和陶砂》(GB 2839)、《页岩陶粒和陶砂》(GB 2840) 和《天然轻骨料》(GB 2841)。所用材料必须有出厂质量证明文件，并符合国家有关标准的规定。

4) 板状保温材料可采用聚苯乙烯泡沫塑料板、硬质聚氨酯、膨胀蛭石板、加气混凝土板、泡沫混凝土板、泡沫玻璃、矿物棉板、微孔混凝土等，其质量要求见表 6-8。

5) 每 $10m^3$ 填充层材料用量见表 6-9。

板状保温材料质量要求　表 6-8

项　目	聚苯乙烯泡沫塑料板		硬质聚氨酯泡沫塑料	泡沫玻璃	微孔混凝土	膨胀蛭石制品 膨胀珍珠岩制品
	挤压	模压				
表观密度 (kg/m³)	≥32	15～30	≥30	≥150	500～700	300～800
导热系数 [W/(m·K)]	≤0.03	≤0.041	≤0.027	≤0.062	≤0.22	≤0.26
抗压强度 (MPa)	—	—	—	≥0.4	≥0.4	≥0.3
在10%形变下的压缩应力	≥0.15	≥0.06	≥0.15	—	—	—
70℃,48h后尺寸变化率(%)	≤2.0	≤5.0	≤5.0	≤0.5	—	—
吸水率 (V/V,%)	≤1.5	≤6	≤3	≤0.5	—	—
外观质量	板的外形基本平整,无严重凹凸不平;厚度允许偏差为5%,且不大于4mm					

填充层材料用量（每 10m³）　表 6-9

材　料	单位	干铺珍珠岩	干铺蛭石	干铺炉渣	水泥珍珠岩	水泥蛭石	沥青珍珠岩板	水泥蛭石块
珍珠岩	m³	10.4			12.55			
蛭石	m³		10.4			13.06		
炉渣	m³			11.0				
32.5级水泥	m³				1459	1510		
沥青珍珠岩板	m³						10.20	
水泥蛭石块	m³							10.20

（3）主要机具

搅拌机、水准仪、抹子、木杠、靠尺、筛子、铁锹、沥青锅、沥青桶、墨斗等。

（4）作业条件

1）施工所需各种材料已按计划进入施工现场。

2）填充层施工前，其基层质量必须符合施工规范的规定。

3）预埋在填充层内的管线，以及管线重叠交叉集中部位的标高，应用细石混凝土事先稳固。

4）填充层的材料采用干铺板状保温材料时，其环境温度不应低于－20℃。

5）采用掺有水泥的拌合料或采用沥青胶结料铺设填充层时，其环境温度不应低于5℃。

6）5级以上的风天、雨天及雪天，不宜进行填充层施工。

5. 材料和质量要点

（1）材料关键要求

填充层所用材料品种、规格、配合比、强度等级应符合设计要求，并应符合施工规范及现行国家、行业和有关产品材料标准的规定。

（2）技术关键要求

1）松散保温材料应分层铺平拍实，每层虚铺厚度不宜大于150mm，压实程度与厚度应通过试验确定。

2）水泥、沥青膨胀珍珠岩、膨胀蛭石整体填充层，应拍实至设计厚度，虚铺厚度和压实程度应根据试验确定。水泥膨胀珍珠岩、膨胀蛭石宜采用人工搅拌。沥青膨胀珍珠岩、膨胀蛭石宜采用机械拌制，色泽一致，无沥青团。

3）板状保温材料应分层错缝铺贴，每层应采用同一厚度的板块。铺设厚度应符合设计要求。

（3）质量关键要求

1）采用材料的质量应符合表6-7、表6-8的规定。炉渣中不应含有有机杂物、石块、土块、重矿渣块和未燃尽的煤块。

2）整体保温材料表面应平整，厚度符合设计要求。

3）干铺板状保温材料，应紧靠基层表面铺平、垫稳。粘贴板状保温材料时，应铺砌平整、严实。

（4）职业健康安全关键要求

1）装卸、搬运沥青和含有沥青的制品应使用机械和工具，有散漏粉末时，应洒水，防止粉末飞扬。

2）拌制、铺设沥青膨胀珍珠岩、沥青膨胀蛭石的作业工人应按规定使用防护用品，并根据气候和作业条件安排适当的间歇时间。

3）熔化桶装沥青，应先将桶盖和气眼全部打开，用铁条串通后，方准烘烤。严禁火焰与油直接接触。熬制沥青时，操作人员应站在上风方向。

（5）环境关键要求

1）干铺保温材料时，环境温度不应低于－5℃。

2）整体保温材料及粘贴板状保温材料时，环境温度应不低于5℃。

3）5级风以上的天气及雨、雪天，不宜施工。

6. 施工工艺

（1）施工过程控制

填充层应在工艺流程和施工操作过程中进行施工质量过程控制，见图6-2。

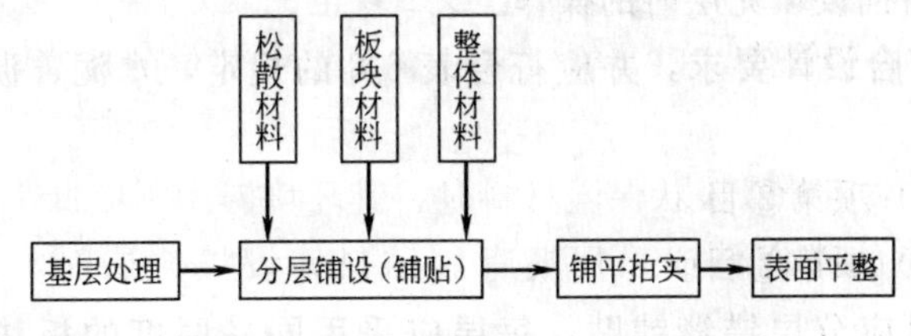

图6-2 填充层施工质量过程控制简图

（2）工艺流程

1）松散保温材料铺设填充层的工艺流程。

清理基层表面→抄平、弹线→管根、地漏局部处理及预埋件管线→分层铺设散状保温材料、压实→质量检查验收。

2）整体保温材料铺设填充层的工艺流程。

清理基层表面→抄平、弹线→管根、地漏局部处理及管线安装→按配合比拌制材料→分层铺设、压实→检查验收。

3）板状保温材料铺设填充层的工艺流程。

清理基层表面→抄平、弹线→管根、地漏局部处理及管线安装→干铺或粘贴板状保温材料→分层铺设、压实→检查验收。

（3）操作工艺

1）松散保温材料铺设填充层的操作工艺。

① 检查材料的质量，其表观密度、导热系数、粒径应符合表6-7的规定。如粒径不符合要求可进行过筛，使其符合要求。

② 清理基层表面，弹出标高线。

③ 地漏、管根局部用砂浆或细石混凝土处理好，暗敷管线安装完毕。

④ 松散材料铺设前，预埋间距800～1000mm木龙骨（防腐处理）、半砖矮隔断或抹水泥砂浆矮隔断一条，高度符合填充层的设计厚度要求，控制填充层的厚度。

⑤ 虚铺厚度不宜大于150mm，应根据其设计厚度确定需要铺设的层数，并根据试验确定每层的虚铺厚度和压实程度，分层铺设保温材料，每层均应铺平压实，压实采用压滚和木夯，填充层表面应平整。

2）整体保温材料铺设填充层的操作工艺。

① 所用材料质量应符合本节的规定，水泥、沥青等胶结材料应符合国家有关标准的规定。

② 同本条款第1）项第②目。

③ 同本条款第1）项第③目。

④ 按设计要求的配合比拌制整体保温材料。水泥、沥青膨胀珍珠岩、膨胀蛭石应采用人工搅拌，避免颗粒破碎。水泥为胶结料时，应将水泥制成水泥浆后，边拨边搅。当以热沥青为胶结料时，沥青加热温度不应高于240℃，使用温度不宜低于190℃。

膨胀珍珠岩、膨胀蛭石的预热温度宜为100～120℃，拌合时以色泽一致，无沥青团为宜。

⑤ 铺设时应分层压实，其虚铺厚度与压实程度通过试验确定。表面应平整。

3）板状保温材料铺设填充层时的操作工艺。

① 所用材料应符合设计要求，并应符合表6-8的规定，水泥、沥青等胶结料应符合国家有关标准的规定。

② 同本条款第1）项第②目。

③ 同本条款第1）项第③目。

④ 板状保温材料应分层错缝铺贴，每层应采用同一厚度的板块，厚度应符合设计要求。

⑤ 板状保温材料不应破碎、缺棱掉角，铺设时遇有缺棱掉角、破碎不齐的，应锯平拼接使用。

⑥ 干铺板状保温材料时，应紧靠基层表面，铺平、垫稳，分层铺设时，上下接缝应互相错开。

⑦ 用沥青粘贴板状保温材料时，应边刷、边贴、边压实，务必使沥青饱满，防止板块翘曲。

⑧ 用水泥砂浆粘贴板状保温材料时，板间缝隙应用保温砂浆填实并勾缝。保温灰浆配合比一般为 1∶1∶10（水泥∶石灰膏∶同类保温材料碎粒，（体积比））。

⑨ 板状保温材料应铺设牢固，表面平整。

7. 质量标准

（1）主控项目

1）填充层的材料质量必须符合设计要求和国家产品标准的规定。

检验方法：观察检查和检查材质合格证明文件、检测报告。

2）填充层的配合比必须符合设计要求。

检验方法：观察检查和检查配合比通知单。

（2）一般项目

1）松散材料填充层铺设应密实，板块状填充层应压实、无翘曲。

检验方法：观察检查。

2）填充层表面的允许偏差应符合表 6-10 的规定。

检验方法：按表 6-10 中的检验方法检验。

填充层表面允许偏差和检验方法　　表 6-10

<table>
<tr><th colspan="2">项　目</th><th>表面平整度</th><th>标高</th><th>坡　度</th><th>厚　度</th></tr>
<tr><td rowspan="2">填充层</td><td>松散材料</td><td>7mm</td><td>±4mm</td><td rowspan="2">不大于房间相应尺寸 2‰，且不大于 30mm</td><td rowspan="2">个别地方不大于设计厚度的 1/10</td></tr>
<tr><td>板状材料</td><td>5mm</td><td>±4mm</td></tr>
<tr><td colspan="2">检验方法</td><td>用 2m 靠尺和楔形塞尺检查</td><td>用水准仪检查</td><td>用坡度尺检查</td><td>用钢尺检查</td></tr>
</table>

8. 成品保护

（1）材料堆放应避风避雨、防潮、搬运时要防止压挤，堆放高度不宜超过 1m。

（2）松散保温材料铺设的填充层拍实后，不得在填充层上行车和堆放重物。

（3）填充层验收合格后，应立即进行上部的找平层施工。

9. 安全环保措施

（1）对作业人员进行安全技术交底、安全教育。

（2）采用沥青类材料时，应尽量采用成品。如必须在现场熬制沥青时，锅灶应设置在远离建筑物和易燃材料 30m 以外地点，并禁止在屋顶、简易工棚和电气线路下熬制；严禁用汽油和煤油点火，现场应配置消防器材、用品。

（3）装运热沥青时，不得用锡焊容器，盛油量不得超过其容量的 2/3。垂直吊运下方不得有人。

（4）使用沥青胶结料时，室内应通风良好。

10. 质量记录

（1）填充层材料出厂质量证明文件（具有产品性能的检测报告），进场验收检查记录。

（2）整体填充层材料的配合比通知单。

（3）熬制沥青温度检测记录。

(4) 填充层工程隐蔽检查验收记录。

(5) 地面工程填充层检验批质量验收记录。

6.2.2 低温热水地板辐射采暖技术

地面辐射采暖系统是采用低温热水形式供热，以不高于60℃的热水作为热媒。将加热管设于地板中，热水在管内循环流动，加热地板，通过地面以辐射和对流的传热方式向室内供热。该系统具有舒适、卫生、节能、不影响室内观感和不占用室内使用面积及空间，并可以分室调节温度，便于用户计量的优点。

1. 低温热水地板辐射采暖系统结构

低温热水地板辐射采暖系统构造形式，见图6-3和图6-4。

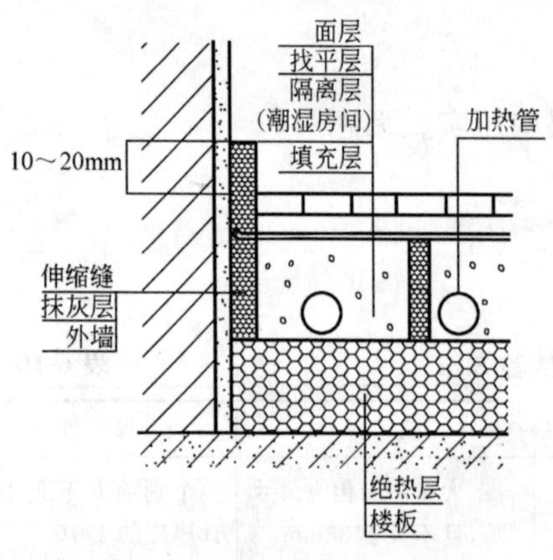

图6-3 楼层地面构造示意图

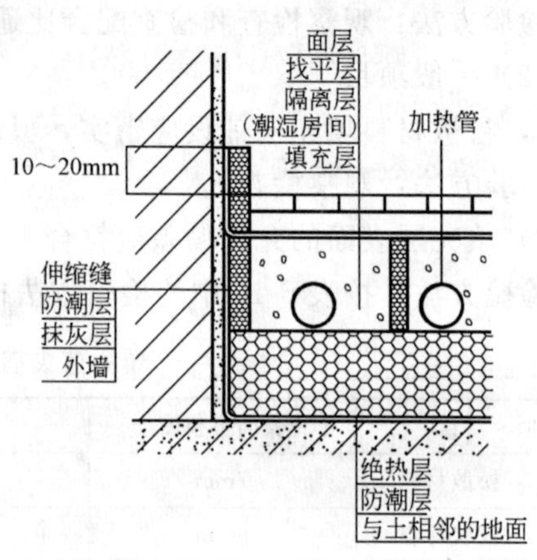

图6-4 与土相邻的地面构造示意图

2. 加热管材料要求

铺设于地板中的加热管，应根据耐用年限要求，使用条件等级，热媒温度和工作压力，系统水层要求，材料供应条件，施工技术条件和投资费用等因素，可选择采用以下管材。

(1) 交联铝塑复合（XPAP）管

内层和外层密度为不小于0.94g/cm³的交联聚乙烯，中间层为增强铝管，层间用热熔胶紧密粘合为一体的管材。

交联铝塑复合管管材的一般物理力学性能：

1) 密度：不小于0.940g/cm³（交联聚乙烯层）；

2) 纵向长度回缩率：不大于2%；

3) 蠕变特性及检测点液体压力：2.2MPa，95℃，10h；

4) 交联度：不小于65%（硅烷交联）；

5) 断裂延伸率：不小于350%（23±1℃）；

6) 导热系数：不小于0.45W/(m·K)；

7) 线膨胀系数：0.025mm/(m·K)；

8) 铝层：抗拉屈服强度不小于100MPa，断裂延伸率应不小于20%；

9) 胶粘层：专用热熔胶密度不小于0.926g/cm³，熔融指数不小于1g/10min，断裂延伸应不小于 400%，T 剥离强度不小于 70N/45mm；

10）设计许用应力及壁厚选择，可按交联聚乙烯（PE-X）管。

（2）聚丁烯（PB）管

是由聚丁烯-1 树脂添加适量助剂，经挤出成型的热塑性管材。

聚丁烯管管材的一般物理力学性能：

1）密度：不小于 $0.920g/cm^3$；

2）纵向长度回缩率：不大于 2%；

3）热稳定性试验：环应力 2.4MPa、110℃热空气中 8760h 无破坏或泄漏；

4）蠕变特性及检测点：环应力 15.5MPa、20℃，不小于 1h；环应力 6.0MPa，95℃、不小于 1000h；

5）维卡软化点：113℃；

6）抗拉屈服强度：不小于 17MPa（23±1℃）；

7）断裂延伸率：不小于 280%（23±1℃）；

8）导热系数：0.33W/(m·K)；

9）线膨胀系数：0.130mm/(m·K)；

10）在使用条件下分级：5 级条件下，σ_{Δ}=4.31MPa，见表 6-11。

聚丁烯（PB）管选择 **表 6-11**

系统工作压力 P_D(MPa)		0.4	0.6	0.8	1.0
管材的 $S_{calc,max}$ 值		10.9	7.2	5.4	4.3
应选的管材系列		S10	S6.3	S5	S4
管材应选的最小壁厚(mm)					
管材公称外径(mm)	16	1.3	1.3	1.5	1.8
	20	1.3	1.5	1.9	2.3
	25	1.3	1.9	2.3	2.8

注：考虑管材生产和施工过程可能产生的缺陷，采用壁厚不宜小于 2mm。

11）带套管的聚丁烯盘管外形及尺寸，见图 6-5。

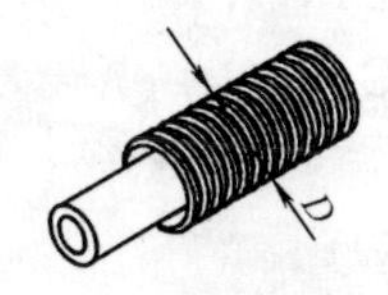

管材公称外径(mm)	D(mm)
16	25
20	30
25	24

图 6-5 聚丁烯盘管尺寸

（3）交联聚乙烯（PE-X）管

以密度不小于 $0.94g/cm^3$ 的聚乙烯或乙烯共聚物，添加适量助剂，通过化学的或物理的方法，使其线型的大分子交联成三维网状的大分子结构，由此种材料制成的管材。

交联聚乙烯管管材的一般物理力学性能：

1）密度：不小于 $0.940g/cm^3$；

2）纵向长度回缩率：不大于 2%；

3）蠕变特性及检测点：环应力 12.0MPa、20℃，大于 1h；环应力 4.4MPa，95℃、大于 1000h；

4）交联度：不小于 65%（硅烷交联）；

5）维卡软化点：123℃；

6）抗拉屈服强度：不小于 17MPa（23±1℃）；

7）断裂延伸率：不小于 400%（23±1℃）；

8）导热系数：0.41W/(m·K)；

9）线膨胀系数：0.200mm/(m·K)；

10）在使用条件下分级：5 级条件下，σ_{Δ}=3.24MPa，见表 6-12。

交联聚乙烯（PE-X）管选择 **表 6-12**

系统工作压力 P_D(MPa)		0.4	0.6	0.8	1.0
管材的 $S_{calc,max}$ 值		7.6	5.4	4.0	3.2
应选的管材系列		S6.3	S4	S4	S3.2
管材应选的最小壁厚(mm)					
管材公称外径(mm)	16	1.3	1.5	1.8	2.2
	20	1.5	1.9	2.3	2.8
	25	1.9	2.3	2.8	3.5

注：考虑管材生产和施工过程可能产生的缺陷，采用壁厚不宜小于 2mm。

（4）无规共聚聚丙烯（PP-R）管

以丙烯和适量乙烯的无规共聚物，添加适量助剂，经挤出成型的热塑性管材。

无规共聚聚丙烯管管材的一般物理力学性能：

1）密度：≥0.89～0.91g/cm³；

2）纵向长度回缩率：≤2%；

3）热稳定性试验：环应力 1.9MPa、110℃热空气中 8760h 无破坏或泄漏；

4）蠕变特性及检测点：环应力 16.5MPa，20℃，＞1h；环应力 3.5MPa，95℃，＞1000h；

5）维卡软化点：140℃；

6）抗拉屈服强度：≥27MPa（23±1℃）；

7）断裂延伸率：≥700%（23±1℃）；

8）导热系数：0.37W/(m·K)；

9）线膨胀系数：0.180mm/(m·K)；

10）在使用条件下分级：5 级条件下，σ_{Δ}=4.31MPa，见表 6-13。

无规共聚聚丙烯（PP-R）管 **表 6-13**

系统工作压力 P_D(MPa)		0.4	0.6	0.8	1.0
管材的 $S_{calc,max}$ 值		4.8	3.2	2.4	1.9
应选的管材系列		S3.2	S3.2	S2	无适合
管材应选的最小壁厚(mm)					
管材公称外径(mm)	16	2.2	2.2	3.3	—
	20	2.8	2.8	4.1	—
	25	3.5	3.5	5.1	—

注：考虑管材生产和施工过程可能产生的缺陷，采用壁厚不宜小于 2mm。

3. 低温热水地板辐射采暖系统工程安装施工

(1) 技术准备

1) 根据施工方案确定的施工方法和技术交底要求，做好施工准备工作。

2) 核对管道坐标、标高、排列是否正确合理。

3) 按照设计图纸，画出房间部位、管道分路、管径、甩口施工草图。

(2) 材料要求

1) 管材。

① 与其他供暖系统共用同一集中热源水系统，且其他供暖系统采用钢制散热器等易腐蚀构件时，PB管、PE-X管和PP-R管宜有阻氧层，以有效防止渗入氧而加速对系统的氧化腐蚀。

② 管材的外径、最小壁厚及允许偏差，应符合相关标准要求。

③ 管材以盘管方式供货，长度不得小于100m/盘。

2) 管件。

① 管件与螺纹连接部分配件的本体材料，应为锻造黄铜。使用PP-R管作为加热管时，与PP-R管直接接触的连接件表面应镀镍。

② 管件的外观应完整、无缺损、无变形、无开裂。

③ 管件的物理力学性能，应符合相关标准要求。

④ 管件的螺纹应完整，如有断丝和缺丝，不得大于螺纹全丝扣数的10%。

3) 绝热板材。

① 绝热板材宜采用聚苯乙烯泡沫塑料，其物理性能应符合下列要求：

a. 密度不应小于20kg/m^3；

b. 导热系数不应大于0.05W/(m·K)；

c. 压缩应力不应小于100kPa；

d. 吸水率不应大于4%；

e. 氧指数不应小于32。

注：当采用其他绝热材料时，除密度外的其他物理性能应满足上述要求。

② 为增强绝热板材的整体强度，并便于安装和固定加热管，对绝热板材表面可分别做如下处理：

a. 敷有真空镀铝聚酯薄膜面层；

b. 敷有玻璃布基铝箔面层；

c. 铺设低碳钢丝网。

4) 材料的外观质量。

① 管材和管件的颜色应一致，色泽均匀，无分解变色。

② 管材的内外表面应光滑、清洁，不允许有分层、针孔、裂纹、气泡、起皮、痕纹和夹杂，但允许有轻微的、局部的、不使外径和壁厚超出允许偏差的划伤、凹坑、压入物和斑点等缺陷。轻微的矫直和车削痕迹、细划痕、氧化色、发暗、水迹和油迹，可不作为报废处理。

5) 材料检验。

材料的抽样检验方法，应符合国家标准《逐批检查抽样程序及抽样表》(GB/T 2828)

的规定。

（3）主要机具

1）机具。试压泵、电焊机、手电钻、热烙机等。

2）工具。管道安装成套工具、切割刀、钢锯、水平尺、钢卷尺、角尺、线板、线坠、铅笔、橡皮、酒精等。

（4）作业条件

1）土建地面已施工完，各种基准线测放完毕。

2）敷设管道的防水层、防潮层、绝热层已完成，并已清理干净。

3）施工环境温度低于5℃时不宜施工。必须冬期施工时，应采取相应的技术措施。

（5）施工工艺流程，见图6-6：

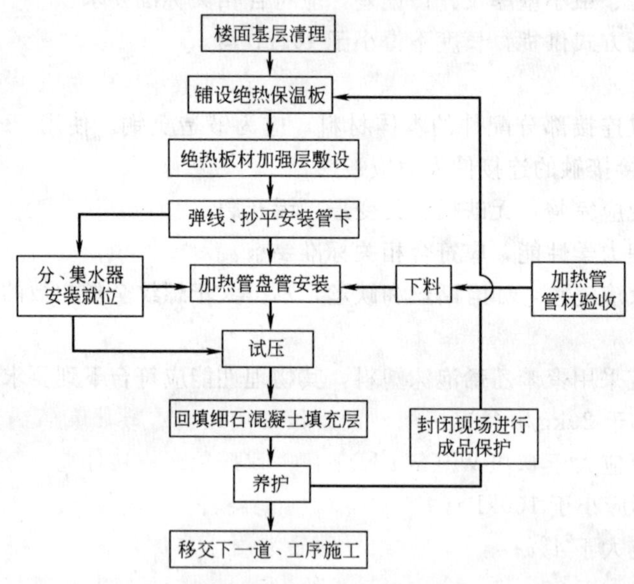

图6-6 施工工艺流程图

（6）施工工艺要点

1）楼地面基层清理。凡采用地板辐射采暖的工程在楼地面施工时，必须严格控制表面的平整度，仔细压抹，其平整度允许误差应符合混凝土或砂浆地面要求。在保温板铺设前应清除楼地面上的垃圾、浮灰、附着物，特别是油漆、涂料、油污等有机物必须清除干净。

2）绝热板材铺设。

① 房间周围边墙、柱的交接处应设绝热板保温带，其高度要高于细石混凝土回填层。

② 绝热板应清洁、无破损，在楼地面铺设平整、搭接严密。绝热板拼接紧凑，间隙为10mm，错缝铺设，板接缝处全部用胶带粘接，胶带宽度40mm。

③ 房间面积过大时，以6000mm×6000mm为方格留伸缩缝，缝宽10mm。伸缩缝处，用厚度10mm绝热板立放，高度与细石混凝土层平齐。

3）绝热板材加固层的施工（以低碳钢丝网为例）。

① 钢丝网规格为方格不大于200mm，在采暖房间满布，拼接处应绑扎连接。

② 钢丝网在伸缩缝处不能断开，铺设应平整，无锐刺及翘起的边角。

4）加热盘管敷设。

① 加热盘管在钢丝网上面敷设，管长应根据工程上各回路长度酌情定尺寸，一个回路尽可能用一盘整管，应最大限度地减小材料损耗。填充层内不许有接头。

② 按设计图纸要求，事先将管的轴线位置用墨线弹在绝热板上，抄标高、设置管卡，按管的弯曲半径不小于10D（D指管外径）计算管的下料长度，其尺寸偏差控制在±5%以内。必须用专用剪刀切割，管口应垂直于断面处的管轴线。严禁用电、气焊、手工锯等工具分割加热管。

③ 按测出的轴线及标高垫好管卡，用尼龙扎带将加热管绑扎在绝热板加强层钢丝网上，或者用固定管卡将加热管直接固定在敷有复合面层的绝热板上。同一通路的加热管应保持水平，确保管顶平整度为±5mm。

④ 加热管固定点的间距，弯头处间距不大于300mm，直线段间距不大于600mm。

⑤ 在过门、过伸缩缝、过沉降缝时，应加装套管，套管长度不小于150mm。套管比盘管大两号，内填保温边角余料。

5）分、集水器安装。

① 分、集水器安装可在加热管敷设前安装，也可在敷设管道回填细石混凝土后与阀门、水表一起安装。安装必须平直，牢固，在细石混凝土回填前安装需作水压试验。

② 当水平安装时，一般宜将分水器安装在上，集水器安装在下，中心距为200mm，且集水器中心距地面不小于300mm。

③ 当垂直安装时，分、集水器下端距地面应不小于150mm。

④ 加热管始末端出地面至连接配件的管段，应设置在硬质套管内。加热管与分、集水器分路阀门的连接，应采用专用卡套式连接件或插接式连接件。

6）细石混凝土层施工。

① 在加热管系统试压合格后方能进行细石混凝土层回填施工。细石混凝土层施工应遵循土建工程施工规定，优化配合比设计、选出强度符合要求、施工性能良好、体积收缩稳定性好的配合比。建议强度等级应不小于C15，卵石粒径宜不大于12mm，并宜掺入适量防止龟裂的添加剂。

② 浇筑细石混凝土前，必须将敷设完管道后的工作面上的杂物、灰渣清除干净（宜用小型空压机清理）。在过门、过沉降缝处、过分格缝部位宜嵌双玻璃条分格（玻璃条用3mm玻璃裁划，比细石混凝土面低1～2mm），其安装方法同水磨石嵌条。

③ 细石混凝土在盘管加压（工作压力或试验压力不小于0.4MPa）状态下浇筑，回填层凝固后方可泄压，填充时应轻轻捣固，浇筑时不得在盘管上行走、踩踏，不得有尖锐物件损伤盘管和保温层，要防止盘管上浮，应小心下料、拍实、找平。

④ 细石混凝土接近初凝时，应在表面进行二次拍实、压抹，以防止顺管轴线出现塑性沉缩裂缝。表面压抹后应保湿养护14d以上。

7）检验。

① 中间验收：地板辐射采暖系统，应根据工程施工特点进行中间验收。中间验收过程，从加热管道敷设和热媒分、集水器装置安装完毕，进行试压起至混凝土填充层养护期满再次进行试压止，由施工单位会同监理单位进行。

② 水压试验：浇捣混凝土填充层之前和混凝土填充层养护期满之后，应分别进行系统水压试验。水压试验应符合下列要求：

a. 水压试验之前，应对试压管道和构件采取安全有效地固定和养护措施；

b. 试验压力应为不小于系统静压加0.3MPa，但不得低于0.6MPa；

c. 冬季进行水压试验时，应采取可靠的防冻措施。

③ 水压试验应按下列步骤进行：

a. 经分水器缓慢注水，同时将管道内空气排出；

b. 充满水后，进行水密性检查；

c. 采用手动泵缓慢升压，升压时间不得少于15min；

d. 升压至规定试验压力后，停止加压1h，观察有无漏水现象；

e. 稳压1h后，补压至规定试验压力值，15min内的压力降不超过0.05MPa、无渗漏为合格。

8）调试。

① 系统调试条件：供回水管全部水压试验完毕符合标准；管道上的阀门、过滤器、水表经检查确认安装的方向和位置均正确，阀门启闭灵活；水泵进出口压力表、温度计安装完毕。

② 系统调试：热源引进到机房通过恒温罐及采暖水泵向系统管网供水。调试阶段系统供热温度为25℃～30℃范围内运行24h，然后缓慢逐步提升，每24h提升不超过5℃，在38℃恒定一段时间，随着室外温度不断降低再逐步升温，直至达到设计水温，并调节每一通路水温达到正常范围。

9）竣工验收。符合以下规定，方可通过竣工验收：

① 竣工质量符合设计要求和施工验收规范的有关规定；

② 填充层表面不应有明显裂缝；

③ 管道和构件无渗漏；

④ 阀门开启灵活、关闭严密。

（7）质量验收要点：

1）地面下敷设的盘管埋地部分不应有接头。

检验方法：隐蔽前现场查看。

2）盘管隐蔽前必须进行水压试验，试验压力为工作压力的1.5倍，但不小于0.6MPa。

检验方法：稳压1h内压力降不大于0.05MPa且不渗不漏。

3）加热盘管弯曲部分不得出现硬折弯现象，曲率半径应符合下列规定：

① 塑料管：不应小于管道外径的8倍；

② 复合管：不应小于管道外径的5倍。

检验方法：尺量检查。

4）水表、过滤器、排气阀及截止阀或球阀的型号、规格、公称压力及安装位置应符合设计要求。

检验方法：对照图纸检验产品合格证。

5）分、集水器装置的安装及分户热计量系统入户装置，应符合设计要求。安装位置应便于检修、维护和观察。

检验方法：对照图纸及产品说明书，尺量检查，现场观察。

6）加热管始末端出地面至连接配件的管段，应设置在硬质套管内。加热管与分、集水器装置的连接，应采用专用卡套式连接件或插接式连接件。

检验方法：观察检查。

7）加热盘管管径、间距和长度应符合设计要求，间距偏差不大于±10mm。

检验方法：拉线和尺量检查。

8）同一通路的加热管应保持水平，管顶平整度控制在±5mm内。

检验方法：尺量和观察检查。

9）填充层强度等级应符合设计要求。

检验方法：做试块抗压试验。

10）混凝土填充层浇捣和养护过程中，系统应保持不小于0.4MPa的余压。

检验方法：现场抽查，并检查工序施工记录。

11）加热管与分、集水器装置牢固连接后，或在填充层养护期后，应对加热管每一通路逐一进行冲洗，至出水清为止。

检验方法：观察和检查管路冲洗记录。

12）热管始末端的适当距离内或其他管道密度较大处，当管间距不大于100mm时，应采取保温措施。

检验方法：观察和检查管路。

13）防潮层、防水层、隔热层及伸缩缝应符合设计要求。

检验方法：填充层浇灌前观察检查。

（8）成品保护

1）各类塑料管和绝热板材在运输、搬运过程中，不能有划伤、压伤、折断等损伤，轻装、轻卸，不能拖拉运送，在敷设前应认真检查，发现不合格者绝对不能使用，并对不合格产品做标记，另行堆放。

2）各类塑料管和绝热板材，不得接触明火。

3）在加热管开始敷设至隐蔽之前，杜绝交叉施工，防止践踏、落物砸伤，在施工现场要标注提示牌，严禁闲杂人员误入。

4）若主体完工直接交付给业主或交给装修施工单位进行下道工序时，应给装修队伍发出地面装修施工须知，进一步完善成品保护。

第7章　建筑围护结构节能施工方案及实例

7.1　建筑围护结构节能工程施工方案编制的主要内容

7.1.1　编制依据

1. 施工合同
2. 施工图纸
3. 主要规程、规范
4. 主要法规

7.1.2　工程概况

1. 工程简介
2. 工程现场概况
3. 设计概况
4. 分项工程工作量
5. 施工任务特点
6. 文明施工、环保要求
7. 季节施工

7.1.3　施工部署

1. 部署原则

(1) 满足合同要求的原则；

(2) 时间连续、空间占满的原则（季节施工和立体交叉作业）；

(3) 符合施工总顺序之间逻辑关系连接的原则；

(4) 明确分阶段的施工重点；

(5) 重点处理季节性施工的原则；

(6) 以科技为先导的原则；

(7) 按精品工程的要求部署的原则；

(8) 满足周围环境的要求（扰民、环保）。

2. 目标部署

(1) 质量目标；

(2) 工期目标；

(3) 安全目标；

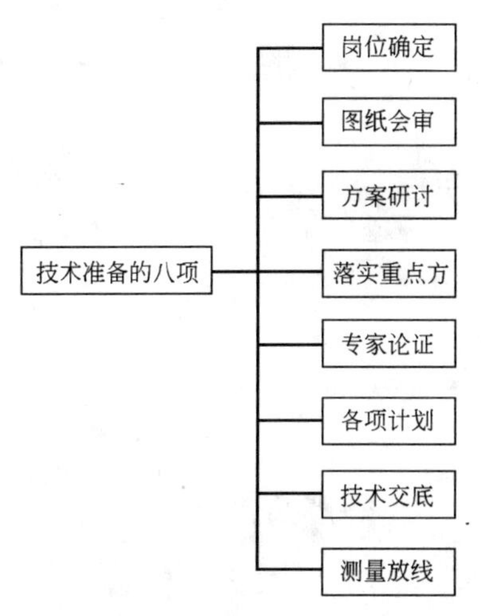

图 7-1 施工组织系统（组织机构图）

（4）场容目标；
（5）消防目标；
（6）环保目标；
（7）节能目标。

3. 施工组织

（1）施工组织系统（组织机构图），见图 7-1；
（2）任务划分：分包合同范围；
（3）分包与总包单位的关系；
（4）组织协调；
（5）内部协调；
（6）对外协调。

7.1.4 施工准备

1. 技术准备

（1）图纸、图集、规范、规程的准备；
（2）器具配置；
（3）方案编制计划；
（4）试验工作计划；
（5）样板墙计划；
（6）科研和新技术推广应用计划；
（7）测量与定位。

2. 施工准备

（1）供电；
（2）临时用水；
（3）生产、生活临时设施；
（4）加工订货计划。

3. 人员准备

（1）管理人员；
（2）劳动力人员准备。

7.1.5 主要施工方法及技术措施

1. 流水段的划分

2. 施工用机械的选择

3. 主要施工方法

（1）原材要求；
（2）施工方法；
（3）技术质量要求及措施。

4. 雨期施工

5. 冬期施工

7.1.6　施工技术交底

1. 工程概况
2. 材料组成
3. 施工要求及条件
4. 施工工具
5. 工艺流程
6. 细部及特殊部位做法
7. 安全措施
8. 节能、文明施工及成品保护措施
9. 降低成本措施

7.2　工程实例1——EPS板薄抹灰外保温工程施工方案

7.2.1　编制依据

1. 规范

《墙身-外墙保温图集》(88J2-9)

《外墙外保温施工技术规程》(DBJ/T 01—38—2002)

《居住建筑节能保温工程施工质量验收规程》(DBJ 01—97—2005)

2. 合同

××××外墙外保温工程承包合同；合同编号：×××；签定日期：×年×月×日。

3. 施工图

《×××工程建筑施工图》；编号：×××；设计日期：×年×月×日。

7.2.2　工程概况

本工程位于北京市××区；建设单位：北京×××公司；总包单位：北京市×××公司；监理单位：××公司、北京××公司。

本工程建筑面积约5.2万m^2，钢筋混凝土框架结构；分项概况：大墙面采用18kg/m^3、80mm厚聚苯板、耐碱玻纤网格布、聚合物砂浆外墙外保温体系，外墙真石漆饰面，局部涂料、干挂花岗石、铝板饰面。

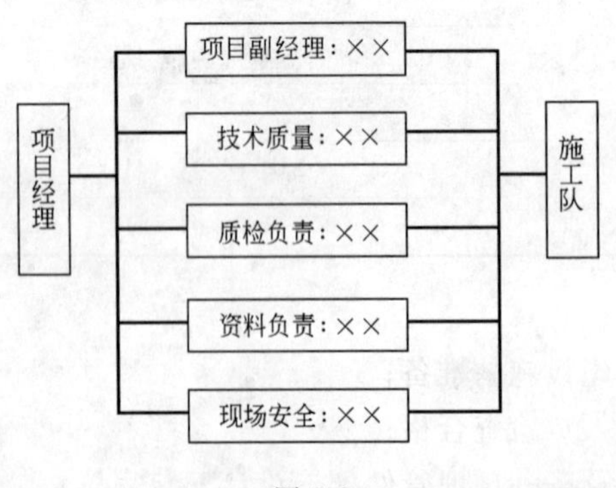

图7-2

7.2.3　施工部署与准备工作

1. 现场组织机构，见图7-2。

2. 施工工期

施工进度随工程量及甲方安排而定，从具备合格的工作面起累计计算工期，总工期随合同而定，××年5月15日开工，××6月25

日竣工，共计40d。

工程初期，5月16～18日抹灰工12人进场吊线；5月18日20个抹灰工进场开始做保温施工；5月25日以后根据基础墙面验收面积各工种陆续进场，具体人数以保证进度为标准。

3. 施工机具准备

施工机具配置要求见表7-1。

施工机具配置一览表 表7-1

序号	机具名称	数量	进场日期
1	外接电源	4台	××年×月×日
2	空气压缩机	2台	××年×月×日
3	电动搅拌器	6台	××年×月×日
4	阴、阳角槽抹子	若干	××年×月×日
5	靠尺(2m)	若干	××年×月×日
6	搅拌头	6个	××年×月×日
7	密齿手锯	若干	××年×月×日
8	卷尺	若干	××年×月×日
9	打磨搓子	若干	××年×月×日
10	电锤	12台	××年×月×日
11	油刷子	若干	××年×月×日
12	滚筒	若干	××年×月×日
13	手枪钻	9把	××年×月×日
14	专用量筒	6个	××年×月×日
15	钢丝刷子	若干	××年×月×日

4. 劳动力准备

劳动力配置要求，见表7-2。

劳动力配置表 表7-2

序号	工　种	高峰人数	进　场　时　间
1	壮工	30	××年×月×日
2	抹灰工	60	××年×月×日
3	油工	50	××年×月×日
4	瓦工	20	××年×月×日
5	其他工种	20	××年×月×日

5. 现场准备

(1) 施工及生活所需的水电及工人住宿的临建设施的准备；

(2) 外架子按外装修用改装完毕。并经安全人员检查合格；

(3) 门窗及墙身上各种进户管线，水漏管架及各种预埋管件架按设计安装完毕；外墙门窗的钢副框安装完毕。

(4) 基层墙体垂直度要求为全高允许偏差小于30mm，层高垂直度偏差小于8mm，表面平整度2m长度在8mm以内，墙面的水泥灰浆应清除，墙表面的凸起物应剔除。

(5) 由于本工程的特点，需贴保温的小立面较多，要求小立面的垂直度、平整度在抹灰后与大墙一致。

6. 材料准备

(1) 材料进场后要求有相应的库房，材料应分类码放并注意防潮。

(2) 原材料的选用：聚合物抗裂砂浆、膨胀聚苯板、尼龙胀栓、耐碱玻纤网格布。

(3) 原材料的进场检验：原材料进场由现场质量员按照公司制定的原材料进场验收标准进行原材料进场验收，同时填写材料进场验收记录。

(4) 验收内容：资料验收（营业执照复印件、合格证）、外观检验、其他现场应复检的项目，验收合格方可进场，同时将相关资料填写上报。

7. 气候条件

风力大于5级不得施工，雨天不能施工。如施工中突遇降雨，应采取有效措施，防止雨水冲刷聚合物抹面砂浆尚未初凝的墙面。

8. 技术准备

(1) 进场前组织相关技术人员进行图纸会审，编制详细的施工方案及工程交底，对工人进行分组、分工，使每个施工人员清楚自己的工作是什么？如何做？有问题找谁解决？

(2) 做好工程技术人员的培训，熟悉《外墙外保温施工技术规程》。

(3) 对劳务人员进行业务培训，特殊工种须持证上岗。

7.2.4　外墙外保温施工方法

1. 施工工序

(1) 基层清理→弹控制线→配聚合物粘结砂浆→粘贴聚苯板→聚苯板打磨找平→安装胀栓→配制底层抹面砂浆→抹底层抗裂砂浆→压入耐碱玻璃纤维网格布→抹罩面聚合物抗裂砂浆→保温层验收。

(2) 验收合格的保温墙面→底涂→喷真石漆→水性罩光→工程验收。

2. 墙体基层验收

(1) 土建交付的外墙面平整度应达到相关建筑工程质量验收标准要求。墙面上的混凝土残渣和隔离剂必须清理干净，墙面平整度偏差部分应由土建方剔凿或修补。伸出墙面的（设备、管道）联结件已安装完毕，并留出外保温施工的余地。

(2) 根据建筑立面的设计和外墙外保温的技术要求，在墙面弹出外门窗水平、垂直控制线，在建筑外墙大角挂垂直基准钢线，每个楼层适当位置挂水平线，以控制墙面的垂直度和平整度。

(3) 门窗洞口经过验收，洞口尺寸位置达到设计和质量要求，辅框安装完毕，阳台、空调板、飘窗板等位置的抹灰收口完成并达到标准要求，对于未达到标准要求的墙面，应由结构施工方找平后，再进行外墙保温施工。施工顺序由下向上施工。

3. 配制粘结砂浆

将粉料与水按4∶1重量比配制，即一袋粉料与公司配制的专用量桶一桶水配制，用电动搅拌器搅拌均匀，一次配制用量以1h内用完为宜，配好的料注意防晒避风，超过可操作时间不准再度加水使用，作为废料处理。集中搅拌，专人定岗。

4. 粘贴翻包网

(1) 凡在粘贴的聚苯板侧边外露部位（如窗口、伸缩缝等部位）都应做网格布翻包处理。

(2) 在做翻包网格布时，应先在应做翻包网格布处涂抹聚合物砂浆，然后将裁好的网格布压入砂浆中，待砂浆初凝后，方可进行下道工序，搭接长度见图7-3。

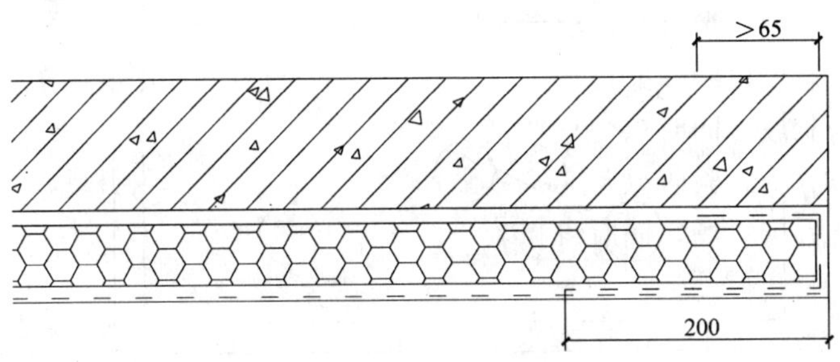

图7-3 翻包网示意图

5. 粘贴保温板

粘贴方式固定保温板时，有两种方式：点框法和条粘法，此工程采用点框法。

(1) 粘贴聚苯板前应对墙面进行排版、弹线，并在墙的阳角、阴角挂通线，以保证聚苯板粘贴的平整度。

(2) 墙面排板要从墙的大角和门窗边框开始（见图7-4）。

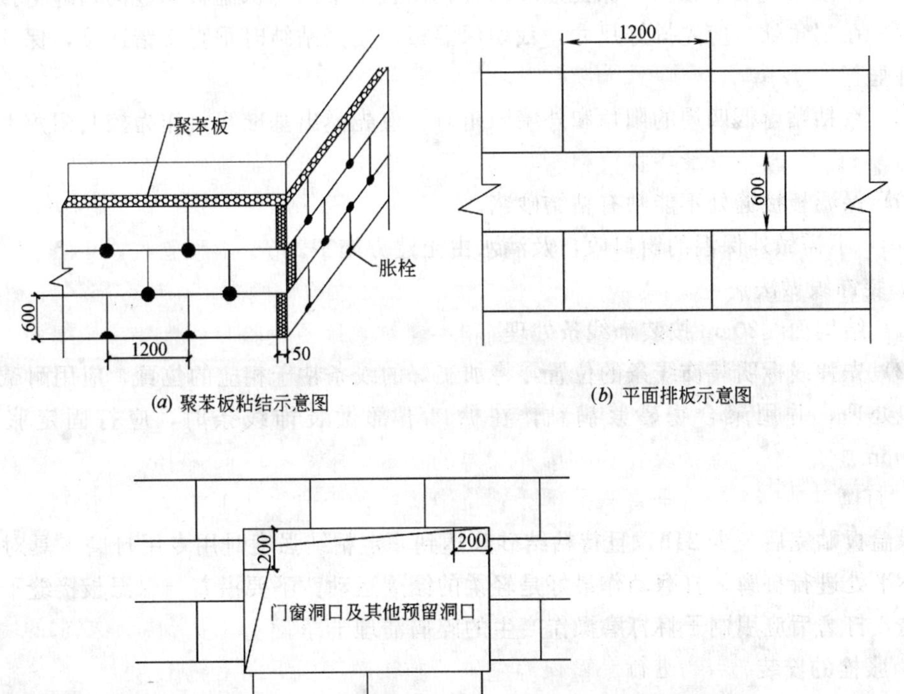

图7-4 保温板粘贴与排板

(3) 用抹子在每块聚苯保温板（标准板尺寸 600mm×1200mm×80mm、18kg/m³）四周边上涂上宽约 5cm 的粘结砂浆，然后再在聚苯板同一侧中部均匀刮上 6 块直径约 10cm 的粘结点，此粘结点要布置均匀，必须保证聚苯板与基层墙面粘结面积达到 30%以上（见图 7-5）。

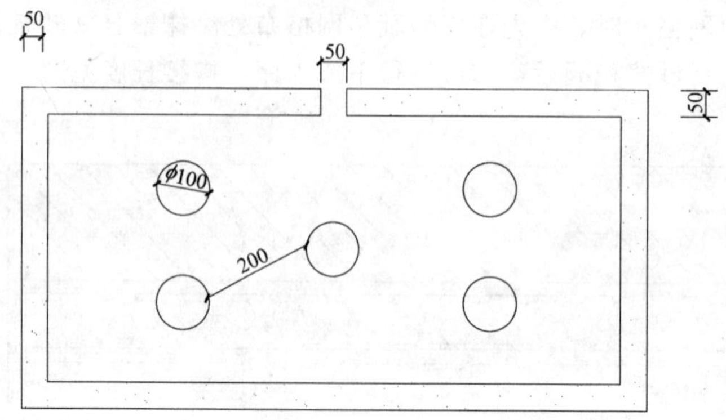

图 7-5 点框法粘结示意图

(4) 涂好后立即将保温板贴在墙上，动作要迅速，以防止胶粘剂结皮而失去粘结作用。

(5) 保温板贴在墙上时，应用 2m 靠尺进行压平操作，保证其平整度和粘结牢固。板与板之间要挤紧，超过 2mm 的缝隙用聚苯条塞平并打磨平。

(6) 保温板应水平粘贴，保证连续结合，而且上下两排保温板应竖向错缝搭接。

(7) 在拐角处，应先排好尺寸，裁切保温板，使其粘结时垂直交错连接，保证拐角处顺直且垂直。

(8) 在粘贴窗框四周的阳角和外墙阳角时，应先弹出基准线，作为控制阳角上下竖直的依据。

(9) 保温板接缝处不能粘有粘结砂浆。

(10) 不需做外保温的窗口收口及滴水由土建方施工。

6. 装饰线做法

(1) 结构面≤20cm 按装饰线条处理。

(2) 先弹线标明装饰线条的位置，将加工好的线条粘于相应的位置，应用耐碱玻纤网做翻包处理，并用聚合物砂浆满粘，在檐口下部做装饰线条时，应打固定胀栓，间距 600mm。

7. 打磨

保温板贴完后至少 24h，且待粘结砂浆达到一定粘结强度时用专用打磨工具对保温板表面不平处进行打磨，打磨动作最好是轻柔的圆周运动，不要沿着与保温板接缝平行的方向打磨，打磨后应用刷子将打磨操作产生的碎屑清理干净。

8. 胀栓的安装

(1) 胀栓的规格：孔径 ϕ6，长度 140mm。

(2) 使用电锤进行打孔以安装尼龙胀栓。结构墙体上孔深应在 5cm 左右，呈梅花状布置。

(3) 打孔后，将胀栓的塑料圆盘装入孔中，尼龙胀栓应在粘贴保温板的聚合物粘结砂浆初凝后，方能钻孔安装，见图 7-6。

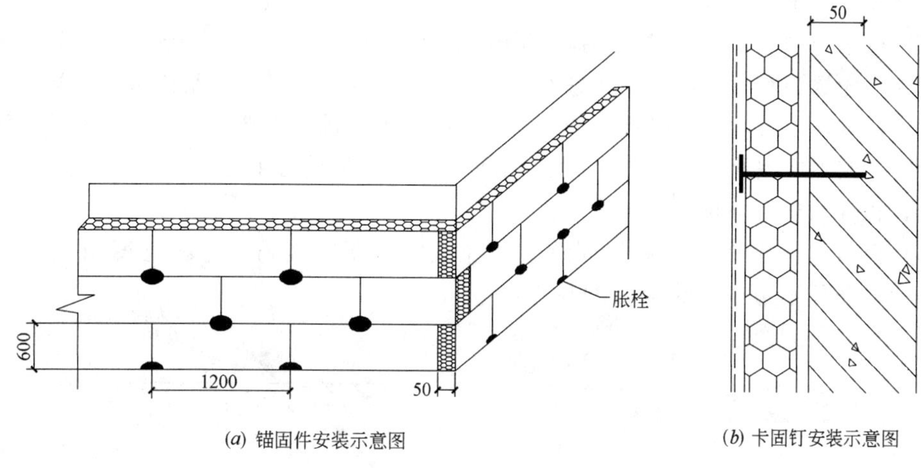

(a) 锚固件安装示意图　　(b) 卡固钉安装示意图

图 7-6 胀栓安装示意图

(4) 胀栓数量：2 个/m^2。

9. 配制抹面砂浆

(1) 将粉料与水按 4∶1 重量比配制，用电动搅拌器搅拌均匀，一次配制用量以 2h 内用完为宜，集中搅拌，专人定岗。

(2) 配制好的砂浆注意防晒、防风。

(3) 超过可操作时间不准再度加水使用，作为废料处理。

10. 铺设网格布及聚合物砂浆罩面

(1) 在铺设网格布前，应检查聚苯板是否干燥、平整是否达到标准要求。

(2) 网的搭接量：平面搭接不小于 100mm，阳角搭接不小于 200mm，阴角搭接不小于 100mm，见图 7-7。

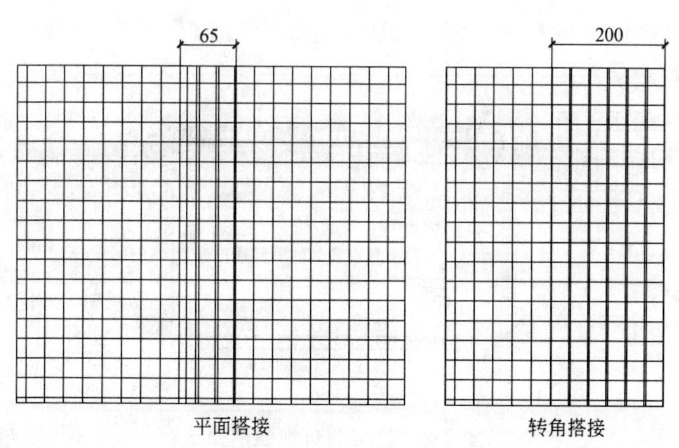

图 7-7 网格布搭接

(3) 保温板面上抹底层抹面砂浆，厚度 2mm 左右，立即压入耐碱玻璃纤维网格布。将网格布绷紧后贴于底层抹面砂浆上，用抹子由中间向四周把网格布压入砂浆的表层，要平整压实，严禁网格布皱褶。网格布不得压入过深，表面必须暴露在底层砂浆之外。

(4) 单张网格布长度不宜大于6m。铺贴遇有搭接时，必须满足横向100mm、纵向80mm的搭接长度要求。

(5) 待聚合物砂浆表干时，再抹一道抹面砂浆罩面，厚度1～2mm，仅以覆盖网格布微见网格布轮廓为宜。面层砂浆切忌不停揉搓，以免形成空鼓。砂浆抹灰施工间歇应在自然断开处，方便后续施工的搭接，如伸缩缝、阴阳角、挑台等部位。在连续墙面上如需停顿，面层砂浆不应完全覆盖已铺好的网格布，底层砂浆呈台阶形坡槎，留槎间距不小于150mm，以免网格布搭接处平整度超出偏差。

(6) 拐角部位网格布要保持连续性，并从两边双向绕角。包墙宽度阳角处不小于200mm，阴角处不小于100mm，见图7-8。

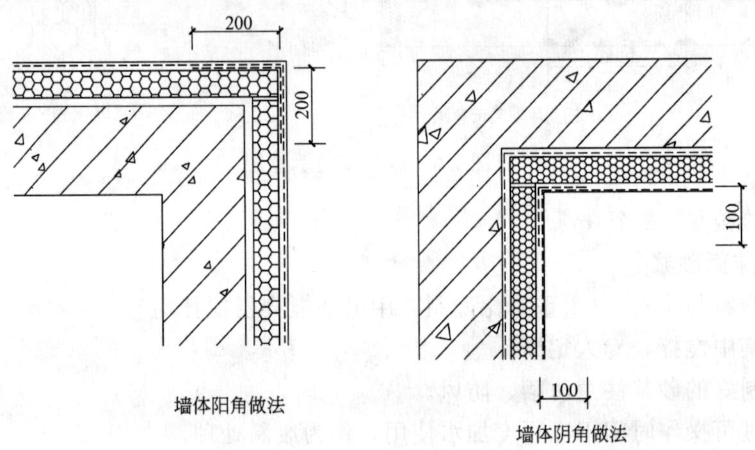

图7-8 阳阴角做法

(7) 当遇到门窗洞口时，在洞口四角处沿45°方向做加强网，尺寸400mm×200mm；在四角内侧阴角加铺与保温等宽标准网，长度每边100mm，防止开裂，见图7-9。

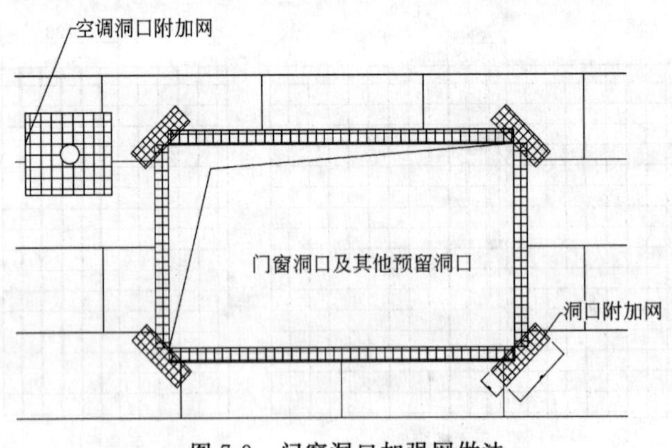

图7-9 门窗洞口加强网做法

(8) 整个罩面聚合物砂浆厚度3～5mm，罩面砂浆施工完毕后，至少静置24h，方可进行下道工序。

(9) 在一、二层外墙按上述方法再加铺一层标准网，以起到局部加强的目的，聚合物砂浆总厚度5～7mm。

7.2.5 具体节点

见北京市地标《外墙外保温施工技术规程（聚苯板玻纤网格布聚合物砂浆做法）》（DBJ/T 01—38—2002）附录A。

7.2.6 质量标准、施工质量要求和分项验收

见本书第8章。

7.2.7 真石漆主要性能及施工验收

1. 真石漆简介

“真石漆”是以纯天然石粉配以优质乳液精心制作而成的，具有自然色，而不是经人工调配而成的，给人以质朴、庄重、典雅的特殊美感，使所装饰的建筑物完全融入大自然之中。

真石漆还具有一般涂料没有的功能，防火、耐污染、无毒、无味、永不褪色等特点，能有效的阻止恶劣环境对建筑物表面的侵蚀。另外，还具有优异的附着力和耐冻融性，可用于混凝土、水泥砂浆、石棉板等多种基材。

（1）工序安排

5月底6月初开始进行真石漆施工，按整立面开始施工，由上到下进行，真石漆施工初期枪手4人、油漆工10人进场，6月中保温墙面大面积验收后，再上枪手8人，油漆工30人，保质按期完成施工任务。

（2）主要性能

1）涂层耐温变：10次无异常。

2）耐玷污性：5次循环后2级。

3）耐水性：常温浸泡96h无异常。

4）耐碱性：96h无异常。

5）耐老化：500h无开裂；储存稳定性：常温6个月。

（3）耗用定额

4～5kg/m^2，根据装饰效果不同而定。

（4）施工方法及注意事项

1）基层含水率8%以下，基层如有较大缺陷，用原材质找平。

2）为提高附着力，应使用封底漆，用量5～7kg/m^2，喷涂前基层要求干燥、坚实、无浮尘、无油污、较平整。

3）施工前把真石漆搅拌均匀，使用真石漆专用喷枪，如有特殊花纹要求可用双嘴喷枪或多枪混合喷涂。

4）喷涂压力0.4～0.8MPa，喷涂距离为0.4～0.8m，喷涂中应使喷枪与墙面保持垂直，沿水平方向和垂直方向各均匀喷涂一遍，一般两遍成活。

5）彻底干燥后（最少24h），可涂刷罩面清漆，用量0.25kg/m^{2}左右，一般两遍成活。

6）施工温度5℃以上，避免雨天和大风天施工。

（5）真石漆的验收

真石漆成活后质量应符合表7-3的规定。

真石漆质量要求 表7-3

序号	项　目	标　准
1	漏涂、漏喷、透底	不允许
2	掉粉、起皮	不允许
3	分隔条	平直
4	颜色	颜色均匀一致

2. 平涂涂料性能指标及施工验收

本涂料是以优质的丙烯酸乳液，配以各种助剂和优质颜、填料组成的外墙涂料。具有多种颜色可供选择，涂刷效果优异。

（1）工序安排：5月底6月初开始进行平涂施工，按整立面开始施工，由上到下进行，平涂涂料施工初期，油漆工10人进场，6月中保温墙面大面积验收后，再上油漆工30人，保质按期完成施工任务。

（2）性能指标：

1）涂料均匀无结块，成膜温度5℃，固含量大于45%。

2）涂膜表干时间：25℃，60RH%，1h。

3）耐水性：常温水浸泡96h无异常。

4）耐碱性：饱和氢氧化钙溶液浸泡48h无异常。

5）耐擦洗：1000次无异常。

6）耐老化：400h。

（3）耗用定额：0.25～0.5kg/m^2。

（4）施工方法及注意事项：

1）基层要求：无浮尘、油污、松动、pH值小于10，含水率8%以下。基层如不平要用原材质找平或腻子找平。

2）采用封底漆，加固基层，用量0.25～0.5kg/m^2。

3）如料稠可用少量净水稀释，加量3%～5%左右。

4）可采用多种施工方法，要求做到均匀一致，不流挂，不漏涂，一般两遍成活。

5）施工温度5℃以上，大风及雨天禁止施工。常温贮存6个月。

（5）涂料分项验收：涂料工程待涂层完全干燥后，方可进行验收。检查数量按面积抽检10%，验收时应检查所用的材料品种、颜色是否符合设计要求，施涂涂料表面的质量应符合表7-4规定。

施涂涂料表面的质量要求 表7-4

序号	项　目	标　准
1	漏涂、透底	不允许
2	掉粉、起皮	不允许
3	返碱、咬色	不允许
4	颜色	颜色一致

7.2.8 各项保证措施

1. 外部保证条件

项目实施阶段，进度控制至关重要。首先应做好施工现场场地、道路、水电、通讯等准备工作，消除前期工作对延误工期的影响，为工程施工创造一个良好的外部条件。

2. 内部保证条件

在施工管理中创造良好的施工环境，科学安排各工序，厂内及时安排材料的运输，更好的为施工服务，为保障工期创造良好的内部条件。

3. 组织体系保证

建立强有力的工程管理组织机构，配备具有丰富施工实践经验和较高理论水平的高层次专业技术人员和专业工程管理人员，见图7-10。

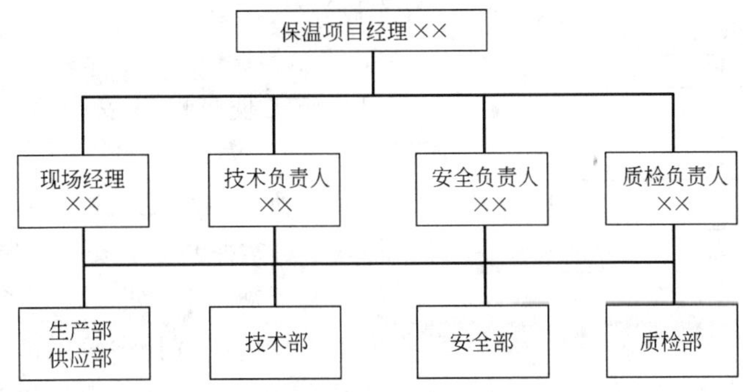

图7-10 施工组织体系

4. 工程进度计划保证

对工期及各项资源投入实行动态管理，根据合同规定的工期编制总进度计划并定出过程中的控制节点，加强监控。总进度计划要充分结合技术方案的进度要求，确保施工的最佳均衡。并加大现场管理、组织和协调工作的力度，确保整个现场能在统一指挥、统一组织、统一调度下，有条不紊的作业。进度计划确定以后，要在整个生产活动中定期和不定期的检查，并定期召开现场调度会，以便及时解决矛盾和增强协调力度（进度计划表略）。

5. 施工管理保障

分区段进行管理，每一区段安排足够的劳动力，运用均衡流水施工工艺合理的安排工序，按照施工工序程序的要求，充分争取时间和充分利用时间，争取空间来科学的组织施工，确保施工的均衡性，使各道工序搭接紧凑，避免窝工现象出现，保证工程进度。

6. 施工技术保证

技术人员认真阅读图纸，制定合理有效的施工方案，保证工序在符合设计及施工规范的前提下进行，避免返工现象，从而影响工期。

7. 质量保证

在工序施工过程中严格、细致、认真检查，将一些质量隐患消灭在萌芽状态中，防止出现事后返工现象［附质量保证体系图（图略—编者注）］。

8. 材料保证

技术人员根据图纸及时上报材料计划，保证在工序施工之前材料提前进场，杜绝因材料原因影响施工正常进行。

7.2.9 成品保护

(1) 翻拆架子时，架子工应防止破坏已抹好的墙面，并采取有效的保护措施。其他工种作业时不得污染或损坏墙面，如有污损由责任方补偿相应的修复费用，严禁踩踏窗口。

(2) 各构造层在砂浆凝结前应防止水冲、撞击、振动。

7.2.10 安全措施及文明施工措施

1. 设立领导小组

设立安全及消防领导小组，定期或不定期对施工现场进行检查，发现问题及时解决(图7-11)。

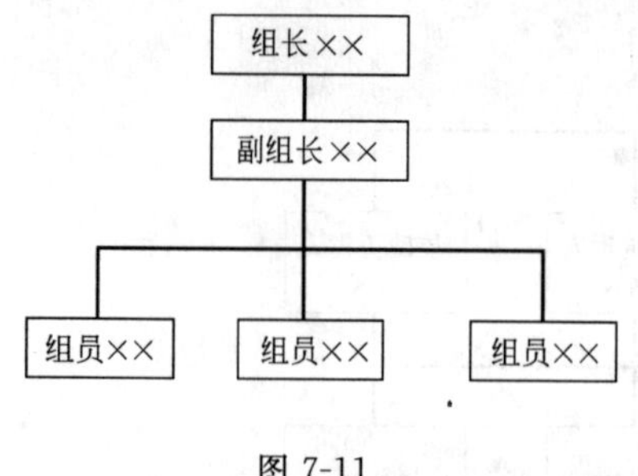

图7-11

2. 安全措施

(1) 施工现场配备安全员，持证上岗，责任明确。

(2) 对所有进场工人进行安全教育，并进行考试。使其了解掌握基本的安全知识、提高安全意识。

(3) 脚手架安装完毕后，进行安全检查，合格后方可上人。施工过程中每周进行一次安全检查。

(4) 在2m（含2m）以上施工时，必须系好安全带；高处作业不得穿硬底和带钉易滑的鞋，不得向外投掷物料，严禁赤脚穿拖鞋、高跟鞋进入施工现场。

(5) 施工现场行走要注意安全，不得攀登脚手架、井字架、外用电梯。禁止乘坐非乘人的垂直运输设备上下。

(6) 施工人员进入现场必须戴安全帽，杜绝在脚手架上吸烟、打闹等现象。

(7) 配电系统设立三级配电：总配电箱、分配电箱、开关箱。

(8) 电闸箱上锁，钥匙由专人保管，并做到一机、一闸、一漏保。

(9) 聚苯板、耐碱玻纤网存放地点远离火源。

3. 文明施工措施

(1) 现场施工：下脚料、废料随时清理到总包指定的位置，由总包统一清运，原材料码放整齐，保持现场干净整洁。

(2) 工人宿舍打扫干净，一周消毒一次，管理人员随时进行检查，工人食堂配备消毒桶，保证工人健康，工人排队领饭。

(3) 节约用水、用电，使“节约”二字深入人心。

4. 雨天的防护措施

(1) 聚苯板应采取防雨、防潮措施，应在干燥的库房内成捆码放。

(2) 聚合物砂浆存放注意防潮，以免受潮结块。

(3) 网格布应成捆存放在干燥的库房内。

(4) 雨天，外保温、涂料、真石漆均不得施工，如施工中突遇降雨，应采取有效的措施保护未干的墙面，如毡布遮挡。

7.3 工程实例2——胶粉聚苯颗粒保温浆料涂料饰面施工方案

7.3.1 适用范围

本方案适用于在各种基层墙体上使用胶粉聚苯颗粒保温浆料作为保温层，外饰面为涂料饰面的外墙外保温体系的施工作业控制，胶粉聚苯颗粒保温层厚度应按设计要求施工。该外墙外保温体系构造简介如下：胶粉聚苯颗粒外墙外保温体系由界面层、保温层、抗裂防护层和饰面层组成。界面层由聚合物水泥砂浆组成，可有效地提高体系与基层的粘结强度。保温层由胶粉料和聚苯颗粒轻骨料加水搅拌成浆料，抹于墙体表面，形成无空腔保温层。抗裂防护层由柔性聚合物水泥抗裂砂浆复合耐碱涂塑玻纤网格布构成，形成了面层耐候性良好、耐温变性良好，具有柔性变形、抗裂及防水功能的抗裂防护层。饰面由柔性耐水腻子和具有一定柔韧性能的外墙涂料进行装饰。饰面为涂料的胶粉聚苯颗粒外墙外保温体系基本构造做法如图7-12。

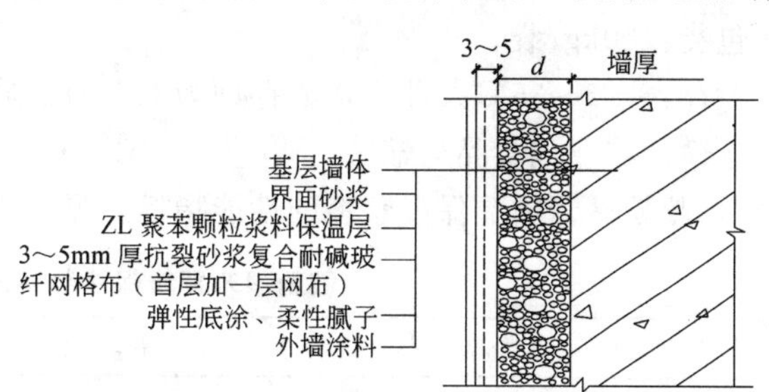

图7-12 胶粉聚苯颗粒外墙外保温涂料饰面体系构造图

7.3.2 编制依据

工程设计图纸及说明；

《民用建筑热工设计规范》(GB 50176—93)；

《民用建筑节能设计标准（采暖居住建筑部分）》(JGJ 26—95)；

北京市地方标准《居住建筑节能设计标准》(DBJ 01—602—2004)；

《建筑装饰装修工程质量验收规范》(GB 50210—2001)；

《建筑工程施工质量验收统一标准》(GB 50300—2001)；

《砌体工程施工质量验收规范》(GB 50203—2002)；

《混凝土结构工程施工质量验收规范》(GB 50204—2002)；

《胶粉聚苯颗粒外墙外保温系统》(JG 158—2004)；

《外墙外保温施工技术规程（胶粉聚苯颗粒保温浆料玻纤网格布砂浆做法）》(DBJ/T 01—50—2002)；

《外墙外保温建筑构造（一）》(02J121－1)；

《胶粉聚苯颗粒保温材料外墙外保温施工工法》(YJGF41—2000)；

华北标办《建筑构造专项图集—胶粉聚苯颗粒保温》(88JZ6)；

华北标办《建筑构造专项图集—外墙外保温（节能65%）》(88JZ13)。

7.3.3 施工准备

1. 材料准备

(1) 胶粉聚苯颗粒保温浆料涂料饰面做法常用材料的主要性能应满足下列指标要求，并在材料进场后施工展开前，将由国家法定检测部门出具的有效期内的第三方检测报告报总包方备案，同时应报验材料出厂检验合格证和产品包装规格及贮运注意事项。

1) 干拌建筑基层界面砂浆主要技术指标，见（表7-5）及存运要求。

干拌建筑基层界面砂浆主要技术指标　　表7-5

项　　目		单　位	指　标
界面砂浆压剪粘结强度	原强度	MPa	≥0.70
	耐水	MPa	≥0.50
	耐冻融	MPa	≥0.50

包装：50kg/袋。

贮存：－5～35℃条件下，贮存期为6个月。防潮、防雨。

运输：按非危险品运输。

2) 胶粉聚苯颗粒保温浆料的性能指标，见（表7-6）及贮运要求。

胶粉聚苯颗粒保温浆料的性能指标　　表7-6

项　　目	单　　位	指　　标
湿表观密度	kg/m^3	≤420
干表观密度	kg/m^3	180～250
导热系数	W/(m·K)	≤0.06
蓄热系数	$W/(m^2·K)$	≥0.95
抗压强度	kPa	≥200
压剪粘结强度	kPa	≥50
线性收缩率	%	≤0.3
软化系数	—	≥0.5
难燃性	—	B_1

包装：25kg/袋。

贮存：－5～35℃条件下，贮存期为6个月。防潮、防雨。

运输：按非危险品办理。

3) 聚苯颗粒轻骨料主要技术性能（表7-7）及贮运要求。

聚苯颗粒轻骨料主要技术性能　　表7-7

项　　目	单　　位	指　　标
堆积密度	kg/m^3	8.0～21.0
粒度(5mm筛孔筛余)	mm	≤5

包装：200L/袋。

贮存：包装后应放置在阴凉处，防止日晒和雨淋。

运输：防止划损包装，以防包装物破损。交付时应注意与各种型号的保温胶粉料配套清点，按非危险品办理。

4）干拌抗裂砂浆Ⅰ性能指标，见（表7-8）及贮运要求。

干拌抗裂砂浆Ⅰ性能指标 表7-8

项目		单位	指标
使用时间		h	≥1.5
与水泥砂浆粘结强度	原强度	MPa	≥0.7
	浸水后	MPa	≥0.5
压折比		—	≤3.0

包装：50kg/袋。

贮存：－5～35℃条件下，贮存期为6个月。防潮、防雨。

运输：按非危险品办理。

5）耐碱涂塑玻纤网格布主要性能指标，见（表7-9）及贮运要求。

耐碱涂塑玻纤网格布主要性能指标 表7-9

项目	单位	指标
外观	—	合格
长度、宽度	m	50～100、0.9～1.2
网孔中心距	mm	4×4
单位面积重量	g/m^2	≥160
断裂强力(经、纬向)	N/50mm	≥1250
耐碱强力保持率(经、纬向)	%	≥90
断裂伸长率(经、纬向)	%	≤5
涂塑量	g/m^2	≥20
玻璃成分	%	符合JC 719的规定，其中 ZrO_2 14.5±0.8，TiO_2 6±0.5

包装：100m/卷。

贮存：防晒、防潮，立式码放。

运输：按非危险品办理。

6）高弹底涂主要技术指标，见（表7-10）及贮运要求。

高弹底涂主要技术指标 表7-10

项目		单位	指标
容器中状态		—	搅拌后无结块，呈均匀状态
施工性		—	刷涂无障碍
干燥时间	表干时间	h	≤4
	实干时间	h	≤8
断裂伸长率		%	≥100
表面憎水率		%	≥98

包装：50kg/桶。

贮存：5～30℃条件下，贮存期为6个月。防晒、防冻。

运输：按非危险品办理。

7）柔性耐水腻子主要性能指标，见（表7-11）及存运条件。

柔性耐水腻子主要性能指标 表7-11

项目		单位	指标
容器中状态		—	无结块、均匀
施工性		—	刮涂无障碍
干燥时间(表干)		h	≤5
打磨性		—	手工可打磨
耐水性 96h		—	无异常
耐碱性 48h		—	无异常
粘结强度	标准状态	MPa	≥0.60
	冻融循环(5次)	MPa	≥0.40
柔韧性		—	直径50mm,无裂纹
低温贮存稳定性		—	-5℃冷冻4h无变化,刮涂无困难

包装：胶液60kg/桶或250kg/桶。

贮存：5～30℃条件下，贮存期为6个月。防晒、防冻。

运输：按非危险品办理。

8）配套材料主要有专用金属护角（断面尺寸为35mm×35mm×0.5mm，高h=2000mm）等。

（2）根据工程量、开工时间、工期要求等，安排适当的储存场地、搅拌场地。按合同要求组织材料进场，控制分批进场材料数量并做好材料进场记录。每批材料进场后，应将材料的数量、批次、合格证报总包方材料部门确认。材料使用时做好材料发放记录，按要求收集每批材料的出厂合格证和出厂检验报告，必要时报总包方或相关方查验。

（3）配合总包方做好进场材料复验工作，按要求收集材料的合格证、第三方检测报告，送总包方或相关方进行备案。协助总包方抽检材料单位包装重量和体积是否在误差范围内；检查包装有无破损；检查材料是否在施工有效期内。当相关方提出进场材料送第三方复检时，应通知生产公司品控部，在品控部的协助下进行第三方产品复检工作。

2. 机具准备

（1）机械准备

1）在进行保温施工前，按工程量的大小，进场工人的数量安装好容积约300L砂浆搅拌机，按现场平面布置搭设搅拌机棚，接通水电，调试正常，搅拌棚的地点应选择背风向，靠近垂直运输机械。搅拌棚应三侧封闭，一侧作为进出料通道，应有顶棚，地面应平整坚实。

2）保温施工若采用双排脚手架施工时，脚手架应搭设牢固，脚手板应分层铺严；若采用电动吊篮施工，电动吊篮应安装完毕，安全验收检查合格后方可使用。配套垂直运输机械宜应安装验收完毕后使用。

（2）常用工具准备

1）铁抹子：保温浆料施工宜使用抹子面积较大的矩形抹子；

2）阳角抹子、阴角抹子：保温浆料施工宜用塑料材质，抗裂砂浆宜用钢材质；

3）托灰板；

4）杠尺：铝合金杠尺长度2～2.5m和1.5m两种；

5）靠尺：木靠尺3～5cm宽，2m长单面为八字靠尺；

6）猪鬃刷：2寸；

7）方头铁锹；

8）搅拌桶：容积为20L左右的敞口搅拌桶；

9）手推车；

10）木方尺：单边长不小于15cm；

11）常用的检测工具：经纬仪及放线工具、2m托线板/杠尺、方尺、探针、钢尺等。

3. 基层准备

（1）保温施工前应会同相关部门做好结构验收的确认。外墙面基层的垂直度和平整度应符合现行国家施工验收规范要求。进行保温层隐蔽施工前应做好如下检查工作：确认墙体的平整度、垂直度允许偏差在验收标准规定之内。总包方应按要求将各墙面阳角垂直控制钢线安装完毕，高层建筑垂直钢垂线应用经纬仪复验合格。

（2）外墙面的阳台栏杆、雨漏管托架、外挂消防梯等外挂件应安装完毕并验收合格。墙面的暗埋管线、线盒、预埋件、空调孔应提前安装完毕并验收合格，并应考虑到保温层的厚度的影响。

（3）外窗辅框应安装完毕并验收合格。

（4）墙面脚手架孔、模板穿墙孔及墙面缺损处用水泥砂浆修补完毕并验收合格。

（5）混凝土梁、墙面的钢筋头和凸起物清除完毕，墙表面凸起物大于10mm应剔除。

（6）主体结构的变形缝、伸缩缝应提前做好处理。

（7）基层墙面在施工前应进行清理，清洗油渍、清扫浮灰等，既有建筑基层的旧墙面松动、风化部分应剔除干净。

4. 技术准备

（1）保温施工前施工负责人应熟悉图纸，并严格按图施工。明确保温施工部位和确认预算工程量，按工期进度要求制定施工组织设计。

（2）组织施工队进行技术交底和观摩学习，并进行施工安全教育。

（3）材料配制：保温施工前应指定专人负责材料配制，配制方法如下：

1）干拌建筑基层界面砂浆的配制。

① 配制比例：水∶干拌建筑基层界面砂浆＝(0.50～0.55)∶1(重量比)；

② 配制方法：将干拌建筑基层界面砂浆倒入按比例预先称量好的水中，用手提搅拌器或砂浆搅拌机进行搅拌，搅拌至均匀无结块后，静置5min，如有反稠现象，再适当加水搅拌到适当施工的稠度，即可使用。

2）胶粉聚苯颗粒保温浆料的配制。

① 配制比例：保温胶粉料∶聚苯颗粒轻骨料∶水＝25kg（1袋）∶200L（1袋）∶(32～36)kg。

② 配制顺序：在强制式砂浆搅拌机中先加入32～36kg水（可视具体情况调整），加入一袋净重为25kg的保温胶粉料，搅拌3～5min形成均匀的胶浆后加入体积为200L的

聚苯颗粒轻骨料，再继续搅拌3～5min形成均匀的浆状体，即可施工。

3）干拌抗裂砂浆Ⅰ的配制。

① 配制比例：干拌抗裂砂浆Ⅰ∶水＝1∶0.24～0.26（重量比）。

② 配制顺序：将干拌抗裂砂浆倒入称量好的水中，用手提搅拌器或砂浆搅拌机进行搅拌，直至均匀无结块为止。静置5min，再稍加搅拌即可使用。

4）柔性耐水腻子的配制。

① 配制比例：胶液∶水泥＝1∶0.4（重量比）。

② 配制顺序：向柔性耐水腻子中加入水泥后机械搅拌均匀即可使用，施工时根据操作稠度的不同，配比可做适当的调整。腻子稠度以方便刮涂为宜，若物料偏稠，可兑少量胶液调整至适宜的稠度。

7.3.4 施工工艺流程

结构基层处理→吊垂直线、弹控制线、贴饼→复测基层平整度→涂刷界面砂浆→抹胶粉聚苯颗粒保温浆料→保温层验收→抹水泥抗裂砂浆随即铺压涂塑耐碱玻纤网格布→涂刷高分子乳液弹性底层涂料→抗裂防护层验收→刮抗裂柔性耐水腻子→涂料施工。

7.3.5 施工工艺说明

1. 吊垂直线、弹控制线，贴饼

保温浆料施工前应在墙面做好施工厚度标志，应按如下步骤进行贴饼：

(1) 每层首先用2m杠尺检查墙面平整度，用2m托线板检查墙面垂直度。

(2) 在距每层顶部约10cm处，同时距大墙阴、阳角约10cm处，根据大墙角已挂好的钢垂直控制线厚度，用界面砂浆粘贴5cm×5cm聚苯板块作为标准贴饼。

(3) 待标准贴饼固定后，在两水平贴饼间拉水平控制线，具体做法为将带小线的小圆钉插入标准贴饼，拉直小线，使小线控制比标准贴饼略高1mm，在两贴饼之间按1.5m间隔水平粘贴若干标准贴饼。

(4) 用线坠吊垂直线在距楼层底部约10cm，大墙阴/阳角10cm处粘贴标准贴饼（楼层较高时应两人共同完成）之后按间隔1.5m左右沿垂直方向粘贴标准贴饼。

(5) 每层贴饼施工作业完成后水平方向用2～5m小线拉线检查贴饼的一致性，垂直方向用2m托线板检查垂直度，并测量灰饼厚度，作记录，计算出超厚面积工程量。

2. 界面砂浆施工

按上述配比配好界面砂浆，用涂料滚刷将界面砂浆均匀地涂刷于混凝土墙面，注意界面砂浆层不宜施工过厚。

3. 保温浆料施工

(1) 界面砂浆基本干燥后即可进行保温浆料的施工。

(2) 在保温浆料和抗裂砂浆配制时，搅拌需设专人专职进行，以保证搅拌时间和加水量的准确。在施工现场搅拌质量可以通过观察其可操作性、抗滑坠性、膏料状态以及其测量湿表观密度等方法判断。保温浆料湿表观密度应控制在350～420kg/m^{3}之间，太稀易造成抹灰厚度过薄，太稠易造成砂浆涂抹性能太差。

(3) 保温浆料应分层作业施工完成，每次抹灰厚度宜控制在20mm左右，分层抹灰施工至设计保温层厚度，每层施工时间间隔为24h。

(4) 保温浆料底层抹灰顺序应按照从上至下、从左至右，在压实的基础上可尽量加大施工抹灰厚度，抹至距保温标准贴饼差1cm左右为宜。

保温浆料中层抹灰厚度要与标准贴饼齐平。中层抹灰后，应用大杠在墙面上来回搓抹，去高补低，最后再用铁抹子压一遍，使保温浆料层表面平整，厚度与标准贴饼一致。

保温浆料面层抹灰应在中层抹灰4～6h之后进行，施工前应用杠尺检查墙面平整度，墙面偏差应控制在±2mm。保温面层抹灰时应以修补为主，对于凹陷处用稀浆料抹平，对于凸起处可用抹子立起来将其刮平，最后用抹子分遍再赶压墙面，先用2m杠尺检验水平，后用托线板检验垂直，要求垂直度、平整度达到验收标准。

保温浆料施工时要注意清理落地浆料，落地浆料在4h内重新搅拌即可使用。

(5) 阴阳角找方应按下列步骤进行：

1) 用木方尺检查基层墙角的直角度，用线坠吊垂直检验墙角的垂直度。

2) 保温浆料的中层灰抹后应用木方尺压住墙角保温浆料层上下搓动，使墙角保温浆料基本达到垂直，然后角部用阴/阳角抹子压光。

3) 保温浆料面层大角抹灰时要用方尺、抹子反复测量抹压修补操作，确保垂直度±2mm，直角度±2mm。

4) 门窗侧口的墙体与门窗边框连接处应预留出相应的保温层的厚度，并对已做好的门窗边框表面成品进行保护。

5) 门窗辅框安装验收合格后方可进行门窗口部位的保温抹灰施工，门窗口施工时应先抹门窗侧口、窗上口部分的保温层，再抹大墙面的保温层。窗台口部分应先抹大墙面的保温层，再抹窗台口部分的保温层。施工前应按门窗口的尺寸截好单边八字靠尺，作口应贴尺施工以保证门窗口处方正与内、外尺寸的一致性。

(6) 做门、窗口滴水槽应在保温浆料施工完成后，在保温层上用壁纸刀沿线划开设定宽度的凹槽，槽深15mm左右，先用抗裂砂浆填满凹槽，然后将滴水槽嵌入预先划好的凹槽中，并保证与抗裂砂浆粘结牢固，收去滴水槽两侧沿口浮浆，滴水槽应镶嵌牢固、水平。滴水槽施工时应注意槽镶嵌的位置距窗侧口的墙面不应大于2cm，距外保温墙面不应超过3cm。

(7) 保温浆料施工完成后应按检验批的要求做全面的质量检验。在自检合格的基础上，整理好施工质量记录报总包方和相关方进行隐蔽检查验收。

4. 抗裂层施工

(1) 待保温层施工结束3～7d后（强度达到用手掌按不动墙面为判断标准）且保温层厚度、平整度隐蔽验收合格以后，方可进行抗裂层施工。

(2) 抗裂层施工前应先将耐碱涂塑玻纤网格布按楼层高度分段裁好，将网格布裁成长度3m左右的布块，网格布包边应剪掉。

(3) 按施工配比要求配制搅拌抗裂砂浆，注意砂浆应随搅随用严禁使用过时砂浆。现场用砂时应过2.5mm的筛网，否则抗裂砂浆层过于粗糙影响工程质量。

(4) 抹抗裂砂浆时，厚度应控制在3～5mm，抹完宽度、长度相当于网格布面积的抗裂砂浆后应立即用铁抹子将耐碱玻纤网格布压入新抹的抗裂砂浆中。网布之间搭接宽度应不小于50mm，先将底部网格布搭接处压入抗裂砂浆中，然后再抹一些抗裂砂浆将上面搭接的网格布压入抗裂砂浆中，搭接处要充满抗裂砂浆，严禁在网格布搭接处不抹抗裂砂浆或不满抹抗裂砂浆干搭现象，最后要沿网格布纵向用铁抹子再压一遍收光，消除面层的抹子印。网格布压入程度以可见暗露网眼，但表面看不到裸露的网格布为宜。

(5) 阴角处耐碱网格布要单面压槎搭接，其宽度应不小于150mm。阳角处应双向包角压槎搭接，其宽度应不小于200mm。网格布施工时分架子情况可横行铺贴施工，也可竖向铺贴施工，但要注意要顺槎顺水搭结，严禁逆槎逆水搭结。

(6) 网布铺贴要紧贴墙面保证平整，无褶皱，砂浆饱满度应达到100%，不应出现大面积露布之处，大墙面要抹平、找直，阴阳角处要保证方正和垂直度。

(7) 首层墙面应铺贴双层耐碱网格布，第一层铺贴网格布，网格布之间应采用对接方法进行铺贴（不搭接）。一层铺贴施工完成后，进行第二层网格布铺贴，铺贴方法如前所述。两层网格布之间的抗裂砂浆应饱满，严禁干贴。

(8) 建筑物首层外保温应在阳角处双层网格布之间设专用金属护角，护角高度一般为2m。在第一层网格布铺贴好后，应放好金属护角，用抹子在护角孔处拍压出抗裂砂浆，抹第二遍抗裂砂浆压网格布，网格布覆盖包裹住护角，保证护角部位坚实牢固抗冲击。

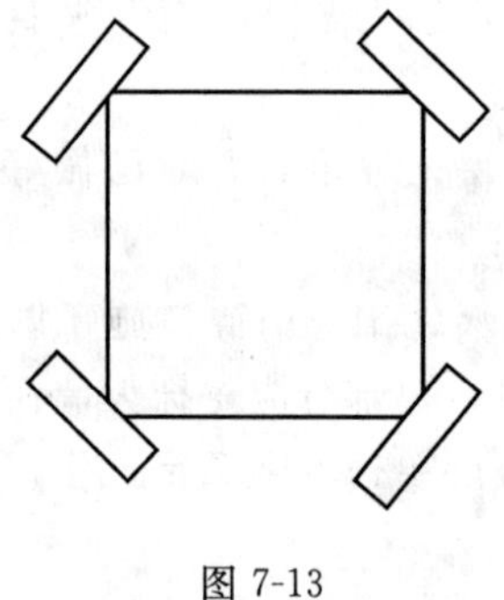

图 7-13

(9) 大面积铺贴网格布之前，应在门窗洞口处沿45°角方向先粘贴一道网格布，网格布尺寸宜为300mm×400mm。粘贴部位如图7-13所示。

(10) 抗裂面层口角处需做压平修整时，可用鬃刷蘸取适量水涂刷新抹抗裂砂浆表面后再进行压光作业，可有效地防止抗裂砂浆粘抹子。压后窗台口处要平直，不要有毛刺，窗口阳角应用阳角抹子赶压修整顺直。

(11) 抗裂层施工完成后应按检验批的要求对工程质量进行全面检查，检查方法同保温层平整度、垂直度检验方法。在自检合格的基础上，整理好施工质量记录报总包方和相关方进行隐蔽检查验收。

(12) 抗裂砂浆抹完后，严禁在此面层上抹普通水泥砂浆腰线、套口线或刮涂刚性腻子等达不到柔性指标的外装饰材料。

5. 涂刷高弹底涂

高弹底涂具有养护功能，宜在抗裂层施工完初凝后2h进行涂刷。

6. 刮柔性耐水腻子修补

待抗裂砂浆基层干燥后，保温抗裂层验收合格后方可进行饰面层施工，对平整度达不到装饰要求的部位应刮柔性耐水腻子进行找补。这些部位包括：平整度不够的墙面、阴角、阳角、色带以及需要找平的部位。涂刮耐水腻子找平施工时，应用靠尺对墙面及找平部位进行检验，对于局部不平整处，应先刮柔性耐水腻子进行修复，刮涂柔性耐水腻子宜在柔性耐水腻子未干前进行打磨，打磨柔性耐水腻子宜用0号粗砂纸加打磨板进行打磨。大面积涂刮腻子应在局部修补之后进行，大面积涂刮腻子宜分两遍进行，但两遍涂刮方向应相互垂直。

7.3.6 质量标准、施工质量要求和分项验收

见本书第8章。

7.3.7 成品保护

(1) 门窗框残存砂浆应及时清理干净。严禁踩踏窗台，防止损坏棱角。

(2) 拆除架子时架管注意不要碰击保温墙面以免造成防护层损伤，以及撞坏门窗口角和墙角。

(3) 应保护好墙上的预埋件、电线槽、盒、外挂雨漏管和预留空调孔洞等。

(4) 各构造层硬化前严禁水冲、撞击和挤压。

(5) 吊篮作业施工时要注意对吊篮边框做好防撞击防护措施，以免刮蹭墙面，造成保温面层的损坏。

(6) 其他交叉作业施工，如散水、屋面防水及非保温部位的外装饰抹灰要注意不要污染已做好的保温墙面。

7.3.8 易出现的问题及措施

1. 保温浆料和易性不好，施工性能不理想，主要原因有如下几条：

(1) 搅拌机转速不够，搅拌时间不足，应选择大于60转/min的搅拌机，每台搅拌机可供15人左右抹灰施工，搅拌机数量不足搅拌时间太短会造成浆料不粘。

(2) 加水量不准造成的，加水搅拌时应有专人计量控制严禁随意调整水量。

(3) 注意一次搅拌量的控制，搅拌时每盘的搅拌量以一组保温量为宜，不宜多搅。

2. 保温浆料施工过程中保温层平整度的控制是提高工程质量的关键，若保温层的平整度不达标，防护面层的平整度将很难达标，保温浆料施工后应严格检验修整，达标后方可进行抗裂防护层施工。

3. 抗裂砂浆搅拌用砂应按要求过筛，否则会造成面层粗糙，装饰找平用柔性耐水腻子用量超标。

4. 抗裂砂浆搅拌时应严格控制配比，严禁使用过时砂浆。使用过时砂浆和搅拌配比不准确是造成局部面层开裂的主要原因。

5. 抗裂砂浆表面需进行压光操作时，面层应适量刷水，否则无法施工。

6. 网格布铺贴率应达100%，若表面出现有规则性的直线裂缝，其主要原因为网格布铺贴不到位，或网格布之间干搭接造成的。表面若出现不规则裂缝，主要原因是面层抗裂砂浆配比不准或面层使用了达不到柔性指标的材料。

7.3.9 胶粉聚苯颗粒保温浆料面砖饰面施工

1. 适用范围

适用于粘贴面砖外保温后锚固方案，保温层厚度为3cm。

2. 工程材料

除下列材料及其配制外，其余可参见胶粉聚苯保温浆料涂料饰面部分。

(1) ××面砖勾缝胶主要技术性能指标见表7-12及贮运条件。

××面砖勾缝胶的主要技术性能指标　　表7-12

项目		单位	指标
外观		—	均匀一致
颜色		—	与标准样一致
不透水性0.3MPa,0.5h		—	不透水
凝结时间	初凝时间	h	≥2
	终凝时间	h	≤24
拉伸胶接强度	常温常态14d	MPa	≥0.70
	耐水(常温常态14d,浸水48h,放置24h)	MPa	≥0.50
压折比(抗压强度/抗折强度)		—	≤3

5～30℃条件下贮存，贮存期6个月；防晒；按非危险品办理运输。

(2) 配套附件包括60mm长尼龙胀栓、电锤、密封膏、密封条、四角金属网等应分别符合相应的产品标准的要求。

(3) ××保温墙面砖专用粘粘砂浆的配制：××保温墙面砖专用胶液：中砂：水泥按0.8：1：1（重量比）。可根据实际情况适当调整面砖专用胶液用量，砂浆使用过程中严禁加水。

(4) ××面砖勾缝胶的配制：在××面砖勾缝胶中加入25%的水搅拌均匀。

3. 胶粉聚苯颗粒保温浆料面砖饰面施工工艺流程

(1) 饰面粘贴面砖做法

门窗洞口剔凿→基层涂刷界面砂浆→吊垂直、做饼、做口→抹保温浆料→抹第一遍抗裂层→贴钢丝网、下胀栓、固定钢丝网→抹第二遍抗裂砂浆→粘贴面砖→勾缝。

(2) 局部线角饰面涂料做法

基层涂刷界面砂浆→弹控制线、做口→抹保温浆料→抹抗裂砂浆铺贴网格布→涂刷高分子弹性底漆→刮腻子→刷涂料。

4. 胶粉聚苯颗粒保温浆料面砖饰面施工工艺说明

基层处理、门窗洞口剔除→涂刷界面砂浆→吊垂直、做饼、做口→抹保温浆料→抹第一遍抗裂砂浆→固定、铺贴四角网→抹面层抗裂砂浆”工序基本同胶粉聚苯保温浆料涂料饰面部分。

(1) 粘贴面砖

1) 贴灰饼、冲筋、找规矩。从顶层开始用铁制的大线坠绷钢丝吊垂直，根据面砖的规格尺寸分层设点、做灰饼。横线以楼层为水平基线胶圈控制，竖向以四周大角为基线控制。

2) 弹线分格。按外墙砖排砖大样图，并根据墙面的具体尺寸、门窗位置、门窗洞口大小、面砖规格、灰缝大小弹出每块面砖的纵横位置线。同时进行面层贴标准点工作，以控制面层出墙尺寸及墙面垂直度和平整度。

3) 排砖。根据砖大样图进行试排，砖缝为8mm。试排时可根据现场实际情况进行调整，要求灰缝均匀。

4）贴面砖。面砖自上而下分层分段镶贴，同一层（步）可自下而上镶贴。从最下一皮砖下皮位置线先稳好靠尺以此托住第一层面砖。瓷砖砂浆的厚度为5mm左右，均匀抹在面砖的背面上，贴墙后用灰铲柄轻轻敲打，使之附线，再用开刀调整砖缝，并随时用靠尺、水平尺、线坠检查其垂直度、平整度。

5）面砖勾缝。勾缝胶粉加入25%左右的水搅拌均匀制成专用勾缝胶，面砖缝勾完后用布或棉丝擦洗干净，勾缝完毕对大面积外墙面进行检查，局部清洗后应大面积实施清洗，保证整体工程的清洁美观。

（2）特殊部位处理方法

1）外墙大面粘贴面砖的做法，见图7-14。

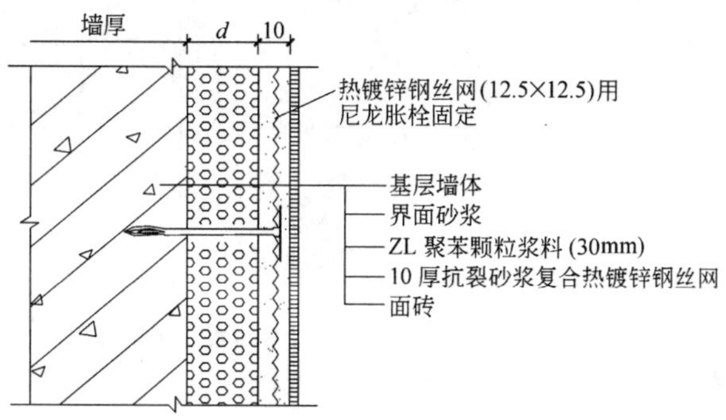

图7-14 外墙外保温贴面砖外墙基本构造

节点说明：①基层满涂界面砂浆；②抹聚苯颗粒保温浆料，厚度30mm；③抹第一遍抗裂砂浆，厚度1～3mm；④绑扎铺挂热镀锌四角网；⑤用电锤打眼，下胀栓，每平方米4个；⑥抹第二遍抗裂砂浆，厚度5～7mm；⑦粘贴面砖和勾缝。

2）外墙横线脚饰面层为涂料时的做法，见图7-15。

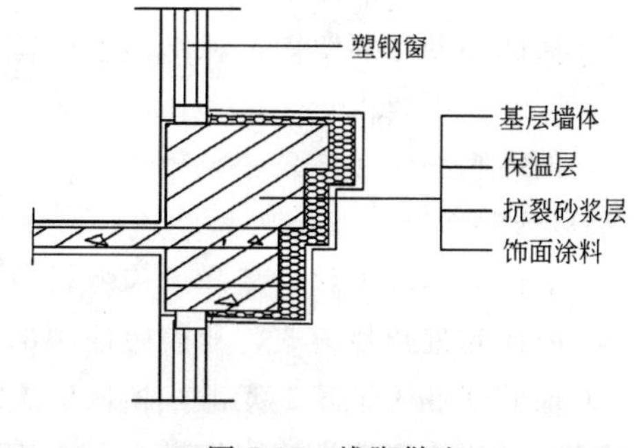

图7-15 线脚做法

节点说明：①基层满涂界面砂浆；②抹聚苯颗粒保温浆料，厚度30mm；③抹抗裂砂浆，厚度3～5mm，复合网格布；④刮柔性腻子；⑤涂刷涂料。

注：所有涂料饰面与劈离砖饰面的交接处应先施工涂料饰面的抗裂层，并且网格布延长至劈离砖饰面的保温层，长度不小于50mm，然后施工劈离砖饰面的抗裂层。

3）窗侧口抹聚苯颗粒保温浆料饰面粘贴面砖做法，见图7-16。

节点说明：①基层满涂界面砂浆；②抹聚苯颗粒保温浆料，厚度10mm；③抹第一遍抗裂砂浆1～3mm；④绑扎铺贴热镀锌四角网；⑤用钢钉固定，每侧3个（间距不小于500mm）；⑥抹第二遍抗裂砂浆5～7mm；⑦粘贴面砖。

4）勒脚做法，见图7-17。

节点说明：①基层满涂界面砂浆；②抹聚苯颗粒保温浆料，±0.000m以下200～500mm抹水泥砂浆打底；③抹第一遍抗裂砂浆1～3mm；④绑扎铺贴热镀锌四角网；⑤

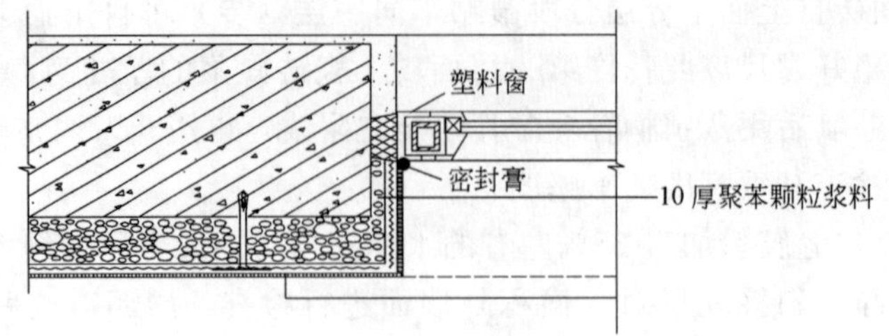

图 7-16 窗侧口

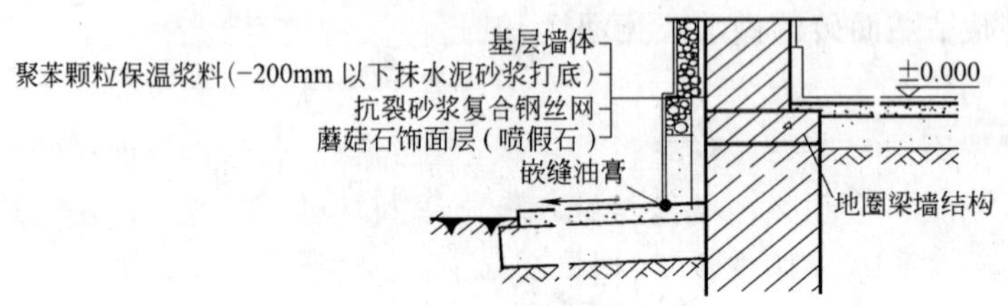

图 7-17 勒脚做法

用电锤打眼，下胀栓；⑥抹第二遍抗裂砂浆 5～7mm；⑦粘贴劈离砖或直接喷假石。

5. 面砖系统质量验收

(1) 主控项目

1) 面砖的品种、规格、颜色、性能应符合设计要求。

2) 面砖粘贴工程的找平、防水、粘结和勾缝及施工方法应符合设计要求及国家现行技术和产品标准的规定。

3) 面砖粘贴必须牢固，粘结强度应符合《建筑工程饰面砖粘结强度检验标准》(JGJ 110—1997) 标准要求。

4) 面砖粘贴应无空鼓、裂缝。

(2) 一般项目

1) 面砖表面应平整、洁净，勾缝材料色泽一致，无裂痕和缺损。

2) 阴阳角处搭接方式、非整砖使用部位应符合设计要求。

3) 面砖接缝应平整、光滑，填嵌应连续、密实；宽度和深度应符合设计要求。

4) 有排水要求的部位应做滴水线（槽）。滴水线（槽）应顺直，流水坡向应正确，坡度应符合设计要求。

(3) 面砖粘贴的允许偏差和检验方法应符合表 7-13 规定。

允许偏差和检验方法 表 7-13

项 目	允许偏差(mm)	检 验 方 法
立面垂直度	3	用 2m 托线板检查
表面平整度	4	用 2m 靠尺及塞尺检查
阴阳角方正	3	拉 5m 线，不足 5m 通线，钢尺检查
接缝直线度	3	钢尺检查
接缝高低差	1	钢尺和塞尺检查
接缝宽度	1	钢尺检查

7.4 工程实例3——现浇混凝土复合无网聚苯板外墙外保温施工（工法）

7.4.1 概述

现浇混凝土复合无网聚苯板胶粉聚苯颗粒找平外保温技术，在高层全现浇混凝土剪力墙结构中采用是国内外墙外保温技术的一种创新。其大模板复合浇筑材料一次成型工艺，省工、施工速度快、投资小、保温效果好。但此种做法也存在着一定的不足，主要表现在：由于外表面的聚苯板表面强度过低，混凝土在浇筑过程中浇筑侧压力的不同，拆模后聚苯板之间会出现不同程度错台现象。为克服上述问题，在聚苯板面层找平抹灰必须找一种导热系数、线膨胀系数和弹性模量与聚苯板协调的材料，因此本工法选择了胶粉聚苯颗粒保温浆料作为聚苯板基层抹灰找平材料。

7.4.2 特点

（1）此项节能施工技术在墙体保温中自成体系，满足了大模板体系工业化施工要求，对冬期施工墙体保温也有一定作用。

（2）该工法采用了带竖向燕尾槽并表面喷有界面剂聚苯板的做法，保证了聚苯板与现浇混凝土墙体牢固结合。

（3）该工法采用了胶粉聚苯颗粒保温浆料和聚苯板两种导热系数及线膨胀系数相近的材料，不会造成过大的热应力变形差值。胶粉聚苯颗粒保温浆料弹性模量低、收缩率低，而且含有大量纤维，具有一定的抗裂功能，这就能使胶粉聚苯颗粒保温浆料能在聚苯板基层上形成一个整体。

（4）该工法采用喷砂界面剂的办法解决了界面粘结问题。喷砂界面剂是对聚苯板有很强粘着能力的乳液，复合水泥合成均匀的浆状，施工时用不少于10kg/m^2 的气压将材料喷于聚苯板表面，该工法从而形成粘结牢固的界面层，喷砂界面剂增强了两界面的粘结强度，提高抹灰层的可靠性。

（5）该系统防护层采用抗裂砂浆复合涂塑耐碱玻纤布防护层，抗裂砂浆增添了柔性变形的性能；含锆玻纤网布耐碱强度保持率高；网布经纬向抗拉强度基本一致，所受变形应力均匀向四面分散。

（6）面层采用硅橡胶高弹涂层特点：憎水、透气，可使保温层有很好的防雨功能，且有一定的水蒸气渗透性。

7.4.3 适用范围

现浇混凝土复合无网聚苯板胶粉聚苯颗粒找平外保温工法适用于多层、高层建筑现浇钢筋混凝土剪力墙结构外墙保温工程，尤其适用于大模板施工的工程。

7.4.4 材料性能

（1）聚苯板为阻燃型聚苯乙烯泡沫塑料板，其性能参见本章第2小节相关内容。

聚苯板厚度满足设计要求，首层板高为层高加200mm，其他层板高为层高，宽1.2m，聚苯板在施工前应预先加工好1cm深的纵向燕尾槽（图7-18），并且聚苯板正反两面必须滚刷界面砂浆。

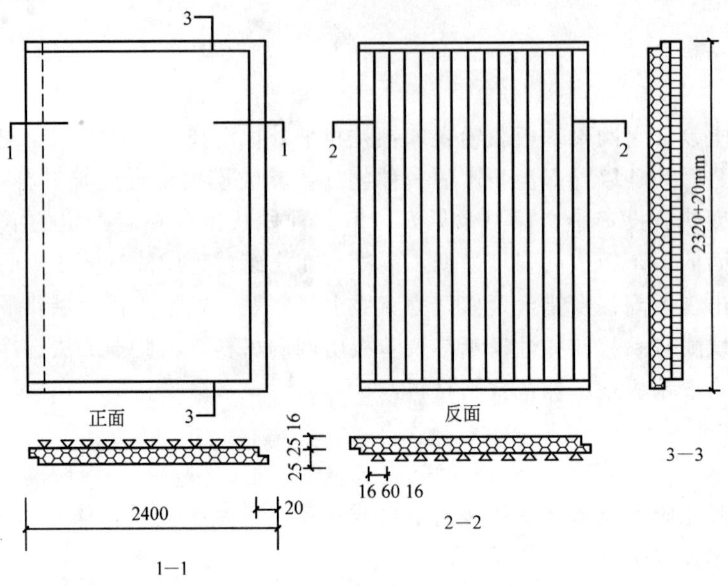

图7-18

（2）其他主要材料为界面砂浆、水泥、砂、胶粉聚苯颗粒、抗裂砂浆、玻璃纤维网格布、高分子乳液防水弹性底漆、柔性耐水腻子等，材料性能参见本章第7.2节相关内容。

（3）现浇混凝土复合无网聚苯板外保温体系性能，见表7-14。

现浇混凝土复合无网聚苯板外墙外保温系统性能要求　　表7-14

项目		单位	指标
耐冲击性		J	≥10
耐磨性　500L铁砂		—	无损坏
人工老化性　2000		h	合格
耐冻融性　10		次	无开裂
抗风压	负压　4500	Pa	无裂纹
	正压　5000		
表面憎水率		%	99

（4）专用金属护角、金属分层条应按设计要求选定。

（5）材料配制：界面砂浆、胶粉聚苯颗粒保温、抗裂砂浆等材料配制见本章相关内容。

7.4.5 系统构造

现浇混凝土复合无网聚苯板外墙外保温系统构造，见图7-19。

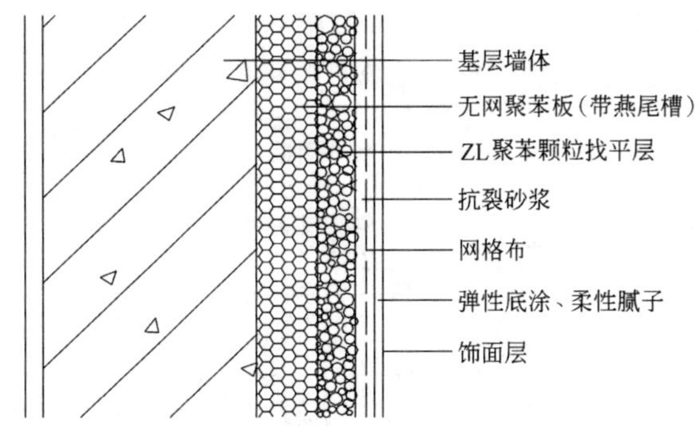

图7-19 现浇混凝土复合无网聚苯板外墙外保温系统构造

7.4.6 工艺原理

(1) 现浇混凝土复合无网聚苯板胶粉聚苯颗粒找平外保温技术，构造设计采用无网聚苯板为主，聚苯颗粒保温材料为辅，各层材料弹性模量变化指标匹配，选择了允许变形，诱导变形的技术路线。各层材料可随时分散和消解变形应力，并利用软钢筋和多种纤维改变应力传递方向。因其各层构造采用柔性可释放变形应力的做法，使系统具有良好的保温、抗裂、抗变形、抗渗等功能。

(2) 聚苯板基层界面处理材料由专用界面剂与水泥、中细砂按1∶0.8∶0.7（槽面）专用界面剂比水泥1∶1（板平面）的重量比配制后，涂刷聚苯板基层，以增加与保温层的粘结力。

(3) 聚合物改性水泥砂浆（简称抗裂砂浆），采用聚合物乳液并掺加多种外加剂制成抗裂剂，由抗裂剂与水泥、中细砂按1∶1∶3重量比搅拌制成抗裂砂浆，在与耐碱玻纤网格布复合后有很强的抗变形防开裂的能力。

(4) 高分子乳液防水弹性底漆，采用高分子弹性乳液配制而成，具有良好的防水性能。

(5) 柔性耐水腻子采用弹性乳液及粉料、助剂等制成，能够满足一定变形而保持不开裂。

7.4.7 施工机具及工具

(1) 吊篮或装修用升降脚手架安装完毕，经调试运行安全无误、可靠，满足施工作业要求，并配备专职安全检查和维修人员。

(2) 强制式砂浆搅拌机、垂直运输机械，水平运输手推车、手提搅拌器等。

(3) 常用抹灰工具及抹灰的专用检测工具、经纬仪及放线工具、水桶、剪子、滚刷、铁锹、扫帚、手锤、錾子、壁纸刀、托线板、方尺、靠尺、塞尺、探针、钢尺等。

7.4.8 施工工艺

1. 现浇混凝土无网聚苯板复合聚苯颗粒保温墙体

涂料面层聚苯板现场浇筑工艺流程如图7-20。

2. 施工要点

(1) 绑扎垫块：外墙钢筋隐检验收合格后，绑扎按混凝土保护层厚度要求制作好的水

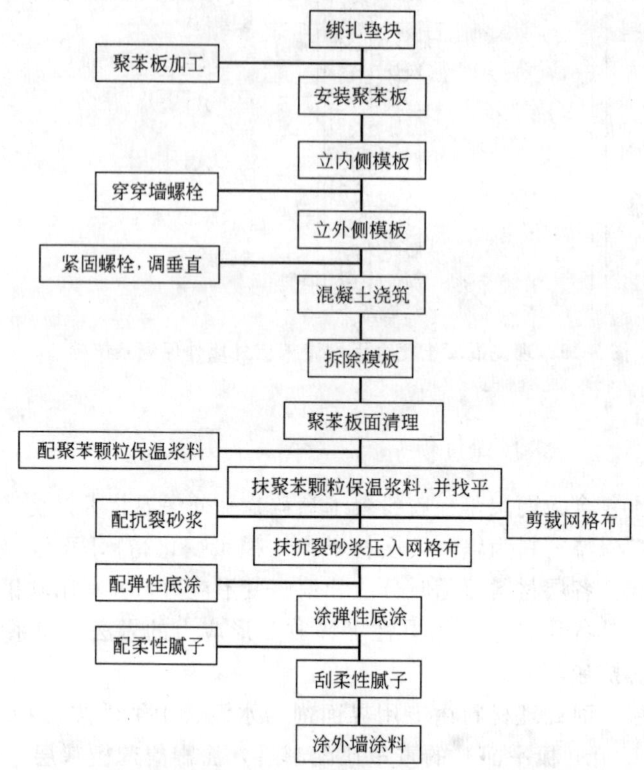

图7-20　涂料面层聚苯板现浇工艺流程

泥砂浆垫块，每平方米不少于4个。

(2) 安装聚苯板：

1) 先根据建筑物平面图及其形状排列聚苯板，并且根据其特殊节点的形状预先将聚苯板裁好，将聚苯板的接缝处涂刷上粘接胶（有污染的部分必须先清理干净），然后将聚苯板粘接上，粘接完成的聚苯板尽量不要再移动。

2) 聚苯板安装完毕后，在板的竖缝处用专用塑料夹子将两块苯板连接到一起，基本拉住聚苯板，把专用塑料卡子固定绑扎在钢筋上，卡子分布绑扎时注意聚苯板底部应绑扎紧一些，使底部内收3～5mm，以保证拆模后聚苯板底部与上口平齐。

3) 首层的聚苯板必须严格控制在同一水平上，保证以后上面聚苯板的缝隙严密和垂直。

4) 在板缝处粘贴胶带。

(3) 固定外墙内侧模板。

(4) 穿穿墙螺栓：按照大模板穿墙螺栓的间距，用电烙铁对聚苯板开孔，使模板与聚苯板的空洞吻合，空洞不宜太大以免漏浆。

(5) 固定外侧大模板：固定好外侧大模板，紧固螺栓，调整垂直、平整。

(6) 浇筑混凝土及拆模：墙体模板立好后，须在聚苯板的上端扣上一个槽形的镀锌铁皮罩，防止浇筑混凝土时污染聚苯板上口。在常温条件下墙体混凝土浇筑完成，间隔12h后即可拆除墙体内、外侧面的大模板。

（7）清理聚苯板表面，使板表面洁净无污物，并用聚苯颗粒浆料将板面孔洞填平，需要时用聚苯颗粒浆料找平，具体施工要点同胶粉聚苯颗粒施工。

（8）对于高度在30m（或10层）以上的建筑，建议在每层楼的窗上口用岩棉板做防火隔离带，以增强高层建筑的防火性能。防火隔离带的长度以超过窗户两侧边20cm为宜，宽度为窗上口到上一层楼楼板处；并且每三层楼在窗上口做岩棉防火通长隔离带，采用与聚苯板一起现浇的施工方法。

（9）抹抗裂砂浆铺贴涂塑玻纤网格布：

1）玻纤网格布按楼层间竖向尺寸事先裁好，网格布包边应剪掉。

2）抹抗裂砂浆厚度约3～4mm，抹完一定宽度立即用铁抹子压入网格布。网格布之间搭接宽度不应小于50mm，先压入一侧，再抹一些抗裂砂浆再压入另一侧，严禁干搭。网格布铺贴要平整，无褶皱，砂浆饱满度达到100%。

3）色带。按照设计要求及建筑物立面效果图，设计色带（色带间距可分层设置或隔层设置）。弹线分出色带位置及色带宽度（一般分层设置约为50～120mm，隔层设置约为200mm）。用壁纸刀及专用工具沿色带线开出设定的凹槽，深度为8～10mm。要求阴阳角方正，凹槽平整。色带抗裂砂浆及涂塑耐碱玻纤网格布的做法：

① 在抹平面抗裂砂浆时，色带与平面抹灰同时进行，网布搭接在色带中部，上压下搭接尺寸不小于50mm。

② 抗裂砂浆抹灰要用专用工具，做出阴阳角，阴阳角要求方正平直，美观大方。

4）首层应铺贴双层网格布，第一层应铺贴加强型网格布，铺贴方法与上述方法相同。铺贴加强型网格布时，网格布与网格布之间采用对接方法，然后进行第二层普通网格布铺贴，方法如前所述，两层网格布之间抗裂砂浆应饱满，严禁干贴。

5）建筑物首层外保温应在阳角处双层网格布之间设专用金属护角，护角高度一般为2m。在第一遍玻纤网格布做完后加入，其余各层阴阳角、门窗口角应用玻纤网格布包裹增强，包角网格布单边宽度不应小于150mm。

6）抗裂砂浆抹完后，严禁在此面层上抹普通水泥砂浆腰线、口套线等。

7）柔性腻子层刮完后，满涂一遍弹性防水底漆。

8）刮柔性耐水腻子应在抗裂保护层干燥后施工，刮两遍，做到平整光滑。

7.4.9 劳动组织

宜采用混合队承包。抹灰工、油漆工、机械操作工、壮工按工作项目分工配制。由施工工长统一调度。一栋外保温面积为1万m^2的外保温工程，工期要求40d完成，需配备工长1名，技术员1名，质量检查员2名，安全员1名，机械维修员2名，电工1名，抹灰工××名，油漆工22名，壮工12名，共计××人。

7.4.10 质量标准、施工质量要求和分项验收

见本书第8章。

7.4.11 安全措施及成品保护

（1）机械设备、吊篮必须由专人操作，经检验确认无安全隐患后方可使用。

(2) 操作人员必须遵守高空作业安全规定，系好安全带，不许往下掉东西。

(3) 进场前，必须进行安全培训，注意防火，现场不许吸烟、喝酒。

(4) 遵守施工现场制定的一切安全制度。

(5) 施工完的墙面、色带、滴水槽、门窗口等处残存砂浆，应及时清理干净。

(6) 翻拆架子或升降吊篮应防止碰撞已完成的保温墙体，其他工种作业时不得污染或损坏墙面，严禁踩踏窗口。

(7) 保温层、抗裂防护层、装饰层在干燥前应防止水冲、撞击、振动。

7.4.12 效益分析

(1) 采用该施工方法对比贴板法形成一个无空腔构造体系，节省了材料和人工费用，保温板与墙体一起浇筑，十分有利于冬期施工。

(2) 采用该施工方法温层与其他保温做法相比整体性好，抗裂保护层的设置，解决了外墙开裂的问题，整体材料配套齐全，施工方法简便灵活，易于操作，适合于大模板现浇剪力墙工程。

(3) 采用该施工方法施工的外保温，无毒，无害，不污染环境。综合造价低于其他外墙外保温做法。

(4) 该施工方法充分考虑了风荷载、地震、火灾、水或水蒸气以及热应力等破坏力对建筑的作用影响，并积极采取了各种安全措施。

7.5 施工实例4——现浇混凝土复合有网聚苯板外墙外保温施工方案

7.5.1 概述

现浇混凝土复合有网聚苯板聚苯颗粒外墙外保温体系以现浇混凝土为基层，EPS单面钢丝网架板置于外墙外模内侧，浇灌混凝土后，墙体与EPS板结合为一体，EPS单面钢丝网架板表面抹胶粉聚苯颗粒保温浆料找平后，施工保温防护层及面层装饰，构造见图7-21所示。

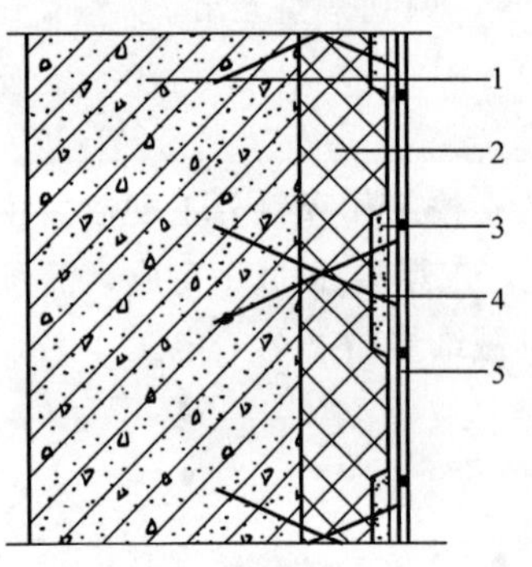

图7-21 现浇混凝土复合有网聚苯板聚苯颗粒外墙外保温体系

1—现浇混凝土外墙；2—EPS单面钢丝网架板；3—抗裂水泥砂浆；4—钢丝网架板；5—涂料饰面层

7.5.2 特点

本系统与第7.4节无网聚苯板系统的区别在于聚苯板单面钢丝网架与现浇混凝土形成整体，利用混凝土对钢丝的握裹力实现拉结，拉接更可靠。无网聚苯板系统表面以水泥砂浆抹灰是刚性防裂，内应力释放困难易产生开裂。本系统采用胶粉聚苯颗粒保温灰浆抹面，克服了由于钢丝网架带来的热桥影响，提高了保温和抗裂效果。面层荷载大大减轻，有利于提高抗震能力。

7.5.3 系统构造

现浇混凝土复合有网聚苯板外墙外保温系统构造见图7-22。

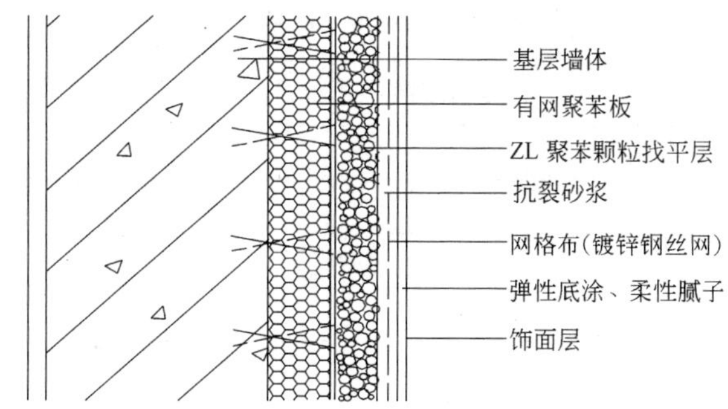

图 7-22 现浇混凝土复合有网聚苯板外墙外保温系统构造

7.5.4 施工准备

(1) EPS单面钢丝网架板每平方米斜插腹丝不得超过200根，斜插腹丝应为镀锌钢丝，板两面应喷涂喷砂界面剂，加工质量除应符合表7-15规定外，尚应符合《钢丝网架水泥聚苯乙烯夹芯板》（JC 623—1996）有关规定；尺寸允许偏差应符合表7-16规定。

EPS单面钢丝网架板质量要求 表7-15

项 目	质 量 要 求
外观	表面界面处理剂喷涂均匀，与钢丝和EPS板附着牢固
钢丝挑头	穿透EPS板挑头不小于30mm
聚苯板对接	2700mm长板中聚苯板对接不得多于两处，且对接处需用聚氨酯胶粘牢

EPS单面钢丝网架板尺寸允许偏差 表7-16

项 目	允许偏差(mm)
长	±10
宽	±5
厚(含钢网)	±3
两对角线差	≤10

(2) 保温墙面砖专用胶液主要技术指标见表7-17。

保温墙面砖专用胶液 表7-17

项目		指标
砂浆稠度(mm)		70～110
拉伸胶接强度达到0.17MPa时间间隔(min)	晾置时间	≥10
	调整时间	>5
拉伸粘结强度(MPa)		≥0.90
压折比		≤3.0
压缩剪切强度	原强度(MPa)	≥1.00
	耐温7d，强度比(%)	≥70
	耐水7d，强度比(%)	≥70
	耐冻融25次，强度比(%)	≥70
线性收缩率(%)		≤0.3

参考用量：$3kg/m^2$，5～30℃条件下贮存，贮存期6个月；防晒；按非危险品办理运输。

（3）面砖勾缝胶主要技术指标及贮运条件，见表7-18。

面砖勾缝胶主要技术指标　　表7-18

项　目		指　标
拉伸胶接强度	常温常态14d	≥0.70MPa
	耐水(14d浸水48h放置24h)	≥0.50MPa
压折比14d		≤3

参考用量：3～4kg/m² （7mm×10mm）。5～30℃条件下贮存，贮存期6个月；防晒；按非危险品办理运输。

（4）其他材料可参照本章其他部分相关内容。

7.5.5　施工工艺

1. 施工流程

外挂架提升完毕→墙体钢筋绑扎、垫垫块→外侧聚苯保温板就位并临时固定→内侧大模板就位固定→插放穿墙螺栓及套管→安装外墙外侧组合模板→调整→支撑加固、螺栓拧紧→浇筑混凝土→拆模→清理EPS板表面污物→吊垂直套方弹控制线→做饼、冲筋→抹轻质砂浆→粘贴面砖→勾缝。

说明：注意用胶粉聚苯颗粒保温浆料找平时，要求钢丝网必须被保温浆料完全覆盖。

2. 支模板施工工艺、浇筑注意事项

（1）在EPS外墙模板系统支模时，首先将EPS板就位于外墙钢筋的外侧，专用聚苯板卡子穿透聚苯板，就位时可用绑扎丝把卡子与墙体钢筋适当绑扎固定，板与板之间的企口缝在安装前涂刷聚苯板粘结胶，随即安装，再用专用卡子机械连接两板，要求两板尽可能紧密，卡子的布置如图7-23。

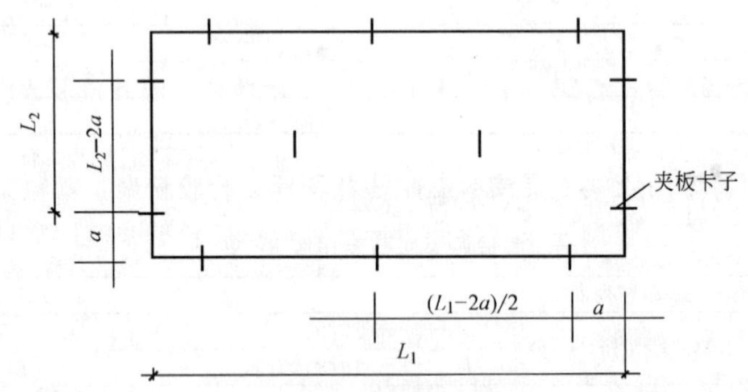

图7-23　卡子的布置

L_1—长边尺寸；L_2—短边尺寸；a—200mm（卡子距边缘距离）

（2）将外墙内侧向的大模板准确就位，调整好垂直度，立模的精度要符合标准要求，并固定牢靠，使该模板成为基准模板。

（3）插穿墙拉杆及塑料套管和管堵，并在穿墙拉杆的端部，套上一节镀锌铁皮圆筒，此时暂不穿透墙体。

（4）将外墙外侧组合模板就位，此时二次插穿墙拉杆利用圆铁皮筒，将EPS板切出一个圆孔，使穿墙拉杆完全穿透墙体模板。

(5) 穿墙拉杆穿透墙体后，将端头套的镀锌铁皮圆筒摘掉，然后，完成相应的调整和紧固。

(6) 墙体模板立好后，须在 EPS 板的上端扣上一个槽形的镀锌铁皮罩，防止浇筑混凝土时污染 EPS 板上口。

(7) 在常温条件下墙体混凝土浇筑完成，间隔 12h 后即可拆除墙体内、外侧面的大模板。EPS 板上端镀锌钢板保护罩，仍保持不动，做楼板的外模，省去了浇筑混凝土导墙的工序。

(8) 楼板混凝土浇筑完毕后，EPS 板留下来成为永久的保温层。

7.5.6 质量标准、施工质量要求和分项验收

见本书第 8 章。

7.5.7 成品保护及安全措施

(1) 门窗框、管道、槽盒等上的残存砂浆，应及时清理干净；

(2) 翻架子时应有防止对已抹好墙面、门窗、洞口、边、角、垛等造成破坏的保护措施，其他工种作业时不应污染和损坏墙面，严禁踩踏窗口；

(3) 各构造层在凝结硬化之前应防止水冲、撞击、振动。

7.6 工程实例 5——硬泡聚氨酯复合胶粉聚苯颗粒浆料涂料饰面外保温施工方案

7.6.1 适用范围

本工程采用聚氨酯硬泡保温材料、复合胶粉聚苯颗粒保温找平材料组成墙体保温层，聚氨酯厚度 8.0cm，聚苯颗粒找平厚度 2.0cm，外墙面层装饰为涂料做法。

根据建筑节能要求，无溶剂硬质聚氨酯泡沫塑料复合胶粉聚苯颗粒保温浆料外墙外保温技术构造由硬泡聚氨酯保温层、聚氨酯界面处理层、胶粉聚苯颗粒浆料找平层、抗裂防护层、饰面层组成。其中保温层采用无溶剂硬质聚氨酯泡沫塑料，具有导热系数低，耐水性能好，绿色环保等特性。聚氨酯-浆料界面之间采用了专用面处理剂，有效解决了有机与无机材料之间的粘结难题。胶粉聚苯颗粒保温浆料找平层，很好地解决了聚氨酯保温层表面的找平问题，同时使体系具有阻燃防火、防老化、抗裂防护性能更稳定等特性。抗裂防护层采用聚合物水泥抗裂砂浆复合耐碱涂塑网格布技术，能有效防止饰面层出现

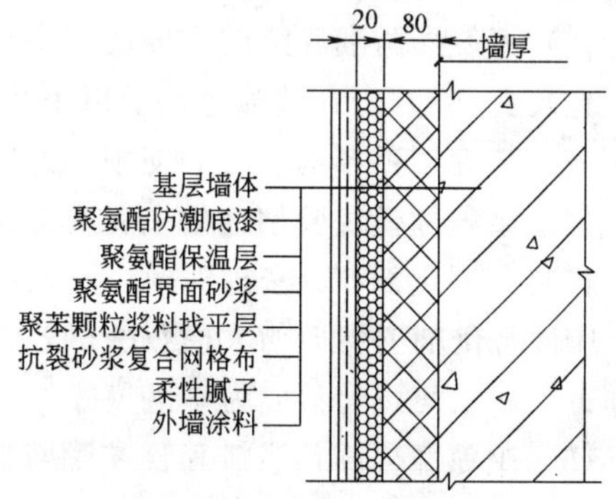

图 7-24 聚氨酯复合胶粉聚苯颗粒饰面涂料外保温技术的基本构造

开裂，见图 7-24。

7.6.2 编制依据

(1) 工程设计图纸及说明；

(2)《民用建筑热工设计规范》(GB 50176—93)；

(3)《民用建筑节能设计标准》(采暖居住建筑部分)(JGJ 26—95)；

(4) 北京市地方标准《居住建筑节能设计标准》(DBJ 01—602—2004)；

(5)《建筑装饰装修工程质量验收规范》(GB 50210—2001)；

(6)《建筑工程施工质量验收统一标准》(GB 50300—2001)；

(7)《砌体工程施工质量验收规范》(GB 50203—2002)；

(8)《混凝土结构工程施工质量验收规范》(GB 50204—2002)；

(9)《胶粉聚苯颗粒外墙外保温系统》(JG 158—2004)；

(10)《外墙外保温施工技术规程（喷涂硬泡聚氨酯外墙外保温系统）》(DBJ/T 01—102—2005)；

(11) 国家标准图集《外墙外保温建筑构造（一）》(02J121—1)；

(12)《胶粉聚苯颗粒保温材料外墙外保温施工工法》(YJGF 41—2000)；

(13)《建筑物隔热用硬质聚氨酯泡沫塑料》(GB 10800—98)；

(14)《墙身外墙外保温构造详图（节能 65%）》(88J2—9)；

(15)《ZL 系列外墙外保温（节能 65%）》(88JZ13)。

7.6.3 施工准备

1. 材料准备

硬泡聚氨酯复合聚苯颗粒保温浆料涂料饰面做法中常用材料的主要性能应满足下列各表指标要求，并在材料进场后施工展开前应有国家法定检测部门出具的检测报告报总包方备案。

(1) 聚氨酯外保温系统性能指标，见表 7-19。

(2) 聚氨酯喷涂现场发泡材料主要性能指标，见表 7-20。

包装：200L 铁桶黑白料分别包装。白料贮运时应注意防晒，黑料贮运时要注意防潮、防水。黑料开通后应在 24h 内使用完毕，施工过夜时应加盖密封。

(3) 聚氨酯防潮底漆的主要性能指标，见表 7-21。

包装：16kg/密封铁桶，30℃以下保存，贮存稳定期 6 个月。工地保管要注意防晒，使用前应与专用稀释剂混合后使用，开桶后物料应当天用完。

(4) 聚氨酯模块胶粘剂的主要性能指标，见表 7-22。

包装：固化剂 6L/密封铁桶，胶粘剂 20/白塑料桶分别包装。贮存 30℃以下，稳定期 6 个月，固化剂必须注意防晒/防潮，开桶后两组分应充分搅拌均匀使用，2h 内使用完毕。

(5) 聚氨酯界面剂、胶粉聚苯颗粒保温浆料、聚苯颗粒轻骨料、保温胶粉料、水泥砂浆抗裂剂、涂塑耐碱玻纤网格布、高分子乳液弹性底层涂料、抗裂柔性耐水腻子等材料的主要性能指标可参照本章相关部分的内容。

聚氨酯外墙外保温系统性能指标 **表7-19**

试验项目		性能指标	
耐候性		经80次高温(70℃)—淋水(15℃)循环和20次加热(50℃)—冷冻(−20℃)循环后不得出现开裂、空鼓或脱落。抗裂防护层与保温层的拉伸粘结强度不应小于0.1MPa,破坏界面应位于保温层	
吸水量(浸水1h),g/m^2		≤1000	
抗冲击强度	C形	普通型(单网)	3J冲击合格
		加强型(双网)	10J冲击合格
	T形	3J冲击合格	
抗风压值		不小于工程项目的风荷载设计值	
耐冻融		严寒及寒冷地区30次循环、夏热动冷地区10次循环表面无裂纹、空鼓、起泡、剥离现象	
水蒸气湿流密度,$g/(m^2 \cdot h)$		≥0.85	
不透水性		试样防护层内侧无水渗透	
耐磨损,500L砂		无开裂、龟裂或表面保护层剥落、损伤	
系统拉抗强度(C形),MPa		≥0.1并且破坏部位不得位于各层界面	
饰面砖粘结强度(T形),MPa(现场抽测)		≥0.4	
抗震性能(T形)		设防烈度等级下面砖饰面及外保温系统无脱落	

聚氨酯喷涂现场发泡材料性能 **表7-20**

项目		单位	指标
表观密度		kg/m^3	30~50
导热系数		$W/(m \cdot K)$	≤0.025
压缩强度		MPa	≥0.15
拉伸强度		MPa	≥0.15
燃烧性(垂直法)	平均燃烧时间	s	≤30
	平均燃烧高度	mm	≤250

聚氨酯防潮底漆性能指标 **表7-21**

项目		单位	指标
外观		—	淡黄至棕黄色液体、无机械杂质
施工性		s	40~60
干燥时间	表干	h	≤4
	实干	h	≤24
附着力	干燥基层	级	≤1
	潮湿基层	级	≤1
耐碱性		—	48h不起泡、不起皱、不脱落

聚氨酯模块胶粘剂性能指标 表7-22

项目		单位	指标
容器中状态	A组分	—	均匀膏状物，无结块、凝胶、结皮
	B组分		均匀棕黄色胶状物
干燥时间	表干时间	h	≤4
	实干时间		≤24
拉伸粘结强度(与水泥砂浆试块)	标准状态	MPa	≥0.50
	浸水后		≥0.30
拉伸粘结强度(与聚氨酯)	标准状态	MPa	≥0.20或聚氨酯试块破坏
	浸水后		≥0.20或聚氨酯试块破坏

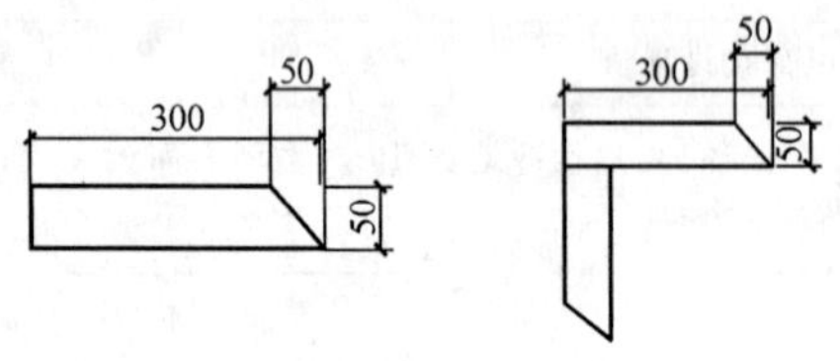

图7-25 聚氨酯板块

(6) 聚氨酯预制块：应满足《建筑物隔热用硬质聚氨酯泡沫塑料》(QB/T 3806—1999)的规定，阴阳角聚氨酯预制块规格见图7-25。

(7) 配套材料：主要有专用金属护角（断面尺寸为35mm × 35mm × 0.5mm，高 h = 2000mm）等。

(8) 根据工程量、开工时间、工期要求，安排适当的储存场地、搅拌场地，组织好材料进场时间，控制好材料进场数量做好进场记录。数量报总包方确认，做好材料发放记录，收集好每批材料的出厂合格证报总包方验证。

(9) 配合总包方做好进场材料复验工作确认材料的合格证、检测报告是否齐全，是否与所送材料配套完整；抽检材料单位的重量和体积是否在合理误差范围内；检查包装有无破损；检查材料是否在有效期内。

(10) 当相关方提出进场材料送第三方复检时，应通知公司品质部做好送检配合工作。

(11) 聚氨酯白料在夏期施工时应严禁暴晒，黑料在储存，使用过程中严禁受潮，胶粉料在储运过程中应防雨、防潮，在施工开始前应做好各种物料的防护工作。

(12) 材料计划见表7-23。

材料计划 表7-23

序号	材料名称	工程量(m^2)	平方米耗量	总用量
1	界面剂	约500	0.7kg	350kg
2	聚苯板	约500	1.1m^2/m^2	550m^2
3	总厚25mm防火保温浆料	约500	0.025m^3	12.5m^3(六套每m^3)
4	抗裂剂	约500	1.5kg/m^2	750kg
5	网格布	约500	1.2m^2/m^2	600m^2
6	水泥	约500	2.2kg	1100kg
7	砂子	约500	5.2kg	2600kg
8	高分子的层涂料	约500	0.15kg	75kg
9	胀栓	约500	2套/m^2	1000套

注：1. 外墙一层工程量暂估500m^2。

2. 机具准备

(1) 机械准备

1) 空气压缩机。型号W-1.0/7，公称排气量1.0m^3/min，额定排气压力0.7MPa，配用电机功率7.5kW。空气压缩机使用安装时应注意以下几点：

① 开机前必须首先检查油标，油标指示不足必须将润滑油加足方可开机。润滑油夏季用19号，冬季用13号，不允许用其他机油代替。

② 检查配电设施与电机的匹配，使用时电源电压应满足±5%的要求如不能满足要求电机易烧损。

③ 开机前应打开排污阀，排尽压缩机内污水。用手拉动皮带轮确认可轻松转动后开机。

④ 开机后应空转10～20min，无异常现象再逐渐升高到额定工作压力下运转。

2）双组分硬泡聚氨酯高压无气喷涂机。

① 开机前的准备工作：

a. 检查各泵体油杯中是否有2/3杯的润滑油、DOP（邻苯二甲酸二辛酯）；

b. 检查油雾器内是否有充足的润滑油；

c. 检查气水分离器内的水是否放掉；

d. 检查所有接头是否连接牢固；

e. 控制盘上的所有开关是否处于“OFF”位置；

f. 气源开关是否在关闭状态；

g. 调整密封 A 料和 B 料泵上的密封锁紧螺母到可调状态，并需要周期性拧紧；当需要经常更换润滑油时就应该拧紧泵密封；

h. 检查进料过滤网并按需维护。

② 初始启动：

a. 打开主电源，指示灯点亮；

b. 启动空压机，待压力稳定后缓慢增加压力，并检查所有气压接头是否有泄漏，按需拧紧；

c. 将黑/白原注入系统，调节压力，排除输料管路中的残留物；

d. 将黑/白两个输料块分别放置在黑/白料桶口处，同时缓慢打开两个输料块的供料阀将黑白料分别打回流；

e. 同时开启加热器开关，设定加热温度及保温系统。（夏季黑料温度45℃，白料温度为35℃；春秋季黑料温度65℃，白料温度45℃；当环境温度低于10℃时应用汽油喷灯对黑白料桶进行补充加热）待料温稳定后，关闭输料块供料阀将输料块与枪体连接牢固；

注意：由于组合多元醇加热时会膨胀，所以与枪体应快速连接，时间应在3min之内完成。

f. 先打开枪体上进气开关，再打开输料块供料阀，开启枪机进行试枪喷涂工作；试枪时同时缩小两出料管流量，调整进料两压力表指针平衡升至5MPa；

g. 开枪试喷要求物料雾化均匀，发泡速度一致，白化时间5s左右，失粘时间20s左右。

③ 关机步骤：

a. 停喷前必须先关掉加热器电源，把加热后原料喷出再停机；

b. 每天工作结束关机时，应使增压泵杆降至最低位置，使泵杆全都浸在润滑液中；

c. 调节控制盘上的加热旋钮到0位，关闭保温电源、主加热器电源、空压机电源及总电源，并清除油杯泵杆周围污物，油杯内注入2/3油位的二辛酯清洗剂；

d. 关闭枪头两料块球阀，拆下 A、B 两原料和料块，把系统内高压原料回到原料桶中；

注意：两球阀要两人同时打开放料，一定要同步，把系统内压力卸到 3MPa 左右，关闭球阀使系统内留有一定压力，可以保持密封，防止关机后渗漏。用丙酮溶剂清洗喷枪，然后喷嘴涂封凡士林（药用膏）油封。

e. 从原料桶中提出两提料泵，清理干净，然后用凡士林密封进料口，立放在设备车上；

f. 原料桶上所有开启盖必须旋紧盖好，防止原料组分受潮污染；

g. 设备各部位应保养干净，特别是主气缸活塞杆，提料泵活塞杆；下班后必须保养干净，并涂油防护；

h. 放掉气水分离器内的水，保证油雾器内足够的润滑油。

3）在进行保温施工前，按工程量的大小，进场工人的数量安装好容积约 300L 砂浆搅拌机，按现场平面布置搭设搅拌机棚，接通水电，调试正常。搅拌棚的地点应选择背风向，靠近垂直运输机械。搅拌棚三侧封闭，一侧作为进出料通道，应有顶棚，地面应平整坚实。

4）施工用双排脚手架搭设牢固，吊篮安装完毕，安全检查验收合格，垂直运输机械安装验收完毕。吊篮、脚手架与墙面的控制距离要适当，聚氨酯硬泡保温材料的最佳喷施距离为 0.9m。

5）手提电动搅拌器。

（2）常用工具准备

1）铁抹子：保温浆料施工宜使用抹子面积较大的矩形抹子；

2）阳角抹子、阴角抹子：保温浆料施工宜用塑料材质，抗裂砂浆宜用钢材质；

3）托灰板；

4）杠尺：铝合金杠尺长度 2～2.5m 和 1.5m 两种；

5）靠尺：木靠尺 2～3m 单面为八字尺；

6）猪鬃刷：2 寸；

7）方头铁锹；

8）筛子：孔径 2.5～3.0mm；

9）手推车；

10）木方尺：单边长不小于 15cm；

11）常用的检测工具：经纬仪及放线工具、2m 托线板/杠尺、方尺、探针、钢尺等；

12）聚氨酯喷涂设备维修所需全套工具；

13）与硬泡聚氨酯保温层厚度一致的钉子；

14）门窗遮挡材料可选用塑料彩条布、架子管、铁艺等可选用聚乙烯塑料膜。

3. 基层准备

（1）保温施工前应会同相关部门做好结构验收的确认，外墙面基层的垂直度和平整度应符合现行国家施工及验收规范要求。进行隐蔽施工前应做如下的检查工作：总包方将各大角的控制钢垂线安装完毕，高层建筑钢垂线用经纬仪检验合格。

（2）外墙面的阳台栏杆、雨漏管托架、外挂消防梯等安装完毕。墙面的暗埋管线、线盒、预埋件应提前安装完毕，并应考虑到保温层的厚度影响。

(3) 外窗的辅框安装完毕。

(4) 墙面脚手架孔，穿墙孔及墙面缺损处用细石混凝土修整完毕。

(5) 混凝土梁/墙面的钢筋头和凸起物清除完毕，墙表面凸起物不小于10mm时应剔除。

(6) 主体结构的变形缝应提前做好处理。

(7) 墙面应清理干净，清洗油渍、清扫浮灰等、旧墙面松动、风化部分应剔除干净。

(8) 在喷施聚氨酯硬泡保温层前应对基层表面抹水泥砂浆找平，平整度达到±3mm后方可进行聚氨酯保温层施工。对于基层平整度达不到要求的工程也可根据现场实测平整度与相关方协商加大保温浆料的用量预算。

(9) 喷涂无溶剂聚氨酯硬泡前，应做好对作业面以外的部位如门窗口，脚手架等的遮挡。外门窗框宜喷施聚氨酯硬泡后再进行安装以免污染脚手架，外挂吊篮上应挂好小眼安全网防止飞溅物污染环境。

4. 技术准备

(1) 保温施工前施工负责人应熟悉图纸，明确施工部位和工程量按工期要求制定施工方案。

(2) 组织施工队进行技术交底和观摩学习，进行安全教育。

(3) 材料配制：保温施工前应指定专人负责材料配制，配制方法如下：

1) 聚氨酯防潮底漆的配制。聚氨酯防潮底漆∶稀释剂按1∶0.6的重量比，搅拌均匀，并在4h内用完。

2) 聚氨酯预制块胶粘剂的配制。固化剂与粘合剂按包装比用手提电动搅拌器搅拌均匀，少量物料混合时按1∶4重量比搅拌均匀，并在4h内用完。

3) 无溶剂聚氨酯现场发泡材料的配制。聚氨酯黑料∶聚氨酯白料按1∶1体积比，采用高压无气喷涂机在大于10MPa压力条件下混合喷出。

4) 聚氨酯界面处理砂浆的配制。聚氨酯界面剂∶水泥按1∶0.5重量比用砂浆搅拌机或手提搅拌器搅拌均匀，拌合好的界面砂浆应在2h内用完。

5) 胶粉聚苯颗粒保温浆料的配制。首先打开砂浆搅拌机，将35～40kg水倒入砂浆搅拌机内，然后倒入一袋25kg胶粉料搅拌3～5min后，再倒入一袋200L聚苯颗粒继续搅拌3min，搅拌均匀后倒出。该浆料应随搅随用，在4h内用完。

6) 抗裂水泥砂浆的配制。水泥砂浆抗裂剂∶中砂∶水泥按1∶3∶1重量比，用砂浆搅拌机或手提搅拌器搅拌均匀。配制抗裂砂浆加料次序，应先加入抗裂剂、中砂，搅拌均匀后，再加入水泥继续搅拌3min倒出。抗裂砂浆不得任意加水，应在2h内用完。

7) 抗裂柔性耐水腻子的配制。抗裂柔性腻子液∶P.O 32.5R（白水泥）按1∶0.4（重量比），用手提搅拌器在桶中配制好后，在2h内使用完毕。

(4) 硬泡聚氨酯喷施保温材料的最佳施工温度为15～35℃，当环境温度低于10℃，就应采取低温施工措施。

(5) 胶粉聚苯颗粒保温浆料施工作业时环境温度不应低于5℃。抗裂砂浆施工作业温度不应小于0℃，冬期施工应采取相应措施。

(6) 雨期施工胶粉料储存应注意防雨，堆放注意隔潮，下雨时严禁外保温作业，砂子含水率应控制在3%以内。

7.6.4 施工工艺流程

基层墙体清理→大角吊垂直控制线、粘贴聚氨酯预制块、找平基层墙体到±3mm、涂刷聚氨酯防潮底漆→喷涂第一遍PU保温材料→插标准厚度控制钉→喷涂PU保温材料至标准厚度→4h后涂刷聚氨酯界面砂浆→吊大墙找平垂直控制线→抹胶粉聚苯颗粒保温浆料→划窗口滴水槽，粘滴水条→抹抗裂砂浆、铺压网格布（首层墙面抹二遍抗裂砂浆，压入二层玻纤网格布，阳角安装钢护角）→涂刷高分子乳液弹性底层涂料→刮柔性耐水腻子→外墙涂料施工。

7.6.5 施工工艺要点

1. 吊大墙大角垂直线，安装粘贴预制的聚氨酯模块

硬泡聚氨酯保温材料施工前应在墙面吊钢垂直控制线，墙角、门窗口处粘贴聚氨酯角膜。施工应按下列步骤进行：

（1）在顶部墙面与底部墙面下膨胀螺栓，作为大墙面挂线钢丝的垂挂点，高层建筑用经纬仪打点挂线，多层建筑用大线坠吊细钢丝挂线，用紧线器勒紧在墙体大阴、阳角安装钢垂线，钢垂线距墙体的距离为保温层的总厚度。

（2）挂线后每层首先用2m杠尺检查墙面平整度，用2m托线板检查墙面垂直度，达到平整度要求方可施工。

（3）在墙体阴、阳角处用聚氨酯角膜胶粘剂粘贴预制的聚氨酯模块，调整角膜厚度使其于聚氨酯硬泡保温层厚度相当，角膜直角边要求与钢垂线对齐，坡口边紧贴墙面，要求粘结牢固，角膜应距钢垂线有1cm左右的距离，该距离为胶粉聚苯颗粒保温浆料找平层厚度。

（4）对于门窗洞口、装饰线角，女儿墙边沿等部位，用聚氨酯直角膜裁成平板沿边口粘贴，同样坡口向里粘贴于墙面。

（5）聚氨酯角膜要求粘结牢固，无翘起、脱落现象。

（6）聚氨酯角膜粘结完成后喷施硬泡聚氨酯之前，应充分做好遮挡工作。一般门窗用塑料彩条布裁成与门窗口面积相当的布块进行遮挡，具体做法是将带钉木条或圆钉将彩条布钉于聚氨酯角膜之上。对于架子管、铁艺等不规则需防护部位应采用聚乙烯保鲜膜进行缠绕防护。

2. 聚氨酯底漆施工

待基层平整度验收合格并清理干净后，将稀释好的聚氨酯底漆用滚刷均匀地涂刷于基层墙体。注意应保证硬泡聚氨酯保温层的作业面要覆盖完全，不得有露刷之处。

3. 喷施PU保温材料

（1）做好遮挡以防污染相邻部位。开启高压无气喷涂机将聚氨酯保温硬泡均匀地喷涂于墙面之上，喷施应从角膜坡口处开始，发起泡后，沿发泡边沿喷施施工。

（2）第一遍喷涂厚度宜控制在1cm左右。喷施第一遍之后在喷涂硬泡层上插与设计厚度相等的标准厚度钉，插钉间距30～40cm为宜，并成梅花状分布。

（3）插钉之后继续施工，喷涂可多遍完成，每遍厚度宜控制在10mm之内。控制喷涂厚度至刚好覆盖钉头为止（喷涂硬泡表面应看到钉头位置，但看不到钉头）。

(4) 喷施PU保温材料时要注意防风，为防止风吹PU保温材料造成污染，吊篮、脚手架应该挂有小眼安全网，风速超过5m/s时不应施工。

(5) 聚氨酯硬泡保温层喷施后应按要求检查保温层厚度，并按检验批要求进行质量检验并做检验记录。

(6) 对于硬泡聚氨酯保温层厚度严重超标处（已超过垂直控制线即保温层总厚度）可用手锯将过厚处修平。

4. 聚氨酯表面界面处理

聚氨酯保温层厚度验收合格后，PU基层喷涂4h之后做聚氨酯界面砂浆处理，聚氨酯界面砂浆可用滚子均匀地涂于PU保温基层上，也可用喷斗进行喷施施工。

5. 抹保温浆料找平

(1) 在保温浆料和抗裂砂浆配制时，搅拌需设专人专职进行，以保证搅拌时间和加水量的准确。在施工现场搅拌质量可以通过观察其可操作性、抗滑坠性、膏料状态以及其湿表观密度等方法判断。

(2) 按保温层设计总厚度重新打点、贴饼，灰饼控制以找平墙面为主。具体打点方法如下：

1) 每层首先用2m杠尺检查墙面平整度，用2m托线板检查墙面垂直度。

2) 在距楼层顶部约10cm，同时距大墙阴/阳角约10cm处，根据大墙角已挂好的钢垂直控制线厚度，用界面砂浆粘贴5cm×5cm聚苯板块作为标准贴饼。

3) 待标准贴饼固定后，在两水平贴饼间拉水平控制线，具体做法为将带小线的小圆钉插入标准贴饼，拉直小线，使小线控制比标准贴饼略高1mm，在两贴饼之间按1.5m间隔水平粘贴若干标准贴饼，当聚氨酯保温层厚度超过控制线的部分用手锯修平。

4) 用线坠吊垂直线在距楼层底部约10cm，大墙阴、阳角10cm处粘贴标准贴饼（楼层较高时应两人共同完成）之后按间隔1.5m左右沿垂直方向粘贴标准贴饼，当聚氨酯保温层厚度超过控制线的部分用手锯修平。

5) 每层贴饼施工作业完成后水平方向用2～5m小线拉线检查贴饼的一致性。垂直方向用2m托线板检查垂直度，并测量灰饼厚度，作记录。

(3) 胶粉聚苯颗粒浆料抹灰前应用2m铝合金靠尺检查平整度，首先对墙面凹陷处进行抹平作业，对于墙面凸起处（未超过保温层总厚度）可不进行抹灰处理，通过第一遍抹灰修整使墙体平整度基本达到±5mm要求。

(4) 胶粉聚苯颗粒第二遍抹灰厚度可略高于灰饼的厚度，而后用杠尺刮平，对凹处用抹子局部修补平整；待抹完找平面层2～3h后，用抹子再赶抹墙面，用2m靠尺和托线尺检测墙面平整度、垂直度，要求平整度、垂直度应控制在±2mm。

(5) 阴阳角找方应按下列步骤进行：

1) 用木方尺检查基层墙角的直角度，用线坠吊垂直检验墙角的垂直度。

2) 保温浆料的中层灰抹后应用木方尺压住墙角浆料层上下搓动，使墙角保温浆料基本达到垂直，然后阴阳角抹子压光。

3) 保温浆料面层大角抹灰时要用方尺，抹子反复测量抹压修补操作，确保垂直度±2mm、直角度±2mm。

4）门窗边框与墙体连接处应预留出保温层的厚度，并做好门窗框表面的保护。

5）窗户辅框安装验收合格后方可进行窗口部位的保温抹灰施工，门窗口施工时应先抹门窗侧口，窗台和窗上口再抹大面墙，施工前应按门窗口的尺寸截好单边八字靠尺，作口应贴尺施工以保证门窗口处方正与内、外尺寸的一致性。

（6）做门、窗口滴水槽：保温浆料施工完成后，在保温层上用壁纸刀沿线划开设定的凹槽，槽深15mm左右，用抗裂砂浆填满凹槽，将滴水槽嵌入凹槽与抗裂砂浆粘结牢固，收去两侧沿口浮浆，滴水槽应镶嵌牢固、水平。

（7）保温层固化干燥后（用手掌按不动表面，约3～5d）方可进行抗裂层施工。保温层施工后应按检验批要求进行主控项目和可偏差项目的验收，按可追溯要求做好质量记录。主控项目和大墙垂直、平整、阴阳角方正、门窗口偏差、阳台口偏差等各项指标均达到要求后方可进行防护面层隐蔽施工。

6. 抗裂层施工

（1）待保温施工完3～7d且保温层施工质量验收以后，即可进行抗裂层施工。

（2）耐碱网格布长度按楼层高度预先裁成长度为3m左右的布块，网格布包边应剪掉。

（3）按上述方法，配比搅拌抗裂砂浆，注意砂浆随搅随用严禁使用过时灰。现场用砂时应过2.5mm的筛网，否则抗裂砂浆层过于粗糙影响工程质量。

（4）抹抗裂砂浆时，厚度应控制在3～4mm，首先抹一块宽度，长度与网格布块相当面积的抗裂砂浆，然后立即用铁抹子将耐碱网格布压入抗裂砂浆层中。网布之间搭接宽度不应小于50mm，先压入一侧，再抹一些抗裂砂浆再压入另一侧，严禁干搭。

（5）阴角处耐碱网格布要压槎搭接，其宽度不小于50mm；阳角处要双向包角压槎搭接，其宽度不小于100mm。网布铺贴要平整，无褶皱，砂浆饱满度达到100%。

（6）同时要抹平、找直，保持阴阳角处的方正和垂直度。用抹子修整边角处应在边角处适量刷水，防止粘抹子。

（7）首层墙面应铺贴双层耐碱网格布，第一层网格布铺贴方法与上述方法相同，铺贴第一层网格布时，网布与网布之间采用对接方法，然后进行第二层普通网格布铺贴，铺贴方法如前所述。两层网格布之间抗裂砂浆应饱满，严禁干贴。

（8）建筑物首层外保温应在阳角处双层网格布之间设专用金属护角，护角高度一般为2m。在第一层网格布铺贴好后，应放好金属护角，用抹子拍压出抗裂砂浆，抹第二遍抗裂砂浆包裹住护角。

（9）在窗洞口等处应沿45°方向先贴一道网格布（300mm×400mm）。

（10）抗裂砂浆抹完后，严禁在此面层上抹普通水泥砂浆腰线、口套线或刮涂刚性腻子，如：水泥腻子、石膏腻子等。

（11）抗裂面层角口处需做压平修整时，可在表面用鬃刷适量刷水后再进行压光作业可有效地防止灰浆粘抹子。窗台口处要平直，不得有毛刺，窗口阳角应用阳角抹子赶压修整顺直。

（12）窗角、阴阳角等部位的加强网格布应先用水泥抗裂砂浆贴好，接着连续施工大墙面，掌握先细部，后整体，整片的耐碱网格布压住分散的加强耐碱网格布的原则；在耐碱网格布搭接时，应将底层耐碱网格布压入抗裂砂浆，后随即压入面层耐碱网格布。

(13) 抗裂砂浆应随用随搅，禁止使用过时灰。

(14) 分层施工时应注意上层网格布应顺槎压住下层网格布。

(15) 抗裂层施工完成后应按检验批的要求对工程质量进行全面检查，在自检合格的基础上，整理好施工质量记录报总包方和相关方进行隐蔽检查验收。

7. 涂刷高分子乳液弹性底层涂料

在抗裂层施工完后2h后即可涂刷高分子乳液弹性底层涂料。抗裂防护面层施工完毕，弹性底涂涂刷之后应按要求进行外保温分项工程验收。在报验前必须按规定做好自检工作，详细根据"施工日志"整理出各施工层的质量记录、材料进场记录等相关质量记录报相关方备案验收。

8. 刮柔性耐水腻子修补

当饰面为凹凸型涂料时，待基层干燥后，对平整度达不到装饰要求的部位刮柔性耐水腻子找补，这些部位包括：平整度不够的墙面、阴角、阳角、色带以及需要做平涂的部位。

饰面为平涂时，墙面满刮柔性耐水腻子。

7.6.6 质量标准、施工质量要求和分项验收

见本书第8章。

7.6.7 成品保护

(1) 聚氨酯硬泡喷施前应做好遮挡防护，特别是对已安装好的门窗口要严密遮挡，聚氨酯硬泡喷施时应在架子周围挂好小眼安全网，以防喷施飞溅物污染环境。聚氨酯硬泡施工后，聚苯颗粒浆料施工前外檐作业面严禁电焊作业施工。

(2) 门窗框残存砂浆应及时清理干净。严禁踩踏窗台，防止损坏棱角。

(3) 拆除架子时应轻拆轻放，防止撞坏门窗、墙面和口角的防护面层。

(4) 应保护好墙上的埋件、电线槽、盒、水暖设备和预留孔洞等。

(5) 各构造层硬化前禁止水冲、撞击和挤压。

(6) 聚氨酯高压无气喷涂机，聚氨酯黑、白料桶处应铺垫适当的隔离防护材料，防止造成地面的污染。

(7) 施工人员应遵守安全规程，施工时应带好防护用具。新工人须经过技术培训和安全教育方可上岗。

(8) 防护面层出现损坏时，应用抗裂砂浆网格布进行修补，严禁使用普通水泥砂浆修补。

7.6.8 施工应注意的问题

(1) 外墙外保温所用全部材料均应由本公司提供，只有这样才能对所提供的材料和构成的系统的质量负责。

(2) 基层墙体的质量验收合格后，墙体平整度达标方可施工。

(3) 聚氨酯喷施前必须做好遮挡防护工作。

(4) 聚氨酯喷施前门窗口可安装辅框，但最好不要装门窗框。

(5) 聚氨酯角膜胶粘剂应按包装比进行充分搅拌后使用，少量使用时一定要称量，配比不准、搅拌不均都会造成不固化。

(6) 聚氨酯喷涂时应严格检查标准厚度钉的安插数量与密度。

(7) 对于高于总保温层厚度的聚氨酯硬泡应用手锯割除。

(8) 聚氨酯界面砂浆中严禁加水。

(9) 聚氨酯保温层的厚度验收检验应为每 m^2 5点以上的算术平均值，不能用单点值代替平均值。

(10) 胶粉聚苯颗粒保温浆料施工本着找平原则，对于喷施硬泡厚度较大的部位可少抹或不抹浆料，保证保温层总厚度达到设计要求即可。

(11) 抗裂砂浆现场用砂应过筛，否则表面过于粗糙。

(12) 抗裂砂浆搅拌时配比应控制准确，严禁使用过时灰。

(13) 聚氨酯喷涂过程中黑料严禁遇水，喷涂机必须有防雨措施。黑料使用过夜应加盖密封。

(14) 聚氨酯白料、聚氨酯底漆固化剂储存过程中严禁曝晒。

(15) 聚氨酯喷施时严禁电焊施工。

(16) 所有施工人员应进行安全培训。

7.7　实例6——胶粉聚苯颗粒贴砌聚苯板外墙外保温施工方案

7.7.1　编制依据

(1) ××住宅小区A区住宅楼工程图纸；

(2)《外墙外保温技术规程》(DBJ/T 01—50—2002)；

(3)《外墙外保温技术规程（现浇混凝土模板内置保温板做法）》(DBJ/T 01—66—2002)；

(4)《建筑装饰装修工程质量验收规范》(GB 50210—2001)；

(5)《水泥抗裂砂浆》(Q/FTG 001—2004)；

(6)《高分子乳液弹性底层涂料》(Q/FTG 007—2004)；

(7)《耐碱涂塑玻璃纤维网格布》(Q/FTG 007—2004)。

7.7.2　工程概述

本工程主体为全现浇剪力墙结构，为××集团有限责任公司房地产开发经营部开发，北京××建筑工程设计有限公司设计，××工程建筑有限公司承包。开工竣工时间为：××年3月18日～××年10月31日，建筑总高度为62.25m，主体正在施工。外墙采用胶粉聚苯颗粒贴砌聚苯板外保温施工技术。

胶粉聚苯颗粒贴砌聚苯板外墙外保温具体做法为：用界面砂浆处理墙面，抹聚苯颗粒保温粘接浆料1.5cm，粘贴固定双面涂刷聚苯板界面砂浆的膨胀聚苯板，上面用防火隔热砂浆1.0cm找平，抹3～5mm抗裂砂浆（加网格布），涂高分子底层涂料，面层为装饰面层。

7.7.3 施工准备及工作计划

1. 施工准备工作计划：

(1) 技术准备：

1) 绘审图纸：施工图（或总包方交底）、勘察现场；

2) 编制施工方案：各种计划、做法、措施、目标；

3) 编制预算：工程量、材料用量、成本核算。

(2) 选择施工队伍：懂施工、懂管理、施工精干、符合劳务要求。

1) 协调与自给：与总包方协调和现场相关的临时设施，如水、电、民工食宿、办公、库房、架子等；

2) 项目人员确定，见项目组织构架图7-26：

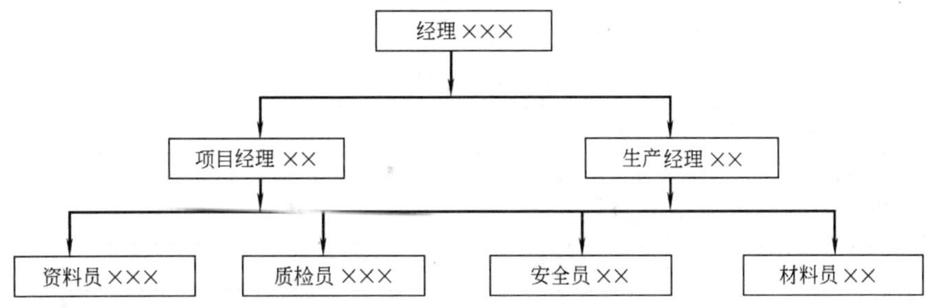

图7-26 项目组架构图

3) 劳动力计划：管理人员7人、样板暂定抹灰工10人、壮工8人。

2. 材料及机具准备

(1) 材料计划：材料名称、数量、进场日期提前送交营销部；

(2) 机具计划：强制式砂浆搅拌机、垂直运输机械、水平运输手推车、手提式搅拌器、射钉枪、电锤、手锯、梳形抹子、水桶、剪刀、滚刷、铁锹、扫帚、手锤、壁纸刀等；

(3) 常用的检测工具：经纬仪及放线工具、托线板、方尺、探针、钢尺等；

(4) 中小型机具计划：

1) 强制式搅拌机2台；

2) 小车6辆。

(5) 材料计划（附表略—编者注）。

7.7.4 主要施工方法及质量验收

1. 胶粉聚苯颗粒贴砌聚苯板体系技术构造做法

防火保温浆料复合聚苯板玻纤网格布抗裂砂浆体系在外墙外保温工程中的做法（简称“胶粉聚苯颗粒贴砌聚苯板”做法），适用于多层及100m以下的高层建筑混凝土、小型混凝土空心砌块、非黏土砖和烧结砖砌筑的外墙外保温工程及同类基层既有建筑的节能改造工程，其基本构造见表7-24。

表 7-24

基墙①	基本构造层				构造示意
	界面处理层②	保温隔热层③	抗裂防护层④	饰面层⑤	
混凝土或各种砌体	界面剂	胶粉聚苯颗粒粘结保温浆料＋膨胀聚苯板＋锚栓＋防火保温浆料	柔性水泥抗裂砂浆压入耐碱涂塑玻纤网格布，面层涂覆高分子乳液弹性底层涂料，抗裂柔性耐水腻子	涂料	1 基层墙体 2 刷ZL界面剂 3 10mm厚胶粉聚苯颗粒粘结保温浆料(1号浆料) 4 双面界面处理的聚苯板，厚度按工程设计 锚固件 5 10mm厚胶粉聚苯颗粒保温浆料(2号浆料) 6 ZL柔性水泥抗裂砂浆复合耐碱涂塑玻纤网格布 7 弹性底涂、柔性腻子 8外墙涂料 聚苯板上掏 ϕ100洞内填胶粉聚苯颗粒保温浆料(掏洞法)

2. 工程材料

(1) 建筑用界面砂浆主要性能指标，见表 7-25 和表 7-26。

基层界面砂浆性能指标　　表 7-25

项　目		单位	指　标
界面砂浆压剪粘结强度	原强度	MPa	≥0.7
	耐水	MPa	≥0.5
	耐冻融	MPa	≥0.5

聚苯板界面砂浆的性能指标　　表 7-26

项　目			单位	指　标
拉伸粘结强度	与水泥砂浆试块	标准状态	MPa	≥0.70
		浸水后		≥0.50
	与聚苯板试块	标准状态		≥0.10 且聚苯板破坏时涂刷界面完好
		浸水后		
	与胶粉聚苯颗粒保温浆料试块	标准状态		≥0.10 且保温试块破坏时涂刷界面完好
		浸水后		

(2) 膨胀聚苯板为阻燃型聚苯乙烯泡沫塑料板，厚度满足设计要求，膨胀聚苯板主要性能指标如表 7-27 所示。膨胀聚苯板在与基层墙体粘结前应预先加工好，有开槽法、掏洞法及锚固法三种选择（图 7-27～图 7-29），在正反两面必须满刷界面剂。

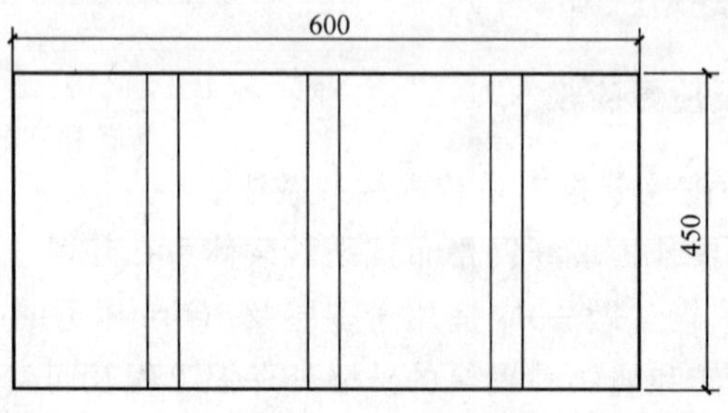

图 7-27　开槽法

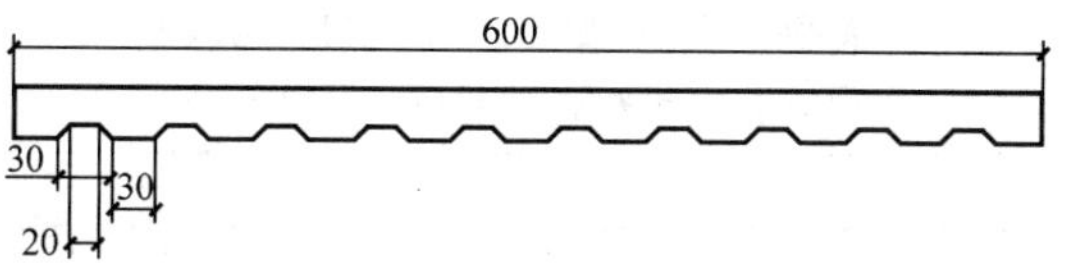

图 7-28 掏洞法

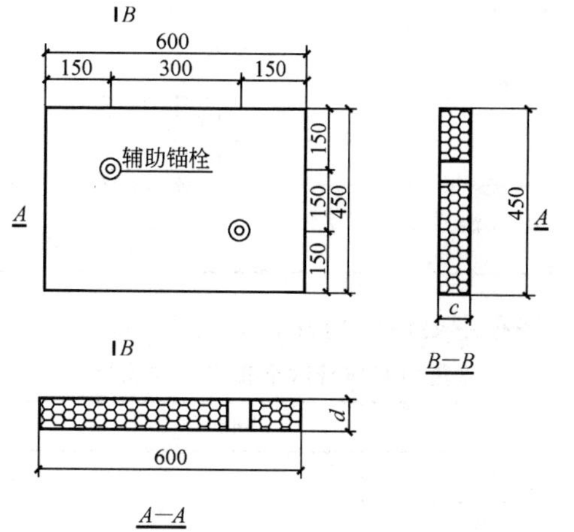

图 7-29 锚固法

膨胀聚苯板主要性能指标 表 7-27

项　目	单　位	指　标
密度	kg/m^3	18.0～22.0
压缩强度(即在 10%变形下的压缩应力)	MPa	≥0.1
导热系数	W/(m·K)	≤0.042
70℃,48h 后尺寸变化率	%	≤5
水蒸气透湿系数	ng/(Pa·m·s)	≤4.5
吸水率	%(V/V)	≤4
断裂弯曲负荷	N	≥25
弯曲变形	mm	≥20
氧指数	%	≥30

(3) 胶粉聚苯颗粒粘结保温浆料主要性能指标（1 号浆料），见表 7-28。

胶粉聚苯颗粒粘结保温浆料主要性能指标（1 号浆料） 表 7-28

项　目		单位	指　标
湿表观密度		kg/m^3	≤450
干表观密度		kg/m^3	≤270
导热系数		W/(m·K)	≤0.080
压缩强度 56d		kPa	≥200
难燃性			B_1 级
线性收缩率		%	≤0.3
软化系数			≥0.7
水泥拉伸粘结强度（与带界面剂的砂浆试块）	常温常态 56d	MPa	≥0.20
	耐冻融（冻融循环 10 次）	—	无开裂
拉伸粘结强度（与带界面砂浆的膨胀聚苯板）	常温常态 56d	MPa	≥0.10 且膨胀聚苯板破坏
	耐冻融（冻融循环 10 次）	—	无开裂

(4) 防火保温材料（2号浆料）应满足表7-29的要求。

防火保温材料性能指标（2号浆料） 表7-29

项 目	单 位	指 标
湿表观密度	kg/m^3	350～420
干表观密度	kg/m^3	≤230
导热系数	W/(m·K)	≤0.060
压缩强度	kPa	≥250(常温56d)
难燃性	—	A_2级
抗拉强度	kPa	≥100
压剪粘接强度	kPa	≥50
收缩率	%	≤0.09
软化系数	—	≥0.7

(5) 涂塑耐碱玻纤网格布主要性能指标，见表7-30。

涂塑耐碱玻纤网格布主要性能指标 表7-30

项 目		单 位	指 标
网孔中心距	普通型	mm	4×4
	加强型		6×6
单位面积重量	普通型	g/m^2	≥160
	加强型		≥500
断裂强力（经、纬向）	普通型	N/50mm	≥1250
	加强型		≥3000
耐碱强力保留率(经、纬向)		%	≥90
涂塑量		g/m^2	≥20

(6) 水泥抗裂砂浆主要性能指标，见表7-31。

水泥抗裂砂浆主要性能指标 表7-31

项 目	单 位	指 标
砂浆稠度	mm	80～130
可操作时间	h	2
拉伸粘结强度，56d	MPa	>0.8
浸水拉伸粘结强度，7d	MPa	>0.6
渗透压力比	%	≥200
抗弯曲性	—	5%弯曲变形无裂纹

(7) 高分子乳液弹性底层涂料主要性能指标，见表7-32。

高分子乳液弹性底层涂料主要性能指标 表7-32

项 目		单 位	指 标
容器中状态		—	搅拌后无结块，呈均匀状态
施工性		—	刷涂无障碍
干燥时间	表干时间	h	≤4
	实干时间	h	≤8

续表

项　目		单　位	指　标
拉伸强度		MPa	≥1.0
断裂伸长率		%	≥300
低温柔性(绕 ϕ10 棒)		—	−20℃无裂纹
不透水性(0.3MPa,0.5h)		—	不透水
加热伸缩率	伸长	%	≤1.0
	缩短	%	≤1.0

(8) 抗裂柔性耐水腻子主要性能指标，见表 7-33。

抗裂柔性耐水腻子主要性能指标　　表 7-33

项　目		单位	指　标
胶液容器中状态		—	均匀乳液
粉料		—	无结块、均匀粉料
施工性		—	刮涂二遍无障碍
可操作时间		h	>3
耐水性		—	48 小时无异常
耐碱性		—	24 小时无异常
拉伸粘接强度	常温 28d	MPa	≥0.5
	浸水 7d	MPa	≥0.4
柔韧性(直径 50mm)		—	无裂纹

(9) 水泥：强度等级 42.5 普通硅酸盐水泥，水泥技术性能应符合《硅酸盐水泥、普通硅酸盐水泥》(GB 175—1999) 的要求。

(10) 中砂：应符合《普通混凝土用砂质量标准及检验方法》(JGJ 52) 细度模数的规定，含泥量少于 3%。

(11) 配套材料主要有机械固定塑料锚栓、专用金属护角（断面尺寸为 35mm×35mm×0.5mm，高 h=2000mm）等。

3. 材料配制

(1) 建筑用界面处理砂浆的配制

建筑用界面处理剂∶中砂∶水泥按 1∶1∶1 重量比，用砂浆搅拌机或手提搅拌器搅拌均匀。

(2) 胶粉防火保温浆料的配制

胶粉粘结保温浆料的配制，先开机将 35～40kg 的水倒入砂浆搅拌机内，然后倒入一袋 25kg 的胶粉料，搅拌 3～5min，再倒入一袋 220 升的聚苯颗粒继续搅拌 3～5min，搅拌均匀后倒出，该胶粉应随搅随用，在 4h 内用完。

(3) 抗裂水泥砂浆的配制

水泥砂浆抗裂剂∶中砂∶水泥按 1∶3∶1 重量比，用砂浆搅拌机或手提搅拌器搅拌均匀。配制抗裂砂浆加料次序为：先加入抗裂剂、中砂，搅拌均匀后，再加入水泥继续搅拌 3min 倒出。抗裂砂浆不得任意加水，应在 2h 内用完。

4. 施工工艺

(1) 施工程序

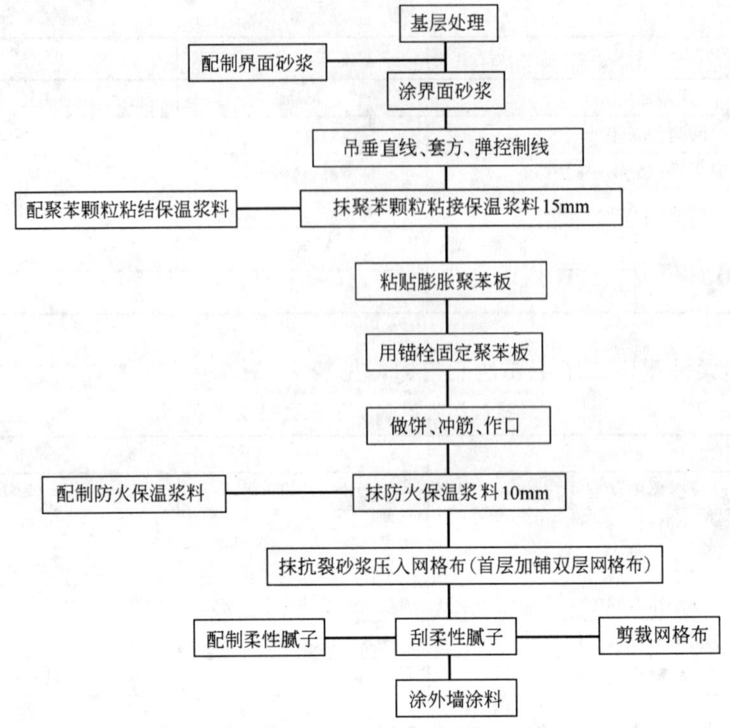

(2) 施工要点

墙面基层处理→界面处理→吊垂直线、套方、弹控制线→抹10mm厚粘结保温浆料→粘贴膨胀聚苯板→锚固膨胀聚苯板→做饼、冲筋、作口→抹10mm厚防火隔热保温浆料→保温层验收→抹水泥抗裂砂浆随即抹压涂塑耐碱玻纤网格布→抗裂防护层验收→涂刷高分子乳液弹性底层涂料→刮抗裂柔性耐水腻子→面层装饰层施工与验收。

5. 施工工艺说明

(1) 施工准备

1) 搭设搅拌棚，所有材料必须在搅拌棚内机械搅拌，防止聚苯颗粒飞散，影响现场文明施工。

2) 聚苯颗粒轻骨料应有好的保护，防止包装的破坏。

3) 对在楼及搅拌棚周围露天存放的砂石料，用苫布或细目安全网覆盖。

4) 对门框在小推车的高度内，包裹铁皮，防止门框破坏。

(2) 保温作业前提

1) 保温及其配套材料进入现场复检要求，聚苯板的锚塞孔以及表面界面剂处理完成；

2) 外墙墙体工程平整度达到要求，外门窗口安装完毕，经有关部门检查验收合格，缝隙应分层填塞严密，做好门窗表面保护，并预留出外保温层的厚度。

3) 施工用吊篮或专用外脚手架搭设牢固，安全检验合格。脚架横竖杆距离墙面、墙角适度，脚手板铺设与外墙分格相适应。

4）作业时环境温度不应低于5℃，风力应不大于5级，风速不宜大于10m/s。严禁雨天施工，雨期施工时应做好防雨措施。

5）外墙面上的雨水管卡、预埋铁件、设备穿墙管道等提前安装完毕，并预留出外保温层的厚度。

（3）保温及其配套材料进入现场复检要求

材料进入现场应检测的内容：

1）材料的合格证、检测报告是否齐全，是否与所送材料配套；

2）抽检材料单位的重量体积与合格证标明是否在合理误差范围内；

3）检查包装有无破损；

4）检查材料是否在有效期内。

（4）基层处理

墙面应清理干净，清洗油渍、清扫浮灰等。旧墙面松动、风化部分应剔除干净。墙表面凸起物不小于10mm时应剔除。

（5）界面处理

对要求作界面处理的基层应满涂界面砂浆，用滚刷或扫帚将界面砂浆均匀涂刷，拉毛不宜太厚，但必须保证所有的墙面都做到毛面处理。

（6）吊垂直、套方、弹控制线

根据建筑要求，在墙面弹出外门窗水平、垂直控制线及伸缩线、装饰线等。在建筑外墙大角（阳角、阴角）及其他必要处挂垂直基准钢线和水平线。

（7）抹底层15mm厚防火粘结保温浆料

由下到上、由左至右顺序在墙面上按控制线抹15mm厚的粘结保温浆料，而后用杠尺刮平，用梳形抹子将粘结保温浆料梳成梳槽状。

（8）粘贴膨胀聚苯板

及时按相同顺序粘贴预制好的膨胀聚苯板（矩形槽向内），粘贴膨胀聚苯板时应均匀轻柔挤压膨胀聚苯板，使膨胀聚苯板埋入浆料，随时用2m靠尺和托线板检查平整度和垂直度。板缝应拼严，减少板缝间的“碰头灰”。

排板时按水平顺序排列，上下错缝粘贴，阴阳角处应做错槎处理。

（9）做饼、冲筋、作口

套方作口，按厚度线用胶粉聚苯颗粒保温浆料或膨胀聚苯板作标准厚度灰饼冲筋。

（10）抹面层10mm厚防火保温浆料

膨胀聚苯板粘贴完成24h后，用防火保温浆料在膨胀聚苯板上罩面找平；膨胀聚苯板间若有预留间隔带应采用粘结保温浆料填塞；混凝土梁柱、门窗洞口、墙体边角处等特殊部位以及防火隔离带部位均用粘结保温浆料进行处理。（在防火保温浆料以及抗裂砂浆配制时，搅拌需设专人专职进行，以保证配合比的准确。在施工现场搅拌质量可以通过观察其可操作性、抗滑坠性、膏料状态以及其湿表观密度等方法判断。）

（11）划分格线、门、窗口滴水槽（按设计要求）

在保温层施工完成后，根据设计要求弹出滴水槽控制线，用壁纸刀沿线划开设定的凹槽，槽深15mm左右，用抗裂砂浆填满凹槽，将滴水槽（成品）嵌入凹槽与抗裂砂浆粘结牢固，收去两侧沿口浮浆，滴水槽应镶嵌牢固、水平。

(12) 抗裂层施工

待保温层施工完成3～7d且保温层施工质量验收以后，即可进行抗裂层施工。

1) 耐碱网格布长度不大于3m，尺寸事先裁好，网格布包边应剪掉。

2) 抹抗裂砂浆时，厚度应控制在3～4mm，抹完一定宽度应立即用铁抹子压入耐碱网格布。耐碱网格布之间搭接宽度不应小于50mm，先压入一侧，再抹一些抗裂砂浆再压入另一侧，严禁干搭。阴角处耐碱网格布要压槎搭接，其宽度不小于50mm；阳角处也应压槎搭接，其宽度不小于200mm。耐碱网格布铺贴要平整，无褶皱，砂浆饱满度达到100%，同时要抹平、找直，保持阴阳角处的方正和垂直度。

3) 首层墙面应铺贴双层耐碱网格布，第一层应铺贴加强型耐碱网格布，铺贴方法与上述方法相同，铺贴加强型耐碱网格布时，网布与网布之间采用对接方法。然后进行第二层普通网格布铺贴，铺贴方法如前所述，两层网格布之间抗裂砂浆应饱满，严禁干贴。

4) 建筑物首层外保温应在阳角处双层网格布之间设专用金属护角，护角高度一般为2m。在第一层网格布铺贴好后，应放好金属护角，用抹子拍压出抗裂砂浆，抹第二遍抗裂砂浆包裹住护角。

5) 在窗洞口等处应沿45°方向增贴一道网格布（400mm×300mm），见图7-30。

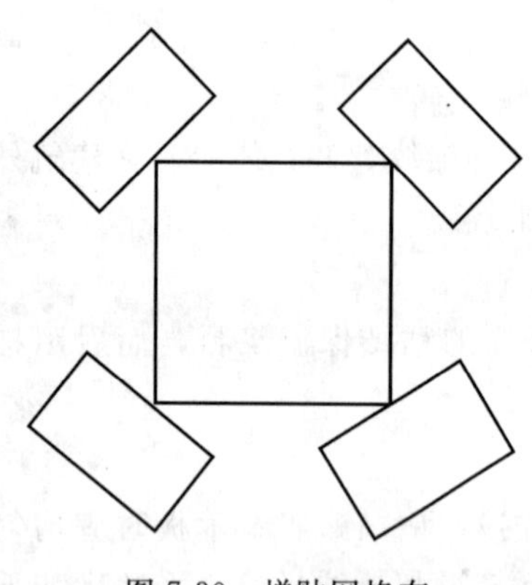

图7-30 增贴网格布

6) 抗裂砂浆抹完后，严禁在此面层上抹普通水泥砂浆腰线、窗口套线等。

(13) 涂刷高分子乳液弹性底层涂料

在抗裂层施工完后2h后即可涂刷高分子乳液弹性底层涂料。

(14) 刮柔性耐水腻子修补

当饰面为凹凸型涂料时，待基层干燥后，对一些重点部位刮柔性耐水腻子找补，部位包括：平整度不够的墙面、阴角、阳角、色带以及需要做平涂的部位。

饰面为平涂时，墙面应满刮柔性耐水腻子。

6. 质量标准、施工质量要求和分项验收

见本书第8章。

7.7.5 施工平面图

办公、职工宿舍、仓库等用房、水、电、砂浆机4台的搅拌棚所在地等由总包方负责安排。（施工平面图略—编者注。）

7.7.6 各项管理措施

1. 质量保证措施

(1) 认真学习各项有关规定，编好施工方案，做好施工人员上岗前的各项培训和各项技术交底。

(2) 对各项工序严格检查验收，坚持“三检制”，对检查不合格的进行处罚。

(3) 选择优秀的施工队伍，即懂管理、懂施工，为工程达优创先决条件。

(4) 建立岗位责任制，项目经理是第一责任人。要对每道工序质量负责，发现问题及时返工修理，把质量问题控制在施工过程中。

(5) 对进场的材料，严格把好质量关，做到成品进场及时检查验收。

(6) 做好各项施工记录，资料齐全、有效，做好技术资料的存档工作。

2. 安全保证措施

(1) 进场前做好安全培训，做好安全交底。

(2) 进入施工现场，并在施工时要戴好安全帽，在架子上施工时要一定系好安全带。

(3) 施工现场严禁吸烟，严禁酒后施工。

(4) 脚手架拆卸由专职架子工施工，其他人员不许拆改，施工时严禁在架子上跑跳、打闹等。

(5) 施工架子、脚手架施工前应严格检查，脚手架铺设一定要注意探头板，施工时严禁往下掉东西。

3. 工期保证措施

(1) 选择1名有经验的项目经理，建立岗位责任制。

(2) 选择一支精干的施工队伍，根据施工情况合理安排人员并及时做好人员补充。

(3) 强化管理、精心施工、精心组织、执行管理责任制。

(4) 积极与总包方和各兄弟单位相互配合，按工期计划施工。

(5) 做好材料、机具计划，加强对搅拌机的保养、维修以便使用。

(6) 严格把好质量关，各项施工工序一次验收合格，做到安全生产、文明施工。

4. 材料管理及节约措施

(1) 材料员24h值班，夜间收料要认真核对。

(2) 限额领料，做好料、具、领料手续，做好胶桶回收100%。

(3) 对进场的材料严格检查验收，合格证、检测报告是否齐全，是否与所送的材料相互配套，抽检材料要准确。

(4) 对进场的材料做好成品保护，防雨淋，对所用的胶桶做好回收100%，对所用的机具用完后及时清理干净。

5. 环保管理及防火消防措施

(1) 防止聚苯颗粒飞散，必须搭设搅拌机棚。

(2) 聚苯板必须立放，防止压坏；聚苯板存放地必须远离火源，严禁烟火及电焊火花飞溅。

(3) 搅拌机设专职人员环境保护，及时清扫杂物，对所用的袋子及时捆好，用完的塑料桶码放整齐并及时清退。

(4) 外墙施工，首层架子内的垃圾派专人清理，按甲方指定的地点堆放。

(5) 施工遗洒道路上的垃圾应有专人清扫。

6. 成品保护措施

(1) 分格线、滴水槽、门窗框、管道、槽盒上残存砂浆，应及时清理干净。

(2) 移动吊蓝，翻拆架子应防止破坏已抹好的墙面，门窗洞口、边、角、垛宜采取保护性措施。其他工种作业时不得污染或损坏墙面，严禁踩踏窗口。

(3) 各构造层在凝结前应防止水冲，撞击、振动。

(4) 门窗框残存砂浆应及时清理干净。严禁踩踏窗台，防止损坏棱角。

（5）应遵守有关安全操作规程。新工人必须经过技术培训和安全教育方可上岗。脚手架经安全检查验收合格后，方可上人施工，施工时应有防止工具、用具、材料坠落的措施。

7.7.7 主要经济技术管理目标

（1）质量目标：优良。

（2）安全目标：安全无事故。

（3）文明施工目标：现场达标。

（4）降低材料平方米耗量指标，各种材料平方米耗量达标±5%。

7.7.8 保修

（1）执行合同保修协议。

（2）项目经理部在工程移交后，发现问题及时保修。

（3）工程竣工后半年，做好工程回访并做好记录，对存在的问题确定方案及时返修。

7.8 施工实例7——保温砌模现浇混凝土网格剪力墙承重体系

7.8.1 简介

（1）保温砌模网格剪力墙结构体系：该体系保温砌模由EPS颗粒保温灰浆制成，用专用砌筑材料砌成墙体，砌模孔中浇筑自流混凝土，形成网格剪力墙结构，可按不同气候区保温要求确定保温砌模壁厚，见图7-31。

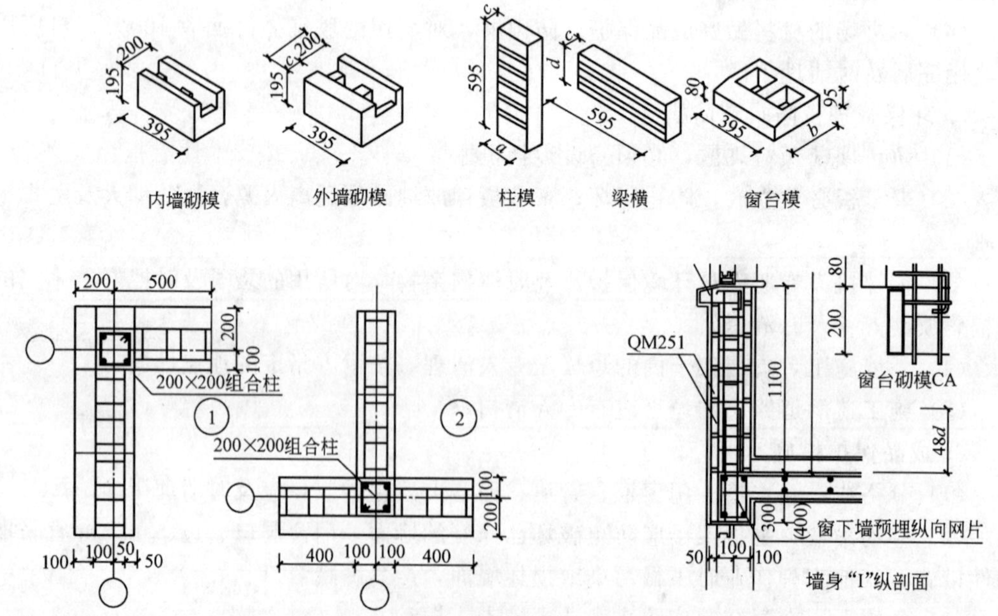

图7-31 保温砌模网格剪力墙结构体系

（2）保温模板现浇混凝土构造系统，见图7-32。该系统以工厂预制的EPS模板代替传统的墙体模板和楼板模板。EPS板墙体模板有内、外两层EPS板，两层EPS板厚度均为65mm，高度为300mm。两层EPS板顶部装有高密度聚乙烯H型材，通过钢筋连接件将内、外层EPS板连接起来。EPS板楼板模板如图所示。EPS板模板现场组装后浇筑混凝土形成复合保温墙体、楼板和屋顶。拆模后，两侧EPS板表面抹玻纤网增强薄抹面层，内表面做内墙涂料饰面，外表面做涂料饰面或面砖饰面。

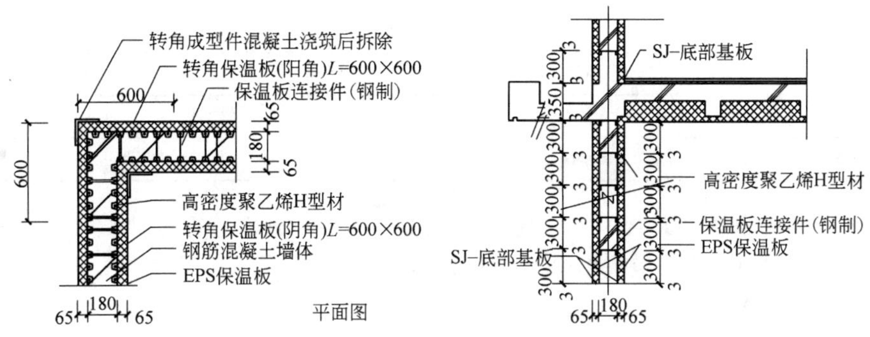

图7-32 保温模板现浇混凝土构造系统

（3）保温小型空心砌筑模块（简称保温模块）主规格尺寸为310mm×400mm×200mm，外壁厚110，内壁厚50（用于外墙）；200mm×400mm×200mm，壁厚40（用于内承重墙），纵向有2个孔洞，沿长度方向有槽。

（4）保温砌模的主要功能是在砌筑成墙体后，前期作为浇筑混凝土网格墙的模板，后期成为墙体的保温层。保温性能应满足设计要求。

7.8.2 材料要求

1. 保温砌模

（1）保温砌模的抗压强度应大于0.5MPa，抗折强度应大于0.3MPa，常温下自然养护龄期不少于28d，保温砌模强度达到设计值的100%方可出厂。

（2）保温砌模厂应提供产品合格证和质量检测证明，其主要技术性能指标应符合表7-34～表7-37的要求。

规格尺寸（mm） 表7-34

型号		B(宽度)	L(长度)	H(高度)
301（外墙）	公称尺寸	300	400	200
	实际尺寸	310	395	195
201（内墙）	公称尺寸	200	400	200
	实际尺寸	200	395	195

尺寸允许偏差 表7-35

项目名称	单位	优等品	合格品
长度	mm	±2	±4
宽度	mm	±2	±4
高度	mm	±1.5	±2
对角线	mm	±3	±7

外观质量 表7-36

项目名称		单位	优等品	合格品
缺棱掉角	个数	个	0	≤2
	三个方向投影最小值	mm	0	≤20
垂直度	不大于	mm	1	3
弯曲度	不大于	mm	3	4

自然状态干密度 表7-37

型号	单位	干燥质量	允许偏差(%)
301	kg/块	5.4	±4
201	kg/块	3.6	±4

(3) 施工企业应按设计要求和规定对进入现场的保温砌模进行分批验收，应按《砌体工程施工质量验收规范》(GB 50203) 进行复验。

2. 钢筋

剪力墙、圈梁组合柱等所用钢筋均应有出厂产品合格证，并按规定进行复试，确认合格后方可使用。所用的地锚筋纵、横钢筋网片均应使用电焊连接，施工现场应按规格码放，应防止锈蚀和污染。

3. 砌筑砂浆

(1) 水泥：应有产品合格证，并按规定进行复试，确认合格后方可使用。强度等级为32.5矿渣硅酸盐水泥或普通硅酸盐水泥。

(2) 砂：应符合《普通混凝土用砂质量标准及检验方法》(JGJ 52) 要求，采用中砂或细砂，含泥量不超过3%。

(3) 胶粘剂：选用VAE乳液。

(4) 水：不含有害物质的洁净水。

(5) 胶浆配合比应根据设计的强度等级按重量比配制。采用机械搅拌，胶浆应有良好的和易性和保水性，稠度宜为7～8，砌筑胶浆应在拌成后2h内用完，随用随拌。砌筑胶浆技术要求见表7-38。

砌筑胶浆技术要求 表7-38

检验项目	技术指标
抗压强度(MPa)	≥1
粘接剪切强度(MPa)	≥0.7
稠度(cm)	7～8
抗下塌性	良好
可操作时间(h)	2

4. 混凝土

采用免振自密实混凝土，强度等级由设计确定，其技术性能见表7-39。

(1) 水泥：宜采用强度等级32.5硅酸盐水泥和普通硅酸盐水泥，质量要求同上。

(2) 石子：碎石或卵石，粒径不大于16mm，含泥量、泥块含量等指标应符合《普通混凝土用碎石或卵石质量标准及检验方法》(JGJ 53) 规定要求。

(3) 砂：宜采用中砂或粗砂，含泥量不超过3%。

(4) 粉煤灰：Ⅰ、Ⅱ级低钙粉煤灰，并应有合格证及试验报告，符合《用于水泥和混凝土中的粉煤灰》(GB/T 1596—2005)。

(5) 水：不含有害物质的纯净水（冬期施工应用热水）。

(6) 外加剂：混凝土使用的外加剂应符合国家现行标准的要求，并经过混凝土试配，性能合格方可使用。

自密实混凝土技术性能指标 **表7-39**

检验项目	技术指标
混凝土强度等级	C25～C40(根据设计确定)
坍落度(mm)	≥260
扩展度(mm)	600～700
排空时间(s)	8～12

注：排空时间是指将坍落度筒倒置（小口朝下），下端用木板堵住，从大口处浇满混凝土后抽掉木板，混凝土全部流出所用的时间。

5. 耐碱玻璃纤维网格布、聚合物砂浆

其技术性能指标应符合本章相关内容规定的要求。

7.8.3 施工准备

(1) 保温砌模应根据施工进度要求应分层配套运入施工现场，保温砌模堆放场地应夯实并便于排水。装卸时不得倾卸和抛掷，堆放高度不应超过2m。

(2) 基础施工前应用钢尺校核建筑物的放线尺寸，其允许偏差应符合表7-40规定。

放线尺寸允许偏差 **表7-40**

长度 L、宽度 B 的尺寸(m)	允许偏差(mm)
$L(B)\leqslant 30$	±5
$30<L(B)\leqslant 60$	±10
$60<L(B)\leqslant 90$	±15
$L(B)>90$	±20

(3) 保温砌模砌筑前应熟悉施工图纸，并根据墙体尺寸、楼层标高及门窗、构造柱的数量尺寸编制砌模排列图。

(4) 根据砌模排列图对砌筑在第一层的砌模进行清扫孔的加工，在保温砌模的一侧锯开130mm×120mm的孔洞，用于绑扎锚固钢筋和清扫砌筑时的落地砂浆杂物，此外，需加工相当数量的半块砌模以备用。

(5) 保温砌模砌筑前，应对基础质量进行检查和验收，符合要求后方可进行墙体（砌模）施工。

(6) 砌筑前应在墙体的阴阳角处立好皮数杆，皮数杆应标志砌模的皮数、灰缝厚度以及门窗洞口、过梁、圈梁和楼板等部位位置。

(7) 机具准备：搅拌机、砂浆机、砖笼、刀锯、水准仪、线坠、皮数杆、胶皮锤等。

起重设备：塔吊、汽车吊，浇筑量大也可考虑使用混凝土泵或泵车、浇筑灰斗。

(8) 混凝土搅拌配制：

1) 采用免振自密实混凝土，强度等级根据设计规定。

2) 混凝土坍落度应大于200mm，扩展度应大于500mm。

3) 宜采用现场搅拌，配制后1h内浇筑。

7.8.4 保温砌模及网格剪力墙施工

(1) 保温砌模混凝土墙施工工艺流程，见图7-33。

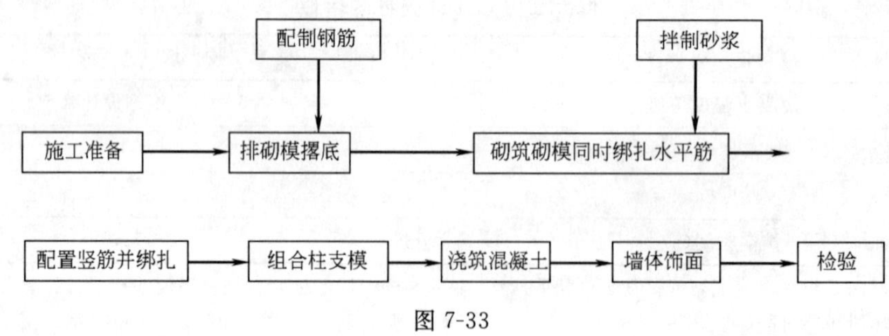

图 7-33

(2) 砌模施工时应遵守下列基本规定：

1) 一栋建筑所需的保温砌模应采用同一生产厂家、同一批次产品。

2) 砌筑前应清理砌模上、下两个平面的污物。

3) 严禁使用断裂和壁肋有贯通裂缝的保温砌模。

4) 地梁上平面清扫后按设计图纸弹线，应从门口或组合柱方向开始砌筑。

5) 内、外墙可同时砌筑，纵横墙应直槎对接，砌筑后胶浆抹缝。

6) 墙体砌筑高度应根据气温、风压、墙体部位等不同情况分别控制，日砌筑高度1.8～2.2m（根据施工季节决定）。

7) 保温砌模砌筑好后需要移动或被撞动时，应重新铺浆砌筑。

(3) 砌模灰缝应符合下列规定：

1) 灰缝应做到横平竖直，水平灰缝的胶浆饱满度不得低于90%，竖缝两侧的砌模均应两边挂灰，砂浆饱满度不得低于80%，不得出现瞎缝、透缝。

2) 砌筑时的铺灰长度应为400mm（一块一铺），严禁用水冲浆罐缝，不得采用以石子、木楔等物垫塞灰缝。

3) 砌模的水平及垂度，灰缝宽度应控制在3～5mm。

4) 砌模墙体应以胶浆勾缝，深度不大于3mm，并要求平整密实。

(4) 砌模墙体施工时，应搭设双排脚手架，不得在砌模墙体上设置脚手架孔，可在圈梁、组合柱上预留8号钢丝，待浇筑完混凝土后用来固定脚手架。

(5) 砌模砌筑

1) 每层楼第一层砌模应全部具有清扫口，外墙清扫口朝向内侧，内墙清扫口朝向一致。

2) 砌筑时上、下砌模应严格对孔，错缝搭接，墙面必须平整，柱边与门窗口留直槎。

3) 门窗上口宽度不大于2m时，门窗上口不做过梁，砌模砌筑应采用模板支托。

4) 消防栓、配电盘及管径大于100mm的横向线管的埋设，可在砌筑时根据其外廓尺寸预留出来，做法同窗口。

5）水、暖、消防、电器管件的固定，用预埋件或在浇筑的混凝土达到强度后用膨胀螺栓连接。

6）直径小于50mm的垂直管线可直接埋设在竖孔内。依据设计加设加强筋，浇筑混凝土前作好隐蔽检查记录，管口密封。

7）砌模墙体的伸缩缝、沉降缝内，不得夹有砂浆、碎砌块及其他杂物。

8）砌筑进度：内、外墙砌筑进度宜整个建筑物同步进行。如建筑面积过大，也可以按施工流水段为单元，但与相邻的单元高度差不得超过一个楼层高度，流水段的分段位置宜设在伸缩缝、沉降缝等处。同层分段可设在门窗洞口砌模砌筑过梁一侧。

9）在砌筑每层楼后应校核墙体的轴线尺寸和标高，对于允许内偏差可在浇筑混凝土圈梁或楼板上予以调整。

（6）钢筋铺设

1）砌模内水平筋铺设：

① 砌筑一层铺设一层水平钢筋网片。

② 水平筋网片应平放在砌模水平槽的中间位置，水平筋网片的横筋应位于砌模肋上。

③ 水平网片筋搭接长度应不小于30d（d为纵筋直径），并用钢丝绑扎，每侧2个绑扣。

④ 砌体与组合柱相接时，其水平筋伸进组合柱长度应不少于30d，并与柱筋绑扎，每侧2个绑扣。

⑤ 门窗洞口上面的砌体水平筋应根据设计图纸选用，其铺设方法同墙体。

2）砌模内竖向钢筋网片筋放置：

① 地梁（圈梁）浇筑混凝土前预埋墙体锚固筋网片，其纵筋高出地梁（圈梁）上平面48d。间距200mm，锚固筋网片垂直于墙体轴线。

② 墙体砌筑到一楼层高时才可放置竖向网片，每孔一片，从上部对准砌模孔向下插入网片，网片应位于孔中，并应垂直于墙体轴线。

③ 竖向网片在下部的清扫口内锚固筋搭接绑扎，上端应与墙体水平网片或圈梁纵筋绑扎，搭接长度48d。

④ 竖向纵筋网片根据楼层高度（并加上深入圈梁的搭接长度）预制加工整根网片筋，网片长度应包括伸入圈梁和上层的搭接长度。

⑤ 门洞口两侧砌模孔内应根据设计要求设置加强筋。

⑥ 组合柱、圈梁钢筋绑扎与安装应符合《混凝土结构工程施工质量验收规范》（GB 50204）要求。

⑦ 以上各层楼钢筋铺设方法均同首层。

（7）混凝土浇筑

1）混凝土浇筑前准备：

① 检查墙体砌筑的粘结强度和抗压强度是否达到胶浆的强度的规定值。

② 将清扫口内的落地砂浆、垃圾及杂物全部清除干净后，用钢模板封堵，支牢。

③ 在墙体一侧钻观察孔（孔径50mm、间距1.5m）用木塞堵严以备检查混凝土浇筑质量。

④ 校正钢筋位置并检查搭接长度和绑扎固定情况。

⑤ 向砌模墙体芯柱孔内喷洒适量水泥浆，以达到孔壁湿润为准。

⑥ 门窗洞口的立面和上面用模板封严，并应有牢固的支撑。

⑦ 施工流水分段处应用细钢丝网封堵、绑牢。

⑧ 因使用大流动性混凝土，必须将各处缝隙封严堵实。

2）混凝土浇筑施工：

① 砌模墙体及钢筋铺设经检验合格后方可浇筑墙体混凝土，并应通知质检和监理人员旁站监督混凝土浇筑。

② 混凝土应在拌成1h内浇筑。

③ 墙体浇筑点水平间距不大于1m。

④ 分层浇筑高度宜不大于1.4m，第一层可浇至与窗下口平齐。以上部分可分成一次或两次浇筑，但分层处不得设在网格墙横梁断面内。

⑤ 在一个施工流水段内，浇筑高度应同步进行。砌模墙体内宜实行混凝土定量浇灌。并设专人检查混凝土水平流动，对有墙体崩模、跑浆处，应及时采取封堵措施。

⑥ 混凝土墙体浇筑一般不用振捣。但发现混凝土流动不良或组合柱等钢筋密集处可用钢钎或小号振捣棒震实。

⑦ 分层浇筑的时间应控制在下层混凝土初凝前进行。

⑧ 墙体内混凝土浇筑后可不必进行喷水养护。

⑨ 圈梁楼板混凝土浇筑及养护同普通钢筋混凝土施工。

⑩ 常温下圈梁与楼板混凝土浇筑应在墙体混凝土达到设计强度50%后浇筑，楼板施工需满堂支模。采用装配整体式楼板需硬架支模。

（8）水、电管线安装及墙面施工：

1）主体结构完成，并经监理、设计验收合格后方可实施。

2）水、电管线安装：

① 主体结构完成，并验收合格后方可实施。

② 水暖、消防、电器、箱体、管件在墙体预留的孔洞内安装，利用预埋件或膨胀螺栓与混凝土墙体固定，箱体背后采用砌保温板或钢丝网片抹聚合物水泥砂浆处理。

③ 对直径小于30mm的暗管线，在墙面弹出安装线，依线剔槽并用管卡子、胀栓固定牢固，并用1∶3水泥砂浆填实、找平。

3）墙体面层施工应符合下列要求：

① 墙体预埋管件全部完成并验收合格后方可实施。

② 面层施工前应检测墙体外观尺寸，超出允许偏差时应先行修整。

③ 门窗洞口处应采用聚合物砂浆粘贴玻纤布包角（玻纤布宽度300～400mm），门窗洞口四角沿45°方向应采用聚合物砂浆粘贴玻纤布条（玻纤布规格为100mm×400mm）。

④ 为提高抹灰层粘结性能可将水泥胶浆均匀甩在墙面上进行毛化处理，胶浆疙瘩应均匀牢固，或喷刷界面剂。

⑤ 在门窗口角、墙垛、墙面等处吊垂直、套方，抹灰饼定基准。

⑥ 内外墙底层可采用下述做法：采用掺有抗裂剂的灰砂比为1∶4的水泥砂浆，底灰厚度为5～7mm，分层与所贴灰饼抹平，并用木杠刮平、找直、木抹搓毛；

⑦ 内墙面层可采用下述做法：底层砂浆充分硬化（不少于7d）后，用水淋湿墙面后抹防裂砂浆，厚度在3mm左右，用钢抹子压光。

⑧ 外墙面层可采用下述做法：

a. 外墙喷刷涂料：用水淋湿墙面，用胶浆粘贴玻纤网布（网布搭接宽度不小于100mm），抹3mm厚聚合物抗裂砂浆，并压入玻纤网布内，抹平、压光，表面刮涂防水腻子，分格缝嵌入建筑密封膏后刷外墙涂料；

b. 外墙粘贴面砖：用水淋湿墙面阴干后，采用专用胶粘剂，厚度10mm左右，粘贴面砖（大面积粘贴前，应进行面砖粘贴强度和拉拔试验），外墙分格缝嵌入建筑密封膏。

4）浴厕，女儿墙防水施工应符合下列要求：

① 应先涂界面剂，抹5～7mm厚掺有抗裂剂的1：4的水泥砂浆底灰，上抹3mm厚聚合物水泥砂浆，砂浆层基本干透后方可做防水层。面层做法可按北京地区浴厕防水做法的有关规定操作。

② 防水层应作闭水试验，合格后方可继续下道工序。

7.8.5 冬期、雨期及大风天施工

（1）冬期施工要求：

1）室外日平均气温连续5d低于5℃时，应为冬期施工。

2）不得使用雪水浸透后受冻的砌模，砌筑前应清除表面冰雪等杂物。

3）应采用普通硅酸盐水泥配置砂浆，砂浆所用的砂内不得含有冰块。

4）搅拌混凝土时可掺入防冻剂，掺量需经试验确定，不得随意变动。

5）拌合用水温度不得超过80℃。

6）砂浆和混凝土拌制后应及时砌筑和浇筑，防止冻结。

7）气温低于－10℃时不得砌筑墙体和浇筑混凝土。

（2）雨期施工要求：

1）砌模不应贴地堆放，应采取防雨措施，并严格控制砌模的相对含水率。

2）降雨量较大时应停止砌筑，并应对砌筑墙体采取遮雨措施，防止雨水浸入墙体，继续施工时应复核墙体的垂直度。

（3）大风时施工要求：

1）浇筑混凝土应在起重机作业时的风速、风力限定条件下进行。

2）施工现场超过6级风时，不得砌筑砌模。

3）施工现场达到6级风时，没有浇筑混凝土的砌模墙体、且砌筑高度达到1m时应采取临时支撑措施：在长墙两侧（特别在内墙处）、顶部可用脚手架管或木方水平贯通加固；水平加固杆件，每隔3m应用支撑与地面或脚手架固定；窗间墙或组合柱等竖向部位也应采取支撑措施。

4）大面积施工时，应事先准备防风支撑工具以备用。

7.8.6 施工安全措施

（1）工程施工应遵守国家有关的各项安全法规和规程。

（2）砌模垂直运输时应码放在专用铁笼内吊运；采用集装托板吊运时，托板四周必须设有安全网罩，并与托板有可靠连接，严防砌模从空中坠落。

（3）砌筑砌模墙体或浇筑混凝土时，不得站在墙上操作，并应有相应的安全防护措施。

（4）浇筑混凝土时，灰斗就位、浇筑必须有专人指挥。

第8章　建筑节能工程施工质量验收

8.1　建筑节能保温工程施工质量验收要求

8.1.1　总则

（1）本建筑节能保温工程施工质量要求依据现行国家有关工程质量和建筑节能的法律、法规、管理要求和相关技术标准，为加强建筑节能保温工程的施工质量管理，统一建筑节能保温工程施工质量验收，提高建筑工程节能效果提供参考。

（2）本要求适用于新建、改建和扩建的民用建筑工程中墙体、幕墙、门窗、屋面、地面、采暖、通风与空调、采暖与空调系统的冷热源和附属设备及其管网、配电与照明、监测与控制等建筑节能保温工程施工质量的验收，同时，适用于既有建筑节能改造工程的验收。

（3）建筑节能保温工程中采用的工程技术文件、承包合同文件等对工程质量的要求不得低于本规定的要求。

（4）建筑工程施工质量控制和竣工质量验收还应遵守《建筑工程施工质量验收统一标准》（GB 50300—2001）和各专业工程施工质量验收规范的规定。

8.1.2　基本规定

1. 技术与管理

（1）承担建筑节能工程的施工企业应具备相应的资质，施工现场应建立有效的质量管理体系、施工质量控制和检验制度，具有相应的施工技术标准。如国家制定专门的节能工程施工资质，则应按照国家规定执行。

（2）参与工程建设各方不得任意变更建筑节能施工图设计。但由于材料供应、工艺改变等原因，建筑节能工程施工中可能改变节能设计。当确实需要变更时，为了避免这些改变影响节能效果，需要对涉及节能的变更加以限制，应事先与设计单位洽商，办理设计变更手续，得到设计单位的书面认可。此时设计单位应认真核算并确认变更对节能带来的影响，出具洽商或设计变更等书面认可后，应承担相应的责任。

当变更可能影响节能效果时，有可能使得该工程达不到原定节能目标，原设计单位也不能自行确定是否应该同意这种变更。因此设计变更应获得原负责节能设计审查机构的审查同意；确定变更后，还应获得监理或建设单位的确认。

（3）建筑节能工程采用的新技术、新设备、新材料、新工艺，应按照有关规定进行鉴定或备案。施工前应对新的或首次采用的施工工艺进行评价，还制订专门的施工技术方案。

"新技术、新设备、新材料、新工艺"通常被称之为"四新"。国家鼓励建筑节能工程施工中采用"四新"技术，但为了防止不成熟的技术或材料被应用到工程上，国家同时又规定了对于"四新"技术要进行技术鉴定或实行备案等措施，节能工程施工中应遵照执行。

考虑到建筑节能施工中涉及的新材料、新技术较多，对于从未有过的施工工艺，或者其他单位虽已做过但是本施工单位尚未做过的施工工艺，应进行"预演"并进行评价，需要时应调整参数再次演练，直至达到要求。施工前还应制定专门的施工技术方案以保证节能效果。

(4) 单位工程的施工组织设计应包括建筑节能工程施工内容。建筑节能工程施工前，施工企业应编制建筑节能工程施工技术方案并经监理单位（建设单位）审批，没有实行监理的工程则应由建设单位审批。从事节能施工作业的人员操作技能对于节能施工效果影响较大，且许多节能材料和工艺某些施工人员并不熟悉，施工现场应对从事建筑节能工程施工作业的专业人员进行技术交底和必要的实际操作培训。

鉴于建筑节能的重要性，每个工程的施工组织设计中均应列明有关本工程与节能施工有关的内容以便规划、组织和指导施工。

(5) 既有建筑节能改造工程必须确保建筑物的结构安全和主要使用功能。当涉及主体和承重结构改动或增加荷载时，必须由原设计单位或具备相应资质的设计单位对既有建筑结构的安全性进行核查、确认。

既有建筑节能改造已经有许多技术规范。但是鉴于既有建筑未知因素较多等复杂情况，所以任何节能改造必须以确保该建筑的结构安全和主要使用功能为前提，不能顾此失彼，一方面改善了节能效果另一方面却牺牲或降低了建筑的安全储备或其他重要功能。

保证节能改造不致影响原建筑结构安全储备的具体措施是：当改动主体结构或增加荷载时，必须由原设计单位或具备相应资质的设计单位按照工程实际情况对既有建筑结构的安全性进行核查。这种核查通常包括：现场踏勘和调查，原设计资料审查，结构安全性核算，提出涉及结构安全的限制性要求（例如限制增加的最大荷载量）并最终对改造方案加以确认。

(6) 承担建筑节能工程检测试验的检测机构应具备相应的资质。

建设部关于检测机构资质管理办法（第 141 号建设部令）中尚未包括节能专项检测资质，所以目前承担建筑节能工程检测试验的检测机构，应具备见证检测资质和节能试验项目的计量认证。待国家颁发节能专项检测资质后再按照相关规定执行。

2. 材料与设备

(1) 建筑节能工程使用的材料、设备应符合施工图设计要求及国家有关标准的规定。严禁使用国家明令禁止和淘汰使用的材料、设备。

材料、设备是节能工程的物质基础，通常在设计中规定或在合同中约定。凡设计有要求的应符合设计要求，同时也要符合国家有关产品质量标准的规定，对它们的质量应进行双控。对于设计未提出要求的材料和设备，则应该在合同中约定，或在施工方案中明确，并且应该得到监理或建设单位的同意或确认。这些材料和设备，同样必须符合质量标准的要求。

近几年来，国家对于技术指标落后或质量存在较大问题的材料、设备明令禁止使用，节能工程施工应严格遵守这些规定，施工中不得使用。

(2) 材料和设备进场时应对其品种、规格、包装、外观和尺寸进行验收，并应经监理工程师（建设单位代表）检查认可，并形成相应的质量记录。材料和设备应有质量合格证明文件、说明书及相关性能检测报告；进口材料和设备应按规定进行出入境商品检验。

材料和设备进场时均应进行验收，这种进场验收主要是对其品种、规格、包装、外观和尺寸等“可视质量”和技术资料进行核查验收，并应经监理工程师（建设单位代表）核准。进场验收必须形成相应的质量记录。

由于进场验收只能核查材料和设备的外观质量，其内在质量则需由各种技术资料加以证明。故进场验收的一项重要内容是对材料和设备附带的技术资料进行检查。这些技术资料主要包括质量合格证明文件、说明书及相关性能检测报告；进口材料和设备应按规定进行出入境商品检验。

(3) 建筑节能工程所使用材料的燃烧性能等级和阻燃处理，应符合设计要求和国家现行标准《高层民用建筑设计防火规范》(GB 50045—95)、《建筑内部装修设计防火规范》(GB 50222—95) 和《建筑设计防火规范》(GB 50016—2006) 的规定。

耐火性能是建筑工程最重要的性能之一，直接影响用户安全，故有必要加以强调。对材料耐火性能的具体要求，应由设计提出，并应符合相应标准的要求。

(4) 建筑节能工程使用的材料应符合国家现行有关材料有害物质限量标准的规定，不得对室内外环境造成污染。

为了保护环境，国家制定了建筑装饰材料有害物质限量标准，建筑节能工程使用的材料与建筑装饰材料类似，往往附着在结构的表面，容易造成污染，故规定应符合这些材料有害物质限量标准，不得对室内外环境造成污染。目前判断室内环境是否污染仍按照《民用建筑工程室内环境污染控制规范》(GB 50325—2001) 的要求进行。

(5) 建筑节能工程进场材料和设备的复验项目应符合表8-1及各章节的具体规定。复验项目中应有30%为见证取样送检。

建筑节能工程进场材料和设备的复验项目　　表8-1

序号	子分部工程	复验项目
1	墙体	1. 保温板材的导热系数、材料密度、压缩强度、阻燃性； 2. 保温浆料的导热系数、压缩强度、软化系数和凝结时间； 3. 粘结材料和抹面砂浆的粘结强度； 4. 增强网的力学性能、抗腐蚀性能； 5. 其他保温材料的热工性能； 6. 必要时，可增加其他复验项目或在合同中约定复验项目
2	幕墙	1. 保温材料：导热系数、密度、阻燃性； 2. 幕墙玻璃：可见光透射比、传热系数、遮阳系数、中空玻璃露点； 3. 隔热型材：拉伸、抗剪强度
3	门窗	1. 严寒、寒冷地区应对气密性、传热系数和露点进行复验； 2. 夏热冬冷地区应对气密性、传热系数进行复验； 3. 夏热冬暖地区应对气密性、传热系数、玻璃透过率、可见光透射比进行复验
4	屋面	1. 板材、块材及现浇等保温材料的导热系数、密度、压缩(10%)强度、阻燃性； 2. 松散保温材料的导热系数、干密度和阻燃性
5	地面	1. 板材、块材及现浇等保温材料的导热系数、密度、压缩(10%)强度、阻燃性； 2. 松散保温材料的导热系数、干密度和阻燃性

(6) 建筑节能性能现场检验应由建设单位委托具有相应资质的检测机构对围护结构节能性能和系统功能进行检验。

根据建设部141号令规定，建筑节能性能现场检验应由建设单位进行委托，并应委托具有相应资质的检测机构进行。检验内容主要包括围护结构节能性能和系统功能等。由于这种现场检验对于节能性能的判定十分重要，故参与工程建设各方均应对抽取试样或受检部位的方法，其真实性、代表性以及检测机构的公正性加以重视。

(7) 现场配制的材料如保温浆料、聚合物砂浆等，应按设计要求或试验室给出的配合比配制。当无上述要求时，应按照施工方案和产品说明书配制。

现场配制的材料由于现场施工条件的限制，其质量较难保证。因此现场配制必须按设计要求或配合比配制，并应遵守配置要求的顺序。即：首先应按设计要求或试验室给出的配合比进行现场配制。当无上述要求时，可以按照产品说明书配制。执行中应注意上述配置要求，均应具有可追溯性，并应写入施工方案中。不得按照经验或口头通知配置。

(8) 当建筑节能工程采用其他材料、设备、工艺或做法时，应符合下列规定：

1) 所采用的保温材料，应符合本条款第(1)项至第(4)项的规定；

2) 施工工艺或做法，应符合施工图设计要求和施工技术方案的要求；

3) 节能工程的施工质量，应符合本节相关规定。

3. 施工与验收

(1) 建筑节能工程施工应当按照经审查合格的设计文件和经审批的节能施工技术方案的要求施工。

设计文件和施工技术方案，是节能工程施工也是所有工程施工均应遵循的基本要求。注意对于设计文件，应当经过设计审查机构的审查，对于施工技术方案，则应通过建设或监理单位的审查。施工中的变更，同样应经过审查。

(2) 建筑节能工程施工前，对于重复采用建筑节能设计的房间和构造做法，应在现场采用相同材料和工艺制作样板间或样板构件，经有关各方确认后方可进行施工。

制作样板间的方法是在长期施工中总结出来行之有效的方法。不仅可以直观地看到和评判其质量与工艺状况，还可以对材料、做法、效果等进行直接检查，并可以作为验收的实物标准。因此节能工程施工也应当借鉴和采用。样板间方法主要适用于重复采用同样建筑节能设计的房间和构造做法。制作时应采用相同材料和工艺在现场制作，经有关各方确认后方可进行施工。

(3) 建筑节能工程的施工作业环境条件，应满足相关标准和施工工艺的要求。

建筑节能工程的施工作业往往在主体结构完成后进行，其作业条件各不相同。部分节能材料对环境条件的要求较高，例如保温材料对环境湿度及施工时气候的要求等。这些要求多数在工艺标准或施工技术方案中规定，因此要求建筑节能工程的施工作业环境条件，应满足相关标准和施工工艺的要求。

(4) 建筑节能工程为单位建筑工程的一个分部工程，见表8-2《建筑节能分部、子分部、分项工程表》。其子分部、分项工程和检验批应按照下列规定划分和验收：

1) 建筑节能分部工程的子分部、分项工程和检验批划分，应与《建筑工程施工质量验收统一标准》(GB 50300—2001)和各专业工程施工质量验收规范规定一致。当上述规范未明确时可根据实际情况按本书相关章节确定。

建筑节能分部、子分部、分项工程表 表8-2

序号	子分部工程	分项工程
1	墙体	主体结构基层、保温材料、保护层、饰面层
2	幕墙	主体结构基层、隔热材料、保温材料、幕墙玻璃、单元式幕墙板块、遮阳设施
3	门窗	门、窗、玻璃、遮阳设施
4	屋面	基层、保温隔热层、保护层、防水层、面层
5	地面	基层、保温隔热层、隔离层、保护层、防水层、面层

2）当建筑节能验收内容包含在相关分部工程中时，应按已划分的子分部、分项工程和检验批进行验收，验收时应按本规范对有关节能的项目独立验收，做出节能项目验收记录并单独组卷。

3）当建筑节能验收内容未包含在相关分部工程中时，应按照本规定进行验收。

由于建筑节能验收属于专业验收的范畴，其许多验收内容与原有建筑工程的分部分项验收有许多交叉，故建筑节能工程验收的定位有一定困难。为了与《建筑工程施工质量验收统一标准》（GB 50300—2001）一致，将建筑节能工程做为单位建筑工程的一个分部工程来进行划分和验收，并规定其子分部、分项工程和检验批划分的原则。

对于子分部、分项工程和检验批划分的原则主要有2个：

一是与原有划分尽量一致的原则。《建筑工程施工质量验收统一标准》（GB 50300—2001）和各专业工程施工质量验收规范凡是已经划分了的，不再重新划分。

二是原来没有划分的，可以重新划分的原则。即当建筑节能验收内容未包含在原已划分的子分部、分项工程和检验批内时，应按照本规定的要求进行划分和验收。例如，《建筑装饰装修工程质量验收规范》（GB 50210—2001）中原来没有包括墙体外保温工程的检验批划分和验收，此项即应按照本规定的要求进行划分和验收。

（5）建筑节能工程的各检验批，其合格质量应符合下列规定：

1）各检验批应按主控项目和一般项目验收；

2）主控项目应全部合格；

3）一般项目应合格，当采用计数检验时，应有90%以上的检查点合格，且其余检查点不得有严重缺陷；

4）各检验批应具有完整的施工操作依据和质量验收记录。

作为对建筑节能工程检验批验收合格质量条件的基本规定，本规定与《建筑工程施工质量验收统一标准》（GB 50300—2001）和各专业工程施工质量验收规范完全一致。这些规定主要是：

1）各检验批应按主控项目和一般项目验收。

2）主控项目应全部合格。如果出现不合格情况时应返工修理直至合格并进行重新验收。

3）一般项目应合格。当出现不合格情况时，应进行返工修理。但是对于采用计数检验的验收项目，允许适当放宽，即允许有90%以上的检查点合格即可通过验收。同时对其余10%以下的不合格检查点虽然未达到合格，但是要求不得有严重缺陷。

4）各检验批的施工操作依据和质量验收记录应基本齐全。

(6) 建筑节能工程的分项工程质量验收合格应符合下列规定：

1) 分项工程所含的检验批均应符合合格质量的规定。

2) 分项工程所含的检验批的质量验收记录应完整。

(7) 建筑节能工程分部、子分部工程质量验收，应在各相关分项工程验收合格的基础，进行质量控制资料检查及观感质量验收，并应对主要材料有关节能的技术性能，以及有代表性的房间或部位和系统功能的建筑节能性能进行见证抽样现场检验。

1) 主要材料有关节能的技术性能见证抽样检测结果应符合有关规定；

2) 严寒、寒冷地区的建筑外窗，应按照规定的方法和数量进行见证抽样现场检查其气密性，并出具检测报告；

3) 建筑工程完工后，应抽取有代表性的房间或部位，按照规定对建筑节能性能中围护结构节能性能进行见证抽样现场检验，并出具检验报告或评价报告。

考虑到建筑节能工程的重要性，建筑节能工程分部、子分部工程质量验收，除了应在各相关分项工程验收合格的基础上，进行质量控制资料检查及观感质量验收外，增加了对主要材料的有关节能的技术性能，以及有代表性的房间或部位以及系统功能的节能性能进行见证抽样现场检验。在分部工程验收时进行的这种检查，可以更真实地反映该工程的节能性能。

(8) 单位工程竣工验收前，必须按照本条款第（5）项至第（7）项的规定进行建筑节能分部工程的专项验收并达到合格。

(9) 建筑节能工程验收应由总监理工程师（建设单位项目负责人）主持，会同参与工程建设各方共同进行。其验收的程序和组织应符合《建筑工程施工质量验收统一标准》（GB 50300—2001）的规定。

建筑节能工程的验收资料应列入建筑工程验收资料中。

(10) 建筑节能工程分部、子分部、分项工程和检验批的质量验收记录格式见本书附录 A 中表 A.0.1～表 A.0.3。

1) 分部、子分部工程质量的验收表见本书附录 A 中表 A.0.1；

2) 分项工程质量验收表见本书附录 A 中表 A.0.2；

3) 检验批质量验收表见本书附录 A 中表 A.0.3。

8.1.3 墙体

1. 一般规定

(1) 适用于采用板材、浆料、块材等墙体保温材料或构件的建筑墙体节能工程质量验收。

(2) 墙体节能工程应在主体结构及基层质量验收合格后施工，与主体结构同时施工的墙体节能工程，应与主体结构一同验收。

一般墙体节能工程均为在主体结构内侧或外侧表面增做保温层，故应在主体结构及基层质量验收合格后施工。但是与主体结构同时施工的墙体节能工程如现浇夹心复合保温墙板等，则无法分别验收，而应与主体结构一同验收。验收时结构部分应符合相应的结构规范，而节能工程应符合本规定的要求。

(3) 对既有建筑进行节能改造施工前，应对基层进行处理，使其达到设计和施工工艺的要求。

既有建筑的节能改造，往往需要对原有的基层表面进行处理，然后进行保温层和面层施工。这种基层表面处理对于保证安全和节能效果十分重要，但属于隐蔽工程，施工中容易被忽略。故强调对原有基层表面进行的处理应按照设计和施工工艺的要求进行，使其达到要求。

(4) 当墙体节能工程采用外保温成套技术或产品时，其型式检验报告中应包括耐候性检验。

墙体节能工程采用的外保温成套技术或产品，是由供应方配套提供。对于其生产过程中采用的材料、工艺及产品耐久性能难以在施工现场进行检查。因此主要依靠厂方提供的型式检验报告加以证实。其中耐久性能在短期内更是难以判断。型式检验报告本应包含耐久性能检验，但是由于该项检验较复杂，部分不规范的型式检验报告不做该项检验。故本条规定型式检验报告的内容应包括耐候性检验。当施工中出现缺少耐久性检验参数时，应由具备资格的检测机构予以补做。

(5) 进场时应对墙体节能工程采用的保温材料和粘结材料进行下列性能复验：

1) 保温板材的导热系数、材料密度、压缩强度、阻燃性；

2) 保温浆料的导热系数、压缩强度、软化系数和凝结时间；

3) 粘结材料的粘结强度；

4) 增强网的力学性能、抗腐蚀性能；

5) 其他保温材料的热工性能；

6) 必要时，可增加其他复验项目或在合同中约定复验项目。

(6) 墙体节能工程应对下列部位或内容进行隐蔽工程验收，并应有详细的文字和图片资料：

1) 保温层附着的基层及其表面处理；

2) 保温板粘结或固定；

3) 锚固件；

4) 增强网铺设；

5) 墙体热桥部位处理；

6) 预置保温板或预制保温墙板的板缝及构造节点；

7) 现场喷涂或浇筑有机类保温材料的界面。

(7) 墙体节能工程的隐蔽工程应随施工进度及时进行验收。

隐蔽工程应随施工进度及时进行验收。但是当分段施工时某些隐蔽工程验收未能及时进行，而是等整体做完后再验收，导致部分隐蔽工程在隐蔽前未进行认真检查验收，这可能给节能工程留下隐患，因此，隐蔽工程应随施工进度及时进行验收。及时验收的含义为“随做随验”，即每处（段）隐蔽工程都要在对其隐蔽前进行验收，不应后补。

(8) 墙体节能工程验收的检验批划分应按表8-2规定执行。

当需要划分检验批时，可按照相同材料、工艺和施工做法的墙面每500～1000m^2面积划分为一个检验批，不足500m^2也为一个检验批。

检验批的划分也可根据与施工流程相一致且方便施工与验收的原则，由施工单位与监理（建设）单位共同商定。

2. 主控项目

(1) 用于墙体节能工程的材料、构件等应符合设计要求和相关标准的规定。

检验方法：检查材料的质量证明文件、性能检测报告或型式检验报告。

检查数量：按进场批次每批抽样不少于一件。

墙体节能工程的材料、构件等的基本要求，即应符合设计要求和标准的规定。是否能够满足规定，除了对进场材料进行进场验收外，主要依靠对质量证明文件的检查。包括检查材料的出厂（场）合格证、出厂检测报告、进场复验报告及型式检验报告等。对于新材料、新构件，还应检查是否符合节能规范的相关规定。应该引起重视的是，当上述质量证明文件和检测报告为复印件时，应加盖证明其真实性的相关单位印章和经手人员签字，并应注明原件存放处。检查频率规定为按进场批次每批均应抽样检查，每次最少抽样不少于一件。

(2) 用于墙体节能工程的保温材料、粘结材料、增强网等的复验应符合本条第1款第(5)项的规定。

检验方法：检查复验报告。

检查数量：同一厂家的同种类产品抽查不少于一组。

(3) 严寒、寒冷、夏热冬冷地区的墙体节能材料，尚应符合下列要求：

1) 外保温使用的粘结材料，应进行冻融试验，其结果应符合有关规定。

2) 采用浆料保温时，在抹面层施工前应控制封闭在保温浆料层内的实际含水率，使其不应降低保温效果。

检验方法：检查试验报告；对含水率的检查方法由施工技术方案规定。

检查数量：每类粘接材料应不少于一次；实际含水率按检验批抽样检查，每个检验批应抽查不少于2处。

(4) 墙体节能工程施工前应按照设计和施工方案的要求对基层进行处理，并符合保温层施工工艺的要求。

检验方法：对照施工方案，观察检查。

检查数量：全数检查。

(5) 墙体节能工程各层构造做法应符合设计要求，并应按照经过审批的施工方案进行施工。

检验方法：对照设计和施工方案观察检查。检查隐蔽工程验收记录。

检查数量：按检验批抽样检查不少于3处。

(6) 墙体节能工程的施工，应符合下列要求：

1) 保温材料的厚度应符合设计要求；

2) 保温板与基层及各构造层之间的粘结或连接必须牢固。粘结强度和连接方式应符合设计要求和相关标准的规定；

3) 浆料保温层应分层施工。当外墙采用浆料做外保温时，浆料保温层与基层之间及各层之间的粘结必须牢固，不应脱层、空鼓和开裂；

4) 当墙体节能工程采用预埋或后置锚固件时，其数量、位置、锚固深度和拉拔力应符合设计要求；

5) 对墙体的热桥部位应按照设计要求和施工方案采取隔断热桥措施。

检验方法：观察；手扳检查；检查试验报告、施工记录和隐蔽工程验收记录；抽样实测粘结强度和锚固深度、厚度采用钢针插入或剖开尺量检查。

检查数量：按检验批抽样检查。每个检验批应抽查5%，并不少于5件（处）。

(7) 外墙采用预置保温板现场浇筑混凝土墙体时，保温材料的验收应执行相关的规定；保温板的安装应位置正确、接缝严密，保温板在浇筑混凝土过程中不得移位、变形，保温板表面应采取界面处理措施，与混凝土应粘结牢固。

混凝土和模板的验收，应执行《混凝土结构工程施工质量验收规范》（GB 50204—2002）的相关规定。

检验方法：对照设计观察检查，进行隐蔽工程验收，必要时抽样剖开检查。对粘结牢固应采用拉拔法试验检查。

检查数量：按检验批抽样检查。每个检验批应抽查5%，并不少于5件（处）。

(8) 当外墙采用保温浆料做保温层时，应在施工中制作同条件试件，检测其导热系数、干密度、压缩强度、软化系数和凝结时间。

检验方法：检查检测报告。

检查数量：按检验批抽样检查。每个检验批应抽查5%，并不少于5件。

(9) 墙体节能工程各类饰面层的基层及面层施工，应符合设计要求和《建筑装饰装修工程质量验收规范》（GB 50210—2001）的规定，并应符合下列要求：

1) 饰面层施工的基层应无脱层、空鼓和裂缝，基层应平整、干净，含水率应符合饰面层施工的要求。

2) 外墙外保温工程不宜采用粘贴饰面砖做饰面层。当采用时，必须保证保温体系的安全性。

3) 外墙外保温工程的饰面层不应渗漏。当外墙外保温工程的饰面层采用饰面板开缝安装时，保温层表面应具有防水功能。

4) 外墙外保温层及饰面层与其他部位交接的收口处，应采取密封措施。

检验方法：对照设计观察检查。检查试验报告和隐蔽工程验收记录。

检查数量：按检验批抽样检查。每个检验批应抽查5%，并不少于5件（处）。

(10) 采用保温砌块砌筑的墙体，应采用具有保温功能的砂浆砌筑。砌筑砂浆的强度等级应符合设计要求。砌体的水平灰缝饱满度不应低于90%，竖直灰缝饱满度不应低于80%。

检验方法：检查复验报告，施工记录。

检查数量：按检验批抽样检查。每个检验批应抽查5%，并不少于5处。

(11) 采用预制保温墙板现场安装的墙体，应符合下列要求：

1) 预制保温墙板产品及其安装性能应有型式检验报告。

2) 保温墙板的结构性能、热工性能及与主体结构的连接方法应符合设计要求，与主体结构连接必须牢固。

3) 保温墙板的板缝、构造节点及嵌缝做法应符合设计要求。

4) 保温墙板板缝不得渗漏。

检验方法：检查墙板的出厂检验报告、进场验收记录和隐蔽工程验收记录。

检查数量：按检验批抽样检查。每个检验批应抽查5%，并不少于5件（处）。

(12) 当设计要求在墙体内设置隔汽层时，隔汽层的位置、使用的材料及构造做法应符合设计要求和相关标准的规定。隔汽层应完整、严密，穿透隔汽层处应采取密封措施。隔汽层冷凝水排水构造应符合设计要求。

检验方法：检查材料质量证明文件，观察检查，进行隐蔽工程验收。

检查数量：按检验批抽样检查。每个检验批应抽查5%，并不少于5件(处)。

墙体内隔汽层的作用，主要为防止空气中的水分进入保温层造成保温效果下降，进而形成结露等问题。针对隔汽层容易出现的破损、透气等问题，规定隔汽层设置的位置、使用的材料及构造做法，应符合设计要求和相关标准的规定。

(13) 外墙和毗邻不采暖空间墙体上的门窗洞口四周墙面，凸窗四周墙面或地面，应按设计要求采取隔断热桥或节能保温措施。

检验方法：对照设计观察检查，必要时抽样剖开检查。

检查数量：按检验批抽样检查。每个检验批应抽查5%，并不少于5件(处)。

门窗洞口四周墙面，是指窗洞口的侧面，即与外墙面垂直的4个小面。这些部位容易出现热桥或保温层缺陷。对于外墙和毗邻不采暖空间墙体上的上述部位，以及凸窗外凸部分的四周墙面和地面，均应按设计要求采取隔断热源或节能保温措施。当设计未对上述部位提出要求时，施工单位应与设计、建设或监理单位联系，确认是否应采取处理措施。

3. 一般项目

(1) 当采用外墙外保温时，建筑物的防震缝、伸缩缝、沉降缝的保温构造做法应符合设计要求。

检验方法：对照设计观察检查。

检查数量：按检验批抽样检查。每个检验批应抽查5%，并不少于5件(处)。

(2) 当采用玻纤网格布作防止开裂的加强措施时，玻纤网格布的铺贴和搭接应符合设计和施工工艺的要求。表层砂浆抹压应严实，不得空鼓，玻纤网格布不得皱褶、外露。

检验方法：观察检查。

检查数量：按检验批进行抽样检查。每个检验批应抽查5%，并不少于5件(处)。

(3) 外墙附墙或挑出部件如梁、过梁、柱、附墙柱、女儿墙、外墙装饰线、墙体内箱盒、管线等，应按设计要求采取隔断热源或节能保温措施。

检验方法：对照设计观察检查。使用红外热像仪检查。

检查数量：按墙体检验批抽查不少于3处。

外墙附墙或挑出的各种部件，均是容易产生热桥的部位，对于墙体总体保温效果有一定影响。这些部位或构件均应按设计要求采取隔断热源或节能保温措施。当缺少设计要求时，应按照施工技术方案进行处理。施工中采用红外热像仪可以清楚了解其处理措施是否有效。

(4) 施工产生的墙体缺陷如穿墙套管、脚手眼、孔洞等，应采取隔断热桥的保温密封修补措施。

检验方法：对照施工方案观察检查。

检查数量：按墙体检验批抽查不少于3处。

(5) 墙体保温板材接缝方法应符合施工工艺要求。保温板拼缝应平整严密。

检验方法：观察、尺量检查。

检查数量：按检验批抽样检查。

(6) 墙体采用保温浆料时，应分层施工保温浆料每层宜连续施工；保温浆料厚度应均匀、接槎应平顺密实。

检验方法：观察；按检验批进行抽样检查。

检查数量：按检验批抽样检查。每个检验批应抽查5%，并不少于5件（处）。

(7) 不同材料基体交接处、容易碰撞的阳角及门窗洞口转角处等特殊部位的保温层应采取防止开裂和破损的加强措施。

检验方法：观察、尺量检查。

检查数量：按检验批抽样检查。每个检验批应抽查5%，并不少于5件（处）。

(8) 采用现场喷涂或模板浇筑有机类保温材料做外保温时，有机类保温材料应达到陈化时间后方可进行下道工序施工。

检查方法：检查有机类保温材料陈化时间。

检查数量：全数检查。

8.1.4 建筑幕墙

1. 一般规定

(1) 适用于透明和非透明的各类建筑幕墙的节能工程质量验收。

建筑幕墙包括玻璃幕墙（透明幕墙）、金属幕墙、石材幕墙及其他板材幕墙，种类繁多。随着建筑的现代化，越来越多的建筑使用建筑幕墙，建筑幕墙以其美观被建筑师、业主所青睐，在建筑中不使用建筑幕墙是不可能的。

虽然建筑幕墙的种类繁多，但作为建筑的围护结构，在建筑节能的要求方面还是有一定的共性，节能标准对其性能指标也有着明确的要求。玻璃幕墙属于透明幕墙，与建筑外窗在节能方面有着共同的要求。但玻璃幕墙的节能要求也与外窗有着很明显的不同，玻璃幕墙往往与其他的非透明幕墙是一体的，不可分离。非透明幕墙虽然与墙体有着类似的节能指标要求，但由于其构造的特殊性，施工与墙体有着很大的不同，所以不能与墙体的施工验收在一起。

另外，由于建筑幕墙的设计施工往往是另外进行专业分包，施工验收往往也是单独进行的，所以将建筑幕墙单列比较符合实际情况，操作上也更加便利。

(2) 附着于主体结构上的隔汽层、保温层应在主体结构工程质量验收合格后施工。

有些幕墙的非透明部分的隔汽层和保温层是附着在建筑主体的实体墙上。对于这类建筑幕墙，保温材料和隔汽层需要在实体墙的墙面质量满足要求后才能进行施工作业，否则保温材料可能粘贴不牢固，隔汽层（或防水层）附着不理想。另外，主体结构往往是土建单位施工，幕墙是分包，在施工中若不是进行分阶段验收，出现质量问题容易发生纠纷。

(3) 当幕墙节能工程采用隔热型材时，隔热型材生产企业应提供型材隔热材料的力学性能、隔热性能和耐老化性能试验报告。

铝合金隔热型材、隔热钢型材在一些幕墙工程中已经得到应用。隔热型材的隔热材料一般是尼龙或发泡的树脂材料等。这些材料是很特殊的，既要保证足够的强度，又要有较小的导热系数，还要满足幕墙型材在尺寸方面的苛刻要求。从安全的角度而言，型材的力学性能是非常重要的。型材的力学性能主要包括：抗剪强度、抗拉强度等。对于有机材料，其抗老化性能也是非常重要的。

(4) 幕墙节能工程使用的材料、构件进场时，应对其下列性能进行复验：

1) 保温材料：导热系数、密度、阻燃性；

2) 幕墙玻璃：可见光透射比、传热系数、遮阳系数、中空玻璃露点；

3) 隔热型材：拉伸、抗剪强度。

为了保证幕墙节能工程使用的材料、构件的节能性能指标达到要求，保证幕墙的节能性能，对材料和构件进行进场复验是必要的。

非透明幕墙最为重要的节能问题是传热系数和冷桥问题。降低非透明幕墙的传热系数主要靠保温材料，保温材料最重要的是导热系数。导热系数与密度有着非常密切的关系，密度的变化也会导致导热系数的变化。另外，有些保温材料为有机材料，易燃，不能在幕墙中使用，所以对有机的保温材料必须复验其阻燃性能。因此，应该复验保温材料的导热系数、密度、阻燃性。

对于玻璃幕墙而言，其性能主要取决于玻璃的性能。玻璃的可见光透射比、传热系数、遮阳系数均非常重要。玻璃的性能可以通过测试和计算得出。这一测试是取玻璃系统中各个玻璃单片的样品，测试其 300～2500nm 波长范围内的透射比、前反射比和后反射比，并测试玻璃前后表面的远红外半球发射率。采用《建筑玻璃可见光透射比、太阳光直接透射比、太阳能总透射比、紫外线透射比及有关窗玻璃参数的测定》GB/T 2680—94（或 ISO 9050），并结合 ISO 10292，即可计算出玻璃的可见光透射比、传热系数、遮阳系数等。刚刚发布的《建筑门窗玻璃幕墙热工计算规程》给出了更加详细的玻璃系统热工性能的计算方法。

(5) 幕墙节能工程施工应对以下部位进行隐蔽工程验收，并应有详细的文字和图片资料：

1) 保温材料的固定；

2) 幕墙周边与墙体缝隙保温的填充；

3) 构造缝、沉降缝；

4) 隔汽层；

5) 热桥部位、断热节点；

6) 单元式幕墙板块间的接缝构造；

7) 凝结水收集和排放构造；

8) 幕墙的通风换气装置。

对建筑幕墙节能工程施工进行隐蔽工程验收是非常重要的。这样一方面可以避免工程质量纠纷，另一个重要的方面则是确保节能工程的施工质量。

在非透明幕墙中，幕墙保温材料的固定是否牢固，可以直接影响到节能的效果。如果固定不牢，保温材料可能会脱离，从而造成部分部位无保温材料。另外，如果采用彩釉玻璃一类的材料作为幕墙的外饰面板，保温材料直接贴到玻璃很容易使得玻璃的温度不均匀，使玻璃更加容易自爆。

设置幕墙的隔汽层、凝结水收集和排放构造等都是为了避免非透明幕墙部位结露。一般，如果非透明幕墙保温层的隔汽好，幕墙与室内侧墙体之间的空间内不会有凝结水。但为了确保凝结水不破坏室内的装饰，不影响室内环境，许多幕墙设置了冷凝水收集、排放系统。

幕墙周边与墙体缝隙处、幕墙的构造缝、沉降缝、热桥部位、断热节点等部位虽然不是幕墙能耗的主要部位，但若处理不好，也会影响幕墙的节能。这些部位主要是密封问题和热桥问题。密封问题对于冬季节能非常重要，热桥则容易引起结露，所以必须将这些部位处理好。

单元式幕墙板块间缝隙的密封是非常重要的。若单元缝隙处理不好，修复特别困难，所以应该特别注意施工质量。否则，不仅会使其气密性能差，还可能引起雨水渗漏。

许多幕墙安装有通风换气装置。通风换气装置能使得建筑室内达到足够的新风量，同时也可以使得房间在空调不启动的情况下达到一定的舒适度。虽然通风换气装置耗能，但舒适的室内环境可以使得我们少开空调制冷，因而通风换气装置是非常必要的。

一般情况下，以上所述部位在幕墙施工完毕后都将隐蔽，所以，应该进行隐蔽工程验收。

(6) 幕墙节能工程的保温材料在安装过程中应采取防潮、防水等保护措施。

幕墙节能工程的保温材料许多都是多孔材料，很容易潮湿变质或改变性状。比如岩棉板、玻璃棉板容易受潮而松散，膨胀珍珠岩板受潮后导热系数会增大等。所以在安装过程中应采取防潮、防水等保护措施。

(7) 幕墙节能工程检验批划分及检查数量，应按照《建筑装饰装修工程质量验收规范》(GB 50210—2001) 的规定执行。

2. 主控项目

(1) 幕墙材料、构件应符合下列规定：

1) 保温材料：

① 导热系数应不大于设计值；

② 密度偏差不超过10%；

③ 阻燃性应达到阻燃级以上（阻燃、难燃、不燃）。

2) 幕墙玻璃：

① 品种应符合设计要求；

② 传热系数、遮阳系数应不大于设计值；

③ 可见光透射比不小于设计值；

④ 中空玻璃露点应满足产品标准要求。

3) 隔热条、隔热附件：

① 导热系数应不大于设计值；

② 隔热型材的力学性能及耐老化性能应符合设计要求和相关产品标准的规定。

4) 遮阳构件的尺寸、材料及构造应符合设计要求。

检验方法：检查材料的质量证明文件、进场复验报告。

检查数量：同一生产厂家的同种类产品抽查不少于一组。

幕墙的保温材料的导热系数值非常重要，而达到设计值并不困难，所以应要求不大于设计值。保温材料的密度与导热系数有很大关系，而且密度偏差过大，往往意味着材料的性能也发生了很大的变化，所以要求密度偏差不超过10%。另外，有些保温材料为有机材料，易燃，不能在幕墙中使用，所以幕墙用保温材料的阻燃性应达到阻燃级以上（阻燃、难燃、不燃）。

幕墙玻璃是决定玻璃幕墙节能性能的关键构件，玻璃品种应采用设计的品种。幕墙的品种主要内容包括：结构、单片玻璃品种、中空玻璃的尺寸、气体层、间隔条等内容。玻璃的传热系数越大，对节能越不利；一般遮阳系数越大，对空调的节能越不利（严寒地区由于冬季很冷，且采暖期特别长，情况正好相反）；可见光透射比对自然采光很重要，可见光透射比越大，越对采光有利。中空玻璃露点是反映产品密封性能的重要指标，露点不满足要求，产品的密封则不合格。

隔热型材的隔热条、隔热材料（一般为发泡材料）的导热系数对框的传热系数影响很大，所以其导热系数必须满足设计的要求，不大于设计值。隔热型材的力学性能及耐老化性能非常重要，直接关系到幕墙的安全，所以应符合设计要求和相关产品标准的规定。

有些幕墙采用隔热附件来隔断热桥，而不是采用隔热型材。这些隔热附件往往是垫块、连接件之类。对隔热附件，其导热系数也应该不大于设计值。

幕墙的遮阳构件种类繁多，如百叶、遮阳板、遮阳挡板、卷帘、花格等。对于遮阳构件，其尺寸直接关系到遮阳效果。如果尺寸不够大，必然不能按照设计的预期遮住阳光。遮阳构件所用的材料也是非常重要的。材料的光学性能、材质、耐久性等均很重要，所以材料应为所设计的材料。遮阳构件的构造关系到其结构安全、灵活性、活动范围等，应该按照设计的构造制造遮阳的构件。

幕墙的密封条是确保幕墙密封性能好的关键材料。密封材料要保证足够的弹性（硬度适中、弹性恢复好）、耐久性。密封条的尺寸是幕墙设计时确定下来的，应与型材、安装间隙相配套。如果尺寸不满足要求，要么大了合不拢，要么小了漏风。

（2）幕墙的气密性能指标应符合设计规定的等级要求。当幕墙面积大于建筑外墙面积50％或3000m^2 时，应按规定进行气密性能检测，检测结果应符合设计规定的等级要求。

密封条应镶嵌牢固、位置正确、对接严密。单元幕墙板块之间的密封应符合设计要求。开启扇应关闭严密。

检查方法：检查气密性能检测报告；检查单元式幕墙安装隐蔽验收记录；观察及启闭检查。

检查数量：现场检查按检验批划分的检查数量抽查5％并不少于5件（处）。

幕墙的气密性能指标是幕墙节能的重要指标。一般，幕墙设计均规定有气密性能的等级要求，幕墙产品应该符合要求。

但是，由于幕墙是特殊的产品，其性能需要现场的安装工艺来保证，所以一般要求进行建筑幕墙的三个性能（气密、水密、抗风压性能）的检测。然而，多少面积的幕墙需要检测，工程建设国家标准和行业标准一直都没有规定。由于幕墙的气密性能与节能关系重大，所以当建筑所设计的幕墙面积超过一定量后，应该对幕墙的气密性能进行检测。

在保证幕墙气密性能的材料中，密封条很重要，所以要求镶嵌牢固、位置正确、对接严密。

单元幕墙板块之间的密封一般采用密封条。单元板块间的缝隙有水平缝和垂直缝，而且还有水平缝和垂直缝交叉处的十字缝，为了保证这些缝隙的密封，单元式幕墙都有特殊的设计。所以施工时应该严格按照设计进行安装，第一方面，需要密封条完整，尺寸满足要求；第二方面，单元板块必须安装到位，缝隙的尺寸不能偏大；第三方面，板块之间还需要在少数部位加装一些附件，并进行注胶密封，保证特殊部位的密封。

幕墙的开启扇是幕墙密封的另一关键部件。开启扇位置到位，密封条压缩合适，开启扇方能关闭严密。由于幕墙的开启扇一般是平开窗或悬窗，气密性能比较好，只要关闭严密，可以保证其设计的密封性能。

(3) 保温材料应可靠固定，保温材料的厚度应不小于设计值。

检验方法：对保温板或保温层采取针插法或剖开法，尺量厚度；手扳检查。

检查数量：按检验批划分的检查数量抽查。

在非透明幕墙中，幕墙保温材料的固定是否牢固，可以直接影响到节能的效果。如果固定不牢，容易造成部分部位无保温材料。另外，也可能影响彩釉玻璃一类外饰面板材料的安全。保温材料的厚度越厚，保温隔热性能越好，所以应不小于设计值。由于幕墙材料一般比较松散，采取针插法即可检测厚度。有些板材比较硬，可采用剖开法检测厚度。

(4) 遮阳设施的安装位置应满足设计要求。遮阳设施的安装应牢固。

检验方法：观察；尺量。

检查数量：全数检查。

幕墙的遮阳设施若要满足节能的要求，应该安置在室外。由于对太阳光的遮挡是按照太阳的高度和方位来设计的，所以遮阳设施的安装位置对于遮阳而言非常重要。只有安装在合适位置的、合适尺寸的遮阳装置，才能满足节能的设计要求。

由于遮阳设施一般安装在室外，而且是突出建筑物的构件，遮阳设施很容易受到风荷载的吹袭。遮阳设施的抗风问题在遮阳设施的应用中一直是热门问题，我国的《建筑结构荷载规范》(GB 50009—2001) 对这个问题没有很明确的规定。在工程中，大型的遮阳设施的抗风往往需要进行专门的研究。在目前北方普遍采用外墙外保温的情况下，活动外遮阳设施的固定往往成了难以解决的问题。所以，在设计安装遮阳设施的时候应考虑到各个方面的因素，合理设计，牢固安装。由于遮阳设施的安全问题非常重要，所以要进行全数的检查。

(5) 幕墙工程热桥部位的隔断热桥措施应有效可靠，断热节点的连接应牢固。

检验方法：对照幕墙热工性能设计文件，观察检查。

检查数量：按检验批划分的检查数量抽查。

幕墙工程热桥部位的隔断热桥措施是幕墙节能设计的重要内容，在完成了幕墙面板中部的传热系数和遮阳系数设计的情况下，隔断热桥则成为主要矛盾。这些节点设计如果不理想，首要的问题是容易引起结露。如果大面积的热桥问题处理不当，则会增大幕墙的传热系数，使得通过幕墙的热损耗大大增加。判断隔断热桥措施是否可靠主要是看固体的传热路径是否被有效隔断，这些路径包括：通过型材截面，通过幕墙的连接件，通过螺钉等紧固件、中空玻璃边缘的间隔条等。

型材截面的断热节点主要是通过采用隔热型材来实现，其安全性取决于型材的隔热条或发泡材料。通过幕墙连接件、螺钉等紧固件的热桥则需要进行转换连接的方式，通过一个尼龙件进行连接的转换，隔断固体的热传递。由于这些转换连接都多了一个连接，所以其牢固与否则成了较大的安全隐患问题，必须进行相关的检查和确认。

(6) 幕墙隔汽层应完整、严密、位置正确，穿透隔汽层处的节点构造应采取密封措施。

检验方法：观察检查。

检查数量：按检验批划分的检查数量抽查5%，并不少于10处。

非透明幕墙的隔汽层是为了避免非透明幕墙部位内部结露，结露的水很容易使保温材料发生性状的改变，如果结冰，则问题更加严重。如果非透明幕墙保温层的隔汽好，幕墙与室内侧墙体之间的空间内不会有凝结水，为了实现这个目标，隔汽层必须完整，隔汽层必须在保温材料靠近水蒸气压较高的一侧。如果隔汽层放错了方向，不但起不到隔汽作用，反而有可能使结露加剧。一般冬季比较容易结露，所以隔汽层应放在保温材料靠近室内的一侧。

幕墙的非透明部分常常有许多需要穿透隔汽层的部件，如连接件等。这些节点构造采取密封措施很重要，应该进行密封处理，以保证隔汽层的完整。

(7) 冷凝水的收集和排水应通畅，并不得渗漏。

检验方法：通水试验、观察检查。

检查数量：按检验批划分的检查数量抽查5%，并不少于10处。

幕墙的凝结水收集和排放构造是为了避免非透明幕墙部位结露的水渗漏到室内，让室内的装饰发霉、变色、腐烂等。为了确保凝结水不破坏室内的装饰，不影响室内环境，冷凝水收集、排放系统应该发挥有效的作用。为了验证冷凝水的收集和排放，可以进行一定的试验。

3. 一般项目

(1) 镀（贴）膜玻璃的安装方向、位置应正确。中空玻璃应采用双道密封，中空玻璃的均压管应密封处理。

检验方法：观察，检查施工记录。

检验数量：按检验批划分的检查数量抽查5%，并不少于10件（处）。

镀（贴）膜玻璃在节能方面有两方面的作用，一方面是遮阳，另一方面是降低传热系数。对于遮阳而言，镀膜可以反射阳光或吸收阳光，所以镀膜一般应放在靠近室外的玻璃上。对于低辐射玻璃（Low-E玻璃），低辐射膜应该置于中空玻璃内部。

为了避免镀膜层的老化，镀膜面一般在中空玻璃内部，单层玻璃应将镀膜置于室内侧。

目前制作中空玻璃一般均应采用双道密封。因为一般来说密封胶的水蒸气渗透阻还不足够保证中空玻璃内部空气不受潮，需要再加一道丁基胶密封。有些暖边间隔条将密封和间隔两个功能置于一身，本身的密封效果很好，可以不受到此限制，实际上这样的间隔条本身就有双道密封的效果。

为了保证中空玻璃在长途（尤其是海拔高度、温度相差悬殊）运输过程中玻璃不至于损坏，或者保证中空玻璃不至于因生产环境和使用环境相差甚远而出现损坏或变形，许多中空玻璃设有均压管。在玻璃安装完成之后，为了确保中空玻璃的密封性，均压管应进行密封处理。

(2) 单元式幕墙板块组装应符合下列要求：

1) 密封条：规格正确，长度无负偏差；

2) 保温材料：固定牢固，厚度无负偏差；

3) 隔汽层：密封完整、严密；

4）冷凝水排水通畅，无渗漏。

检验方法：观察检查；手扳检查；通水试验。

检查数量：按检验批划分的检查数量抽查。

单元式幕墙板块是在工厂内组装完成运送到现场的。运送到现场的单元板块一般都将密封条、保温材料、隔汽层、冷凝水收集装置都安装好了，所以幕墙板块到现场后，应对安装好的部分进行检查。

(3) 幕墙与周边墙体间的缝隙应采用弹性闭孔材料填充饱满，并采用耐候胶密封胶密封。

检查方法：观察检查。

检查数量：按检验批划分的检查数量抽查。

由于幕墙边缘一般都是金属边框，所以存在热桥问题，应采用弹性闭孔材料填充饱满。另外，对幕墙有水密性要求，所以应采用耐候胶进行密封。

(4) 建筑伸缩缝、沉降缝、防震缝的保温或密封做法应符合设计要求。

检验方法：对照设计观察检查。

检查数量：按检验批抽样检查。

幕墙的构造缝、沉降缝、热桥部位、断热节点等部位主要是密封问题和热桥问题，应处理好。

(5) 活动遮阳设施的调节机构应灵活、调节到位。

检验方法：试验，观察检查。

检查数量：按检验批划分的检查数量抽查。

活动遮阳设施的调节机构是保证活动遮阳设施发挥作用的重要部件，这些部件应灵活，能够将遮阳板等调节到位。

8.1.5 门窗

1. 一般规定

(1) 本规定适用于建筑门窗节能工程，包括金属门窗、塑料门窗、木质门窗、各种复合门窗、特种门窗，以及门窗玻璃安装等节能工程的施工质量验收。

(2) 严寒、寒冷地区的建筑外窗不应采用推拉窗。其他地区设有空调的房间，其建筑外窗不宜采用推拉窗。当必须采用时，其气密性和保温性能指标应在原要求基础上提高一级。

严寒、寒冷地区主要考虑建筑的冬季防寒保温，建筑门窗的开启方式对建筑的采暖能耗影响很大，在正常工艺制作条件下，由于平开窗开启扇位置采用了胶条密封，推拉窗采用毛条密封；平开窗开启缝长度比推拉窗小；平开窗开启扇在关闭状态密封胶条的压紧力比推拉窗密封毛条压紧力大。平开窗比推拉窗节能性能要好些。所以在严寒、寒冷地区的建筑外窗不应采用推拉窗。当必须采用时，其气密性和保温性能指标应在原要求基础上提高一级。

(3) 严寒、寒冷地区的建筑外窗不宜采用凸窗。夏热冬冷地区当采用凸窗时，其气密性和保温性能应符合设计和产品标准的要求。凸窗凸出墙面部分应采取节能保温措施。

凸窗虽然美观，但是由于其设计的原因，在凸出位置不容易形成空气对流，尤其在严寒、寒冷地区，冬季气温较低，极易形成结露，导致墙体、门窗长毛，所以不宜采用凸窗。夏热冬冷地区当采用凸窗时，其气密性和保温性能应符合设计和产品标准的要求。凸窗凸出墙面部分应采取节能保温措施。

(4) 建筑外窗进入施工现场时，应按下列要求进行复验：

1) 严寒、寒冷地区应对气密性、传热系数和露点进行复验；

2) 夏热冬冷地区应对气密性、传热系数进行复验；

3) 夏热冬暖地区应对气密性、传热系数、玻璃透过率、可见光透射比进行复验。

为了保证进入工程用的门窗质量达到标准，保证门窗的性能，需要在建筑外窗进入施工现场时进行复验：由于在严寒、寒冷地区对门窗保温节能性能要求更高，门窗容易结露，所以需要对门窗的气密性、传热系数和露点进行复验；对于夏热冬冷地区应对气密性、传热系数进行复验；而夏热冬暖地区由于夏天阳光强烈，太阳辐射对建筑能耗的影响很大，考虑到门窗的夏季隔热，所以应在对气密性、传热系数进行复检的基础上增加对玻璃透过率、可见光透射比的复验。

(5) 外门窗工程施工中，应对门窗框与墙体缝隙的保温填充进行隐蔽工程验收，并应有详细的文字和图片资料。

(6) 金属外门窗隔断热桥措施应符合设计要求和产品标准的规定。

(7) 外门窗工程的检验批应按下列规定划分：

1) 同一品种、类型、规格和厂家的金属门窗、塑料门窗、木质门窗、各种复合门窗、特种门窗及门窗玻璃每 100 樘应划分为一个检验批，不足 100 樘也应划分为一个检验批。

2) 同一品种、类型和规格的特种门窗每 50 樘应划分为一个检验批，不足 50 樘也应划分为一个检验批。

3) 对于异型或有特殊要求的门窗，检验批的划分应根据其特点和数量，由监理（建设）单位和施工单位协商确定。

(8) 检查数量应符合下列规定：

1) 建筑门窗每个检验批应至少抽查 5%，并不少于 3 樘，不足 3 樘时应全数检查；高层建筑的外窗，每个检验批应至少抽查 10%，并不得少于 6 樘，不足 6 樘时应全数检查。

2) 特种门每个检验批应至少抽查 50%，并不得少于 10 樘，不足 10 樘时应全数检查。

2. 主控项目

(1) 建筑外窗的气密性、传热系数、露点、玻璃透过率和可见光透射比应符合设计要求和相关标准中对建筑物所在地区的要求。

检验方法：检查产品技术性能检测报告，进场复验报告和实体抽样检测报告。

检查数量：按本条第 1 款的第 (8) 项执行。

(2) 建筑门窗玻璃应符合下列要求：

建筑门窗采用的玻璃品种、传热系数、可见光透射比和遮阳系数应符合设计要求。镀（贴）膜玻璃的安装方向应正确。

检验方法：观察，检查施工记录，检查技术性能报告。

检查数量：按本条第1款的第（8）项执行。

门窗的节能很大程度上取决于门窗所用玻璃的形式（如单玻、双玻、三玻等）、种类（普通平板玻璃、浮法玻璃）及加工工艺（如单道密封、双道密封等）。

（3）中空玻璃的中空层厚度和密封性能应符合设计要求和相关标准的规定。中空玻璃应采用双道密封。

检验方法：检查产品合格证、技术性能报告，观察。

检查数量：按本条第1款的第（8）项执行。

（4）外门窗框与副框之间应使用密封胶密封；门窗框或副框与洞口之间的间隙应采用符合设计要求的弹性闭孔材料填充饱满，并使用密封胶密封。

检验方法：检查隐蔽工程验收记录，观察及启闭检查。

检查数量：按本条第1款的第（8）项执行。

外门窗框与副框之间以及门窗框或副框与洞口之间间隙的密封也是影响建筑节能的一个重要因素，控制不好，容易导致透水、形成热桥，所以应该对缝隙的填充进行要求。

（5）严寒、寒冷地区的外门安装，应按照设计要求采取保温、密封等节能措施。

检验方法；观察检查。

检查数量：全数检查。

（6）外窗的遮阳设施，其功能应符合设计要求和产品标准；遮阳设施安装的位置、可调节性能应满足使用功能要求，安装牢固。

检验方法：检查产品合格证、技术性能报告，观察。

检查数量：全数检查。

（7）凸窗周边与室外空气接触的围护结构，应采取节能保温措施。

检验方法：检查保温材料厚度。

检查数量：全数检查。

（8）特种门的节能措施，应符合设计要求。

检验方法：对照设计文件观察检查。

检查数量：全数检查。

3. 一般项目

（1）门窗扇和玻璃的密封条，其物理性能应符合相关标准中对建筑物所在地区的规定。密封条安装位置正确，镶嵌牢固，接头处不得开裂；关闭门窗时密封条应确保密封作用，不得脱槽。

检验方法：检查产品合格证、技术性能报告，观察及启闭检查。

检查数量：按本条第1款的第（8）项执行。

门窗扇和玻璃的密封条的安装及性能对门窗节能有很大影响，使用中会经常出现由于断裂、收缩、低温变硬等缺陷造成门窗渗水。所以密封条质量应该符合《塑料门窗密封条》GB/T 12002标准的要求。

（2）外窗遮阳设施的角度、位置调节应灵活，调节到位。

检验方法：观察；尺量。

检查数量：按本条第1款的第（8）项执行。

8.1.6 屋面

1. 一般规定

(1) 本规定适用于建筑屋面的节能工程，包括采用松散、现浇保温材料、板材、块材等保温隔热材料的屋面节能工程的质量验收。

(2) 屋面保温隔热工程的施工，应在基层质量验收合格后进行。

基层的质量不仅影响屋面工程质量，而且对保温隔热的质量也有直接的影响，保温隔热层敷设后已无法对基层再处理。

(3) 屋面保温隔热工程采用的保温材料在进场时应进行下列性能复验：

1) 板材、块材及现浇等保温材料的导热系数、密度、压缩强度（10%）、阻燃性；

2) 松散保温材料的导热系数、干密度和阻燃性。

在屋面保温工程中，保温材料的性能对于屋面保温隔热的效果起到了决定性的作用。为了保证用于屋面保温隔热材料的质量，避免不合格材料用于屋面保温隔热工程，参照常规建筑工程材料进场验收办法，进场的屋面保温隔热材料也由监理人员现场见证抽样送有资质的试验室进行复验，复验结果作为屋面保温隔热工程质量验收的一个依据。

(4) 应对屋面保温隔热工程的下列部位进行隐蔽工程验收，并应有详细的文字和图片资料：

1) 基层；

2) 保温层的敷设方式、厚度和缝隙填充质量；

3) 屋面热桥部位；

4) 隔汽层。

因为上述部位被后道工序隐蔽覆盖后无法检查和处理，因此在被隐蔽覆盖前必须进行验收，只有合格后才能进行后序施工。

(5) 屋面保温隔热层施工完成后，应及时进行找平层和防水层的施工，避免保温层受潮、浸泡或受损。

屋面保温隔热层施工完成后的防潮处理非常重要，特别是易吸潮的保温隔热材料。因为保温材料受潮后，其孔隙中存在水蒸气和水，而水的导热系数（$\lambda=0.5$）比静态空气的导热系数（$\lambda=0.02$）要大 20 多倍，因此材料的导热系数也必然增大。若材料孔隙中的水分受冻成冰，冰的导热系数（$\lambda=2.0$）相当于水的导热系数的 4 倍，则材料的导热系数更大。黑龙江省低温建筑科学研究所对加气混凝土导热系数与含水率的关系进行测试，其结果见表 8-3。

加气混凝土导热系数与含水率的关系 **表 8-3**

含水率 ω (%)	导热系数 λ [W/(m²·K)]	含水率 ω (%)	导热系数 λ [W/(m²·K)]
0	0.13	15	0.21
5	0.16	20	0.24
10	0.19		

上述情况说明，当材料的含水率增加 1%时，其导热系数则相应增大 5%左右；而当

材料的含水率从干燥状态（$\omega=0$）增加到20%时，其导热系数则几乎增大一倍。还需特别指出的是：材料在干燥状态下，其导热系数是随着温度的降低而减小；而材料在潮湿状态下，当温度降到0℃以下，其中的水分冷却成冰，则材料的导热系数必然增大。

含水率对导热系数的影响颇大，特别是负温度下更使导热系数增大，为保证建筑物的保温效果，在保温隔热层施工完成后，应尽快进行防水层施工，在施工过程中应防止保温层受潮。

(6) 建筑屋面节能工程的检验批划分参照《屋面工程质量验收规范》（GB 50207—2002）执行。

(7) 建筑屋面节能工程的检查数量应按下列规定执行：

1) 按屋面积每100m^2抽查一处，每处10m^2，且不得少于3处；

2) 热桥部位的保温做法全数检查；

3) 保温隔热材料进场复检以同一单体建筑、同一生产厂家、同一规格、同一批材料为一个检验批，每个检验批随机抽取一组。

建筑屋面节能工程中分项工程施工质量检验批的抽查数量，保温隔热层施工质量检验批的抽查数量是参照《屋面工程质量验收规范》（GB 50207—2002）确定的。热桥部位的处理对屋面节能效果和防止室内屋面结露都非常重要，数量又不多，所以规定全数检查。这样既保证每个建筑屋面工程的保温隔热材料都进行了检查，全面覆盖，又不至于抽检过多，增加更多的投资。

2. 主控项目

(1) 用于屋面的保温隔热材料，其干密度或密度、导热系数、压缩强度（10%）、阻燃性必须符合设计要求和有关标准的规定。

检验方法：检查材料的合格证、技术性能报告、进场验收记录和复验报告。

检查数量：按本条第1款的第（7）项执行。

在屋面保温隔热工程中，保温隔热材料的导热系数密度或干密度指标直接影响到屋面保温隔热效果，压缩强度（10%）影响到保温层的施工质量，阻燃性能是防止火灾隐患的重要因素，因此应对保温隔热材料的导热系数、密度或干密度、压缩强度及阻燃性进行严格的控制，必须符合节能设计要求、产品标准要求以及相关施工技术规程要求。应检查材料的合格证、有效期内的产品性能检测报告及进场验收记录所代表的规格、型号和性能参数是否与设计要求和有关标准相符，并重点检查进场复验报告，复验报告必须是第三方见证取样，检验样品必须是按批量随机抽取。

(2) 屋面保温隔热层的敷设方式、厚度、缝隙填充质量及屋面热桥部位的保温隔热做法，必须符合设计要求和标准的规定。

检验方法：观察检查、保温板或保温层采取针插法或剖开法用尺量其厚度。

检查数量：按本条第1款的第（7）项执行。

影响屋面保温隔热效果的主要因素除了保温隔热材料的性能以外，另一重要因素是保温隔热材料的厚度、敷设方式以及热桥部位的处理等。在一般情况下，只要保温隔热材料的热工性能（导热系数、密度或干密度）和厚度、敷设方式均达到设计标准要求，其保温隔热效果也基本上能达到设计要求。因此，要求对保温隔热材料的厚度、敷设方式以及热桥部位也按主控项目进行验收。

对于保温隔热层的敷设方式、缝隙填充质量和热桥部位采取观察检查，检查敷设的方式、位置、缝隙填充的方式是否正确，是否符合设计要求和国家有关标准要求。保温隔热层的厚度可采取钢针插入后用尺测量，也可将保温层切开用尺直接测量。具体采取哪种方法由验收人员根据实际情况选取。

(3) 屋面的通风隔热架空层，其架空层高度、安装方式、通风口位置及尺寸应符合设计及有关标准要求。架空层内不得有杂物。架空面层应完整，不得有断裂和露筋等缺陷。

检验方法：观察检查。

检查数量：按本条第1款的第 (7) 项执行。

影响架空隔热效果的主要因素有三个：一是架空层的高度、通风口的尺寸和架空通风安装方式；二是架空层材质的品质和架空层的完整性；三是架空层内畅通与否，有无杂物。因此在验收时一是检查架空层的型式，用尺测量架空层的高度是否符合设计要求，二是检查架空层的完整性，如果使用了有断裂和露筋等缺陷的制品，天长日久后会使隔热层受到破坏，对隔热效果带来不良的影响。三是检查架空层内有无残留施工过程中的各种杂物，以确保架空层内气流畅通。

(4) 天窗（包括采光屋面）的传热系数、遮阳系数、可见光透射比、气密性应符合设计要求。构造节点的安装应符合设计要求和技术标准要求。

检验方法：检查产品的合格证、技术性能报告、进场验收记录和复验报告。

检查数量：按本条第1款的第 (7) 项执行。

3. 一般项目

(1) 屋面保温隔热层敷设施工应符合下列要求：

1) 松散材料应分层敷设、压实适当、表面平整、坡向正确；

2) 现场喷、浇、抹等施工的保温层配合比应计量准确、搅拌均匀、分层连续施工，表面平整，坡向正确。

3) 板材应粘贴牢固、缝隙严密、平整。

检验方法：观察检查，检查施工记录。

检查数量：按本条第1款的第 (7) 项执行。

(2) 屋面金属板保温夹芯板材应铺装牢固、接口严密、表面洁净、坡向正确。

检验方法：观察检查，检查施工记录。

检查数量：按本条第1款的第 (7) 项执行。

当屋面的保温层敷设于屋面内侧时，如果保温层未进行密闭防潮处理，室内空气中湿气将渗入保温层，并在保温层与屋面基层之间结露，这不仅增大了保温层导热系数，降低节能效果，而且由于受潮之后还容易产生细菌，最严重的可能会有水溢出，因此必须对保温材料采取有效防潮措施，使之与室内的空气隔绝。

(3) 天窗（包括采光屋面）坡向和坡度应正确，封闭严密，嵌缝不得渗漏。

检验方法：观察检查，检查施工记录。

检查数量：按本条第1款的第 (7) 项执行。

(4) 坡屋面、内架空屋面当采用敷设于屋面内侧的保温板材做保温隔热层时，保温隔热层应有防潮措施，其表面应有保护层，保护层的做法应符合设计要求。

检验方法：观察检查，检查施工记录。

检查数量：按本条第1款的第（7）项执行。

8.1.7 地面

1. 一般规定

（1）本规定适用于建筑室内地面节能工程的质量验收。包括毗邻采暖、不采暖空间及毗邻室外空气的地面工程。

（2）地面节能工程的施工，应在主体或基层质量验收合格后进行。

（3）进场时应对地面节能工程采用的保温材料进行下列性能复验：

1）板材、块材及现浇等保温材料的导热系数、密度、压缩强度、阻燃性；

2）松散保温材料的导热系数、干密度和阻燃性。

为了保证用于地面保温隔热材料的质量，避免不合格材料用于地面保温隔热工程，参照常规建筑工程材料进场验收办法，进场的地面保温隔热材料应由监理人员现场见证随机抽样送有资质的试验室进行复验，复验结果作为地面保温隔热工程质量验收的一个依据。

（4）应对地面节能工程下列部位进行隐蔽工程验收，并应有详细的文字和图片资料：

1）基层；

2）保温材料粘结；

3）隔断热桥部位；

4）地面辐射采暖工程的隐蔽验收应符合《地面辐射供暖技术规程》（JGJ 142—2004）的规定。

（5）地面节能工程检验批划分应符合《建筑地面工程施工质量验收规范》（GB 50209—2002）的规定：

1）每一楼层或按照每层的施工段或变形缝可划分为一个检验批，高层建筑的标准层每三层作为一个检验批；

2）不同隔热保温节能做法的地面节能工程应单独划分检验批。

（6）地面节能工程的检查数量：

1）每检验批抽检有代表性的房间不得少于5%，并不应少于3间，不足3间时应全数检验，走廊（过道）应按10延米为一个自然间计算；

2）有防水或防潮要求的抽查间数不应少于5%，且不应少于4间，不足4间时应全数检查；

3）保温隔热材料进场复检以同一单体建筑、同一生产厂家、同一规格、同一批材料为一个检验批，每个检验批随机抽取一组。

2. 主控项目

（1）用于地面节能工程的保温、隔热材料，其厚度、密度、压缩强度、导热系数和阻燃性必须符合设计要求和有关标准的规定。各种保温板或保温层的厚度不得有负偏差。

检验方法：检查材料的产品合格证、技术性能报告、进场验收记录和复验报告。现场对保温层可采取针插法或剖开法、尺量。

检查数量：按本条第1款的第（6）项执行。

在地面保温隔热工程中，保温隔热材料的导热系数、厚度、密度或干密度指标直接影响到地面保温隔热效果，压缩强度影响到保温层的施工质量，阻燃性能是防止火灾隐患的重要因素，因此应对保温隔热材料的导热系数、厚度、密度或干密度、压缩强度及阻燃性进行严格的控制，必须符合节能设计要求、产品标准要求以及相关施工技术规程要求。应检查材料的合格证、有效期内的产品性能检测报告及进场验收记录所代表的规格、型号和性能参数是否与设计要求和有关标准相符，并重点检查进场复验报告，复验报告必须是第三方见证取样，检验样品必须是按批量随机抽取。

保温隔热层的厚度可采取钢针插入后用尺测量，也可将保温层切开用尺直接测量。具体采取哪种方法由验收人员根据实际情况确定。

（2）地面节能工程施工前应按照设计和施工方案的要求对基层进行处理。基层应平整，并符合保温层施工工艺的要求。

检验方法：对照设计和施工方案检查。

检查数量：按本条第1款的第（6）项执行。

（3）建筑地面保温、隔热以及隔离层、保护层等各层的设置和构造做法应符合设计要求。并应按照经过审批的施工方案进行施工。

检验方法：对照设计观察检查。

检查数量：按本条第1款的第（6）项执行。

影响地面保温隔热效果的主要因素除了保温隔热材料的性能和厚度以外，还有保温隔热材料的设置和构造做法以及热桥部位的处理等。一般情况下，只要保温隔热材料的热工性能（导热系数、密度或干密度）和厚度、敷设方式均达到了设计标准要求，其保温隔热效果也基本上能达到设计要求。因此，除对保温隔热材料的热工性能进行控制外，还要求对保温隔热材料的设置和构造做法以及热桥部位按主控项目进行验收。

对于保温隔热层的敷设方式、缝隙填充质量和热桥部位采取观察检查，检查敷设的方式、位置、缝隙填充的方式是否正确，是否符合设计要求和国家有关标准要求。

（4）地面节能工程的施工质量，应符合下列要求：

1）保温板与基体及各层之间的粘结应牢固，缝隙应严密。

2）楼板下的保温浆料层应分层施工。

3）穿越地面直接接触室外空气的各种金属管道应按设计要求，采取隔断热桥的保温绝热措施。

4）严寒、寒冷地区，底面接触室外空气或外挑楼板的地面，应按照墙体的要求执行。

检验方法：对照设计观察检查；抽样、剖开法实测检查。

检查数量：按本条第1款的第（6）项执行。

地面节能工程的施工质量应符合本条的规定。在施工过程中保温层与基体之间粘结牢固、缝隙严密是非常必要的。特别是地下室（或车库）的顶板粘贴XPS板、EPS板或粉刷胶粉聚苯颗粒时，虽然这些部位没有建筑外墙那样的风荷载作用，但由于顶板上部有活动荷载，会使其产生振动，从而引发脱落。在楼板下面粉刷浆料保温层时分层施工也是非常重要的，每层的厚度不应超过20mm，如果过厚，由于自重力的作用在粉刷过程中容易产生空鼓和脱落。对于严寒、寒冷地区，穿越接触室外空气地面的各种金属类管道都是传热量很大的热桥，这些热桥部位除了对节能效果有一定的影响外，其周围还可能结露，影响使用功能，因此必须对其采取有效的措施进行处理。

(5) 有防水要求的地面，其节能保温做法不得影响地面排水坡度。其防水层宜设置在地面保温层上侧，当防水层设置在地面保温层下侧时，其面层不得渗漏。

检验方法：用500mm水平尺检查；当防水层设置在地面保温层下侧时，应蓄水24h后剖开检查无明水，必要时测试保温材料的含水率，不超过设计要求的20%为合格。

检查数量：按本条第1款的第(6)项执行。

对于厨卫有防水要求的地面进行保温时，应尽可能将保温层设置在防水层下，可避免保温层浸水吸潮影响保温效果。当确实需要将保温层设置在防水层上面时，则必须对面层进行防水处理，不得使保温层吸水受潮。另外在铺设保温层时，要确保地面排水坡度不受影响，保证地面排水畅通。

(6) 严寒、寒冷地区的建筑首层直接与土接触的周边地面毗邻外墙部位和房芯回填土的部位应按照设计要求采取隔热保温措施。

检验方法：对照设计观察检查，尺量检查。

检查数量：按本条第1款的第(6)项执行。

在严寒、寒冷地区，冬季室外最低气温在－15℃以下，冻土层厚度在400mm以上，建筑首层直接与土接触的周边地面是热桥部位，不采取有效措施进行处理，会在建筑室内地面产生结露，影响节能效果，因此必须对这些部位采取保温隔热措施。

(7) 保温和隔热层的表面保护层应符合设计要求。

检验方法：对照设计要求和标准规定检查。

检查数量：按本条第1款的第(6)项执行。

对保温隔热层表面必须采取有效措施进行保护，其目的之一是防止保温层材料吸潮，保温层吸潮含水率增大后，将显著影响保温效果，其二是提高保温层表面的抗冲击能力，防止保温层受到外界的破坏。

3. 一般项目

地面辐射供暖工程的地面，其隔热层做法应符合《地面辐射供暖技术规程》(JGJ 142—2004)的规定。

检验方法：对照设计要求和标准规定检查。

检查数量：按本条第1款的第(6)项执行。

8.1.8　围护结构节能性能现场检验

1. 应选择围护结构的重要部位进行节能效果现场检验。建筑节能性能现场检验应由建设单位委托具有相应资质的第三方进行。

2. 围护结构节能性能检验的主要项目应包括：

(1) 墙体、屋面的传热系数、隔热性能；

(2) 幕墙气密性能；

(3) 外窗气密性；

(4) 工程合同约定的项目；

(5) 必要时可检验其他项目。

3. 围护结构节能性能检验的抽样数量：同样构造建筑面积每5万m^2墙面不少于2处；屋面、地面各不少于1处；允许偏差不得大于15%。

8.2 建筑节能保温工程（北京节能65%）施工质量验收要求

8.2.1 概述

为确保建筑节能工程的质量，实现“节约能源，保护环境，提高舒适度”的综合目标，一方面应认真按建筑节能设计标准进行设计；另一方面，应严格按技术标准进行施工，同时还应加强施工质量管理和验收。

过程控制是现代质量管理理论和实践的核心。本要求遵循国家标准《建筑工程施工质量验收统一标准》（GB 50300—2001）所确定的“过程控制与强化验收相结合”的指导原则和基本规定，阐述了建筑工程围护结构节能保温工程（以下简称：节能保温工程）施工质量的过程控制、检验方法、质量标准和验收程序，适用于新建、扩建住宅建筑以及其他居住建筑（如：集体宿舍、托幼、旅馆、医院病房等）围护结构节能保温工程的施工质量验收。公共建筑围护结构节能保温和既有建筑节能改造工程可参照执行。

本要求内容参照北京市工程建设标准《居住建筑节能保温工程施工质量验收规程》（DBJ 01—97—2005）编写。

8.2.2 基本规定

1. 建筑节能保温工程的施工单位应具备相应的资质，施工现场质量管理应有相应的施工技术标准、健全的质量管理体系、施工质量控制和检验制度。

2. 施工单位不得擅自修改建筑节能设计文件。施工单位应认真审核建筑节能设计文件，若发现问题，应与建设单位和设计单位洽商，办理设计变更手续。在节能保温工程施工前，施工单位应编制施工技术方案，进行技术交底和必要的培训。

3. 节能保温工程划分为：外墙、外窗、阳台门玻璃窗、阳台门下部门芯板、屋顶、接触室外空气地板、不采暖空间上部楼板和不采暖楼梯间内墙等分项工程。每个分项工程可划分为一个或若干检验批。每个检验批包含的施工工序应分别按主控项目和一般项目进行检验。在施工中，应对建筑物上述各部分围护结构，即各分项工程的保温施工加强过程控制，使之达到建筑节能设计文件和建筑节能设计标准的要求。

（1）采用的主要材料、半成品、成品应进行现场验收，凡涉及安全和使用功能的应按规定进行复验，并应经监理工程师或建设单位技术负责人检查认可；

（2）各工序应按施工技术标准进行质量控制，每道工序完成后，应进行检查；工序之间应进行交接检查。隐蔽工程在隐蔽前应由施工单位通知有关单位进行验收。

*注：检验批可根据施工及质量控制和专业验收需要，按楼层、施工段、变形缝等进行划分。

4. 分项工程的质量验收在所含检验批质量验收合格的基础上进行，单位工程节能保温施工质量验收应在分项工程质量验收的基础上进行。节能保温工程质量验收记录详见本书附录A：

（1）检验批质量验收记录见附录A表A.0.1；由施工项目专业质量检查员填写，监理工程师（建设单位项目专业技术负责人）组织施工项目专业质量检查员等进行验收，并按表A.0.1记录。

（2）分项工程质量验收记录见附录A表A.0.2；应由监理工程师（建设单位项目专业技术负责人）组织施工项目专业技术负责人员等进行验收，并按表A.0.2记录。

（3）单位工程节能保温施工质量验收记录见附录A表A.0.3；应由总监理工程师（建设单位项目专业负责人）组织施工单位项目经理和设计单位项目负责人员等进行验收，并按表A.0.3记录。

5. 节能保温工程应选用经国家或当地主管部门组织技术鉴定并推广应用的建筑节能技术和产品，以及其他性能可靠的建筑材料和产品。严禁采用国家或当地主管部门明令淘汰的建筑材料和产品。常用节能保温做法的主要材料性能指标详见本书附录B。

8.2.3 外墙外保温

外墙保温工程是节能保温工程的重要分项工程，其质量控制要点是“联结安全，保温可靠，面层不裂”，外墙传热系数应满足国家和当地建筑节能设计标准规定的指标。外墙外保温的保温性能优于外墙内保温，但技术难度和质量要求也相应较高。下面，按照国内和北京市常用的外墙外保温系统，分别阐述其施工质量验收方法。

1. 一般规定

（1）外墙外保温分项工程的检验批应按下列规定划分：相同材料、工艺和施工条件的外墙外保温工程每500～1000m^2墙面面积为一个检验批，不足500m^2也应划分为一个检验批。检查数量应符合下列规定：每100m^2至少检查一处，每处不得少于10m^2；每个检验批至少检查5处。

（2）工程所用材料和半成品、成品，应按设计要求选用，并符合国家和当地有关标准的要求。材料生产企业应提供产品质量合格证明文件。

（3）除采用聚苯板现浇混凝土外墙外保温系统外，外墙外保温工程的施工应在基层施工质量验收合格后进行。

（4）外墙出挑构件及附墙部件，如：阳台、雨罩、靠外墙阳台栏板、空调室外机搁板、附墙柱、凸窗、装饰线和靠外墙阳台分户隔墙等，均应按设计要求采取隔断热桥和保温措施。

（5）窗口外侧四周墙面应按设计要求进行保温处理。

（6）外墙外保温系统的饰面层采用粘贴面砖做法时，应慎重对待，采用成熟可靠的施工工艺，其材料和构造措施应符合设计和相关标准的要求。对面砖的粘贴效果应作拉拔试验，详见本书附录D.0.1。

（7）机械固定系统的金属锚固件、网片和承托架等，应满足防锈要求。

（8）外墙饰面层施工质量应符合国标《建筑装饰装修工程施工质量验收规范》（GB 50210—2001）的规定。

2. 粘贴聚苯板薄抹灰外墙外保温系统

该系统做法：将阻燃型模塑聚苯乙烯泡沫塑料板（简称：聚苯板，EPS）用胶粘剂粘贴于外墙基层外表面，然后在聚苯板表面薄抹抹面抗裂砂浆，同时铺设增强网，再做饰面层。聚苯板与墙体基面的联结有粘结和粘锚结合两种方式。详见国家行业标准《膨胀聚苯板薄抹灰外墙外保温系统》（JG 149—2003）和北京市地方性标准《外墙外保温施工技术规程（聚苯板玻纤网格布聚合物砂浆做法）》（DBJ/T 01—38—2002）。

（1）主控项目

1）所用材料和半成品、成品进场后，应做质量检查和验收，其品种、规格、性能必须符合设计和有关标准的要求。

检验内容：

① 检查产品合格证和出厂检测报告；

② 现场抽样复验。复验项目：聚苯板，胶粘剂，抹面抗裂砂浆，玻纤网格布，详见本书附录 C。

2）聚苯板与墙面必须粘结牢固，无松动和虚粘现象。粘结面积不小于40%。加强部位的粘结面积应符合设计要求。

检验方法：扒开粘贴的聚苯板观察检查和用手推拉检查。

3）需安装锚固件的墙面，锚固件数量、锚固位置和锚固深度应符合设计要求。

检验方法：观察检查；卸下锚固件，实测锚固深度。

注：对高度大于20m外墙外保温部位，应增设机械锚固件。

4）聚苯板的厚度必须符合设计要求，其负偏差不得大于3mm。

检验方法：用钢针插入和尺量检查。

5）抹面抗裂砂浆与聚苯板必须粘结牢固，无脱层、空鼓。面层无爆灰和裂缝等缺陷。

检验方法：用小锤轻击和观察检查。

（2）一般项目

1）聚苯板安装应上下错缝，各聚苯板间应挤紧拼严，拼缝平整，碰头缝不得抹胶粘剂。

检验方法：观察；手摸检查。

2）聚苯板安装允许偏差应符合表8-4的规定。

聚苯板安装允许偏差和检验方法 **表8-4**

项次	项目	允许偏差(mm)	检查方法
1	表面平整	3	用2m靠尺楔形塞尺检查
2	立面垂直	3	用2m垂直检查尺检查
3	阴、阳角垂直	3	用2m托线板检查
4	阳角方正	3	用200mm方尺检查
5	接槎高差	1.5	用直尺和楔形塞尺检查

3）玻纤网格布应铺压严实，不得有空鼓、褶皱、翘曲、外露等现象。搭接长度必须符合规定要求。加强部位的玻纤网格布做法应符合设计要求。

检验方法：观察检查。

4）外保温墙面层的允许偏差和检验方法应符合表8-5的规定。

外保温墙面层的允许偏差和检验方法 **表8-5**

项次	项目	允许偏差(mm)	检查方法
1	表面平整	4	用2m靠尺楔形塞尺检查
2	立面垂直	4	用2m垂直检测尺检查
3	阴、阳角方正	4	用直角检测尺检查
4	分格缝(装饰线)直线度	4	拉5m线，不足5m拉通线，用钢直尺检查

3. 聚苯板现浇混凝土外墙外保温系统

(1) 无网体系做法

采用内表面带有凹凸型齿槽的阻燃型模塑聚苯板（EPS），作为现浇混凝土外墙的外保温材料，聚苯板内外表面喷涂界面剂，安装于墙体钢筋之外，用尼龙锚栓将聚苯板与墙体钢筋绑扎，安装内外大模板，浇灌混凝土墙体并拆模后，聚苯板与混凝土墙体联结成一体，在聚苯板表面薄抹抹面抗裂砂浆，同时铺设玻纤网格布，再做饰面层。本做法适用于做涂料饰面层。详见北京市地方性标准《外墙外保温施工技术规程（现浇混凝土模板内置保温板做法）》(DBJ/T 01—66—2002)。

1) 主控项目

① 所用材料和半成品、成品进场后，应做质量检查和验收，其品种、规格、性能必须符合设计和有关标准的要求。检验内容：

a. 检查产品合格证和出厂检测报告；

b. 现场抽样复验，复验项目：聚苯板，抹面抗裂砂浆，玻纤网格布，详见本书附录C。

② 聚苯板的平均厚度必须符合设计要求，其负偏差不得大于3mm。

检验方法：用钢针插入和尺量检查。

③ 聚苯板内外表面应预喷涂界面剂。

检验方法：观察检查。

④ 安装聚苯板前应在外墙钢筋外侧绑扎砂浆垫块，每平方米墙面不少于3个。

检验方法：观察检查。

⑤ 聚苯板安装后，外侧模板安装前，应检查尼龙锚栓数量和锚入深度，每平方米墙面锚栓不少于4个，且位置均匀、与钢筋连接牢固；锚固深度应符合设计要求。

检验方法：观察检查。

⑥ 聚苯板必须与混凝土墙面粘结牢固，无松动。

检验方法：观察和用手推拉检查。

⑦ 抹面抗裂砂浆与聚苯板必须粘结牢固，无脱层、空鼓。面层无爆灰和裂缝等缺陷。

检验方法：用小锤轻击和观察检查。

2) 一般项目

① 玻纤网格布应铺压严实，不得有空鼓、褶皱、翘曲、外露等现象。搭接长度必须符合规定要求。加强部位的玻纤网格布做法应符合设计要求。

检验方法：观察检查。

② 外保温墙面层的允许偏差和检验方法应符合表8-5的规定。

(2) 有网体系做法

采用外表面有梯形凹槽和带斜插丝的单面钢丝网架阻燃型模塑聚苯板（EPS），在聚苯板内外表面及钢丝网架上喷涂界面剂，将带网架的聚苯板安装于墙体钢筋之外，在聚苯板上插入经防锈处理的L型$\phi 6$钢筋或尼龙锚栓，并与墙体钢筋绑扎，安装内外大模板，浇灌混凝土墙体并拆模后，有网聚苯板与混凝土墙体联结成一体，在有网聚苯板表面厚抹掺有抗裂剂的水泥砂浆，再做饰面层。本做法适用于做粘贴面砖饰面层。详见北京市地方性标准《外墙外保温施工技术规程（现浇混凝土模板内置保温板做法）》（DBJ/T 01—

66—2002）。

1）主控项目

① 所用材料和半成品、成品进场后，应做质量检查和验收，其品种、规格、性能必须符合设计和有关标准的要求。检验内容：

a. 检查产品合格证和出厂检测报告；

b. 现场抽样复验，复验项目：聚苯板，钢丝网，详见本书附录C。

② 聚苯板的平均厚度必须符合设计要求，其负偏差不得大于3mm。

检验方法：用钢针插入和尺量检查。

③ 聚苯板内外表面及钢丝网架表面应预喷涂界面剂。

检验方法：观察检查。

④ 安装有网聚苯板前应在外墙钢筋外侧绑扎砂浆垫块，每平方米墙面不少于3个。

检验方法：观察检查。

⑤ 有网聚苯板安装后，外侧模板安装前，应检查L形$\phi 6$钢筋或尼龙锚栓数量和锚入深度。每平方米数量不少于4个，且位置均匀，与钢筋连接牢固；锚固深度应符合设计要求。

检验方法：观察检查。

⑥ 聚苯板必须与墙面粘结牢固，无松动。

检验方法：观察和用手推拉检查。

⑦ 厚抹面水泥砂浆与聚苯板必须粘结牢固，无脱层、空鼓。面层无爆灰和裂缝等缺陷。钢丝网应完全被包覆在抹面层中。

检验方法：用小锤轻击和观察检查。

2）一般项目

外保温墙面层的允许偏差和检验方法应符合表8-5的规定。

4. 胶粉聚苯颗粒保温浆料外墙外保温系统

该系统做法：将胶粉聚苯颗粒保温浆料直接抹在外墙外表面上，并达到设计要求的厚度，然后薄抹抹面抗裂砂浆，同时铺设增强网，再做饰面层。详见国家行业标准《胶粉聚苯颗粒外墙外保温系统》（JG 158—2004）和北京市地方性标准《外墙外保温施工技术规程（胶粉聚苯颗粒保温浆料玻纤网格布抗裂砂浆做法）》（DBJ/T 01—50—2002）。

（1）主控项目

1）所用材料和半成品、成品进场后，应做质量检查和验收，其品种、规格、性能必须符合设计和有关标准的要求。检验方法：

① 检查产品合格证和出厂检测报告；

② 现场抽样复验，复验项目：聚苯颗粒浆料，抹面抗裂砂浆，玻纤网格布，详见本书附录C。

2）保温层平均厚度必须符合设计要求，不允许有负偏差。

检验方法：用钢针插入和尺量检查。

3）保温层与墙体以及各构造层之间必须粘结牢固，无脱层、空鼓及裂缝，面层无粉化、起皮、爆灰。

检验方法：观察检查。

（2）一般项目

1）表面平整洁净，接槎平整，线角顺直、清晰。

检验方法：观察检查。

2）玻纤网格布铺压严实，不得有空鼓、褶皱、翘曲、外露等现象，搭接长度必须符合规定要求。加强部位的玻纤网格布做法应符合设计要求。

检验方法：观察检查。

3）外保温墙面层的允许偏差和检验方法应符合表8-5的规定。

5. 硬泡聚氨酯喷涂外墙外保温系统

该系统做法：将硬质发泡聚氨酯喷涂到外墙外表面，并达到设计要求的厚度，然后作界面处理、抹胶粉聚苯颗粒保温浆料找平，薄抹抹面抗裂砂浆，铺设增强网，再做饰面层。

（1）主控项目

1）所用材料和半成品、成品进场后，应做质量检查和验收，其品种、规格、性能必须符合设计和有关标准的要求。检验内容：

① 检查产品合格证和出厂检测报告；

② 现场抽样复验，复验项目：硬泡聚氨酯，界面剂，胶粉聚苯颗粒保温浆料，玻纤网格布，详见本书附录C。

2）聚氨酯保温层平均厚度和胶粉聚苯颗粒浆料保温层平均厚度必须符合设计要求，不允许有负偏差。

检验方法：按施工顺序，先后用钢针插入和尺量检查。

3）保温层与墙体以及各构造层之间必须粘结牢固，无脱层、空鼓及裂缝，面层无粉化、起皮、爆灰。

检验方法：用小锤轻击和观察检查。

（2）一般项目

1）表面平整、洁净，接槎平整，线角顺直、清晰。

检验方法：观察检查。

2）玻纤网格布应铺压严实，不得有空鼓、褶皱、翘曲、外露等现象，搭接长度必须符合规定要求。加强部位的玻纤网格布做法应符合设计要求。

检验方法：观察检查。

3）外保温墙面层的允许偏差和检验方法应符合表8-5的规定。

6. 聚氨酯饰面板外墙外保温系统

该系统做法：以面砖为外墙装饰材料，以硬泡聚氨酯为粘结材料和保温材料，在工厂中反打浇筑成保温饰面板，采用锚固件将预制聚氨酯板安装于外墙外表面。

（1）主控项目

1）所用材料和成品进场后，应做质量检查和验收，其品种、规格、性能必须符合设计和有关标准的要求。检验内容：

① 检查产品合格证和出厂检测报告；

② 现场抽样复验，复验项目：聚氨酯饰面板，面砖胶粘剂，详见本书附录C。

2）安装保温装饰板时，固定每块板的锚固件数量和锚入墙体的深度应符合设计要求，且每平方米不少于12个。必须保证每个锚固件紧固装饰板，不得有松动现象。

检验方法：

① 现场拉拔试验，每500m^2墙面做3组试验，每个锚固件的拉拔力不小于1.2kN。

② 观察检查。

(2) 一般项目

聚氨酯饰面板安装后的外墙墙面的允许偏差和检验方法应符合国标《建筑装饰装修工程质量验收规范》(GB 50210—2001) 中对粘贴饰面砖墙面的规定。

7. 聚合物水泥聚苯保温板外墙外保温系统

该系统做法：以聚合物水泥砂浆为面层，以耐碱玻纤网格布为增强材料，以阻燃型模塑聚苯板为保温材料，在工厂加工复合成聚合物水泥聚苯保温板，然后粘贴和锚固在外墙外表面，经嵌缝处理后，再做饰面层。

(1) 主控项目

1) 所用材料和成品进场后，应做质量检查和验收，其品种、规格、性能必须符合设计和有关标准的要求。检验内容：

① 检查产品合格证和出厂检测报告；

② 现场抽样复验，复验项目：聚合物水泥聚苯保温板，胶粘剂，嵌缝剂，详见本书附录C。

2) 保温板的聚苯板厚度必须符合设计要求，其负偏差不得大于3mm。

检验方法：用钢针插入和尺量检查。

3) 保温板与墙面必须粘结牢固，无松动和虚粘现象。粘结面积不小于40%。加强部位的粘结面积应符合设计要求。

检验方法：观察检查和用手推拉检查。

4) 锚固件的数量、锚固位置和锚固深度应符合设计要求。

检验方法：观察检查。卸下锚固件，实测锚固深度。

5) 保温板墙面应无脱层、空鼓、爆灰和裂缝等缺陷。

检验方法：观察检查。

(2) 一般项目

1) 保温板安装应上下错缝，碰头缝应挤紧拼严，不得抹胶粘剂，拼缝平整。

检验方法：观察，手摸检查。

2) 保温板板缝处理应使用嵌缝剂和嵌缝带，嵌缝带应压贴密实，不得有空鼓、翘曲、褶皱、外露等。

检验方法：观察检查。

3) 保温板安装后的外墙墙面的允许偏差和检验方法应符合表8-5的规定。

8. 其他外墙外保温做法

经国家或当地主管部门组织技术鉴定并推广应用的外墙外保温施工新技术，可参照上列外墙外保温系统，按照"联结安全，保温可靠，面层不裂"的质量要点，由建设单位与设计、施工单位协商确定施工质量验收办法。

8.2.4 外窗、阳台门玻璃窗

1. 一般规定

(1) 本节适用于外窗、阳台门玻璃窗（所有外窗，不封闭阳台的外窗、阳台门玻璃窗和封闭阳台的外窗）分项工程的施工质量验收。外窗/阳台门玻璃窗的气密性等级和传热系数应满足国家和当地建筑节能设计标准规定的指标。

(2) 外窗、阳台门玻璃窗的施工质量还应符合国家标准《建筑装饰装修工程质量验收规范》(GB 50210—2001) 的有关规定。

2. 主控项目

(1) 外窗、阳台门玻璃窗进场时，应进行产品质量检查和验收，其品种、规格、性能应符合设计和有关标准的要求。

检验内容：检查产品合格证和出厂检测报告。

(2) 外窗、阳台门玻璃窗进场时，应对其主要性能指标进行现场抽样复验。北京市规定的复验项目是：抗风压性、水密性、气密性和传热系数。抽检数量是：建筑面积不大于 5000m^2 时，每品种抽检一组，共 3 樘；建筑面积大于 5000m^2 时，每品种抽检两组，共 6 樘。

8.2.5　阳台门下部门芯板

(1) 本规定适用于阳台门的产品质量验收。其施工质量还应符合国家标准《建筑装饰装修工程质量验收规范》(GB 50210—2001) 的有关规定。

(2) 主控项目

阳台门进场后，应做质量检查和验收，其下部门芯板的传热系数应符合设计和有关标准的要求。

检验内容：产品合格证和出厂检测报告。

8.2.6　屋面保温隔热

1. 一般规定

(1) 本规定适用于屋顶保温分项工程的施工质量验收，其传热系数应满足国家和当地建筑节能设计标准规定的指标。

(2) 屋顶保温宜采用铺设板状、块状保温材料和采用现浇、喷、抹保温材料的施工方法。

(3) 屋顶保温施工质量还应符合国家标准《屋面工程质量验收规范》(GB 50207—2001) 的有关规定。

2. 主控项目

(1) 保温材料进场后，应做质量检查和验收，其品种、规格、性能等应符合设计和有关标准的要求。

检验内容：

1) 检查产品合格证和出厂检测报告。

2) 现场抽样复验，复验项目：保温材料的导热系数和抗压强度，参见附录 C。

(2) 保温层的平均厚度必须符合设计要求。

检查数量：按保温层面积每 100m^2 抽检一处。每个单位节能保温工程的屋面至少抽检 5 处。

检验方法：用钢针插入和尺量检查。

8.2.7 地板/楼板保温

（1）本规定适用于接触室外空气地板和不采暖空间上部楼板保温分项工程的质量验收，其传热系数应满足国家和当地建筑节能设计标准规定的指标。

（2）地板、楼板的保温施工可采用粘贴聚苯板保温做法，也可采用其他适宜的保温做法，其施工质量验收规定参见第8.2.3条。

8.2.8 不采暖楼梯间内墙保温

（1）楼梯间不采暖时，楼梯间内墙应作保温施工，其传热系数应满足国家和当地建筑节能设计标准规定的指标。

（2）不采暖楼梯间内墙的保温施工，宜采用胶粉聚苯颗粒保温浆料或增强粉刷石膏聚苯板保温做法，也可采用其他适宜的保温做法。

（3）不采暖楼梯间内墙保温施工的质量验收，按所采用的保温做法的相应规定执行，其检验批的数量同外保温，取500～1000m^{2}墙面面积。

8.2.9 现场检测

《建筑工程施工质量验收统一标准》（GB 50300—2001）中规定："对涉及结构安全和使用功能的重要分部工程应进行抽样检测"。北京市规定：应对外墙传热系数和外窗气密性进行现场检测。工程合同有约定时，可检测其他项目。鉴于现有的检测方法难以适应施工质量验收的需要，北京市借鉴混凝土结构现场检测的同条件混凝土强度试块检测法，提出并采用了同条件保温试样检测法，通过检测同条件保温材料试样导热系数和保温层厚度来检测外墙传热系数。这种方法具有以下特点：①检测数据可靠；②任何时候都能检测；③检测时间短，操作简单；④检测费用较低。下面摘引北京市标准关于"现场检测"的规定。

（1）节能保温工程现场检测应由建设单位（监理单位）委托法定检测单位具体实施，施工单位应积极配合。

（2）外墙传热系数的现场检测，应在每个单位工程外墙保温施工的初期、中期和后期三个时间段的不同施工部位，分三次现场见证抽取或制备不小于300mm×300mm的同条件保温试样，由检测单位在现场实测保温层厚度，在试验室标准条件下实测保温材料导热系数或热阻，计算外墙传热系数，检测方法详见本书附录D.0.2。

（3）工程合同有约定时，可在外墙保温工程完工后，在适宜的条件下采用热流计法或热箱法检测外墙传热系数，或采用红外摄像法检测热工缺陷，检测方法详见本书附录D.0.3。

（4）外窗气密性的现场检测，应按北京市《住宅建筑门窗应用技术规范》（DBJ 01—79—2004）的有关规定和检测方法进行。

8.2.10 施工质量专项验收

（1）节能保温工程施工质量专项验收，应在施工单位自行检查评定的基础上，由建设单位（监理单位）组织相关单位按照检验批、分项工程、单位节能保温工程的顺序进行，参加施工质量验收的各方人员应具备规定的资格。

（2）检验批质量应符合下列规定：

1）主控项目的质量经抽样检验合格；

2）一般项目的质量经抽样检验合格，当采用计数检验时，一般项目的合格率应达到80％以上；

3）具有完整的施工操作依据和质量检验记录。

（3）分项工程质量验收应符合下列规定：

1）分项工程所含的检验批均符合质量合格的规定；

2）分项工程所含的检验批的质量验收记录应完整。

（4）单位节能保温工程施工质量专项验收时，施工单位应提供下列文件和记录：

1）建筑节能设计文件和设计变更文件；

2）节能保温工程所用的材料、半成品和成品的产品合格证和出厂检测报告，部分材料和产品的进场复验报告；

3）检验批质量验收记录，分项工程质量验收记录；

4）重要节能保温功能项目（外墙、外窗）的现场检测报告；

5）工程质量问题的处理方案和验收记录；

6）其他必要的文件和记录。

（5）单位节能保温工程施工质量专项验收合格应符合下列规定：

1）各分项工程的质量均应验收合格；

2）质量控制资料应完整；

3）外墙、外窗的现场检测结果，应符合设计文件、国家和当地建筑节能设计标准规定的要求。

（6）当节能保温工程施工质量不符合要求时，应按下列规定进行处理：

1）返修或更换材料、部件的检验批，应重新进行验收；

2）经法定检测单位检测鉴定能够达到设计要求的检验批，应予以验收；

3）经法定检测单位检测鉴定达不到设计要求、但经原设计单位核算认可能够满足节能保温功能的检验批，可予以验收；

4）经返修或技术处理能满足节能保温要求的分项工程，可按技术处理方案和协商文件进行验收。

（7）当参加验收各方对工程施工质量验收意见不一致时，可报请当地建设行政主管部门协调处理。

（8）节能保温工程施工质量验收合格后，应将所有的专项验收文件归入单位工程技术档案。

（9）对节能保温施工质量验收不合格的居住建筑工程，不得进行竣工验收，不得交付使用。

附录 A　节能保温工程质量验收记录

检验批质量验收记录表　　　　表 A.0.1

工程名称		分项工程名称		验收部位	
施工单位		专业工长		项目经理	
分包单位		分包负责人		施工班组长	

		质量验收规程的规定	施工单位检查评定记录	监理（建设）单位验收记录
主控项目	1			
	2			
	3			
	4			
	5			
	6			
	7			
	8			
	9			
一般项目	1			
	2			
	3			
	4			

施工单位检查评定结论	项目专业质量检查员： 年　月　日
监理（建设）单位验收结论	监理工程师： （建设单位项目专业技术负责人） 年　月　日

分项工程质量验收记录表 表 A.0.2

<table>
<tr><td>工程名称</td><td colspan="2"></td><td>分项工程
名称</td><td></td><td>检验批数</td><td></td></tr>
<tr><td>施工单位</td><td colspan="2"></td><td>项目经理</td><td></td><td>项目技术负责人</td><td></td></tr>
<tr><td>分包单位</td><td colspan="2"></td><td>分包单位
负责人</td><td></td><td>分包项目经理</td><td></td></tr>
<tr><td>序号</td><td>检验批
部位、区段</td><td colspan="2">施工单位
检查评定结果</td><td colspan="3">监理(建设)单位验收结论</td></tr>
<tr><td>1</td><td></td><td colspan="2"></td><td colspan="3"></td></tr>
<tr><td>2</td><td></td><td colspan="2"></td><td colspan="3"></td></tr>
<tr><td>3</td><td></td><td colspan="2"></td><td colspan="3"></td></tr>
<tr><td>4</td><td></td><td colspan="2"></td><td colspan="3"></td></tr>
<tr><td>5</td><td></td><td colspan="2"></td><td colspan="3"></td></tr>
<tr><td>6</td><td></td><td colspan="2"></td><td colspan="3"></td></tr>
<tr><td>7</td><td></td><td colspan="2"></td><td colspan="3"></td></tr>
<tr><td>8</td><td></td><td colspan="2"></td><td colspan="3"></td></tr>
<tr><td>9</td><td></td><td colspan="2"></td><td colspan="3"></td></tr>
<tr><td>10</td><td></td><td colspan="2"></td><td colspan="3"></td></tr>
<tr><td>11</td><td></td><td colspan="2"></td><td colspan="3"></td></tr>
<tr><td>12</td><td></td><td colspan="2"></td><td colspan="3"></td></tr>
<tr><td>13</td><td></td><td colspan="2"></td><td colspan="3"></td></tr>
<tr><td>14</td><td></td><td colspan="2"></td><td colspan="3"></td></tr>
<tr><td>15</td><td></td><td colspan="2"></td><td colspan="3"></td></tr>
<tr><td>检
查
结
论</td><td colspan="2">项目专业：
技术负责人：

年　月　日</td><td>验
收
结
论</td><td colspan="3">监理工程师：
(建设单位项目专业技术负责人)

年　月　日</td></tr>
</table>

单位工程节能保温工程施工质量验收记录表 表 A.0.3

<table>
<tr><td colspan="2">工程名称</td><td></td><td>结构类型</td><td></td><td>层数</td><td></td></tr>
<tr><td colspan="2">施工单位</td><td></td><td>技术部门负责人</td><td></td><td>质量部门负责人</td><td></td></tr>
<tr><td colspan="2">分包单位</td><td></td><td>分包单位负责人</td><td></td><td>分包技术负责人</td><td></td></tr>
<tr><td>序号</td><td>分项工程名称</td><td>检验批数</td><td colspan="2">施工单位检查评定</td><td colspan="2">验收意见</td></tr>
<tr><td>1</td><td>外墙</td><td></td><td colspan="2"></td><td colspan="2"></td></tr>
<tr><td>2</td><td>外窗、阳台门玻璃窗</td><td></td><td colspan="2"></td><td colspan="2"></td></tr>
<tr><td>3</td><td>阳台门下部门芯板</td><td></td><td colspan="2"></td><td colspan="2"></td></tr>
<tr><td>4</td><td>屋顶</td><td></td><td colspan="2"></td><td colspan="2"></td></tr>
<tr><td>5</td><td>地板/楼板</td><td></td><td colspan="2"></td><td colspan="2"></td></tr>
<tr><td>6</td><td>不采暖楼梯间</td><td></td><td colspan="2"></td><td colspan="2"></td></tr>
<tr><td>7</td><td></td><td></td><td colspan="2"></td><td colspan="2"></td></tr>
<tr><td>8</td><td></td><td></td><td colspan="2"></td><td colspan="2"></td></tr>
<tr><td colspan="2">质量控制资料</td><td></td><td colspan="2"></td><td colspan="2"></td></tr>
<tr><td colspan="2">外墙传热系数检测报告</td><td></td><td colspan="2"></td><td colspan="2"></td></tr>
<tr><td colspan="2">外窗气密性检测报告</td><td></td><td colspan="2"></td><td colspan="2"></td></tr>
<tr><td rowspan="4">验收单位</td><td>分包单位</td><td colspan="5">项目经理 年 月 日</td></tr>
<tr><td>施工单位</td><td colspan="5">项目经理 年 月 日</td></tr>
<tr><td>设计单位</td><td colspan="5">项目负责人 年 月 日</td></tr>
<tr><td>监理(建设)单位</td><td colspan="5">总监理工程师
(建设单位项目专业负责人) 年 月 日</td></tr>
</table>

附录B 常用节能保温做法主要材料性能指标

用于居住建筑节能保温工程施工的主要材料，均应提供出厂合格证和法定检测部门的检测报告，主要性能指标应满足相应的行业及地方标准，具体指标如下：

B.0.1 保温材料

表 B.0.1

项目 指标 材料名称		模塑聚苯乙烯泡沫塑料板	硬质聚氨酯泡沫塑料	胶粉聚苯颗粒保温浆料
表观密度(kg/m^3)		≥18	≥30	180～250(干)
压缩强度(MPa)		≥0.10	≥0.10	≥0.20
抗拉强度(MPa)		≥0.10	≥0.10	
水蒸气透湿系数(ng/Pa·m·s)		≤4.50	≤6.50	—
尺寸稳定性(%)		≤0.50	≤5(70℃ 48h)	—
线性收缩率(%)		—	—	≤0.30
吸水率(%(v/v))		≤4.0	≤4.0	—
软化系数		—	—	≥0.50
燃烧性能		B2	垂直燃烧法，平均燃烧时间不大于30s，燃烧高度不大于250mm	B1
导热系数，(W/m·K)		≤0.042	≤0.025	≤0.060
拉伸粘结强度(MPa)(与水泥砂浆)	常温常态	≥0.10	≥0.10	≥0.10
	耐水	≥0.10	≥0.10	≥0.10

B.0.2 胶粘剂、界面剂及抹面抗裂砂浆

表 B.0.2

项目 指标 材料名称		胶粘剂	界面剂	抹面抗裂砂浆
拉伸粘结强度(MPa)(与聚苯板)	常温常态	≥0.10	≥0.10(与聚苯板) ≥0.20(与聚氨酯)	≥0.10
	耐水	≥0.10	≥0.10(与聚苯板) ≥0.20(与聚氨酯)	≥0.10
	耐冻融	—	—	≥0.10

续表

项目	指标 \ 材料名称	胶粘剂	界面剂	抹面抗裂砂浆
柔韧性	抗压强度/抗折强度（水泥基）	—	—	≤3.0
	开裂应变（非水泥基）（%）	—	—	≥1.5
拉伸粘结强度（MPa）（与水泥砂浆）	常温常态	≥0.70	≥0.70	—
	耐水	≥0.50	≥0.50	—
压剪粘结强度（MPa）（与水泥砂浆）	原强度	—	≥1.50	—
	耐水	—	≥1.00	—
	耐冻融	—	≥1.00	—
可操作时间（h）		2.0	—	2.0

B.0.3 增强网

表 B.0.3

项目 \ 指标 \ 材料名称	耐碱型玻纤网格布	镀锌钢丝网（粘贴聚苯板薄抹灰做法）	镀锌钢丝网（胶粉聚苯颗粒保温浆料做法）
网孔中心距（mm）	4～6	19.05～25.4	12.05
丝径（mm）	—	0.88～1.0	0.9
公称单位面积质量（g/m^2）	≥130	—	—
断裂应变（%）	≤5	—	—
耐碱断裂强力保留率（经纬向）（%）	≥50	—	—
耐碱断裂强力保留值（N/50mm）	≥750	—	—
钢丝网编制方式	—	焊接网片	—
防腐处理	—	后热镀锌	后热镀锌

B.0.4 保温板钢丝网架

表 B.0.4

项次	项目	质量要求
1	外观	保温板正面有梯形凹凸槽，槽中距 50 mm，板面及钢丝均匀喷涂界面剂。界面剂厚度不小于 1mm。钢丝直径 ϕ2、ϕ2.5，网孔 50mm×50mm
2	焊点强度	抗拉力不小于 330N，无过烧现象
3	焊点质量	网片漏焊脱焊点不超过焊点数的 0.8%，且不应集中在一处。连续脱焊不应多于 2 点，板端 200mm 区段内的焊点不允许脱焊虚焊，斜插筋脱焊点不超过 3%
4	钢丝挑头	网边挑头长度不大于 6mm 插丝挑头不大于 5mm，穿透苯板挑头不小于 30mm
5	聚苯板对接	不大于 3000 长板中聚苯板对接不得多于两处，且对接处需用聚氨脂胶粘牢
6	重量	不大于 $4kg/m^2$

B.0.5 聚氨酯饰面板

表 B.0.5

项 次	项 目	质 量 要 求	
1	热阻($m^2 \cdot K/W$)	满足设计要求	
2	饰面板拉拔强度(MPa)	≥0.6	
3	贴补瓷砖拉拔强度(MPa)	≥0.4	
4	瓷砖胶粘剂	收缩性(%)	≤0.50
		原强度(MPa)	≥1.00
		耐水,MPa	≥0.70
		耐温,MPa	≥0.70
		耐冻融,MPa	≥0.70

B.0.6 聚合物水泥聚苯保温板

表 B.0.6

项次	项 目	质 量 要 求		
1	热阻($m^2 \cdot K/W$)	满足设计要求		
2	嵌缝剂	拉伸粘结强度(MPa)	常温 7d	≥0.70
			耐水 7d	≥0.50
		压剪粘结强度(MPa)	常温 7d	≥1.00
			耐水 7d	≥0.70
		柔韧性(28d)		3.0≥抗压/抗折>1.5

B.0.7 保温材料在不同使用情况下的设计取值

(1) 模塑聚苯板 (EPS):

——粘贴聚苯板薄抹灰外保温系统:修正系数 $\alpha=1.2$,
导热系数计算值 $\lambda_c=0.042\times1.2=0.05W/(m\cdot K)$;

——聚苯板现浇混凝土无网体系:修正系数 $\alpha=1.25$
导热系数计算值 $\lambda_c=0.042\times1.25=0.053W/(m\cdot K)$;

——聚苯板现浇混凝土有网体系:修正系数 $\alpha=1.5$
导热系数计算值 $\lambda_c=0.042\times1.5=0.063W/(m\cdot K)$;

(2) 聚氨酯:修正系数 $\alpha=1.1$

导热系数计算值 $\lambda_c=0.025\times1.1=0.028m\cdot K/W$;

(3) 聚苯颗粒保温浆料:修正系数 $\alpha=1.25$

导热系数计算值 $\lambda_c=0.06\times1.25=0.075W/(m\cdot K)$;

(详见北京市《居住建筑节能设计标准》附录B)。

附录C 节能保温工程材料现场抽样复验项目

序号	材料名称	现场抽样数量	复验项目
1	模塑聚苯乙烯泡沫塑料板	以同一厂家生产、同一规格产品、同一批次进场，每 350m^3 为一批，不足 350m^3 也为一批	表观密度，抗拉强度，尺寸稳定性
2	硬质聚氨酯泡沫塑料	每 10t 为一批，不足 10t 也为一批，其余同上	表观密度，抗拉强度
3	胶粉聚苯颗粒保温浆料	每 35t 为一批，不足 35t 也为一批。其余同上	干表观密度，压缩强度
4	胶粘剂	每 20t 为一批，不足 20t 也为一批。其余同上	常温常态和浸水 48h 拉伸粘结强度（与水泥砂浆）
5	界面剂	每 3t 为一批，不足 3t 也为一批。其余同上	常温常态拉伸粘结强度（与保温材料）
6	抹面抗裂砂浆	同 4	常温常态和浸水 48h 拉伸粘结强度（与聚苯板），柔韧性
7	耐碱型玻纤网格布	每 4000m^2 为一批，不足 4000m^2 也为一批	耐碱断裂强力保留值 耐碱断裂强力保留率
8	保温板钢丝网	同 7	网孔中心距，丝径，焊点强度
9	聚氨酯饰面板	每 3500m^2 为一批，不足 3500m^2 也为一批	保温层厚度 保温板瓷砖拉拔强度
10	瓷砖胶粘剂	每 10t 为一批，不足 10t 也为一批	粘结拉伸强度
11	聚合物水泥聚苯保温板	同 9	保温层厚度
12	嵌缝剂	同 5	拉伸粘结强度

附录 D　检测试验方法

D.0.1　外墙外保温系统粘贴面砖拉拔试验方法

对于外墙粘贴饰面砖的外保温做法，应按《建筑工程饰面砖粘结强度检验标准》(JGJ 110—97）规定的方法做饰面砖粘结强度检验。试验时，应以外墙外保温系统抹面层作为基层，先进行断缝切割，然后进行拉拔。

D.0.2　外墙保温实体同条件试样检测方法

1. 同条件保温试样所对应的保温施工部位，应由监理（建设)、检测单位选定。

2. 在外保温施工的前期、中期、后期三个时段，在选定的施工部位抽取或制备与该部位同条件的保温试样，每次 2 块试样。第一次抽取或制备的试样应在第一个检验批的范围和时段内。

3. 对各种外墙外保温系统的同条件保温试样的规定：

(1) 粘贴聚苯板薄抹灰外保温系统，聚苯板现浇混凝土外保温无网体系：从正在施工的部位所用的聚苯板上，每次切取不小于 300mm×300mm 的 2 块同条件试样。

(2) 聚苯板现浇混凝土外保温有网体系：从正在施工的部位所用的钢丝网架聚苯板上，每次切取不小于 300mm×300mm 的 2 块同条件试样，在试样的内外表面均抹 3cm 水泥砂浆。

(3) 胶粉聚苯颗粒保温浆料外保温系统/硬泡聚氨酯喷涂外保温系统：用正在施工的部位所用的保温材料，每次用模具制备不小于 300mm×300mm 的 2 块同条件试样。

(4) 聚氨酯饰面板外保温系统，聚合物水泥聚苯板外保温系统：从正在施工的部位所用的预制保温板上，每次切取不小于 300mm×300mm 的 2 块同条件试样。

4. 由监理（建设）和检测单位实测该施工部位的保温层厚度；同条件保温试样由检测单位在试验室标准条件下进行检测，对 (1)、(3) 实测导热系数或热阻，对 (2)、(4) 实测热阻。检测方法详见《绝热材料稳态热阻及有关特性的测定—防护热板法》(GB 10294—88)、《绝热材料稳态热阻及有关特性的测定—热流计法》(GB 10295—88）和《建筑构件稳态热传递性质的测定和防护热箱法》(GB/T 13475—92)。

5. 根据保温材料实测厚度和实测导热系数值或热阻，计算外墙传热系数：

$$K=\frac{1}{R_i+\frac{d}{\lambda}+\frac{d_0}{\lambda_0}+R_e}\qquad (\mathrm{W/m^2\cdot K})$$

式中　d、λ——保温层厚度和导热系数实测值；d/λ 可用实测热阻代入；

d_0、λ_0——外墙基体的厚度和导热系数计算值；

R_i——内表面换热阻，取为 0.11 ($\mathrm{m^2\cdot K/W}$)；

R_e——外表面换热阻，可近似取为 0.04。

外墙传热系数应符合以下两项指标：

——外墙传热系数平均值满足《居住建筑节能设计标准》（DBJ 01—602—2004）规定的限值；

——每一试样的外墙传热系数不高于《居住建筑节能设计标准》（DBJ 01—602—2004）规定限值的10%。

D.0.3 外墙保温实体其他检测方法

（1）采用热流计法、热箱法检测外墙传热系数，宜在外墙保温施工完工60d后进行。采用热流计法，应在冬季采暖供热系统正常运行后测试。采用热箱法，应在室外平均空气温度不大于20℃，相对湿度不大于60%RH的条件下测试，室内（热箱内）外平均温差控制在10℃以上，室内（热箱内）温度应控制在大于室外最高温度8℃以上；若室外平均温度大于20℃，应使用冷箱降低被测墙体室外温度；梅雨季不宜测试，如果墙体确实潮湿，应采用加热器在室内连续烘烤15d后再进行测试。上述两种检测方法的实测值与设计值的允许差值为15%，详见北京市标准《民用建筑节能现场检验标准（采暖居住建筑部分）》(DBJ/T 01—44—2000)。

（2）外墙保温实体热工缺陷宜采用红外摄像法进行定性检测，检测方法详见行标《采暖居住建筑节能检验标准》(JGJ 132—2001)。

参 考 文 献

[1] 中华人民共和国建设部主编. 民用建筑热工设计规范（GB 50176—1993）. 北京：中国计划出版社，1993.

[2] 中华人民共和国建设部主编. 公共建筑节能设计标准（GB 50189—2005）. 北京：中国建筑工业出版社，2005.

[3] 中国建筑科学研究院等主编. 民用建筑节能设计标准（采暖居住建筑部分）（JGJ 26—1995）. 北京：中国建筑工业出版社，1996.

[4] 中国建筑科学研究院等主编. 夏热冬冷地区居住建筑节能设计标准（JGJ 134—2001）. 北京：中国建筑工业出版社，2001.

[5] 中国建筑科学研究院主编. 夏热冬暖地区居住建筑节能设计标准（JGJ 75—2003）. 北京：中国建筑工业出版社，2003.

[6] 北京中建建筑设计研究院主编. 既有采暖居住建筑节能改造技术规程（JGJ 129—2000）. 北京：中国建筑工业出版社，2000.

[7] 中国建筑业协会建筑节能专业委员会. 北京市建筑节能与墙体材料革新办公室编著. 建筑节能：怎么办？北京：中国计划出版社，2002.

[8] 本书编委会编. 公共建筑节能设计标准宣贯辅导教材. 北京：中国建筑工业出版社，2005.

[9] 建设部标准定额研究所编. 建筑外墙外保温技术导则. 北京：中国建筑工业出版社，2006.

[10] 建设部科技发展促进中心主编. 外墙外保温工程技术规程（JGJ 144—2004）. 北京：中国建筑工业出版社，2005.

[11] 北京土木建筑学会主编. 建筑节能工程设计手册. 北京：经济科学出版社，2005.

[12] 北京土木建筑学会主编. 建筑节能工程施工手册. 北京：经济科学出版社，2005.

[13] 涂逢祥主编. 建筑节能：第 33～46 册. 北京：中国建筑工业出版社，2006.

[14] 徐占发主编. 建筑节能技术实用手册. 北京：机械工业出版社，2005.

[15] 建设部建筑节能办公室主编. 建筑节能技术标准规范汇编. 北京：中国建筑工业出版社，2003.

[16] 本书编写组编. 建筑节能 100 问. 北京：中国建筑工业出版社，2005.